周兆妍 编

清华大学出版社
北京

内 容 简 介

本书为大学物理课程学习指导用书，分为力学、热学、电磁学、振动与波、波动光学、狭义相对论、量子物理基础七部分内容；每部分内容均包括思维导图、主要知识点、考点、典型例题及练习。学生可以首先根据知识点的分类方式找到自己掌握的薄弱环节，再通过知识点的基本内容进行简单回忆，随后根据考点和典型例题进行重点击破，达到快速复习、熟练掌握的目的。

本书可作为理工科大学物理课程的日常学习、考试复习、竞赛准备的辅导教材，也可供大学物理教师在教学中参考。

图书在版编目(CIP)数据

大学物理精讲精练/周兆妍编. —北京：清华大学出版社，2022.7(2025.4 重印)
ISBN 978-7-302-60542-3

Ⅰ. ①大… Ⅱ. ①周… Ⅲ. ①物理学－高等学校－教学参考资料 Ⅳ. ①O4

中国版本图书馆 CIP 数据核字(2022)第 062422 号

责任编辑：鲁永芳
封面设计：常雪影
责任校对：赵丽敏
责任印制：杨 艳

出版发行：清华大学出版社
网 址：https://www.tup.com.cn，https://www.wqxuetang.com
地 址：北京清华大学学研大厦 A 座 邮 编：100084
社 总 机：010-83470000 邮 购：010-62786544
投稿与读者服务：010-62776969，c-service@tup.tsinghua.edu.cn
质量反馈：010-62772015，zhiliang@tup.tsinghua.edu.cn
印 装 者：三河市龙大印装有限公司
经 销：全国新华书店
开 本：185mm×260mm 印 张：24.25 字 数：586 千字
版 次：2022 年 7 月第 1 版 印 次：2025 年 4 月第8 次印刷
定 价：75.00 元

产品编号：093819-01

前言

PREFACE

大学物理课程是高等学校理工科各专业学生一门重要的通识性必修基础课。在日常的教学过程中，一般通过教师讲解课本的知识及例题、布置作业、单元测试等形式实现学生对课本知识的掌握。然而在日常学习中，学生常会遇到对某一知识点的考查方式不清楚、课上讲解的例题已经掌握但是题目稍有变化又一头雾水等情况；另外，大学物理课程覆盖面广，知识点多，在面临期末考试、补考、物理竞赛等需要将课程快速复习掌握的情形时，学生面对海量知识经常感觉无从下手。

针对种种问题，编者结合日常答疑、期中和期末考试以及大学物理竞赛等实践经验编写了此书。本书主要分为力学、热学、电磁学、振动与波、波动光学、狭义相对论、量子物理基础7部分内容，每部分的主要内容分为以下5个层次：

(1) 每部分开始是该部分内容的思维导图，方便学生对该部分内容有整体把握。

(2) 每部分按照知识点编排。按照《理工科类大学物理课程教学基本要求》(2008年版)对知识点进行分类，该要求将教学内容分为A、B两类，其中A类为核心内容，B类为扩展内容(本书选取了B类部分内容，并以星号标识)。学生在整体把握的基础上可有针对性地对知识点进行查漏补缺。

(3) 各知识点下是涉及的内容及公式，方便学生对该知识点的内容进行简单回忆。

(4) 根据知识点的不同分为1～4个考点，以及对每个考点的简单说明。让学生对接下来要复习掌握的内容做到心中有数。

(5) 每个考点都给出例题及练习。例题是针对该考点的典型题目，练习是对例题作了些许变化，例如模型不同、拓展到实际应用等，实现对考点的举一反三、灵活掌握。

本书不是针对某本教材的参考书，而是对目前市面上的理工科大学物理教材基本都适用。可作为高校学生学习大学物理课程、准备考试和参加大学物理竞赛的辅导用书，也可作为教师的教学参考书。

感谢本书编写过程中国防科技大学物理系领导们的热情支持与帮助，感谢李春燕、张晚云、彭刚老师以及大学物理课程组所有同仁们的关心、支持和帮助。本书的编写参考了若干现有教材，编者从中得到了很多的启发与教益，在此一并表示衷心感谢。

限于编者的水平，书中有不当和错误之处，恳请专家和读者批评指正。

周兆妍

2021年7月

目录

CONTENTS

第一部分

力　学

- 力学
  - 运动学
    - 线量
      - 位矢、位移$\Delta \boldsymbol{r}$
      - 速度$\boldsymbol{v}$
        - 切向速度
        - 法向速度
      - 加速度 $\boldsymbol{a}$
        - 切向加速度 $a_t=\frac{dv}{dt}=\beta\rho$
        - 法向加速度 $a_n=\frac{v^2}{\rho}=\omega^2\rho$
    - 角量
      - 角位置、角位移$\Delta\theta$
      - 角速度ω
      - 角加速度β
    - → 角量和线量的关系
  - 动力学
    - 牛顿运动定律
      - 力对时间积累
        - 冲量 $\boldsymbol{I}=\int_{t_0}^{t}\boldsymbol{F}dt$
          - 质点动量定理 $\int_{t_0}^{t}\boldsymbol{F}dt=\boldsymbol{p}-\boldsymbol{p}_0$
          - 质点系动量定理 $\int_{t_0}^{t}\boldsymbol{F}dt=\sum_i \boldsymbol{p}-\sum_i \boldsymbol{p}_0$
          - → 动量守恒定律
      - 力对空间的积累
        - 功 $W=\int_{t_0}^{t}\boldsymbol{F}\cdot d\boldsymbol{r}$
          - 质点动能定理 $W=E_k-E_0$
          - 质点系动能定理 $W_{外}+W_{内}=E_k-E_0$
            - 保守内力 $\oint\boldsymbol{F}\cdot d\boldsymbol{r}=0$　势能 $W=-\Delta E_p$
            - 非保守内力 $W_{内}=-f\Delta r_{相对}$
            - → 功能原理 $W_{外}+W_{非保内}=\Delta E_k+\Delta E_p$ → 机械能守恒定律
    - 刚体运动
      - 平动　质心　质心动力学规律
      - 转动
        - 力矩 $\boldsymbol{M}=\boldsymbol{r}\times\boldsymbol{F}$
          - 力矩对空间的积累
            - 力矩的功 $\int_{r_0}^{r}Md\theta$　定轴转动动能定理 $\int_{r_0}^{r}Md\theta=\frac{1}{2}I\omega^2-\frac{1}{2}I\omega_0^2$ → 机械能守恒定律
          - 力矩对时间的积累
            - 角冲量 $\int_{t_0}^{t}M_z dt$　角动量定理 $\int M_z dt=L_z-Lz_0$　$M=\frac{dL_z}{dt}$ → 角动量守恒定律；→ 转动定律 $M=I\alpha$
        - 转动惯量 $I=\int_m r^2dm$　角动量 $L_z=I\omega$　转动定律 $M=I\alpha$

力学部分主要内容思维导图

1.1 质点运动的描述、相对运动

(1) $\boldsymbol{r} \rightarrow \boldsymbol{v}=\frac{\mathrm{d}\boldsymbol{r}}{\mathrm{d}t} \rightarrow \boldsymbol{a}=\frac{\mathrm{d}\boldsymbol{v}}{\mathrm{d}t}, \boldsymbol{a} \rightarrow \boldsymbol{v}=\int \boldsymbol{a}\,\mathrm{d}t \rightarrow \boldsymbol{r}=\int \boldsymbol{v}\,\mathrm{d}t$;

(2) 曲线运动加速度：切向加速度 $\boldsymbol{a}_{\mathrm{t}}=\frac{\mathrm{d}v}{\mathrm{d}t}\boldsymbol{e}_{\mathrm{t}}=\boldsymbol{\alpha}\times\boldsymbol{r}$，

法向加速度 $\boldsymbol{a}_{\mathrm{n}}=\frac{v^2}{r}\boldsymbol{e}_{\mathrm{n}}=\omega^2 r\boldsymbol{e}_{\mathrm{n}}$；

(3) 相对运动关系：$\boldsymbol{v}_{ab}=\boldsymbol{v}_{ac}+\boldsymbol{v}_{cb}$。

考点1：位移、速度中的矢量与标量的分辨与应用，以及位移、速度、加速度之间的微分变换关系

例1.1.1：质点在 xOy 平面内作曲线运动，质点速率的正确表达式为[ ](多选)

(A) $v=\frac{\mathrm{d}r}{\mathrm{d}t}$；　(B) $v=\frac{\mathrm{d}|\boldsymbol{r}|}{\mathrm{d}t}$；　(C) $v=\left|\frac{\mathrm{d}\boldsymbol{r}}{\mathrm{d}t}\right|$；　(D) $v=\frac{\mathrm{d}s}{\mathrm{d}t}$；

(E) $v=\sqrt{\left(\frac{\mathrm{d}x}{\mathrm{d}t}\right)^2+\left(\frac{\mathrm{d}y}{\mathrm{d}t}\right)^2}$。

答案：C、D、E。$\Delta\boldsymbol{r}$ 是矢量，是质点的位移；$|\Delta\boldsymbol{r}|=|\boldsymbol{r}_2-\boldsymbol{r}_1|$ 是标量，是位移的模；$\Delta r=\Delta|\boldsymbol{r}|=|\boldsymbol{r}_2|-|\boldsymbol{r}_1|$ 是标量，是位矢的模的增量。Δs 是标量，是质点的路程大小。其关系如图1.1.1所示。对微小位移变化，$|\mathrm{d}\boldsymbol{r}|=\mathrm{d}s$，$|\mathrm{d}\boldsymbol{r}|\neq \mathrm{d}r$。

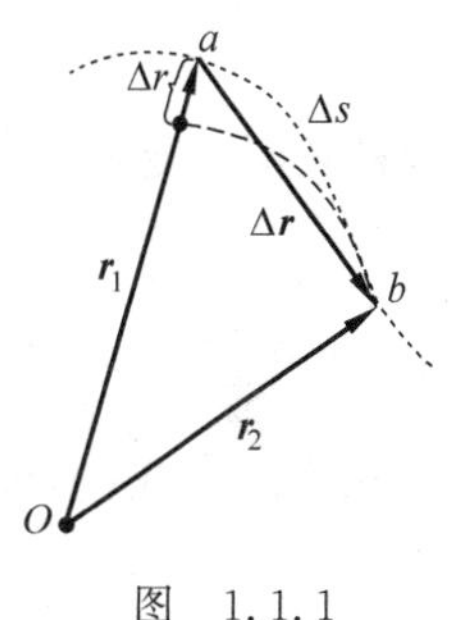

图 1.1.1

速度为 $\boldsymbol{v}=\frac{\mathrm{d}\boldsymbol{r}}{\mathrm{d}t}$，速率是速度的模，可写为 v 或 $|\boldsymbol{v}|=\left|\frac{\mathrm{d}\boldsymbol{r}}{\mathrm{d}t}\right|=\frac{\mathrm{d}s}{\mathrm{d}t}=\sqrt{\left(\frac{\mathrm{d}x}{\mathrm{d}t}\right)^2+\left(\frac{\mathrm{d}y}{\mathrm{d}t}\right)^2}$。故C、D、E正确。因为 $\mathrm{d}r=\mathrm{d}|\boldsymbol{r}|\neq|\mathrm{d}\boldsymbol{r}|$，A、B错误。

练习1.1.1：瞬时加速度矢量 $\boldsymbol{a}$ 的大小 $|\boldsymbol{a}|$ 可表示为[ ](多选)

(A) $\left|\frac{\mathrm{d}\boldsymbol{v}}{\mathrm{d}t}\right|$；　(B) $\frac{\mathrm{d}v}{\mathrm{d}t}$；　(C) $\left|\frac{\mathrm{d}^2\boldsymbol{r}}{\mathrm{d}t^2}\right|$；　(D) $\frac{\mathrm{d}^2 r}{\mathrm{d}t^2}$；

(E) $\frac{\mathrm{d}^2 s}{\mathrm{d}t^2}$；　(F) $\frac{\mathrm{d}^2 x}{\mathrm{d}t^2}+\frac{\mathrm{d}^2 y}{\mathrm{d}t^2}+\frac{\mathrm{d}^2 z}{\mathrm{d}t^2}$；　(G) $\left[\left(\frac{v^2}{\rho}\right)^2+\left(\frac{\mathrm{d}v}{\mathrm{d}t}\right)^2\right]^{\frac{1}{2}}$；

(H) $\left[\left(\frac{v^2}{\rho}\right)^2+\left(\frac{\mathrm{d}^2 s}{\mathrm{d}t^2}\right)^2\right]^{\frac{1}{2}}$。

答案：A、C、G、H。本题与例1.1.1类似，重点是标量、矢量的表达与矢量和其大小之间的关联。瞬时加速度矢量 $\boldsymbol{a}$ 的大小可表示为 $|\boldsymbol{a}|$ 或 $a=\left|\frac{\mathrm{d}\boldsymbol{v}}{\mathrm{d}t}\right|$；$\frac{\mathrm{d}v}{\mathrm{d}t}$ 是加速度 $\boldsymbol{a}$ 在切向上的分量 $\left(\frac{\mathrm{d}\boldsymbol{v}}{\mathrm{d}t}=\frac{\mathrm{d}v}{\mathrm{d}t}\boldsymbol{\tau}+v\frac{\mathrm{d}\boldsymbol{\tau}}{\mathrm{d}t}=\frac{\mathrm{d}v}{\mathrm{d}t}\boldsymbol{\tau}+\frac{v^2}{\rho}\boldsymbol{n}\right)$。

例 1.1.2：如图 1.1.2 所示，绞车以恒定的速率 v_0 收拢系在小船上的不可伸长的绳子，求小船的速度和加速度大小随 θ 的变化关系。

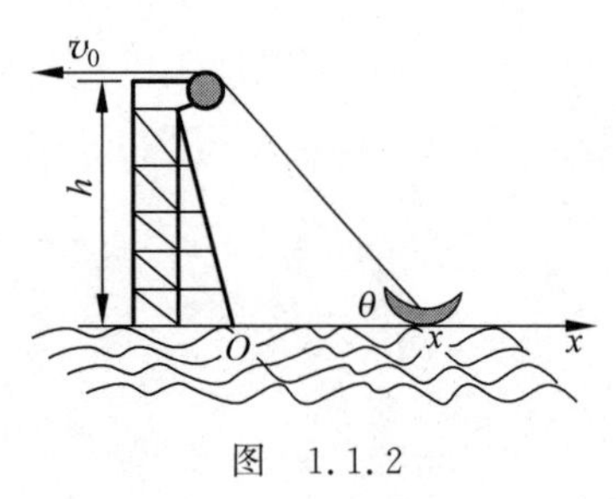

图 1.1.2

解：首先建立运动方程：$x=\sqrt{l^2-h^2}$，其中 $l=l_0-v_0t$，l_0 为初时时刻的绳长。

船速：$v_x=\frac{\mathrm{d}x}{\mathrm{d}t}=\frac{l}{\sqrt{l^2-h^2}}\cdot\frac{\mathrm{d}l}{\mathrm{d}t}=\frac{l}{\sqrt{l^2-h^2}}(-v_0)=-\frac{v_0}{\cos\theta}$，其中 $\cos\theta=\frac{x}{l}=\frac{\sqrt{l^2-h^2}}{l}$。

小船的加速度：$a_x=\frac{\mathrm{d}v_x}{\mathrm{d}t}=-\frac{h^2}{(l^2-h^2)^{\frac{3}{2}}}v_0^2=-\frac{v_0^2}{h}\tan^3\theta$。

负号表示速度、加速度方向与图 1.1.2 中 x 轴正向相反。

分析：题中船速在绳子方向上的投影大小等于绳子的收缩速度，即 $v_x\cos\theta=v_0$。

练习 1.1.2：如图 1.1.3 所示，A、B 两物体由一长为 l 的刚性细杆相连，A、B 两物体可在光滑轨道上滑行。如物体 A 以恒定的速率 v 向左滑行，当 $\alpha=60°$时，物体 B 的速率为多少？

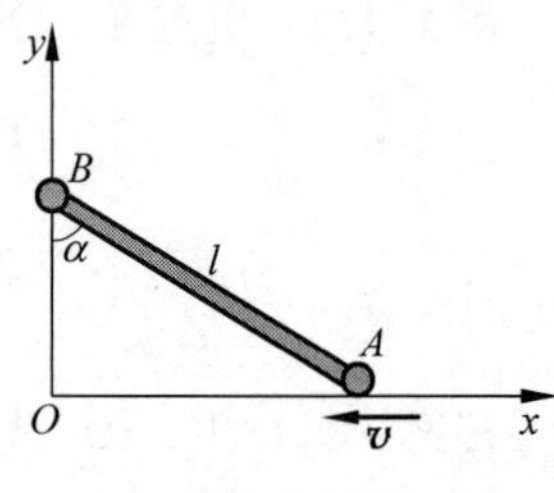

图 1.1.3

解：选如图 1.1.3 所示的坐标轴，其中

$$\boldsymbol{v}_A=v_x\boldsymbol{i}=\frac{\mathrm{d}x}{\mathrm{d}t}\boldsymbol{i}=-v\boldsymbol{i},\quad \boldsymbol{v}_B=v_y\boldsymbol{j}=\frac{\mathrm{d}y}{\mathrm{d}t}\boldsymbol{j} \qquad ①$$

因为杆长度不变：$x^2+y^2=l^2$，两边求导得 $2x\frac{\mathrm{d}x}{\mathrm{d}t}+2y\frac{\mathrm{d}y}{\mathrm{d}t}=0$，即

$$\frac{\mathrm{d}y}{\mathrm{d}t}=-\frac{x}{y}\frac{\mathrm{d}x}{\mathrm{d}t} \qquad ②$$

将①式代入②式，可得$\boldsymbol{v}_B=\frac{x}{y}v\boldsymbol{j}=v\tan\alpha\boldsymbol{j}$。

当 $\alpha=60°$时，$v_B=\sqrt{3}v$，沿 y 轴正向。

练习 1.1.3：与河岸(看成直线)的垂直距离为 $d=500\mathrm{m}$ 处有一艘静止的船，船上的探照灯以转速 $n=0.6\mathrm{r/min}$ 转动。当光束与岸边的夹角为 $\theta=60°$时，光束沿岸边移动的速率 $v=$__________。

答案：42m/s。光束沿河岸移动的速度 v 有两个实际效果，一为垂直光束的切向速度 $v_\mathrm{t}=v\sin\theta$，使光束绕着光源转动；另一个沿光线方向的法向速度 v_n，使光束的长度伸长。由探照灯转速可得，光束的切向速度为 $v_\mathrm{t}=\frac{2\pi n}{60}R=\frac{\pi n}{30}\frac{d}{\sin\theta}$，这是光束沿岸边的速度分量，故光束沿岸边的速度为 $v=\frac{v_\mathrm{t}}{\sin\theta}=\frac{\pi nd}{30\sin^2\theta}\approx 42\mathrm{m/s}$。

例 1.1.3：一质点沿 x 轴作直线运动，它的运动学方程为 $x=0.5(3+5t+6t^2-t^3)$(SI)，加速度为零时，该质点的速度大小为 $v=$__________。

答案：8.5m/s。在 x 方向上：$v=\frac{\mathrm{d}x}{\mathrm{d}t}=0.5(5+12t-3t^2)$，$a=\frac{\mathrm{d}v}{\mathrm{d}t}=0.5(12-6t)$，可得

当 $t=2\text{s}$ 时加速度为 0,此时 $v=8.5\text{m/s}$。

练习 1.1.4:某质点作直线运动的运动学方程为 $x=3t-5t^3+6$(SI),则该质点作[　　]

(A) 匀加速直线运动,加速度沿 x 轴正方向;

(B) 匀加速直线运动,加速度沿 x 轴负方向;

(C) 变加速直线运动,加速度沿 x 轴正方向;

(D) 变加速直线运动,加速度沿 x 轴负方向。

答案:D。

例 1.1.4:一质点沿 x 轴运动,其加速度随时间的变化关系为 $a=3+2t$(SI),如果初始时质点的速度大小为 $v_0=5\text{m/s}$,则在 $t=4\text{s}$ 时刻质点的速度大小 $v=$____________。

答案:33m/s。质点在 x 方向上:$a=\frac{\mathrm{d}v}{\mathrm{d}t}$,两边乘 $\mathrm{d}t$ 并积分,$\int \mathrm{d}v=\int a(t)\mathrm{d}t$,可得 $v=3t+t^2+C$,代入初始条件 $t=0$ 时,$v_0=5\text{m/s}$,可得 $C=v_0=5\text{m/s}$。进而得到 $t=4\text{s}$ 时,$v=3t+t^2+C=12+16+5\text{m/s}=33\text{m/s}$。

练习 1.1.5:一质点沿 x 轴运动,其加速度为 $a=4t$,已知 $t=0$ 时,质点位于 $x_0=2\text{m}$ 处,初速度大小为 $v_0=0$。则 $t=1\text{s}$ 时质点的位置 $x=$____________。

答案:2.67m。由加速度表达式及初始条件,可得 $v=2t^2$,$x=\frac{2}{3}t^3+2=\frac{8}{3}\text{m}$。

例 1.1.5:在半径为 $R=2.0\text{m}$ 的圆周上运动的质点,其速率与时间的关系为 $v=2t^2$,则从 $t_1=0$ 到 $t_2=5\text{s}$ 时刻质点走过的路程 $s=$____________。

答案:83.3m。根据速率与路程关系:$v=\frac{\mathrm{d}s}{\mathrm{d}t}$,可得 $s=\frac{2}{3}t^3$。

练习 1.1.6:一质量为 M 的质点沿 x 轴正向运动,假设该质点通过坐标为 x 的位置时速度的大小为 $v=4x$(SI),该质点从 $x_0=2.0\text{m}$ 处出发运动到 $x_1=6.0\text{m}$ 处所经历的时间 $\Delta t=$____________。

答案:0.27s。质点在 x 方向上:$v=\frac{\mathrm{d}x}{\mathrm{d}t}=4x$,两边乘 $\mathrm{d}t$ 并积分,$\int \mathrm{d}t=\int \frac{1}{4x}\mathrm{d}x$,可得 $\Delta t=\frac{1}{4}(\ln x_1-\ln x_0)=\frac{1}{4}\ln 3\approx 0.27\text{s}$。

说明:位移、速度、加速度之间的微分变换关系如下:

(1) 已知 $a_x=a_x(t)$,求 $v(t)$,方法:由 $a_x=\frac{\mathrm{d}v_x}{\mathrm{d}t}$,两边乘 $\mathrm{d}t$ 并积分,$\int \mathrm{d}v_x=\int a_x(t)\mathrm{d}t$;

(2) 已知 $v_x=v_x(t)$,求 $x(t)$,方法:由 $v_x=\frac{\mathrm{d}x}{\mathrm{d}t}$,两边乘 $\mathrm{d}t$ 并积分 $\int \mathrm{d}x=\int v_x(t)\mathrm{d}t$;

(3) 已知 $a_x=a_x(x)$,求 $v_x(x)$,方法:变换 $a_x=\frac{\mathrm{d}v_x}{\mathrm{d}t}=v_x\frac{\mathrm{d}v_x}{\mathrm{d}x}$,两边乘 $\mathrm{d}x$ 并积分 $\int a_x(x)\mathrm{d}x=\int v_x\mathrm{d}v_x$。

注意:上述的积分过程可以用定积分,也可以用不定积分,注意不定积分的积分常数由初始条件确定。刚接触微积分的学生对第(3)点可能感觉不是很直观,请见例 1.1.6。

例 1.1.6:已知物体沿直线运动的加速度与其坐标的函数关系为 $a_x=-\omega^2x$,且 $t=0$

时物体位于坐标原点具有速度 v_0，求该物体的速度与坐标函数的关系。

解：利用公式 $a_x=\frac{\mathrm{d}v_x}{\mathrm{d}t}=\frac{\mathrm{d}v_x}{\mathrm{d}x}\cdot\frac{\mathrm{d}x}{\mathrm{d}t}=v_x\frac{\mathrm{d}v_x}{\mathrm{d}x}$，根据题目条件 $a_x=-\omega^2x=v_x\frac{\mathrm{d}v_x}{\mathrm{d}x}$，分离变量积分 $\int-\omega^2x\,\mathrm{d}x=\int v_x\mathrm{d}v_x$，可得 $-\frac{1}{2}\omega^2x^2=\frac{1}{2}v_x^2+C$。

代入初始条件，$x=0$ 时，$v_x=v_0$，可得 $C=-\frac{1}{2}v_0^2$。代入上式得物体的速度与坐标的函数关系为 $v_x^2-v_0^2=-\omega^2x^2$。

练习 1.1.7：一质点沿 x 轴运动，其加速度 a 与位置坐标 x 的关系为 $a=2+6x^2$(SI)。如果质点在原点处的速度为零，则质点在 $x=2.0\text{m}$ 处的速度大小 $v=$____________。

答案：6.3m/s。在 x 方向上：$a=\frac{\mathrm{d}v}{\mathrm{d}t}=\frac{\mathrm{d}v}{\mathrm{d}x}\cdot\frac{\mathrm{d}x}{\mathrm{d}t}=v\frac{\mathrm{d}v}{\mathrm{d}x}$，根据题目条件 $a=2+6x^2=v\frac{\mathrm{d}v}{\mathrm{d}x}$，分离变量积分 $\int(2+6x^2)\,\mathrm{d}x=\int v\mathrm{d}v$，可得 $2x+2x^3=\frac{1}{2}v^2+C$，代入初始条件，$x=0$ 时，$v=0$，可得 $C=0$，即 $2x+2x^3=\frac{1}{2}v^2$，故质点在 $x=2.0\text{m}$ 处的速度 $v=\sqrt{40}\,\text{m/s}\approx6.3\text{m/s}$。

考点 2：切向加速度与法向加速度的理解及微积分的应用

例 1.1.7：对于沿曲线运动的物体，以下几种说法中哪一种是正确的[ ]

(A) 切向加速度必不为零；

(B) 法向加速度必不为零(拐点处除外)；

(C) 由于速度沿切线方向，法向分速度必为零，因此法向加速度必为零；

(D) 若物体作匀速率运动，其总加速度必为零；

(E) 若物体的加速度 $\boldsymbol{a}$ 为恒矢量，它一定作匀变速率运动。

答案：B。对曲线运动的物体，切向加速度 $\boldsymbol{a}_\mathrm{t}=\frac{\mathrm{d}v}{\mathrm{d}t}\boldsymbol{e}_\mathrm{t}$，法向加速度 $\boldsymbol{a}_\mathrm{n}=\frac{v^2}{r}\boldsymbol{e}_\mathrm{n}$，若速率不变则切向加速度为零，故 A 错误。除拐点($r\to\infty$)外，法向加速度均不为零，故 B 正确，C 错误。物体作匀速率运动，只能确定切向加速度为零，故 D 错误。若物体的加速度 $\boldsymbol{a}$ 为恒矢量，则为匀变速运动，速率不一定不变，如抛体运动，故 E 错误。

练习 1.1.8：一个质点在作匀速率圆周运动时[ ]

(A) 切向加速度改变，法向加速度也改变；

(B) 切向加速度不变，法向加速度改变；

(C) 切向加速度不变，法向加速度也不变；

(D) 切向加速度改变，法向加速度不变。

答案：B。

练习 1.1.9：下列说法中，哪一个是正确的[ ]

(A) 一质点在某时刻的瞬时速度是 2m/s，说明它在此后 1s 内一定要经过 2m 的路程；

(B) 斜向上抛的物体，在最高点处的速度最小，加速度最大；

(C) 物体作曲线运动时，有可能在某时刻的法向加速度为零；

(D) 物体加速度越大，则速度越大。

答案：C。

练习 1.1.10：质点作半径为 R 的变速圆周运动时的加速度大小为(v 表示任一时刻质点的速率)[　　]

(A) $\mathrm{d}v/\mathrm{d}t$；　　(B) v^2/R；

(C) $\mathrm{d}v/\mathrm{d}t+v^2/R$；　　(D) $\sqrt{(\mathrm{d}v/\mathrm{d}t)^2+v^4/R^2}$。

答案：D。

例 1.1.8：飞轮作加速转动时，轮边缘上一点的运动学方程为 $s=0.1t^3$(SI)。飞轮半径为 $R=2.5\mathrm{m}$。当此点的法向加速度为 $a_n=450\mathrm{m/s^2}$ 时，其切向加速度 $a_t=$____________。

答案：$6.3\mathrm{m/s^2}$。当法向加速度 $a_n=\dfrac{v^2}{R}=450\mathrm{m/s^2}$，可得 $v=\sqrt{1125}\,\mathrm{m/s}$；根据速率与路程关系：$v=\dfrac{\mathrm{d}s}{\mathrm{d}t}$，可得速率 $v=0.3t^2$。结合上两式，时间 $t\approx10.57\mathrm{s}$，则切向加速度 $a_t=\dfrac{\mathrm{d}v}{\mathrm{d}t}=0.6t\approx6.3\mathrm{m/s^2}$。

练习 1.1.11：一质点作半径为 R 的圆周运动。质点所经过的弧长与时间的关系为 $s=bt+ct^2/2$ 从 $t=0$ 开始到切向加速度与法向加速度大小相等时所经历的时间 $t=$____________。(R、b、c 为已知常数)

答案：$\dfrac{1}{c}(\sqrt{cR}-b)$。根据速率与路程关系 $v=\dfrac{\mathrm{d}s}{\mathrm{d}t}$，可得 $v=b+ct$。切向加速度 $a_t=\dfrac{\mathrm{d}v}{\mathrm{d}t}=c$，法向加速度 $a_n=\dfrac{v^2}{R}=\dfrac{(b+ct)^2}{R}$，二者相等时可得 $t=\dfrac{1}{c}(\sqrt{cR}-b)$。

练习 1.1.12：在一个转动的齿轮上，一个齿尖 P 作半径为 R 的圆周运动，其路程 s 随时间的变化规律为 $s=v_0t+\dfrac{1}{2}bt^2$。则 t 时刻齿尖 P 的总加速度大小为 $a=$____________。

答案：$\sqrt{b^2+\dfrac{(v_0+bt)^4}{R^2}}$。$P$ 点速率 $v=v_0+bt$，切向加速度 $a_t=\dfrac{\mathrm{d}v}{\mathrm{d}t}=b$，法向加速度 $a_n=\dfrac{v^2}{R}=\dfrac{(v+bt)^2}{R}$。

例 1.1.9：一质量为 2kg 的质点，在 xy 平面上运动，受到外力 $\boldsymbol{F}=4\boldsymbol{i}-24t^2\boldsymbol{j}$(SI)的作用，$t=0$ 时，它的初速度为$\boldsymbol{v}_0=3\boldsymbol{i}+4\boldsymbol{j}$(SI)，求 $t=1\mathrm{s}$ 时质点的速度及受到的法向力 $\boldsymbol{F}_n$。

解：由题意知 $\boldsymbol{a}=\dfrac{\boldsymbol{F}}{m}=2\boldsymbol{i}-12t^2\boldsymbol{j}=\dfrac{\mathrm{d}\boldsymbol{v}}{\mathrm{d}t}$，可得 $\mathrm{d}\boldsymbol{v}=(2\boldsymbol{i}-12t^2\boldsymbol{j})\mathrm{d}t$，两边积分：

$$\int_{\boldsymbol{v}_0}^{\boldsymbol{v}}\mathrm{d}\boldsymbol{v}=\int_0^t(2\boldsymbol{i}-12t^2\boldsymbol{j})\,\mathrm{d}t$$

可得质点速度：$\boldsymbol{v}=\boldsymbol{v}_0+2t\boldsymbol{i}-4t^3\boldsymbol{j}=(3+2t)\boldsymbol{i}+(4-4t^3)\boldsymbol{j}$。

当 $t=1\mathrm{s}$，$\boldsymbol{v}=5\boldsymbol{i}$，沿 x 轴，故此时 $\boldsymbol{a}_n=\boldsymbol{a}_y=-12\boldsymbol{j}$，质点受到的法向力为

$$\boldsymbol{F}_n=m\boldsymbol{a}_n=-24\boldsymbol{j}\,\text{(SI)}$$

练习 1.1.13：一公路的水平弯道半径为 R，路面的外侧高出内侧，并与水平面夹角为 θ。要使汽车通过该段路面时不引起侧向摩擦力，则汽车的速率为[　　]

(A) $\sqrt{Rg}$；　(B) $\sqrt{Rg\tan\theta}$；　(C) $\sqrt{Rg c\tan\theta}$；　(D) $\sqrt{Rg\dfrac{\cos\theta}{\sin^2\theta}}$。

答案：B。对汽车进行受力分析，汽车受到的侧向摩擦力为零，代表地面的支持力在水平方向的分量提供了汽车圆周运动的向心力。

考点 3：圆周运动中的角量描述

例 1.1.10：一质点沿半径为 $r=0.1\text{m}$ 的圆周运动，其角位移 θ 随时间 t 的变化规律是 $\theta=2+4t^2$(SI)。在 $t=0.4\text{s}$ 时，它的加速度大小 $a=$________。

答案：1.3m/s^2。按题意 t 时刻角速度大小 $\omega=\dfrac{\mathrm{d}\theta}{\mathrm{d}t}=8t$，角加速度大小 $\alpha=\dfrac{\mathrm{d}\omega}{\mathrm{d}t}=8$。质点的切向加速度大小 $a_t=\alpha r=8r=0.8\text{m/s}^2$，法向加速度大小 $a_n=\omega^2 r=64t^2 r=1.024\text{m/s}^2$，总加速度大小 $a=\sqrt{a_t^2+a_n^2}\approx 1.3\text{m/s}^2$。

练习 1.1.14：一质点在平面内沿一半径为 R 的圆轨道转动。转动的角速度 ω 与时间 t 的函数关系为 $\omega=kt^2$(k 为常量)。当 $t=t_0$ 时，质点 P 的加速度大小 $a=$________。

答案：$kt_0R\sqrt{4+k^2t_0^6}$。切向加速度大小 $a_t=\alpha r=2ktR$，法向加速度大小 $a_n=\omega^2 r=k^2t^4R$，总加速度大小 $a=\sqrt{a_t^2+a_n^2}=ktR\sqrt{4+k^2t^6}$，代入 t_0 可得答案。

例 1.1.11：半径为 R 的圆盘绕它的几何中心轴转动，要使其边线上一点的切向加速度方向与加速度方向之间的夹角 φ 保持不变，求它的转动角速度 ω 随时间 t 变化的规律。已知初角速度为 ω_0。

解：已知切向加速度方向与加速度方向之间的夹角 φ 保持不变，如图 1.1.4 所示：

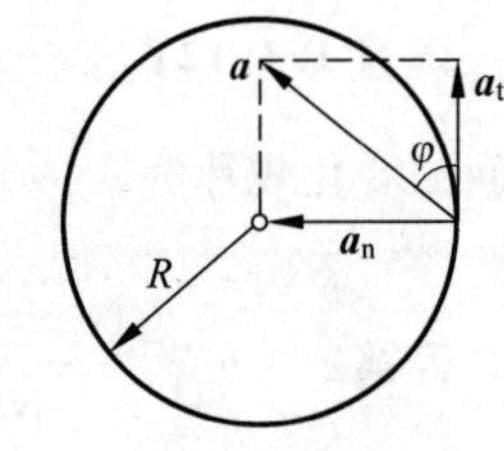

图 1.1.4

$$\tan\varphi=\frac{a_n}{a_t}=\frac{\omega^2 R}{\alpha R}=\frac{\omega^2}{\alpha}=\text{常数} \quad ①$$

$$\alpha=\frac{\mathrm{d}\omega}{\mathrm{d}t}=\frac{\omega^2}{\tan\varphi}=\cot\varphi\cdot\omega^2 \quad ②$$

对②式分离变量，并代入初始条件，即 $t=0$ 时，$\omega=\omega_0$，得

$$\int_{\omega_0}^{\omega}\frac{\mathrm{d}\omega}{\omega^2}=\int_0^t\cot\varphi\,\mathrm{d}t \quad ③$$

积分得

$$\frac{1}{\omega_0}-\frac{1}{\omega}=\cot\varphi\cdot t$$

即圆盘的转动角速度 ω 随时间 t 的变化规律为

$$\omega=\frac{\omega_0}{1-\omega_0\cot\varphi\cdot t}$$

说明：圆周运动是曲线运动的常见形式，用角量描述平面圆周运动可转化为一维运动形式，从而简化问题。可将匀变速直线运动的线量描述与匀变速圆周运动的角量描述类比应用。如以下常用公式的类比：

$$\omega=\omega_0+\alpha t \leftrightarrow v=v_0+at$$

$$\theta=\theta_0+\omega_0 t+\frac{1}{2}\alpha t^2 \leftrightarrow x=x_0+v_0 t+\frac{1}{2}at^2$$

$$\theta=\frac{\omega^2-\omega_0^2}{2\alpha} \leftrightarrow x=\frac{v^2-v_0^2}{2a}$$

应用如下例及练习。

例 1.1.12：一电唱机的转盘以 $n=78\text{r/min}$ 的转速匀速转动。(1)求转盘上与转轴相距 $r=15\text{cm}$ 的一点 P 的线速度 v 和法向加速度 a_n；(2)在电动机断电后，转盘在恒定的阻力矩作用下减速，并在 $t=15\text{s}$ 内停止转动，求转盘在停止转动前的角加速度 α 及转过的圈数 N。

解：(1) 转盘的角速度为 $\omega=2\pi n=\frac{78\times 2\pi}{60}\text{rad/s}=8.17\text{rad/s}$。

P 的线速度 v 和法向加速度 a_n 分别为

$$v=\omega r=1.23\text{m/s},\quad a_n=\omega^2 r=10\text{m/s}^2$$

(2) 利用匀减速运动的公式，转盘在停止转动前的角加速度为

$$\alpha=\frac{0-\omega}{t}=-0.545\text{rad/s}^2$$

转过的圈数为

$$N=\frac{1}{2\pi}\frac{\omega t}{2}=9.75\text{r}$$

练习 1.1.15：半径为 $R=0.5\text{m}$ 的飞轮，从静止开始以 $\alpha=0.50\text{rad/s}^2$ 的匀角加速度转动，则飞轮边缘上一点在飞轮转过 $\theta=4\pi/3$ 时的法向加速度 $a_n=$__________ m/s^2。

答案：$\frac{2\pi}{3}$或 2.09。在飞轮转过 $\theta=4\pi/3$ 时，根据匀加速运动的公式 $\theta=\frac{\omega^2-\omega_0^2}{2\alpha}$，可得当飞轮边缘上一点转过 θ 时，该点角速度为 $\omega=\sqrt{2\alpha\theta}$，此时法向加速度 $a_n=\omega^2 R=2R\theta\alpha=\frac{2\pi}{3}\text{m/s}^2$。

练习 1.1.16：一质点从静止出发，作半径为 $R=3\text{m}$ 的圆周运动。切向加速度 $a_t=3\text{m/s}^2$ 保持不变，当总加速度与半径成 $\theta=\pi/4$ 时，所经过的时间 $t=$__________。

答案：1s。总加速度与半径成 $\theta=\frac{\pi}{4}$时，法向加速度等于切向加速度，即 $a_n=\omega^2 R=a_t=\alpha R=3\text{m/s}^2$，故此时角速度 $\omega=1\text{rad/s}$，角加速度恒定为 $\alpha=1\text{rad/s}^2$；利用 $\omega=\omega_0+\alpha t$ 可得所经历的时间 $t=\frac{\omega}{\alpha}=1\text{s}$。

练习 1.1.17：一作匀变速转动的飞轮在 $t=10.0\text{s}$ 内转了 $N=16$ 圈，其末角速度为 $\omega=16.0\text{rad/s}$，它的角加速度 $\alpha=$__________ rad/s^2。

答案：1.2。运用 $\omega=\omega_0+\alpha t$ 以及 $\theta=\omega_0 t+\frac{1}{2}\alpha t^2$，可得 $\alpha=\frac{2(\omega t-\theta)}{t^2}=\frac{2(\omega t-2\pi N)}{t^2}\approx 1.2\text{rad/s}^2$。

练习 1.1.18：一质点作半径为 $R=0.6\text{m}$ 的圆周运动，在 $t=0$ 时经过 P 点，此后它的速率按 $v=1+t$ 变化。则质点沿圆周运动一周再经过 P 点时的法向加速度 $a_n=$________。

答案：14.2m/s^2。根据速率 $v=1+t$ 可得角速度 $\omega=\frac{1}{R}(1+t)$，由 $\omega=\omega_0+\alpha t$ 可知这是角加速度恒定的圆周运动，且初角速度 $\omega_0=\frac{1}{R}$，角加速度 $\alpha=\frac{1}{R}$。当质点沿圆周运动一周角位移 $\theta=2\pi=\frac{\omega^2-\omega_0^2}{2\alpha}$，可得再经过 P 点时 $\omega^2=4\pi\alpha+\omega_0^2$，法向加速度 $a_n=\omega^2 R=(4\pi\alpha+\omega_0^2)R=4\pi+\frac{1}{R}\approx 14.2\text{m/s}^2$。

考点 4：相对运动的变换

例 1.1.13：下雨时，有人在汽车内观察雨点的运动，试说明下列各情况中，他观察到的结果。设雨点相对于地面匀速竖直下落。(1) 车是静止的；(2)车匀速沿水平直轨道运动；(3)车匀加速沿水平直轨道运动。

答：(1)雨点在竖直方向作匀速运动；(2)雨点沿着斜下方向匀速直线运动；(3)雨点作抛物线运动。

例 1.1.14：河水自西向东流，速度为 10km/h，一轮船在水中航行，船相对于河水的航向为北偏西 30°，航速为 20km/h。此时风往正西吹，风速为 10km/h。试求在船上观察到的烟囱冒出的烟缕的飘向。(设烟离开烟囱后即获得与风相同的速度)

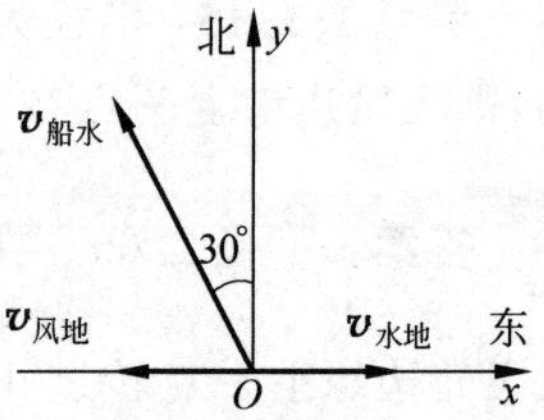

解：本题目涉及地面参考系、水面参考系以及轮船参考系之间的变换问题。分析题意，题目中已知水相对地面的速度 $\boldsymbol{v}_{水地}$、船相对水的速度 $\boldsymbol{v}_{船水}$、风相对地面的速度 $\boldsymbol{v}_{风地}$，要求的是风相对船的速度 $\boldsymbol{v}_{风船}$。可以直接使用多次速度变换的方法寻找合适的变换关系，即 $\boldsymbol{v}_{风船}=\boldsymbol{v}_{风地}+\boldsymbol{v}_{地水}+\boldsymbol{v}_{水船}=\boldsymbol{v}_{风地}-\boldsymbol{v}_{水地}-\boldsymbol{v}_{船水}$。

图 1.1.5

建立如图 1.1.5 所示坐标系，由题意可知

$$\boldsymbol{v}_{水地}=10\boldsymbol{i}\,\text{km/h}$$
$$\boldsymbol{v}_{风地}=-10\boldsymbol{i}\,\text{km/h}$$
$$\boldsymbol{v}_{船水}=-20\sin30°\boldsymbol{i}+20\cos30°\boldsymbol{j}\,\text{km/h}$$

根据相对速度变换关系可得

$$\begin{aligned}\boldsymbol{v}_{风船}&=\boldsymbol{v}_{风地}+\boldsymbol{v}_{地水}+\boldsymbol{v}_{水船}\\&=\boldsymbol{v}_{风地}-\boldsymbol{v}_{水地}-\boldsymbol{v}_{船水}\\&=-10\boldsymbol{i}-10\boldsymbol{i}-(-20\sin30°\boldsymbol{i}+20\cos30°\boldsymbol{j})\text{km/h}\\&=(-10\boldsymbol{i}-17.3\boldsymbol{j})\text{km/h}\end{aligned}$$

如图 1.1.6 所示,可以得到

$$v_{\text{风船}}=\sqrt{(-10)^2+(-17.3)^2}\text{km/h}=20\text{km/h}$$

$$\theta=\arctan\frac{10}{17.3}=30^\circ$$

对船上的观察者而言,烟会以 20km/h 的速度以南偏西 30°的方向飘走。

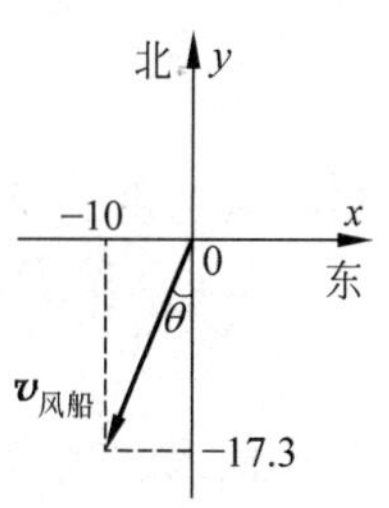

图　1.1.6

练习 1.1.19:一条河在某一段直线岸边同侧有 A、B 两个码头,相距 1km。甲、乙两人需要从码头 A 到 码头 B,再立即由 B 返回。甲划船前去,船相对河水的速度为 4km/h;而乙沿岸步行,步行速度也为 4km/h。如河水流速为 2km/h,方向从 A 到 B,则[　　]

(A) 甲比乙晚 10min 回到 A;　　(B) 甲和乙同时回到 A;

(C) 甲比乙早 10min 回到 A;　　(D) 甲比乙早 2min 回到 A。

答案:A。取 A 到 B 为正方向,当甲由 A 到 B 时,相对地面的速度:$v_{\text{甲地}}=v_{\text{甲水}}+v_{\text{水地}}=4\text{km/h}+2\text{km/h}=6\text{km/h}$,返程时,甲相对地面速度 $v_{\text{甲地}}=v_{\text{甲水}}+v_{\text{水地}}=-4\text{km/h}+2\text{km/h}=-2\text{km/h}$。故甲来回所花时间为 $t_{\text{甲}}=\frac{1}{6}\text{h}+\frac{1}{2}\text{h}=\frac{2}{3}\text{h}=40\text{min}$,乙来回所花时间为 $t_{\text{乙}}=\frac{1}{4}\text{h}+\frac{1}{4}\text{h}=\frac{1}{2}\text{h}=30\text{min}$。

练习 1.1.20:两辆车 A 和 B,在笔直的公路上同向行驶,它们从同一起始线上同时出发,并且由出发点开始计时,行驶的距离与行驶时间的函数关系式:$x_A=t+t^2$,$x_B=t^2+t^3$(SI),则在 $t=1.2\text{s}$ 时,B 相对于 A 的速度 $v=$[　　]

(A) 3.3m/s;　　(B) 11m/s;　　(C) 26m/s;　　(D) 47m/s。

答案:A。$v_A=1+2t$,$v_B=2t+3t^2$,B 相对于 A 的速度 $v_{BA}=v_B-v_A=3t^2-1$。

练习 1.1.21:两条直路交叉夹角为 $\alpha=60^\circ$,两辆汽车分别以速度大小为 $v_1=18.0\text{m/s}$ 和 $v_2=20.0\text{m/s}$ 沿两夹角边同向行驶,若记一车相对另一车的速度大小为 v,则 $v=$__________。

答案:19m/s。建立如图 1.1.7 所示坐标系,$\boldsymbol{v}_1=v_1\boldsymbol{i}$,$\boldsymbol{v}_2=v_2\cos\alpha\boldsymbol{i}+v_2\sin\alpha\boldsymbol{j}$,相对速度 $\boldsymbol{v}=(v_2\cos\alpha-v_1)\boldsymbol{i}+v_2\sin\alpha\boldsymbol{j}=8\boldsymbol{i}+10\sqrt{3}\boldsymbol{j}$,其大小 $v\approx19\text{m/s}$。

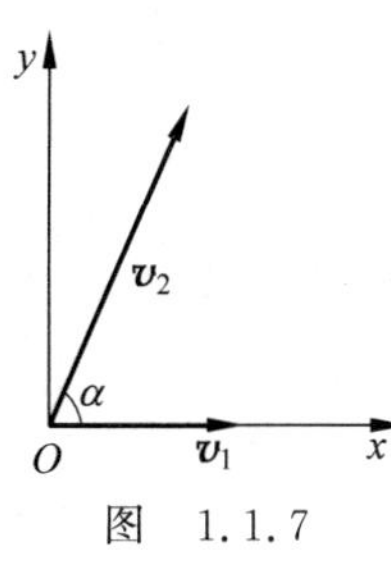

图　1.1.7

例 1.1.15:有一宽为 l 的大江,江水由北向南流。设江中心流速为 u_0,靠两岸的流速为零。江中任一点的流速与江中心流速之差与江心至该点距离的平方成正比。今有相对于水的速度大小为 v_0 的汽船由西岸出发,向东偏北 45°方向航行,试求其航线的轨迹方程以及到达东岸的地点。

解:以出发点为坐标原点,向东取为 x 轴,向北取为 y 轴,因流速为 $-y$ 方向,由题意可得江水相对地面的流速为

$$u_x=0,\quad u_y=a\left(x-\frac{l}{2}\right)^2+b \qquad ①$$

由条件 $x=0$,$x=l$ 时,$u_y=0$,$x=l/2$ 时 $u_y=-u_0$,代入①式可求得

$$u_y = -\frac{4u_0}{l^2}x(l-x) \tag{②}$$

根据相对速度变换关系可得船相对地面的速度为

$$v_x = \frac{v_0}{\sqrt{2}}, \quad v_y = \frac{v_0}{\sqrt{2}} + u_y \tag{③}$$

将②式代入③式,可得

$$\frac{\mathrm{d}y}{\mathrm{d}t} = \frac{v_0}{\sqrt{2}} - \frac{4u_0}{l^2}x(l-x) = \frac{\mathrm{d}y}{\mathrm{d}x}\frac{\mathrm{d}x}{\mathrm{d}t} = \frac{v_0}{\sqrt{2}}\frac{\mathrm{d}y}{\mathrm{d}x} \tag{④}$$

即$\frac{\mathrm{d}y}{\mathrm{d}x} = 1 - \frac{4\sqrt{2}u_0}{l^2 v_0}x(l-x)$,两边积分可得船的轨迹方程:

$$y = x - \frac{2\sqrt{2}u_0}{lv_0}x^2 + \frac{4\sqrt{2}u_0}{3l^2 v_0}x^3$$

船到达东岸的地点为

$$x' = l, \quad y' = l\left(1 - \frac{2\sqrt{2}u_0}{3v_0}\right)$$

练习 1.1.22:水平飞行的飞机向前发射一颗炮弹,发射后飞机的速度为 v_0,炮弹相对于飞机的速度为 v。略去空气阻力,则(1)以地球为参考系,炮弹的轨迹方程为__________;(2)以飞机为参考系,炮弹的轨迹方程为__________。(设两种参考系中坐标原点均在发射处,x 轴沿速度方向向前,y 轴竖直向下)

答案:$y = \frac{gx^2}{2(v+v_0)^2}$;$y = \frac{gx^2}{2v^2}$。(1)以地球为参考系,炮弹的速度为 $v_x = v + v_0$,炮弹 x、y 方向的运动方程分别为 $x = v_x t$,$y = \frac{1}{2}gt^2$,轨迹方程为 $y = \frac{1}{2}g\left(\frac{x}{v+v_0}\right)^2$。(2)以飞机为参考系 S',炮弹的速度为 $v'_x = v$,炮弹 x'、y' 方向的运动方程分别为 $x' = v'_x t$,$y' = \frac{1}{2}gt^2$,轨迹方程为 $y = \frac{1}{2}g\left(\frac{x}{v}\right)^2$。

例 1.1.16:一小船相对于河水以速率 $v = 5\mathrm{m/s}$ 划行。当它在流速为 $u = 2\mathrm{m/s}$ 的河水中逆流而上时,有一木桨落入水中顺流而下,船上人 6s 后发觉,即返回追赶,t 秒后可追上此桨,则 t=[　　]

(A) 2s;　　(B) 3s;　　(C) 4s;　　(D) 6s。

答案:D。取河水为参考系,相对河水,木桨落入水中不动,船相对水的速度为 v,6s 后发现失桨,木桨与船之间的距离为 $s = 6v$,返回时追赶的船速仍为 v,因此 $t = \frac{s}{v} = 6\mathrm{s}$。

说明:惯性参考系是对某一特定物体惯性定律成立的参考系。在解题中,善于选择合理的参考系,并会在不同的参考系中求解,同时考虑参考系变换的相对问题,会给解题带来很大的方便,有时会使问题变得非常简单。

练习 1.1.23:一敞顶电梯以恒定速率 $v = 10\mathrm{m/s}$ 上升。当电梯离地面 $h = 10\mathrm{m}$ 时,电梯里一小孩竖直向上抛出一球。球相对于电梯初速率为 $v_0 = 20\mathrm{m/s}$。则从地面算起,球能

达到的最大高度为 $h_{\max}=$__________ m，抛出后经过时间 $t=$__________ s 后小球回到电梯上。（重力加速度 $g=9.8\mathrm{m/s^2}$）

答案：55.9，4.08。球相对地面的初速度为 $v'=v_0+v=30\mathrm{m/s}$，抛出后相对地面上升的高度为 $h=\dfrac{v'^2}{2g}=45.9\mathrm{m}$，离地面的高度为 $H=45.9+10\mathrm{m}=55.9\mathrm{m}$。在地面参考系中，当球回到电梯时，电梯的上升高度等于球上升高度：$vt=(v+v_0)t-\dfrac{1}{2}gt^2\Rightarrow t=\dfrac{2v_0}{g}=4.08\mathrm{s}$。

1.2　牛顿运动定律及其应用，变力作用下的质点动力学基本问题

（1）牛顿三定律：

第一定律：惯性定律；

第二定律：$\boldsymbol{F}=\dfrac{\mathrm{d}(m\boldsymbol{v})}{\mathrm{d}t}=m\boldsymbol{a}$；

第三定律：作用力与反作用力大小相等，方向相反，在同一直线上。

（2）力学中常见的作用力：

万有引力：$\boldsymbol{F}=-G\dfrac{m_1m_2}{r^2}\boldsymbol{r}^0$；

弹性力：$\boldsymbol{F}=-kx\boldsymbol{i}=-m\omega^2\boldsymbol{i}$；

摩擦力：静摩擦力 $f_s\geqslant\mu_s N$；

滑动摩擦力：$f_k=\mu_k N$。

考点 1：瞬时受力问题

例 1.2.1：质量分别为 m_1、m_2、m_3 的三个物体 A、B、C，用一根细绳和两根轻弹簧连接并悬于固定点 O，如图 1.2.1 所示。取向下为 x 轴正向，开始时系统处于平衡状态，后将细绳剪断，则在刚剪断瞬时，物体 B 的加速度大小 $a_B=$__________。

答案：$\dfrac{m_3g}{m_2}$。未剪断时对 B 上下拉力分别为 $F_{上}=(m_2+m_3)g$，$F_{下}=m_3g$。剪断瞬间，B 受到的合力为 $F=F_{上}-m_2g=m_3g$，加速度大小为 $a_B=\dfrac{m_3g}{m_2}$。

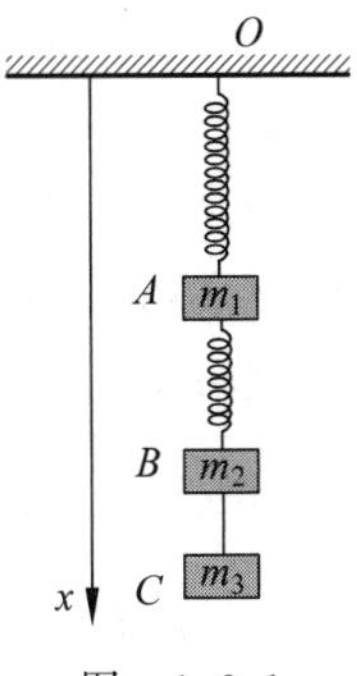

图　1.2.1

练习 1.2.1：两个质量相等的小球由一轻弹簧相连接，再用一细绳悬挂于天花板上，处于静止状态，如图 1.2.2 所示。将绳子剪断的瞬间，球 1 和球 2 的加速度分别为[　　]

(A) $a_1=g$，$a_2=g$；　　(B) $a_1=0$，$a_2=g$；

(C) $a_1=g$，$a_2=0$；　　(D) $a_1=2g$，$a_2=0$。

答案：D。

练习 1.2.2：用一根细线吊一重物，重物质量为 5kg，重物下面再系一根同样的细线，细线只能经受 70N 的拉力。现在突然向下拉一下下面的线。设力最大值 50N，则[　　]

(A) 下面的线先断；　　(B) 上面的线先断；

(C) 两根线一起断；　　(D) 两根线都不断。

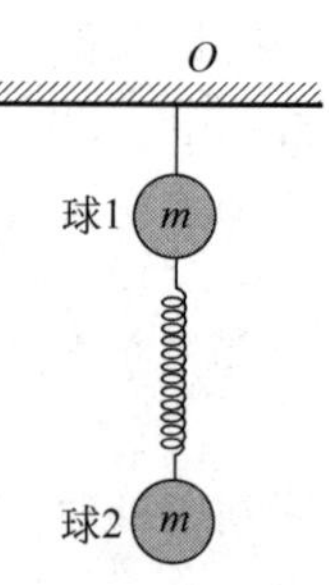

图　1.2.2

答案：D。形变不是瞬间的，需要一定时间。由于是突然的作用力，向下拉的力只对下面系的那根线产生作用，这根线之前并不受外力，被拉的瞬间承受 50N 作用力，不会断。在这一瞬间，下面绳子形变对球引起的作用未能传到上面绳子，故上面的绳子依然只受球的重力影响，所以不会断。

例 1.2.2：如图 1.2.3 所示，质量分别为 m_1 和 m_2 的两只球，用弹簧连在一起，且以长为 $L_1=0.3\text{m}$ 的线拴在轴 O 上，m_1 与 m_2 均以角速度 $\omega=2.0\text{rad/s}$ 绕轴在光滑水平面上作匀速圆周运动，设 m_2 与 m_1 的质量比 $\lambda=2.0$。当两球之间的距离为 $L_2=0.2\text{m}$ 时，将线烧断。线被烧断的瞬间两球的加速度大小之差为 $a_1-a_2=$__________。(弹簧和线的质量忽略不计)

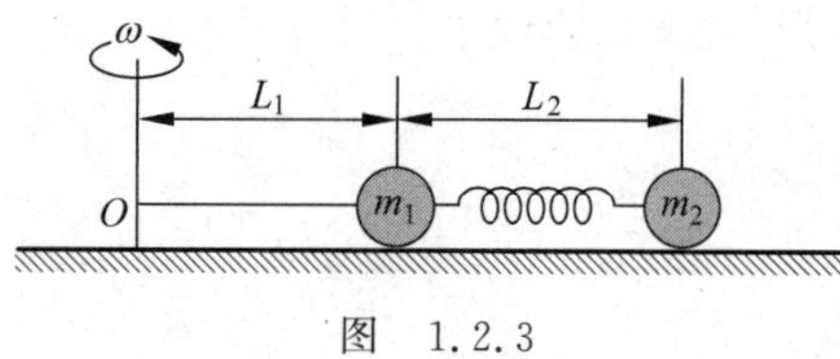

图　1.2.3

答案：2m/s^2。未断时对球 2 有弹性力 $f=m_2\omega^2(L_1+L_2)$。线断瞬间对球 1：$f=m_1a_1\Rightarrow a_1=\dfrac{f}{m_1}$，对球 2：$f=m_2a_2\Rightarrow a_2=\dfrac{f}{m_2}$，解得 $a_1-a_2=\omega^2(L_1+L_2)(\lambda-1)=2\text{m/s}^2$。

练习 1.2.3：质量为 m 的小球，用轻绳 AB、BC 连接，如图 1.2.4 所示，其中 AB 水平，BC 与铅直方向的夹角为 θ。剪断绳 AB 前后的瞬间，绳 BC 中的张力比 $T:T_0=$__________。

答案：$1:\cos^2\theta$。在剪断绳前，根据竖直方向受力平衡可得对小球：$T_0\cos\theta=mg$。剪断后瞬间，小球作圆周运动，速度为 0，故法向力为 0，在指向 C 的法向上，$T=mg\cos\theta$。

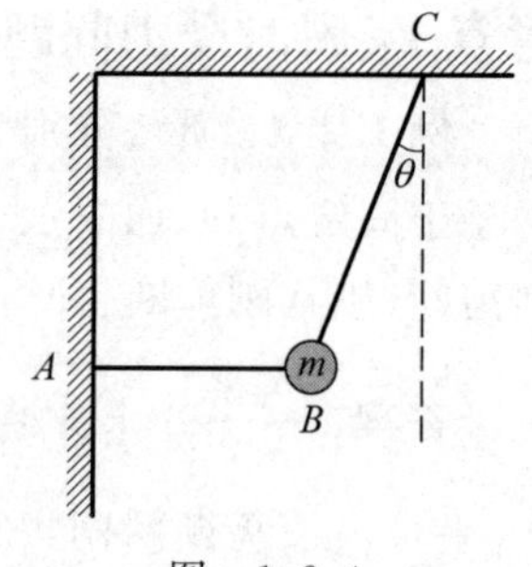

图　1.2.4

例 1.2.3：质量为 m 的雨滴下降时，因受空气阻力，在落地前已是匀速运动，其速率为 $v_0=5.0\text{m/s}$。设空气阻力大小与雨滴速率的平方成正比，则当雨滴下降速率为 $v=4.0\text{m/s}$ 时，相应的加速度的大小为 $a=$__________。(重力加速度 $g=9.8\text{m/s}^2$)

答案：3.53m/s^2。雨滴加速运动时：$mg-kv^2=ma$，落地前匀速运动时：$mg=kv_0^2$，联合上两式可得 $a=g[1-(v/v_0)^2]$。

练习 1.2.4：一根细绳跨过一光滑的定滑轮，一端挂一质量为 M 的物体，另一端被人用双手拉着，人的质量为 $m=\dfrac{1}{2}M$。若人相对于绳以加速度 a_0 向上爬，则人相对于地面的加速度(以竖直向上为正)是[　　]

(A) $(2a_0+g)/3$；　　(B) $-(3g-a_0)$；

(C) $-(2a_0+g)/3$；　　(D) a_0。

答案：A。假设物体向上的加速度是 a_1，人相对地面的加速度是 a，则有 $a=a_0-a_1$

(人所在这侧的绳子是以加速度 a_1 向下加速运动的)。设绳子这时的拉力大小是 F,对物体:$F-Mg=Ma_1 \Rightarrow F-Mg=M(a_0-a)$;对人:$F-\frac{M}{2}g=\frac{M}{2}a$。以上二式联立,消去 F,得人相对地面的加速度是 $a=(2a_0+g)/3$。

考点 2:牛顿运动定律与微积分知识的结合

例 1.2.4:一水平放置的飞轮可绕通过中心的竖直轴转动,飞轮的辐条上装有一个小滑块,它可在辐条上无摩擦地滑动。一轻弹簧一端固定在飞轮转轴上,另一端与滑块连接。当飞轮以角速度 ω 旋转时,弹簧的长度为原长的 f 倍,已知 $\omega=\omega_0$ 时,$f=f_0$,求 ω 与 f 的函数关系。

解:设弹簧原长为 l,劲度系数为 k,滑块质量为 m,作圆周运动的半径为 r,由于是弹性力提供了质点作圆周运动的向心力,故有

$$mr\omega^2=k(r-l) \quad ①$$

由题设,有

$$r=fl \quad ②$$

联立①式和②式得 $mfl\omega^2=kl(f-1)$,代入已知条件 $\omega=\omega_0$ 时,$f=f_0$,整理后得 ω 与 f 的函数关系为

$$\frac{f\omega^2}{f_0\omega_0^2}=\frac{f-1}{f_0-1}$$

练习 1.2.5:已知一质量为 m 的质点在 x 轴上运动,质点只受到指向原点的引力的作用,引力大小与质点离原点的距离 x 的平方成反比,即 $f=-k/x^2$,k 是比例常数。设质点在 $x=A$ 时的速度为零,则质点在 $x=A/4$ 处的速度大小为____________。

答案:$\sqrt{\frac{6k}{mA}}$。根据牛顿第二定律 $f=-\frac{k}{x^2}=m\frac{\mathrm{d}v}{\mathrm{d}t}=m\frac{\mathrm{d}v}{\mathrm{d}x}\cdot\frac{\mathrm{d}x}{\mathrm{d}t}=mv\frac{\mathrm{d}v}{\mathrm{d}x}$,整理得 $mv\mathrm{d}v=-\frac{k}{x^2}\mathrm{d}x$,定积分可求 $x=A/4$ 处的速度:$\int_{A/4}^{A}-\frac{k}{x^2}\mathrm{d}x=\int_{v}^{0}mv\mathrm{d}v$。

练习 1.2.6:质量为 m 的子弹以速度 v_0 水平射入沙土中,设子弹所受阻力与速度反向,大小与速度成正比,比例系数为 K,忽略子弹的重力,求:(1)子弹射入沙土后,速度随时间变化的函数式;(2)子弹进入沙土的最大深度。

解:(1) 子弹进入沙土后受力为 $f=-Kv=m\frac{\mathrm{d}v}{\mathrm{d}t}$,整理得 $-\frac{m\mathrm{d}v}{Kv}=\mathrm{d}t$,根据初始条件积分:$\int_0^t\mathrm{d}t=\int_{v_0}^{v}-\frac{m}{Kv}\mathrm{d}v$,可得速度随时间变化的函数式:$v=v_0\mathrm{e}^{-Kt/m}$。

(2) **方法 1**:根据 $v=v_0\mathrm{e}^{-Kt/m}=\frac{\mathrm{d}x}{\mathrm{d}t}$,整理得 $v_0\mathrm{e}^{-Kt/m}\mathrm{d}t=\mathrm{d}x$,根据初始条件积分 $\int_0^x\mathrm{d}x=\int_0^t v_0\mathrm{e}^{-Kt/m}\mathrm{d}t$,可得位移随时间变化的函数式 $x=\frac{mv_0}{K}(1-\mathrm{e}^{-Kt/m})$,可得子弹进入沙土的最大深度,即位移最大值 $t\to\infty\Rightarrow x_{\max}=\frac{mv_0}{K}$。

方法 2：根据 $f=-Kv=m\dfrac{dv}{dt}=m\dfrac{dv}{dx}\dfrac{dx}{dt}=mv\dfrac{dv}{dx}$，可得 $dx=-\dfrac{m}{K}dv$，根据初始条件积分：$\int_0^x dx=\int_{v_0}^0 -\dfrac{m}{K}dv$，可得子弹进入沙土的最大深度：$x_{max}=\dfrac{mv_0}{K}$。

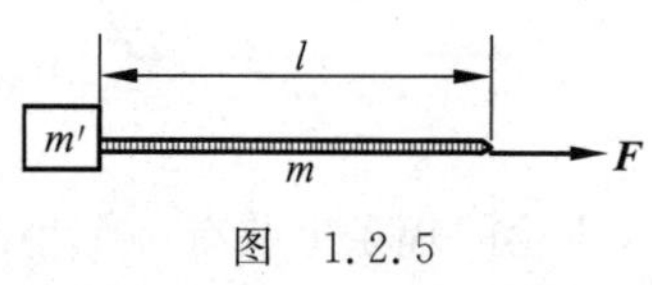

图 1.2.5

例 1.2.5：如图 1.2.5 所示，质量为 m、长为 l 的柔软细绳，一端系着放在光滑桌面上质量为 m' 的物体，在绳的另一端加力 $\boldsymbol{F}$。设绳的长度不变，质量分布是均匀的。求：(1)绳上任意点的张力；(2)绳作用在物体上的力。

解：(1) 建立坐标轴，并选一段微元 dx 为研究对象，并对其作受力分析，如图 1.2.6 所示。这段绳子在合力的作用下作向 x 轴正方向的加速运动，假设加速度为 a，利用牛顿第二定律得

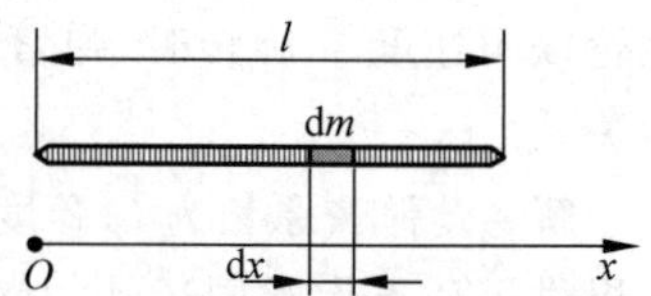

图 1.2.6

$$(F_T+dF_T)-F_T=(dm)a=\frac{m}{l}a\,dx \qquad ①$$

因为加速度 $a=\dfrac{F}{m'+m}$，代入①式可得

$$dF_T=\frac{mF}{(m'+m)l}dx \qquad ②$$

②式两边积分，利用已知条件，长为 l 处受力大小为 F

$$\int_{F_T}^{F}dF_T=\frac{mF}{(m'+m)l}\int_x^l dx \qquad ③$$

可得

$$F_T=\left(m'+m\frac{x}{l}\right)\frac{F}{m'+m} \qquad ④$$

(2) $x=0$ 代入④式可得，绳作用在物体上的力大小为 $F_{T0}=\dfrac{m'}{m'+m}F$。

练习 1.2.7：质量为 $m=2.0$kg 的均匀绳，长 $L=0.8$m，两端分别连接重物 A 和 B，$m_A=8.0$kg，$m_B=5.0$kg，今在 B 端施以大小为 $F=450$N 的竖直拉力，使绳和物体向上运动，求距离绳的下端为 $x=0.4$m 处绳中的张力 $T=$________N。

答案：270。$T=F\left(m_A+\dfrac{mx}{L}\right)/(m+m_A+m_B)=2.7\times10^2$N。

说明：本题中绳子受力是均匀增加的，所以即使不用微积分的方法也能通过比例关系求解。然而与微积分应用的结合是大学物理的典型特色，也希望同学们能从开始养成二者结合的习惯，习惯利用微积分的方法解物理题目。除此之外，该方法也可用于非均匀受力的复杂情况，如以下例题及练习。

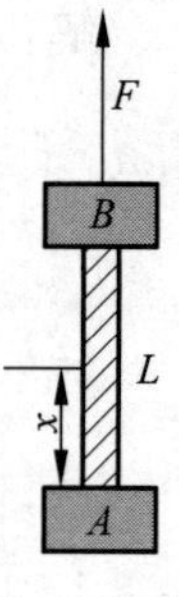

图 1.2.7

例 1.2.6：一条质量为 m 且分布均匀的绳子长为 l，一端拴在转轴上，并以恒定角速度 ω 在水平面上旋转，设转动过程中绳子始终伸直，忽略重力和空气阻力，求距转轴 r 处绳中的张力。

解：如图 1.2.8 所示，取长度为 dr，到转轴距离为 r 的一段绳子为研究对象。

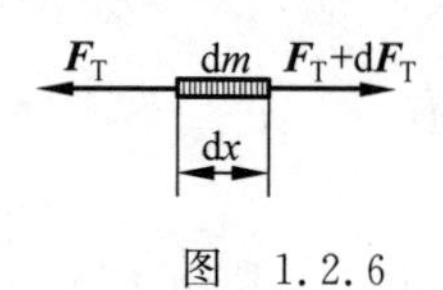

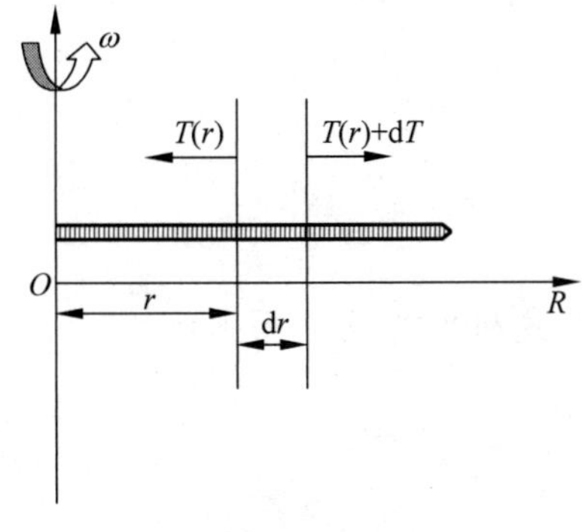

图　1.2.8

对其进行受力分析并使用牛顿第二定律可得

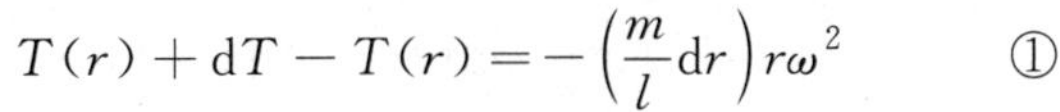

$$T(r)+\mathrm{d}T-T(r)=-\left(\frac{m}{l}\mathrm{d}r\right)r\omega^2 \quad ①$$

整理可得

$$\mathrm{d}T=-\frac{m}{l}\omega^2 r\,\mathrm{d}r \quad ②$$

②式两边积分，利用已知条件，长为 l 处绳中张力为 0，

$$\int_{T(r)}^{0}\mathrm{d}T=-\int_{r}^{l}\frac{m}{l}\omega^2 r\,\mathrm{d}r$$

$$T(r)=\frac{m}{2l}\omega^2(l^2-r^2)$$

可见绳子中的张力从左到右依次减小，到尾端完全松弛。

练习 1.2.8：如图 1.2.9 所示，一条质量分布均匀的绳子，质量为 $M=5.0\text{kg}$、长度为 $L=2.0\text{m}$，一端拴在竖直转轴上，并以恒定角速度 $\omega=4.0\text{rad/s}$ 在水平面上旋转。设转动过程中绳子始终伸直不打弯，且忽略重力，则距转轴为 $r=0.4\text{m}$ 处绳中的张力 $T=$____________。

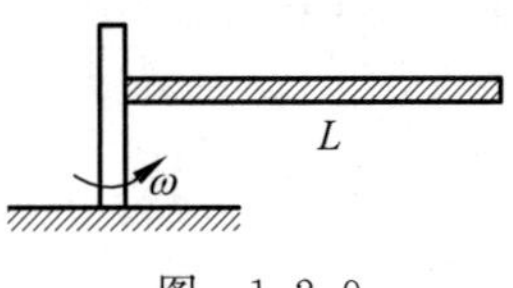

图　1.2.9

答案：76.8N。

难度增加练习 1.2.9：如图 1.2.10 所示，绳索绕在圆柱上，绳绕圆柱张角为 θ，绳与圆柱间的静摩擦因数为 μ，B 端的拉力固定，增大 F_{TA}，求绳处于滑动边缘时，绳两端的张力 F_{TA} 和 F_{TB} 间的关系。（绳的质量忽略）

解：取一小段绕在圆柱上的绳 $\mathrm{d}s$（张角为 $\mathrm{d}\theta$）为研究对象，建立如图 1.2.11 所示坐标，并对其作受力分析。绳子的微元分别受到圆柱的支撑力 F_N、静摩擦力 F_f 和绳子的拉力 F_T 与 $F_T+\mathrm{d}F_T$ 的作用。

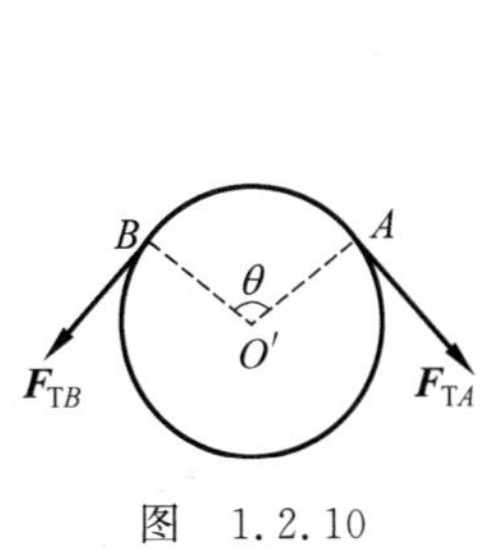

图　1.2.10

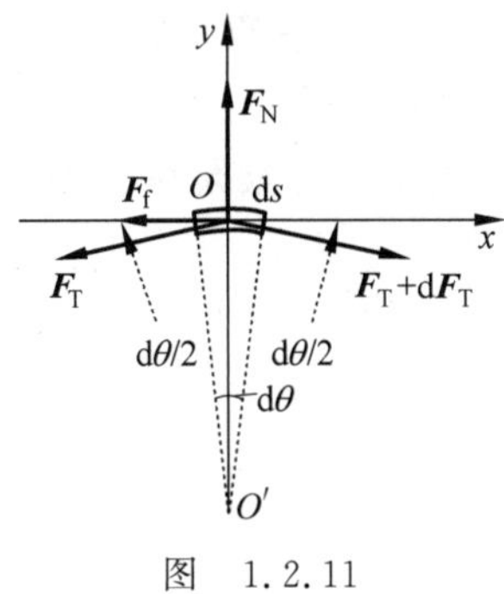

图　1.2.11

因为绳子静止，所受合力为零。在 x、y 两个方向列方程：

x 方向：

$$(F_T+\mathrm{d}F_T)\cos\frac{\mathrm{d}\theta}{2}-F_T\cos\frac{\mathrm{d}\theta}{2}-F_f=0 \quad ①$$

y 方向：

$$-(F_{\mathrm{T}}+\mathrm{d}F_{\mathrm{T}})\sin\frac{\mathrm{d}\theta}{2}-F_{\mathrm{T}}\sin\frac{\mathrm{d}\theta}{2}+F_{\mathrm{N}}=0 \tag{②}$$

考虑静摩擦力与支撑力的关系：

$$F_{\mathrm{f}}=\mu F_{\mathrm{N}} \tag{③}$$

因为 $\mathrm{d}\theta$ 很小，可用近似关系 $\sin\frac{\mathrm{d}\theta}{2}\approx\frac{\mathrm{d}\theta}{2}$，$\cos\frac{\mathrm{d}\theta}{2}\approx 1$，代入①式和②式，分别得到：

x 方向：

$$\mathrm{d}F_{\mathrm{T}}-F_{\mathrm{f}}=0 \tag{④}$$

y 方向：

$$-F_{\mathrm{T}}\mathrm{d}\theta+\frac{1}{2}\mathrm{d}F_{\mathrm{T}}\mathrm{d}\theta+F_{\mathrm{N}}=0 \tag{⑤}$$

去掉⑤式中的二阶小量 $\mathrm{d}F_{\mathrm{T}}\mathrm{d}\theta$，把③式代入④式，可得

$$\mathrm{d}F_{\mathrm{T}}=\mu F_{\mathrm{N}},\quad F_{\mathrm{T}}\mathrm{d}\theta=F_{\mathrm{N}}$$

整理得到

$$\mathrm{d}F_{\mathrm{T}}=\mu F_{\mathrm{T}}\mathrm{d}\theta \tag{⑥}$$

两边积分，利用已知条件，$\theta=0$ 处绳子拉力为 $F_{\mathrm{T}B}$，可得

$$\int_{F_{\mathrm{T}B}}^{F_{\mathrm{T}A}}\frac{\mathrm{d}F_{\mathrm{T}}}{F_{\mathrm{T}}}=\mu\int_{0}^{\theta}\mathrm{d}\theta \tag{⑦}$$

计算得

$$F_{\mathrm{T}B}=F_{\mathrm{T}A}\mathrm{e}^{-\mu\theta} \tag{⑧}$$

分析：由题目可知随着 θ 的增大，两边力的比值 $F_{\mathrm{T}B}/F_{\mathrm{T}A}$ 会越小。即可通过在圆柱体上绕很多圈（增大 θ）的形式吊起更重的物品，如图 1.2.12 所示。

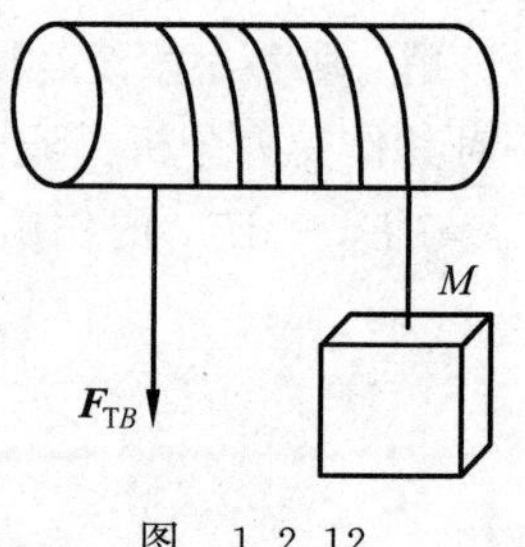

图 1.2.12

例 1.2.7：一条长为 L，质量为 m 且均匀分布的链条成直线状放在水平桌面上。链子的一端有极小段被拉出桌子边缘，在重力作用下从静止开始下落。试求：(1)链子离开桌面时的速度（不考虑摩擦）；(2)若链条与桌面有摩擦，设摩擦系数为 μ，问链条垂下多长开始下滑？

解：(1) 建立如图 1.2.13 所示坐标系，取链条开始下滑时刻为 0，t 时刻留在桌面上的链条是 AB，下垂部分长为 x，此时速度为 v，加速度为 a，桌子上和垂下部分的链条质量分别为 m_1 和 m_2，对其进行受力分析可得

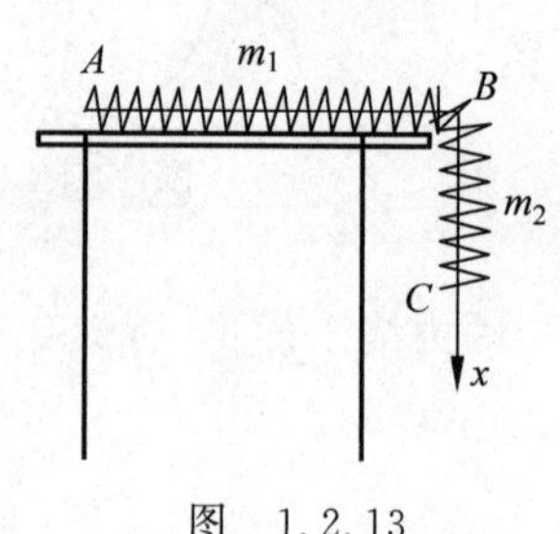

图 1.2.13

$$T=m_1 a$$

$$m_2 g-T=m_2 a$$

联立上两式可得 $a=\frac{m_2}{m_1+m_2}g=\frac{x}{L}g$。

因本题希望得到 v 与 x 的关系，由 $a=\frac{\mathrm{d}v}{\mathrm{d}t}=\frac{\mathrm{d}v}{\mathrm{d}x}\frac{\mathrm{d}x}{\mathrm{d}t}=v\frac{\mathrm{d}v}{\mathrm{d}x}$，代入上式可得

$$v\frac{\mathrm{d}v}{\mathrm{d}x}=\frac{x}{L}g\Rightarrow v\mathrm{d}v=\frac{g}{L}x\mathrm{d}x$$

两边积分

$$\int_0^v v\,\mathrm{d}v=\int_0^L \frac{g}{L}x\,\mathrm{d}x \Rightarrow v=\sqrt{gL}$$

(2) 设下垂长度为 d 时开始下滑，分别对桌子上和垂下部分的链条进行受力分析可得

$$T-f_m=m_1a$$

$$m_2g-T=m_2a$$

其中 f_m 为链条受到的摩擦力，为 $f_m=\mu m_1 g$。结合上两式可得

$$a=\frac{(m_2-\mu m_1)g}{m_1+m_2}$$

当 $a>0$ 时链条下滑，即 $m_2-\mu m_1>0 \Rightarrow \lambda d-\mu\lambda(L-d)\geqslant 0$，即下垂长度 $d=\dfrac{\mu L}{1+\mu}$ 时链条开始下滑。

练习 1.2.10：如图 1.2.14 所示，一条长为 l，质量均匀分布的细链条 AB，挂在半径可忽略的光滑钉子 C 上，开始时处于静止状态，BC 段长为 $L\left(l>L>\dfrac{1}{2}l\right)$，释放后链条将作加速运动。试求：当 $BC=\dfrac{2}{3}l$ 时，链条的加速度和运动速度的大小。

解：链条运动过程中，当 $BC=x>L>l/2$ 时，对 BC 段有

$$m\frac{x}{l}g-T_1=m\frac{x}{l}a_1$$

对 AC 段有

$$T_2-m\frac{l-x}{l}g=m\frac{l-x}{l}a_2$$

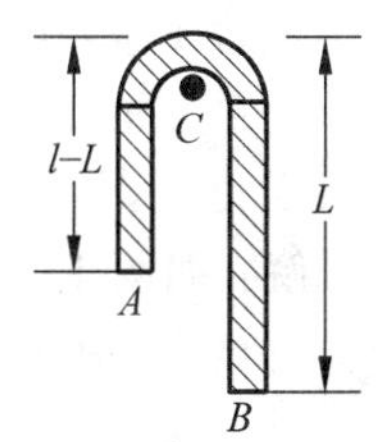

图　1.2.14

由题设条件 $T_1=T_2$，$a_1=a_2=a$，解出链条的加速度 $a=(2x/l-1)g$。

当 $BC=\dfrac{2}{3}l\left(\text{即 } x=\dfrac{2}{3}l\right)$ 时，$a=g/3$。

因为 $a=\mathrm{d}v/\mathrm{d}t=v\,\mathrm{d}v/\mathrm{d}x$，所以 $v\,\mathrm{d}v=a\,\mathrm{d}x=[(2xg/l)-g]\mathrm{d}x$，两边积分得

$$\int_0^v v\,\mathrm{d}v=\int_L^{2l/3}[(2xg/l)-g]\mathrm{d}x$$

$$\frac{1}{2}v^2=(L-L^2/l-2l/9)g$$

此时链条的运动速度为 $v=\sqrt{2(L-L^2/l-2l/9)g}\ (L>l/2)$。

难度增加考点：变质量问题

注意：牛顿第二定律的准确表达式为 $\boldsymbol{F}=\dfrac{\mathrm{d}\boldsymbol{p}}{\mathrm{d}t}=\dfrac{\mathrm{d}(m\boldsymbol{v})}{\mathrm{d}t}$。当处理变质量问题时，需要考虑质量的改变，即 $\boldsymbol{F}=\dfrac{\mathrm{d}(m\boldsymbol{v})}{\mathrm{d}t}=\dfrac{\mathrm{d}m}{\mathrm{d}t}\boldsymbol{v}+m\dfrac{\mathrm{d}\boldsymbol{v}}{\mathrm{d}t}$。

例 1.2.8：一柔软绳长为 l，线密度为 ρ，一端着地开始自由下落，下落的任意时刻其给地面的压力为多少？

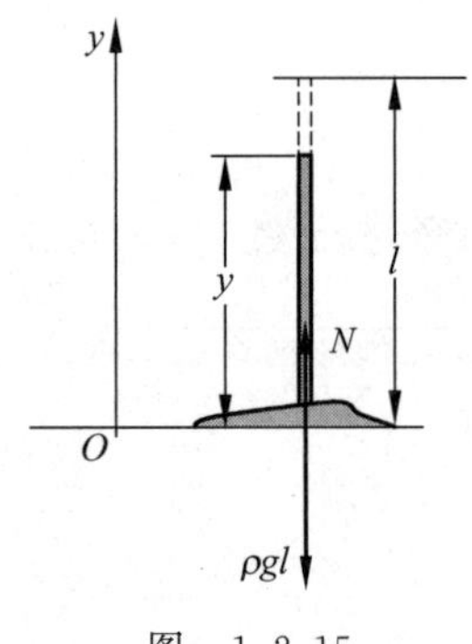

图 1.2.15

解：研究对象为整个绳子，受力有重力、地面支持力；取竖直向上方向为 y 轴，地面为原点（图 1.2.15）。设绳上端下落到高度 y 时，地面支持力为 N，由牛顿第二定律可得

$$\rho gl - N = \frac{\mathrm{d}p}{\mathrm{d}t} = \frac{\mathrm{d}(\rho yv)}{\mathrm{d}t} \quad ①$$

左式是整个绳子的受力分析，右式是上端正在下降部分的动量随时间的微分，因为其质量随时间改变，所以需要考虑其微分，即

$$N = \rho gl - \rho\left(\frac{\mathrm{d}y}{\mathrm{d}t}\right)v - \rho y\,\frac{\mathrm{d}v}{\mathrm{d}t} \quad ②$$

在②式中，$\frac{\mathrm{d}y}{\mathrm{d}t} = -v, \frac{\mathrm{d}v}{\mathrm{d}t} = g$，得到

$$N = \rho gl + \rho v^2 - \rho yg = \rho g(l-y) + \rho v^2 \quad ③$$

其中 v 与 y 可看作绳子顶点的速度与坐标，利用自由落体公式，可得

$$v^2 = 2g(l-y) \quad ④$$

将④式代入③式可得 $N = 3\rho g(l-y)$。

说明：这是一个典型的变质量问题，就是加速度为 $-g$ 的绳子质量 m 一直在变化，但是我们还是可以通过牛顿第二定律对力进行求解。该题目也可以用动量定理求解，该解法会在后边提及。

练习 1.2.11：一长为 l，质量为 m 的柔软链条盘放在水平台面上。用手握链条的一端，以匀速 v 将其上提。求链条上端提离地面的高度为 x 时手的提力 F。

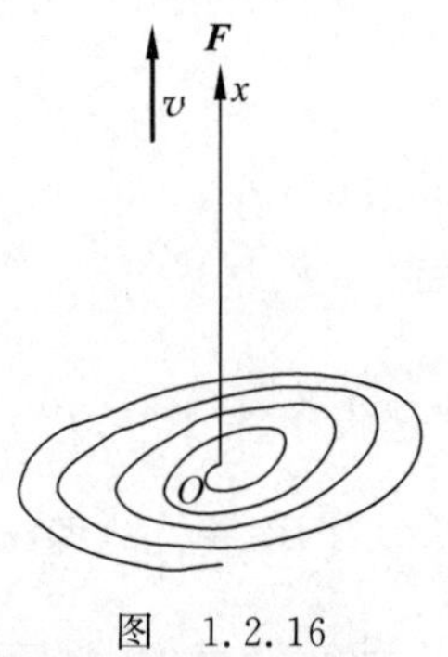

图 1.2.16

解：如图 1.2.16 所示，取竖直向上方向为 x 轴，台面为原点。受力有重力、地面支持力和拉力，由牛顿第二定律可得

$$F + N - \rho gl = \frac{\mathrm{d}(\rho xv)}{\mathrm{d}t} = \rho\left(\frac{\mathrm{d}x}{\mathrm{d}t}\right)v + \rho x\,\frac{\mathrm{d}v}{\mathrm{d}t}$$

其中 $N = \rho g(l-x), \frac{\mathrm{d}x}{\mathrm{d}t} = v, \frac{\mathrm{d}v}{\mathrm{d}t} = 0$，代入上式可得

$$F = \rho xg + \rho v^2 = \frac{m}{l}(xg + v^2)$$

1.3 非惯性系和惯性力

(1) 质量为 m 的物体，在平动加速度为 $\boldsymbol{a}$ 的参考系中受的惯性力为 $\boldsymbol{F}_{惯} = -m\boldsymbol{a}$；

(2) 在转动角速度为 ω 的参考系中，惯性离心力为 $f = rm\omega^2$。

注意：非惯性系中求解动力学问题的一般方法是：列牛顿方程时，在力的一方多加上一个惯性力，剩下的与惯性系中应用牛顿定律解题类似。

考点 1：平动非惯性系中的惯性力

例 1.3.1：在光滑水平面上放一质量为 M、底角为 θ、斜边光滑的楔块。今在其斜边上放一质量为 m 的物体，求物体沿楔块下滑时对楔块和对地面的加速度。

解：分别用 $\boldsymbol{a}_{Md}$ 表示楔块相对地面的加速度，$\boldsymbol{a}_{mM}$ 表示物体相对楔块的加速度，$\boldsymbol{a}_{md}$ 表示物体相对地面的加速度，如图 1.3.1 所示。本题求 $\boldsymbol{a}_{mM}$ 与 $\boldsymbol{a}_{md}$。根据相对运动变换关系，可得

$$\boldsymbol{a}_{mM}=\boldsymbol{a}_{md}-\boldsymbol{a}_{Md} \qquad ①$$

以楔块为参考系(非惯性系)进行求解，对物体进行受力分析，如图 1.3.2 所示(注意在其中的惯性力)。在非惯性系中，物体以 $\boldsymbol{a}_{mM}$ 沿楔块斜边下滑，楔块保持静止，对其应用牛顿运动定律。

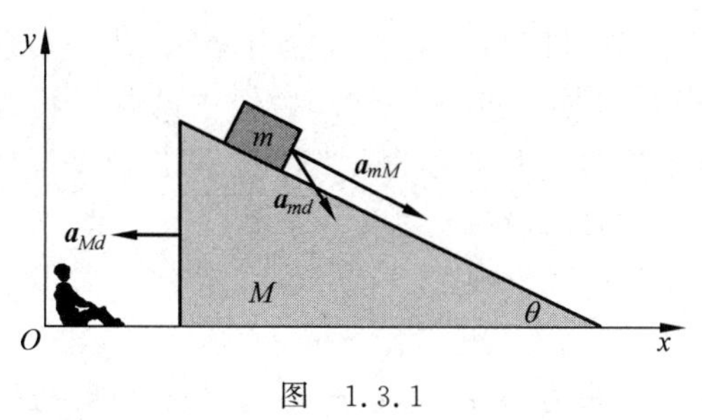

图 1.3.1

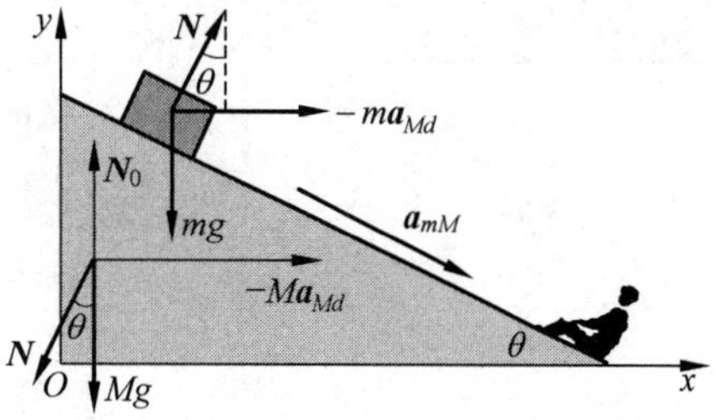

图 1.3.2

对物体：

x 方向：
$$N\sin\theta+ma_{Md}=ma_{mM}\cos\theta \qquad ②$$

y 方向：
$$N\cos\theta-mg=-ma_{mM}\sin\theta \qquad ③$$

对楔块：

x 方向：
$$-N\sin\theta+Ma_{Md}=0 \qquad ④$$

联立②式～④式可得

$$a_{mM}=\frac{(M+m)\sin\theta}{M+m\sin^2\theta}g$$

$$a_{Md}=\frac{m\sin\theta\cos\theta}{M+m\sin^2\theta}g$$

考虑其方向可得

$$\boldsymbol{a}_{mM}=\frac{(M+m)\sin\theta}{M+m\sin^2\theta}g\cos\theta\boldsymbol{i}-\frac{(M+m)\sin\theta}{M+m\sin^2\theta}g\sin\theta\boldsymbol{j} \qquad ⑤$$

$$\boldsymbol{a}_{Md}=-\frac{m\sin\theta\cos\theta}{M+m\sin^2\theta}g\boldsymbol{i} \qquad ⑥$$

将⑤式和⑥式代入①式可得

$$\boldsymbol{a}_{md}=\boldsymbol{a}_{mM}+\boldsymbol{a}_{Md}=\frac{M\sin\theta\cos\theta}{M+m\sin^2\theta}g\boldsymbol{i}-\frac{(M+m)\sin^2\theta}{M+m\sin^2\theta}g\boldsymbol{j}$$

说明：在地面参考系中应用牛顿运动定律也可以对该问题进行求解。在判断结果是否正确时常用以下方法：①等式两边量纲一致；②极限方法，如本例中，若 $\theta=0$，则 $a_{md}=0$；若 $\theta=\frac{\pi}{2}$，则 $\boldsymbol{a}_{md}=-g\boldsymbol{j}$。若 $M\gg m$，则 $a_{Md}=0$。

练习 1.3.1：升降机内地板上放有物体 A，其上再放另一物体 B，二者的质量分别为

M_A 和 M_B。当升降机以加速度 a 向下加速运动时($a<g$)，物体 A 对升降机地板的压力在数值上等于[　　]

(A) $M_A g$；　　　　(B) $(M_A+M_B)g$；

(C) $(M_A+M_B)(g+a)$；　　　　(D) $(M_A+M_B)(g-a)$。

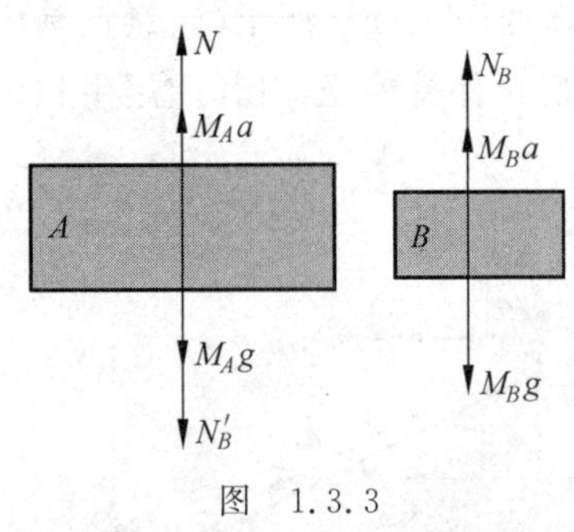

图 1.3.3

答案：D。对物体 A、B 进行受力分析，如图 1.3.3 所示。二者合力为零，故 $M_B g=M_B a+N_B$，$M_A g+N_B=M_A a+N$。故 $N=M_A(g-a)+N_B=M_A(g-a)+M_B(g-a)$。

练习 1.3.2：在升降机天花板上拴有轻绳，其下端系一重物，当升降机以加速度 a_1 上升时，绳中的张力正好等于绳子所能承受的最大张力的一半，问升降机以多大加速度上升时，绳子刚好被拉断？[　　]

(A) $2a_1$；　　　　(B) $2(a_1+g)$；

(C) $2a_1+g$；　　　　(D) a_1+g。

答案：C。当升降机以加速度 a_1 上升时，绳中的张力为 $T=mg+ma_1$。假设升降机以加速度 a 上升时，绳子刚好被拉断，则 $mg+ma_1=\dfrac{1}{2}(mg+ma)$。

练习 1.3.3：如图 1.3.4 所示，质量为 m 的摆球 A 悬挂在车架上。小车沿水平方向作匀速运动时，摆线中张力为 T_1，小车沿水平方向作加速度为 a 的运动时，摆线中张力为 T_2，则 $T_1/T_2=$ ________。

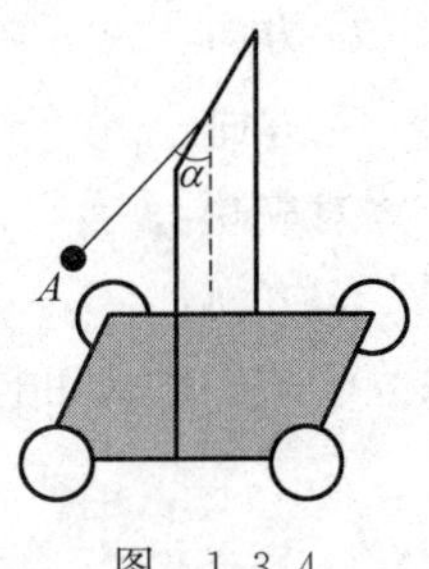

图 1.3.4

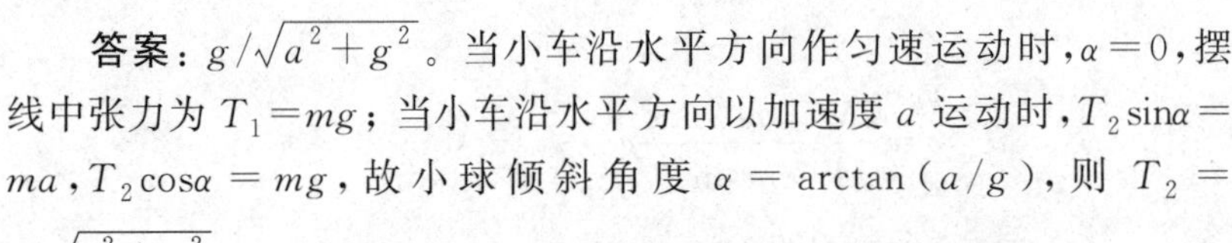

答案：$g/\sqrt{a^2+g^2}$。当小车沿水平方向作匀速运动时，$\alpha=0$，摆线中张力为 $T_1=mg$；当小车沿水平方向以加速度 a 运动时，$T_2\sin\alpha=ma$，$T_2\cos\alpha=mg$，故小球倾斜角度 $\alpha=\arctan(a/g)$，则 $T_2=m\sqrt{a^2+g^2}$。

例 1.3.2：单摆挂在木块上的小钉上，木板质量远大于单摆质量。木板平面在竖直平面内，并可沿两竖直轨道无摩擦地自由下落。如图 1.3.5 所示，现使单摆摆动起来，当单摆离开平衡位置但未达到最高点时木板开始自由下落，则摆球相对于木板的运动是什么？

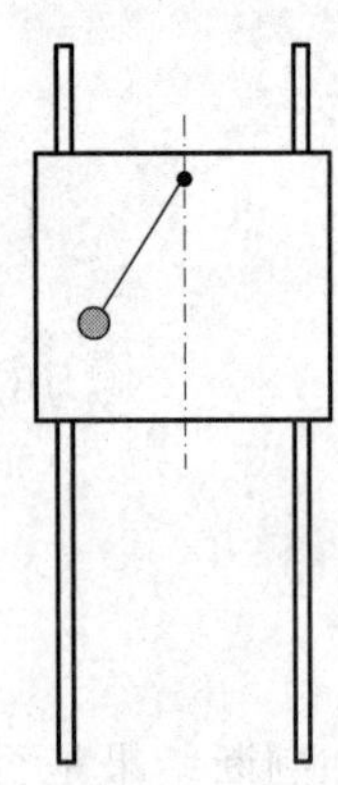

图 1.3.5

解：木板以重力加速度下落，是非惯性系。在木板参考系中，摆球受到惯性力、重力和摆球的拉力。因惯性力和重力恰好抵消，故摆球受的合力为拉力，单摆未摆到最高点时相对于木板必有速度，速度垂直于拉力，而拉力为向心力，故摆球必以此速率作匀速圆周运动。

说明：从以上例题可见，在非惯性系中求解含有相对运动的力学问题是较为方便的，但要记得惯性力的性质。

练习 1.3.4：小车在水平地面上以匀加速度 $\boldsymbol{a}$ 向右运动时，从天花板上掉下一小球。略去空气阻力，用惯性力概念求出相对于车上静止的观察者甲小球的加速度的大小和方向。相对于地面上静止的观察者乙，小球的加速度为何值？

解：由观察者甲看来，以小车为参考系，小球所受合力为 $\boldsymbol{F}_1=\boldsymbol{G}+\boldsymbol{F}^*$，其中 $\boldsymbol{F}^*=-m\boldsymbol{a}$ 为惯性力，方向如图 1.3.6 所示。合力的大小为 $F_1=\sqrt{a^2+g^2}\,m$，小球的加速度大小为 $a_1=F_1/m=\sqrt{a^2+g^2}$，方向为 $\theta_1=\arccos\dfrac{g}{\sqrt{a^2+g^2}}$。由观察者乙看来，以地面为参考系，小球在水平方向未受力，只在竖直向下方向有加速度，其大小为 $a_2=g$。

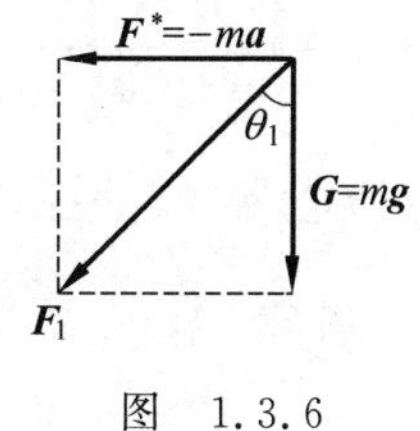

图 1.3.6

考点 2：转动非惯性系中的惯性力

例 1.3.3：一半径为 R 的金属光滑环可绕其竖直轴旋转，环上套一珠子。今从静止开始逐渐增大角速度 ω，试求：(1)在不同转速下珠子能静止在环上的位置；(2)这些位置分别是稳定的，还是不稳定的？

解：(1) 在非惯性系中，需引入惯性力，受力分析如图 1.3.7 所示。静止时：

y 方向：

$$N\cos\theta-mg=0$$

x 方向：

$$N\sin\theta-m\omega^2R\sin\theta=0$$

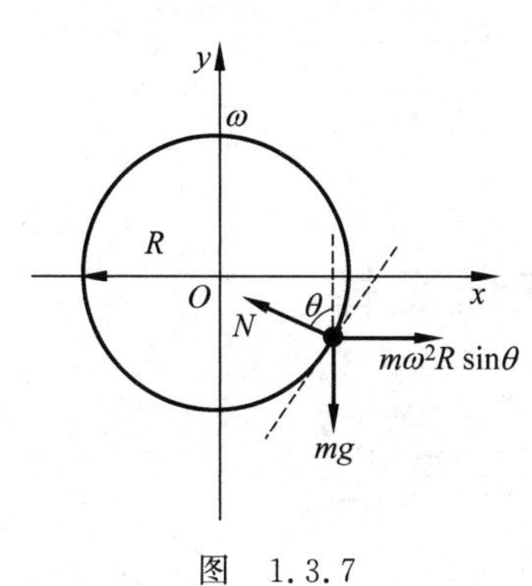

图 1.3.7

联立以上两式约掉 N 可得

$$m\sin\theta(\omega^2R\cos\theta-g)=0$$

则珠子静止位置为

$$\theta=0,\quad \theta=\pi,\quad \theta=\pm\arccos\left(\frac{g}{\omega^2R}\right)$$

(2) 为判定稳定性，需求出切向力的表达式：

$$F_{\mathrm{t}}=m\omega^2R\sin\theta\cos\theta-mg\sin\theta$$

在(1)问中得到的三个位置都有 $F_{\mathrm{t}}=0$，切向力对 θ 微分得

$$\frac{\mathrm{d}F_{\mathrm{t}}}{\mathrm{d}\theta}=m\omega^2R\left(2\cos^2\theta-1-\frac{g}{\omega^2R}\cos\theta\right)$$

稳定条件为 $\mathrm{d}\theta$ 和 $\mathrm{d}F_{\mathrm{t}}$ 异号，故：

$\theta=0$ 时，$\dfrac{\mathrm{d}F_{\mathrm{t}}}{\mathrm{d}\theta}=m\omega^2R\left(1-\dfrac{g}{\omega^2R}\right)$，即圆环的正下方是否为平衡位置取决于 $\left(1-\dfrac{g}{\omega^2R}\right)$ 项的正负。

$\theta=\pi$ 时，$\dfrac{\mathrm{d}F_{\mathrm{t}}}{\mathrm{d}\theta}=m\omega^2R\left(1+\dfrac{g}{\omega^2R}\right)$，即圆环的正上方确定不是平衡位置。

$\theta=\pm\arccos\left(\dfrac{g}{\omega^2R}\right)$ 时，$\dfrac{\mathrm{d}F_{\mathrm{t}}}{\mathrm{d}\theta}=m\omega^2R\left[\left(\dfrac{g}{\omega^2R}\right)^2-1\right]$，即 $\left[\left(\dfrac{g}{\omega^2R}\right)^2-1\right]$ 项决定了左右两点是否为平衡位置。

练习 1.3.5：一小珠可在半径为 R 竖直的圆环上无摩擦地滑动，且圆环能以其竖直直径为轴转动。当圆环以一适当的恒定角速度 ω 转动，小珠偏离圆环转轴而且相对圆环静止时，小珠所在处圆环半径偏离竖直方向的角度为[　　]

(A) $\theta=\dfrac{1}{2}\pi$； (B) $\theta=\arccos\left(\dfrac{g}{R\omega^2}\right)$；

(C) $\theta=\arctan\left(\dfrac{R\omega^2}{g}\right)$； (D) 需由小珠的质量 m 决定。

答案：B。

练习 1.3.6：圆锥顶点系一长度为 L 的轻杆，杆的另一端系一质量为 m 的物体，物体在光滑圆锥面上以 ω 作匀速圆周运动。求：(1)杆的张力与物体对圆锥面的压力；(2)ω 为何值时物体离开锥面。

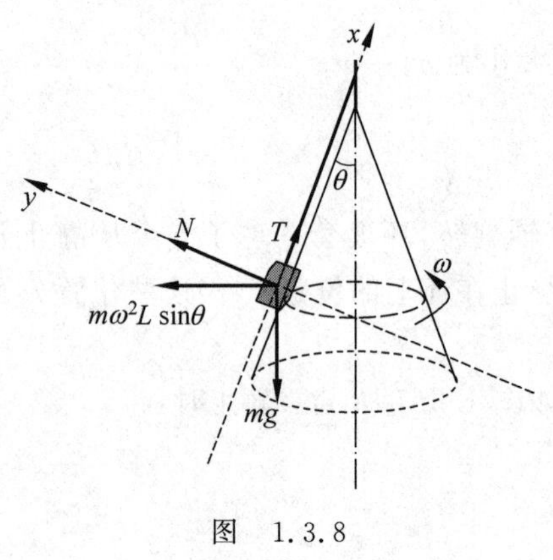

图 1.3.8

解：(1) 取圆锥为参考系，建立如图 1.3.8 所示坐标系，其中 $m\omega^2 L\sin\theta$ 为物体所受的惯性力。物体相对圆锥静止，故合力为 0。

在 x 方向上：

$$T=m\omega^2 L\sin\theta\sin\theta+mg\cos\theta$$

在 y 方向上：

$$N+m\omega^2 L\sin\theta\cos\theta=mg\sin\theta$$

故物体对圆锥面的压力为 $N=m(g-\omega^2 L\cos\theta)\sin\theta$。

(2) 当 $N=0$ 时，物体离开锥面，此时圆锥面的转速为 $\omega=\sqrt{\dfrac{g}{L\cos\theta}}$。

1.4 质点和质点系的动量定理与动量守恒定律

(1) 冲量：$\boldsymbol{I}=\int\boldsymbol{F}\mathrm{d}t$；

动量定理：$\int_{t_0}^{t}\boldsymbol{F}\mathrm{d}t=\boldsymbol{p}(t)-\boldsymbol{p}(t_0)$。

(2) 动量守恒定律：系统所受合外力为零时，$\boldsymbol{p}$ 为恒矢量。

(3) 火箭飞行问题：

① 火箭受到的推力为 $F=u\dfrac{\mathrm{d}m}{\mathrm{d}t}$；

② 火箭获得的最大速度正比于火箭起始质量与最终质量(有效荷载)比的对数和喷气速度 $v=u\ln\dfrac{M_0}{M}$；

③ 多级火箭 $v=v_1+v_2+\cdots+v_n=u\ln(N_1N_2\cdots N_n)$，其中 $N_i=M_i/M_f$ 为第 i 级火箭的有效荷载比。

考点 1：动量冲量等概念的矢量性质及动量定理的简单应用

例 1.4.1：质量为 m 的小球在水平面内作半径为 R、速率为 v 的匀速圆周运动，如图 1.4.1 所示。小球自 A 点逆时针运动到 B 点的半圆内(图 1.4.1)，动量的增量应为[ ]

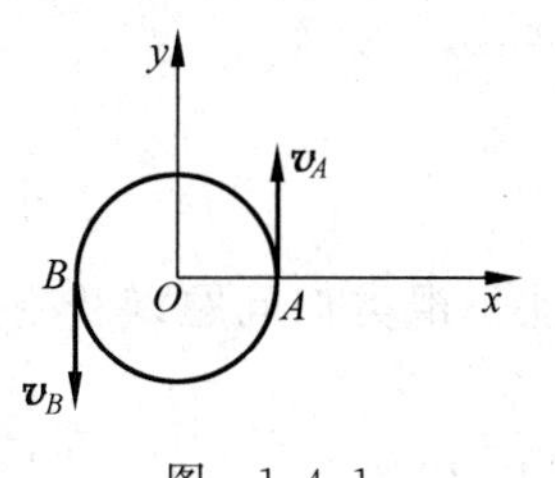

图　1.4.1

(A) $2mv\boldsymbol{j}$；　　(B) $-2mv\boldsymbol{j}$；

(C) $2mv\boldsymbol{i}$；　　(D) $-2mv\boldsymbol{i}$。

答案：B。动量的增量为 $\Delta\boldsymbol{p}=m\boldsymbol{v}_2-m\boldsymbol{v}_1=-mv_B\boldsymbol{j}-mv_A\boldsymbol{j}=-2mv\boldsymbol{j}$。

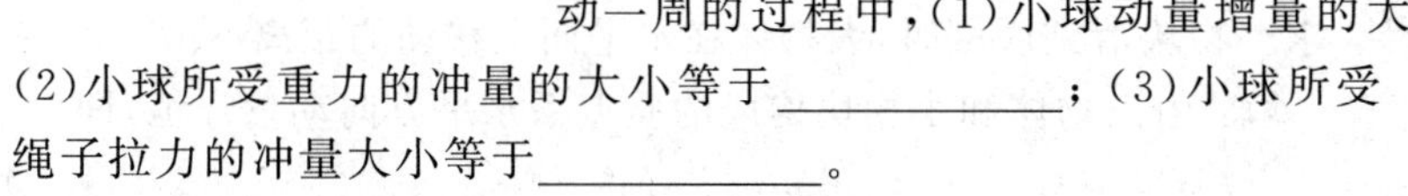

练习 1.4.1：如图 1.4.2 所示，一圆锥摆，质量为 m 的小球在水平面内以角速度 ω 匀速转动，重力加速度 g 恒定。在小球转动一周的过程中，(1)小球动量增量的大小等于________；(2)小球所受重力的冲量的大小等于________；(3)小球所受绳子拉力的冲量大小等于________。

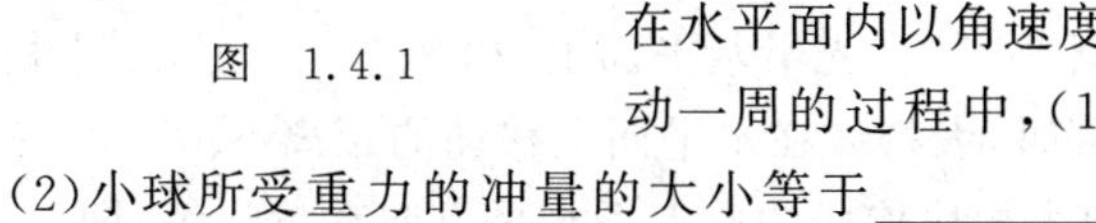

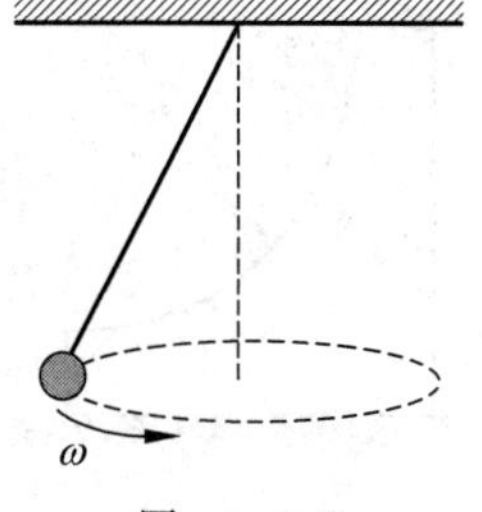

图　1.4.2

答案：(1)0；(2)$2\pi mg/\omega$；(3)$2\pi mg/\omega$。

例 1.4.2：质量相等的两个物体甲和乙，并排静止在光滑水平面上。现用一水平恒力 F 作用在物体甲上，同时给物体乙一个与 F 同方向的瞬时冲量 I，使两物体沿同一方向运动，则两物体再次达到并排的位置所经过的时间为[　　]

(A) I/F；　　(B) $2I/F$；

(C) $2F/I$；　　(D) F/I。

答案：B。物体甲作匀加速直线运动：$S=\frac{1}{2}at^2=\frac{1}{2}\frac{F}{m}t^2$；物体乙作匀速直线运动：$S=vt=\frac{I}{m}t$；两物体再次达到并排：$\frac{1}{2}\frac{F}{m}t^2=\frac{I}{m}t\Rightarrow t=2I/F$。

练习 1.4.2：子弹在枪筒中前进时受到的合力可表示为 $F=500-\frac{4}{3}\times10^5t$(SI)，子弹由枪口飞出时的速度为 300m/s，设子弹飞出枪口时合力刚好为零，则子弹的质量为________。

答案：3.1g。由子弹飞出枪口时合力为零可得：$F=500-\frac{4}{3}\times10^5t=0$，可得此时 $t'=3.75\times10^{-3}$s，冲量为 $I=\int_t^{t'}F\mathrm{d}t=0.94\mathrm{N\cdot s}$，根据动量定理 $I=m\Delta v$ 可得子弹质量。

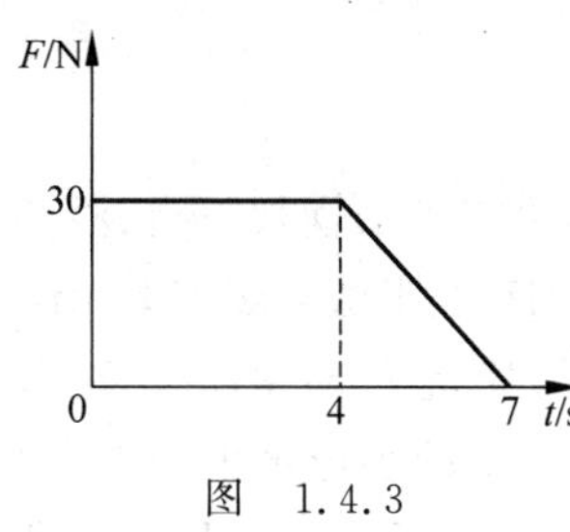

图　1.4.3

例 1.4.3：质量为 $m=10$kg 的木箱放在地面上，在水平拉力 F 的作用下由静止开始沿直线运动，其拉力随时间的变化关系如图 1.4.3 所示。忽略摩擦力作用，在 $t=7$s 时木箱速度大小为________。

答案：16.5m/s。拉力 F 的冲量为 $I=\int F\mathrm{d}t$，对应图 1.4.3 中拉力曲线下的面积，即 165N·s，等于动量的变化 mv。

练习 1.4.3：棒球质量为 0.14kg，用棒击打棒球的力随时间的变化关系如图 1.4.4 所示，棒球被击打前后速度增量大小为 70m/s，则力的最大值为________。

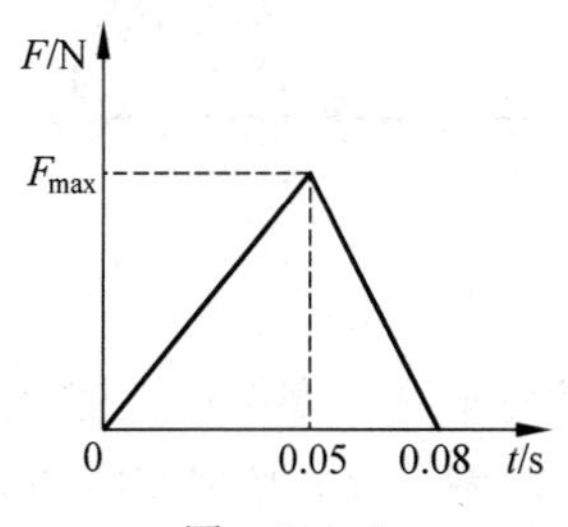

图　1.4.4

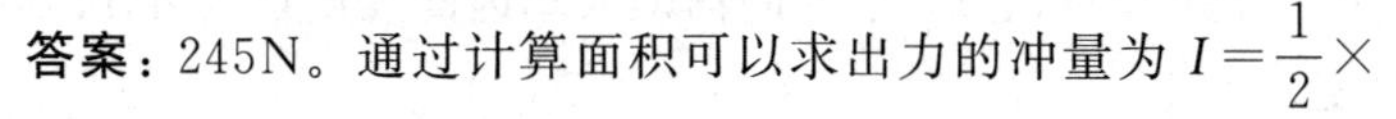

答案：245N。通过计算面积可以求出力的冲量为 $I=\frac{1}{2}\times$

$0.08\times F_{max}=0.04F_{max}$，根据动量定理 $I=m\Delta v$ 可得力的最大值 F_{max}。

考点 2：质点系的动量守恒问题

说明：课程中常见的质点系动量守恒一般包括火箭问题、木块下滑类似问题以及碰撞问题等。以下例题及练习多为前两类问题，碰撞问题会单独说明。

例 1.4.4：一个有 1/4 圆弧滑槽的大物体 M 停在光滑水平面上，如图 1.4.5 所示，小物块 m 沿圆弧由静止下滑。求小物块滑到底端时，大物体在水平面上移动的距离 S。

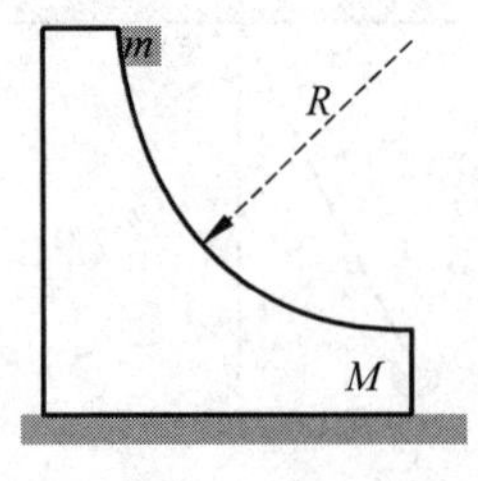

图 1.4.5

解：由大物体和小物块构成的质点系水平方向动量守恒，即

$$mv_x=MV \quad ①$$

因为题目求的是位移之间的关系，所以对①式两边积分，

$$m\int_0^t v_x\,\mathrm{d}t=M\int_0^t V\mathrm{d}t \quad ②$$

即

$$ms=MS \quad ③$$

再利用已知条件，在水平方向上 m 相对 M 的运动距离为 R，记为 x_{mM}。利用相对关系，在水平方向上有

$$x_{mM}=x_{md}-x_{Md} \quad ④$$

其中 $x_{md}=s$ 是小物块 m 相对于地在水平方向上运动的距离，$x_{Md}=-S$ 是大物体 M 相对于地在水平方向上运动的距离。即④式为

$$R=s+S \quad ⑤$$

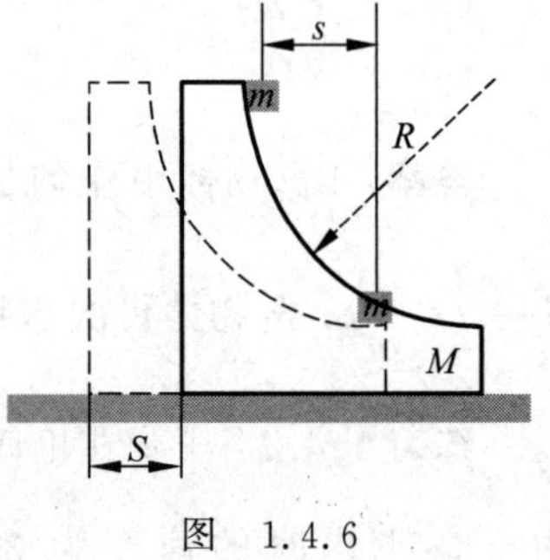

图 1.4.6

该关系式也可由图 1.4.6 看出。

联立③式和⑤式可得

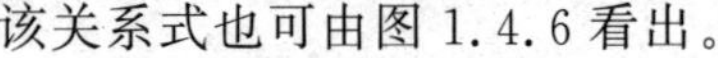

$$S=\frac{m}{m+M}R$$

分析：这是典型的某一方向动量守恒问题。也可能为小物体沿三角形楔块下滑、沿凸面下滑等变化，重要的是质点系动量守恒条件的判断。另外，可用量纲和极限法判断答案无误。

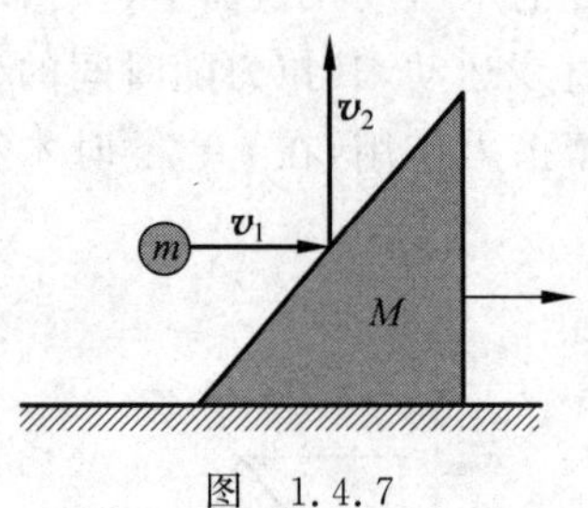

图 1.4.7

练习 1.4.4：如图 1.4.7 所示，质量为 M 的滑块正沿着光滑水平地面向右滑动。一质量为 m 的小球水平向右飞行，以速度 v_1（对地）与滑块斜面相碰，碰后竖直向上弹起。则在此过程中，滑块速度的增量 $\Delta v=$__________。

答案：$\dfrac{mv_1}{M}$。

例 1.4.5：如图 1.4.8 所示，一辆装煤车以 $u=3\mathrm{m/s}$ 的速率从煤斗下通过，每秒钟落入车辆内的煤 $m=5000\mathrm{kg}$，如果使车厢速率保持不变，应用多大力拉车厢？（忽略摩擦）

解：设 t 时刻车厢和煤的总质量为 M，之后 $\mathrm{d}t$ 时间内落入车内的煤质量为 $\mathrm{d}M$，质点系 M 和 $\mathrm{d}M$ 水平方向的动量改变量为

$$\mathrm{d}p=(M+\mathrm{d}M)u-Mu=\mathrm{d}Mu \qquad ①$$

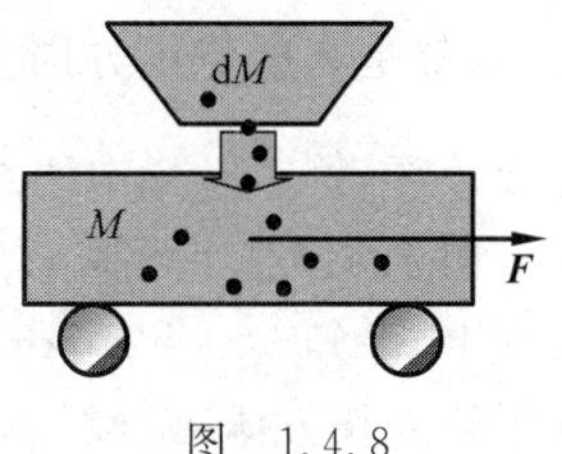

图　1.4.8

由动量定理，$F\mathrm{d}t=\mathrm{d}Mu$ 可得

$$F=u\frac{\mathrm{d}M}{\mathrm{d}t}=um=1.5\times10^4\mathrm{N} \qquad ②$$

练习 1.4.5：如图 1.4.8 所示，用传送带输送煤粉，料斗口在上方高 $h=0.5\mathrm{m}$ 处，煤粉自料斗口自由落在传动带上。设料斗口连续卸煤的流量为 $q=49\mathrm{kg/s}$，传送带以 $v=2\mathrm{m/s}$ 的水平速度匀速向右移动。在装煤的过程中，传送带对煤粉的作用力的大小为 $F=$[　　](重力加速度 $g=9.8\mathrm{m/s^2}$)

(A) 98N；　(B) 153.4N；　(C) 182N；　(D) 251N。

答案：C。如例 1.4.5 传送带对煤粉的拉力为 $F_1=v\frac{\mathrm{d}m}{\mathrm{d}t}=vq=98\mathrm{N}$，对煤粉的冲力为 $F_2=\frac{mu}{\Delta t}=q\sqrt{2gh}=153\mathrm{N}$，传送带对煤粉的作用力的大小为 $F=\sqrt{F_1^2+F_2^2}=182\mathrm{N}$。

例 1.4.6：一质量为 $m=60\mathrm{kg}$ 的人起初站在一条质量为 $M=600\mathrm{kg}$，且正以 $V=2\mathrm{m/s}$ 的速率向湖岸驶近的小木船上，湖水是静止的，其阻力不计。现在人相对于船以一水平速率 v 沿船的前进方向向河岸跳去，该人起跳后，船速减为原来的一半 $V'=V/2$。关于 v 的大小，有人解法如下：$(M+m)V=m(v+V)+MV'$，$V'=V/2$，解出 $v=10\mathrm{m/s}$。上述解法是否正确，如有错请指出并予以改正。

答：在上述解法中，第一个式子是错误的，错在认为人跳离船后船速仍为 V。正确的式子应为 $(M+m)V=m(v+V')+MV'$，代入 $V'=V/2$，解出 $v=11\mathrm{m/s}$。

练习 1.4.6：质量为 $M=60.0\mathrm{kg}$ 的人，手执一质量为 $m=0.50\mathrm{kg}$ 的物体，以与地平线成 $\alpha=45°$ 的速度 $v_0=5.0\mathrm{m/s}$ 向前跳去。当他达到最高点时，将物体以相对于人的速度 $u=5.0\mathrm{m/s}$ 向后平抛出去。略去空气阻力不计，由于抛出该物体，此人跳的水平距离增加了 $\Delta x=$__________。

答案：$1.5\times10^{-2}\mathrm{m}$。当人到达最高点时，水平方向的速度为 $v_1=v_0\cos\alpha$，设抛出物体后人的水平速度为 v，物体相对地面的速度为 $v_2=-u+v$；人与物体质点系水平方向动量守恒：$(M+m)v_1=Mv+mv_2$。可得人水平方向上速度增加了 $v-v_1=\frac{m(v_1-v_2)}{M+m}=\frac{mu}{M+m}$。人在竖直方向速度为 $v_0\sin\alpha$，到达最高点需要的时间为 $t=v_0\sin\alpha/g$，同样多时间内人回到地面，水平距离增加了 $(v-v_1)t=\frac{muv_0\sin\alpha}{(M+m)g}$。

练习 1.4.7：在一以匀速 v 行驶、质量为 M 的(不含船上抛出的质量)船上，分别向前和向后同时水平抛出两个质量相等(均为 m)的物体，抛出时两物体相对于船的速率相同(均为 u)，船速变为 v'。试写出该过程中船与物这个系统动量守恒定律的表达式(不必化简，以地为参考系)__________。

答案：$(2m+M)v=m(u+v')+m(v'-u)+Mv'$。

说明：质点系动量守恒的典型问题是火箭飞行问题。例 1.4.5 和例 1.4.6 与火箭问题

类似，都是考虑一维方向上的动量守恒，例 1.4.5 中也可以使用火箭问题的公式 $F=u\dfrac{\mathrm{d}m}{\mathrm{d}t}$ 直接计算，例 1.4.6 中注意相对速度问题。注意分析其中的区别与联系。

例 1.4.7：如图 1.4.9 所示，有两个长方形的物体 A 和 B 紧靠着静止放在光滑的水平桌面上，已知 $m_A=2.0\text{kg}$，$m_B=3.0\text{kg}$。现有一质量 $m=100\text{g}$ 的子弹以速率 $v_0=500\text{m/s}$ 水平射入长方体 A，经 $t=0.01\text{s}$，又射入长方体 B，最后停留在长方体 B 内未射出。设子弹射入 A 时所受的摩擦力为 $F=3.0\times10^3\text{N}$，则当子弹留在 B 中时，B 的速度大小 $v_B=$__________。

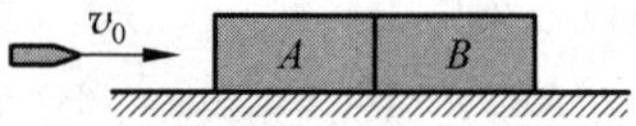

答案：12.3m/s。子弹射入 A 未射入 B 前，AB 共同作加速度为 a 的加速运动，时间 t 后 A 速度为 v_A，其中 $a=\dfrac{F}{m_A+m_B}=600\text{m/s}^2$，$v_A=at=6\text{m/s}$。子弹射入 B 后，B 将加速，而 A 继续以 v_A 作匀速直线运动。以 A、B、子弹为系统，所受合外力为 0，故动量守恒：$mv_0=m_Av_A+(m_B+m)v_B$，可得 $v_B=\dfrac{mv_0-m_Av_A}{m_B+m}\approx12.3\text{m/s}$。

图 1.4.9

练习 1.4.8：水面上有一质量为 M 的木船，开始时静止不动，从岸上以水平速度 v_0 将一质量为 m 的沙袋抛到船上，然后二者一起运动。设运动过程中船受的阻力与速率成正比，比例系数为 k，沙袋与船的作用时间极短，试求：(1)沙袋抛到船上后，船和沙袋一起开始运动的速率；(2)沙袋与木船从开始一起运动直到静止时所走过的距离。

解：(1) 设沙袋抛到船上后，共同运动的初速度为 V，并设此运动方向为 x 轴正方向，忽略沙袋撞击船时受水的阻力，则可认为沙袋＋船在沙袋落到船上前后水平方向动量守恒，因而有 $(M+m)V=mv_0$，故 $V=\dfrac{mv_0}{M+m}$。

(2) 由 $-k\dfrac{\mathrm{d}x}{\mathrm{d}t}=(M+m)\dfrac{\mathrm{d}v}{\mathrm{d}t}$，得 $\mathrm{d}x=-\dfrac{M+m}{k}\mathrm{d}v$，$\int_0^x\mathrm{d}x=\int_V^0-\dfrac{M+m}{k}\mathrm{d}v$，即沙袋与木船从开始一起运动直到静止时所走过的距离为 $x=\dfrac{M+m}{k}V=\dfrac{mv_0}{k}$。

练习 1.4.9：静水中停着两条质量均为 $M=200\text{kg}$ 的小船，当第一条船中的一个质量为 $m=60.0\text{kg}$ 的人以水平速度大小 $v=5.0\text{m/s}$（相对于地面）跳上第二条船后，第一条船的速度的大小 $v_1=$__________。（忽略水对船的阻力）

答案：1.5m/s。以第一艘船和人为研究系统，动量守恒有 $mv+Mv_1=0$。

难度增加考点：动量定理与微分知识的结合

例 1.4.8：一柔软绳长 l，线密度为 ρ，一端着地开始自由下落，下落的任意时刻，给地面的压力为多少？

解：取竖直向上为 y 轴正方向，地面为原点（图 1.4.10）。t 时刻已有 $(l-y)$ 长的柔绳落至地面，随后的 $\mathrm{d}t$ 时间内将有质量为 $\rho\mathrm{d}y$ 的柔绳以 $\mathrm{d}y/\mathrm{d}t$ 的速率碰到地面而停止，它的动量变化率为

$$\frac{\mathrm{d}p}{\mathrm{d}t}=\frac{-\rho\mathrm{d}y\cdot\frac{\mathrm{d}y}{\mathrm{d}t}}{\mathrm{d}t}=-\rho v^2 \quad ①$$

根据动量定理，地面对柔绳的冲力为

$$F'=\frac{\mathrm{d}p}{\mathrm{d}t}=-\rho v^2 \quad ②$$

根据牛顿第三定律，柔绳对地面的冲力为 $F=-F'=\frac{\mathrm{d}p}{\mathrm{d}t}=\rho v^2$，应用自由落体公式可得

$$v^2=2g(l-y) \quad ③$$

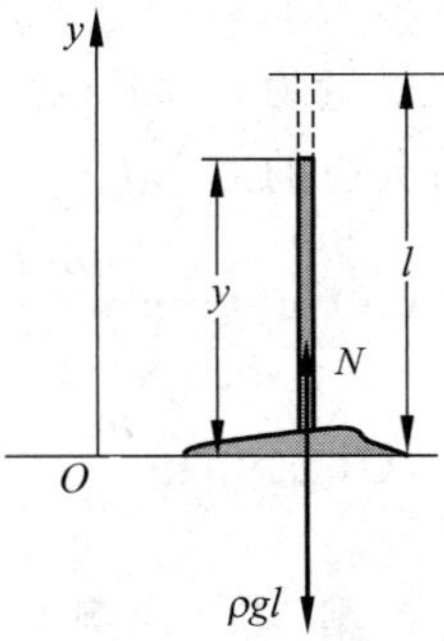

图 1.4.10

t 时刻柔绳对桌面的压力为

$$N=\rho(l-y)g+F=\rho(l-y)g+\rho v^2=mg+\rho 2g(l-y)=3\rho g(l-y) \quad ④$$

分析：该结果与直接用牛顿第二定律的计算结果一样，即绳子给地面的压力为已落在地面上绳子重量的三倍。但是二者的研究对象不同。后者是取整个绳子为研究对象进行受力分析，这个题目则直接从力的角度进行分析，即绳子对地面的压力为已落在地上绳子重力加上 t 时刻绳子对地面的冲力。本题用质心的动力学定律也能求解，感兴趣的同学可以自己练习。同理，练习 1.2.1 也可用动量定理求解，如练习 1.4.10。

练习 1.4.10：如图 1.4.11 所示，一长为 l，质量为 m 的柔软链条盘放在水平台面上。用手握链条的一端，以匀速 v 将其上提。求链条上端提离地面的高度为 x 时手的提力 F。

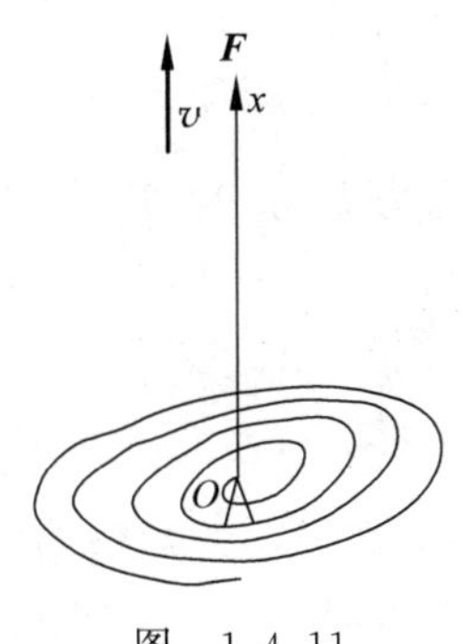

图 1.4.11

解：本题与例 1.4.8 类似，取竖直向上为 x 轴正方向，台面为原点。拉力等于长度为 x 的绳子的重力加上质量为 $\rho\mathrm{d}x$ 的链条以速率由 0 变为 v 需要的冲力。

t 时刻对链条的拉力为

$$F=\rho xg+\rho v^2=\frac{m}{l}(xg+v^2)$$

例 1.4.9：试证明：若略去空气阻力，竖直向上发射的火箭在离地面不远处，其加速度为 $a=-\frac{u}{m}\frac{\mathrm{d}m}{\mathrm{d}t}-g$，式中 u 是燃料相对于火箭的喷射速度，m 为 t 时刻的质量，$\mathrm{d}m/\mathrm{d}t\,(<0)$ 为火箭质量的增加率。

证明：取竖直向上为 x 轴正方向，令 v 为 t 时刻火箭的速度，$\mathrm{d}t$ 时间火箭质量改变量为 $\mathrm{d}m$，速度改变量为 $\mathrm{d}v$。应用动量定理得

$$-mg\,\mathrm{d}t=[(m+\mathrm{d}m)(v+\mathrm{d}v)-\mathrm{d}m(v-u)]-mv=m\mathrm{d}v+u\mathrm{d}m+\mathrm{d}m\mathrm{d}v$$

略去二阶小量 $\mathrm{d}m\mathrm{d}v$，则有

$$-mg\,\mathrm{d}t=m\mathrm{d}v+u\mathrm{d}m$$

$$-mg=m\frac{\mathrm{d}v}{\mathrm{d}t}+u\frac{\mathrm{d}m}{\mathrm{d}t}$$

因为 $\frac{\mathrm{d}v}{\mathrm{d}t}=a$，所以

$$a=-\frac{u}{m}\frac{\mathrm{d}m}{\mathrm{d}t}-g$$

练习 1.4.11：一竖直向上发射的火箭，原来静止时的初质量为 m_0，经时间 t 燃料耗尽时的质量为 m，喷气相对火箭的速率恒定为 u，不计空气阻力，重力加速度 g 恒定，则燃料耗尽时火箭的速率为[　　]

(A) $v=-u\ln\dfrac{m_0}{m}-gt/2$；　　(B) $v=u\ln\dfrac{m}{m_0}-gt$；

(C) $v=u\ln\dfrac{m_0}{m}+gt$；　　(D) $v=u\ln\dfrac{m_0}{m}-gt$。

答案：D。由例 1.4.9 的结论：$a=-\dfrac{u}{m}\dfrac{\mathrm{d}m}{\mathrm{d}t}-g$，则 $\mathrm{d}v=-g\mathrm{d}t-\dfrac{u}{m}\mathrm{d}m$，两边积分可得 $v=u\ln\dfrac{m_0}{m}-gt$。

1.5 变力的功、动能定理、保守力的功、势能、机械能守恒定律

(1) 功：$\mathrm{d}W=F\cos\theta\mathrm{d}s=\boldsymbol{F}\cdot\mathrm{d}\boldsymbol{r}$，$W=\int_1^2 F\cos\theta\mathrm{d}s=\int_1^2\boldsymbol{F}\cdot\mathrm{d}\boldsymbol{r}$；

(2) 动能定理：$W=E_{k2}-E_{k1}$；

(3) 保守力的功与势能：$\int_1^2\boldsymbol{F}_{保}\cdot\mathrm{d}\boldsymbol{r}=-(E_{p2}-E_{p1})$，$\int_1^{“0”}\boldsymbol{F}_{保}\cdot\mathrm{d}\boldsymbol{r}=E_{p1}$，$\oint\boldsymbol{F}_{保}\cdot\mathrm{d}\boldsymbol{r}=0$；

(4) 势能曲线：$\boldsymbol{F}=-\nabla E_p$；

(5) 机械能守恒定律：非保守力与合外力做功为零（或只有保守内力做功）时，E_p+E_k 为常量。

考点 1：功与动能的计算以及动能定理的应用

注意：关于功的计算：①功是代数量，是过程量，有相对性；②一个力的功的数值与参考系的选择有关，其根源在于物体的位移与参考系有关，参见例 1.5.2 和例 1.5.3；③值得注意的是，一对内力做功与参考系无关，只与相对运动距离有关，参见例 1.5.4 和例 1.5.5。

例 1.5.1：如图 1.5.1 所示，在光滑水平面上放着一个质量为 m 的物体，从 $t=0$ 开始物体受到一个随时间变化的力 $\boldsymbol{F}=\boldsymbol{b}t$ 的作用，$\boldsymbol{b}$ 是常矢量，它与水平面夹角 θ 为常数。物体在此力作用下沿水平面通过一段距离后脱离开水平面。求沿水平面滑动过程中此力做的功。

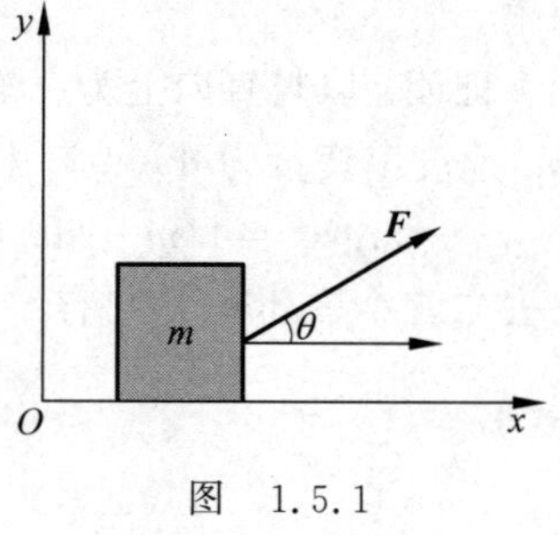

图 1.5.1

解：求滑动这段时间内的变力功：

$$\mathrm{d}W=\boldsymbol{F}\cdot\mathrm{d}\boldsymbol{r}=F_x\mathrm{d}x=F_x v\mathrm{d}t \qquad ①$$

其中速率

$$v=\int_0^t a_x\mathrm{d}t=\int_0^t\mathrm{d}t\,\frac{bt\cos\theta}{m}=\frac{b\cos\theta}{2m}t^2 \qquad ②$$

代入①式得

$$dW=\frac{b^2\cos^2\theta}{2m}t^3\,dt \qquad ③$$

现在需要确定时间 t 的积分范围，根据题意，当满足 $bT\sin\theta=mg$ 时物体离开水平面，即时间的积分范围为 0 至 $T=\frac{mg}{b\sin\theta}$，代入③式，可得

$$W=\int_0^T\frac{b^2\cos^2\theta}{2m}t^3\,dt=\frac{m^3g^4\cos^2\theta}{8b^2\sin^4\theta} \qquad ④$$

分析：同学们在高中时对恒力的功的计算已经比较熟悉，从本题可看出，变力做功问题需要熟练掌握微积分的相关知识并加以应用。另外本题可以用极限法对答案进行基本判断，$\theta=\pi/2$ 时，$W=0$，$\theta=0$ 时，$W\to\infty$。

练习 1.5.1：质量为 0.10kg 的质点，由静止开始沿曲线 $\boldsymbol{r}=(5/3)t^3\boldsymbol{i}+2\boldsymbol{j}$（SI）运动，则在 $t=0$ 到 $T=2$s 时间内，作用在该质点上的合外力所做的功为____________。

答案：20J。根据 $\boldsymbol{F}=m\frac{d^2\boldsymbol{r}}{dt^2}=t\boldsymbol{i}$，以及 $d\boldsymbol{r}=5t^2dt\boldsymbol{i}$，可得 $W=\int_0^T\boldsymbol{F}\cdot d\boldsymbol{r}=\int_0^2 5t^3\,dt=20$J。

练习 1.5.2：一质量为 $m=0.5$kg 的质点在 xOy 平面上运动，其位置矢量为 $\boldsymbol{r}=12\cos(\omega t)\boldsymbol{i}+8\sin(\omega t)\boldsymbol{j}$（SI）。质点在 B 点（0，8）与在 A 点（12，0）的动能之差 $\Delta E_k=$____________。（ω 为已知常数）

答案：$20\omega^2$。由质点在 B 点和 A 点的位置可得其对应时间 $t_B=\frac{\pi}{2\omega}$，$t_A=0$，根据速度公式：$\boldsymbol{v}=\frac{d\boldsymbol{r}}{dt}=-12\omega\sin(\omega t)\boldsymbol{i}+8\omega\cos(\omega t)\boldsymbol{j}$，可得质点在 B 点和 A 点的速度分别为 $\boldsymbol{v}_B=-12\omega\boldsymbol{i}$，$\boldsymbol{v}_A=8\omega\boldsymbol{i}$，动能差为 $\Delta E_k=\frac{m(12\omega)^2}{2}-\frac{m(8\omega)^2}{2}=20\omega^2$。

例 1.5.2：一列火车以速度 $u=70$m/s 作匀速直线运动，一位实验者站在一节车厢上，他将质量为 $m=1.5$kg 的小球以速度 $v=12$m/s（相对于火车）向前或竖直向上抛出，在地面参考系中看来实验者对小球做的功分别为 W_1 和 W_2，则两者之差 $\delta W=W_1-W_2=$[　　]。

(A) 5.4×10^2J；　(B) 7.2×10^2J；　(C) 1.1×10^3J；　(D) 1.3×10^3J。

答案：D。当实验者向前抛出小球时，小球相对地面的速度大小为 $u+v$，在地面参考系中看来实验者对小球做的功为 $W_1=\frac{1}{2}m(u+v)^2$；当实验者向上抛出小球时，小球相对地面的速度大小为 $\sqrt{u^2+v^2}$，$W_2=\frac{1}{2}m(u^2+v^2)$，$\delta W=W_1-W_2=muv$。

练习 1.5.3：火车相对于地面以恒定速度 u 沿直线运动，如果在火车上有一位实验者给静止在火车上的物体 m 以水平方向的恒力 F，使之产生沿火车前进方向的加速度。求地面上的观察者测得力 F 在时间 t 内做的功为 $W=$____________。

答案：$\frac{1}{2}\left(\frac{F^2}{m}\right)t^2+Fut$。在地面上的观察者看来，$W=F(\Delta x+ut)=F\left(\frac{1}{2}\frac{F}{m}t^2+ut\right)=\frac{1}{2}\left(\frac{F^2}{m}\right)t^2+Fut$。

练习 1.5.4：有一火车，在水平地面上以不变的加速度 a 沿直线向前运动，当车速为 v_0 时，从火车天花板上掉下一质量为 m 的螺帽。此后经过时间 t，相对火车静止的人看螺帽的动能为____________，相对地面静止的人看螺帽的动能为____________。

答案：$\frac{1}{2}m(a^2+g^2)t^2$，$\frac{1}{2}m\left[v_0^2+(gt)^2\right]$。在火车上的人看来，螺帽受到竖直方向的重力 mg 及惯性力 ma 的作用，在这两个竖直方向上作匀加速直线运动，经过时间 t，速度大小为 $v=\sqrt{v_x^2+v_y^2}=\sqrt{(at)^2+(gt)^2}$，动能为 $E_k=\frac{1}{2}m(a^2+g^2)t^2$。在地面上的人看来，经过时间 t，$v_x=v_0$，$v_y=gt$，速度大小为 $v=\sqrt{v_x^2+v_y^2}=\sqrt{v_0^2+(gt)^2}$，动能为 $E_k=\frac{1}{2}m\left[v_0^2+(gt)^2\right]$。

练习 1.5.5：一辆以速度 $v_0=20.0\text{m/s}$ 匀速前进的车中，一质量为 $m=2.0\text{kg}$ 的质点在力的作用下相对于车的运动速度由 $u_A=5.0\text{m/s}$ 变为 $u_B=12.0\text{m/s}$（$\boldsymbol{u}_A$、$\boldsymbol{u}_B$ 与$\boldsymbol{v}_0$ 方向相同）。在车厢参考系中力对质点做功 W_0，在地面参照系中力对质点做功 W，则 $\delta W=W-W_0=$____________。

答案：280J。车厢参考系中力做功为 $W_0=\frac{1}{2}m(u_B^2-u_A^2)=119\text{J}$，在地面参照系中力对质点做功 $W=\frac{1}{2}m\left[(u_B+v_0)^2-(u_A+v_0)^2\right]=399\text{J}$。

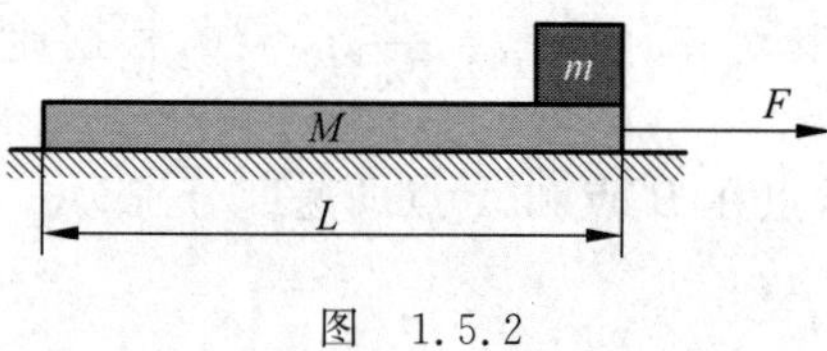

图 1.5.2

例 1.5.3：如图 1.5.2 所示，质量为 M 的长为 L 的长木板，放置在光滑水平面上，长木板最右端放置一质量为 m 的小物体，设物体与木板之间的静摩擦系数为 μ_s，滑动摩擦系数为 μ。(1)要使小物体相对木板无相对滑动，求加在长木板上的最大力 F_1；(2)设加在长木板上的恒力为 $F_2(F_2>F_1)$，欲把长木板从小物体底部抽出来，所做的功应为多少？

解：(1) 设小物体相对木板无相对滑动，小物体受力为 $f=ma\leqslant\mu_s mg$，即小物块与木板的共同加速度为 $a\leqslant\mu_s g$；

长木块与物体作为一个系统，其受力为 $F=(m+M)a\leqslant\mu_s(m+M)g$，故加在长木板上的最大力为 $F_1=\mu_s(m+M)g$。

(2) 设木板加速度为 a_M，小物体加速度为 a_m，根据牛顿第二定律有

$$F_2-\mu mg=Ma_M\Rightarrow a_M=\frac{F_2-\mu mg}{M}$$

$$\mu mg=ma_m\Rightarrow a_m=\mu g$$

设 t 时刻，长木板从小物体底部抽出来，则

$$\frac{1}{2}a_M t^2-\frac{1}{2}a_m t^2=L$$

可得 $t^2=\frac{2L}{a_M-a_m}=\frac{2ML}{F_2-\mu(m+M)g}$，$F_2$ 所做的功为

$$W=F_2\cdot\frac{1}{2}a_M t^2=\frac{F_2L(F_2-\mu mg)}{F_2-\mu(m+M)g}$$

例 1.5.4：对质点系有以下几种说法：

(1) 质点系总动量的改变与内力无关；

(2) 质点系总动能的改变与内力无关；

(3) 质点系机械能的改变与保守内力无关。

下列对上述说法判断正确的是[　　]

(A) 只有(1)是正确的；　　(B) (1)、(2)是正确的；

(C) (1)、(3)是正确的；　　(D) (2)、(3)是正确的。

答案：C。质点系中内力总是成对出现的，大小相等、方向相反。一对内力的冲力和为零，所以不会改变质点系的总动量，故(1)正确。一对内力做功之和总是等于其中一个力在两物体发生相对位移过程中所做的功，故(2)错误。机械能守恒定律条件是系统受到的外力和非保守力做功为零，隐含保守内力做功不会影响质点系机械能的条件，事实上，保守内力做功会能使质点系动能与势能相互转换，并不影响总的机械能，故(3)正确。故选 C。

练习 1.5.6：下列说法中正确的是：[　　]

(A) 作用力的功与反作用力的功必等值异号；

(B) 作用于一个物体的摩擦力只能做负功；

(C) 内力不改变系统的总机械能；

(D) 一对作用力和反作用力做功之和与参考系的选取无关。

答案：D。

练习 1.5.7：在两个质点组成的系统中，若质点之间只有万有引力作用，且此系统所受外力的矢量和为零，则此系统[　　]

(A) 动量与机械能一定都守恒；　　(B) 动量与机械能一定都不守恒；

(C) 动量不一定守恒，机械能一定守恒；(D) 动量一定守恒，机械能不一定守恒。

答案：D。一对大小相等、方向相反的外力矢量和为零，但做功不一定为零，故机械能不一定守恒。

例 1.5.5：如图 1.5.3 所示，质量为 M 的长平板以速度 v 在光滑平面上作直线运动，现将一速度为零，质量为 m 的木块放在长平板上，板与木块间的滑动摩擦系数为 μ，求木块在长平板上滑行多远才能与板取得共同速度？

方法 1：设木块相对于平板运动的距离为 S，则一对摩擦力做的功为

$$-fS=-\mu mgS$$

由系统的动能定理知，这一对摩擦力做的功应等于木块和平板这个系统的动能的增量，即

$$-\mu mgS=\frac{1}{2}(M+m)v'^2-\frac{1}{2}Mv^2 \qquad ①$$

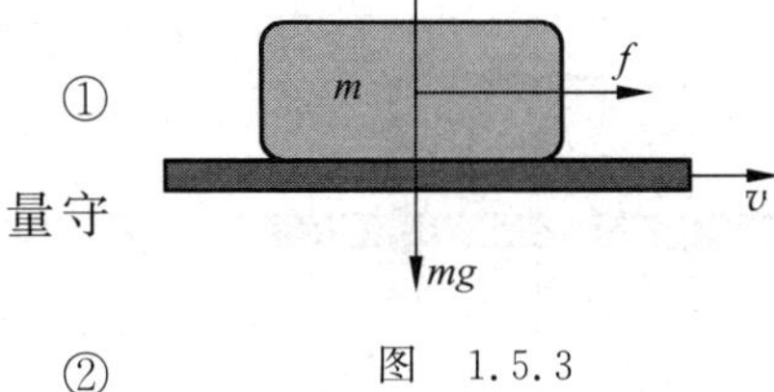

图　1.5.3

其中 v'为二者的共同速度，选平板和木块为系统，动量守恒，有

$$Mv=(M+m)v' \qquad ②$$

①式和②式联立解得

$$S=\frac{Mv^2}{2g\mu(M+m)}$$

方法 2：以平板为参考系，木块相对于平板的加速度为

$$a_{mM}=a_{md}-a_{Md}=\mu g+\frac{\mu mg}{M}$$

其中，a_{md} 和 a_{Md} 分别为木块和平板相对于地面的加速度。

木块相对于平板初速度的大小为 v，方向与图 1.5.3 中的 v 相反。木块相对于平板的末速度为零，利用匀减速运动公式，木块相对平板运动的距离为

$$S=\frac{v^2}{2a_{mM}}=\frac{v^2}{2\left(\mu g+\frac{\mu mg}{M}\right)}=\frac{Mv^2}{2g\mu(M+m)}$$

方法 3：平板和木块为系统，动量守恒，有

$$Mv=(M+m)v'$$

得到二者共同的末速度为

$$v'=\frac{M}{M+m}v$$

木块和平板所受外力均为摩擦力 μmg，可以求得二者相对于地面的加速度 $a_{md}=\mu g$，$a_{Md}=\frac{\mu mg}{M}$。

木块相对于地面运动的距离为

$$S_{md}=\frac{v'^2}{2a_{md}}$$

平板相对于地面运动的距离为

$$S_{Md}=\frac{v^2-v'^2}{2a_{Md}}$$

木块在平板上运动的距离为

$$S_{mM}=S_{md}-S_{Md}=-\frac{Mv^2}{2g\mu(M+m)}$$

说明：虽然本题列出了三种解法，但是用到的相对性关系、动量守恒等基本的物理图像是一致的。

练习 1.5.8：一行李质量为 m，垂直轻放在传送带上，传送带速率为 v，与行李间的摩擦系数为 μ，求：(1)行李将在传送带上滑行多长时间？(2)行李在这段时间内运动多远？(3)有多少能量被摩擦耗掉？

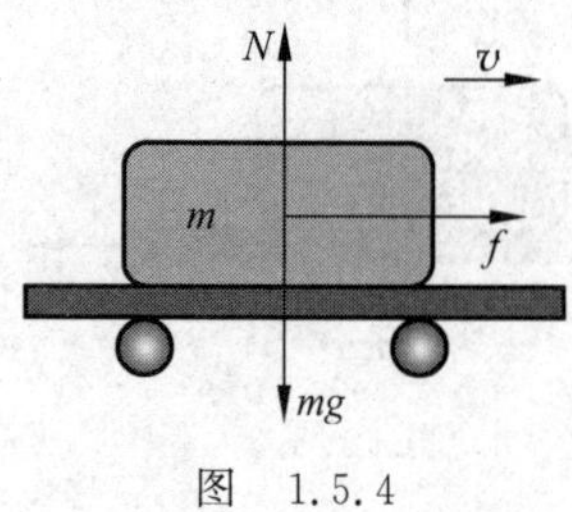

图 1.5.4

解：(1) 对行李作受力分析，如图 1.5.4 所示。行李初落到传送带有滑动，后随传送带一起运动，在水平方向受到的作用力就是摩擦力，根据动量定理：$\mu mgt=mv-0$，可得行李将在传送带上滑行的时间为 $t=\frac{v}{\mu g}$。

(2) 设滑动距离为 x，根据动能定理 $fx=\frac{1}{2}mv^2-0$，行李的滑动距离为 $x=\frac{v^2}{2\mu g}$。

(3) 被摩擦力耗掉的能量应等于一对摩擦力做的功：$w'=fx+f'x'=f(x-x')$，其中 x' 为皮带运动的距离 $x'=vt=\dfrac{v^2}{\mu g}$，则

$$w'=f(x-x')=\mu mg\left(\frac{v^2}{2\mu g}-\frac{v^2}{\mu g}\right)=-\frac{1}{2}mv^2$$

练习 1.5.9：一水平传送带受电机驱动，保持匀速运动。现在往传送带上轻轻放一块砖，则在砖块刚放下，直到与传送带一起运动的过程中，下列说法正确的是[　　](多选)

(A) 摩擦力对皮带做的功与摩擦力对砖块做的功等值反号；

(B) 驱动力做的功与摩擦力对砖块做功之和等于砖块获得的动能；

(C) 驱动力做的功等于砖块获得的动能；

(D) 摩擦力对砖块做的功等于砖块获得的动能；

(E) 驱动力做的功与摩擦力对皮带做功之和等于零。

答案：D，E。

练习 1.5.10：有一面为 1/4 凹圆柱面(半径为 R)的物体(质量为 M)放置在光滑水平面上，一小球(质量为 m)从静止开始沿圆面从顶端下落(图 1.5.5)，小球从水平方向飞离大物体时速度为 v，该过程中内力做的功为__________。

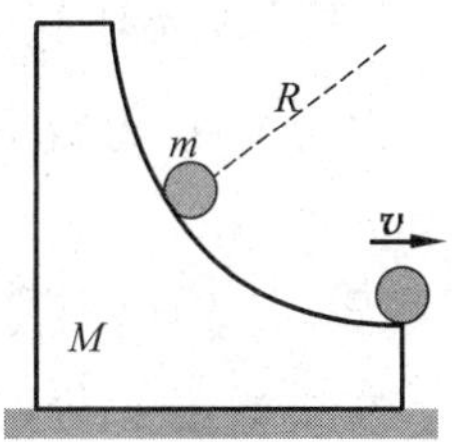

图 1.5.5

答案：$\dfrac{1}{2}mv^2+\dfrac{m^2v^2}{2M}-mgR$。由质点系动能原理：$W_{重力}+W_{内力}=\dfrac{1}{2}MV^2+\dfrac{1}{2}mv^2$，其中 $W_{重力}=mgR$。再考虑水平方向无外力，动量守恒 $m\boldsymbol{v}+M\boldsymbol{V}=\boldsymbol{0}$。综合可得 $W_{内}=\dfrac{1}{2}mv^2+\dfrac{m^2v^2}{2M}-mgR$。

考点 2：某点势能的大小取决于势能零点的选择，保守力做正功时势能减少，保守力做负功时势能增大

例 1.5.6：如图 1.5.6 所示，卫星在 A、B 两点处的势能差 $E_{pB}-E_{pA}$ 为[　　]

(A) $GMm\dfrac{r_2-r_1}{r_1r_2}$；　　(B) $-GMm\dfrac{r_2-r_1}{r_1r_2}$；

(C) $GMm\dfrac{r_2-r_1}{r_2}$；　　(D) $GMm\dfrac{r_2-r_1}{r_1}$。

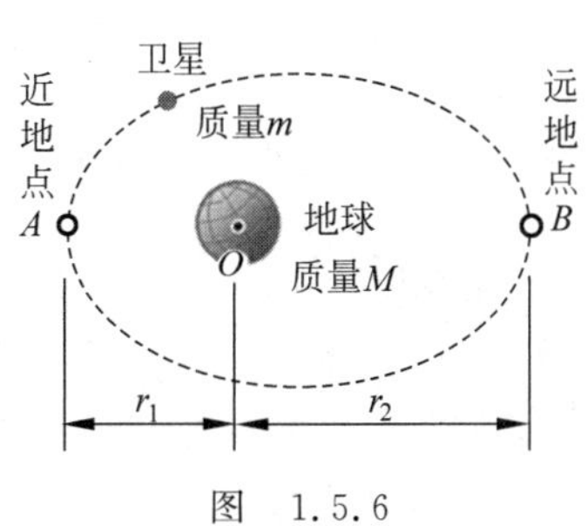

图 1.5.6

答案：A。该题有两种解法，一种是选无穷远处为万有引力势能零点，则 $E_{pB}=-GMm\dfrac{1}{r_2}$，$E_{pA}=-GMm\dfrac{1}{r_1}$，则 $E_{pB}-E_{pA}=-GMm\dfrac{1}{r_2}+GMm\dfrac{1}{r_1}=GMm\dfrac{r_2-r_1}{r_1r_2}$；另一种是利用保守力做功与势能改变之间的关系，$E_{pB}-E_{pA}=-\int_A^B\boldsymbol{F}\cdot d\boldsymbol{r}=-\int_{r_1}^{r_2}-GMm\dfrac{1}{r^2}dr=-GMm\left(\dfrac{1}{r_2}-\dfrac{1}{r_1}\right)=$

$GMm\,\dfrac{r_2-r_1}{r_1r_2}$。

练习 1.5.11：一质量为 m 的质点受到一保守力 k/r^2 的作用，式中 k 为常数，r 为质点到某定点的距离，则该点在 $r=r_0$ 处具有的势能 $E_p=$ __________（无穷远处为参考点）；让该质点从 $r=r_0$ 处由静止释放，当它到达无限远时的速度大小为__________。

答案：k/r_0；$v=\sqrt{2k/mr_0}$。质点在 $r=r_0$ 处具有的势能 $E_p=\int_{r_0}^{\infty}\boldsymbol{F}_{保}\cdot \mathrm{d}\boldsymbol{r}=\int_{r_0}^{\infty}\dfrac{k}{r^2}\mathrm{d}r=\dfrac{k}{r_0}$。它到达无限远时的动能为 $E_{r_0\to\infty}=\int_{r_0}^{\infty}\boldsymbol{F}_{保}\cdot \mathrm{d}\boldsymbol{r}=\int_{r_0}^{\infty}\dfrac{k}{r^2}\mathrm{d}r=\dfrac{k}{r_0}=\dfrac{1}{2}mv^2$。

练习 1.5.12：已知一质量为 m 的质点在 x 轴上运动，质点只受到指向原点的引力的作用，引力大小与质点离原点的距离 x 的平方成反比，即 $f=-k/x^2$，k 是比例常数。设质点在 $x_1=A$ 时的速度为零，则质点在 $x_2=A/4$ 处的速率 $v=$__________。

答案：$\sqrt{\dfrac{6k}{mA}}$。

方法 1：引力做功等于两点之间的动能改变量，即 $W=\int_1^2\boldsymbol{f}\cdot \mathrm{d}\boldsymbol{r}=-\int_{x_1}^{x_2}\dfrac{k}{x^2}\mathrm{d}x=\dfrac{k}{x_2}-\dfrac{k}{x_1}=E_{k2}-E_{k1}$，整理得 $\dfrac{3k}{A}=\dfrac{1}{2}mv^2$。

方法 2：根据机械能守恒计算。

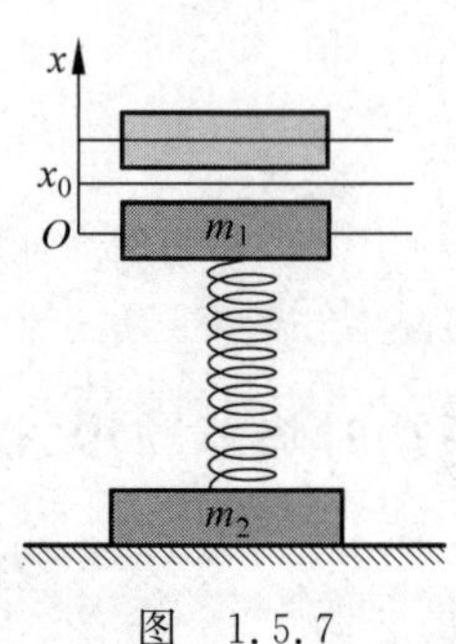

图 1.5.7

例 1.5.7：用一弹簧将质量分别为 m_1 和 m_2 的上下两块水平木板连接，m_1 放在地面上。(1)以 m_1 在弹簧上平衡时位置为重力势能和弹性势能零点(图 1.5.7)，证明 m_1 与弹簧系统总势能可以只通过弹性势能表达；(2)对 m_1 施加多大的向下压力 F，才能在突然撤去 F 时，m_1 跳起来提起 m_2？

解：(1) 取 m_1 在弹簧上平衡时的位置 O 为坐标原点。弹簧自由伸长时上端坐标为 x_0，位置在 x 时相对 O 的弹性势能可通过以下两种方法求解。

方法 1：根据势能定义，x 处的势能为从该处运动到势能零点保守力所做的功：

$$E_{p1}=\int_x^0-k(x-x_0)\,\mathrm{d}x=\frac{1}{2}kx^2-kxx_0 \qquad ①$$

方法 2：根据相对性关系，位置在 x 时相对 O 的弹性势能记为 $E_{p(xO)}$

$$E_{p(xO)}=E_{p(xx_0)}-E_{p(Ox_0)} \qquad ②$$

其中 $E_{p(xx_0)}$ 为 x 处相对于弹簧自由伸长位置 x_0 处的弹性势能，为 $\dfrac{1}{2}k(x-x_0)^2$，$E_{p(Ox_0)}$ 为 O 处相对于弹簧自由伸长位置 x_0 处的弹性势能，为 $\dfrac{1}{2}kx_0^2$，代入②式可得

$$E_{p1}=\frac{1}{2}k(x-x_0)^2-\frac{1}{2}kx_0^2=\frac{1}{2}kx^2-kxx_0 \qquad ③$$

可见①式和③式结果相同。

此时 m_1 的重力势能为 $E_{p2}m_1gx=kxx_0$（m_1 在弹簧上静止时满足 $kx_0=m_1g$），所以

m_1 与弹簧系统总势能为

$$E_p = E_{p1} + E_{p2} = \frac{1}{2}kx^2 \quad ④$$

(2) 以加力 F 系统的状态为初态，如图 1.5.8 所示，撤去力弹簧伸长最大为末态，整个过程中只有弹性势能做功，所以机械能守恒。初态和末态的动能为零，所以只需考虑势能，利用④式可得分别为：$E_{pi}=\frac{1}{2}kx_1^2$，$E_{pf}=\frac{1}{2}kx_2^2$，二者相等，即

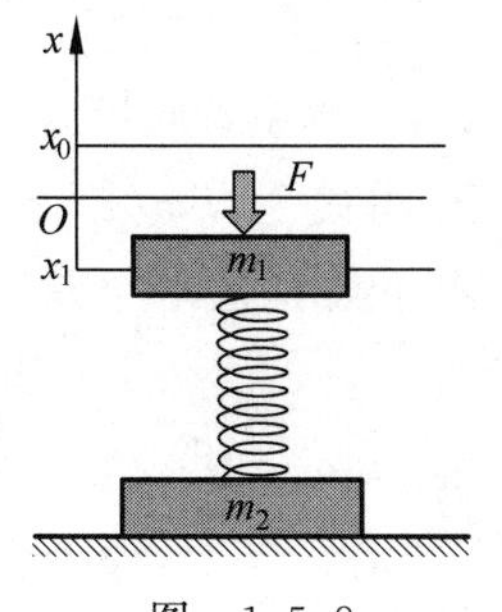

图　1.5.8

$$|x_1| = |x_2| \quad ⑤$$

再对初、末态进行受力分析，有

初态时：

$$F = k\,|x_1| \quad ⑥$$

末态时：

$$k(|x_2| - x_0) = m_2 g \quad ⑦$$

其中

$$kx_0 = m_1 g \quad ⑧$$

联立⑤式～⑧式，可得

$$F = k\,|x_1| = k\,|x_2| = kx_0 + m_2 g = (m_1 + m_2)g$$

说明：本例第一个结论，“以 m_1 在弹簧上平衡时位置为重力势能和弹性势能零点，m_1 与弹簧系统总势能可以只通过弹性势能表达”$E_p=\frac{1}{2}kx^2$，也适用于垂直放置悬挂在弹簧下端的物体，并可直接使用。如以下两个练习。

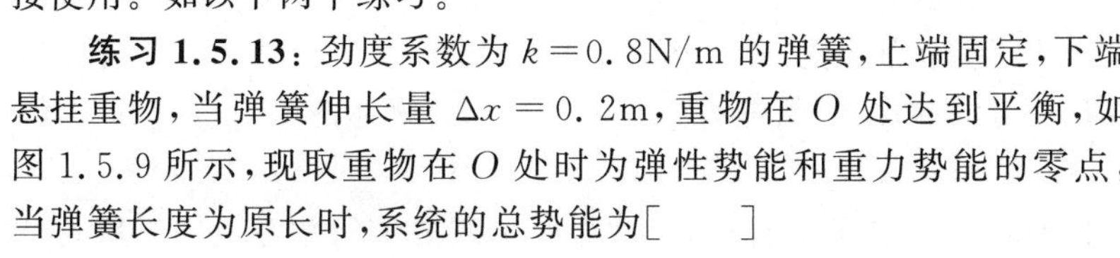

练习 1.5.13：劲度系数为 $k=0.8\text{N/m}$ 的弹簧，上端固定，下端悬挂重物，当弹簧伸长量 $\Delta x=0.2\text{m}$，重物在 O 处达到平衡，如图 1.5.9 所示，现取重物在 O 处时为弹性势能和重力势能的零点，当弹簧长度为原长时，系统的总势能为[　　]

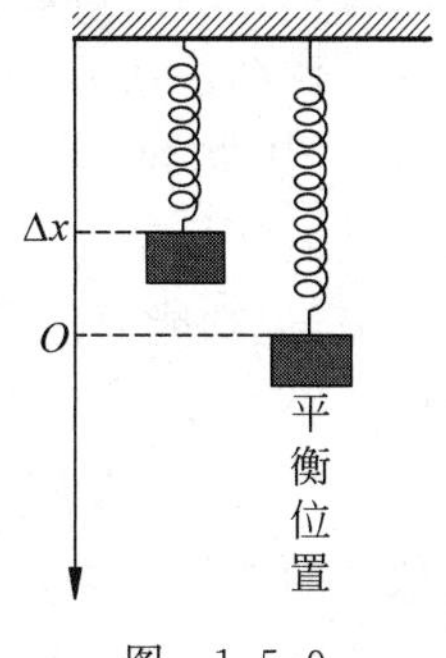

图　1.5.9

(A) 0.016J；　　(B) 0.04J；

(C) 0.06J；　　(D) 0.08J。

答案：A。依照例 1.5.7 结论，若以 O 处时为弹性势能和重力势能的零点，系统的总势能为 $E_p=\frac{1}{2}kx^2=\frac{1}{2}k\Delta x^2$。

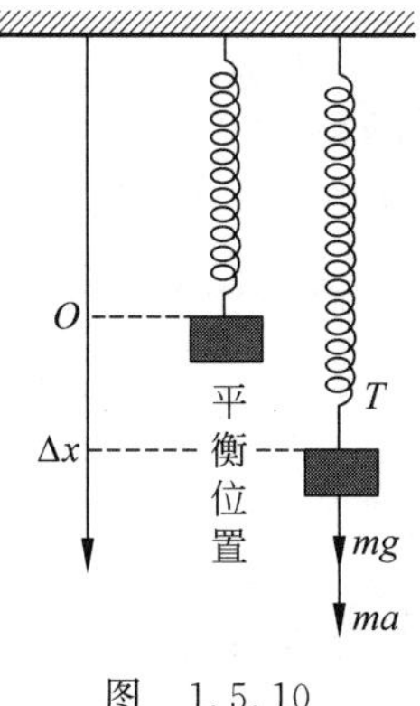

图　1.5.10

练习 1.5.14：在以加速度 a 向上运动的电梯内，挂着一根劲度系数为 k、质量不计的弹簧。弹簧下面挂着一质量为 m 的物体，物体相对于电梯的速度为零。当电梯的加速度突然变为零后，电梯内的观测者看到物体的最大速度为__________。

答案：$a\sqrt{m/k}$。取电梯静止时物体在弹簧上的平衡位置 O 处为势能零点，如图 1.5.10 所示。假设初始时刻，电梯加速运动时弹簧相对于平衡位置 O 的伸长量为 Δx，此时惯性力大小为 $ma=k\Delta x$，物体的动能为零，势能为 $E_p=\frac{1}{2}k\Delta x^2=\frac{1}{2}\frac{(ma)^2}{k}$。当电梯加速度突然变为零后物体向上运动，回到平衡位置 O 处。势能为

零,动能 E_k 最大,根据机械能守恒 $E_k=\frac{1}{2}mv^2=\frac{1}{2}\frac{(ma)^2}{k}$,最大速度 $v=a\sqrt{m/k}$。物体在该位置时有最大动能即最大速度。

说明:例 1.5.6、例 1.5.7 及相应练习都是机械能守恒情况,根据经常接触的保守力有重力、弹性力以及万有引力等,机械能守恒题目通常都涉及这三种力或者组合。

考点 3:机械能守恒条件的判断及应用

例 1.5.8:如图 1.5.11 所示,劲度系数为 k 的弹簧一端固定在墙上,另一端系着质量为 m 的物体,在光滑水平面上作谐振动。分别选与墙相对静止的参考系 S 和相对 S 以 v($v \ll c$,c 为真空中的光速)作直线运动的参考系 S',以弹簧和物体为系统,指出下述说法哪个是正确的[ ]

(A) 在两个参考系中,系统的机械能都守恒;

(B) 对于两个参考系,功能原理不成立;

(C) 弹性势能与参考系选取无关;

(D) 弹性力做功与参考系选取无关。

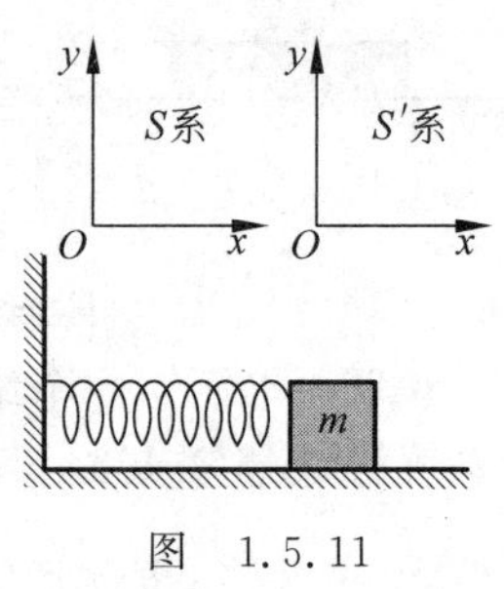

图 1.5.11

答案:C。机械能守恒条件是系统在某一过程中始终只有保守内力做功。在 S 系中,始终只有弹簧拉力做功所以满足该条件。在 S' 系中,墙对弹簧的拉力也有相对位移,所以也做功,因此不满足机械能守恒条件,故 A 错误。虽然功与机械能的数值均与参考系有关,但功能原理所揭示的关系适用于所有惯性系,故 B 错误。弹性力做功取决于弹性力的大小以及位移,在不同惯性系中力不变,但位移发生改变,故弹性力做功会与参考系有关,故 D 错误。在势能零点选定的前提下,系统的势能仅与系统内物体的相对位置有关,与参数系的选择无关,故 C 正确。

说明:①功与机械能的数值均与参考系有关,但功能原理所揭示的关系适用于所有惯性系;②在一个惯性系中机械能守恒,相对另一个惯性系,机械能不一定守恒;③动量定理和动量守恒定律适用于所有惯性系。

练习 1.5.15:如图 1.5.12 所示,在水平面匀速前进的小车上,固定一弹性系数为 k 的水平弹簧 K,弹簧上连一木块 m,木块与小车间的摩擦可忽略不计,则在木块往返运动的过程中以下几种说法哪个正确?(m 在 O 时,弹簧为原长)[ ]

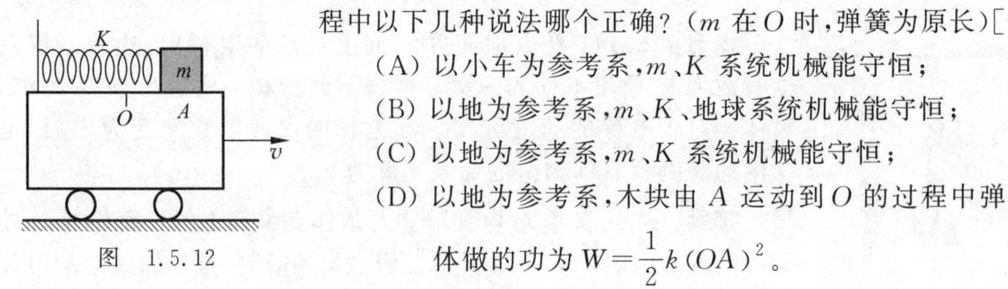

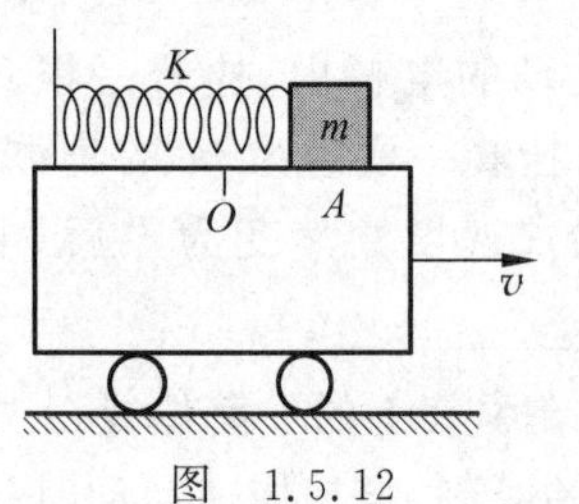

图 1.5.12

(A) 以小车为参考系,m、K 系统机械能守恒;

(B) 以地为参考系,m、K、地球系统机械能守恒;

(C) 以地为参考系,m、K 系统机械能守恒;

(D) 以地为参考系,木块由 A 运动到 O 的过程中弹簧对物体做的功为 $W=\frac{1}{2}k(OA)^2$。

答案:A。在一个惯性系中机械能守恒,相对另一个惯性系,机械能不一定守恒。机械能守恒是相对某一惯性系的;在非惯性系中,还要考虑惯性力做功。

例 1.5.9:在惯性系 S 和对 S 作等速直线运动的 S_0 系中讨论一个质点系的运动时,下列的各种论述：

(1) 质点系在 S 系中若动量守恒，则在 S_0 系中动量也一定守恒；

(2) 质点系在 S 系中若机械能守恒，则在 S_0 系中机械能也一定守恒；

(3) 质点系在 S 系中若动量守恒，在 S_0 系中动量不一定守恒；

(4) 质点系在 S 系中若机械能守恒，在 S_0 系中机械能不一定守恒；

(5) 质点系在 S 系中若动量守恒，机械能也守恒，则在 S_0 系中动量一定守恒，机械能也一定守恒；

(6) 质点系在 S 系中若动量守恒，机械能也守恒，则在 S_0 系中动量不一定守恒，机械能也不一定守恒。

只有[　　]

(A) (1)、(2)、(5)正确，其他都不正确；　(B) (1)、(4)、(5)正确，其他都不正确；

(C) (2)、(3)正确，其他都不正确；　(D) (2)、(3)、(6)正确，其他都不正确。

答案：B。

练习 1.5.16：下列物理量：质量、动量、冲量、动能、势能、功中与参考系的选取有关的物理量是__________。(不考虑相对论效应)

答案：动量、动能、功。

例 1.5.10：如图 1.5.13 所示为一摆车，它是演示动量守恒的一个装置。摆车由小车和单摆组成，小车质量为 M，摆球质量为 m，摆长为 l。开始时，摆球拉到了水平位置，摆车静止在光滑的水平面上，然后将摆球由静止释放。求：(1) 当摆球落至与水平方向成 $\alpha=30°$ 时，小车移动的距离；(2) 摆球到达最低点时，小车和摆球的速度各为多少？

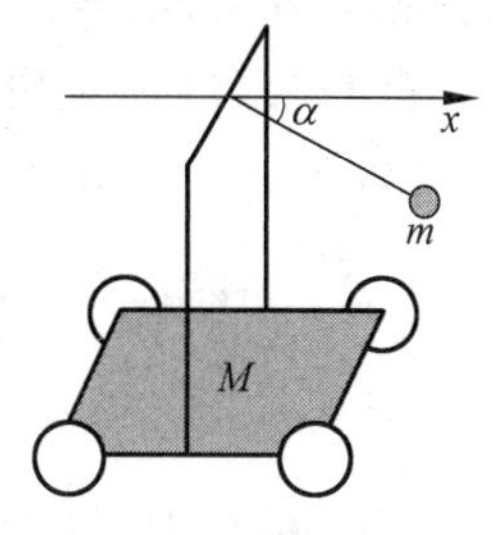

图 1.5.13

解：(1) 摆球和小车构成的质点系水平方向动量守恒，即

$$mv_x + MV = 0 \qquad ①$$

因为题目求的是位移之间的关系，所以对①式两边积分，$m\int_0^t v_x\mathrm{d}t + M\int_0^t V\mathrm{d}t = 0$，即

$$ms + MS = 0 \qquad ②$$

设水平方向上 m 相对 M 的运动距离为 x_{mM}。利用相对关系，在水平方向上有 $x_{mM}=x_{md}-x_{Md}$，其中 $x_{md}=s$ 是摆球 m 相对于地在水平方向上位移，$x_{Md}=S$ 是小车 M 相对于地在水平方向上的位移。即②式为

$$x_{mM} = s - S \qquad ③$$

由题目可知 $x_{mM}=l(\cos\alpha-1)$ 代入③式得

$$s - S = l(\cos\alpha - 1) \qquad ④$$

结合②式和④式可得 $S=\frac{m}{m+M}l(1-\cos\alpha)=\frac{m}{m+M}l\left(1-\frac{\sqrt{3}}{2}\right)$。

(2) 摆球到达最低点时，根据机械能守恒有

$$mgl = \frac{1}{2}mv_x^2 + \frac{1}{2}MV^2 \qquad ⑤$$

由①式和⑤式可得摆球速度为 $v=\sqrt{\frac{2Mgl}{M+m}}$，小车速度为 $V=m\sqrt{\frac{2gl}{M(M+m)}}$。

说明：机械能守恒定律经常与动量守恒定律结合使用，如后面知识点 8 中的弹性碰撞问题。第一问中的动量定理的应用需注意相对性关系。

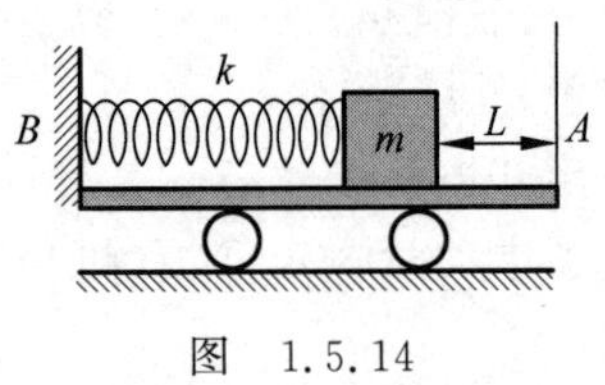

图 1.5.14

练习 1.5.17：如图 1.5.14 所示，水平小车的 B 端固定一轻弹簧，弹簧为自然长度时，靠在弹簧上的滑块距小车 A 端为 $L=1.1\text{m}$。已知小车质量 $M=10.0\text{kg}$，滑块质量 $m=1.0\text{kg}$，弹簧的劲度系数 $k=110\text{N/m}$。现推动滑块将弹簧压缩 $\Delta l=0.05\text{m}$ 并维持滑块与小车静止，然后释放滑块与小车，忽略一切摩擦，则滑块与弹簧分离后，经过时间 t 滑块从小车上掉下来，则 $t=$____________。

答案：2.0s。以小车、滑块、弹簧为系统，忽略一切摩擦，在弹簧恢复原长的过程中，系统的机械能守恒，水平方向动量守恒。设滑块与弹簧刚分离时，车与滑块对地的速度分别为 V 和 v，则 $\frac{1}{2}k\Delta l^2=\frac{1}{2}mv^2+\frac{1}{2}MV^2$，$mv+MV=0$。解出速度大小：$V=\sqrt{\frac{k}{M+M^2/m}}\Delta l=0.05\text{m/s}$，向左；$v=\sqrt{\frac{k}{m+m^2/M}}\Delta l=0.5\text{m/s}$，向右。滑块相对于小车的速度为 $v_0=v+V=0.55\text{m/s}$，向右，$\Delta t=L/v_0=2\text{s}$。

例 1.5.11：一光滑半球面固定于水平地面上，今使一小物块从球面顶点几乎无初速地滑下，如图 1.5.15 所示。物块脱离球面处的半径与竖直方向的夹角 $\theta=$____________。

答案：$\arccos\frac{2}{3}$。根据牛顿第二定律，小物体尚在球面上时：$mg\cos\theta-N=mv^2/R$，小物体脱离球面时刻，$N=0$，故有 $mg\cos\theta=mv^2/R$；由机械能守恒定律，得 $\frac{1}{2}mv^2=mgR(1-\cos\theta)$。两式联立得 $\cos\theta=\frac{2}{3}$。

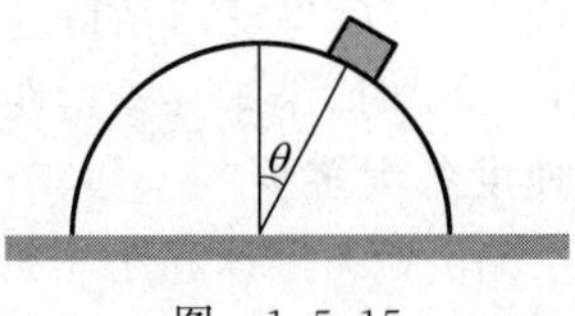

图 1.5.15

练习 1.5.18：如图 1.5.16 所示，一轻绳跨越水平光滑细杆 A，其两端连有等质量的两个小球 a 和 b，开始时，a 球静止于地面，b 球从绳的 l_1 段为水平的位置由静止向下摆动，求 a 球刚要离开地面时，跨越细杆 A 的两段绳之间的夹角为多大？

解：如图 1.5.17 所示，设 a 球刚要离开地面时，b 球运动到与水平方向夹角为 θ 处，速度为 v。以 b 球、地球为系统机械能守恒。

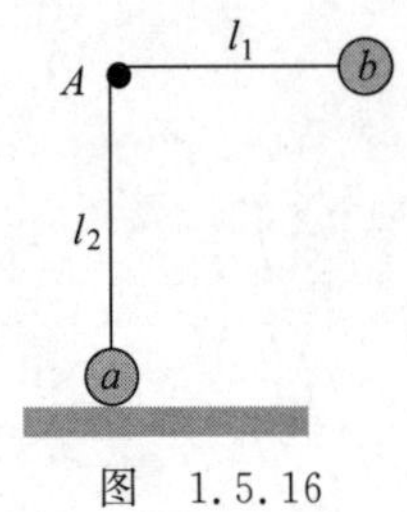

图 1.5.16

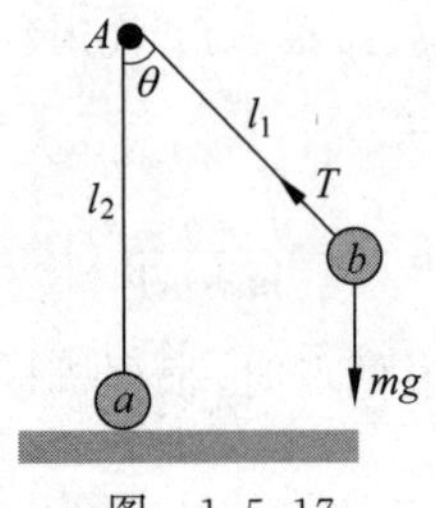

图 1.5.17

设两球质量均为 m，有

$$mgl_1\cos\theta=\frac{1}{2}mv^2 \tag{①}$$

在 b 点，由牛顿运动定律

$$T-mg\cos\theta=mv^2/l_1 \tag{②}$$

当 $T=mg$ 时，a 球刚要离开地面，由②式

$$mg(1-\cos\theta)=mv^2/l_1 \tag{③}$$

结合①式和③式可得 $\cos\theta=\frac{1}{3}$，$\theta=\arccos\frac{1}{3}$。

1.6　质心、质心运动定理

（1）质心：$\boldsymbol{r}_C=\frac{\sum m_i\boldsymbol{r}_i}{\sum m_i}=\frac{\int\boldsymbol{r}\,\mathrm{d}m}{\int\mathrm{d}m}$，$\boldsymbol{v}_C=\frac{\mathrm{d}\boldsymbol{r}_C}{\mathrm{d}t}$，$\boldsymbol{a}_C=\frac{\mathrm{d}\,\boldsymbol{v}_C}{\mathrm{d}t}$；

（2）质心运动定理：$\boldsymbol{F}_{外}=m\boldsymbol{a}_C\left(m=\sum m_i\right)$。

考点 1：计算质心位置

例 1.6.1：一个水分子由一个氧原子 O（质量为 m_O）和两个氢原子 H（质量为 m_H）组成，O 与两个 H 的中心间距均为 l，两条 O—H 中心连线的夹角为 θ，试求水分子质心的位置。

解：首先可以判定水分子的质心在两条 H—O 连线的角平分线上，以 O 原子为原点建立如图 1.6.1 所示坐标系。用 y_H、y_C 分别表示两氢原子和质心的纵坐标，则有

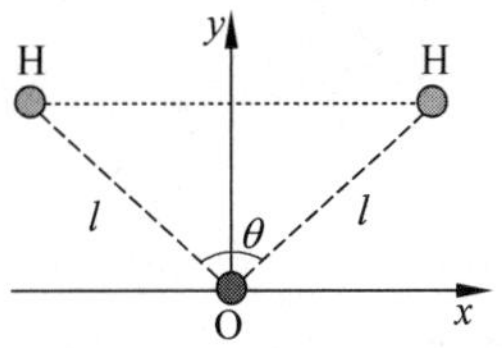

$$y_C=\frac{2m_Hy_H}{2m_H+m_O}=\frac{2m_Hl\cos\frac{\theta}{2}}{2m_H+m_O}$$

图　1.6.1

即质心在两条 H—O 连线的角平分线上，且距 O 原子的距离为 y_C。

练习 1.6.1：细杆总长为 l，单位长度的质量 $\rho=\rho_0+ax$，其中 ρ_0 和 a 为常数，x 为杆上任一点离杆端的距离，则其质心位置为____________。

答案：$\frac{(3\rho_0+2al)l}{6\rho_0+3al}$。由质心定义式可得 $x_C=\frac{\int_0^l x\,\mathrm{d}m}{\int_0^l\mathrm{d}m}=\frac{\int_0^l x\rho\,\mathrm{d}x}{\int_0^l\rho\,\mathrm{d}x}=\frac{\int_0^l(\rho_0+ax)x\,\mathrm{d}x}{\int_0^l(\rho_0+ax)\mathrm{d}x}=\frac{(3\rho_0+2al)l}{6\rho_0+3al}$。

例 1.6.2：从半径为 R、高为 H 的圆柱中间挖出一个半径为$\frac{R}{2}$、深为$\frac{H}{2}$的圆柱形洞，且

该洞与柱同轴同底，求其质心位置。

解：假设建立如图 1.6.2 所示坐标系，根据对称性可以判定空心圆柱的质心在 y 轴上，设其坐标为 y_C。

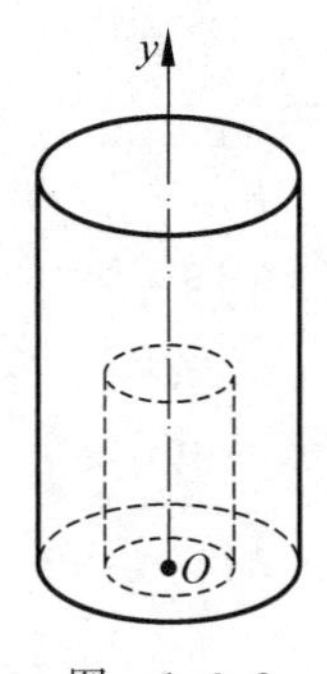

图 1.6.2

运用挖补法，假设把挖掉的小圆柱补回去，其质量为 $m_{补}=\rho\pi\dfrac{R^2}{4}\cdot\dfrac{H}{2}$，质心坐标为 $y_1=\dfrac{H}{4}$。补上后整个实心大圆柱质量为 $m_{全}=\rho\pi R^2H$，质心坐标为 $y_2=\dfrac{H}{2}$。

应用质心定义可得 $my_C+m_{补}\ y_1=m_{全}\ y_2$，即

$$\rho\left(\pi R^2H-\pi\frac{R^2}{4}\cdot\frac{H}{2}\right)y_C+\rho\pi\frac{R^2}{4}\cdot\frac{H}{2}\cdot\frac{H}{4}=\rho\pi R^2H\cdot\frac{H}{2}$$

解得 $y_C=\dfrac{15}{28}H$，即空心圆柱的质心在距挖洞一端 $\dfrac{15}{28}H$ 处。

练习 1.6.2：如图 1.6.3 所示，在一个半径为 R 的大的匀质薄圆盘中挖掉一个半径为 $R/2$ 的小圆盘，剩下部分的质量为 m，求其质心位置。

解：两圆中心连线为 x 轴，原点在 O 点，根据对称性可以判定空心圆柱的质心在 x 轴上，设其坐标为 x_C。

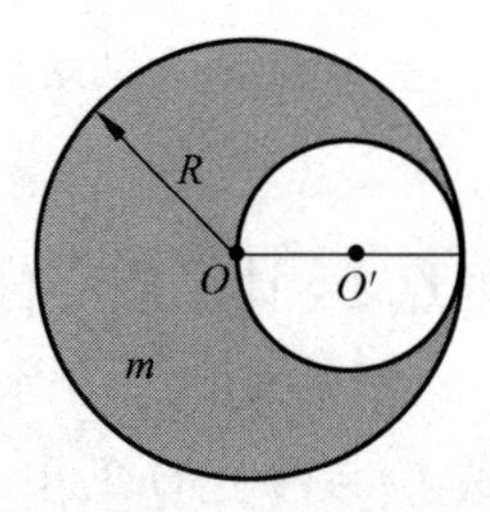

图 1.6.3

运用挖补法，假设把挖掉的圆板补回去，其质量为 $m_{补}=\dfrac{1}{3}m$，质心位置为 $x_{C1}=R/2$。假设补上后整个完整的圆盘质量为 $m_{全}=\dfrac{4}{3}m$，质心位置为 $x_{C2}=0$。

应用质心定义可得 $mx_C+m_{补}\ x_{C1}=m_{全}\ x_{C2}$，即

$$x_C=\frac{m_{全}\ x_{C2}-m_{补}\ x_{C1}}{m}=\frac{M\times 0-\dfrac{1}{3}m\times\dfrac{1}{2}R}{m}=-\frac{1}{6}R$$

考点 2：质心运动定理的运用以及内力不改变质心的运动状态

说明：因为质心的运动状态只取决于外力，所以当合外力为零时，质心保持静止或匀速直线运动状态。该条件与质点系动量守恒条件相同，因此质心动量守恒的题目与质点系动量守恒题目类型相似，如例 1.6.3 虽然与例 1.4.4 题目一致，但采用了质心动量守恒定律求解。

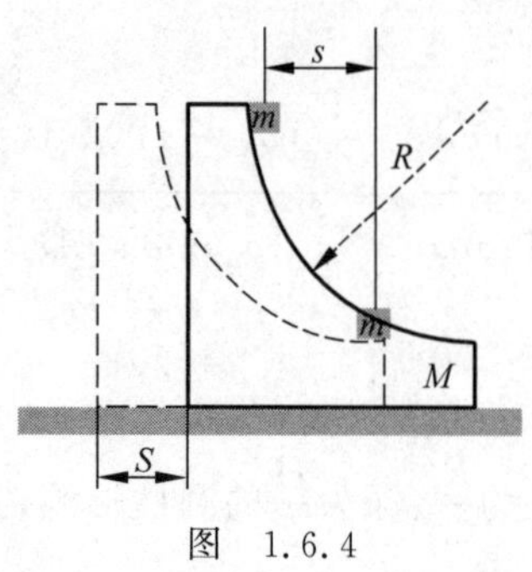

图 1.6.4

例 1.6.3：一个有 1/4 圆弧滑槽的大物体 M 停在光滑水平面上，如图 1.6.4 所示，小物块 m 沿圆弧由静止下滑。求小物块滑到底端时，大物块在水平面上移动的距离 S。

解：在水平方向上 m 相对 M 的运动距离为 R，记为 x_{mM}。利用相对关系，在水平方向上有

$$x_{mM}=x_{md}-x_{Md} \tag{①}$$

其中 $x_{md}=s$，是小物块 m 相对于地在水平方向上运动的距离，$x_{Md}=-S$，是大物体 M 相对于地在水平方向上运动的

距离。

即①式为

$$R = s + S \tag{②}$$

由于大物体、小物块系统水平方向受力为零，故小物块滑下过程中系统质心保持静止。即

$$ms = MS \tag{③}$$

联立②式和③式可得

$$S = \frac{m}{m + M}R$$

练习 1.6.3：一个质量为 $m_1 = 60\text{kg}$ 的人，站立在 $m_2 = 150\text{kg}$ 的小船上，船头离岸 1m，船长 4.5m，人站在离船头 2m 处，当船静止时，人走向船头，然后跳上岸。(1)人需要跳多远才能跳上岸？(2)当人跳上岸的瞬间，船离岸多远？(假设船质心在船中心，不计水的阻力)

解：(1) 建立如图 1.6.5 所示坐标系。人、船系统在 x 方向不受外力，在人走、跳过程中质心静止。初始质心位置：

$$x_C = \frac{m_1 x_1 + m_2 x_2}{m_1 + m_2} = 3.18\text{m}$$

设人走到船头时坐标为 x'_1，船质心坐标为 x'_2，则

$$x'_2 = x'_1 + 2.25$$

$$x'_C = \frac{m_1 x'_1 + m_2 x'_2}{m_1 + m_2} = x_C$$

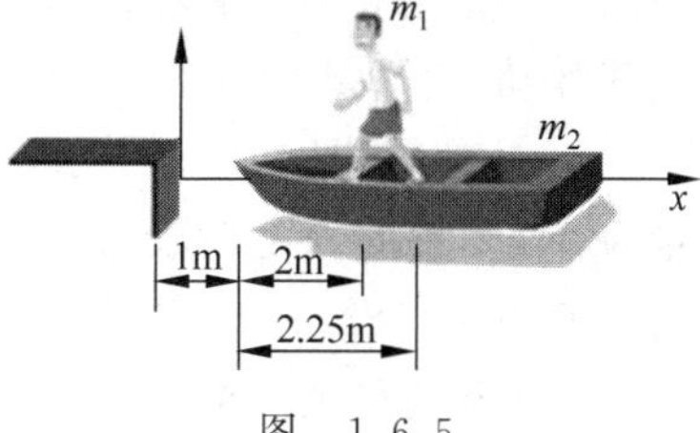

图　1.6.5

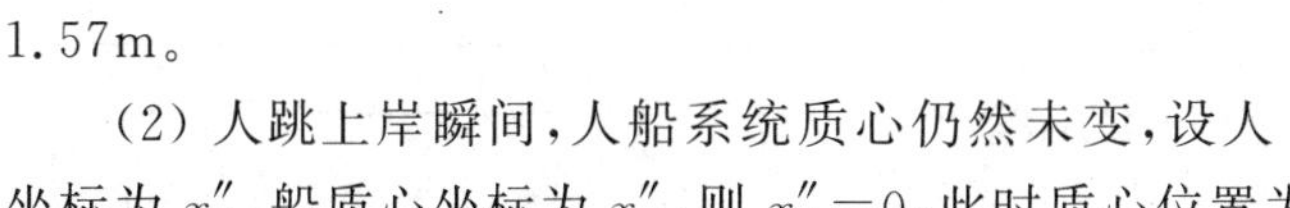

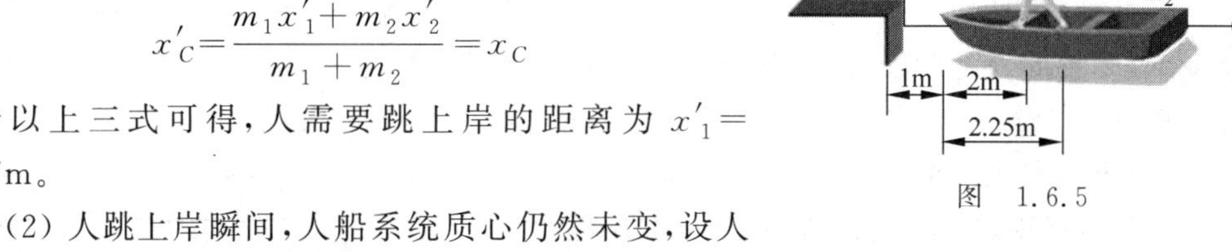

结合以上三式可得，人需要跳上岸的距离为 $x'_1 = 1.57\text{m}$。

(2) 人跳上岸瞬间，人船系统质心仍然未变，设人坐标为 x''_1，船质心坐标为 x''_2，则 $x''_1 = 0$，此时质心位置为

$$x''_C = \frac{m_1 x''_1 + m_2 x''_2}{m_1 + m_2} = x_C = 3.18\text{m}$$

可得当人跳上岸的瞬间，船离岸 $x''_2 = 4.45\text{m}$。

练习 1.6.4：一船浮于静水中，船长为 L，质量为 m，一个质量也为 m 的人从船尾走到船头。不计水和空气的阻力，则在此过程中船将[　　]

(A) 不动；　(B) 后退 L；　(C) 后退 $L/2$；　(D) 后退 $L/3$。

答案：C。该过程中质心保持不变，以船尾位置为坐标原点，指向船头为 x 轴正方向，假设相对地面人移动的距离为 x'，船移动距离为 x，则有 $m\dfrac{L}{2} = mx + mx'$，$L = x' - x$，结合两式可得 $x = -\dfrac{L}{2}$。

练习 1.6.5：如图 1.6.6 所示，空中有一气球，下连一绳梯，它们的质量共为 M，在梯上站一质量为 m 的人，起始时气球与人均相对于地面静止。当人相对于绳梯以速度 v 向上爬时，气球的速度为(以向上为正)[　　]

(A) $-\dfrac{mv}{m+M}$；　(B) $-\dfrac{Mv}{m+M}$；　(C) $-\dfrac{mv}{M}$；　(D) $-\dfrac{(m+M)v}{m+M}$。

答案：A。根据题意，竖直方向上球和人的动量守恒(或质心保持静止)，有 $mv_{md} +$

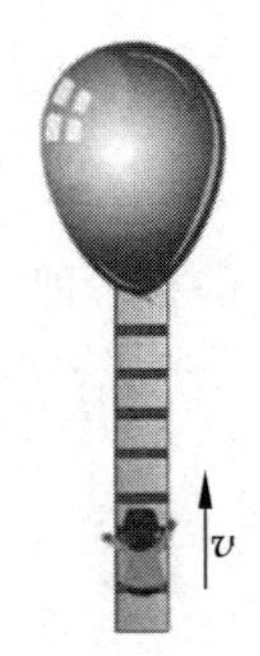

图 1.6.6

$Mv_{Md}=0$，题目中 v 是人(m)相对梯子(M)的速度，根据相对性关系，$v=v_{md}-v_{Md}$，则气球速度为 $v_{Md}=-\frac{mv}{m+M}$。故选 A。

练习 1.6.6：炮弹由于特殊原因在水平飞行过程中突然炸裂成两块，其中一块作自由下落，则另一块着地点(飞行过程中阻力不计)[　　]

(A) 比原来更远；　　(B) 比原来更近；

(C) 仍和原来一样远；　　(D) 条件不足，不能判定。

答案：A。根据质心位置不变判断。

例 1.6.4：一均匀细杆原来静止放在光滑的水平面上，现在其一端给予一垂直于杆身的水平方向的打击，此后杆的运动情况是[　　]

(A) 杆沿力的方向平动；

(B) 杆绕其未受打击的端点转动；

(C) 杆的质心沿打击力的方向运动，杆又绕质心转动；

(D) 杆的质心不动，而杆绕质心转动。

答案：C。质点系运动通常可以分解为质心运动＋各质点相对于质心的运动。质心运动遵循质心运动定理；而在没有固定点的情况下，物体受到外力矩作用时，会以质心为中心点绕其转动。

例 1.6.5：如图 1.6.7 所示，一内部连有弹簧的架子静置于光滑的水平桌面上，架子的质量为 M，弹簧的劲度系数为 k。现有一质量为 m 的小球以 v_0 的水平速度射入架子内，并开始压缩弹簧。设小球与架子内壁间无摩擦。试求：

(1) 弹簧的最大压缩量 l；

(2) 从弹簧开始被压缩到弹簧达最大压缩所需的时间 t；

(3) 从弹簧开始被压缩到弹簧达最大压缩期间架子的位移 x_M。

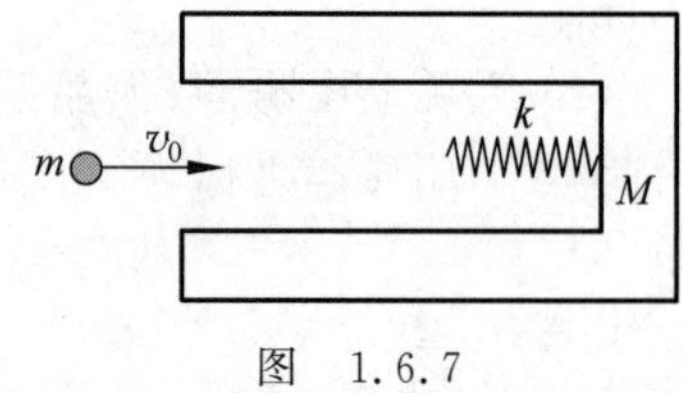

图 1.6.7

解：(1) 系统 m、M 及弹簧，整个过程受外力为零，且只有保守内力做功，故系统动量守恒，机械能守恒。当弹簧达到最大压缩时，系统整体应具有相同的速度 v，则有

$$mv_0=(M+m)v$$

机械能守恒

$$\frac{1}{2}mv_0^2=\frac{1}{2}(M+m)v^2+\frac{1}{2}kl^2$$

上两式联立解得

$$l=v_0\sqrt{\frac{Mm}{(M+m)k}}$$

(2) 设弹簧原长为 l_0，t 时刻 m 与 M 位置分别为 x_1、x_2，则有运动方程

$$-k(l_0-x_2+x_1)=m\frac{\mathrm{d}^2x_1}{\mathrm{d}t^2}$$

$$k(l_0-x_2+x_1)=M\frac{d^2x_2}{dt^2}$$

有

$$\frac{d^2x_2}{dt^2}-\frac{d^2x_1}{dt^2}=-k(x_2-x_1-l_0)\left(\frac{1}{M}+\frac{1}{m}\right)$$

令

$$\frac{1}{\mu}=\frac{1}{M}+\frac{1}{m},\quad x=x_2-x_1-l_0$$

有

$$\frac{d^2x}{dt^2}+\frac{k}{\mu}x=0$$

此式为简谐振动的动力学方程，系统谐振动圆频率为 $\omega=\sqrt{\frac{k}{\mu}}$。

从弹簧开始被压缩到最大值，系统振动时间为 $t=\frac{T}{4}=\frac{\pi}{2\omega}=\frac{\pi}{2}\sqrt{\frac{Mm}{(M+m)k}}$。

或简单推论，M 与 m 为二体问题，折合质量为 $\mu=\frac{Mm}{M+m}$，运动周期为 $T=2\pi\sqrt{\frac{\mu}{k}}$，$t=\frac{T}{4}$得同样结果。

(3) 由于系统受的合外力为零，故质心作匀速直线运动，其运动速度为 $v_C=\frac{mv_0}{M+m}$，经 $t=\frac{T}{4}$后，质心位移为 $x_C=v_C\ \frac{T}{4}=\frac{\pi mv_0}{2(M+m)}\sqrt{\frac{Mm}{(M+m)k}}$。

再设 m 和 M 相对质心的位移分别为 x'_m 和 x'_M，则有 $x'_m-x'_M=l$ 和 $mx'_m+Mx'_M=0$，可解得 x'_M，故 $x_M=x_C+x'_M=\frac{mv_0}{M+m}\sqrt{\frac{Mm}{(M+m)k}}\left(\frac{\pi}{2}-1\right)$。

练习 1.6.7：用劲度系数为 k 的轻质弹簧将质量为 m_1 和 m_2 的两物体 A 和 B 连接，并平放在光滑桌面上。使 A 紧靠墙，在 B 上施力将弹簧自原长压缩 Δl，如图 1.6.8 所示。若以弹簧、A 和 B 为系统，在外力撤去后，求：(1)系统质心加速度的最大值；(2)质心速度的最大值。

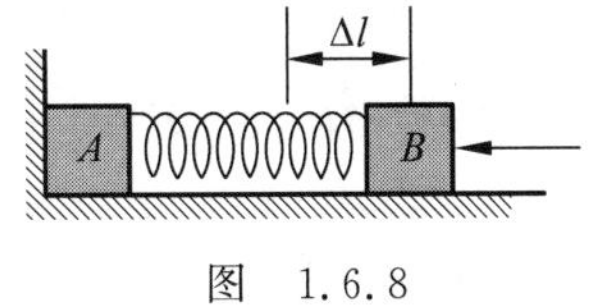

图　1.6.8

解：(1) 初始时，系统平衡，受到墙面对 A 的支持力 N 与外力 F 相等：$F=N=k\Delta l$。当外力撤去瞬间，合外力最大，为 $F_{\max}=N=k\Delta l$；

根据质心运动定律，此时 $F_{\max}=ma_{C\max}$，即质心加速度最大值为 $a_{C\max}=\frac{k\Delta l}{m_1+m_2}$。

(2) 撤去外力后，物体 B 开始运动，A 保持不动，当弹簧恢复原长时，B 速度最大，其动能等于弹簧的弹性势能：$\frac{1}{2}m_2v_B^2=\frac{1}{2}k\Delta l^2$，此时 $v_B=\Delta l\sqrt{\frac{k}{m_2}}$；

此后动量守恒，质心速度保持不变：$m_2v_B=(m_1+m_2)v_{C\max}$，即质心速度最大值为

$$v_{C\max}=\frac{m_2\Delta l}{m_1+m_2}\sqrt{\frac{k}{m_2}}。$$

1.7 质点和质点系的角动量、角动量守恒定律

(1) 质点的角动量：$\boldsymbol{L}=\boldsymbol{r}\times\boldsymbol{p}=m\boldsymbol{r}\times\boldsymbol{v}$；

(2) 力矩：$\boldsymbol{M}=\boldsymbol{r}\times\boldsymbol{F}$；

作用力和反作用力对同一点力矩之和必为零。

(3) 角动量定理：$\boldsymbol{M}_{外}=\dfrac{\mathrm{d}\boldsymbol{L}}{\mathrm{d}t}$；

(4) 角动量守恒定律：$\boldsymbol{M}_{外}=\boldsymbol{0}$ 时，$\boldsymbol{L}=\sum\boldsymbol{L}_i$ 为恒矢量。

考点 1：质点角动量与力矩的计算

例 1.7.1：一单位质量的质点在随时间 t 变化的力 $\boldsymbol{F}=(3t^2-4t)\boldsymbol{i}+(12t-6)\boldsymbol{j}$ (SI)作用下运动。设该质点在 $t=0$ 时位于原点，且速度为零。求 $t=2\mathrm{s}$ 时，该质点受到对原点的力矩和该质点对原点的角动量。

解：以下均为 SI 式。由 $\boldsymbol{F}=(3t^2-4t)\boldsymbol{i}+(12t-6)\boldsymbol{j}=m\boldsymbol{a}$，其中 $m=1$，可得

$$\boldsymbol{a}=(3t^2-4t)\boldsymbol{i}+(12t-6)\boldsymbol{j}=\frac{\mathrm{d}\boldsymbol{v}}{\mathrm{d}t}$$

代入初始条件并积分可得

$$\boldsymbol{v}=\int_0^t[(3t^2-4t)\boldsymbol{i}+(12t-6)\boldsymbol{j}]\mathrm{d}t=(t^3-2t^2)\boldsymbol{i}+(6t^2-6t)\boldsymbol{j}=\frac{\mathrm{d}\boldsymbol{r}}{\mathrm{d}t}$$

再代入初始条件并积分可得

$$\boldsymbol{r}=\int_0^t[(t^3-2t^2)\boldsymbol{i}+(6t^2-6t)\boldsymbol{j}]\mathrm{d}t=\left(\frac{3}{4}t^4-\frac{2}{3}t^2\right)\boldsymbol{i}+(2t^3-3t^2)\boldsymbol{j}$$

当 $t=2\mathrm{s}$ 时，$\boldsymbol{r}=-\dfrac{4}{3}\boldsymbol{i}+4\boldsymbol{j}$，$\boldsymbol{v}=12\boldsymbol{j}$，$\boldsymbol{F}=4\boldsymbol{i}+18\boldsymbol{j}$；

力矩：$\boldsymbol{M}=\boldsymbol{r}\times\boldsymbol{F}=\left(-\dfrac{4}{3}\boldsymbol{i}+4\boldsymbol{j}\right)\times(4\boldsymbol{i}+18\boldsymbol{j})=-40\boldsymbol{k}$；

角动量：$\boldsymbol{L}=\boldsymbol{r}\times m\boldsymbol{v}=\left(-\dfrac{4}{3}\boldsymbol{i}+4\boldsymbol{j}\right)\times12\boldsymbol{j}=-16\boldsymbol{k}$。

练习 1.7.1：一质量为 m 的质点沿着一条空间曲线运动，该曲线在直角坐标系下的定义式为 $\boldsymbol{r}=a\cos(\omega t)\boldsymbol{i}+b\sin(\omega t)\boldsymbol{j}$，其中 a、b、ω 皆为常数，则此质点所受的对原点的力矩 $\boldsymbol{M}=$________；该质点对原点的角动量 $\boldsymbol{L}=$________。

答案：$\boldsymbol{0}$；$m\omega ab\boldsymbol{k}$。

方法 1：微分可得 $\boldsymbol{r}=a\cos(\omega t)\boldsymbol{i}+b\sin(\omega t)\boldsymbol{j}$，$\boldsymbol{v}=-a\omega\sin(\omega t)\boldsymbol{i}+b\omega\cos(\omega t)\boldsymbol{j}$，$\boldsymbol{F}=-m\omega^2[a\cos(\omega t)\boldsymbol{i}+b\sin(\omega t)\boldsymbol{j}]$。力矩 $\boldsymbol{M}=\boldsymbol{r}\times\boldsymbol{F}=\boldsymbol{0}$，角动量 $\boldsymbol{L}=\boldsymbol{r}\times m\boldsymbol{v}=m[a\cos(\omega t)\boldsymbol{i}+b\sin(\omega t)\boldsymbol{j}]\times[-a\omega\sin(\omega t)\boldsymbol{i}+b\omega\cos(\omega t)\boldsymbol{j}]=m\omega ab\boldsymbol{k}$。

方法 2：因为力矩为 0，故质点角动量守恒，$t=0$ 时 $\boldsymbol{r}=a\boldsymbol{i}$，$\boldsymbol{v}=b\omega\boldsymbol{j}$，角动量 $\boldsymbol{L}=\boldsymbol{r}\times m\boldsymbol{v}=\boldsymbol{i}\times b\omega\boldsymbol{j}=m\omega ab\boldsymbol{k}$。

例 1.7.2：两个质量均为 m 的质点，用一根长为 $2l$ 的硬质轻杆相连，构成一个质点组，如图 1.7.1 所示。两质点绕固定轴 $O'Oz$ 以不变的角速度 ω 转动。轴线通过杆的中点 O，与杆的夹角为 θ。这一质点组对 $O'Oz$ 轴的角动量的大小 $L=$____________。

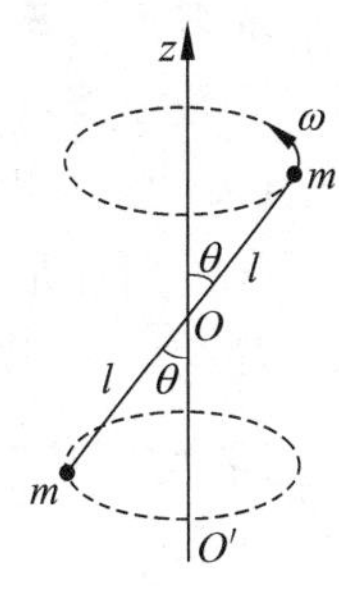

图　1.7.1

答案：$2m\omega l^2\sin^2\theta$。两个质点相对中心轴的角动量大小相等，方向相同，故总角动量为 $L=2m(l\sin\theta)^2\omega$。

练习 1.7.2：如图 1.7.2 所示，x 轴沿水平方向，y 轴竖直向下，在 $t=0$ 时刻将质量为 m 的质点由 a 处静止释放，让它自由下落，则在任意时刻 t，质点所受的对原点 O 的力矩 $\boldsymbol{M}=$____________；在任意时刻 t，质点对原点 O 的角动量 $\boldsymbol{L}=$____________。

答案：$mgb\boldsymbol{k}$；$mgbt\boldsymbol{k}$。质点在重力下作匀加速直线运动。

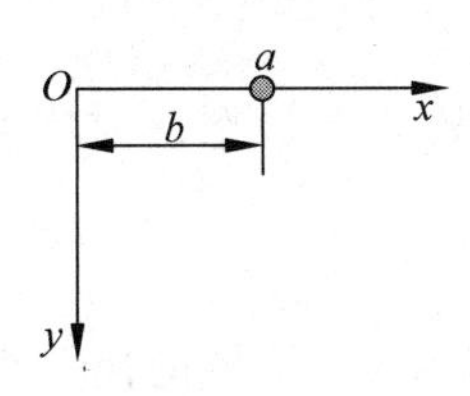

图　1.7.2

练习 1.7.3：一绳跨过一定滑轮。现有两个质量相同的人 A 和 B 在同一高度处，各在滑轮一侧同时由静止开始向上攀绳，进行爬绳比赛。若绳和滑轮质量不计，忽略轴上摩擦，问他们之中哪一个先到达滑轮处而取胜。

解：取两个人、绳、滑轮为系统，由质点系角动量定理：

$$(m_1g-m_2g)R=\frac{\mathrm{d}(Rm_2v_2-Rm_1v_1)}{\mathrm{d}t}$$

可得 $m_1g-m_2g=m_2\dfrac{\mathrm{d}v_2}{\mathrm{d}t}-m_1\dfrac{\mathrm{d}v_1}{\mathrm{d}t}$。因为 $m_1=m_2$ 所以 $\dfrac{\mathrm{d}v_2}{\mathrm{d}t}=\dfrac{\mathrm{d}v_1}{\mathrm{d}t}$，即 $a_1=a_2$。又有 $v_{10}=v_{20}=0$，故有 $v_1=v_2$，即任一时刻两人均有相同的速度，他们将同时到达滑轮处。

考点 2：质点（系）角动量守恒问题

说明：质点角动量守恒的条件是所受到的合外力矩为零。通常有三种情况：①合外力为零；②合外力矩沿某一方向为零，则该方向角动量守恒；③合外力 $\boldsymbol{F}$ 始终通过参考点，则对该参考点的角动量守恒（质点在有心力场中，它对力心的角动量守恒）。其中第三种情况是常见情况并需要重点掌握，以下例题都是对该点的举例。

例 1.7.3：我国第一颗人造地球卫星沿椭圆轨道运动，地球的中心 O 为该椭圆的一个焦点。已知地球半径 $R=6378\text{km}$，卫星与地面的最近距离 $l_1=439\text{km}$，与地面的最远距离 $l_2=2384\text{km}$。若卫星在近地点 A_1 的速度 $v_1=8.1\text{km/s}$，则卫星在远地点 A_2 的速度 $v_2=$____________。

答案：6.3km/s。卫星仅受到指向地球中心的向心引力作用，故角动量守恒：$mv_1r_1=mv_2r_2$，其中 $r_1=l_1+R$，$r_2=l_2+R$，故有 $v_2=v_1r_1/r_2=\dfrac{l_1+R}{l_2+R}v_1$。

练习 1.7.4：人造地球卫星绕地球作椭圆轨道运动，卫星轨道近地点和远地点分别为 A 和 B。用 L 和 E_k 分别表示卫星对地心的角动量及其动能的瞬时值，则应有［　　］

(A) $L_A>L_B$，$E_{\mathrm{k}A}>E_{\mathrm{k}B}$；　　(B) $L_A=L_B$，$E_{\mathrm{k}A}<E_{\mathrm{k}B}$；

(C) $L_A=L_B$，$E_{\mathrm{k}A}>E_{\mathrm{k}B}$；　　(D) $L_A<L_B$，$E_{\mathrm{k}A}<E_{\mathrm{k}B}$。

答案：C。由例 1.7.3 可知，卫星角动量守恒；近日点速率大，远日点速率小。

练习 1.7.5：假设卫星环绕地球中心作圆周运动，则在运动过程中，卫星对地心的[　　]，若卫星是沿着以地球为一个焦点的椭圆轨道上运动，则卫星对地心的[　　]

(A) 角动量守恒，动能也守恒；　　(B) 角动量守恒，动能不守恒；

(C) 角动量不守恒，动能守恒；　　(D) 角动量不守恒，动量也不守恒。

答案：A；B。

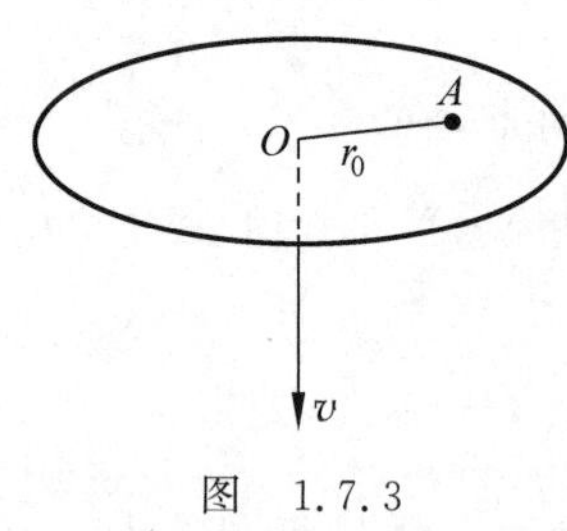

图　1.7.3

例 1.7.4：光滑圆盘面上有一质量为 $m=0.2\text{kg}$ 的物体 A，拴在一根细绳上，再将该细绳穿过圆盘中心 O 处的光滑小孔，如图 1.7.3 所示。开始时，该物体距圆盘中心 O 的距离为 $r_0=0.2\text{m}$，并以角速度 $\omega_0=2.0\text{rad/s}$ 绕盘心 O 作圆周运动。现向下拉绳，当质点 A 的径向距离由 r_0 减少到 $r_0/2$ 时，向下拉的速度为 $v=0.80\text{m/s}$，则向下拉过程中拉力所做的功 $W=$______。

答案：0.112J。物体相对圆心角动量守恒，故 $mv_0r_0=mv_1r_0/2$，故质点末态切向速度 $v_1=2v_0$，拉力所做的功为 $W=\frac{1}{2}m(v_1^2+v^2)-\frac{1}{2}mv_0^2=\frac{1}{2}m(v^2+3v_0^2)$。

练习 1.7.6：一单摆在摆动过程中，若不计空气阻力，摆球的动能、动量、机械能以及对悬点的角动量是否守恒？为什么？

答：(1)因为重力对小球做功，故它的动能不守恒。(2)因为小球受张力与重力并且合力不为零，故它的动量不守恒。(3)因绳的张力不做功，也不计非保守力的功，故机械能守恒。(4)因小球受的重力矩(对悬点)不为零，故小球对悬点的角动量不守恒。

练习 1.7.7：质量为 m 的小球 A，用不可伸长的轻绳在光滑水平面上与固定点 O 相连，轻绳的自由伸展长度为 l_0。小球的初始位置及速度如图 1.7.4 所示。轻绳绷紧后小球的速率 v 为______。

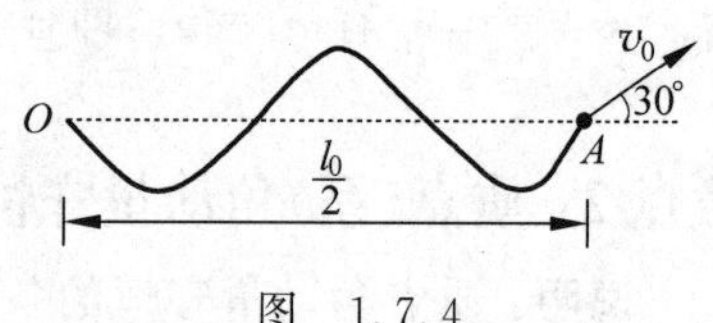

图　1.7.4

答案：$v_0/4$。对细绳分析如图 1.7.5 所示，细绳绷紧前，小球受到合外力为零，作匀速直线运动，小球相对 O 点角动量守恒，小球绷紧后，小球受到合外力指向 O 点，将作匀速圆周运动。整个过程中小球角动量守恒，即 $mv_0\ \frac{l_0}{2}\sin 30^\circ=mvl_0$，可得 $v=v_0/4$。

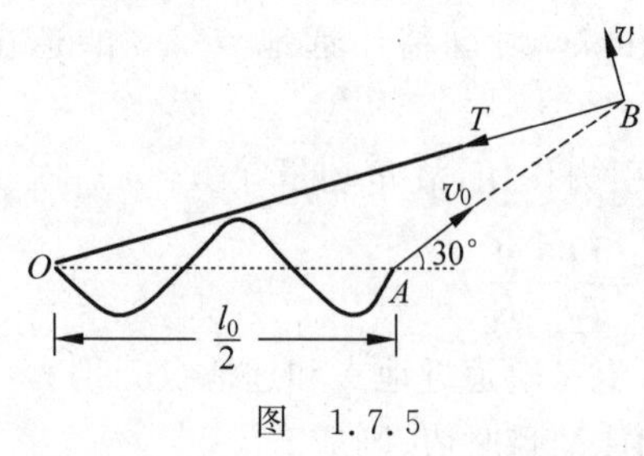

图　1.7.5

说明：常见的有心力为万有引力(行星绕恒星、卫星绕行星)，绳子拉力，电荷力(电子绕核运动、加速器中粒子与靶核散射)，而在有心力作用下质点并不一定作圆周运动，比如粒子与靶核散射问题中，粒子相对于靶核角动量守恒，但是粒子是开放的轨道，如例 1.7.5 及练习 1.7.8。

例 1.7.5：一质子质量为 m，在通过质量较大、带电荷为 Ze 的原子核附近时，原子核可近似视为静止。质子受到原子核的排斥力的作用，它运动的轨道为双曲线。设质子与原子相距很远时速度为 v_0，沿 v_0 方向的直线与原子核的垂直距离为 b。试求质子与原子核最接近的距离 r_s。

(提示：电荷 q_1 和 q_2 相距 r 时,带电系统的电势能为 Kq_1q_2/r,式中 K 为常数；并略去质子受到的万有引力作用。)

解：以原子核为坐标原点,如图 1.7.6 所示。质子只受到原子核的作用力,为有心力,故对原子核的角动量守恒,设质子在与原子核最接近点的速度为 v_s,可得

$$mv_0b = mv_sr_s \qquad ①$$

该过程中机械能守恒,有

$$\frac{1}{2}mv_0^2 = \frac{1}{2}mv_s^2 - KZe^2/r_s \qquad ②$$

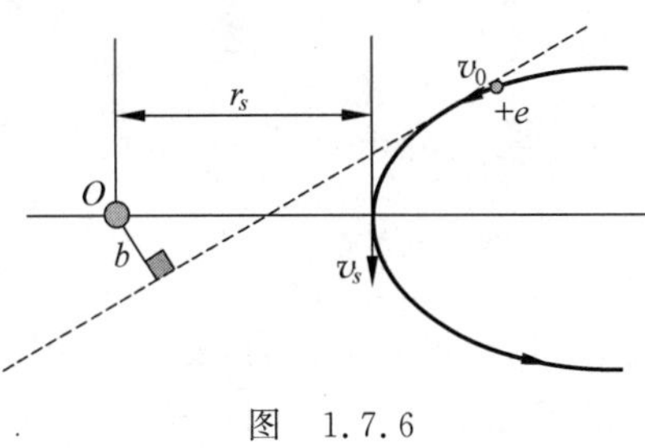

图　1.7.6

联立①式和②式可得

$$r_s = \frac{KZe^2}{mv_0^2} + \sqrt{\left(\frac{KZe^2}{mv_0^2}\right)^2 + b^2}$$

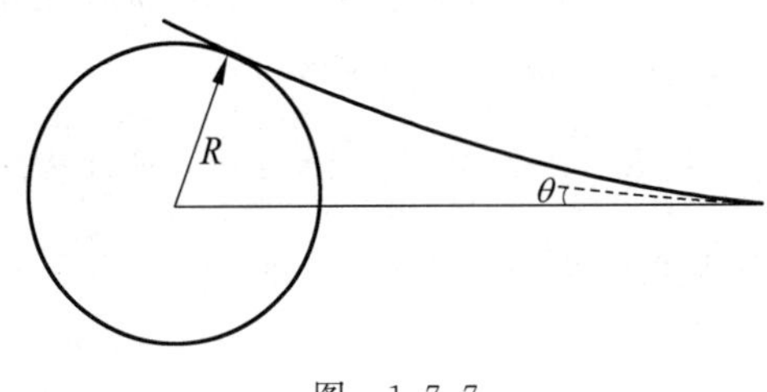

图　1.7.7

练习 1.7.8：有一宇宙飞船,欲考察质量为 M,半径为 R 的某星球,当它静止于空中离这星球中心 $5R$ 处时,以初速度 v_0 发射一质量为 m 的仪器舱,且 $m \ll M$,要使此仪器舱恰好掠擦此星球的表面着陆,如图 1.7.7 所示,问发射时倾角 θ 应为____________。

答案：$\arcsin\left(\frac{1}{5}\sqrt{1+\frac{8GM}{5Rv_0^2}}\right)$。运用机械能守恒,角动量守恒：$\frac{1}{2}mv_0^2 - G\frac{Mm}{5R} = \frac{1}{2}mv^2 - G\frac{Mm}{R}$,$5Rmv_0\sin\theta = Rmv$。

例 1.7.6：两个质量都为 m 的质点,由长度为 a 的轻杆相连,杆以角速度 ω 绕其质心转动。杆一端的一个质点与另一个静止、质量也是 m 的质点相碰,并粘在一起。求：(1)碰撞前瞬间三个质点的质心坐标和质心速度；(2)碰前、碰后瞬间三质点相对质心的总角动量；(3)碰后整个系统绕质心转动的角速度。

解：(1) 如图 1.7.8 所示,设碰前瞬时共同质心在 C 点,以质心为坐标原点,则按照质心坐标和质心速度的定义有

$$2ml_1 = m(a - l_1) \Rightarrow l_1 = a/3 \qquad ①$$

$$v_C = \frac{mv + m(-v) + m \cdot 0}{3m} = 0 \qquad ②$$

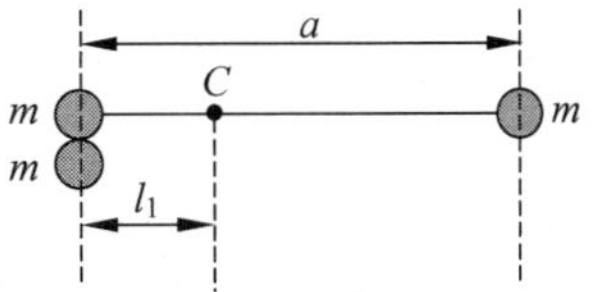

图　1.7.8

(2) 碰撞前瞬时,相对 C 的总角动量为

$$L_1 = \frac{1}{3}a \cdot m \cdot \frac{1}{2}\omega a + \frac{2}{3}a \cdot m \cdot \frac{1}{2}\omega a + 0 = \frac{1}{2}ma^2\omega \qquad ③$$

因为碰撞过程中相互作用力是内力,碰撞过程总角动量守恒,因此碰撞后前后总角动量不变。

(3) 在③式中,轻杆上的小球碰撞前是围绕轻杆中心转动的,碰撞后围绕质心 C 点转动,如图 1.7.9 所示,所以碰撞前后计算其线速度与角速度的关系不同。设碰撞后瞬时,相

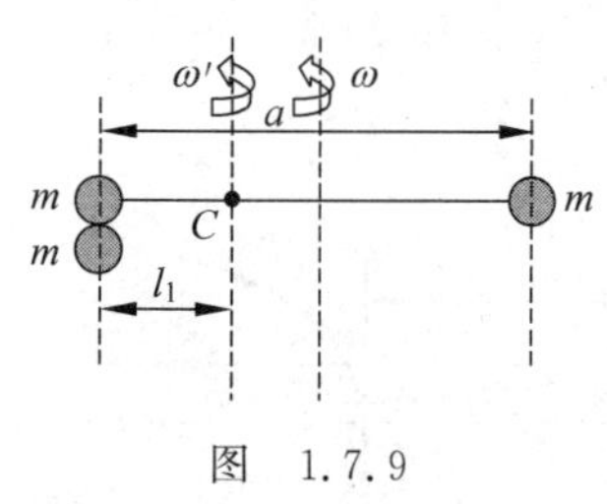

图 1.7.9

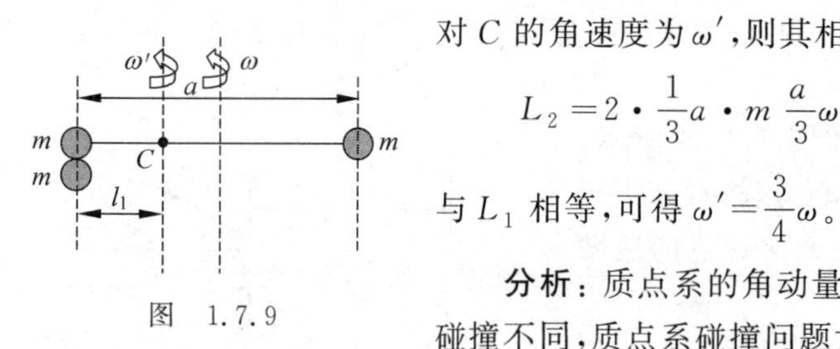

对 C 的角速度为 ω',则其相对 C 的总角动量为

$$L_2=2\cdot\frac{1}{3}a\cdot m\frac{a}{3}\omega'+\frac{2a}{3}\cdot m\frac{2a}{3}\omega'=\frac{2}{3}ma^2\omega' \quad ④$$

与 L_1 相等,可得 $\omega'=\frac{3}{4}\omega$。

分析:质点系的角动量守恒经常用于碰撞问题。与质点碰撞不同,质点系碰撞问题大多是轻质细杆连接问题,若细杆固定,则相对固定点转动,对该点角动量守恒,若无固定点,则细杆绕质心转动,如例 1.7.6。

练习 1.7.9:两个滑冰运动员 A、B 的质量均为 $m=70\text{kg}$,他们以 $v_0=6.5\text{m/s}$ 的速率沿相反方向滑行,滑行路线间的垂直距离为 $R=10\text{m}$,当彼此交错时,各抓住 10m 绳索的一端,然后相对旋转。(1)在抓住绳索之前,各自对绳中心的角动量是多少?抓住后又是多少?(2)他们各自收拢绳索,到绳长为 $r=5\text{m}$ 时,各自的速率如何?(3)绳长为 5m 时,绳内的张力多大?(4)两人在收拢绳索时,设收绳速率相同,问两人各做了多少功?

解:设质心在 O 点,与绳的中点重合。由质心运动定理可知,质心速度为零,质心保持在 O 点不动。m_A、m_B 分别为两个滑冰运动员的质量,$m_A=m_B=m=70\text{kg}$。

(1) 抓住绳之前 A 对 O 点的角动量为 $L_{AO}=\frac{1}{2}mv_0R=2.28\times10^3\text{kg}\cdot\text{m}^2/\text{s}$,抓住绳之后,$A$ 受 B 的拉力对 O 点的力矩为零,所以 A 对 O 点的角动量不变。

B 的角动量与 A 的相同。

(2) 绳的原长 $R=10\text{m}$,收拢后为 $r=5\text{m}$。因为 A 对 O 点的角动量守恒,故收绳后 A 的速率 v 由下式决定:$\frac{1}{2}mvr=\frac{1}{2}mv_0R$,$v=Rv_0/r=13\text{m/s}$,$B$ 的速率与 A 的相同。

(3) 绳内的张力为 $T=\frac{mv^2}{r/2}=4.73\times10^3\text{N}$。

(4) 由动能定理可知,收绳过程中运动员 A 对 B 做的功为 $W=\frac{1}{2}m(v^2-v_0^2)\approx4.44\times10^3\text{J}$,也等于 B 对 A 做的功。

1.8 碰撞

恢复系数 $e=\left|\frac{v_2-v_1}{v_{10}-v_{20}}\right|=\begin{cases}1, & \text{完全弹性碰撞;}\\0, & \text{完全非弹性碰撞。}\end{cases}$

主要依据:(1)(角)动量守恒;(2)能量损失:$\Delta E_\text{k}=-\frac{1}{2}\mu(1-e^2)(v_{10}-v_{20})^2$,$\mu=\frac{m_1m_2}{m_1+m_2}$。

完全弹性碰撞的主要结论:(1) $m_1\ll m_2$,$v_{20}=0\Rightarrow v_1\approx-v_{10}$,$v_2\approx0$,皮球撞地球;

(2) $m_1\gg m_2$,$v_{20}=0\Rightarrow v_1\approx v_{10}$,$v_2\approx2v_{10}$,铅球撞皮球;

(3) $m_1=m_2\Rightarrow v_1=v_{20}$,$v_2=v_{10}$,两球交换速度。

考点：碰撞过程的判断及恢复系数的定义

例 1.8.1：一个打桩机，夯的质量为 m_1，桩的质量为 m_2，假设夯与桩相碰撞时为完全非弹性碰撞且碰撞时间极短，则刚刚碰撞后夯与桩的动能与碰前夯的动能之比为__________。

答案：$\frac{m_1}{m_1+m_2}$。碰撞前后动量守恒：$m_1v_0=(m_1+m_2)v$，碰撞后速度：$v=\frac{m_1v_0}{m_1+m_2}$。碰撞后夯与桩的动能为 $E_{k0}=\frac{1}{2}(m_1+m_2)v^2=\frac{1}{2}\frac{(m_1v_0)^2}{m_1+m_2}$，碰撞后夯的动能为 $E_k=\frac{1}{2}m_1v_0^2$，$\frac{E_k}{E_{k0}}=\frac{m_1}{m_1+m_2}$。

练习 1.8.1：A、B 两木块质量分别为 m_A 和 m_B，且 $m_B=2m_A$，两者用一轻弹簧连接后静止于光滑水平桌面上，如图 1.8.1 所示。若用外力将两木块压近使弹簧被压缩，然后将外力撤去，则此后两木块运动动能之比 E_{kA}/E_{kB} 为__________。

答案：2。根据动量守恒，外力撤去后 $m_Av_A+m_Bv_B=0$，两木块的速度之比为 $\frac{v_A}{v_B}=\frac{m_B}{m_A}=2$，动能之比为 $\frac{E_{kA}}{E_{kB}}=\frac{m_A}{m_B}\left(\frac{v_A}{v_B}\right)^2=2$。

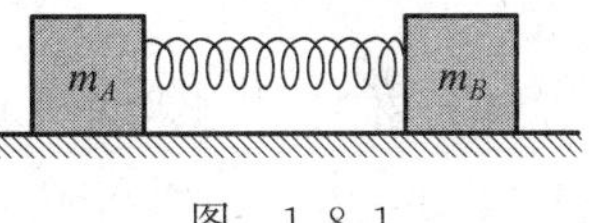

图　1.8.1

练习 1.8.2：质量为 M 的木块静止在光滑的水平面上。质量为 m、速率为 v 的子弹沿水平方向打入木块并陷在其中，则相对于地面木块对子弹所做的功 $W=$__________。

答案：$-\frac{v^2}{2}\frac{Mm(M+2m)}{(M+m)^2}$。根据动量守恒，$mv=(m+M)V$，根据动能定理，相对于地面木块对子弹所做的功 $W=\frac{1}{2}mV^2-\frac{1}{2}mv^2$。

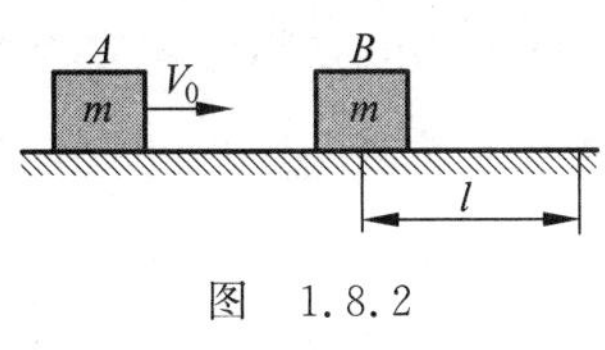

图　1.8.2

练习 1.8.3：如图 1.8.2 所示，在水平面上，质量为 m 的物块 A 以速率 V_0 同另一静止的质量同为 m 的物块 B 碰撞，已知碰撞后物块 B 向前移动距离 l 后停止，物块与桌子的摩擦系数为 μ。则碰撞前后，A 和 B 的动能损失为 $\Delta E=$__________。

答案：$\Delta E=m\sqrt{2\mu gl}(V_0-\sqrt{2\mu gl})$。碰撞过程中动量守恒：$mV_0=mv_1+mv_2$，碰撞后对 B 有 $\mu mgl=\frac{1}{2}mv_2^2$，可得 $v_2=\sqrt{2\mu gl}$，$v_1=V_0-\sqrt{2\mu gl}$，该过程中的动能损失为 $\Delta E=\frac{1}{2}mV_0^2-\frac{1}{2}m(v_2^2+v_1^2)$。

例 1.8.2：如图 1.8.3 所示，在光滑平面上有一个运动物体 P，在 P 的正前方有一个连有弹簧和挡板 M 的静止物体 Q，弹簧和挡板 M 的质量均不计，P 与 Q 的质量相同。物体 P 与 Q 碰撞后 P 停止，Q 以碰前 P 的速度运动。在此碰撞过程中，弹簧压缩量最大的时刻是[　　]

(A) P 的速度正好变为零时；

(B) P 与 Q 速度相等时；

(C) Q 正好开始运动时；

(D) Q 正好达到原来 P 的速度时。

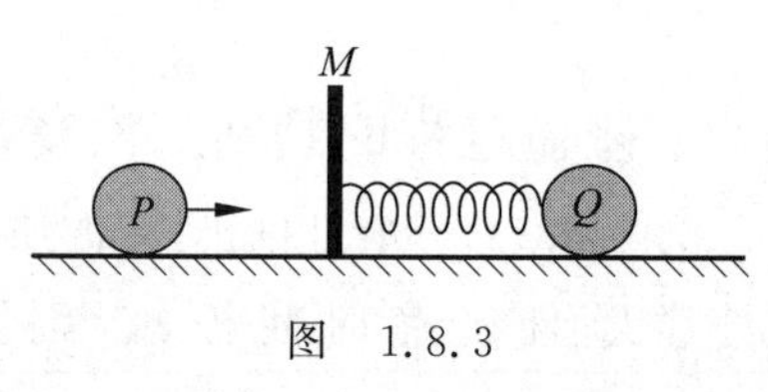

图 1.8.3

答案：B。

练习 1.8.4：两个质量分别为 m_1 和 m_2 的小球，在一直线上作完全弹性碰撞，碰撞前两小球的速度分别为 v_1 和 v_2，同向，在碰撞过程中两球的最大形变能是[　　]

(A) $\frac{1}{2}\sqrt{m_1 m_2}(v_1-v_2)^2$；　　(B) $\frac{1}{2}\sqrt{m_1 m_2}(v_1^2-v_2^2)$；

(C) $\frac{m_1 m_2(v_1-v_2)^2}{2(m_1+m_2)}$；　　(D) $\frac{m_1 m_2 v_1 v_2}{2(m_1+m_2)}$。

答案：C。当两球速度相同都是 v 时形变最大，碰撞过程中动量守恒：$m_1v_1+m_2v_2=(m_1+m_2)v$，可得 $v=\frac{m_1v_1+m_2v_2}{m_1+m_2}$，根据机械能守恒，此时两球的形变能为 $\Delta E=\left(\frac{1}{2}m_1v_1^2+\frac{1}{2}m_2v_2^2\right)-\frac{1}{2}(m_1+m_2)v^2$。

例 1.8.3：中子和静止原子核发生对心的完全碰撞，已知中子质量为 m_1，原子核质量 $m_2=$__________时对中子减速最有效，此时中子动能损失比率为__________。

答案：m_1，1。中子和静止原子核发生对心的完全碰撞时动量守恒，能量守恒：$m_1v_{10}=m_1v_1+m_2v_2$，$\frac{1}{2}m_1v_{10}^2=\frac{1}{2}m_1v_1^2+\frac{1}{2}m_2v_2^2$；可以得到 $v_1=\frac{(m_1-m_2)v_{10}}{m_1+m_2}$，当 $m_1=m_2$ 时，$v_1=0$，中子减速最有效，此时原子核末速度 $v_2=\frac{2m_1v_{10}}{m_1+m_2}=v_{10}$(可直接利用完全弹性碰撞主要结论③：$m_1=m_2\Rightarrow v_1=v_{20}$，$v_2=v_{10}$，两球交换速度)。此时，中子 m_1 的动能完全交给原子核 m_2，即中子动能损失比率为 1。

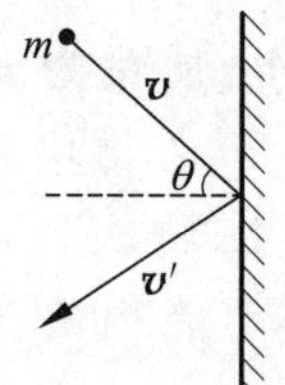

图 1.8.4

练习 1.8.5：一质量为 m 的物体与一固定光滑表面发生非弹性碰撞，物体速度 $\boldsymbol{v}$ 方向与表面法线方向成 θ 角，如图 1.8.4 所示。已知物体与表面碰撞中的恢复系数为 e，则物体经过一次碰撞后损失的机械能为__________。

答案：$\frac{1}{2}mv^2\cos^2\theta(1-e^2)$。根据恢复系数的定义，$e=\frac{v'\cos\theta'}{v\cos\theta}$，碰撞过程中的机械能损失发生在碰撞方向，即图中的水平方向，应为 $\Delta E=\frac{1}{2}m\left[(v\cos\theta)^2-(v'\cos\theta')^2\right]=\frac{1}{2}mv^2\cos^2\theta(1-e^2)$。

例 1.8.4：如图 1.8.5 所示，两个带理想弹簧缓冲器的小车 A 和 B，质量分别为 m_1 和 m_2。B 不动，A 以速度 v_0 与 B 碰撞，如已知两车的缓冲弹簧的劲度系数分别为 k_1 和 k_2，在不计摩擦的情况下，求两车相对静止时，其间的作用力为多大？(弹簧质量忽略不计)

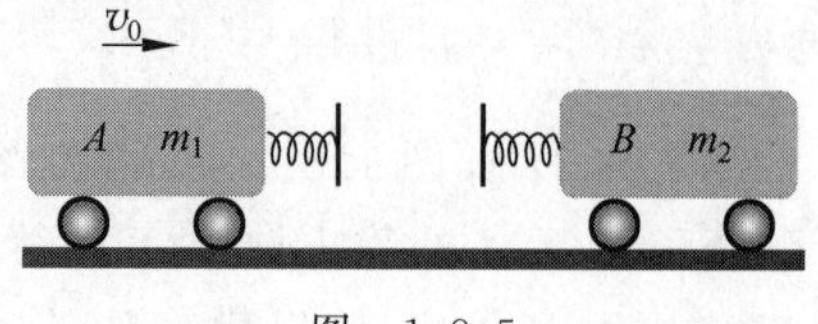

图 1.8.5

解：两小车碰撞为弹性碰撞，在碰撞过程中当两小车相对静止时，两车速度相等。

在碰撞过程中，以两车和弹簧为系统，动量守恒，机械能守恒：

$$m_1 v_0 = (m_1 + m_2) v \quad ①$$

$$\frac{1}{2} m_1 v_0^2 = \frac{1}{2}(m_1 + m_2) v^2 + \frac{1}{2} k_1 x_1^2 + \frac{1}{2} k_2 x_2^2 \quad ②$$

x_1 和 x_2 分别为相对静止时两弹簧的压缩量。由牛顿第三定律：

$$k_1 x_1 = k_2 x_2 \quad ③$$

结合以上三式，可得

$$x_1 = \sqrt{\frac{m_1 m_2}{m_1 + m_2} \cdot \frac{k_2}{k_1 (k_1 + k_2)}} v_0$$

故相对静止时两车之间的相互作用力为

$$F = k_1 x_1 = \sqrt{\frac{m_1 m_2}{m_1 + m_2} \cdot \frac{k_1 k_2}{k_1 + k_2}} v_0$$

1.9　刚体定轴转动定律、转动惯量

（1）刚体：系统内质点没有相对运动，形状和大小都不变。

（2）刚体定轴转动定律：$M = I\alpha$。

（3）转动惯量：$I = \sum m_i r_i^2 = \int r^2 \mathrm{d}m$。

说明：刚体定轴转动部分的知识均可类比质点力学的知识学习及应用，基本物理量的类比关系见表 1.9.1，将其扩展可类比动力学方程等，如转动定律是力矩的瞬时作用规律，其地位与牛顿第二定律在平动中的地位相当，$M = I\alpha \overset{\text{类比}}{\Leftrightarrow} F = ma$。

表 1.9.1　类比关系 1

一维平动(线量)	定轴转动(角量)
位移 Δx	角位移 $\Delta\theta$
速度 v	角速度 ω
加速度 a	角加速度 α
质量 m	转动惯量 I
力 F	力矩 M

考点 1：转动惯量的计算与基本定理

注意：转动惯量的计算常用公式：

常见转动惯量：

匀质薄圆盘(转轴通过中心垂直盘面)：$I = \frac{1}{2} mR^2$；

匀质细直棒(转轴通过端点与棒垂直)：$I = \frac{1}{3} mL^2$；

匀质细直棒(转轴通过质心与棒垂直)：$I=\frac{1}{12}mL^2$；

匀质球体(转轴通过球心)：$I=\frac{2}{5}mR^2$。

基本定理：

平行轴定理：刚体绕过质心轴的转动惯量 I_C，相对于质心轴平行距质心轴 d 的转轴的转动惯量 I，则 $I=I_C+md^2$；

垂直轴定理：对位于 xOy 平面内的薄板刚体，$I_z=I_x+I_y$；

叠加原理：对同一轴，整体转动惯量等于部分转动惯量之和，$I=\sum_i I_i$。

例 1.9.1：关于刚体对轴的转动惯量，下列说法中正确的是[　　]

(A) 只取决于刚体的质量，与质量的空间分布和轴的位置无关；

(B) 取决于刚体的质量和质量的空间分布，与轴的位置无关；

(C) 取决于刚体的质量、质量的空间分布和轴的位置；

(D) 只取决于转轴的位置，与刚体的质量和质量的空间分布无关。

答案：C。刚体的转动惯量由质量以及质量相对轴的分布决定。

练习 1.9.1：两个匀质圆盘 A 和 B 的密度分别为 ρ_A 和 ρ_B，若 $\rho_A>\rho_B$，但两圆盘的质量与厚度相同，如两盘对通过盘心垂直于盘面轴的转动惯量各为 I_A 和 I_B，则[　　]

(A) $I_A>I_B$；　　(B) $I_A<I_B$；

(C) $I_A=I_B$；　　(D) I_A、I_B 哪个大，不能确定。

答案：B。总质量相同，质量分布离轴越远，转动惯量越大。两圆盘的质量与厚度相同，但 $\rho_A>\rho_B$，说明 A 圆盘半径偏小，质量分布离轴较近，故转动惯量小。

练习 1.9.2：如图 1.9.1 所示，P、Q、R 和 S 是附于刚性轻质细杆上的质量分别为 $4m$、$3m$、$2m$ 和 m 的四个质点，$PQ=QR=RS=l$，则系统对 OO' 轴的转动惯量为 $I=$＿＿＿＿＿＿。

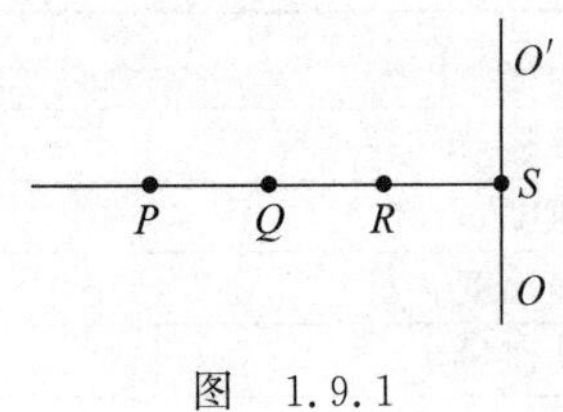

图 1.9.1

答案：$50ml^2$。根据转动惯量定义式：$I=\sum m_i r_i^2=4m(3l)^2+3m(2l)^2+2ml^2=50ml^2$。

例 1.9.2：质量为 m、半径为 R 的匀质圆环，对通过环周上一点且垂直于环面的轴的转动惯量 $I=$＿＿＿＿＿＿。

答案：$2mR^2$。匀质圆环绕其质心的转动惯量为 $I_C=mR^2$，应用平行轴定理得 $I=I_C+md^2=mR^2+mR^2=2mR^2$。

练习 1.9.3：如图 1.9.2 所示，三根匀质细杆，质量均为 m，长度均为 l，将它们首尾相接构成一个三角架。三角架对通过角顶与架面垂直的轴的转动惯量 $I=$＿＿＿＿＿＿。

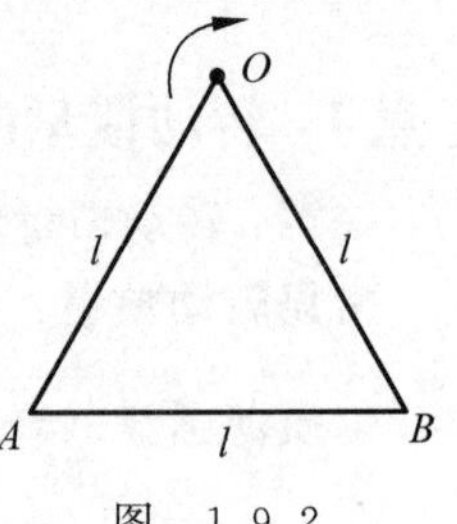

图 1.9.2

答案：$3ml^2/2$。相对过 O 点的转轴，OA、OB 的转动惯量相等，为 $\frac{1}{3}ml^2$；应用平行轴定理得 AB 的转动惯量为 $\frac{1}{12}ml^2+m\left(\frac{\sqrt{3}}{2}l\right)^2=\frac{5}{6}ml^2$；应用转动惯量的叠加原理得 $I=\frac{1}{3}ml^2+$

$\frac{1}{3}ml^2+\frac{5}{6}ml^2=\frac{3}{2}ml^2$。

练习 1.9.4：一根均匀细杆，质量为 m，长度为 l。此杆对通过其端点且与杆成 θ 的轴的转动惯量为__________。

答案：$\frac{1}{3}m(l\sin\theta)^2$。根据转动惯量定义，此杆的转动惯量与绕着长度为 $l\sin\theta$ 的细杆一端的转动惯量相同。

练习 1.9.5：一刚体由匀质细杆和匀质球体两部分构成，杆在球体直径的延长线上，如图 1.9.3 所示。球体的半径为 R，杆长为 $2R$，杆和球体的质量均为 m。若杆对通过其中点 O_1，与杆垂直的轴的转动惯量为 I_1，球体对通过球心 O_2 的转动惯量为 I_2，则整个刚体对通过杆与球体的固结点 O 且与杆垂的轴的转动惯量为[　　]

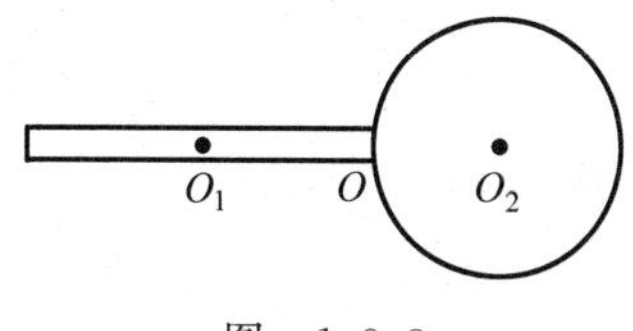

图 1.9.3

(A) $I=I_1+I_2$；　　(B) $I=mR^2$；

(C) $I=(I_1+mR^2)+(I_2+mR^2)$；　　(D) $I=(I_1+4mR^2)+(I_2+4mR^2)$。

答案：C。利用平行轴定理判断。

例 1.9.3：求质量均匀分布的薄圆盘绕任意一条直径转动的转动惯量。

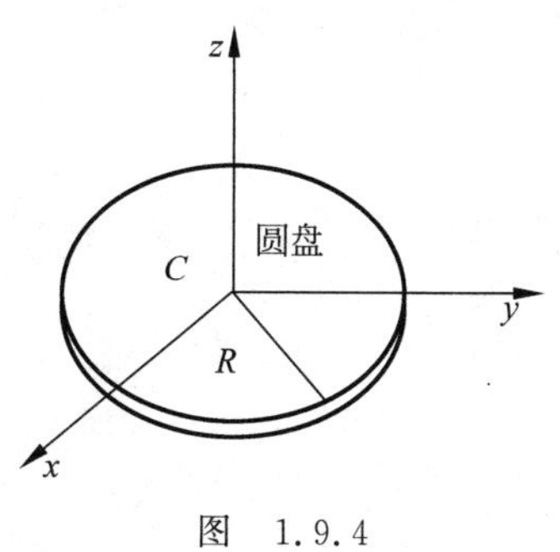

图 1.9.4

解：如图 1.9.4 所示，设圆盘绕 x、y、z 轴转动的转动惯量分别为 I_x、I_y、I_z，已知转轴通过中心垂直盘面匀质薄圆盘的转动惯量为 $\frac{1}{2}mR^2$，即 $I_z=\frac{1}{2}mR^2$，根据对称性分析，$I_x=I_y$。应用垂直轴定理，对薄板刚体，$I_z=I_x+I_y$，可得 $I_z=2I_x=\frac{1}{2}mR^2$。即绕任意一条直径转动的转动惯量为 $I_x=\frac{1}{4}mR^2$。

练习 1.9.6：质量为 m、半径为 R 的匀质细圆环，对通过环周上一点且垂直环面的轴的转动惯量 $I_1=$__________；对通过任意直径的轴的转动惯量 $I_2=$__________。

答案：$2mR^2$；$\frac{1}{2}mR^2$。细圆环，对通过其质心且垂直环面的轴的转动惯量为 $I=mR^2$，利用平行轴定理，$I_1=I+mR^2=2mR^2$；利用垂直轴定理，$I_2=\frac{1}{2}I=\frac{1}{2}mR^2$。

练习 1.9.7：有 OAB 均匀薄板，恰好是四分之一圆。薄板对于通过 O 点且垂直于板面的轴的转动惯量为 I，则它对于与边 OA（或 OB）重合的轴的转动惯量为__________。

答案：$I/2$。垂直轴定律的应用。

例 1.9.4：如图 1.9.5 所示，在一个半径为 R 的大的匀质薄圆盘中挖掉一个半径为 $R/2$ 的小圆盘，剩下部分的质量为 m，求其相对于 O 点的转动惯量 I_O。

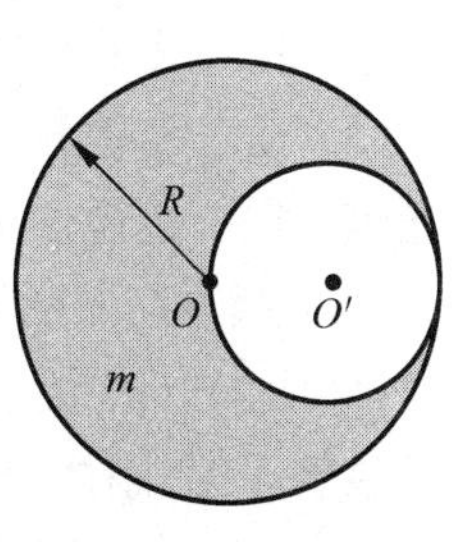

图 1.9.5

解：运用挖补法，假设把挖掉的圆板补回去，其质量为 $m_{补}=\frac{1}{3}m$，转动惯量为 $I_{补}$。假设补上后整个完整的圆盘质量为 $m_{全}=\frac{4}{3}m$，转动惯量为 $I_{全}$。

应用转动惯量的叠加原理可得

$$I_{全}=I_O+I_{补} \quad ①$$

其中，

$$I_{全}=\frac{1}{2}m_{全}R^2=\frac{2}{3}mR^2 \quad ②$$

应用平行轴定理得

$$I_{补}=\frac{1}{2}m_{补}\left(\frac{R}{2}\right)^2+m_{补}\left(\frac{R}{2}\right)^2=\frac{1}{8}mR^2 \quad ③$$

将②式和③式代入①式，可得

$$I_O=I_{全}-I_{补}=\frac{13}{24}mR^2$$

分析：例1.9.4中匀质薄圆盘改为匀质圆柱体，做法及答案均一样。

考点2：力矩的理解与计算

例1.9.5：有两个力作用在一个有固定转轴的刚体上：

(1) 这两个力都平行于轴作用时，它们对轴的合力矩一定是零；

(2) 这两个力都垂直于轴作用时，它们对轴的合力矩可能是零；

(3) 当这两个力的合力为零时，它们对轴的合力矩也一定是零；

(4) 当这两个力对轴的合力矩为零时，它们的合力也一定是零。

在上述说法中，[　　]

(A) 只有(1)是正确的；　　(B) (1)、(2)正确，(3)、(4)错误；

(C) (1)、(2)、(3)都正确，(4)错误；　　(D) (1)、(2)、(3)、(4)都正确。

答案：B。力对转轴的力矩等于其对转轴上任一点的力矩沿转轴的分量：$\boldsymbol{M}_{iz}=\boldsymbol{r}_i\times\boldsymbol{F}_{i\perp}$。故平行轴的作用力不贡献合力矩；另外合力矩等于各个力相对转轴的力矩之和，与合力无直接联系。

练习1.9.8：关于力矩有以下几种说法：

(1) 对某个定轴而言，内力矩不会改变刚体的角动量；

(2) 作用力和反作用力对同一轴的力矩之和必为零；

(3) 质量相等，形状和大小不同的两个刚体，在相同力矩的作用下，它们的角加速度一定相等。在上述说法中，[　　]

(A) 只有(2) 是正确的；　　(B) (1)、(2) 是正确的；

(C) (2)、(3) 是正确的；　　(D) (1)、(2)、(3)都是正确的。

答案：B。刚体内力矩之和为零，故内力不改变刚体角动量。依据刚体转动定律 $M=I\alpha$，在相同力矩作用下刚体的角加速度还取决于其相对同一转轴的转动惯量。

练习1.9.9：若作用于一力学系统上外力的合力为零，则外力的合力矩__________

(填“一定”或“不一定”)为零；这种情况下力学系统的动量、角动量、机械能三个量中一定守恒的量是____________。

答案：不一定；动量。

例 1.9.6：一根质量为 m、长为 l 的均匀细杆，可在水平桌面上绕通过其一端的竖直固定轴转动。已知细杆与桌面的滑动摩擦系数为 μ，则杆转动时受的摩擦力矩的大小为____________。

答案：$\frac{1}{2}\mu mgl$。设细棒线密度为 $\lambda=m/l$，杆转动时受的摩擦力矩的大小为 $M=\int_0^l \mu\lambda gr\,\mathrm{d}r=\frac{1}{2}\mu\lambda gl^2=\frac{1}{2}\mu mgl$。

考点 3：刚体定轴转动定律的应用

说明：正如牛顿第二定律主要用于解决力使质点加速或减速运动问题，转动定律用于解决力矩使刚体加速或减速转动问题。因为常见的刚体为匀质杆和圆盘，所以主要处理的问题是在力矩的作用下细杆(如摆杆)或圆盘(如定滑轮、飞轮)的转动问题，求解某一时刻的角加速度、角速度等问题。

例 1.9.7：如图 1.9.6 所示，质量为 m、长度为 l 的刚性匀质细杆，能绕过其端点 O 的水平轴无摩擦地在竖直平面上摆动，将其由水平静止释放，求下降到 θ 时细杆受到的力矩 M、角加速度 α 以及角速度 ω 各为多少？

解：受到重力力矩，重力作用于质心，即细杆中央处，

$$M=mg\,\frac{l}{2}\cos\theta \qquad ①$$

运用刚体定轴转动的转动定律 $M=I\alpha$，可得

$$\alpha=\frac{M}{I}=\frac{\frac{1}{2}mgl\cos\theta}{\frac{1}{3}ml^2}=\frac{3}{2}\,\frac{g}{l}\cos\theta \qquad ②$$

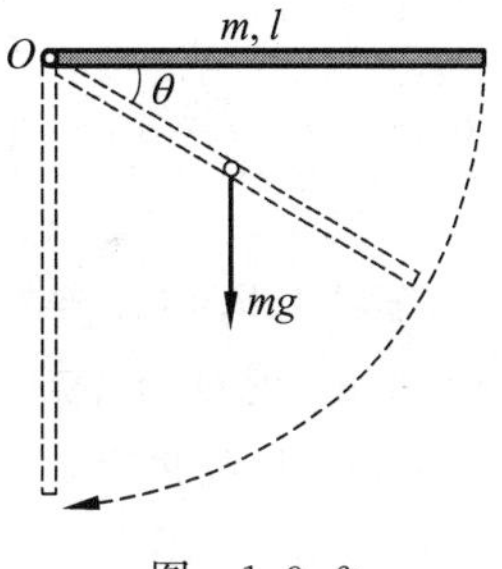

O m, l θ mg

图 1.9.6

已知 $\alpha=\frac{\mathrm{d}\omega}{\mathrm{d}t}$，因为题目中 t 未知，需要类似例 1.1.6 质点运动学的方法对消掉未知参量，即 $\alpha=\frac{\mathrm{d}\omega}{\mathrm{d}t}=\frac{\mathrm{d}\omega}{\mathrm{d}\theta}\frac{\mathrm{d}\theta}{\mathrm{d}t}=\omega\,\frac{\mathrm{d}\omega}{\mathrm{d}\theta}$。代入②式，可得

$$\frac{3}{2}\,\frac{g}{l}\cos\theta\,\mathrm{d}\theta=\omega\,\mathrm{d}\omega \qquad ③$$

两边积分，

$$\int_0^\theta \frac{3}{2}\,\frac{g}{l}\cos\theta\,\mathrm{d}\theta=\int_0^\omega \omega\,\mathrm{d}\omega$$

可得

$$\omega=\sqrt{\frac{3g}{l}\sin\theta}$$

练习 1.9.10：一长为 l、质量可以忽略的直杆，两端分别固定有质量为 $2m$ 和 m 的小

球，杆可绕通过其中心 O 且与杆垂直的水平光滑固定轴在铅直平面内转动。开始杆与水平方向成某一角度 θ，处于静止状态，如图 1.9.7 所示。释放后，杆绕 O 轴转动。则当杆转到水平位置时，该系统所受到的合外力矩的大小 $M=$__________，此时该系统角加速度的大小 $\alpha=$__________。

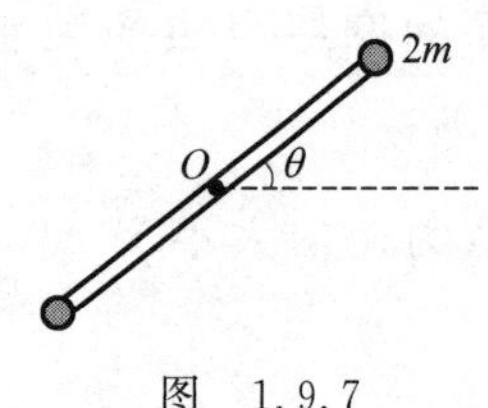

图 1.9.7

答案：$\frac{1}{2}mgl,\frac{2g}{3l}$。当杆在水平位置时，两小球的重力力矩大小为 $M=2mg\frac{l}{2}-mg\frac{l}{2}=\frac{1}{2}mgl$，方向垂直纸面向里。系统的转动惯量为 $I=2m\left(\frac{l}{2}\right)^2+m\left(\frac{l}{2}\right)^2=\frac{3}{4}ml^2$，根据刚体转动定律 $M=I\alpha$，可得其角加速度大小为 $\alpha=M/I=\frac{2g}{3l}$。

例 1.9.8：质量为 m、长为 l 的匀质棒，放在水平桌面上，可绕通过其中心的竖直固定轴转动。$t=0$ 时棒的角速度为 ω_0。由于受到恒定的阻力矩的作用，t 时刻棒转过的角度为 θ，则棒所受阻力矩的大小为 $M_r=$__________。

答案：$-\frac{(\theta-\omega_0 t)ml^2}{6t^2}$。匀质棒在恒力矩的作用下作匀减速转动，类比匀加速直线运动公式，根据类比关系：$\theta=\theta_0+\omega_0 t+\frac{1}{2}\alpha t^2 \leftrightarrow x=x_0+v_0 t+\frac{1}{2}at^2$，可得 $\theta=\omega_0 t+\frac{1}{2}\alpha t^2$，得角加速度为 $\alpha=-\frac{2(\theta-\omega_0 t)}{t^2}$，根据转动定律 $M=I\alpha=\frac{1}{12}ml^2\alpha$，可得棒所受阻力矩为 $M_r=-\frac{(\theta-\omega_0 t)ml^2}{6t^2}$。

练习 1.9.11：一作定轴转动的物体，对转轴的转动惯量为 $I=3.0\text{kg}\cdot\text{m}^2$，角速度 $\omega_0=6.0\text{rad/s}$。现对物体加一恒定的制动力矩 $M=-12.0\text{N}\cdot\text{m}$，当物体的角速度减慢到 $\omega=2.0\text{rad/s}$ 时，物体已转过了角度 $\Delta\theta=$[ ]

(A) 3.0rad； (B) 4.0rad； (C) 4.8rad； (D) 6.0rad。

答案：B。$\Delta\theta=\frac{\omega^2-\omega_0^2}{2\alpha}=\frac{\omega^2-\omega_0^2}{2M/I}$。

练习 1.9.12：如图 1.9.8 所示，一质量为 m、半径为 R 的薄圆盘，可绕通过其一直径的光滑固定轴 AA' 转动。该圆盘从静止开始在恒力矩 M 作用下转动，则 t 秒后位于圆盘边缘上与轴 AA' 的垂直距离为 R 的 B 点的切向加速度大小为 $a_t=$__________，法向加速度大小为 $a_n=$__________。

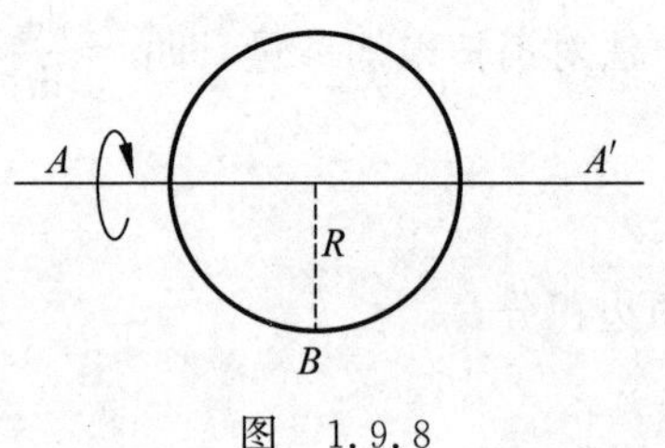

图 1.9.8

答案：$\frac{4M}{mR},\frac{16M^2t^2}{m^2R^3}$。圆盘在恒力矩的作用下作匀加速转动，类比匀加速直线运动公式，根据类比关系 $\omega=\omega_0+\alpha t \leftrightarrow v=v_0+at$，可得 t 时刻角速

度为 $\omega=\omega_0+\alpha t=\dfrac{M}{I}t$。则 B 点切向加速度为 $a_{\rm t}=\alpha R=\dfrac{M}{I}R=\dfrac{4M}{mR}$（参照例 1.9.3，薄圆盘绕任意一条直径转动的转动惯量 $I=\dfrac{1}{4}mR^2$）；B 点法向加速度为 $a_{\rm n}=\omega^2R=\left(\dfrac{M}{I}t\right)^2R=\dfrac{16M^2t^2}{m^2R^3}$。

例 1.9.9：如图 1.9.9 所示，一质量为 m、半径为 R 的匀质圆盘在粗糙水平面上以 ω_0 的角速度绕过圆心的 z 轴转动，已知水平面的摩擦系数为 μ，求圆盘经过多长时间停止转动。

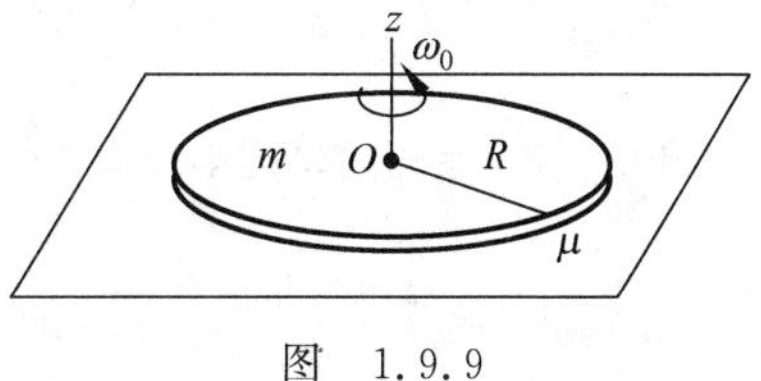

图　1.9.9

解：圆盘在摩擦力力矩的作用下减速转动直至停止。相对转轴而言，不同半径处的力矩是不一样的，所以在分析摩擦力力矩时，需要选取合适的微元（力矩相同为判据）进行分析。

图　1.9.10

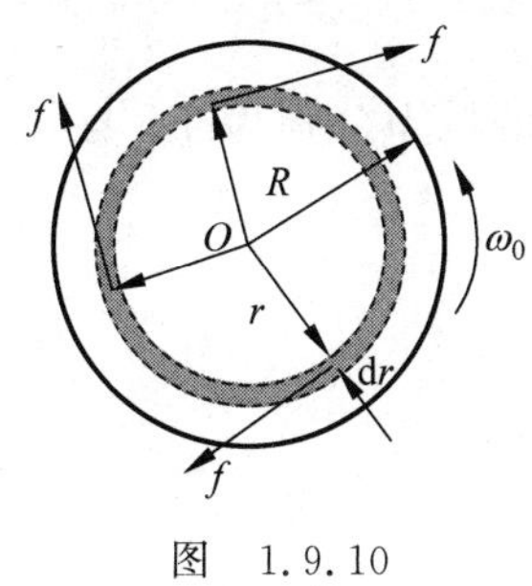

如图 1.9.10 所示，取圆盘中半径为 r、宽度为 $\mathrm{d}r$ 的圆环为研究对象，因为其面积为 $2\pi r\,\mathrm{d}r$，质量为 $\dfrac{2\pi r\,\mathrm{d}r}{\pi R^2}m$，受到摩擦力 $f=\mu mg\,\dfrac{2r\,\mathrm{d}r}{R^2}$，其相对于 z 轴的力矩为 $\mathrm{d}M_z=rf=\dfrac{2\mu mgr^2\,\mathrm{d}r}{R^2}$，两边积分得

$$M_z=\int_0^R\frac{2\mu mgr^2\,\mathrm{d}r}{R^2}=\frac{2}{3}\mu mgR \qquad ①$$

通过右手螺旋定则判断，力矩的方向与转动角速度方向相反，所以

$$M_z=-I\alpha=-\frac{1}{2}mR^2\,\frac{\mathrm{d}\omega}{\mathrm{d}t} \qquad ②$$

结合①式和②式可得 $\alpha=-\dfrac{4\mu g}{3R}$。

方法 1：即 $\mathrm{d}\omega=-\dfrac{4\mu g}{3R}\mathrm{d}t$，两边积分：$\int_{\omega_0}^0\mathrm{d}\omega=\int_0^t-\dfrac{4\mu g}{3R}\mathrm{d}t$，可得经过 $t=\dfrac{3R\omega_0}{4\mu g}$后圆盘停止转动。

方法 2：圆盘在恒力矩的作用下作匀减速转动，类比匀减速直线运动公式，$v_t=v_0+at\rightleftharpoons\omega_t=\omega_0+\alpha t$，对本题，$t=\left|\dfrac{\omega_0}{\alpha}\right|=\dfrac{3R\omega_0}{4\mu g}$。

练习 1.9.13：有一半径为 R 的匀质圆形平板放在水平桌面上，平板与水平面的摩擦系数为 μ，若平板绕通过其中心且垂直板面的固定轴以角速度 ω_0 开始旋转，它将在旋转 n 圈后停止，则 $n=$____________。

答案：$\dfrac{3\omega_0^2R}{16\pi\mu g}$。由例 1.9.9 可知圆盘受到的阻力矩为 $M_z=\dfrac{2}{3}\mu mgR$，以及转动角加速度为 $\alpha=-\dfrac{4\mu g}{3R}$。类比匀减速运动公式，停止转动时转过的角度为 $\theta=\dfrac{\omega^2-\omega_0^2}{2\alpha}=\dfrac{3\omega_0^2R}{8\mu g}$，$n=\dfrac{\theta}{2\pi}=\dfrac{3\omega_0^2R}{16\pi\mu g}$。

练习 1.9.14：一飞轮的转动惯量为 I，在 $t=0$ 时角速度为 ω_0，此后飞轮经历制动过程，阻力矩 M 的大小与角速度 ω 的平方成正比，比例系数 $k>0$。当 $\omega=\omega_0/3$ 时，飞轮的角加速度 $\alpha=$__________，从开始制动到 $\omega=\omega_0/3$ 所经过的时间 $t=$__________。

答案：$-\dfrac{k\omega_0^2}{9I}$，$\dfrac{2I}{k\omega_0}$。由转动定律：$M=I\alpha$ 和 $M=-k\omega^2$，得 $I\alpha=I\dfrac{\mathrm{d}\omega}{\mathrm{d}t}=-k\omega^2$（以 ω 方向为正），当 $\omega=\omega_0/3$ 时，$\alpha=-\dfrac{k\omega^2}{I}=-\dfrac{k\omega_0^2}{9I}$。由 $-\dfrac{\mathrm{d}\omega}{\omega^2}=\dfrac{k}{I}\mathrm{d}t$，两边积分：$\int_{\omega_0}^{\omega_0/3}-\dfrac{\mathrm{d}\omega}{\omega^2}=\int_0^t\dfrac{k}{I}\mathrm{d}t$，得 $t=\dfrac{2I}{k\omega_0}$。

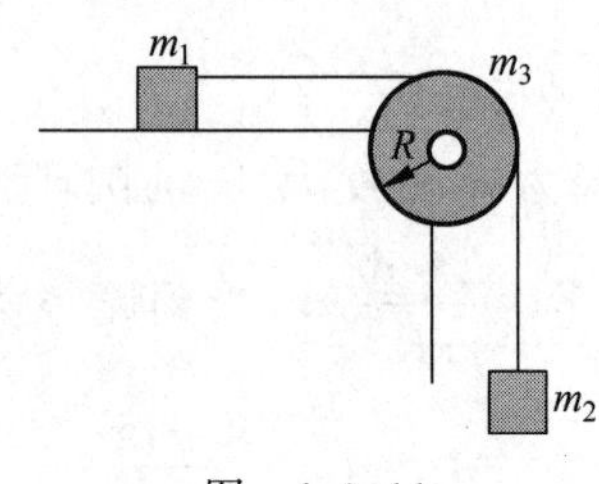

图 1.9.11

例 1.9.10：如图 1.9.11 所示，定滑轮可看作匀质圆盘，轴光滑并无相对滑动，桌面水平光滑。已知 m_1、m_2、m_3、R，求：两侧绳拉力。

解：设绳两侧作用于 m_1 与 m_2 的拉力分别为 T_1 与 T_2，分别对其应用牛顿第二定律有

$$T_1=m_1a_1$$

$$m_2g-T_2=m_2a_2$$

对 m_3，由转动定理有（取 m_2 向下运动，定滑轮顺时针转动为正方向）

$$RT_2-RT_1=\left(\frac{1}{2}m_3R^2\right)\alpha$$

因为无相对滑动，所以

$$a_1=a_2=\alpha R$$

联合上述 4 式可得

$$T_1=\frac{m_1m_2g}{m_1+m_2+m_3/2},\quad T_2=\frac{m_2(m_1+m_3/2)g}{m_1+m_2+m_3/2}$$

练习 1.9.15：质量为 m 的一桶水悬于绕在辘轳上的轻绳的下端，辘轳可视为一质量为 M、半径为 R 的圆柱体，绕轴转动时的转动惯量为 $I=\dfrac{1}{2}MR^2$。轴上摩擦忽略不计。桶从井口由静止释放，则桶下落过程中绳中的张力 $T=$__________。

答案：$\dfrac{mMg}{M+2m}$。轱辘作用与定滑轮相似，故与例 1.9.10 类似，对水和轱辘分别应用动力学定律有 $mg-T=ma$，$TR=I\alpha=\dfrac{1}{2}MR^2\alpha$，无相对滑动时 $a=\alpha R$，联合以上三式可得 $T=\dfrac{mMg}{M+2m}$。

练习 1.9.16：如图 1.9.12 所示，转轮 A、B 可分别独立地绕光滑的固定轴 O 转动，它们的质量分别为 $m_A=10\text{kg}$ 和 $m_B=28\text{kg}$，半径分别为 $r_A=0.2\text{m}$ 和 $r_B=0.3\text{m}$，绕 O 轴转动时的转动惯量分别为 $I_A=m_Ar_A^2/2$ 和 $I_B=m_Br_B^2/2$。现用力 f_A 和 f_B 分别向下拉绕在轮上的细绳且使绳与轮之间无滑动。为使 A、B 轮边缘处的切向加速度相同，

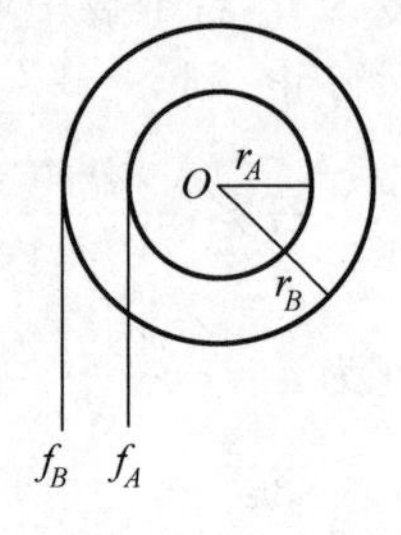

图 1.9.12

$f_A/f_B=$____________。

答案：0.36。由转动定律 $M=I\alpha$，对转轮 $fr=\dfrac{mr^2}{2}\alpha$，切向加速度 $a_t=\alpha r=2f/m$，当 A、B 轮边缘处的切向加速度相同时，$\dfrac{f_A}{f_B}=\dfrac{m_A}{m_B}$。

练习 1.9.17：一轴承光滑的定滑轮，质量为 $M=2.0\text{kg}$，半径为 $R=0.10\text{m}$，一根不能伸长的轻绳，一端固定在定滑轮上，另一端系有一质量为 $m=5.0\text{kg}$ 的物体，如图 1.9.13 所示。已知定滑轮的转动惯量为 $I=\dfrac{1}{2}MR^2$，其初角速度 $\omega_0=10.0\text{rad/s}$，方向垂直纸面向里。求：(1)定滑轮的角加速度的大小和方向；(2)定滑轮的角速度变化到 $\omega=0$ 时，物体上升的高度；(3)当物体回到原来位置时，定滑轮的角速度的大小和方向。

解：(1) 对物体和定滑轮分别应用动力学定律有 $mg-T=ma$，$TR=I\alpha=\dfrac{1}{2}MR^2\alpha$，无相对滑动时 $a=\alpha R$，结合以上三式可得，定滑轮的角加速度的大小为

$$\alpha=\frac{mg}{mR+\frac{1}{2}MR}\approx 81.7\text{rad/s}$$

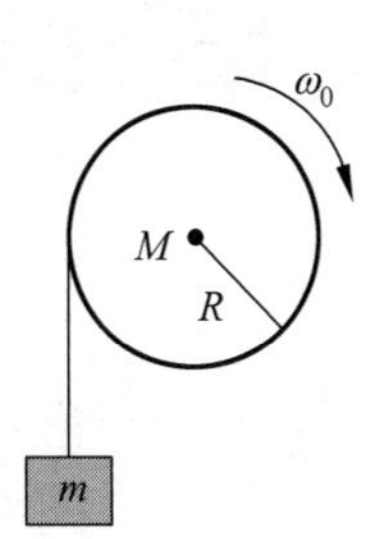

图 1.9.13

方向垂直纸面向外。

(2) 根据匀加速转动公式 $\theta=\dfrac{\omega^2-\omega_0^2}{2\alpha}$ 可得，当 $\omega=0$ 时，$\theta=\dfrac{\omega_0^2}{2\alpha}$。

物体上升高度为 $h=R\theta=6.12\times10^{-2}\text{m}$。

(3) 接着当物体作初速度为零的匀加速运动，回到原来位置时，定滑轮的角速度为

$$\omega=\sqrt{2\alpha\theta}=10\text{rad/s}$$

方向垂直纸面向外。

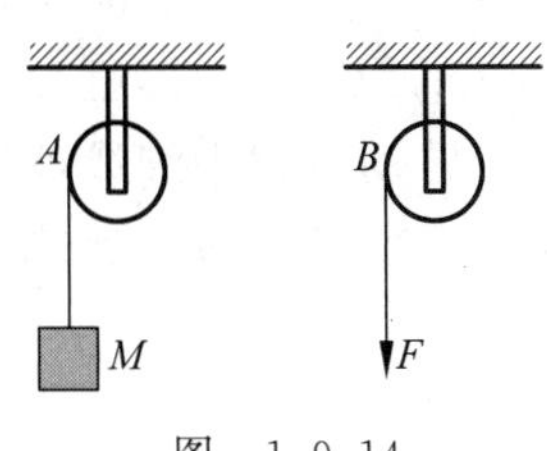

图 1.9.14

练习 1.9.18：如图 1.9.14 所示，A、B 为两个相同的绕着轻绳的定滑轮。A 滑轮挂一质量为 M 的物体，B 滑轮受拉力 F，而且 $F=Mg$。设 A、B 两滑轮的角加速度分别为 α_A 和 α_B，不计滑轮轴的摩擦，则有[　　]

(A) $\alpha_A=\alpha_B$；　　(B) $\alpha_A>\alpha_B$；

(C) $\alpha_A<\alpha_B$；　　(D) 开始时 $\alpha_A=\alpha_B$，以后 $\alpha_A<\alpha_B$。

答案：C。

1.10 刚体的角动量、角动量守恒定律

(1) 角动量：$L=I\omega \overset{\text{类比}}{\Leftrightarrow} p=mv$；

(2) 角动量定理：$M=\dfrac{\mathrm{d}L}{\mathrm{d}t}=\dfrac{\mathrm{d}(I\omega)}{\mathrm{d}t}\overset{\text{类比}}{\Leftrightarrow}F=\dfrac{\mathrm{d}p}{\mathrm{d}t}=\dfrac{\mathrm{d}(mv)}{\mathrm{d}t}$；

冲量矩：$\int_{t_1}^{t_2} M\mathrm{d}t = L_2 - L_1 = I\omega_2 - I\omega_1 \overset{类比}{\Leftrightarrow} \int_{t_1}^{t_2} F\mathrm{d}t = p_2 - p_1 = mv_2 - mv_1$；

(3) 角动量守恒定律：当 $M=0$ 时，$I\omega=$恒量 $\overset{类比}{\Leftrightarrow}$ 当 $F=0$ 时，$mv=$恒量。

考点：角动量守恒条件的判断及应用

说明：刚体角动量守恒一般用于求刚体与质点的碰撞、打击问题。

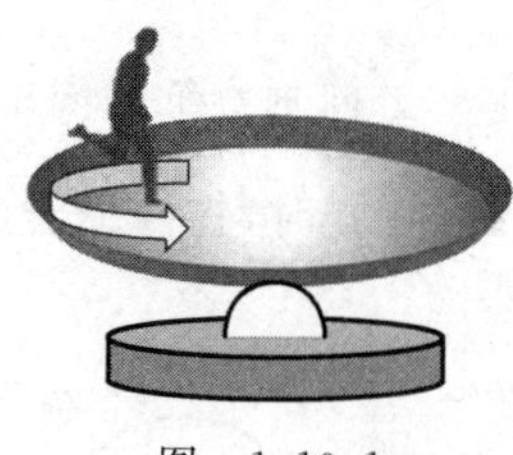
图 1.10.1

例 1.10.1：如图 1.10.1 所示，质量为 M、半径为 R 的水平均匀圆盘可绕通过中心的光滑竖直轴自由转动。盘边缘上站着一个质量为 m 的人，圆盘和人最初都处在静止状态。求当人在盘边缘走一周时，盘对地面转过的角度大小为__________。

答案：$-\dfrac{4m\pi}{2m+M}$。人、圆盘系统，在水平方向不受外力作用，故系统相对竖直轴的角动量守恒。$I_1\omega_1+I_2\omega_2=0$，即 $I_1\dfrac{\mathrm{d}\theta_1}{\mathrm{d}t}+I_2\dfrac{\mathrm{d}\theta_2}{\mathrm{d}t}=0$，两边积分可得 $I_1\theta_1+I_2\theta_2=0$。再考虑 $I_1=mR^2$，$I_2=\dfrac{1}{2}MR^2$，得到 $m\theta_1+\dfrac{1}{2}M\theta_2=0$。

题目中当人在盘边缘走一周指的是 $\theta_{人盘}=2\pi$，

$$\theta_{人盘}=\theta_{人地}-\theta_{盘地}=\theta_1-\theta_2=2\pi$$

结合上两式可得 $\theta_2=-\dfrac{4m\pi}{2m+M}$。

分析：本题目的物理图像、相关公式的应用及分析皆与例 1.6.3 类似。在刚体力学的学习过程中善用类比的方式分析与计算，能达到事半功倍的效果。

练习 1.10.1：在一水平放置的质量为 m、长度为 l 的均匀细杆上，套着一质量也为 m 的套管 B（可看作质点），套管用细线拉住，它到竖直的光滑固定轴 OO' 的距离为 $l/2$，杆和套管所组成的系统以角速度 ω_0 绕 OO' 轴转动，如图 1.10.2 所示。若在转动过程中细线被拉断，套管将沿着杆滑动。在套管滑动过程中，该系统转动的角速度 ω 与套管离轴的距离 x 的函数关系为 $\omega=$__________。

答案：$\dfrac{7l^2\omega_0}{4l^2+12x^2}$。杆和套管所组成的系统角动量守恒：$\left[m\left(\dfrac{l}{2}\right)^2+\dfrac{1}{3}ml^2\right]\omega_0=\left(mx^2+\dfrac{1}{3}ml^2\right)\omega$。

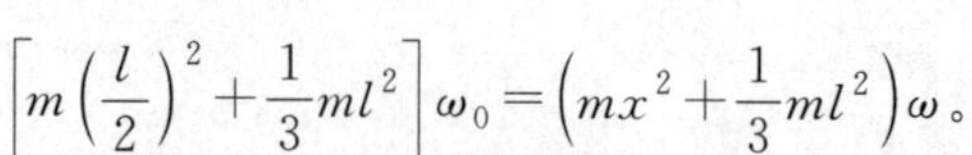

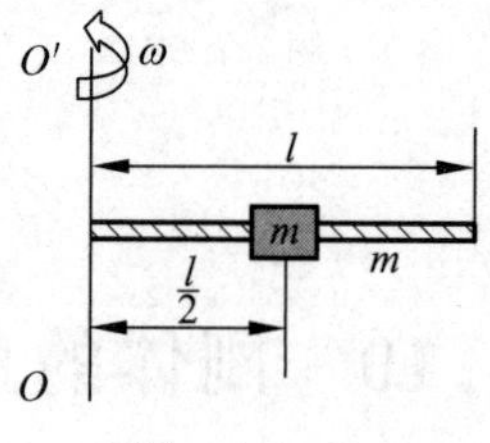

图 1.10.2

例 1.10.2：一个物体正在绕固定光滑轴自由转动，[　　]

(A) 它受热膨胀或遇冷收缩时，角速度不变；

(B) 它受热时角速度变大，遇冷时角速度变小；

(C) 它受热或遇冷时，角速度均变大；

(D) 它受热时角速度变小，遇冷时角速度变大。

答案：D。同质量的物体，质量分布越接近转轴转动惯量越小，反之转动惯量越大。物体受热膨胀，转动惯量增大，该过程中外力矩为零，角动量守恒，故角速度变小。同理可得，物体遇冷时角速度变大。

练习 1.10.2：研究发现，地震会造成大量物质俯冲向地球内部，此效应会引起地球自转的转动惯量____________，地球自转动能____________。（填写"变大""变小"或"不变"）

答案：变小，变大。在总体质量不变的情况下，质量的分布越靠近转轴，则其转动惯量 I 越小。根据角动量守恒，$I_0\omega_0=I\omega$，角速度变小，自转动能 $E_k=\frac{1}{2}I\omega^2=E_{k0}\frac{I_0}{I}$，变大。

练习 1.10.3：一个有竖直光滑固定轴的水平转台。人站立在转台上，身体的中心轴线与转台竖直轴线重合，两臂伸开各举一个哑铃。当转台转动时，此人把两哑铃水平地收缩到胸前。在这一收缩过程中，(1)转台、人与哑铃以及地球组成的系统机械能是否守恒？为什么？(2)转台、人与哑铃组成的系统角动量是否守恒？为什么？(3)每个哑铃的动量与动能是否守恒？为什么？

答：(1) 转台、人、哑铃、地球系统的机械能不守恒。因人收回二臂时要做功，即非保守内力的功不为零，不满足守恒条件。

(2) 转台、人、哑铃系统的角动量守恒。因系统受到的对竖直轴的外力矩为零。

(3) 哑铃的动量不守恒，因为有外力作用。哑铃的动能不守恒，因外力对它做功。

例 1.10.3：有一长为 l、质量为 m 的匀质细杆，置于光滑水平面上，可绕过杆中心点 O 的光滑固定竖直轴转动，初始时杆静止，有一质量与杆相同的小球沿与杆垂直的速度 v 飞来，与杆端点碰撞，并黏附于杆端点上，如图 1.10.3 所示。(1)定量分析系统碰撞后的运动状态；(2)若去掉固定轴，杆中点不固定，再求碰后系统的运动状态。

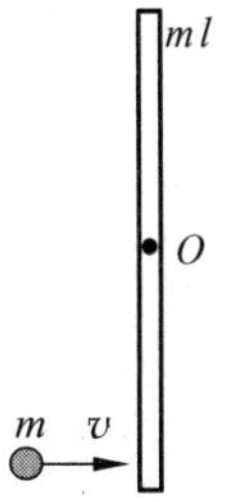

图 1.10.3

解：(1) 选小球和杆为系统，则系统对轴的角动量守恒，有

$$mv\frac{l}{2}=\left(\frac{ml^2}{12}+\frac{ml^2}{4}\right)\omega=\frac{1}{3}ml^2\omega$$

可得 $\omega=\frac{3v}{2l}$，即碰撞后系统将以 ω 作匀角速转动。

(2) 选小球和杆为系统，因系统不受外力，故系统的动量守恒，有 $mv=2mv_C$，得 $v_C=\frac{v}{2}$。

又因无外力矩，故系统的角动量守恒，碰撞后绕质心 C 转动，系统的质心 C 在距小球 $\frac{l}{4}$ 处，对过质心 C 的垂直轴有

$$\frac{lmv}{4}=(I_C+I'_C)\omega'$$

式中 I_C 和 I'_C 分别表示杆和球对质心的转动惯量，有 $I_C=\frac{ml^2}{12}+\frac{ml^2}{16}=\frac{7ml^2}{48}$，$I'_C=\frac{ml^2}{16}$，代入上式得

$$\frac{mlv}{4}=\frac{5}{24}ml^2\omega'$$

碰撞后的角速度为 $\omega'=\frac{6v}{5l}$。显然，碰撞后系统的质心 C 以 $v_C=\frac{v}{2}$ 匀速运动，且系统绕过 C

的垂直轴以 $\omega'=\dfrac{6v}{5l}$ 角速度匀速转动。

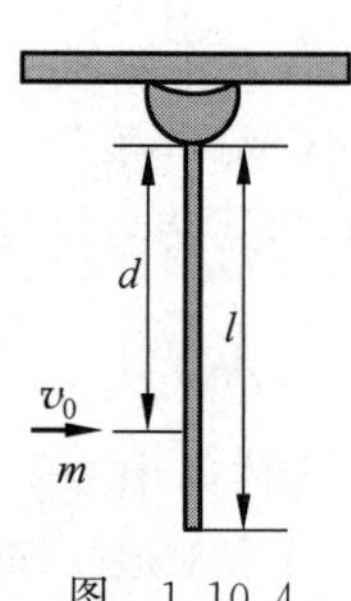

图 1.10.4

练习 1.10.4：长为 l、质量为 M 的均匀细棒，上端挂在光滑水平轴上，静止在竖直位置。质量为 m 的子弹，以水平速度 v_0 射入悬点下距离 d 处而不复出，如图 1.10.4 所示。则子弹停在杆中时，杆的角速度为____________。

答 案：$\dfrac{3mv_0d}{Ml^2+3md^2}$。应用角动量守恒定律，$mv_0d=\left(\dfrac{1}{3}Ml^2+md^2\right)\omega$，得到 $\omega=\dfrac{3mv_0d}{Ml^2+3md^2}$。

练习 1.10.5：如图 1.10.5 所示，有一质量为 m_1、长为 l 的均匀细棒，静止平放在滑动摩擦系数为 μ 的水平桌面上，它可绕通过其端点 O 且与桌面垂直的固定光滑轴转动。另有一水平运动的质量为 m_2 的小滑块，从侧面垂直于棒与棒的另一端相碰撞，设碰撞时间极短。已知小滑块在碰撞前后的速度分别为 v_1 和 v_2。碰撞后从细棒开始转动到停止转动的过程所需的时间 $t=$____________。

答 案：$\dfrac{2m_2(v_1+v_2)}{m_1\mu g}$。碰撞过程中角动量守恒，故 $m_2v_1l=\dfrac{1}{3}m_1l^2\omega-m_2v_2l$，其中 ω 为碰撞后细棒转动角速度，$\omega=\dfrac{3m_2(v_1+v_2)}{m_1l}$。由例 1.9.6 可得，细棒受到的摩擦力矩为 $M=-\dfrac{1}{2}\mu m_1gl=\dfrac{1}{3}m_1l^2\alpha$，细棒的角加速度为 $\alpha=-\dfrac{3\mu g}{2l}$。由关系式 $\omega=\omega_0+\alpha t$，可得细棒到停止转动所需的时间为 $t=\dfrac{\omega}{\alpha}=\dfrac{2m_2(v_1+v_2)}{m_1\mu g}$。

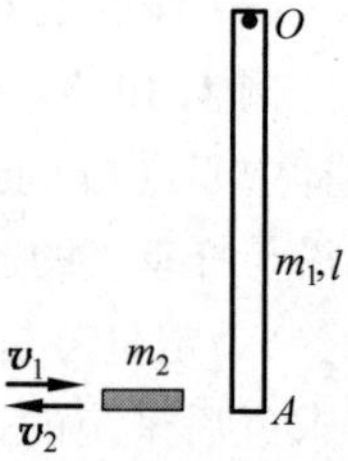

图 1.10.5

例 1.10.4：如图 1.10.6 所示，已知匀质圆盘质量为 M、半径为 R，可绕垂直于盘面的光滑轴转动。质量为 m 的泥球下落 h 高度，砸在圆盘的 P 点。求：碰撞后瞬间盘的角速度 ω_0。(已知 $\theta=60°$，$M=2m$)

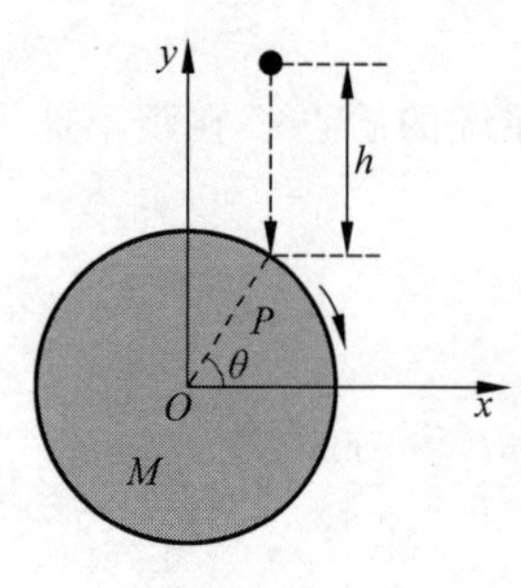

图 1.10.6

解：根据已知条件可得泥球 m 下落至 P 点时的速度大小为

$$v=\sqrt{2gh}$$

泥球和盘碰撞时间很短，对泥球和盘系统，冲力远大于重力，重力对 O 的力矩可忽略，故角动量守恒。

$$mvR\cos\theta=I\omega_0$$

其中 I 为碰撞后系统的总转动惯量，$I=\dfrac{1}{2}MR^2+mR^2=2mR^2$。

结合上述分析可得，碰撞后瞬间盘的角速度为 $\omega_0=\dfrac{\sqrt{2gh}}{2R}\cos\theta=\dfrac{\sqrt{2gh}}{4R}$。

1.11　刚体转动中的功和能

(1) 力矩的功：$\mathrm{d}W=M\mathrm{d}\theta \overset{类比}{\Leftrightarrow} \mathrm{d}W=F\mathrm{d}x$；

(2) 动能：$E_{\mathrm{k}}=\frac{1}{2}I\omega^2 \overset{类比}{\Leftrightarrow} E_{\mathrm{k}}=\frac{1}{2}mv^2$；

势能：$E_{\mathrm{p}}=mgh_C$；

(3) 刚体转动动能定理：$W=\int_{\theta_1}^{\theta_2}M\mathrm{d}\theta=\frac{1}{2}I\omega_2^2-\frac{1}{2}I\omega_1^2$；

(4) 包含有刚体与质点的系统，如果外力、非保守内力都不做功，则系统的机械能守恒：$E=\sum\left(\frac{1}{2}m_iv_i^2+\frac{1}{2}I_i\omega_i^2+m_igh_{iC}\right)$，为恒量。

考点 1：刚体转动动能定理的应用

说明：转动动能定理一般用于刚体所受的合外力矩不等于零时，比如木杆摆动，受重力矩作用，动能增加，势能减少过程(如例 1.11.1 及其练习 1.11.1～练习 1.11.4)；圆盘转动受摩擦力矩作用损失动能(如例 1.11.2 及其练习 1.11.5)；重物带动定滑轮转动过程势能转化为动能(如例 1.11.3 及其练习 1.11.6)；弹性碰撞过程等(如例 1.11.4 及其练习 1.11.7)。其基本题型与质点(系)部分类似。对于仅受保守力矩作用的刚体转动问题，也可用机械能守恒定律求解，注意其中角动量守恒条件的判断及应用(如例 1.11.4～例 1.11.6 及其练习 1.11.7～练习 1.11.9)。

例 1.11.1：一质量为 m、长为 l 的均匀细棒，可绕通过一端的光滑水平固定轴在竖直平面内转动，现使细棒以某个角速度 ω_0 从竖直位置向上摆，能使棒恰好摆至水平位置的角速度 $\omega_0=$__________。

答案：$\sqrt{3g/l}$。摆动过程中机械能守恒，故$\frac{1}{2}I\omega_0^2=mg\ \frac{l}{2}$，其中 I 为细棒对端点的转动惯量：$I=\frac{1}{3}ml^2$，可得 $\omega_0=\sqrt{3g/l}$。

练习 1.11.1：有一绳长为 l、质量为 m 的单摆和长度为 l、质量为 m 能绕水平固定轴 O 自由转动的匀质细棒。现将单摆和细棒同时从与竖直线成 θ 角度的位置由静止释放，若运动到竖直位置时，单摆、细棒角速度分别以 ω_1、ω_2 表示，则[　　]

(A) $\omega_1=\omega_2/2$；　(B) $\omega_1=\omega_2$；　(C) $\omega_1=2\omega_2/3$；　(D) $\omega_1=\sqrt{2/3}\omega_2$。

答案：D。质点摆动过程中机械能守恒：$\frac{1}{2}m\omega_1^2l^2=mgl(1-\cos\theta)$，可得 $\omega_1=\sqrt{\frac{2g}{l(1-\cos\theta)}}$，匀质细棒摆动过程中机械能守恒：$\frac{1}{2}I\omega_0^2=mg\ \frac{l}{2}(1-\cos\theta)$，可得 $\omega_2=\sqrt{\frac{3g}{l(1-\cos\theta)}}$。

练习 1.11.2：如图 1.11.1 所示，长为 l、质量为 m 的匀质细杆，可绕通过杆的端点并与

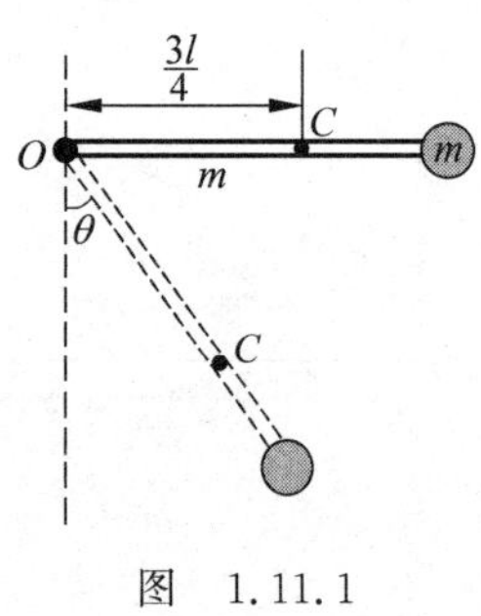

图 1.11.1

杆垂直的固定轴 O 转动。杆的另一端连接一质量同为 m 的小球，杆从水平位置由静止开始释放。忽略轴处的摩擦，当杆转至与竖直方向成 θ 时，距转轴为 $3l/4$ 处的 C 点的法向加速度 $a_n=$__________。

答案：$\frac{27}{16}g\cos\theta$。小球和细杆绕 O 点的合转动惯量为 $I=\frac{1}{3}ml^2+ml^2=\frac{4}{3}ml^2$，摆动过程中机械能守恒，故 $mg\ \frac{l}{2}\sin\left(\frac{\pi}{2}-\theta\right)+mgl\sin\left(\frac{\pi}{2}-\theta\right)=\frac{1}{2}I\omega^2$，其中 ω 为杆转至与竖直方向成 θ 时的细杆角速度，$\omega=\frac{3}{2}\sqrt{\frac{g\cos\theta}{l}}$，$C$ 点的法向加速度 $a_n=\omega^2\ \frac{3l}{4}=\frac{27}{16}g\cos\theta$。

练习 1.11.3：质量为 m、长为 l 的均匀细杆，如图 1.11.2 所示。放在倾角为 α 的光滑斜面上，可以绕通过杆上端且与斜面垂直的光滑轴 O 在斜面上转动。要使此杆能绕轴转动一周，则杆的最小初始角速度 $\omega_0=$__________。

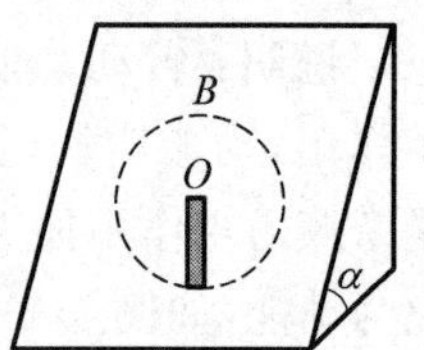

图 1.11.2

答案：$\sqrt{6g\sin\alpha/l}$。细杆转动过程中机械能守恒，假设其到顶端时角速度恰为零，则 $\frac{1}{2}I\omega_0^2=mgl\sin\alpha$，其中 $mgl\sin\alpha$ 为转动过程中从最低点至最高点质心重力势能的变化，I 为细棒对端点的转动惯量：$I=\frac{1}{3}ml^2$，解得 $\omega_0=\sqrt{6g\sin\alpha/l}$。

练习 1.11.4：如图 1.11.3 所示，一均匀细杆可绕垂直它而离其一端 $l/4$（l 为杆长）的水平固定轴 O 在竖直平面内转动。杆的质量为 m，当杆自由悬挂时，给它一个起始角速度 ω_0，如杆恰能持续转动而不作往复摆动（一切摩擦不计）则需要［　　］

(A) $\omega_0\geqslant4\sqrt{3g/7l}$；　　(B) $\omega_0\geqslant4\sqrt{g/l}$；

(C) $\omega_0\geqslant(4/3)\sqrt{g/l}$；　　(D) $\omega_0\geqslant\sqrt{12g/l}$。

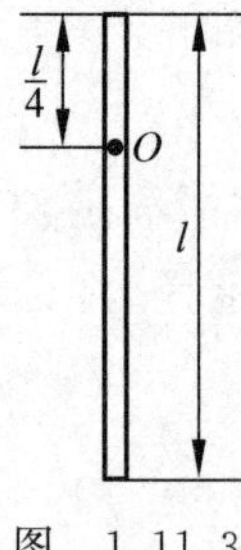

图 1.11.3

答案：A。细杆绕轴 O 的转动惯量 $I=\frac{ml^2}{12}+m\left(\frac{l}{4}\right)^2=7ml^2/48$，杆恰能持续转动时，到最顶端即重力势能最大时，杆的角速度降为零。以初始位置为重力势能零点，机械能守恒：$\frac{1}{2}I\omega_0^2=mg\ \frac{l}{2}\Rightarrow\omega_0=4\sqrt{3g/7l}$。

例 1.11.2：水平桌面上有一圆盘，质量为 m、半径为 R，装在通过其中心并固定在桌面上的竖直转轴上。在外力作用下，圆盘绕此转轴以角速度 ω_0 转动。在撤去外力后，到圆盘停止转动的过程中摩擦力对圆盘做的功为__________。

答案：$-\frac{1}{4}mR^2\omega_0^2$。摩擦力对圆盘做的功等于圆盘动能的改变量：$W=0-\frac{1}{2}I\omega_0^2=-\frac{1}{4}mR^2\omega_0^2$。

练习 1.11.5：一个圆盘在水平面内绕一竖直固定轴转动的转动惯量为 I，初始角速度

为 ω_0，后来变为 $\omega_0/2$。在上述过程中，阻力矩所做的功为[　　]

(A) $\frac{3}{8}I\omega_0^2$；　(B) $-\frac{1}{8}I\omega_0^2$；　(C) $-\frac{1}{4}I\omega_0^2$；　(D) $-\frac{3}{8}I\omega_0^2$。

答案：D。

例 1.11.3：一轴承光滑的定滑轮，质量为 M、半径为 R，一根不能伸长的轻绳，一端固定在定滑轮上，另一端系有一质量为 m 的物体。已知定滑轮初角速度为 ω_0，当定滑轮的角速度变为零时，物体上升的高度 $h=$____________。

答案：$\frac{M+2m}{4mg}\omega_0^2R^2$。初始定滑轮与物体的动能全部转化为物体的重力势能：$\frac{1}{2}I\omega_0^2+\frac{1}{2}m\omega_0^2R^2=mgh$。

练习 1.11.6：一匀质砂轮半径为 R、质量为 M，绕固定轴转动的角速度为 ω。若此时砂轮的动能等于一质量为 M 的自由落体从高度为 h 的位置落至地面时所具有的动能，那么 h 应等于[　　]

(A) $\frac{1}{2}MR^2\omega^2$；　(B) $\frac{R^2\omega^2}{4M}$；　(C) $\frac{R^2\omega^2}{Mg}$；　(D) $\frac{R^2\omega^2}{4g}$。

答案：D。$\frac{1}{2}I\omega_0^2=mgh$。

例 1.11.4：一长为 L、质量为 m 的均匀细棒，一端可绕固定的水平光滑轴 O 在竖直平面内转动。在 O 点上还系有一长为 $l(<L)$ 的轻绳，绳的一端悬一质量也为 m 的小球。当小球悬线偏离竖直方向某一角度时，由静止释放(图 1.11.4)。小球与静止的细棒发生完全弹性碰撞，略去空气阻力，如果碰撞后小球刚好停止，则绳的长度 l 应为多少？

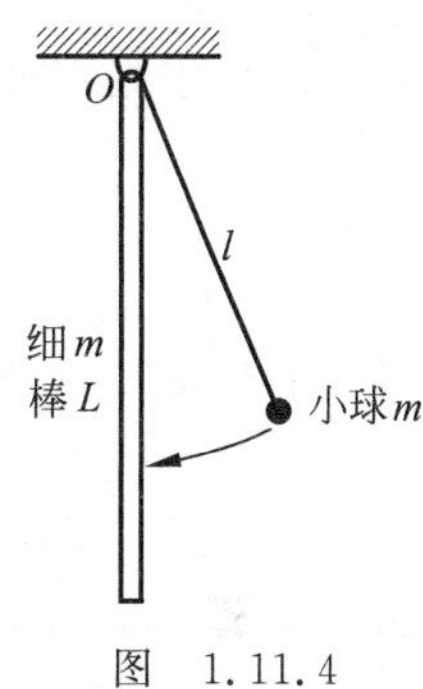

图　1.11.4

答案：

方法 1：小球与杆是完全弹性碰撞，该过程中角动量守恒、机械能守恒，假设小球以速度 v 与细棒碰撞，有

$$mvl=\frac{1}{3}mL^2\omega$$

$$\frac{1}{2}mv^2=\frac{1}{2}\cdot\frac{1}{3}mL^2\omega^2$$

由上述两式可得，$l=\sqrt{\frac{1}{3}}L$。

方法 2：在质点的碰撞理论中，对完全弹性碰撞，$m_1=m_2$ 时 $v_1=v_{20}$，$v_2=v_{10}$，两球交换速度。与之类比，刚体的完全弹性碰撞，可以得到当 $I_1=I_2$ 时，两刚体交换速度，对本题则是 $ml^2=\frac{1}{3}mL^2$，即 $l=\sqrt{\frac{1}{3}}L$。

练习 1.11.7：如图 1.11.5 所示，一均匀细棒，长为 l、质量为 m，可绕过棒端且垂直于棒的光滑水平固定轴 O 在竖直平面内转动。棒被拉到水平位置从静止开始下落，当它转到竖直位置时，与放在地面上一静止的质量亦为 m 的小滑块碰撞，碰撞时间极短。小滑块与地面间的摩擦系数为 μ，碰撞后滑块移动距离 S 后停止，而棒继续沿原转动方向转动，直到达到最大摆角。求：碰撞后棒的中点 C 离地面的最大高度 h。

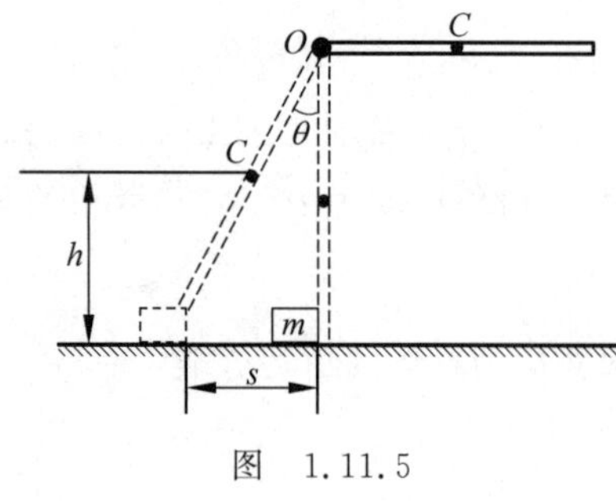

图 1.11.5

解：在棒下落时，仅有保守内力做功，故系统机械能守恒。选地面为势能零点，则有

$$mgl=\frac{1}{2}I\omega^2+\frac{1}{2}mgl \qquad ①$$

以棒与滑块为系统，在二者碰撞过程中，对 O 轴 $M_{外}=0$，故系统对 O 轴的角动量守恒：

$$I\omega=I\omega'+mv_0l \qquad ②$$

其中 ω' 为碰撞后细棒的角速度，v_0 为碰撞后滑块获得的初速度，满足条件：

$$-\mu mgs=0-\frac{1}{2}mv_0^2 \qquad ③$$

在棒上升过程中，机械能守恒：

$$\frac{1}{2}mgl+\frac{1}{2}I\omega'^2=mgh \qquad ④$$

联立①式～④式，考虑到 $I=\frac{1}{3}mL^2$，解得碰撞后棒的中点 C 离地面的最大高度为

$$h=l+3\mu S-\sqrt{6\mu Sl}$$

例 1.11.5：如图 1.11.6 所示，A 和 B 两飞轮的轴杆在同一中心线上，A 轮的转动惯量为 $I_A=10\text{kg}\cdot\text{m}^2$，$B$ 轮的转动惯量为 $I_B=20\text{kg}\cdot\text{m}^2$。开始时 A 轮的转速为 600r/min，B 轮静止，C 为摩擦啮合器。求：(1)两轮啮合后的转速；(2)在啮合过程中，两轮的机械能有何变化？

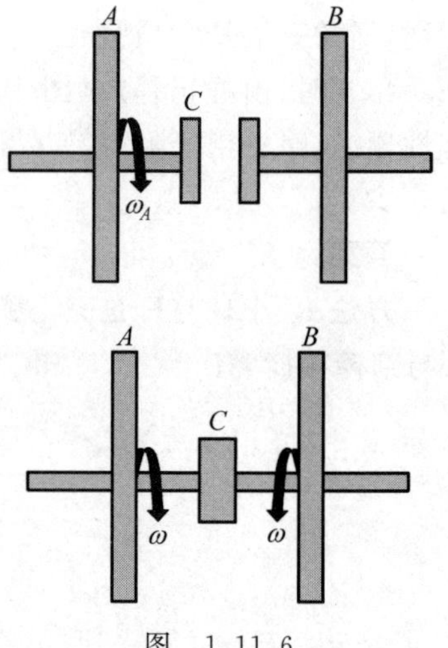

图 1.11.6

解：(1) 以两飞轮和啮合器作为一系统来考虑，角动量守恒。

$$\omega_A=600\times 2\pi/60\text{rad/s}=20\pi\text{rad/s}$$

$$I_A\omega_A+I_B\omega_B=(I_A+I_B)\omega$$

将各值代入上式得两轮啮合后角速度为

$$\omega=\frac{I_A\omega_A+I_B\omega_B}{I_A+I_B}=\frac{10\times 20\pi}{10+20}\text{rad/s}=\frac{20\pi}{3}\text{rad/s}$$

即转速 $n=200\text{r/min}$。

(2) 在啮合过程中，摩擦力矩做功，所以机械能不守恒，部分机械能将转化为热量，损失的机械能为

$$\Delta E=\frac{1}{2}I_A\omega_A^2+\frac{1}{2}I_B\omega_B^2-\frac{1}{2}(I_A+I_B)\omega^2=\frac{1}{2}\times 10\times(20\pi)^2-\frac{1}{2}(10+20)\left(\frac{20\pi}{3}\right)^2\text{J}$$

$$=1.32\times 10^4\text{J}$$

例 1.11.6：如图 1.11.7 所示，一内壁光滑的圆环形细管，正绕竖直光滑固定轴 OO' 自由转动。管是刚性的，转动惯量为 I，环半径为 R，初角度为 ω_0，一质量为 m 的小球静止于

管内最高点 A 处，由于微小扰动小球向下滑动。求：(1)小球滑到水平直径端点 B 时，环的角速度是多少？(2)小球相对于环的速度是多少？

解：取小球、环、地球为一系统。小球在重力作用下下滑；小球、管壁间一对内力功，因为相对位移为零，所以不做功；整个过程机械能守恒，

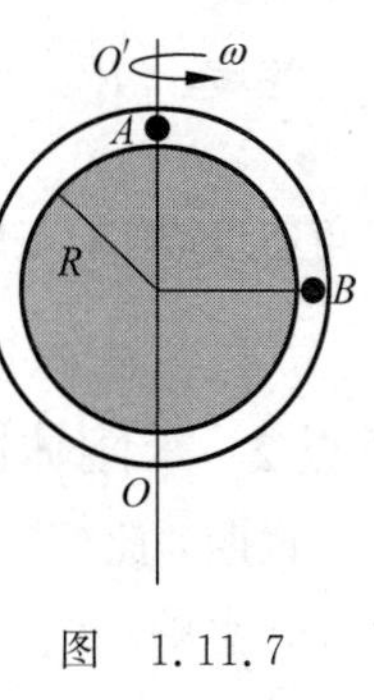

图　1.11.7

$$\frac{1}{2}I\omega_0^2+mgR=\frac{1}{2}I\omega^2+\frac{1}{2}mR^2\omega^2+\frac{1}{2}mv^2 \quad ①$$

其中 v 是小球相对于环的速度。对于环、小球系统，外力为重力，与 OO'平行，所以相对 OO'力矩为零，即角动量守恒，

$$I\omega_0=(I+mR^2)\omega \quad ②$$

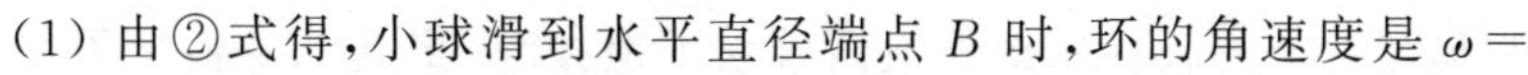

(1) 由②式得，小球滑到水平直径端点 B 时，环的角速度是 $\omega=\dfrac{I}{I+mR^2}\omega_0$。

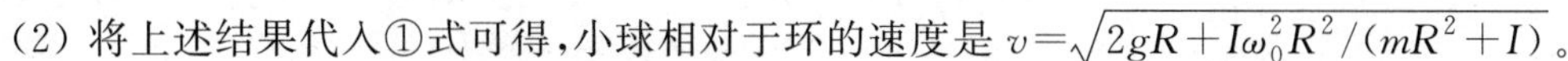

(2) 将上述结果代入①式可得，小球相对于环的速度是 $v=\sqrt{2gR+I\omega_0^2R^2/(mR^2+I)}$。

分析：①一对内力都与相对运动方向垂直，或一对内力相对位移等于零，内力功为零；②注意①式中小球的动能分解为随环转动的动能和相对环的动能之和。

练习 1.11.8：为使运行中飞船停止绕其中心轴转动，一种可能的方案是将质量均为 m 的两质点 A、B，用长为 l 的两根轻线系于圆盘状飞船的直径两端(图 1.11.8)。开始时轻线拉紧两质点靠在盘的边缘，圆盘与质点一起以角速度 ω 旋转；当质点离开圆盘边逐渐伸展至连线沿径向拉直的瞬时，割断质点与飞船的连线。为使此时的飞船正好停止转动，连线应取何长度？(设飞船可看作质量为 m'、半径为 R 的匀质圆盘)

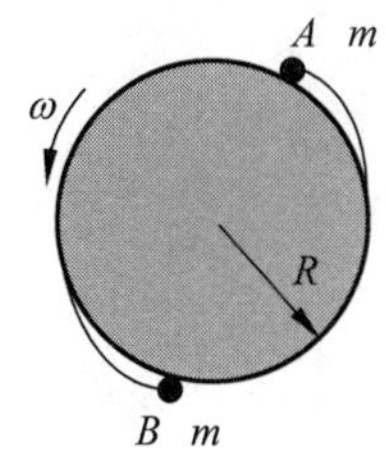

图　1.11.8

解：取飞船及两质点 A、B 为系统，图 1.11.8 为初态，初态角动量为

$$L=\left(\frac{1}{2}m'R^2+2mR^2\right)\omega$$

两质点拉直时切断，假设此时质点角速度为 ω'，飞船停止转动，角速度为零，如图 1.11.9 所示，末态角动量为

$$L=2m(R+l)^2\omega'$$

整个过程外力矩为零，角动量守恒，即

$$\left(\frac{1}{2}m'R^2+2mR^2\right)\omega=2m(R+l)^2\omega' \quad ①$$

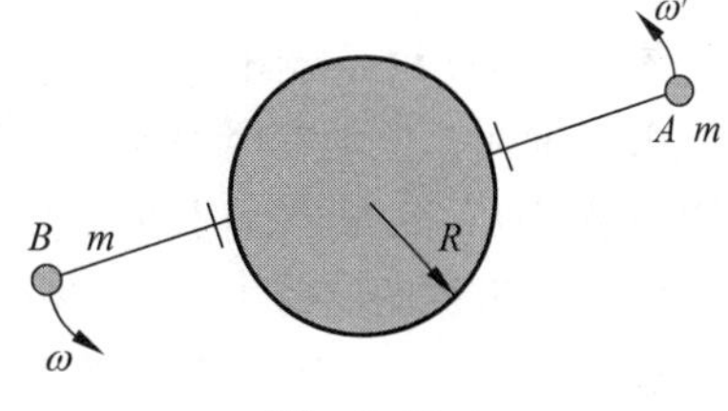

图　1.11.9

整个过程无外力、内力对系统做功，系统机械能守恒，故

$$\frac{1}{2}\left(\frac{1}{2}m'R^2+2mR^2\right)\omega^2=\frac{1}{2}\cdot 2m(R+l)^2\omega'^2 \quad ②$$

由①式和②式可得连线长度为

$$l=R\left(\sqrt{1+\frac{m'}{4m}}-1\right)$$

练习 1.11.9：一滑冰者开始张开手臂绕自身竖直轴旋转，其动能为 E_0，转动惯量为 I_0，若他将手臂收拢，其转动惯量变为 $I_0/2$，则其动能将变为____________。（摩擦不计）

答案：$2E_0$。滑冰者外力矩为零，故角动量守恒：$I_0\omega_0=\frac{I_0}{2}\omega$，其中 ω_0 与 ω 分别为初末态角速度，则末态的动能为 $E=\frac{1}{2}\frac{I_0}{2}\omega^2=I_0\omega_0^2$。

考点 2：求刚体固定点受力

说明：此类问题一般结合转动定律得到加速度，再对质心进行受力分析，运用质心动力学方程求解。

例 1.11.7：将一根质量为 l 的长杆用细绳把两端水平地挂起，将其中一根绳子突然剪断时，另一根绳中的张力为____________。

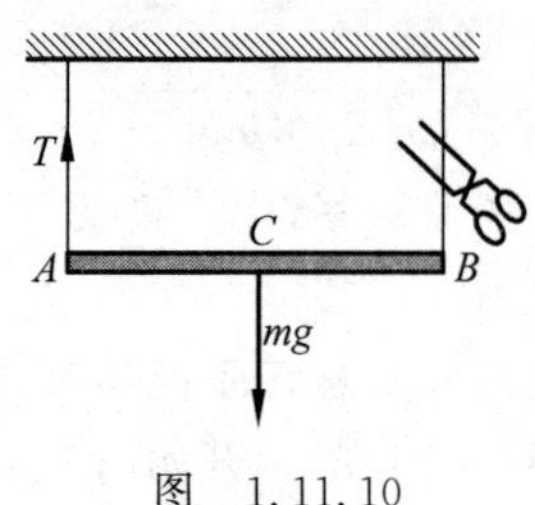

图 1.11.10

答案：$T=\frac{1}{4}mg$。绳子突然剪断时，长杆受力如图 1.11.10 所示，利用质心运动定理：

$$mg-T=ma_C \tag{①}$$

a_C 是质心加速度。可由刚体转动定律求其转动加速度 α：

$$\frac{1}{2}mgl=I_A\alpha=\frac{1}{3}ml^2\alpha \tag{②}$$

可得 $a_C=\frac{1}{2}\alpha l=\frac{3}{4}g$，代入①式可得 $T=\frac{1}{4}mg$。

练习 1.11.10：两个人分别在一根质量为 m 的均匀棒的两端，将棒抬起，并使其保持静止，今其中一人突然撒手，求在刚撒开手的瞬间，另一个人对棒的支持力 f。

解：设刚撒开手时，棒的角加速度为 α。以未撒手的一端为轴，由定轴转动定律有

$$\frac{1}{2}mgl=I\alpha=\frac{1}{3}ml^2\alpha$$

根据质心运动定理有

$$mg-f=ma_C=m\ \frac{1}{2}l\alpha$$

联立以上两式，有 $f=mg/4$。

练习 1.11.11：如图 1.11.11 所示，质量为 M、长度为 L 的刚性匀质细杆，能绕着端点 O 的水平轴无摩擦地在竖直平面上摆动，让此杆从水平静止状态自由地摆下。(1)当细杆摆到图中虚线所示 θ 角位置时，它的转动角速度 ω，转动角加速度 α 各为多少？(2)当 $\theta=90°$时，转轴为细杆提供的支持力 N 为多少？

解：(1) 选细杆和地球为研究对象，系统的机械能守恒，有

$$\frac{1}{2}I\omega^2-Mg\ \frac{L}{2}\sin\theta=0$$

得 $\omega=\sqrt{\frac{3g\sin\theta}{L}}$。

细杆下摆到位置 θ 时，力矩为 $M_0=Mg\ \frac{L}{2}\cos\theta$，如图 1.11.11 所示，由转动定律得

$$Mg\ \frac{L}{2}\cos\theta = I\alpha$$

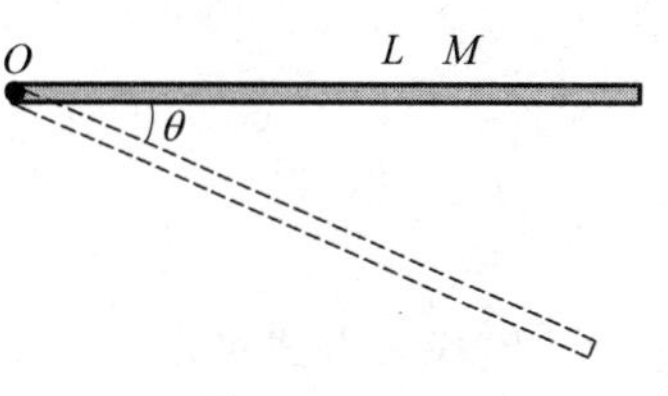

图 1.11.11

得 $\alpha=\dfrac{3g\cos\theta}{2L}$。

(2) 当细杆下摆到 $\theta=90°$的位置时，重力矩为零，细杆无角加速度，这时细杆的质心 C 便无切向加速度，只有法向加速度 a_C，$a_C=\dfrac{L}{2}\omega^2=\dfrac{L}{2}\dfrac{3g\sin90°}{L}=\dfrac{3}{2}g$；因 a_C 和 Mg 沿竖直方向，故轴对细杆的支持力 N 也必沿竖直方向。由质心运动定律得

$$N-Mg=Ma_C=\frac{3}{2}Mg$$

得 $N=\dfrac{5}{2}Mg$。

扩展：θ 为任意角度时，转轴受力的大小和方向如何？

提示：由质心运动定理来求，分解力为法向和切向。

答案：$F_n=\dfrac{5}{2}mg\sin\theta$，$F_t=\dfrac{1}{4}mg\cos\theta$。

难度增加练习 1.11.12：长为 l、质量为 M 的均匀细棒，上端挂在光滑水平轴上，静止在竖直位置。质量为 m 的子弹，以水平速度 v_0 射入悬点下距离 d 处而不复出。(1)设子弹冲入持续时间为 Δt，求杆上端受轴的水平和竖直分力；(2)要使杆上端不受水平力，子弹应击中杆何处？

解：由例 1.10.4 可得，根据角动量守恒，子弹射入后，子弹与杆的角速度为

$$\omega=\frac{3mv_0d}{Ml^2+3md^2}$$

(1) 建立如图 1.11.12 所示坐标系，利用冲量定理求子弹射入过程中在水平方向上受到的阻力

$$f'=\frac{mv-mv_0}{\Delta t}=\frac{m\omega d-mv_0}{\Delta t}$$

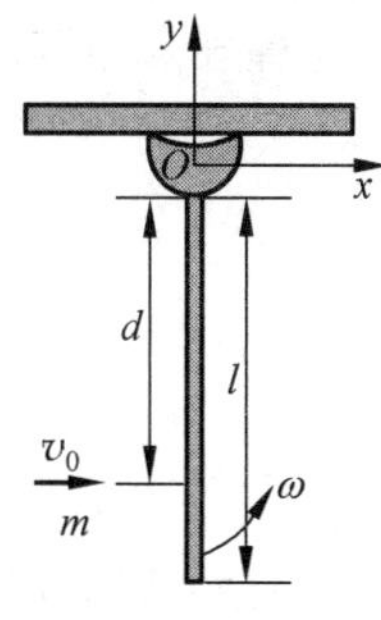

图 1.11.12

f'小于 0，杆在 x 方向受到子弹大小相等、方向相反的冲击力，同时受到 O 点对其 x 方向的拉力，记为 F_x；同时记 O 点对杆在 y 方向的拉力为 F_y。对杆运用质心运动定理：

$$\begin{cases} F_x-f'=Ma_t^C=M\alpha_t^C\ \dfrac{l}{2}=M\ \dfrac{\omega}{\Delta t}\ \dfrac{l}{2} \\ F_y-Mg=Ma_n^C=M\omega^2\ \dfrac{l}{2} \end{cases}$$

计算可得

$$\begin{cases} F_x = \left(\dfrac{Ml}{2}\right)\dfrac{\omega}{\Delta t} - \dfrac{mv_0 - m\omega d}{\Delta t} \\ F_y = Mg + M\omega^2\,\dfrac{l}{2} \end{cases}$$

将 ω 的值代入上式可得

$$\begin{cases} F_x = \dfrac{Mmv_0 l}{\Delta t}\cdot\dfrac{3d-2l}{2(Ml^2+3md^2)} \\ F_y = Mg + \dfrac{Ml}{2}\left(\dfrac{3mv_0 d}{Ml^2+3md^2}\right)^2 \end{cases}$$

(2) 水平方向不受力，即 $F_x=\left(\dfrac{Ml}{2}\right)\dfrac{\omega}{\Delta t}-\dfrac{mv_0-m\omega d}{\Delta t}=0$，可得 $d=\dfrac{2l}{3}$。即子弹应击中杆 $\dfrac{2l}{3}$ 处时，杆上端不受水平作用力。

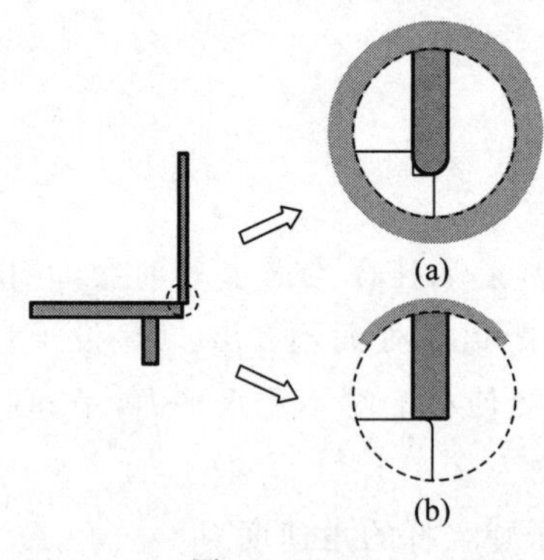

图 1.11.13

难度增加练习 1.11.13：一根均匀木棒近于竖直地放置在桌子的一端，然后从静止释放。考虑以下两种极端情况，木棒离开桌面时它与竖直方向所成的角度。

(1) 桌面是光滑的，但在桌子的一端刻有一个小槽(图 1.11.13(a))。

(2) 桌面是粗糙的(摩擦力很大)，并且棱角锐利，也就是桌边的曲率半径和木棒的端面都比较小。木棒端面的一半突出桌子的边缘(图 1.11.13(b))，这样保证了木棒由静止释放后将沿桌边旋转，木棒的长度远远大于它的直径。

解：先求出木棒下落 θ 时其质心的切向加速度和法向加速度。

木棒相对于其端点的转动惯量 $I=\dfrac{1}{3}Ml^2$，在木棒下落 θ 的过程中机械能守恒，有

$$Mg\,\frac{l}{2}(1-\cos\theta)=\frac{1}{2}I\omega^2$$

可得

$$\omega^2=\frac{3g}{l}(1-\cos\theta)$$

质心的法向加速度 $a_n=\dfrac{l}{2}\omega^2=\dfrac{3g}{2}(1-\cos\theta)$。

下落 θ 时，由转动定律 $Mg\,\dfrac{l}{2}\sin\theta=I\beta$ 可得质心的切向加速度 $a_t=\dfrac{l}{2}\beta=\dfrac{3g}{4}\sin\theta$。

(1) 光滑小槽的水平和竖直表面只能分别提供给木棒端点竖直和水平作用力，分别为 V 和 H。只要这两个力之一减小为零，木棒将脱离桌面。

将力和加速度在水平和竖直方向上分解，有

$$H=M(a_t\cos\theta-a_n\sin\theta)$$
$$Mg-V=M(a_t\sin\theta+a_n\cos\theta)$$

求解上述两个关于 V 和 H 的方程，得到

$$H=\frac{3}{4}Mg\sin\theta(3\cos\theta-2)$$

$$V=\frac{1}{4}Mg(3\cos\theta-1)^2$$

在这两个力中，首先消失的是水平分量 H，消失时 $\theta=\arccos\frac{2}{3}\approx 48°$。如果角度继续增大，$H$ 将为负值。此时木棒将脱离桌面，因为小槽无法提供拉回木棒的力。

(2) 当桌面的边缘为一个十分小的圆弧时，它作用于木棒的支持力将始终沿木棒的方向，静摩擦力 f 沿桌面的切向(f 可以为任何值)。

法向的质心运动定律：

$$Mg\cos\theta-N=Ma_{\mathrm{n}}=\frac{3Mg}{2}(1-\cos\theta)$$

可得桌面的支持力为

$$N=\frac{Mg}{2}(5\cos\theta-3)$$

当 $N=0$，即 $\theta=\arccos\frac{3}{5}\approx 53°$ 时，桌面和木棒之间的相互作用为零。如果角度再继续增大，支持力将变为负值，这是不可能的，因而木棒将离开桌面。

难度增加练习 1.11.14：一个半径为 R、质量为 m 的均匀薄圆盘，竖直地放在粗糙的水平桌面上。开始时处于静止状态，而后薄圆盘受到轻微扰动而倒下。求圆盘平面与桌面碰撞前(即圆盘平面在水平位置)质心速度的大小？

解：对圆盘，由动能定理：

$$mgR=\frac{1}{2}I\omega^2 \qquad ①$$

其中 I 为圆盘相对接触点的转动惯量，质量为 m、半径为 R 的圆盘对沿盘直径的轴的转动惯量为 $\frac{1}{4}mR^2$，应用平行轴定理：$I=\frac{1}{4}mR^2+mR^2=\frac{5}{4}mR^2$，代入①式可得，圆盘平面与桌面碰撞前的角速度为

$$\omega=\sqrt{\frac{8g}{5R}}$$

故质心速度：

$$v_C=\omega R=\sqrt{\frac{8gR}{5}}$$

表 1.11.1　小结：类比关系 2

一维平动(线量)	定轴转动(角量)
牛顿第二定律：$F=ma$	转动定律：$M=I\alpha$
动量：$p=mv$	角动量：$L=I\omega$
动量定理：$F=\mathrm{d}p/\mathrm{d}t$	角动量定理：$M=\mathrm{d}L/\mathrm{d}t$

续表

一维平动(线量)	定轴转动(角量)
冲量：$\int_{t_1}^{t_2} F\mathrm{d}t = p_2 - p_1 = mv_2 - mv_1$	冲量矩：$\int_{t_1}^{t_2} M\mathrm{d}t = L_2 - L_1 = I\omega_2 - I\omega_1$
功：$\mathrm{d}W = F\mathrm{d}x$	功：$\mathrm{d}W = M\mathrm{d}\theta$
动能：$E_\mathrm{k} = \frac{1}{2}mv^2$	动能：$E_\mathrm{k} = \frac{1}{2}I\omega^2$

1.12* 刚体平面运动学

(1) 刚体平面运动的速度公式：$\boldsymbol{v}_\mathrm{p} = \boldsymbol{v}_基 + \boldsymbol{\omega} \times \boldsymbol{r}_{\mathrm{p}基}$；

瞬心：$\boldsymbol{v}_瞬 = \boldsymbol{v}_C + \boldsymbol{\omega} \times \boldsymbol{r}_{瞬C} = \boldsymbol{0}$，取瞬心为基点：$\boldsymbol{v}_\mathrm{p} = \boldsymbol{\omega} \times \boldsymbol{r}_{\mathrm{p}瞬}$。

(2) 纯滚动条件：由于接触点处的瞬时速度为零，可得出：$v_C = R\omega$，$a_C = R\alpha$。

(3) 质心系(零动量系)：总动量为零的参考系。

对于质心系有：质点系对惯性系中某定点的角动量等于质心对该定点的角动量(称为轨道角动量)加上质点系对质心的角动量(称为自旋角动量)。

(4) 绕质心转动的转动定律：$\boldsymbol{M}_外 = I_C \frac{\mathrm{d}\boldsymbol{\omega}}{\mathrm{d}t}$。

(5) 刚体平面运动的动能：$E_\mathrm{k} = 1/2mv_C^2 + 1/2I_C\omega^2$，刚体的平面运动可分解为质心的平动和绕质心的转动。

(6) 刚体静态平衡条件：$\sum_i \boldsymbol{F}_i = \boldsymbol{0}$(质心静止)$+\sum_i \boldsymbol{M}_{i外} = \sum_i \boldsymbol{r}_i \times \boldsymbol{F}_{i外} = \boldsymbol{0}$(无转动)。

考点1：刚体平面运动基本动力学方程

说明：刚体平面运动指刚体上各点均在平面内运动，且这些平面均与一固定平面平行。如前进中的车轮、连杆的运动等。平面运动是一种较复杂的运动，可把它视为平动与转动叠加而成的复合运动。动力学处理方法是应用随质心平动的质心运动定律和绕质心转动的转动定律，列出方程联立求解。也常应用瞬时轴方法和能量的方法。

例1.12.1：两个质量和半径都相等，转动惯量不同的圆柱体在斜面上作无滑滚动，哪个滚动得快一些？

解：对圆柱体作受力分析，如图1.12.1所示。

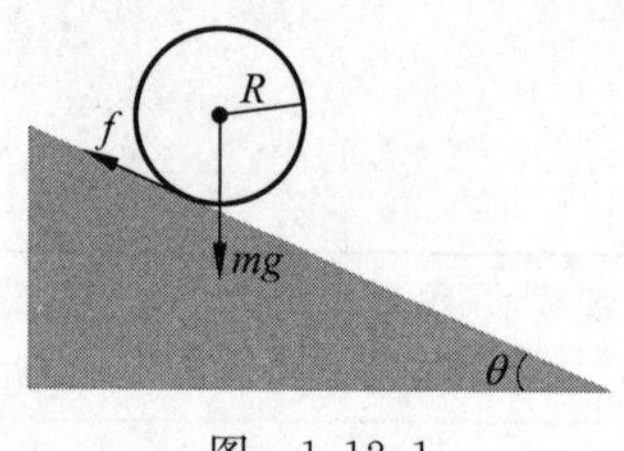

图 1.12.1

根据质心运动定理：

$$mg\sin\theta - f = ma_C$$

通过质心轴的转动定理：

$$fR = I_C\alpha$$

纯滚动的条件：

$$a_C = \alpha R$$

结合以上三式，可得

$$\alpha=\frac{mg\sin\theta}{I_C+mR^2}$$

所以相对质心转动惯量小的那个圆柱滚动得快一些。

练习 1.12.1：一匀质球与一匀质圆柱体的质量相等，前者的半径与后者的横截面半径相等。在同一斜面上从同一高度由静止无滑动地滚下。求经过相同时间后，两者滚过的路程的比 $S_{球}/S_{柱}=$____________。

答案：15/14。由例 1.12.1 可知角加速度 $\alpha=\frac{mg\sin\theta}{I_C+mR^2}$，$a_C=\alpha R=\frac{mgR\sin\theta}{I_C+mR^2}$，因为 $S=\frac{1}{2}a_Ct^2$，故 $\frac{S_{球}}{S_{柱}}=\frac{a_{C球}}{a_{C柱}}=\frac{I_{C柱}+mR^2}{I_{C球}+mR^2}=\frac{\frac{1}{2}mR^2+mR^2}{\frac{2}{5}mR^2+mR^2}=\frac{15}{14}$。

练习 1.12.2：质量为 m、半径为 R 的均匀球体，从一倾角为 θ 的斜面上滚下。若该球体在斜面上只滚不滑，则球体与斜面间的摩擦系数最小为 $\mu=$____________。

答案：$\frac{2\tan\theta}{7}$。如图 1.12.1 所示，球体的摩擦力为 $f=\mu N=\mu mg\cos\theta$，由通过质心轴的转动定理 $fR=I_C\alpha$，可得 $\mu mg\cos\theta=\frac{I_C\alpha}{R}=\frac{I_Cmg\sin\theta}{I_C+mR^2}$，（角加速度 α 由例 1.12.1 得到）。即摩擦系数为 $\mu=\frac{I_C\tan\theta}{I_C+mR^2}$，对均匀球体 $I_C=\frac{2}{5}mR^2$，故 $\mu=\frac{2\tan\theta}{7}$。

练习 1.12.3：如图 1.12.2 所示。圆柱体的半径为 R，其上有一半径为 r 的固定圆盘（圆盘质量忽略不计），盘周绕有细绳，今沿垂直于圆盘轴的水平方向以力 F 拉绳，若使该圆柱体在水平面上作纯滚动，则该柱体与水平面间的静摩擦力的大小 $f=$____________；当 $r=R/2$ 时静摩擦力 $f=$____________。

答案：$\frac{R-2r}{3R}F$；0。对圆柱体作受力分析如图 1.12.2 所示，根据质心运动定理，$F-f=ma_C$；通过质心轴的转动定理，$fR+Fr=I_C\alpha=\frac{1}{2}mR^2\alpha$；纯滚动的条件，$a_C=\alpha R$。结合以上三式，可得摩擦力大小为 $f=\frac{R-2r}{3R}F$，与外力 F 方向相反。

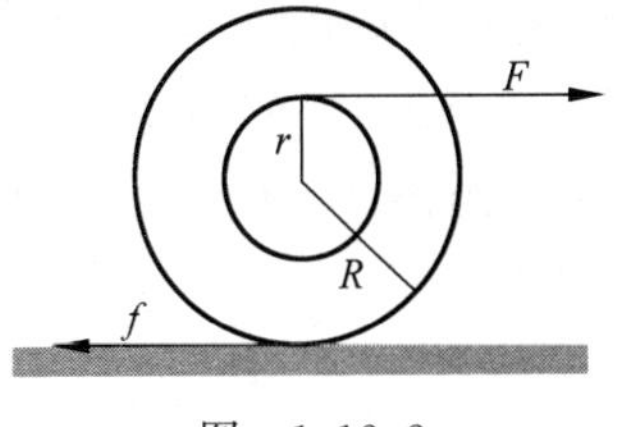

图　1.12.2

例 1.12.2：半径为 R 的均匀圆球，从静止开始沿一粗糙斜面无滑动地滚下。已知球心的初始高度为 h。求当球滚到斜面底部时质心的速度大小。

解：球与斜面接触点处速度为零，则摩擦力为静摩擦力，不做功。

因而球与地球系统机械能守恒，则有

$$mgh=\frac{1}{2}mv_C^2+\frac{1}{2}I_C\omega^2$$

对均匀球体 $I_C=\frac{2}{5}mR^2$，纯滚动的条件为 $v_C=R\omega$，可得当球滚到斜面底部时质心的速

度为

$$v_C=\sqrt{\frac{10gh}{7}}$$

练习 1.12.4：试证，不同质量、不同半径的均匀实心圆柱体在同一斜面上无滑动地滚下同样距离时圆柱体质心具有同样大小的线速度。

证：根据机械能守恒定律 $mgh=\frac{1}{2}mv_C^2+\frac{1}{2}I_C\omega^2$，其中 $I_C=\frac{1}{2}mR^2$，$v_C=R\omega$，整理得 $v_C=\sqrt{\frac{4gh}{3}}=\sqrt{\frac{4gS\sin\theta}{3}}$，可见圆柱体质心速度与圆柱的质量和半径无关，只要其路程 S 相同，v_C 就相同。

练习 1.12.5：质量为 m、横截面半径为 R 的实心匀质圆柱体，在水平面上作无滑动的滚动，如果圆柱体的中心轴线方向不变，且其质心以速度 v 作水平匀速运动，则圆柱体的动量的大小为________；动能等于________；对中心轴线的角动量大小为________。

答案：mv；$\frac{3}{4}mv^2$；$\frac{1}{2}mRv$。圆柱体的动量与质心动量相等，其动能 $E_k=\frac{1}{2}mv_C^2+\frac{1}{2}I_C\omega^2$，其中 $\omega=v_C/R$，$I_C=\frac{1}{2}mR^2$；对中心轴线的角动量大小为 $L=I_C\omega$。

例 1.12.3：半径为 R 的车轮在水平直线轨道上以恒定的角速度 ω 作纯滚动，轮缘上任何一点均作曲线运动，运动过程中轮缘上各点加速度绝对值的最大者与最小者之间的差值为________。

答案：0。因此车轮作纯滚动，车轮中心以速率 $v_0=R\omega$ 作匀速直线运动，即 $a_0=0$。相对于随轮心平动的参考系，轮缘上一点作匀速率圆周运动，其法向加速度 $a'=R\omega^2$，切向加速度为0。由相对运动以地面为参考系 $a=a_0+a'=a'$ 可知，轮缘上各点加速度的绝对值相等，故差值为零。

练习 1.12.6：半径为 R 的圆环静止在水平地面上，$t=0$ 时刻开始以恒定的角加速度 α 沿直线纯滚动。任意 $t>0$ 时刻，环上最低点的加速度大小为________，最高点的加速度大小为________。

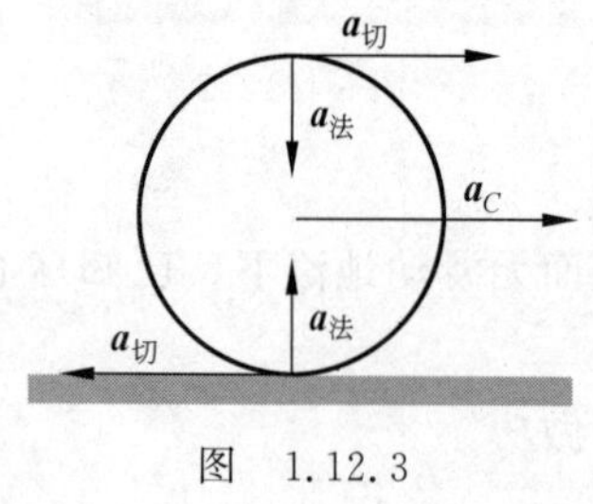

图 1.12.3

答案：α^2Rt^2，$\sqrt{4+\alpha^2t^4}\,\alpha R$。环上最低点：$\boldsymbol{a}_{低}=\boldsymbol{a}_{低对C}+\boldsymbol{a}_C$。相对于随轮心平动的参考系，轮缘上一点作匀速率圆周运动，即 $\boldsymbol{a}_{低对C}=\boldsymbol{a}_{切}+\boldsymbol{a}_{法}$，其中 $a_{切}=R\alpha$，$a_{法}=R\omega^2$。矢量关系如图 1.12.3 所示，考虑纯滚动的条件：$a_C=\alpha R$，可得 $|\boldsymbol{a}_{低}|=|\boldsymbol{a}_{法}|=R\omega^2=R\alpha^2t^2$。

最高点分析方法同上。

考点 2：刚体的静态平衡

例 1.12.4：一架均匀的梯子，质量为 m、长为 $2l$，上端靠在光滑墙面上，下端置于粗糙地面上，梯子与地面间的静摩擦系数为 μ，一质量为 m_1 的人攀登到距梯子下端 l_1 的地方。

求梯子不滑动的条件。

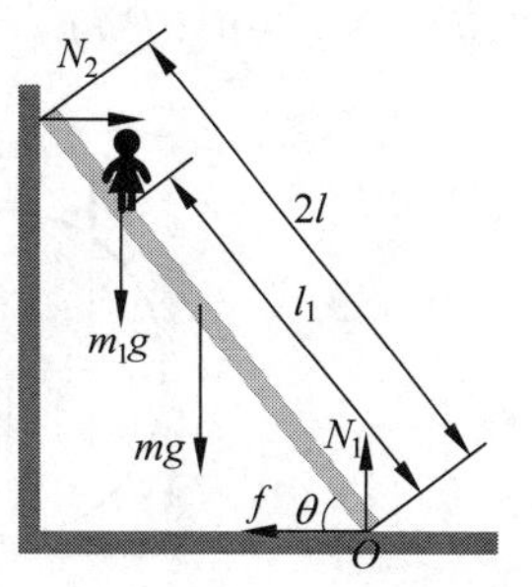

图 1.12.4

解：已知刚体的平衡条件，梯子的平衡条件是合外力及合外力矩为零。对竖直和水平方向进行受力分析，如图 1.12.4 所示，力的平衡方程为

$$N_2 - f = 0 \quad ①$$

$$N_1 - mg - m_1 g = 0 \quad ②$$

合外力矩为零，是针对垂直于图平面的任意轴，我们选梯子与地面接触点 O 为参考点，取垂直纸面向里为正方向，可得

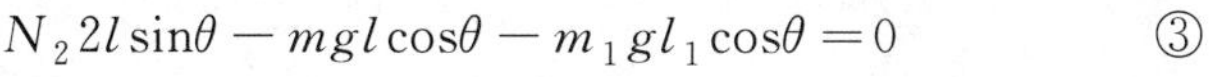

$$N_2 2l\sin\theta - mgl\cos\theta - m_1 g l_1 \cos\theta = 0 \quad ③$$

联立①式～③式可得

$$N_1 = mg + m_1 g,\quad N_2 = f = \frac{mgl + m_1 g l_1}{2l}\cot\theta$$

梯子不滑动的条件是 $f < \mu N_1$，即 $\cot\theta < 2\mu l(m + m_1)/(ml + m_1 l_1)$。

练习 1.12.7：如图 1.12.5 所示，质量为 m 的匀质细杆 AB，A 端靠在粗糙的竖直墙壁上，B 端置于粗糙水平地面上而静止。杆身与竖直方向成 θ 角，则 A 端对墙壁的压力大小[ ]

(A) 为 $\frac{1}{4}mg\cos\theta$；　　(B) 为 $\frac{1}{2}mg\tan\theta$；

(C) 为 $mg\sin\theta$；　　(D) 不能唯一确定。

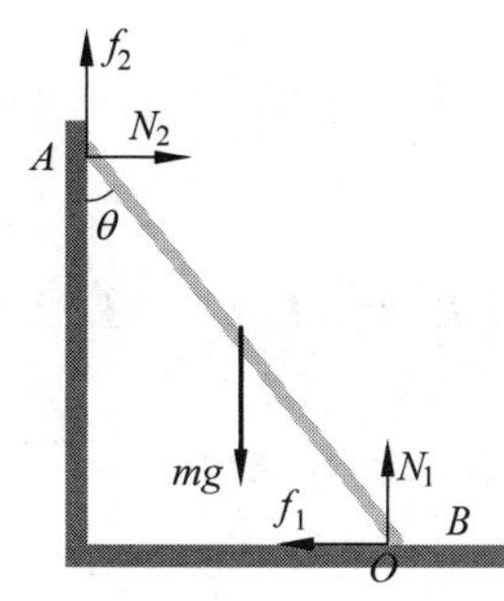

图 1.12.5

答案：D。根据刚体平衡条件列方程，与例 1.12.4 相比，粗糙竖直墙面的条件需要多考虑一摩擦力，如图 1.12.5 所示。力的平衡方程为

$$N_2 - f_1 = 0 \quad ①$$

$$N_1 - mg + f_2 = 0 \quad ②$$

我们选梯子与地面接触点 O 为参考点，取垂直纸面向里为正方向，设梯子长度为 l，可得力矩平衡：

$$N_2 l\cos\theta - mg\frac{l}{2}\sin\theta + f_2 l\sin\theta = 0 \quad ③$$

以上三个方程无法唯一确定 A 端对墙壁的压力 N_2。

练习 1.12.8：一圆柱体截面半径为 r、重为 P，放置如图 1.12.6 所示。它与墙面和地面之间的静摩擦系数均为 1/3。若对圆柱体施以向下的力 $F=2P$ 可使它刚好要逆时针转动，求作用于 A 点的正压力和摩擦力，力 F 与力 P 之间的垂直距离为 d。

解：设正压力为 N_A、N_B，摩擦力为 f_A、f_B 如图 1.12.7 所示。根据力的平衡，有

$$f_A + N_B = F + P = 3P$$

$$N_A = f_B$$

根据力矩平衡，有

$$Fd = (f_A + f_B)r$$

刚要转动时有

$$f_A = N_A/3,\quad f_B = N_B/3$$

可求得 $N_A=0.9P$，$f_A=0.3P$，$d=0.6r$。

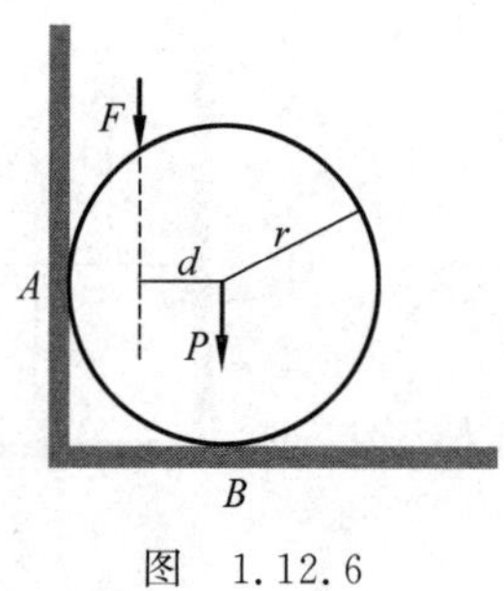

图 1.12.6

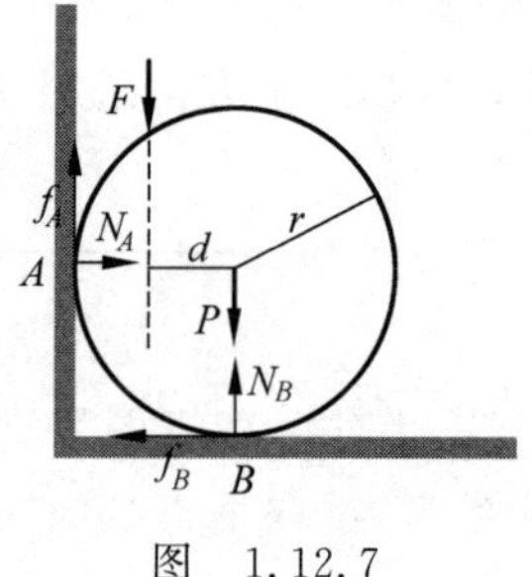

图 1.12.7

1.13* 刚体的进动

刚体的进动：利用 $M=\dfrac{|\mathrm{d}\boldsymbol{L}|}{\mathrm{d}t}$，求进动角速度 Ω。

(1) 对陀螺，$|\mathrm{d}\boldsymbol{L}|=L\sin\theta\mathrm{d}\varphi\approx I\omega\sin\theta\mathrm{d}\varphi$，$M=mgr_C\sin\theta\Rightarrow\Omega=\dfrac{\mathrm{d}\varphi}{\mathrm{d}t}\approx\dfrac{mgr_C}{I\omega}$。

(2) 对回转仪(或杠杆式陀螺)：$|\mathrm{d}\boldsymbol{L}|=L\mathrm{d}\varphi\approx I\omega\mathrm{d}\varphi$，$M=mgr\Rightarrow\Omega=\dfrac{\mathrm{d}\varphi}{\mathrm{d}t}=\dfrac{M}{L}=mgr/I\omega$。

考点：自转和进动角速度的求解

说明：刚体进动的分析。由角动量定理 $\boldsymbol{M}=\dfrac{\mathrm{d}\boldsymbol{L}}{\mathrm{d}t}$ 可得：①若 $\boldsymbol{M}\perp\boldsymbol{L}$，则 $\mathrm{d}\boldsymbol{L}\perp\boldsymbol{L}\to\boldsymbol{L}$ 大小不变地绕进动轴转动；②在 $\boldsymbol{L}_{自}$ 很大的情况下，$\boldsymbol{M}=\dfrac{\mathrm{d}\boldsymbol{L}}{\mathrm{d}t}\approx\dfrac{\mathrm{d}\boldsymbol{L}_{自}}{\mathrm{d}t}$；③大小关系为 $|\boldsymbol{M}|\approx\dfrac{|\mathrm{d}\boldsymbol{L}_{自}|}{\mathrm{d}t}=\dfrac{L_{自}\sin\theta\cdot\mathrm{d}\phi}{\mathrm{d}t}=L_{自}\sin\theta\cdot\Omega$ $\left(\text{其中 }\Omega=\dfrac{\mathrm{d}\phi}{\mathrm{d}t}\text{就是自转轴绕进动轴转动的进动角速度}\right)$。

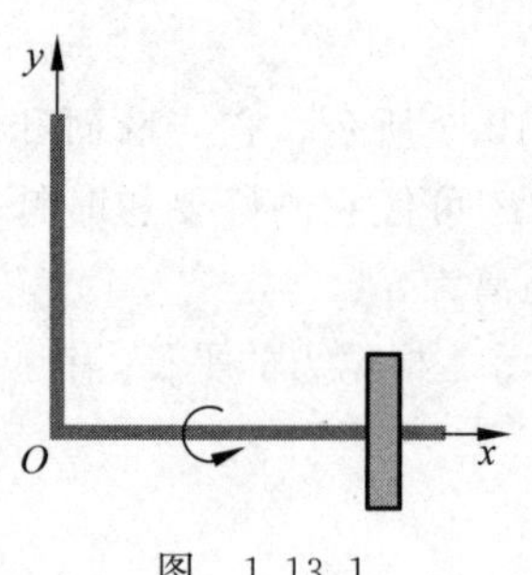

图 1.13.1

例 1.13.1：图 1.13.1 为一自转轴在水平方向的回转仪的俯视图。$t=0$ 时刻，回转仪绕自转轴的角动量为 $\boldsymbol{L}=L\boldsymbol{i}$。(1)欲使回转仪逆时针进动，则该时刻对它加的外力矩的方向应为________；(2) 若经过时间 t，回转仪进动到它的角动量指向 y 方向，而大小不变，则在这段时间内，回转仪所受到的冲量矩为________。

答案：沿 y 轴正向；$L(\boldsymbol{j}-\boldsymbol{i})$。欲使回转仪逆时针进动，则该时刻对它加的外力矩 $\boldsymbol{M}=\boldsymbol{r}\times\boldsymbol{F}$ 应垂直纸面向外，因为 $\boldsymbol{r}$ 方向为沿 x 轴正向，故用右手螺旋定则可判断 $\boldsymbol{F}$ 向为沿 y 轴正向；回转仪所受到的冲量矩使动量方向发生改变。

例 1.13.2：如图 1.13.2 所示，一陀螺由两个重为 W、高为 h、转动惯量为 I_0 的圆锥对称地黏接而成。当自转角速度为 ω 时，其转轴与竖直方向夹角为 θ，则其旋进角速度为____________。

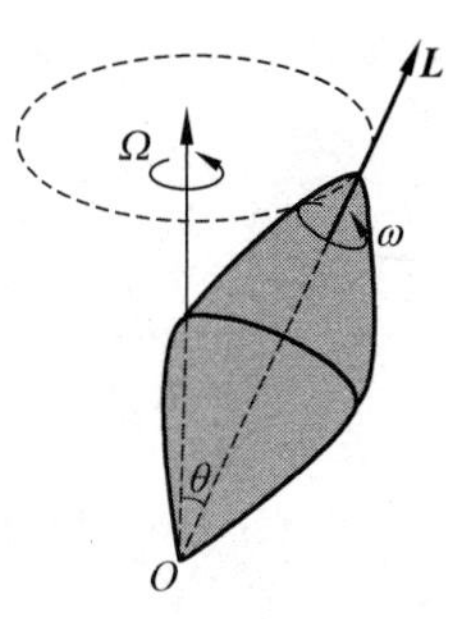

图　1.13.2

答案：$\dfrac{Wh}{I_0\omega}$。

方法 1：旋进力矩为陀螺重力相对 O 点力矩：$M=2Wh\sin\theta$，根据关系式 $M\approx\dfrac{|\mathrm{d}\boldsymbol{L}_{自}|}{\mathrm{d}t}=L_{自}\sin\theta\cdot\Omega$，可得旋进角速率为 $\Omega=\dfrac{M}{L_{自}\sin\theta}=\dfrac{M}{2I_0\omega\sin\theta}=\dfrac{2Wh\sin\theta}{2I_0\omega\sin\theta}=\dfrac{Wh}{I_0\omega}$。

方法 2：根据进动角速度公式 $\Omega=\dfrac{mgr_C}{I\omega}=\dfrac{2Wh}{2I_0\omega}$ 计算。

例 1.13.3：玩具回转仪，转动部分的质量为 $m_1=0.12\text{kg}$。转动惯量为 $I=1.5\times10^{-4}\text{kg}\cdot\text{m}^2$，架子的质量为 $m_2=0.13\text{kg}$。回转仪由一支柱支撑，如图 1.13.3 所示。设回转仪重心与支点的水平距离为 $R=0.05\text{m}$，并在一水平面内以 $\Omega=1\text{rad/s}$ 的角速度旋进，则转动部分自转的角速度为____________。

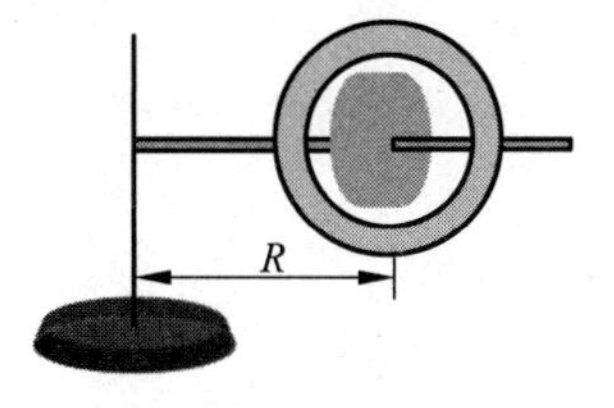

图　1.13.3

答案：817rad/s。对回转仪：$\Omega=\dfrac{\mathrm{d}\varphi}{\mathrm{d}t}=\dfrac{M}{L}=\dfrac{mgr}{I\omega}$，其中力矩 M 由转动部分和架子部分相对支柱的重力矩组成，角动量 $L=I\omega$ 为自转部分的自转角动量，故 $\omega=\dfrac{(m_1+m_2)gR}{I\Omega}$。

练习 1.13.1：演示用的回转仪，是由被取掉轮胎的自行车轮子制成的，如图 1.13.4 所示。轮的直径 $d=1.0\text{m}$，轮轴从轮两侧各伸出 $l=0.2\text{m}$，且两端作成光滑的球形。车轮的质量为 $m=5.0\text{kg}$，可视为全部集中在轮边上，轮轴的质量忽略不计。两个等高的支架上端具有半球形的光滑槽。将轮轴两端的小球放在支架的球形槽内，使轮轴水平。当轮子以 $\omega=20.0\text{rad/s}$ 的角速度绕轮轴旋转时，撤掉一个支架，使车轮发生旋进。则旋进角速度 $\Omega=$____________。

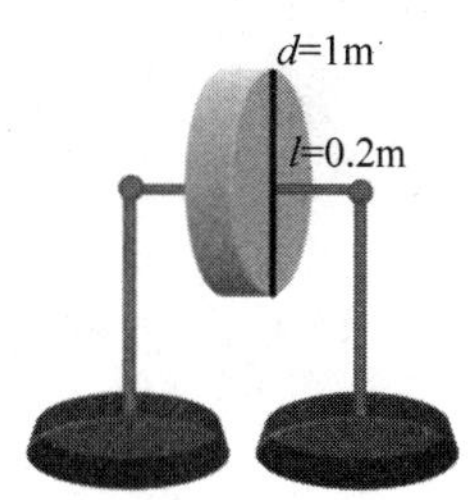

图　1.13.4

答案：0.392rad/s。对回转仪：$\Omega=\dfrac{\mathrm{d}\varphi}{\mathrm{d}t}=\dfrac{M}{L}=\dfrac{mgr}{I\omega}$，其中 I 为车轮转动惯量，因其全部集中在轮边上，故 $I=mR^2$，代入上式，$\Omega=\dfrac{mgr}{mR^2\omega}=\dfrac{gr}{R^2\omega}$。

例 1.13.4：自行车前轮的转动惯量为 $I=0.34\text{kg}\cdot\text{m}^2$，轮的半径为 $r=0.36\text{m}$。在车前进的速率为 $v=5.0\text{m/s}$ 时，骑车的人向右一歪，相当于一个质量为 $m=60\text{kg}$ 的物体挂在轮轴上轮的右侧 $d=0.04\text{m}$ 处。此时前轮应绕竖直轴以多大角速度转动才能配合这一倾倒力矩？

解：此处为求前轮绕竖直轴转动的角速度，即自行车绕竖直轴进动的角速度。

自行车进动问题的分析方式与陀螺类似，利用刚体角动量定理，$M=\dfrac{|\mathrm{d}\boldsymbol{L}|}{\mathrm{d}t}$，由外力矩 M，以及近似自转角动量的改变 $|\mathrm{d}\boldsymbol{L}|$ 求进动角速度 Ω。

如图 1.13.5 所示，自行车受到的合外力矩 $\boldsymbol{M}$ 由向右倾斜的人重力引起，相对轮子质心位移为 $d=0.04\text{m}$，方向垂直纸面向里，大小为

$$|\boldsymbol{M}|=mgd \quad ①$$

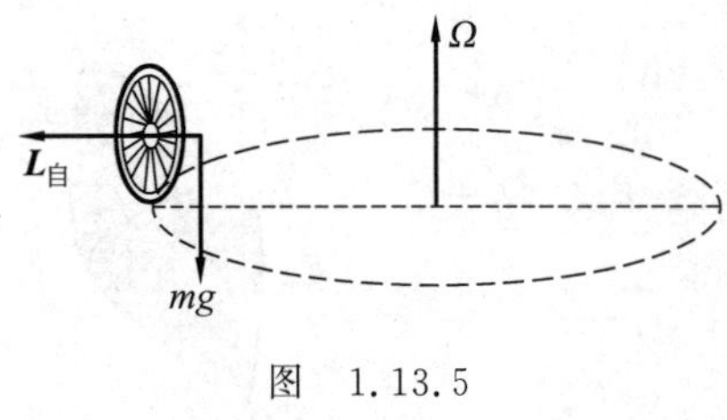

图 1.13.5

设自行车前轮的自转角动量 $\boldsymbol{L}_{自}$ 的方向水平向左，大小为

$$|\boldsymbol{L}_{自}|=I\omega=I\cdot\frac{v}{r} \quad ②$$

$\boldsymbol{L}_{自}$ 与进动轴（竖直轴）的夹角 $\theta=90°$，

$$|\mathrm{d}\boldsymbol{L}_{自}|=L_{自}\sin\theta\cdot\mathrm{d}\phi=L_{自}\ \mathrm{d}\phi \quad ③$$

前轮轴绕铅直轴作顺时针（从上向下看）进动，其进动角速度的大小 Ω 满足下列关系：

$$|\boldsymbol{M}|\approx\frac{|\mathrm{d}\boldsymbol{L}_{自}|}{\mathrm{d}t}=\frac{L_{自}\ \mathrm{d}\phi}{\mathrm{d}t}=L_{自}\ \Omega \quad ④$$

将①式和②式代入④式可得

$$\Omega=\frac{mg\cdot d\cdot r}{I\cdot v}\approx 4.98\text{rad/s}$$

第二部分

热　学

- 热学
  - 气体分子动理论
    - 状态方程 $pV=\nu RT$
    - 压强 $p=\frac{2}{3}n\bar{\varepsilon}_k$
      - $\bar{\varepsilon}_k=\frac{3}{2}kT$
      - 能量均分定理
        - 理想气体内能 $E=\frac{i}{2}\nu RT$
      - 方均根速率 $\sqrt{\overline{v^2}}=\sqrt{3kT/m}$
    - 麦克斯韦速率分布 $f(v)=\frac{dN}{Nd v}$
      - 平均速率 $\bar{v}=\sqrt{8kT/\pi m}$
        - 平均碰撞频率 $\bar{Z}=\sqrt{2}\pi d^2 n\bar{v}$
          - 平均自由程 $\bar{\lambda}=\frac{1}{\sqrt{2}\pi d^2 n}$
      - 最概然速率 $v_p=\sqrt{2kT/m}$
  - 热力学
    - 基本物理量
      - 状态量
        - 内能 $E=\nu C_{V,m}T$
      - 过程量
        - 功 $W=\int p dV$
        - 热量 $Q=\nu C_m\Delta T$
          - 摩尔热容
            - $C_{V,m}=\frac{i}{2}R, C_{p,m}=\frac{i+2}{2}R$
            - $\gamma=C_{p,m}/C_{V,m}$
    - 热力学定律
      - 热力学第一定律 $Q=\Delta E+W$
        - 典型准静态过程
        - 循环过程 $\Delta E=0$, $Q=W$
          - 正循环
            - 热机 $\eta=\frac{W}{Q_{吸}}=1-\frac{Q_{放}}{Q_{吸}}$
              - 卡诺热机 $\eta_C=1-\frac{T_2}{T_1}$
          - 逆循环
            - 制冷机 $w=\frac{Q_{吸}}{W}=\frac{Q_{吸}}{Q_{放}-Q_{吸}}$
              - 卡诺制冷机 $w_C=\frac{T_2}{T_1-T_2}$
      - 热力学第二定律（两种叙述）
        - 可逆与不可逆过程
          - 卡诺定理
            - 克劳修斯不等式 $\oint\frac{đQ}{T}\leqslant 0$
              - 克劳修斯熵 $\Delta S=\int_R\frac{đQ}{T}$
        - 统计意义
          - 熵增加原理 $\Delta S>0$
          - 玻耳兹曼熵 $S=k\ln\Omega$

热学部分主要内容思维导图

2.1　平衡态、态参量、热力学第零定律

(1) 平衡态：在无外界影响的条件下，系统的宏观量不随时间变化的状态。

(2) 温度：宏观→处于热平衡的各热力学系统所具有的共同的宏观性质。

微观→温度反映分子无规则运动的激烈程度，是分子平均平动动能的量度。

(3) 热力学第零定律——热平衡传递定律。

考点：平衡态的分辨

例 2.1.1：两个容器内装有气体，已知一个容器内气体压强处处相等，另一个温度处处相同，则这两种容器中气体的状态是[　　]

(A) 都是平衡态；

(B) 都不一定是平衡态；

(C) 前者是平衡态，后者不一定是平衡态；

(D) 前者不一定是平衡态，后者一定是平衡态。

答案：B。平衡态指的是无外界影响的条件下，系统的宏观量如温度、体积、压强不随时间变化的状态，题目中的两种情况都只确定了一种状态参量不变，对其余参量无法判断，因此不能确定是否为平衡态。

练习 2.1.1：一定量的理想气体处于热动平衡状态时，此热力学系统不随时间变化的三个宏观量是____________，而随时间不断变化的微观量是____________。

答案：体积、温度和压强；分子运动速度(或分子运动速率，或分子的动量，或分子的动能)。

2.2　理想气体状态方程

(1) 理想气体：宏观→在各种压强下都严格符合玻意耳定律(对于一定质量 m 和温度 T 的气体，$pV=$常量)的气体。

微观→①分子的大小可忽略，分子可看作质点；②分子和分子之间的相互作用力可忽略；③分子的运动遵循牛顿力学规律；④分子与分子间及分子与器壁间的碰撞是完全弹性的。

(2) 理想气体的状态方程：$pV=\dfrac{M}{M_{\text{mol}}}RT=\nu RT$，$pV=\dfrac{N}{N_A}RT=NkT=\dfrac{M}{m}kT$，$p=nkT=\dfrac{\rho}{m}kT$(式中：$M_{\text{mol}}$ 为摩尔质量；m 为气体分子质量；$N_A=6.02\times10^{23}$，为阿伏伽德罗常数；ν 为摩尔数；n 为分子数密度；$R=8.31\text{J}/(\text{mol}\cdot\text{K})$，为普适气体常量；$k=R/N_A$，为玻耳兹曼常量)。

(3) 1mol 理想气体标准状态下：$p_0=1.013\times10^5\text{Pa}$，$V_0=22.4\times10^{-3}\text{m}^3$，$T_0=273.15\text{K}$，分子数为 N_A。

(4) 道尔顿分压定律：$p=(n_1+n_2+\cdots)kT$。

考点：态参量的记忆与分辨

例 2.2.1：理想气体体积为 V，压强为 p，温度为 T，一个分子的质量为 m，k 为玻耳兹曼常量，R 为摩尔气体常量，则该理想气体的分子数为[　　](多选)

(A) $pV/(RT)$；　(B) $pV/(kT)$；　(C) $pVN_A/(RT)$；　(D) $pV/(mT)$。

答案：B,C。由公式 $pV=NkT$ 可得 B 正确。由 $N=nV=\frac{pV}{kT}$分子分母同时乘以 N_A，或者由 $pV=\nu RT=\frac{N}{N_A}RT$，得到 $N=pVN_A/(RT)$，即 C 正确。

练习 2.2.1：理想气体的压强仅与下列哪项有关[　　]

(A) 气体的分子数密度；　(B) 气体的温度；

(C) 气体分子的平均速率；　(D) 气体的分子数密度与温度的乘积。

答案：D。$p=nkT$。

练习 2.2.2：一定量某理想气体按 $pV^2=$恒量的规律膨胀，则膨胀后理想气体的温度________。(填"升高""降低"或"不变")

答案：降低。假设该理想气体按 $pV^2=C$，再考虑理想气体的状态方程 $pV=\nu RT$ 可得 $T=\frac{pV}{\nu R}=\frac{C}{\nu RV}$，故体积增大时温度降低。

练习 2.2.3：若室内生起炉子后温度从 15℃升高到 27℃，而室内气压不变，则此时室内的分子数减少了[　　]

(A) 0.5%；　(B) 4%；　(C) 9%；　(D) 21%。

答案：B。由 $p=nkT$ 可得当温度由 288K 升高到 300K 时，分子数密度变化$\frac{n_2}{n_1}=\frac{T_1}{T_2}=\frac{288}{300}$，室内体积不变，故分子数减少为$\frac{n_1-n_2}{n_1}=1-\frac{288}{300}$。

例 2.2.2：在标准状态下，任何理想气体在 1m^3 中含有的分子数都等于[　　]

(A) 6.02×10^{23}；　(B) 8.02×10^{21}；

(C) 2.69×10^{25}；　(D) 2.69×10^{23}。

答案：C。标准状态下 1mol 理想气体 $V_0=22.4\times10^{-3}\text{m}^3$，分子数为 $N_A=6.02\times10^{23}$，则 1m^3 的理想气体分子数为$\frac{N_A}{V_0}$。

例 2.2.3：一密闭容器中有 A、B、C 三种气体，且处于平衡态，A 气体的分子数密度为 n_1，产生的压强为 p_1；B 气体的分子数密度为 $2n_1$，C 气体的分子数密度为 $3n_1$，则混合气体的压强为________。

答案：$6p_1$。对 A 气体，$p_1=n_1kT$，因为三种气体处于平衡态，所以有相同的温度，利用道尔顿分压定律 $p=\sum\limits_i p_i=(n_1+n_2+n_3)kT=6n_1kT=6p_1$。

例 2.2.4：容器内有压强为 $3\times10^5\text{Pa}$，温度为 27℃，密度为 0.241kg/m^3 的某种气体，试分析这是哪种气体。

解：由气体状态方程 $pV=\frac{M}{M_{mol}}RT$ 可得该气体的摩尔质量 $M_{mol}=\frac{M}{V}\frac{RT}{p}$，其中 $\frac{M}{V}=\rho=0.241\text{kg/m}^3$，于是

$$M_{mol}=\rho\frac{RT}{p}=0.241\times\frac{8.31\times300}{3\times10^5}\text{kg/mol}=2\times10^{-3}\text{kg/mol}$$

所以容器里是氢气。

说明：因为质(中)子质量 $=1.67\times10^{-27}$kg，所以 1mol 质(中)子 $=1.005\times10^{-3}$kg，因此气体的摩尔质量 =(质子数+中子数)$\times10^{-3}$kg。

练习 2.2.4：某理想气体在温度为 27℃和压强为 1.0×10^{-2}atm(1atm=1.01×10^5Pa)情况下，密度为 11.3g/m³，则这气体的摩尔质量 $M_{mol}=$__________。(普适气体常量 $R=8.31\text{J/(mol}\cdot\text{K)}$)

答案：27.8g/mol。由例 2.2.4 的公式 $M_{mol}=\rho\frac{RT}{p}$ 计算可得。

2.3 统计规律、理想气体的压强和温度

(1) 理想气体压强公式：$p=\frac{1}{3}nm\overline{v^2}=\frac{2}{3}n\overline{\varepsilon_t}$。

(2) 理想气体的温度：温度是气体分子平均平动动能大小的量度。

(3) 平均平动动能：$\overline{\varepsilon_t}=\frac{1}{2}m\overline{v^2}=\frac{3}{2}kT$；气体分子的方均根速率：$\sqrt{\overline{v^2}}=\sqrt{\frac{3RT}{M_{mol}}}=\sqrt{\frac{3kT}{m}}$。

考点：已知分子平均平动动能求气体的压强温度等

例 2.3.1：一瓶氦气和一瓶氮气密度相同，分子平均平动动能相同，而且它们都处于平衡状态，则它们[ ]

(A) 温度相同，压强相同；

(B) 温度相同，但氦气的压强大于氮气的压强；

(C) 温度、压强都不同；

(D) 温度相同，但氮气的压强大于氦气的压强。

答案：B。因为温度是气体分子平均平动动能大小的量度，反过来气体分子的平均平动动能相等时，温度也相同。根据压强公式 $p=nkT$，可得在温度相同时两种气体的压强取决于分子数密度，$n=\rho/m$，m 为气体分子质量，已知氦气和氮气密度 ρ 相等，$m(N_2)>m(He)$，故 $n(N_2)<n(He)$，所以 $p(N_2)<p(He)$，B 正确。

练习 2.3.1：两瓶不同种类的理想气体，它们的温度和压强都相同，但体积不同，则单位体积内的气体分子数 n，单位体积内的气体分子的总平动动能(E_k/V)，单位体积内的气体质量 ρ，分别有如下关系[ ]

(A) n 不同，(E_k/V)不同，ρ 不同；

(B) n 不同，(E_k/V)不同，ρ 相同；

(C) n 相同,(E_k/V)相同,ρ 不同；　　(D) n 相同,(E_k/V)相同,ρ 相同。

答案：C。根据压强公式 $p=nkT$,可得当温度和压强都相同时,气体分子数 n 相同；单位体积内的气体分子的总平动动能 $E_k/V=\frac{3}{2}kTn$ 相同；气体密度 $\rho=nm$ 不同。

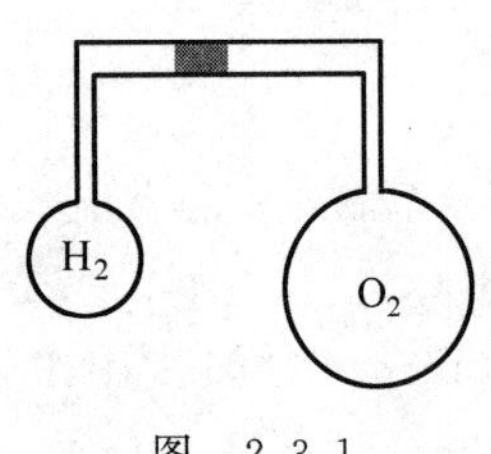

图 2.3.1

例 2.3.2：如图 2.3.1 所示,两个大小不同的容器用均匀的细管相连,管中有一水银滴作活塞,大容器装有氧气,小容器装有氢气。当温度相同时,水银滴静止于细管中央,则此时这两种气体中[　　]

(A) 氧气的密度较大；(B) 氢气的密度较大；

(C) 密度一样大；　　(D) 哪种的密度较大是无法判断的。

答案：A。根据题目,氧气和氢气的压强相等,根据压强公式 $p=nkT$,可得其分子数密度 n 相等,根据 $\rho=nm$,因为氧气的分子质量 m 大所以密度大,故选 A。

练习 2.3.2：如图 2.3.2 所示,两个容器容积相等,分别储有相同质量的 N_2 和 O_2,它们用光滑细管相连通,管子中置一小滴水银,两边的温度差为 30K,当水银滴在正中不动时,N_2 和 O_2 的温度为 $T_{N_2}=$________,$T_{O_2}=$________。

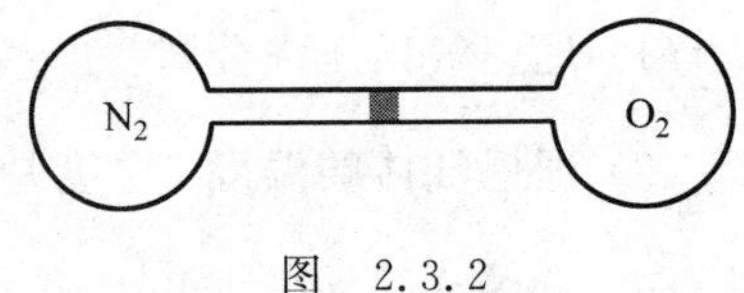

图 2.3.2

答案：210K,240K。根据压强公式 $p=nkT=\frac{\rho}{m}kT$ 可得,当水银滴在正中不动时,$\frac{\rho_{N_2}}{m_{N_2}}kT_{N_2}=\frac{\rho_{O_2}}{m_{O_2}}kT_{O_2}$,按题意 $\rho_{N_2}=\rho_{O_2}$,故 $\frac{T_{N_2}}{T_{O_2}}=\frac{m_{N_2}}{m_{O_2}}=\frac{28}{32}=\frac{7}{8}$,再根据两边的温度差为 30K 分别判断两种气体的温度。

练习 2.3.3：有一截面均匀的封闭圆筒,中间被一光滑的活塞分隔成两边,如果一边装有 0.1kg 的氢气,为了使活塞停留在圆筒的正中央,则另一边应装入同一温度的氧气的质量为[　　]

(A) 1/16kg；　　(B) 0.8kg；　　(C) 1.6kg；　　(D) 3.2kg。

答案：C。由例 2.3.2 可得同一温度下两端压强相等时,气体密度应与分子质量成正比。

例 2.3.3：关于温度的意义,有下列几种说法：(1)气体的温度是分子平均平动动能的量度；(2)气体的温度是大量气体分子热运动的集体表现,具有统计意义；(3)温度的高低反映物质内部分子运动剧烈程度的不同；(4)从微观上看,气体的温度表示每个气体分子的冷热程度。这些说法中正确的是[　　]

(A) (1)、(2)、(4)；　　(B) (1)、(2)、(3)；

(C) (2)、(3)、(4)；　　(D) (1)、(3)、(4)。

答案：B。

例 2.3.4：下列各式中哪一式表示气体分子的平均平动动能?(式中 M 为气体的质量,m 为气体分子质量,M_{mol} 为气体摩尔质量,N 为气体分子总数目,n 为气体分子数密度,N_A 为阿伏伽德罗常量)[　　]

(A) $\frac{3m}{2M}pV$；　(B) $\frac{3M}{2M_{mol}}pV$；　(C) $\frac{3}{2}npV$；　(D) $\frac{3M_{mol}}{2M}pV$。

答案：A。气体分子的平均平动动能为$\frac{3}{2}kT$。根据公式 $pV=\nu RT=\frac{M}{M_{mol}}N_AkT=\frac{M}{m}kT$，可得$\frac{3}{2}kT=\frac{3m}{2M}pV$，故 A 正确；$\frac{3}{2}kT=\frac{3M_{mol}}{2N_AM}pV$，故 B、D 错误。根据 $p=nkT$，可得$\frac{3}{2}kT=\frac{3}{2}\frac{p}{n}$，故 C 错误。

练习 2.3.4：在容积 $V=4\times10^{-3}\text{m}^3$ 的容器中，装有压强 $p=5\times10^2\text{Pa}$ 的理想气体，则容器中气体分子的平动动能总和为__________。

答案：3J。容器中气体分子的总平动动能 $E_k=\frac{3}{2}\nu RT=\frac{3}{2}pV$。

例 2.3.5：某容器内分子数密度为 10^{26}m^{-3}，每个分子的质量为 $3\times10^{-27}\text{kg}$，设其中 1/6 分子以速率 $v=200\text{m/s}$ 垂直地向容器的一壁运动，而其余 5/6 分子或者离开此壁，或者平行于此壁方向运动，且分子与容器壁的碰撞为完全弹性的。则(1)每个分子作用于器壁的冲量 $\Delta I=$__________；(2)每秒碰在器壁单位面积上的分子数 $n_0=$__________；(3)作用在器壁上的压强 $p=$__________。

答案：$1.2\times10^{-24}\text{kg}\cdot\text{m/s}$；$\frac{1}{3}\times10^{28}\text{m}^{-2}\cdot\text{s}^{-1}$；$4\times10^3\text{Pa}$。这是理想气体压强公式的统计模型，每个分子作用于器壁的冲量 $\Delta I=2mv=1.2\times10^{-24}\text{kg}\cdot\text{m/s}$；每秒碰在器壁单位面积上的分子数 $n_0=\frac{1}{6}nv=\frac{1}{3}\times10^{28}$；作用在器壁上的压强 $p=n_0\cdot\Delta I=4\times10^3\text{Pa}$。

练习 2.3.5：氢分子的质量为 $3.3\times10^{-24}\text{g}$，如果每秒有 10^{23} 个氢分子沿着与容器器壁的法线成 45°的方向以 10^5cm/s 的速率撞击在 2.0cm^2 面积上(碰撞是完全弹性的)，则此氢气的压强为__________。

答案：$2.33\times10^3\text{Pa}$。分析与例 2.3.5 类似，氢气的压强为：$p=n_0\cdot\Delta P=\left(10^{23}\times\frac{1}{2.0\times10^{-4}}\right)\times(2\times3.3\times10^{-27}\times10^3\times\cos45°)=2.33\times10^3\text{Pa}$。

练习 2.3.6：一定量的理想气体贮于某容器中，温度为 T，气体分子的质量为 m。根据理想气体分子模型和统计假设，分子速度 x 方向的分量的下列平均值 $\bar{v}_x=$__________，$\overline{v_x^2}=$__________。

答案：0，kT/m。

例 2.3.6：三个容器 A、B、C 中装有同种理想气体，其分子数密度 n 相同，而方均根速率之比为$\sqrt{\overline{v_A^2}}:\sqrt{\overline{v_B^2}}:\sqrt{\overline{v_C^2}}=1:2:4$，则其压强之比 $p_A:p_B:p_C$ 为[　　]

(A) 1∶2∶4；　(B) 1∶4∶8；　(C) 1∶4∶16；　(D) 4∶2∶1。

答案：C。根据理想气体压强公式 $p=\frac{1}{3}nm\overline{v^2}$ 得到三种气体的压强之比。

练习 2.3.7：在容积为 10^{-2}m^3 的容器中，装有质量为 100g 的气体，若气体分子的方均根速率为 200m/s，则气体的压强为__________。

答案：1.33×10^5 Pa。根据理想气体压强公式 $p=\frac{1}{3}nm\overline{v^2}=\frac{1}{3}\rho\overline{v^2}$，其中 ρ 为气体密度，计算可得。

2.4 理想气体的内能，能量按自由度均分定理

(1) 能量均分定理：温度为 T 的平衡态下，可以得到物质分子每个自由度的平均动能为 $\frac{1}{2}kT$，同时有：

① 分子平均平动动能：$\overline{\varepsilon_t}=\frac{3}{2}kT$；

② 分子平均动能：$\overline{\varepsilon_k}=\frac{i}{2}kT$；

③ ν mol 理想气体内能：$E=\frac{i}{2}\nu RT$。

(2) 气体自由度：单原子分子 $i=3$；双原子分子 $i=5$；多原子分子 $i=6$（特例 CO_2 分子 $i=5$）。

考点 1：能量均分定理中各个式子的记忆分辨

例 2.4.1：根据能量按自由度均分定理，设气体分子为刚性分子，分子自由度数为 i，则当温度为 T 时，(1)单个分子的平均动能为__________；(2)1mol 该分子的转动动能为__________。

答案：(1) $\frac{i}{2}kT$；(2) $\frac{i-3}{2}RT$。分子的总自由度为 i，包括 3 个平动自由度和 $(i-3)$ 个转动自由度，因此 1mol 该分子的转动动能为 $\frac{i-3}{2}RT$。

说明：常数 R 与 k，二者大小关系为 $R=N_Ak$；单位分别为 J/(mol·K) 和 J/K；前者常与气体摩尔数相关，后者常与分子数相关。

练习 2.4.1：有一瓶质量为 M 的氢气（视作刚性双原子分子的理想气体），温度为 T，则(1)氢分子的平均平动动能为__________；(2)氢分子的平均动能为__________；(3)该瓶氢气的内能为__________。

答案：(1) $\frac{3}{2}kT$；(2) $\frac{5}{2}kT$；(3) $\frac{5}{2}\nu RT=\frac{5}{2}\frac{M}{2\times10^{-3}}RT=1250MRT$。

练习 2.4.2：1mol 氮气，由状态 $A(p_1,V)$ 变到状态 $B(p_2,V)$，气体内能的增量为__________。

答案：$\frac{5}{2}V(p_2-p_1)$。根据内能公式 $E=\frac{5}{2}\nu RT$。

练习 2.4.3：一容器内盛有密度为 ρ 的单原子理想气体，其压强为 p，此气体分子的方均根速率为__________；单位体积内气体的内能是__________。

答案：$(3p/\rho)^{1/2}$；$\frac{3}{2}p$。根据理想气体压强公式 $p=\frac{1}{3}nm\overline{v^2}=\frac{1}{3}\rho\overline{v^2}$，可得气体分子的方均根速率；单位体积内单原子理想气体内能为 $\frac{3}{2}\nu RT=\frac{3}{2}pV=\frac{3}{2}p$。

例 2.4.2：2g 氢气与 2g 氦气分别装在两个容积相同的封闭容器内，温度也相同（氢气分子视为刚性双原子分子）。(1) 氢气分子与氦气分子的平均平动动能之比为__________；(2) 氢气与氦气压强之比为__________；(3) 氢气与氦气内能之比为__________。

答案：1；2；10/3。分子平均平动动能为 $\overline{\varepsilon_t}=\frac{3}{2}kT$；压强 $p=\frac{2}{3}n\overline{\varepsilon_t}=\frac{2}{3}\frac{\rho}{m}\overline{\varepsilon_t}$，故 $\frac{p_1}{p_2}=\frac{m_2}{m_1}=\frac{4}{2}$；内能为 $E=\frac{i}{2}\nu RT=\frac{i}{2}\frac{M}{M_{mol}}RT$，故 $\frac{E_1}{E_2}=\frac{i_1}{i_2}\cdot\frac{M_{mol2}}{M_{mol1}}=\frac{5}{3}\cdot\frac{4}{2}=\frac{10}{3}$。

练习 2.4.4：在相同的温度和压强下，氢气（视为刚性双原子分子气体）与氦气的单位体积内能之比为__________，氢气与氦气的单位质量内能之比为__________。

答案：5/3，10/3。根据理想气体的内能公式 $E=\frac{i}{2}\nu RT=\frac{i}{2}pV$，单位体积内能之比为气体的自由度之比；根据理想气体的内能公式 $E=\frac{i}{2}\nu RT=\frac{i}{2}\frac{M}{M_{mol}}RT$，单位质量内能之比为 $\frac{i_{H_2}}{i_{He}}\cdot\frac{M_{mol}(He)}{M_{mol}(H_2)}=\frac{5}{3}\cdot\frac{4}{2}$。

练习 2.4.5：在标准状态下，若氧气和氦气（均视为刚性原子分子的理想气体）的体积比 $V_1/V_2=1/2$，则其内能之比 E_1/E_2 为[　　]

(A) 3/10；　(B) 1/2；　(C) 5/6；　(D) 5/3。

答案：C。$E_1/E_2=\left(\frac{5}{2}\nu_1 RT\right)/\left(\frac{3}{2}\nu_2 RT\right)=5pV_1/(3pV_2)=5/6$。

练习 2.4.6：两容器内分别盛有氢气和氦气，若它们的温度和质量分别相等，则[　　]

(A) 两种气体分子的平均平动动能相等；

(B) 两种气体分子的平均动能相等；

(C) 两种气体分子的平均速率相等；

(D) 两种气体的内能相等。

答案：A。

练习 2.4.7：一氧气瓶的容积为 V，充入氧气的压强为 p_1，用了一段时间后压强降为 p_2，则瓶中剩下的氧气的内能与未用前氧气的内能之比为__________。

答案：p_2/p_1。利用内能公式 $E=\frac{i}{2}\nu RT=\frac{i}{2}pV$ 计算。

例 2.4.3：水蒸气分解成同温度的氢气和氧气，内能增加了百分之几（不计振动自由度和化学能）？[　　]

(A) 66.7%；　(B) 50%；　(C) 25%；　(D) 0。

答案：C。1mol 的水蒸气$\left(内能为\frac{i}{2}\nu RT=3RT\right)$，分解为 1mol 的氢气$\left(内能\frac{5}{2}RT\right)$和 0.5mol 的氧气$\left(内能\frac{5}{4}RT\right)$，故内能由 $3RT$ 增加到 $\frac{15}{4}RT$，增加了 $\frac{\frac{15}{4}RT-3RT}{3RT}=\frac{1}{4}$。

练习 2.4.8：一容器内装有 N_1 个单原子理想气体分子和 N_2 个刚性双原子理想气体分子，当该系统处在温度为 T 的平衡态时，其内能为__________。

答案：$\frac{3}{2}N_1kT+\frac{5}{2}N_2kT$。

练习 2.4.9：体积和压强都相同的氦气和氢气（均视为刚性分子理想气体），在某一温度 T 下混合，所有氢分子所具有的热运动动能在系统总热运动动能中所占的百分比为__________。

答案：62.5%。氢分子所具有的热运动动能为其内能 $E_1=\frac{5}{2}pV$，氦气内能为 $E_2=\frac{3}{2}pV$，氢分子内能所占百分比为 $\frac{\frac{5}{2}}{\frac{5}{2}+\frac{3}{2}}=\frac{5}{8}$。

练习 2.4.10：将 1kg 氦气和 Mkg 氢气混合，平衡后混合气体的内能是 2.45×10^6J，氦分子平均动能是 6×10^{-21}J，求氢气质量 M。（摩尔气体常量 $R=8.31\text{J}/(\text{mol}\cdot\text{K})$，玻耳兹曼常量 $k=1.38\times10^{-23}$J/K）

解：氦分子平均动能：$\bar{\varepsilon}_k=\frac{3}{2}kT$，可得其温度 $T=\frac{2\bar{\varepsilon}_k}{3k}\approx290$K；

1kg 氦气的内能：$E_{He}=\frac{3}{2M_{mol}}RT\approx9.04\times10^5$J；

Mkg 氢气的内能：$E_{H_2}=E-E_{He}=1.55\times10^6$J，又有 $E_{H_2}=\frac{5M}{2M_{mol}}RT$，可得氢气质量为 $M=0.51$kg。

考点 2：内能的意义与计算

例 2.4.4：容积为 20.0L 的瓶子以速率 $v=200$m/s 匀速运动，瓶子中充有质量为 100g 的氦气。设瓶子突然停止，且气体的全部定向运动动能都变为气体分子热运动的动能，瓶子与外界没有热量交换，求热平衡后氦气的温度、压强及氦气分子的平均动能各增加多少？（摩尔气体常量 $R=8.31\text{J}/(\text{mol}\cdot\text{K})$，玻耳兹曼常量 $k=1.38\times10^{-23}$J/K）

解：氦气定向运动的动能为 $\frac{1}{2}Mv^2$，瓶子突然停止这部分动能全部转化为氦气内能 $\frac{3}{2}\nu R\Delta T$，即

$$\frac{1}{2}Mv^2=\frac{3}{2}\nu R\Delta T$$

（1）氦气的温度变化为 $\Delta T=\frac{Mv^2}{3\nu R}=\frac{Mv^2}{3\frac{M}{M_{mol}}R}=\frac{M_{mol}v^2}{3R}=\frac{4\times10^{-3}\times200^2}{3\times8.31}\text{K}=6.42\text{K}$；

（2）氦气的压强变化为 $\Delta p=\frac{\nu R\Delta T}{V}=\frac{Mv^2}{3V}=\frac{0.1\times200^2}{3\times20\times10^{-3}}\text{Pa}=6.67\times10^4\text{Pa}$；

(3) 氦气的分子的平均动能变化为 $\Delta E_k=\frac{3}{2}k\Delta T=1.33\times10^{-22}\text{J}$。

练习 2.4.11：一超声波源发射超声波的功率为 10W。假设它工作 10s，并且全部波动能量都被 1mol 氧气吸收而用于增加其内能，则氧气的温度升高了__________。(氧气分子视为刚性分子，普适气体常量 $R=8.31\text{J}/(\text{mol}\cdot\text{K})$)

答案：4.81K。超声波的功为 $W=pt=\frac{i}{2}\nu R\Delta T$，氧气的温度升高了 $\Delta T=2pt/(\nu iR)$。

练习 2.4.12：一铁球由 10m 高处落到地面，回升到 0.5m 高处。假定铁球与地面碰撞时损失的宏观机械能全部转变为铁球的内能，则铁球的温度将升高__________。(已知铁的比热 $c=501.6\text{J}/(\text{kg}\cdot\text{K})$)

答案：0.186K。损失的能量转化为铁球的内能，即 $mg\Delta h=cm\Delta T$，温度升高了 $\Delta T=\frac{g\Delta h}{c}$。

练习 2.4.13：一能量为 10^{12}eV 的宇宙射线粒子，射入一氖管中，氖管内充有 0.1mol 的氖气，若宇宙射线粒子的能量全部被氖气分子所吸收，则氖气温度升高了__________K。($1\text{eV}=1.60\times10^{-19}\text{J}$，普适气体常量 $R=8.31\text{J}/(\text{mol}\cdot\text{K})$)

答案：1.28×10^{-7}。

例 2.4.5：一容器被隔板分成相等的两半，一半装氦气，温度为 250K，另一半装氧气，温度为 310K，二者压强相等。求去掉隔板后两种气体混合后的温度。

解：对题目中的孤立系统，混合前后总内能不会发生变化。

计氦气为 1，氧气为 2，混合前 $T_1=250\text{K}$，$T_2=310\text{K}$，且 $p_1=p_2$，$V_1=V_2$。由 $pV=\nu RT$，得 $\nu_1T_1=\nu_2T_2$，即

$$\nu_2=\nu_1T_1/T_2 \qquad ①$$

混合前内能为

$$E_0=\frac{3}{2}\nu_1RT_1+\frac{5}{2}\nu_2RT_2 \qquad ②$$

设混合后温度为 T，则混合后的内能为

$$E=\frac{3}{2}\nu_1RT+\frac{5}{2}\nu_2RT=E_0 \qquad ③$$

由③式得

$$T=\frac{\frac{3}{2}\nu_1RT_1+\frac{5}{2}\nu_2RT_2}{\frac{3}{2}\nu_1R+\frac{5}{2}\nu_2R} \qquad ④$$

①式代入④式得

$$T=\frac{\frac{3}{2}\nu_1T_1+\frac{5}{2}\nu_1T_2T_1/T_2}{\frac{3}{2}\nu_1+\frac{5}{2}\nu_1T_1/T_2}=\frac{\left(\frac{3}{2}+\frac{5}{2}\right)\nu_1T_1}{\frac{3}{2}\nu_1+\frac{5}{2}\nu_1T_1/T_2}=\frac{8T_1}{3+5T_1/T_2}=284\text{K}$$

练习 2.4.14：用绝热材料制成的一个容器，体积为 $2V_0$，被绝热板隔成 A、B 两部分，A 内储有 1mol 单原子分子理想气体，B 内储有 2mol 刚性双原子分子理想气体，A、B 两部分

压强相等均为 p_0，两部分体积均为 V_0，则（1）两种气体各自的内能分别为 $E_A=$ ________，$E_B=$ ________；（2）抽去绝热板，两种气体混合后处于平衡时的温度为 $T=$ ________。

答案：（1）$\frac{3}{2}p_0V_0$，$\frac{5}{2}p_0V_0$；（2）$\frac{8p_0V_0}{13R}$。设混合后温度为 T，则混合后的内能为 $E=\frac{3}{2}RT+5RT=E_0=\frac{3}{2}p_0V_0+\frac{5}{2}p_0V_0$，可得混合后温度为 $T=\frac{8p_0V_0}{13R}$。

2.5 麦克斯韦速率分布律，三种统计速率

如图 2.5.1 所示，（1）麦克斯韦速率分布律：$f(v)=\frac{\mathrm{d}N}{N\mathrm{d}v}=4\pi\left(\frac{m}{2\pi kT}\right)^{3/2}\mathrm{e}^{-\frac{mv^2}{2kT}}v^2$；

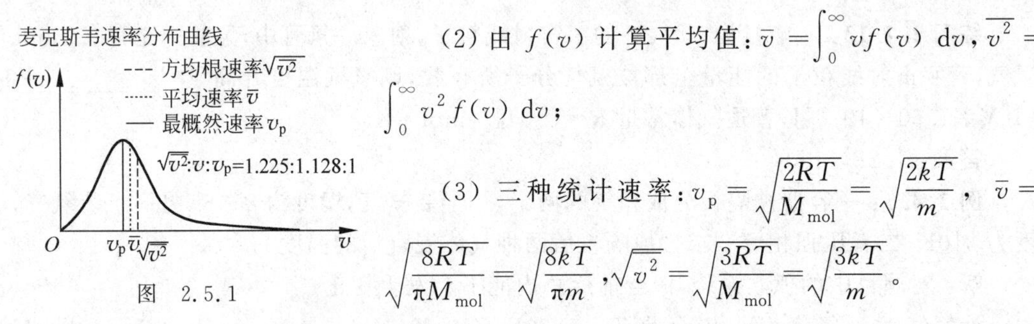

图 2.5.1

（2）由 $f(v)$ 计算平均值：$\overline{v}=\int_0^{\infty}vf(v)\,\mathrm{d}v$，$\overline{v^2}=\int_0^{\infty}v^2f(v)\,\mathrm{d}v$；

（3）三种统计速率：$v_p=\sqrt{\frac{2RT}{M_{\mathrm{mol}}}}=\sqrt{\frac{2kT}{m}}$，$\overline{v}=\sqrt{\frac{8RT}{\pi M_{\mathrm{mol}}}}=\sqrt{\frac{8kT}{\pi m}}$，$\sqrt{\overline{v^2}}=\sqrt{\frac{3RT}{M_{\mathrm{mol}}}}=\sqrt{\frac{3kT}{m}}$。

考点 1：麦克斯韦速率分布函数的物理意义，三种统计速率的理解

例 2.5.1：已知 $f(v)$ 为麦克斯韦速率分布函数，N 为总分子数，求下列各式物理意义。

（1）$\int_{v_p}^{\infty}f(v)\,\mathrm{d}v$；（2）$\int_{v_p}^{\infty}Nf(v)\,\mathrm{d}v$；（3）$\int_0^{\infty}vf(v)\,\mathrm{d}v$；（4）$\frac{\int_{v_1}^{v_2}v^2f(v)\,\mathrm{d}v}{\int_{v_1}^{v_2}f(v)\,\mathrm{d}v}$。

答：（1）理想气体平衡态下，$v>v_p$ 的分子数占总分子数的百分比；

（2）理想气体平衡态下，$v>v_p$ 的分子总数；

（3）理想气体平衡态下，分子的平均速率；

（4）理想气体平衡态下，$v=v_1\sim v_2$ 的分子的速率平方的平均值。

练习 2.5.1：麦克斯韦速率分布函数 $f(v)$ 的物理意义为[　　]

（A）具有速率 v 的分子占总分子数的百分比；

（B）速率分布在 v 附近的单位速率间隔中的分子数占总分子数的百分比；

（C）具有速率 v 的分子数；

（D）速率分布在 v 附近的单位速率间隔中的分子数。

答案：B。

练习 2.5.2：若 $f(v)$ 为气体分子速率分布函数，N 为分子总数，m 为分子质量，则 $\int_{v_1}^{v_2}\frac{1}{2}mv^2Nf(v)\mathrm{d}v$ 的物理意义是[　　]

(A) 速率为 v_2 的各分子的总平动动能与速率为 v_1 的各分子的总平动动能之差；

(B) 速率为 v_2 的各分子的总平动动能与速率为 v_1 的各分子的总平动动能之和；

(C) 速率处在速率间隔 $v_1 \sim v_2$ 内的分子的平均平动动能；

(D) 速率处在速率间隔 $v_1 \sim v_2$ 内的分子平动动能之和。

答案：D。

例 2.5.2：体积为 V 的钢筒中，装着压强为 p、质量为 M 的理想气体，其中速率在__________附近的单位速率间隔内的分子数最多。

答案：$\sqrt{\frac{2pV}{M}}$。$v_p=\sqrt{\frac{2RT}{M_{mol}}}=\sqrt{\frac{2pV}{\nu M_{mol}}}=\sqrt{\frac{2pV}{M}}$。

练习 2.5.3：已知某种理想气体分子的最概然速率为 v_p，气体的压强为 p。则此气体的密度为__________。

答案：$2p/v_p^2$。由例 2.5.2 知，$v_p=\sqrt{\frac{2pV}{M}}=\sqrt{\frac{2p}{\rho}}$，可得气体密度。

练习 2.5.4：两种不同的理想气体，若它们的最概然速率相等，则它们的[　　]

(A) 平均速率相等，方均根速率相等；

(B) 平均速率相等，方均根速率不相等；

(C) 平均速率不相等，方均根速率相等；

(D) 平均速率不相等，方均根速率不相等。

答案：A。

例 2.5.3：在一容积不变的封闭容器内理想气体分子的平均速率若提高为原来的 2 倍，则[　　]

(A) 温度和压强都提高为原来的 2 倍；

(B) 温度为原来的 2 倍，压强为原来的 4 倍；

(C) 温度为原来的 4 倍，压强为原来的 2 倍；

(D) 温度和压强都为原来的 4 倍。

答案：D。根据平均速率公式：$\bar{v}=\sqrt{\frac{8RT}{\pi M_{mol}}}$，理想气体压强公式为 $p=\frac{1}{3}nm\overline{v^2}$。

练习 2.5.5：设容器内盛有质量为 M_1 和质量为 M_2 的两种不同单原子分子理想气体，并处于平衡态，其内能均为 E。则此两种气体分子的平均速率之比为__________。

答案：$\sqrt{M_2/M_1}$。两种单原子分子理想气体内能相同，即 $E=\frac{3}{2}\nu RT=\frac{3}{2}\frac{M}{M_{mol}}RT$ 相等，$\frac{M_1}{M_{mol1}}T_1=\frac{M_2}{M_{mol2}}T_2$，由平均速率公式：$\bar{v}=\sqrt{\frac{8RT}{\pi M_{mol}}}$，可得 $\frac{\bar{v}_1}{\bar{v}_2}=\sqrt{\frac{T_1M_{mol2}}{T_2M_{mol1}}}=\sqrt{\frac{M_2}{M_1}}$。

练习 2.5.6：已知在温度 T_1 时，某理想气体分子的方均根速率等于温度 T_2 时的平均速率，则 $T_2:T_1$ 等于[　　]

(A) $\pi/4$；　　(B) $3\pi/8$；　　(C) $8\pi/3$；　　(D) 4π。

答案：B。根据题意，$\sqrt{\frac{3kT_1}{m}}=\sqrt{\frac{8kT_2}{\pi m}}$，故 $3T_1=\frac{8T_2}{\pi}$。

例 2.5.4：假定氧气的热力学温度增加为原来的 2 倍，氧分子全部离解为氧原子，则这

些氧原子的平均速率是原来氧原子平均速率的[　　]

(A) 4 倍；　　(B) 2 倍；　　(C) $\sqrt{2}$倍；　　(D) $\frac{1}{\sqrt{2}}$倍。

答案：B。根据平均速率公式 $\bar{v}=\sqrt{\frac{8RT}{\pi M_{\text{mol}}}}$，当热力学温度 T 升高 1 倍，气体摩尔质量变为原来的 1/2 时，平均速率变为原来 2 倍。

练习 2.5.7：一容器内盛有 1mol 氢气和 1mol 氦气，经混合后，温度为 127℃，该混合气体分子的平均速率为[　　](普适气体常量 R 已知)

(A) $200\sqrt{\frac{10R}{\pi}}$；　　(B) $400\sqrt{\frac{10R}{\pi}}$；

(C) $200\left(\sqrt{\frac{10R}{\pi}}+\sqrt{\frac{10R}{2\pi}}\right)$；　　(D) $400\left(\sqrt{\frac{10R}{\pi}}+\sqrt{\frac{10R}{2\pi}}\right)$。

答案：C。氢气的平均速率为 $\bar{v}_1=\sqrt{\frac{8RT}{\pi M_{\text{mol}}}}=\sqrt{\frac{8R\times400}{\pi\times2\times10^{-3}}}=400\sqrt{\frac{10R}{\pi}}$，氦气的平均速率为 $\bar{v}_2=\sqrt{\frac{8RT}{\pi M_{\text{mol}}}}=\sqrt{\frac{8R\times400}{\pi\times4\times10^{-3}}}=400\sqrt{\frac{10R}{2\pi}}$，氢气与氦气的分子数相同，则混合气体分子的平均速率为 $\bar{v}=\frac{\bar{v}_1+\bar{v}_2}{2}=200\left(\sqrt{\frac{10R}{\pi}}+\sqrt{\frac{10R}{2\pi}}\right)$。

练习 2.5.8：某系统由两种理想气体 A、B 组成。其分子数分别为 N_A、N_B。若在某一温度下，A、B 气体各自的速率分布函数为 $f_A(v)$、$f_B(v)$，则在同一温度下，由 A、B 气体组成的系统的速率分布函数为 $f(v)=$________。

答案：$\frac{N_Af_A(v)+N_Bf_B(v)}{N_A+N_B}$。

考点 2：麦克斯韦速率分布曲线的理解

例 2.5.5：图 2.5.2 为处于同一温度 T 时氦(原子量 4)、氖(原子量 20)和氩(原子量 40)三种气体分子的速率分布曲线。其中曲线 a 是________气分子的速率分布曲线，曲线 c 是________气分子的速率分布曲线。

答案：氩，氦。由 $v_{\text{p}}=\sqrt{\frac{2RT}{M_{\text{mol}}}}$ 可知，在相同温度下，M_{mol}(原子量)越大，最概然速率 v_{p} 越小。

练习 2.5.9：图 2.5.3 的曲线分别表示了氢气和氦气在同一温度下的分子速率的分布情况。由图可知，氦气分子的最概然速率为________，氢气分子的最概然速率为________。

答案：1000m/s，1414m/s。

例 2.5.6：设气体分子服从麦克斯韦速率分布律，$\bar{v}$ 代表平均速率，Δv 为一固定的速率区间，则速率在 $\bar{v}$ 到 $\bar{v}+\Delta v$ 范围内的分子数占分子总数的百分率随气体的温度升高而________。(填“增加”“降低”或“保持不变”)

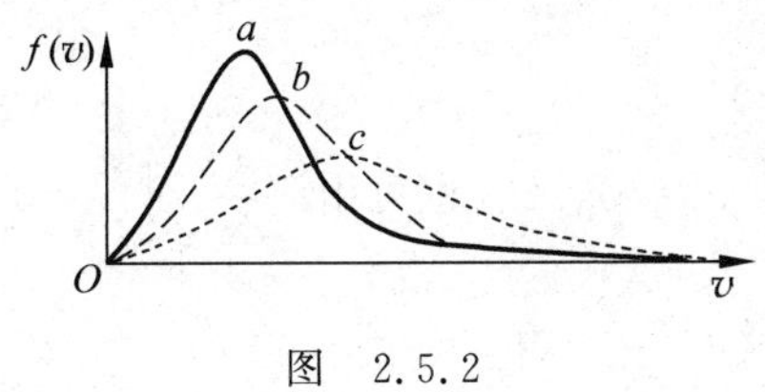

图 2.5.2

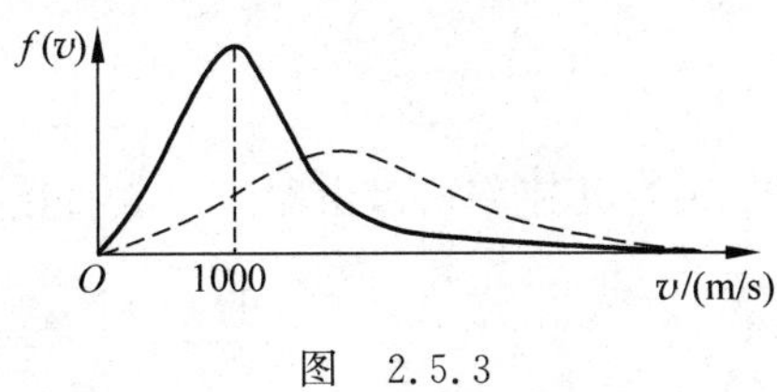

图 2.5.3

答案：降低。根据 $v_p=\sqrt{\dfrac{2RT}{M_{mol}}}$，随着温度升高，$v_p$ 增大，$f(v_p)$变小，变化如图 2.5.4 所示，可见 $\bar{v}$ 到 $\bar{v}+\Delta v$ 范围内的分子数占分子总数的百分率会随 T 增加而降低。

练习 2.5.10：若 N 表示分子总数，T 表示气体温度，m 表示气体分子的质量，那么当分子速率 v 确定后，决定麦克斯韦速率分布函数 $f(v)$的数值的因素是[　　]

(A) m, T；　　(B) N；　　(C) N, m；　　(D) N, T。

答案：A。

练习 2.5.11：气体分子的速率分布曲线如图 2.5.5 所示，图中 A、B 两部分面积相等，则该图表示[　　]

(A) v_0 为最概然速率；　　(B) v_0 为平均速率；

(C) v_0 为方均根速率；　　(D) 速率大于和小于 v_0 的分子数各占一半。

答案：D。

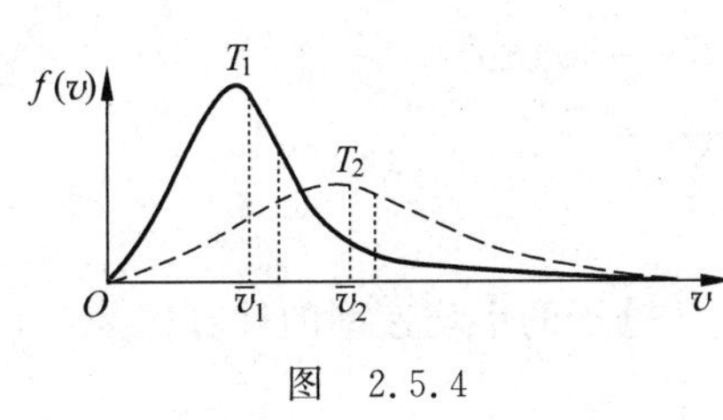

图 2.5.4

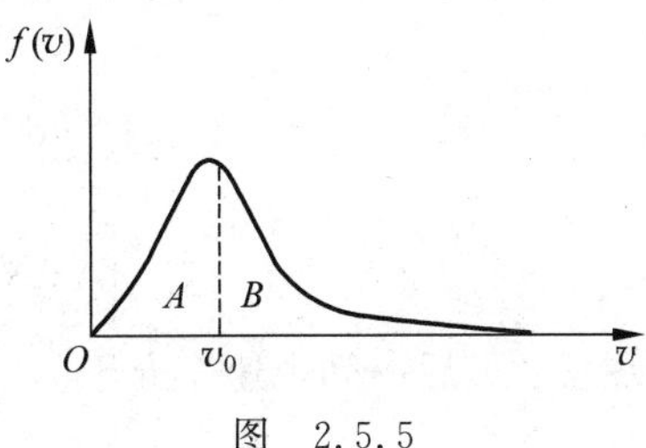

图 2.5.5

考点 3：由麦克斯韦速率分布求平均速率等

例 2.5.7：设想有 N 个气体分子，其速率分布函数为

$$f(v)=\begin{cases}Av(v_0-v), & 0\leqslant v\leqslant v_0\\ 0, & v>v_0\end{cases}$$

试求：(1)常数 A；(2)最可几速率、平均速率和方均根；(3)速率介于 $0\sim v_0/3$ 之间的分子数；(4)速率介于 $0\sim v_0/3$ 之间的气体分子的平均速率。

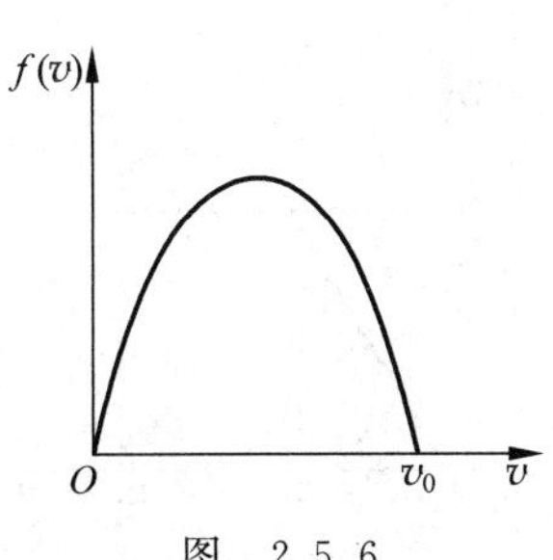

图 2.5.6

解：依照题意，气体分子的分布曲线如图 2.5.6 所示。

(1) 由归一化条件得

$$\int_0^{v_0} Av(v_0-v)\mathrm{d}v=\frac{A}{6}v_0^3=1$$

即 $A=\frac{6}{v_0^3}$。

(2) 最可几速率可以由图 2.5.5 直接判断出为 $v_p=v_0/2$。也可由 $\left.\frac{\mathrm{d}f(v)}{\mathrm{d}v}\right|_{v_p}=0$ 判断：

$$\left.\frac{\mathrm{d}f(v)}{\mathrm{d}v}\right|_{v_p}=A(v_0-2v)|_{v_p}=0$$

即 $v_p=v_0/2$。

平均速率：

$$\bar{v}=\int_0^{\infty}vf(v)\mathrm{d}v=\int_0^{v_0}\frac{6}{v_0^3}v^2(v_0-v)\mathrm{d}v=\frac{v_0}{2}$$

方均速率：

$$\bar{v}^2=\int_0^{\infty}v^2f(v)\mathrm{d}v=\int_0^{v_0}\frac{6}{v_0^3}v^3(v_0-v)\mathrm{d}v=\frac{3}{10}v_0^2$$

方均根速率：

$$\sqrt{\bar{v}^2}=\sqrt{\frac{3}{10}}v_0$$

(3) 速率介于 $0\sim v_0/3$ 之间的分子数为

$$\Delta N=\int\mathrm{d}N=\int_0^{\frac{v_0}{3}}Nf(v)\mathrm{d}v=\int_0^{\frac{v_0}{3}}N\frac{6}{v_0^3}v(v_0-v)\mathrm{d}v=\frac{7N}{27}$$

(4) 速率介于 $0\sim v_0/3$ 之间的气体分子平均速率为

$$\bar{v}_{0\sim\frac{v_0}{3}}=\frac{\int_0^{\frac{v_0}{3}}v\mathrm{d}N}{\int_0^{\frac{v_0}{3}}\mathrm{d}N}=\frac{\int_0^{\frac{v_0}{3}}N\frac{6}{v_0^3}v^2(v_0-v)\mathrm{d}v}{\frac{7N}{27}}=\frac{3v_0}{14}$$

注意：最后一问中速率介于 $v_1\sim v_2$ 之间的气体分子的平均速率的计算应为 $\bar{v}_{v_1\sim v_2}=\frac{\int_{v_1}^{v_2}vf(v)\mathrm{d}v}{\int_{v_1}^{v_2}f(v)\mathrm{d}v}$。

练习 2.5.12：有 N 个粒子，其速率分布函数为

$$f(v)=\begin{cases}av/v_0, & 0\leqslant v\leqslant v_0\\ a, & v_0\leqslant v\leqslant 2v_0\\ 0, & v>2v_0\end{cases}$$

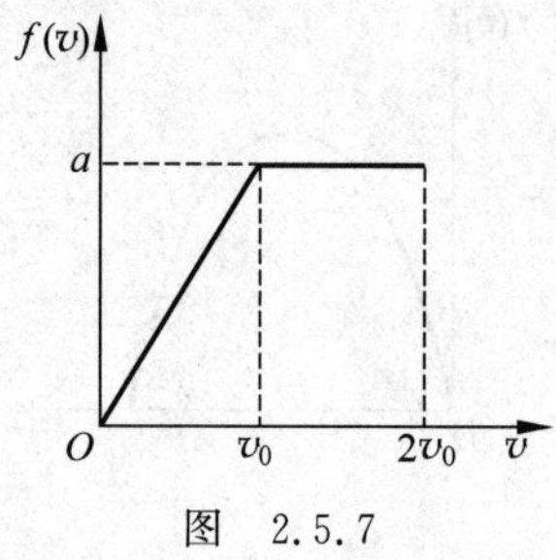

图 2.5.7

试求：(1) 作速率分布曲线并求常数 a；

(2) 速率大于 v_0 和速率小于 $2v_0$ 的粒子数；

(3) 速率介于 $0\sim v_0$ 之间的气体分子的平均速率。

解：依照题意，气体分子的分布曲线如图 2.5.7 所示。

(1) 由归一化条件得

$$\int_0^{v_0}\frac{av}{v_0}\mathrm{d}v+\int_{v_0}^{2v_0}a\,\mathrm{d}v=1$$

即 $a=\dfrac{2}{3v_0}$。

(2) 因为速率分布曲线下的面积代表一定速率区间内的分子数与总分子数的比率，所以 $v>v_0$ 的分子数与总分子数的比率为

$$\frac{\Delta N}{N}=v_0 a=v_0\cdot\frac{2}{3v_0}=\frac{2}{3}$$

即 $\Delta N=\dfrac{2}{3}N$。

(3) 速率介于 $0\sim v_0$ 之间的气体分子平均速率为

$$\bar{v}_{0\sim v_0}=\frac{\int_0^{v_0} v\,\mathrm{d}N}{\int_0^{v_0}\mathrm{d}N}=\frac{\int_0^{v_0} N\dfrac{2}{3v_0^2}v^2\,\mathrm{d}v}{\dfrac{N}{3}}=\frac{2v_0}{3}$$

$$\frac{\mathrm{d}N}{N}=\begin{cases}Av^2\,\mathrm{d}v, & 0<v<v_\mathrm{m}\\ 0, & v>v_\mathrm{m}\end{cases}$$

练习 2.5.13：有 N 个分子，其速率分布如图 2.5.8 所示，$v>5v_0$ 时分子数为 0，则[　　]

(A) $a=N/(2v_0)$；　　(B) $a=N/(3v_0)$；

(C) $a=N/(4v_0)$；　　(D) $a=N/(5v_0)$。

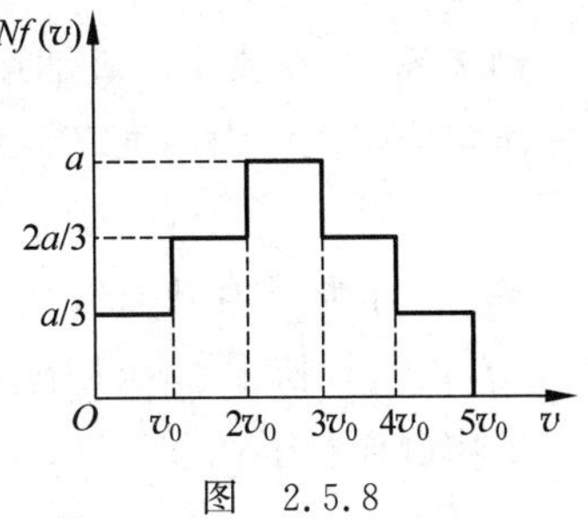

图　2.5.8

答案：B。由归一化条件可得图中折线下面积应为 N，故 $2\left(\dfrac{a}{3}v_0+\dfrac{2a}{3}v_0\right)+av_0=N$。

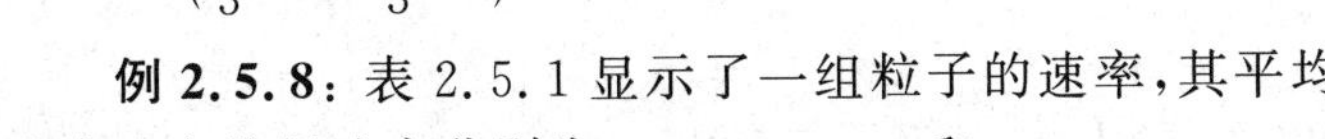

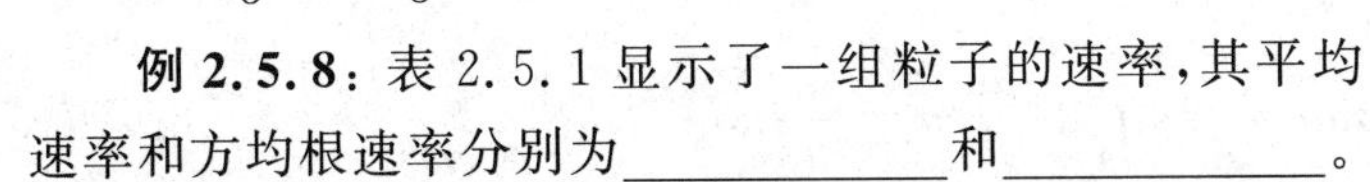

例 2.5.8：表 2.5.1 显示了一组粒子的速率，其平均速率和方均根速率分别为________和________。

表　2.5.1

粒子数 N_i	2	4	6	8	10
速率 v_i/(m/s)	10.0	20.0	30.0	40.0	50.0

答案：36.7m/s，38.7m/s。平均速率的计算：$\bar{v}=\sum N_i v_i/\sum N_i=36.7\mathrm{m/s}$；方均根速率：$\sqrt{\overline{v^2}}=\sqrt{\sum N_i v_i^2/\sum N_i}=38.7\mathrm{m/s}$。

2.6　气体分子的平均碰撞频率和平均自由程

(1) 平均碰撞频率：$\bar{Z}=\sigma\bar{u}n=(\pi d^2)(\sqrt{2}\,\bar{v})n=\sqrt{2}\pi d^2 n\bar{v}$；

(2) 平均自由程：$\bar{\lambda}=\bar{v}/\bar{Z}=\dfrac{1}{\sqrt{2}\pi d^2 n}=\dfrac{kT}{\sqrt{2}\pi d^2 p}$。

考点：相关公式的记忆应用以及平均碰撞频率的物理图像

例 2.6.1：一定量的理想气体在体积不变、温度升高时，分子的平均自由程 $\bar{\lambda}$ ____________，平均碰撞频率 $\bar{Z}$ ____________；在温度不变、体积增大时，分子的平均自由程 $\bar{\lambda}$ ____________，平均碰撞频率 $\bar{Z}$ ____________。（填“增大”“减小”或“不变”）

答：不变，增大；增大，减小。第一种情况体积不变，温度升高时，分子数密度 n 不变，平均速度 $\bar{v}$ 增大，所以 $\bar{Z}$ 增大，$\bar{\lambda}$ 不变；第二种情况温度不变，体积增大时，分子数密度 n 减小，平均速度 $\bar{v}$ 不变，所以 $\bar{Z}$ 增大，$\bar{\lambda}$ 减小。

练习 2.6.1：在一个体积不变的容器中，储有一定量的理想气体，温度为 T_0 时，气体分子的平均速率为 $\bar{v}_0$，分子平均碰撞频率为 $\bar{Z}_0$，平均自由程为 $\bar{\lambda}_0$，当气体温度升高为 $4T_0$ 时，气体分子的平均速率为 $\bar{v}$，平均碰撞频率 $\bar{Z}$ 和平均自由程 $\bar{\lambda}$ 分别为[　　]

(A) $\bar{v}=4\bar{v}_0$，$\bar{Z}=4\bar{Z}_0$，$\bar{\lambda}=4\bar{\lambda}_0$；　　(B) $\bar{v}=2\bar{v}_0$，$\bar{Z}=2\bar{Z}_0$，$\bar{\lambda}=\bar{\lambda}_0$；

(C) $\bar{v}=2\bar{v}_0$，$\bar{Z}=2\bar{Z}_0$，$\bar{\lambda}=4\bar{\lambda}_0$；　　(D) $\bar{v}=4\bar{v}_0$，$\bar{Z}=2\bar{Z}_0$，$\bar{\lambda}=\bar{\lambda}_0$。

答案：B。

例 2.6.2：在质子回旋加速器中，要使质子在 10^5 km 的路径上不和空气分子相碰，真空室中压强应多大？设温度 $T=300$K，质子有效直径和空气分子有效直径比较可忽略。可认为空气分子静止。空气分子直径 $d=3\times10^{-10}$ m。

解：由于质子有效直径远远小于空气分子直径 d，可把质子看成质点，即碰撞界面为 $\sigma=\pi(d/2)^2$。设质子平均速率为 $\bar{u}$，由于空气分子可认为静止，平均相对速率 $\bar{u}=\bar{v}$。

平均碰撞频率：

$$\bar{Z}=\sigma\bar{u}n=[\pi(d/2)^2]\bar{v}n=\frac{\pi d^2}{4}\bar{v}n$$

平均自由程：

$$\bar{\lambda}=\frac{\bar{v}}{\bar{z}}=\frac{4}{\pi d^2 n}=\frac{4kT}{\pi d^2 p}$$

即真空室中的压强为 $p=\dfrac{4kT}{\pi d^2\bar{\lambda}}=5.86\times10^{-10}$ Pa。

说明：平均碰撞频率指的是一个运动的分子单位时间内与其他分子碰撞的次数，计算方法是将分子的碰撞截面与相对平均速度相乘。本例中的碰撞截面与相对平均速度的求解方式皆与书中推导过程有所不同，但是基本物理图像一致。

练习 2.6.2：直径为 D 的球形容器中，最多容纳多少个直径为 d 的氮气分子，才可以认为分子间不致碰撞？

解：须得平均自由程 $\bar{\lambda}\geqslant D$，才能认为分子不致相碰，即

$$\bar{\lambda}=\frac{1}{\sqrt{2}\pi d^2 n}\geqslant D$$

得到分子数密度 $n\leqslant\dfrac{1}{\sqrt{2}\pi d^2 D}$，则容器中容纳的分子数为

$$N=nV\leqslant\frac{1}{\sqrt{2}\pi d^2 D}\cdot\frac{4\pi}{3}\left(\frac{D}{2}\right)^3=\frac{D^2}{6\sqrt{2}d^2}$$

故最多容纳$\frac{D^2}{6\sqrt{2}d^2}$个氮气分子。

练习 2.6.3：今测得温度为 $t_1=15℃$时，相同压强的氩分子和氖分子的平均自由程分别为 $\bar{\lambda}_{Ar}=6.7\times10^{-8}$m 和 $\bar{\lambda}_{Ne}=13.2\times10^{-8}$m，则氖分子和氩分子有效直径之比为____________。

答案：0.71。根据平均自由程公式 $\bar{\lambda}=\frac{1}{\sqrt{2}\pi d^2 n}$，可得$\frac{d_{Ne}}{d_{Ar}}=\sqrt{\frac{\bar{\lambda}_{Ar}}{\bar{\lambda}_{Ne}}}$。

2.7　准静态过程、热量和内能

(1) 准静态过程：热力学过程的任意时刻，系统都无限接近平衡态。

(2) (体积) 功：$W=\int_{V_2}^{V_1}p\,\mathrm{d}V$，过程量($>0$，对外做功；$<0$，外对系统做功)。

热量：$Q=\nu C_m\Delta T$，过程量(>0，吸热；<0，放热)。

内能：$\Delta E=\frac{i}{2}\nu R\Delta T$，状态量($>0$，内能增加；$<0$，内能减少)。

考点：基本概念的记忆与分辨

例 2.7.1：下列说法正确的是[　　]

(A) 在一个热力学过程中，系统体积不变一定对外不做功；

(B) 在一个热力学过程中，系统体积变化一定做功；

(C) 热力学系统的体积功公式 $W=\int_{V_1}^{V_2}p\,\mathrm{d}V$ 只适用于理想气体；

(D) 热力学系统的体积功公式 $W=\int_{V_1}^{V_2}p\,\mathrm{d}V$ 只适用于准静态过程。

答案：D。若热力学系统体积不变，则对外没有体积功，但还可以有机械功，比如摩擦过程中克服摩擦力做功，也可能气体分别经历正、逆循环过程(图 2.7.2(c))，最终体积不变净功为 0，故 A 错误；系统体积改变不一定对外做功，比如真空自由膨胀过程，系统体积增大，对外不做功，故 B 错误；体积功公式 $W=\int_{V_1}^{V_2}p\,\mathrm{d}V$ 需要热力学过程的任意时刻都有确定的状态参量，即准静态过程，对状态参量之间的关系并未做严格要求，并不局限于理想气体，故 C 错误，D 正确。

练习 2.7.1：当气缸中的活塞迅速向外移动从而使气体膨胀时，气体所经历的过程[　　]

(A) 是准静态过程，它能用 p-V 图上的一条曲线表示；

(B) 不是准静态过程，但它能用 p-V 图上的一条曲线表示；

(C) 不是准静态过程，它不能用 p-V 图上的一条曲线表示；

(D) 是准静态过程，但它不能用 p-V 图上的一条曲线表示。

答案：C。

练习 2.7.2：在 p-V 图上：(1) 系统的某一平衡态用________来表示；(2) 系统的某一平衡过程用________来表示；(3) 系统的某一平衡循环过程用________来表示。

答案：一个点；一条曲线；一条封闭曲线。

例 2.7.2：νmol 的某种理想气体，状态按 $V=a/\sqrt{p}$ 的规律变化（式中 a 为正常量），当气体体积从 V_1 膨胀到 V_2 时，试求气体所做的功 W 及气体温度的变化 T_1-T_2 各为多少？

解：已知 $V=a/\sqrt{p}$，则有 $p=a^2/V^2$，则气体膨胀所做的功为

$$W=\int_{V_1}^{V_2} p\,\mathrm{d}V=\int_{V_1}^{V_2}\frac{a^2}{V^2}\mathrm{d}V=a^2\left(\frac{1}{V_1}-\frac{1}{V_2}\right)$$

又由理想气体状态方程 $pV=\nu RT$ 及 $p=a^2/V^2$，可得 $T=a^2/(\nu RV)$，故气体温度的变化为

$$T_1-T_2=\frac{a^2}{\nu R}\left(\frac{1}{V_1}-\frac{1}{V_2}\right)$$

练习 2.7.3：如果理想气体的体积按照 $pV^3=C$（C 为正的常量）的规律从 V_1 膨胀到 V_2，则它所做的功 $W=$________；膨胀过程中气体的温度________。（填"升高""降低"或"不变"）

答案：$\dfrac{C}{2}\left(\dfrac{1}{V_1^2}-\dfrac{1}{V_2^2}\right)$；降低。

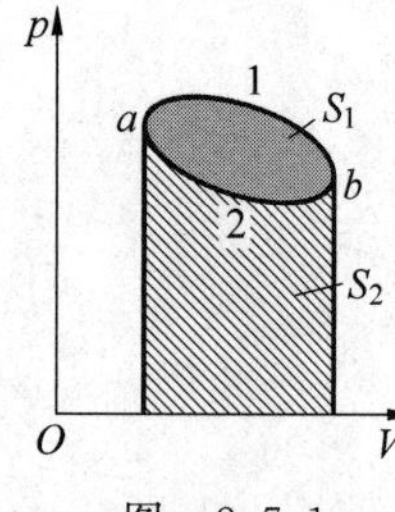

图 2.7.1

例 2.7.3：如图 2.7.1 所示，已知图中画不同斜线的两部分的面积分别为 S_1 和 S_2，那么(1)如果气体的膨胀过程为 a—1—b，则气体对外做功 $W=$________；(2)如果气体进行 a—2—b—1—a 的循环过程，则它对外做功 $W=$________。

答案：S_1+S_2；$-S_1$。

练习 2.7.4：图 2.7.2(a)、(b)、(c)各表示连接在一起的两个循环过程，其中图(c)是两个半径相等的圆构成的两个循环过程，图(a)和图(b)则为半径不等的两个圆，那么[   ]

(A) 图(a)总净功为负，图(b)总净功为正，图(c)总净功为零；
(B) 图(a)总净功为负，图(b)总净功为负，图(c)总净功为正；
(C) 图(a)总净功为负，图(b)总净功为负，图(c)总净功为零；
(D) 图(a)总净功为正，图(b)总净功为正，图(c)总净功为负。

答案：C。

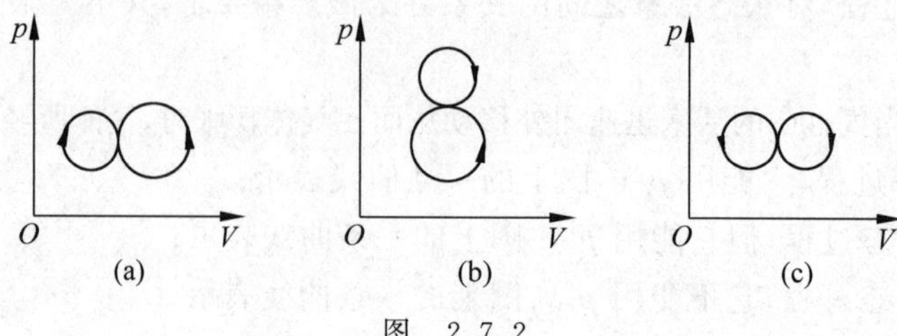

图 2.7.2

例 2.7.4：用公式 $\Delta E=\nu C_{V,\mathrm{m}}\Delta T$（式中 $C_{V,\mathrm{m}}$ 为定体摩尔热容量，视为常量，ν 为气体摩尔数）计算理想气体内能增量时，此式[　　]

(A) 只适用于准静态的等体过程；

(B) 只适用于一切等体过程；

(C) 只适用于一切准静态过程；

(D) 适用于一切始末态为平衡态的过程。

答案：D。内能是状态量，其变化适用于一切始末态为平衡态的过程，仅取决于初末态的温度。

练习 2.7.5：如图 2.7.3 所示，一定量的理想气体，由平衡状态 A 变到平衡状态 $B(p_A=p_B)$，则无论经过的是什么过程，系统必然[　　]

(A) 对外做正功；　　(B) 内能增加；

(C) 从外界吸热；　　(D) 向外界放热。

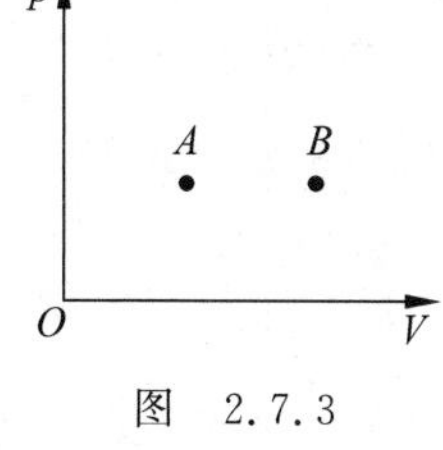

图　2.7.3

答案：B。

练习 2.7.6：一定量的理想气体经历某过程后温度升高了，则根据热力学定律可以断定：(1)该理想气体系统在此过程中吸了热；(2)在此过程中外界对该理想气体系统做了正功；(3)该理想气体系统的内能增加了；(4)在此过程中理想气体系统既从外界吸了热，又对外做了正功。以上断言正确的是[　　]

(A) (1)、(3)；　　(B) (2)、(3)；

(C) (3)；　　(D) (3)、(4)。

答案：C。因为内能是状态量，只取决于某一状态的温度，故从温度升高仅能判断出内能增加了。

练习 2.7.7：一定量的理想气体，开始时处于压强、体积、温度分别为 p_1、V_1、T_1 的平衡态，后来变到压强、体积、温度分别为 p_2、V_2、T_2 的终态。若已知 $V_2>V_1$，且 $T_2=T_1$，则以下各种说法中正确的是[　　]

(A) 不论经历的是什么过程，气体对外净做的功一定为正值；

(B) 不论经历的是什么过程，气体从外界净吸的热一定为正值；

(C) 若气体从始态变为终态经历的是等温过程，则气体吸收的热量最少；

(D) 如果不给定气体所经历的是什么过程，则气体在过程中对外净做功和从外界净吸热的正负皆无法判断。

答案：D。

2.8　热力学第一定律，典型的热力学过程

(1) 热力学第一定律：$Q=\Delta E+W$（注意各物理量的正负）；

(2) 热力学第一定律对典型物理学过程的应用（表 2.8.1）。

表 2.8.1　热力学第一定律对理想气体典型热力学过程的应用

过程特征	过程方程	Q	W	ΔE	p-V 图	备注
等温过程（T 不变）	$pV=C$	$\nu RT\ln\dfrac{V_2}{V_1}$ 或 $\nu RT\ln\dfrac{p_1}{p_2}$	$\nu RT\ln\dfrac{V_2}{V_1}$ 或 $\nu RT\ln\dfrac{p_1}{p_2}$	0		$Q=W$
等容过程（V 不变）	$\dfrac{p}{T}=C$	$\nu C_{V,\mathrm{m}}\Delta T$	0	$\dfrac{i}{2}\nu R\Delta T$ $=\nu C_{V,\mathrm{m}}\Delta T$		$Q=\Delta E$ $C_{V,\mathrm{m}}=\dfrac{i}{2}R$
等压过程（p 不变）	$\dfrac{V}{T}=C$	$\nu C_{p,\mathrm{m}}\Delta T$	$p(V_2-V_1)$ 或 $\nu R\Delta T$	$\dfrac{i}{2}\nu R\Delta T$ $=\nu C_{V,\mathrm{m}}\Delta T$		$C_{p,\mathrm{m}}=\dfrac{i+2}{2}R$ 摩尔热容比 $\gamma=\dfrac{C_{p,\mathrm{m}}}{C_{V,\mathrm{m}}}=\dfrac{i+2}{i}$
准静态绝热过程	$pV^{\gamma}=C_1$ $TV^{\gamma-1}=C_2$ $p^{\gamma-1}T^{-\gamma}=C_3$	0	$\dfrac{1}{\gamma-1}\cdot(p_1V_1-p_2V_2)$	$\nu C_{V,\mathrm{m}}\Delta T$		$W=-\Delta E$ 绝热线比等温线陡（$\gamma>1$）
绝热自由膨胀过程	无过程方程	0	0	0	无过程曲线	非准静态过程

考点 1：热力学第一定律的理解

例 2.8.1：一气缸内贮有 10mol 的单原子分子理想气体，在压缩过程中外界做功 209J，气体升温 1K，此过程中气体内能增量为________，外界传给气体的热量为________。（普适气体常量 $R=8.31\mathrm{J/(mol\cdot K)}$）

答案：124.65J，−84.35J。内能增量为 $\Delta E=\dfrac{i}{2}\nu R\Delta T=\dfrac{3}{2}\times10\times8.31\times1\mathrm{J}=124.65\mathrm{J}$，利用热力学第一定律，气体吸收的热量为 $Q=\Delta E+W=124.65\mathrm{J}-209\mathrm{J}=-84.35\mathrm{J}$。

练习 2.8.1：一物质系统从外界吸收一定的热量，则[　　]

(A) 系统的内能一定增加；

(B) 系统的内能一定减少；

(C) 系统的内能一定保持不变；

(D) 系统的内能可能增加，也可能减少或保持不变。

答案：D。系统对外做的功未知。

练习 2.8.2：不规则地搅拌盛于绝热容器中的液体，液体温度在升高，若将液体看作绝热系统，则：(1)外界传给系统的热量________零；(2)外界对系统做的功________零；(3)系统内能的增量________零。（填“大于”“等于”“小于”）

答案：等于；大于；大于。

练习 2.8.3：有 νmol 的刚性双原子分子理想气体，原来处于平衡态，当它从外界吸收热量 Q 并对外做功 A 后，又达到一新的平衡态。试求分子的平均平动动能增加了多少。（用 ν、Q、A 和阿伏伽德罗常数 N_A 表示）

解：设两个平衡态的温度差为 ΔT，则

$$Q-A=\Delta E=\frac{5}{2}\nu R\Delta T=\frac{5}{2}\nu N_A k\Delta T$$

分子的平均平动动能改变为

$$\Delta\bar{w}=\frac{3}{2}k\Delta T=\frac{3(Q-A)}{5\nu N_A}$$

例 2.8.2：两个完全相同的气缸内盛有同种气体，设其初始状态相同，今使它们分别绝热压缩至相同的体积，其中气缸 1 内的压缩过程是非准静态过程，而气缸 2 内的压缩过程是准静态过程。比较这两种情况的温度变化：[　　]

(A) 气缸 1 和气缸 2 内气体的温度变化相同；

(B) 气缸 1 内的气体较气缸 2 内的气体的温度变化大；

(C) 气缸 1 内的气体较气缸 2 内的气体的温度变化小；

(D) 气缸 1 和气缸 2 内的气体的温度无变化。

答案：B。准静态过程中每一个中间态都是平衡态，气缸 2 的压缩是准静态过程，需要施加一个缓慢的压力，可认为是达到末态所需的最小的压力，做的功也是最小的；气缸 1 的压缩是非准静态过程，同体积时压力比气缸 2 的要大，因此外界做功要多。而绝热过程热量变化 Q 都是零，根据热力学第一定律 $Q=\Delta E+W$，气缸 1 的 ΔE 要大，即温度变化大。

考点 2：热力学过程的对比理解

例 2.8.3：有两个相同的容器，容积固定不变，一个盛有氦气，另一个盛有氢气（看成刚性分子的理想气体），它们的压强和温度都相等。现将 5J 的热量传给氢气，使氢气温度升高，如果使氦气也升高同样的温度，则应向氦气传递的热量是____________。

答案：6J。因为容器容积固定不变，故气体吸收热量为 $Q=\nu C_{V,\mathrm{m}}\Delta T$，两种气体的摩尔数以及温度皆相等，故吸收热量与定体摩尔热容 $C_{V,\mathrm{m}}=\frac{i}{2}R$ 成正比。

练习 2.8.4：一气体分子的质量可以根据该气体的定体比热来计算。氩气的定体比热为 $C_V=0.314\mathrm{kJ/(kg\cdot K)}$，则氩原子的质量 $m=$____________。（玻耳兹曼常量 $k=1.38\times10^{-23}\mathrm{J/K}$）

答案：6.59×10^{-26}kg。氩气的定体摩尔热容 $C_{V,\mathrm{m}}=\frac{i}{2}R=\frac{3}{2}R$ 为 1mol 的气体等容升温过程中温度升高 1K 所需吸收的热量，其定体比热 C_V 为 1kg 气体等容升温过程中温度升高 1K 所需吸收的热量，可得 $C_{V,\mathrm{m}}=M_{\mathrm{mol}}C_V$，即氩原子的质量 $\frac{M_{\mathrm{mol}}}{N_A}=\frac{C_{V,\mathrm{m}}}{C_V N_A}=\frac{3k}{2C_V}$。

例 2.8.4：将 1mol 理想气体等压加热，使其温度升高 72K，传给它的热量等于 1.60×10^3J，求：(1)气体所做的功 W；(2)气体内能的增量 ΔE；(3)比热容比 γ。（普适气体常量 $R=8.31\mathrm{J/(mol\cdot K)}$）

解：(1) 等压过程中气体所做的功为 $W=p\Delta V=R\Delta T=598\text{J}$；

(2) 按热力学第一定律可得气体内能的增量为 $\Delta E=Q-W=1.00\times10^{3}\text{J}$；

(3) 由题意，等压摩尔热容为 $C_{p,\text{m}}=\dfrac{Q}{\Delta T}\approx22.2\text{J}/(\text{mol}\cdot\text{K})$；

等容摩尔热容为 $C_{V,\text{m}}=C_{p,\text{m}}-R=13.9\text{J}/(\text{mol}\cdot\text{K})$；

比热容比为 $\gamma=\dfrac{C_{p,\text{m}}}{C_{V,\text{m}}}=1.6$。

练习 2.8.5：对于室温下的双原子分子理想气体，在等压膨胀的情况下，系统对外界做的功与从外界吸收的热量之比等于________。

答案：2/7。等压膨胀过程中吸收的热量为 $Q=\nu C_{p,\text{m}}\Delta T=\nu\dfrac{7}{2}R\Delta T$，系统的内能改变为 $\Delta E=\dfrac{5}{2}\nu R\Delta T$，依照热力学第一定律可得系统对外界做的功为 $W=Q-\Delta E=\nu R\Delta T$，故 $W/Q=2/7$。

练习 2.8.6：常温常压下，一定量的某种理想气体(其分子可视为刚性分子)，自由度为 i，在等压过程中吸热为 Q，对外做功为 W，内能增加为 ΔE，则 $W/Q=$________，$\Delta E/Q=$________。

答案：$\dfrac{2}{i+2}$，$\dfrac{i}{i+2}$。

例 2.8.5：理想气体的定压摩尔热容大于定容摩尔热容，是因为在等压过程中[　　]

(A) 膨胀系数不同；　　(B) 膨胀时气体对外做功；

(C) 分子间吸引力大；　　(D) 分子本身膨胀。

答案：B。等压过程中，理想气体吸收的热量为 $Q=\nu C_{p,\text{m}}\Delta T=W+\Delta E=W+\nu C_{V,\text{m}}\Delta T$，与等温过程吸收的热量 $Q=\nu C_{V,\text{m}}\Delta T$ 相比，多了对外做功 W 一项，即等压过程吸收的热量一部分用于气体本身内能增加(温度变化相同的情况下等温和等压过程该项相等)，一部分用于气体碰撞对外做功。故 B 正确。

练习 2.8.7：质量为 2.5g 的氢气和氦气的混合气体，盛于某密闭的气缸里(氢气和氦气均视为刚性分子的理想气体)，若保持气缸的体积不变，测得此混合气体的温度每升高 1K，需要吸收的热量数值等于 R 的 2.25 倍(R 为普适气体常量)。由此可知，该混合气体中有氢气________g，氦气________g；若保持气缸内的压强不变，要使该混合气体的温度升高 1K，则该气体将吸收的热量为________。

答案：1.5，1；3.25R。定体摩尔热容 $C_{V,\text{m}}=\dfrac{i}{2}R$，假设氢气和氦气的质量分别为 M_1 和 M_2，混合气体的温度每升高 1K 需要吸收的热量为 $Q=\left(\dfrac{M_1}{M_{\text{mol}(\text{H}_2)}}\dfrac{5}{2}R+\dfrac{M_2}{M_{\text{mol}(\text{He})}}\dfrac{3}{2}R\right)\Delta T=\dfrac{M_1}{2}\dfrac{5}{2}R+\dfrac{M_2}{4}\dfrac{3}{2}R=2.25R$，再考虑 $M_1+M_2=2.5\text{g}$，可得 $M_1=1.5\text{g}$，$M_2=1.0\text{g}$。等压摩尔热容为 $C_{p,\text{m}}=C_{V,\text{m}}+R$，此时混合气体的温度升高 1K，需要吸收的热量为 $Q=\left(\dfrac{M_1}{M_{\text{mol}(\text{H}_2)}}\dfrac{7}{2}R+\dfrac{M_2}{M_{\text{mol}(\text{He})}}\dfrac{5}{2}R\right)\Delta T=\dfrac{1.5}{2}\dfrac{7}{2}R+\dfrac{1}{4}\dfrac{5}{2}R=3.25R$。

练习 2.8.8：证明迈耶公式 $C_{p,\mathrm{m}}=C_{V,\mathrm{m}}+R$。

证：1mol 气体等体过程：$(đQ)_V=\mathrm{d}E$，其中内能 $E=\frac{i}{2}RT$，按照定体摩尔热容定义：

$$C_{V,\mathrm{m}}=(đQ)_V/\mathrm{d}T=\mathrm{d}E/\mathrm{d}T=\frac{i}{2}R$$

等压过程：$(\mathrm{d}Q)_p=\mathrm{d}E+p\,\mathrm{d}V$，按照定压摩尔热容定义：

$$C_{p,\mathrm{m}}=\frac{(đQ)_p}{\mathrm{d}T}=\frac{\mathrm{d}E}{\mathrm{d}T}+\frac{p\,\mathrm{d}V}{\mathrm{d}t}$$

其中$\frac{\mathrm{d}E}{\mathrm{d}T}=C_{V,\mathrm{m}}=\frac{i}{2}R$，根据气体状态方程 $pV=RT$，可得 $p\,\mathrm{d}V=R\,\mathrm{d}T$，即$\frac{p\,\mathrm{d}V}{\mathrm{d}t}=R$，故

$$C_{p,\mathrm{m}}=\frac{i}{2}R+R=C_{V,\mathrm{m}}+R$$

例 2.8.6：质量一定的理想气体，从相同状态出发，分别经历等温过程、等压过程和绝热过程，使其体积增加至一倍，那么气体温度的改变(绝对值)在[　　]

(A) 绝热过程中最大，等压过程中最小；

(B) 绝热过程中最大，等温过程中最小；

(C) 等压过程中最大，绝热过程中最小；

(D) 等压过程中最大，等温过程中最小。

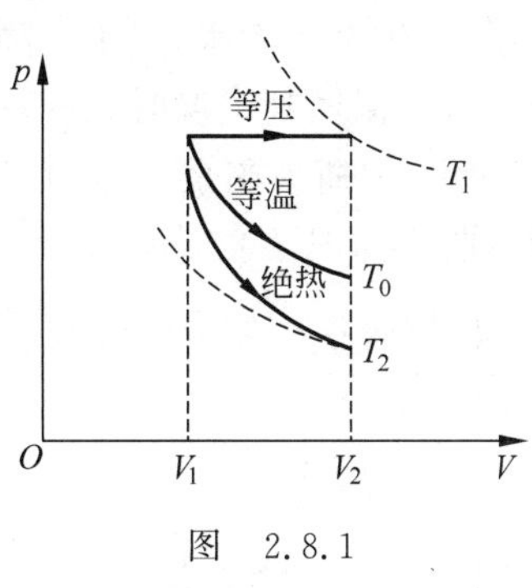

图　2.8.1

答案：D。如图 2.8.1 所示，从上到下(或从右到左)作等温辅助线(虚线)，温度增加($T_1>T_0>T_2$)，故可知，在体积增加至一倍时，等压过程温度升高，绝热过程温度降低。假设初始温度均为 T_0，对等压过程，$\frac{V_1}{T_0}=\frac{V_2}{T_1}$，其温度增加为$(T_1-T_0)=\left(\frac{V_2}{V_1}-1\right)T_0=T_0$；对绝热过程，$T_0V_1^{\gamma-1}=T_2V_2^{\gamma-1}$，其温度减小为$(T_0-T_2)=\left[1-\left(\frac{V_1}{V_2}\right)^{\gamma-1}\right]T_0=\left[1-\left(\frac{1}{2}\right)^{\gamma-1}\right]T_0$。可见，等压过程中温度改变的绝对值最大，等温过程中温度改变为零，最小。

练习 2.8.9：一定量理想气体，从同一状态开始使其体积由 V_1 膨胀到 $2V_1$，分别经历以下三种过程：(1)等压过程，(2)等温过程，(3)绝热过程。其中：________过程气体对外做功最多；________过程气体内能增加最多；________过程气体吸收的热量最多。

答案：等压；等压；等压。由图 2.8.1 可知，等压过程曲线下的面积最大，故气体对外做功最多；等压过程温度升高，故内能增加；由热力学第一定律可知，等压过程吸收的热量最多。

练习 2.8.10：一定量的理想气体，从相同状态开始分别经过等压、等体及等温过程，若气体在上述各过程中吸收的热量相同，则气体对外界做功最多的过程为________。

答案：等温过程。因为等温过程将吸收的热量完全转化为对外做的功。

例 2.8.7：若在某个过程中，一定量的理想气体的内能 E 随压强 p 的变化关系为一直线(其延长线过图 2.8.2 中 E-p 图的原点)，则该过程为________过程。(填“等容”“等温”或“绝热”)

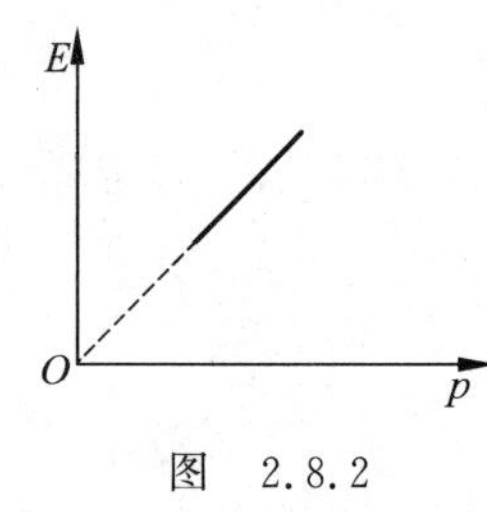

图 2.8.2

答案：等容。依照题意 $E=kp$，对一定量的理想气体，其内能 $E=\frac{i}{2}\nu RT$，则温度 T 与压强 p 成正比，$T/p=V/\nu R=$常数。即等容过程。

练习 2.8.11：一定质量的理想气体的内能 E 随体积 V 的变化关系为一直线(其延长线过图 2.8.3 中 E-V 图的原点)，则此直线表示的过程为[　　]

(A) 等温过程；　　　　(B) 等压过程；

(C) 等体过程；　　　　(D) 绝热过程。

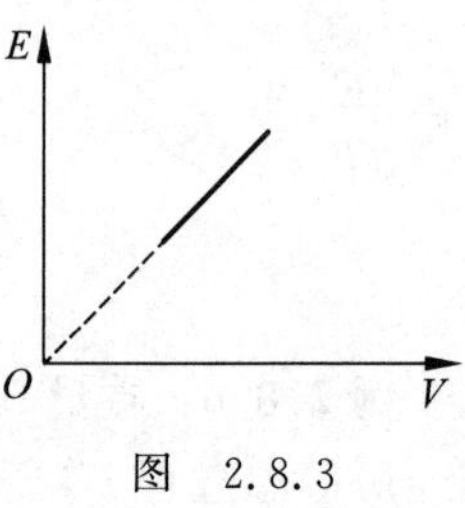

图 2.8.3

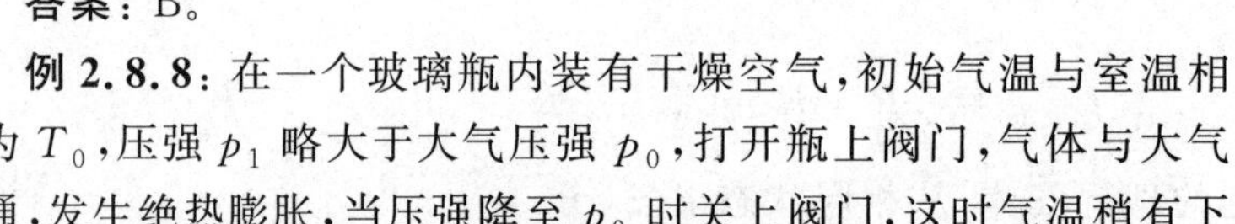

答案：B。

例 2.8.8：在一个玻璃瓶内装有干燥空气，初始气温与室温相同为 T_0，压强 p_1 略大于大气压强 p_0，打开瓶上阀门，气体与大气相通，发生绝热膨胀，当压强降至 p_0 时关上阀门，这时气温稍有下降。待气温回到室温时，测得瓶内气压为 p_2。求气体比热容比 γ。

解：取瓶内剩余气体为研究对象，根据题意，系统经历绝热膨胀＋等容升温过程，其 p-V 曲线如图 2.8.4 所示。

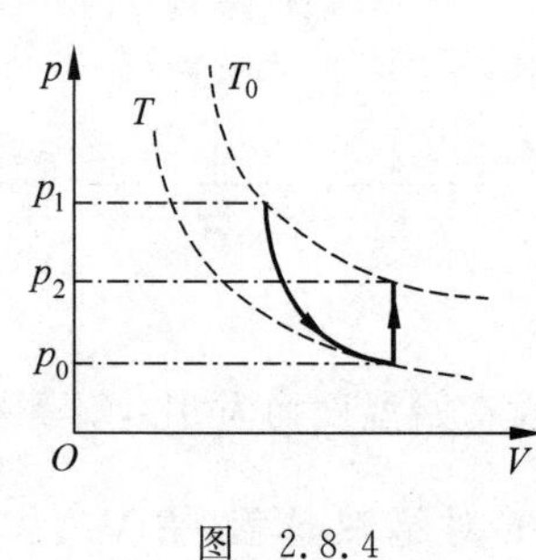

图 2.8.4

$(p_1,T_0)\to(p_0,T)$为绝热膨胀过程：

$$\left(\frac{p_1}{p_0}\right)^{\gamma-1}=\left(\frac{T_0}{T}\right)^{\gamma} \quad ①$$

$(p_1,T)\to(p_2,T_1)$为等容升温过程：

$$\frac{p_2}{p_0}=\frac{T_0}{T} \quad ②$$

将①式和②式中的温度约掉，可得$\left(\frac{p_1}{p_0}\right)^{\gamma-1}=\left(\frac{p_2}{p_0}\right)^{\gamma}$

$$(\gamma-1)(\ln p_1-\ln p_0)=\gamma(\ln p_2-\ln p_0)$$

可得气体比热容比为

$$\gamma=\frac{\ln p_1-\ln p_0}{\ln p_1-\ln p_2}$$

练习 2.8.12：某理想气体等温压缩到给定体积时外界对气体做功$|W_1|$，又经绝热膨胀返回原来体积时气体对外做功$|W_2|$，则整个过程中气体(1)从外界吸收的热量 $Q=$__________；(2)内能增加了 $\Delta E=$__________。

答案：$-|W_1|$；$-|W_2|$。等温压缩过程，$\Delta E_1=0, Q_1=W_1=-|W_1|$；绝热膨胀过程，$Q_2=0, \Delta E_2=-|W_2|$。

练习 2.8.13：理想气体由初状态(p_1,V_1)经绝热膨胀至末状态(p_2,V_2)。试证明过程中气体所做的功为 $W=\frac{p_1V_1-p_2V_2}{\gamma-1}$，式中 γ 为气体的比热容比。

证明：由绝热方程：

$$pV^{\gamma}=p_1V_1^{\gamma}=p_2V_2^{\gamma}=C$$

得

$$p = p_1 V_1^{\gamma} \frac{1}{V^{\gamma}}$$

根据气体的体积功公式：$W = \int_{V_1}^{V_2} p\,\mathrm{d}V$

$$W = \int_{V_1}^{V_2} C\,\frac{\mathrm{d}V}{V^{r}} = -\frac{C}{\gamma - 1}\left(\frac{1}{V_2^{\gamma-1}} - \frac{1}{V_1^{\gamma-1}}\right)$$

$$= -\frac{1}{\gamma - 1}\left(\frac{p_2 V_2^{\gamma}}{V_2^{\gamma-1}} - \frac{p_1 V_1^{\gamma}}{V_1^{\gamma-1}}\right)$$

所以

$$W = \frac{p_1 V_1 - p_2 V_2}{\gamma - 1}$$

例 2.8.9：气缸内有单原子理想气体，若绝热压缩体积减半，气体分子的平均速率变为原来速率的几倍？双原子呢？

解：根据已知条件，气体经历了绝热压缩过程，V 减半（$V_2/V_1 = 1/2$），所求平均速率与温度 T 有关，所以根据绝热过程中 $TV^{\gamma-1} = C$，有 $T_1 {V_1}^{\gamma-1} = T_2 {V_2}^{\gamma-1}$，即

$$\frac{T_2}{T_1} = \left(\frac{V_1}{V_2}\right)^{\gamma-1} = 2^{\gamma-1}$$

对单原子理想气体，自由度 $i = 3$，摩尔热容比 $\gamma = \frac{i+2}{i} = \frac{5}{3}$，

$$\frac{\overline{v_2}}{\overline{v_1}} = \left(\frac{T_2}{T_1}\right)^{1/2} = 2^{1/3}$$

对双原子理想气体，自由度 $i = 5$，摩尔热容比 $\gamma = \frac{i+2}{i} = \frac{7}{5}$，

$$\frac{\overline{v_2}}{\overline{v_1}} = \left(\frac{T_2}{T_1}\right)^{1/2} = 2^{1/5}$$

练习 2.8.14：给定的理想气体（比热容比 γ 为已知），从标准状态（p_0、V_0、T_0）开始，作绝热膨胀，体积增大到三倍，膨胀后的温度 $T =$ ____________，压强 $p =$ ____________。

答案：$\left(\frac{1}{3}\right)^{\gamma-1} T_0$，$\left(\frac{1}{3}\right)^{\gamma} p_0$。由绝热自由碰撞过程中 $pV^{\gamma} = C_1$、$TV^{\gamma-1} = C_2$，判断体积增大三倍时温度和压强的变化。

例 2.8.10：绝热容器内部被一隔板分为相等的两部分，左边充满理想气体（内能为 E_1，温度为 T_1，气体分子平均速率为 v_1，平均碰撞频率为 Z_1），右边是真空。把隔板抽出，气体将充满整个容器，当气体达到平衡时，气体的内能为____________；分子的平均速率为____________；分子平均碰撞频率为____________。

答案：E_1；v_1；$\frac{1}{2}Z_1$。该过程为绝热自由膨胀，故温度不变内能不变；分子平均速率 $\bar{v} = \sqrt{\frac{8RT}{\pi M_{\mathrm{mol}}}}$ 不变；平均碰撞频率 $\bar{Z} = \sqrt{2}\,\pi d^2 n \bar{v}$ 随着分子数密度 n 减半而减少为 $\frac{1}{2}Z_1$。

练习 2.8.15：理想气体向真空作绝热膨胀，[　　]

(A) 膨胀后温度不变，压强减小；　　(B) 膨胀后温度降低，压强减小；

(C) 膨胀后温度升高，压强减小；　　(D) 膨胀后温度不变，压缩不变。

答案：A。

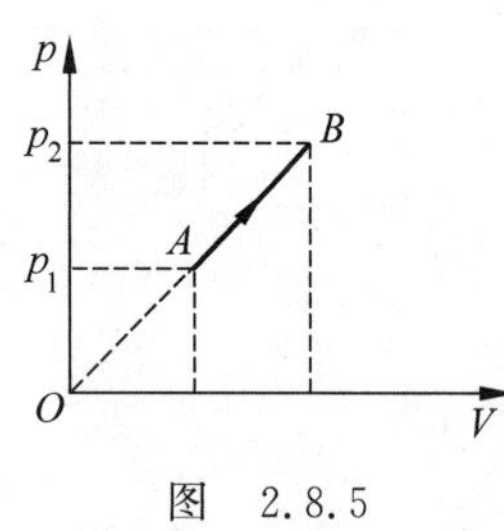

图 2.8.5

例 2.8.11：1mol 双原子分子理想气体从状态 $A(p_1, V_1)$ 沿 p-V(图 2.8.5 所示直线)变化到状态 $B(p_2, V_2)$，试求：(1)气体的内能增量；(2)气体对外界所做的功；(3)气体吸收的热量；(4)此过程的摩尔热容。

解：(1) 气体的内能增量：$\Delta E=\frac{i}{2}R(T_2-T_1)=\frac{5}{2}(p_2V_2-p_1V_1)$；

(2) 气体对外界所做的功为图中 AB 段下对应的梯形面积，根据相似三角形有 $p_1V_2=p_2V_1$，则 $W=\frac{1}{2}(p_1+p_2)(V_2-V_1)=\frac{1}{2}(p_1+p_2)(V_2-V_1)=\frac{1}{2}(p_2V_2-p_1V_1)$；

(3) 根据热力学第一定律，气体吸收的热量为 $Q=\Delta E+W=3(p_2V_2-p_1V_1)$；

(4) 以上计算对于 $A\to B$ 过程中任一微小状态变化均成立，故过程中 $\Delta Q=3\Delta(pV)$。由状态方程得 $\Delta(pV)=R\Delta T$，故 $\Delta Q=3R\Delta T$，气体的摩尔热容 $C_{\mathrm{m}}=\Delta Q/\Delta T=3R$。

说明：热量的计算一般有两种方法：①等容与等压过程可利用摩尔热容；②利用热力学第一定律。

练习 2.8.16：下列理想气体的各种过程中，可能发生的是[　　]

(A) 内能减少的等容加热过程；

(B) 吸收热量的等温压缩过程；

(C) 吸收热量的等压压缩过程；

(D) 内能增加的绝热压缩过程。

答案：D。结合 p-V 图对相关过程的内能、功和热量变化进行判断，如图 2.8.6 所示。再结合热力学第一定律判断上述四个过程是否可能，见表 2.8.2。

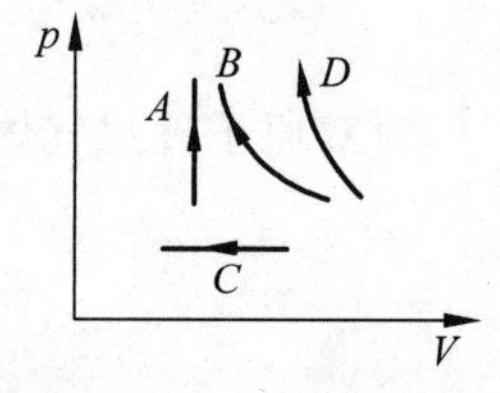

图 2.8.6

表 2.8.2

过程	$Q=W+\Delta E$			是否可能
A	<0	$=0$	>0	否
B	>0	<0	$=0$	否
C	>0	<0	<0	否
D	$=0$	<0	>0	是

练习 2.8.17：3mol 的理想气体开始时处在压强 $p_1=6\mathrm{atm}$、温度 $T_1=500\mathrm{K}$ 的平衡态。经过一个等温过程，压强变为 $p_2=3\mathrm{atm}$。该气体在此等温过程中吸收的热量为 $Q=$________。

答案：$8.64\times10^3\mathrm{J}$。准静态等温过程吸收的热量为 $\nu RT\ln\frac{p_1}{p_2}$。

例 2.8.12：如图 2.8.7 所示，一系统由状态 a 沿 acb 到达状态 b 的过程中，有 350J 热量传入系统，而系统做功 126J。求：(1)若沿 adb 时，系统做功 42J，问有多少热量传入系统？(2)若系统由状态 b 沿曲线 ba 返回状态 a 时，外界对系统做功为 84J，试问系统是吸热还是放热？热量传递是多少？

解：由 abc 过程可求出 b 态和 a 态的内能之差

$$Q=\Delta E+W$$

$$\Delta E=Q-W=(350-126)\mathrm{J}=224\mathrm{J}$$

(1) abd 过程，系统做功 $W=42\mathrm{J}$，

$$Q=\Delta E+W=(224+42)\mathrm{J}=266\mathrm{J} \quad (\text{系统吸收热量})$$

(2) ba 过程，外界对系统做功 $W=-84\mathrm{J}$，

$$Q=\Delta E+W=(-224-84)\mathrm{J}=-308\mathrm{J} \quad (\text{系统放出热量})$$

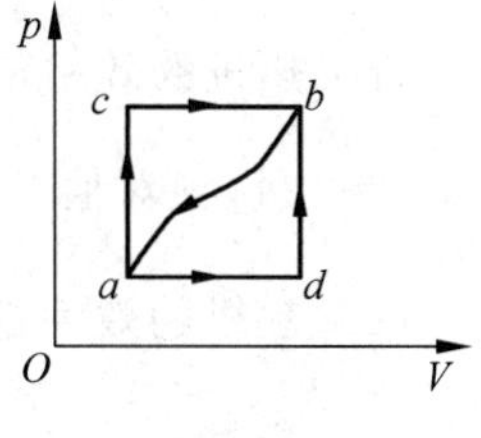

图 2.8.7

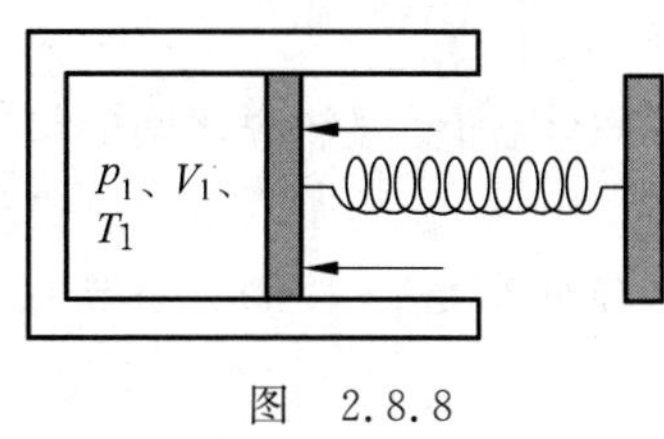

图 2.8.8

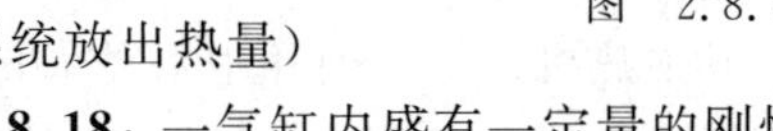

练习 2.8.18：一气缸内盛有一定量的刚性双原子分子理想气体，气缸活塞的面积 $S=0.05\mathrm{m}^2$，活塞与气缸壁之间不漏气，摩擦忽略不计。活塞右侧通大气，大气压强 $p_0=1.0\times10^5\mathrm{Pa}$。劲度系数为 $k=5\times10^4\mathrm{N/m}$ 的一根弹簧的两端分别固定于活塞和一固定板上(图 2.8.8)。开始时气缸内气体处于压强、体积分别为 $p_1=p_0=1.0\times10^5\mathrm{Pa}$，$V_1=0.015\mathrm{m}^3$ 的初态。今缓慢加热气缸，缸内气体缓慢地膨胀到 $V_2=0.02\mathrm{m}^3$。求：在此过程中气体从外界吸收的热量。

解：由题意可知气体处于初态时，弹簧为原长。当气缸内气体体积由 V_1 膨胀到 V_2 时弹簧被压缩，压缩量为 $l=(V_2-V_1)/S=0.1\mathrm{m}$，气体末态的压强为 $p_2=p_0+kl/S=2.0\times10^5\mathrm{Pa}$；

气体内能的改变量为 $\Delta E=\nu C_{V,\mathrm{m}}(T_2-T_1)=i(p_2V_2-p_1V_1)/2=6.25\times10^3\mathrm{J}$；

缸内气体对外做的功为 $W=p_0Sl+\dfrac{1}{2}kl^2=750\mathrm{J}$；

缸内气体在膨胀过程中从外界吸收的热量为

$$Q=\Delta E+W=(6.25\times10^3+0.75\times10^3)\mathrm{J}=7\times10^3\mathrm{J}$$

2.9 循环过程、卡诺循环、热机效率、致冷系数

(1) 循环过程：系统由初态出发，经一系列变化后回到初态的过程，$\Delta E=0$；

(2) 正循环与热机：$W=Q_{\text{吸}}-Q_{\text{放}}$，热机效率 $\eta=\dfrac{W}{Q_{\text{吸}}}=1-\dfrac{Q_{\text{放}}}{Q_{\text{吸}}}$；

(3) 逆循环与制冷机：$Q_{\text{放}}=Q_{\text{吸}}+W$，制冷系数 $w=\dfrac{Q_{\text{吸}}}{W}=\dfrac{Q_{\text{吸}}}{Q_{\text{放}}-Q_{\text{吸}}}$；

(4) 卡诺循环：两个绝热过程＋两个等温过程。

卡诺热机效率：$\eta_C=1-\dfrac{T_2}{T_1}$，卡诺制冷机制冷系数：$w_C=\dfrac{T_2}{T_1-T_2}$($T_1$、$T_2$ 分别代表高温和低温热源温度)。

考点1：循环过程的理解

例 2.9.1：下列各说法中确切的说法是[　　]

(A) 其他热机的效率都小于卡诺热机的效率；

(B) 热机的效率都可表示为 $\eta=1-\dfrac{Q_2}{Q_1}$，式中 Q_2 表示热机循环中工作物向外放出的热量(绝对值)，Q_1 表示从各热源吸收的热量(绝对值)；

(C) 热机的效率都可表示为 $\eta=1-\dfrac{T_2}{T_1}$，式中 T_2 为低温热源温度，T_1 为高温热源温度；

(D) 其他热机在每一循环中对外做的净功一定小于卡诺热机在每一循环中对外做的净功。

答案：B。第 2.10 部分的卡诺定理指出，所有工作在相同的高温和低温热源之间的可逆热机，效率均为 $\eta_{可逆}=\eta_C=1-T_2/T_1$，非可逆机效率小于该值，故 A、C 错误。B 为热机效率的定义式，正确。热机循环过程中对外净功大小与效率无直接对等关系，故 D 表述错误。

练习 2.9.1：就热源温度而言，提高热机效率的途径是[　　]

(A) 使高、低温热源温度差保持为恒定值；　(B) 尽量减小高、低温热源的温度差；

(C) 尽量增大高、低温热源的温度差；　(D) 尽量提高低温热源的温度。

答案：C。

例 2.9.2：一定量某理想气体所经历的循环过程是：从初态(V_0，T_0)开始，先经绝热膨胀使其体积增大 1 倍，再经等体升温恢复到初态温度 T_0，最后经等温过程使其体积恢复为 V_0，则气体在此循环过程中：[　　]

(A) 对外做的净功为正值；　(B) 对外做的净功为负值；

(C) 内能增加了；　(D) 从外界净吸收的热量为正值。

答案：B。由题意该循环过程为逆循环，外界对气体做功($W<0$)，气体内能不变($\Delta E=0$)，根据热力学第一定律，气体从外界吸收的热量为负值($Q<0$)。

考点2：热机效率和制冷系数的计算

例 2.9.3：νmol 的理想气体经历如图 2.9.1 所示准静态循环过程(奥托循环—汽油机的循环)：1→2 绝热压缩，2→3 等容吸热，3→4 绝热膨胀，4→1 等容放热。已知气体在循环过程中体积由 V_1 被压缩成 V_2，求循环效率？

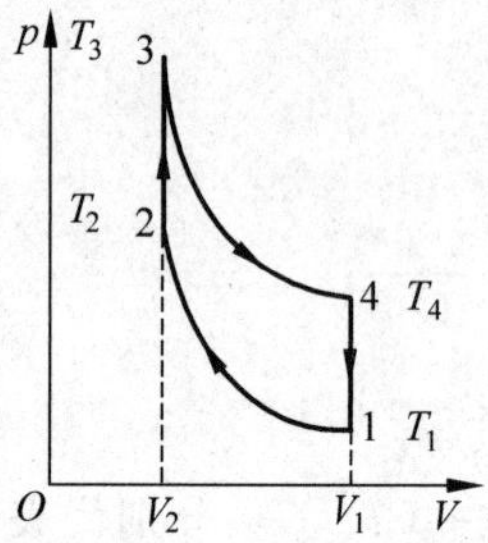

图 2.9.1

解：根据热机循环效率公式，

$$\eta=1-\frac{Q_{放}}{Q_{吸}} \quad ①$$

其中 1→2 与 3→4 过程并无热量改变，

$$2\rightarrow3，等容吸热，Q_{吸}=\nu C_{V,m}(T_3-T_2) \quad ②$$

$$4\rightarrow1，等容放热，Q_{放}=\nu C_{V,m}(T_4-T_1) \quad ③$$

将②式和③式代入①式，可得

$$\eta = 1 - \frac{T_4 - T_1}{T_3 - T_2} \quad ④$$

其中 $T_1 \sim T_4$ 的关系可由绝热过程推得。

$$1 \to 2,\text{绝热压缩}, V_1^{\gamma-1} T_1 = V_2^{\gamma-1} T_2 \quad ⑤$$

$$3 \to 4,\text{绝热膨胀}, V_1^{\gamma-1} T_4 = V_2^{\gamma-1} T_3 \quad ⑥$$

由⑥式和⑤式得

$$V_1^{\gamma-1}(T_4 - T_1) = V_2^{\gamma-1}(T_3 - T_2)$$

即

$$\frac{T_4 - T_1}{T_3 - T_2} = \left(\frac{V_2}{V_1}\right)^{\gamma-1} = \frac{1}{\left(\frac{V_1}{V_2}\right)^{\gamma-1}} \quad ⑦$$

将⑦式代入④式，可得

$$\eta = 1 - \frac{1}{\left(\frac{V_1}{V_2}\right)^{\gamma-1}}$$

其中$\frac{V_1}{V_2}$为奥托循环中的压缩比，可见压缩比越大，热机效率越高。

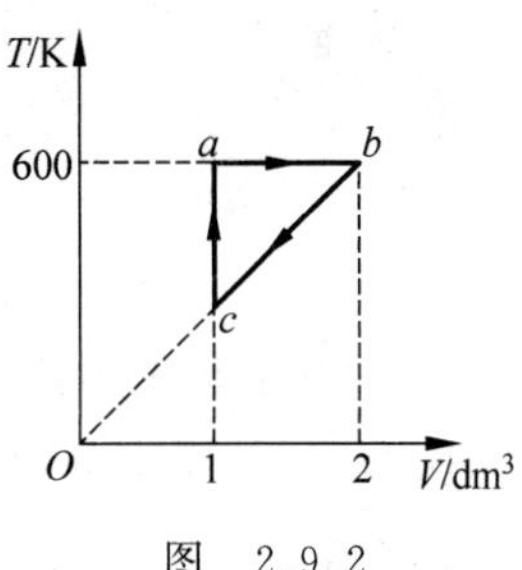

图 2.9.2

练习 2.9.2：1mol 单原子分子理想气体的循环过程如图 2.9.2 所示，(1)作出相应的 p-V 图；(2)求此循环效率。

解：根据图 2.9.2 作出 p-V 曲线，如图 2.9.3 所示，根据热机循环效率公式，

$$\eta = 1 - \frac{Q_{\text{放}}}{Q_{\text{吸}}} \quad ①$$

计算循环经历的各个过程的热量变化：

$$a \to b,\text{等温膨胀,吸热}, Q_{\text{吸}} = RT_a \ln 2 \quad ②$$

$$b \to c,\text{等压压缩,放热}, Q_{\text{放}} = C_{p,\mathrm{m}}(T_c - T_b) \quad ③$$

$$c \to a,\text{等容升压,吸热}, Q_{\text{吸}} = C_{V,\mathrm{m}}(T_a - T_c) \quad ④$$

由图 2.9.2 知 $T_a = T_b = 600\mathrm{K}$，$b \to c$ 是等容过程，$V_b / T_b = V_c / T_c$，所以 $T_c = \frac{1}{2T_b} = 300\mathrm{K}$。代入③式和④式可得

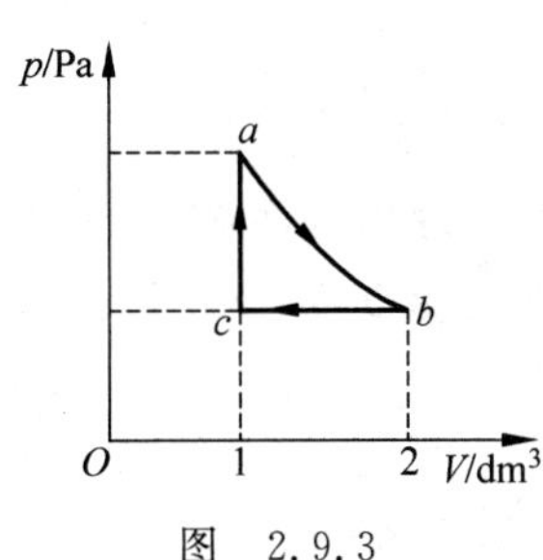

图 2.9.3

$$b \to c,\text{等压压缩,放热}, Q_{\text{放}} = C_{p,\mathrm{m}}(T_c - T_b) = \frac{5}{2}R \times 300 = 750\mathrm{J} \quad ⑤$$

$$c \to a,\text{等容升压,吸热}, Q_{\text{吸}} = C_{V,\mathrm{m}}(T_a - T_c) = \frac{3}{2}R \times 300 = 450\mathrm{J} \quad ⑥$$

将②式、⑤式、⑥式，代入①式，可得

$$\eta = 1 - \frac{Q_{放}}{Q_{吸}} = 1 - \frac{750}{450 + 600\ln 2} \approx 13.4\%$$

例 2.9.4：一台电冰箱放在室温为 20℃ 的房间里，冰箱储藏柜中的温度维持在 5℃，现每天有 2.0×10^7J 的热量自房间传入冰箱内，若要维持冰箱内温度不变，外界每天需做多少功？其功率为多少？设在 5～20℃之间运转的致冷机（冰箱）的致冷系数是卡诺致冷机致冷系数的 55%。

解：冰箱的制冷系数为

$$w = w_C \times 55\% = \frac{T_2}{T_1 - T_2} \times \frac{55}{100} = \frac{278}{293 - 278} \times \frac{55}{100} = 10.2 \qquad ①$$

由致冷系数的定义

$$w = \frac{Q_{吸}}{|W|} = \frac{Q_{吸}}{Q_{放} - Q_{吸}} \qquad ②$$

房间传入冰箱的热量为 $Q = 2.0\times10^7$J，热平衡时冰箱吸收的热量为 $Q_{吸} = Q = 2.0\times10^7$J。由②式得每天外界对冰箱做功的大小为

$$|W| = Q_{吸}/w = 2.0\times10^7/10.2\text{J} = 1.96\times10^6\text{J}$$

其功率为

$$P = \frac{W}{t} = \frac{1.96\times10^6}{24\times3600}\text{W} = 22.7\text{W}$$

考点 3：卡诺循环的理解应用

例 2.9.5：用下列两种方法：(1)使高温热源的温度 T_1 升高 ΔT；(2)使低温热源的温度 T_2 降低同样的值 ΔT，分别可使卡诺循环的效率升高 $\Delta\eta_1$ 和 $\Delta\eta_2$，两者相比，[　　]

(A) $\Delta\eta_1 > \Delta\eta_2$；　(B) $\Delta\eta_1 < \Delta\eta_2$；　(C) $\Delta\eta_1 = \Delta\eta_2$；　(D) 无法确定哪个大。

答案：B。根据卡诺热机效率 $\eta_C = 1 - \frac{T_2}{T_1}$，可得 $\Delta\eta_1 = \frac{T_2}{T_1} - \frac{T_2}{T_1 + \Delta T} = \frac{T_2\Delta T}{T_1(T_1 + \Delta T)}$，$\Delta\eta_2 = \frac{T_2}{T_1} - \frac{T_2 - \Delta T}{T_1} = \frac{\Delta T}{T_1}$。

练习 2.9.3：设高温热源的热力学温度是低温热源的热力学温度的 n 倍，则理想气体在一次卡诺循环中，传给低温热源的热量是从高温热源吸取热量的 [　　]

(A) n 倍；　(B) $n-1$ 倍；　(C) $1/n$ 倍；　(D) $(n+1)/n$ 倍。

答案：C。根据卡诺热机效率 $\eta_C = 1 - \frac{T_2}{T_1} = 1 - \frac{1}{n} = 1 - \frac{Q_{放}}{Q_{吸}}$，可得 $\frac{Q_{放}}{Q_{吸}} = \frac{1}{n}$。

练习 2.9.4：在 p-V 图中，由两条绝热线和三条等温线构成三个理想卡诺循环，三条等温线的温度之比为 $T_1 : T_2 : T_3 = 4:2:1$。设循环 1、2、3 分别在温度 T_1 和 T_2，T_2 和 T_3 以及 T_1 和 T_3 之间进行，则它们作逆循环时的致冷系数的关系是[　　]

(A) $W_1 : W_2 : W_3 = 3:3:1$；　(B) $W_1 : W_2 : W_3 = 1:2:4$；

(C) $W_1 : W_2 : W_3 = 4:2:1$；　(D) $W_1 : W_2 : W_3 = 1:1:3$。

答案：A。根据卡诺制冷机制冷系数 $w_C=\dfrac{T_2}{T_1-T_2}$，可得 $W_1=1, W_2=1, W_3=1/3$。

例 2.9.6：设一动力暖气装置由一台卡诺热机和一台卡诺致冷机组合而成。热机靠燃料燃烧时释放的热量工作，并向暖气系统中的水放热，同时热机带动致冷机。致冷机自天然蓄水池中吸热，也向暖气系统放热。假定热机锅炉的温度为 $T_1=210℃$，天然蓄水池中水的温度为 $T_2=15℃$，暖气系统的温度为 $T_3=60℃$，热机从燃料燃烧时获得热量 $Q_1=2.1\times 10^7\text{J}$，计算暖气系统所得热量。

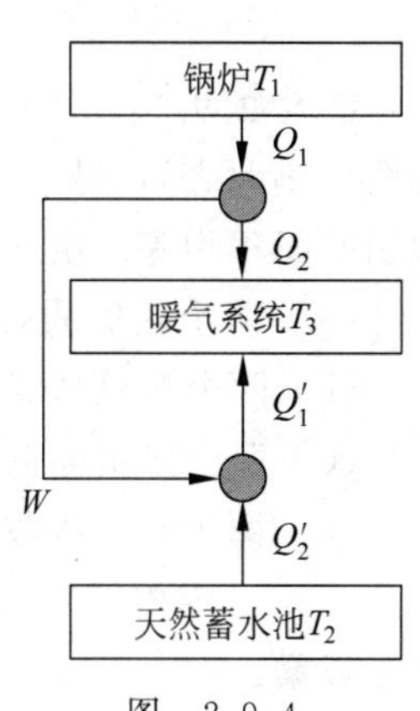

图　2.9.4

解：依照题目，暖气系统获得的热量为

$$Q=Q_2+Q_1'$$

其上下连接的卡诺热机和制冷机的效率和制冷系数分别为

$$\eta=1-\frac{T_3}{T_1}=1-\frac{273+60}{273+210}=0.31$$

$$w=\frac{T_2}{T_3-T_2}=\frac{273+15}{60-15}=6.4$$

Q_2 是卡诺热机放热，根据热机效率公式 $\eta=\dfrac{W}{Q_1}=1-\dfrac{Q_2}{Q_1}$，

$$Q_2=(1-\eta)Q_1=0.69\times 2.1\times 10^7\text{J}=1.45\times 10^7\text{J}$$

Q_1'是卡诺制冷机放热，根据 $w=\dfrac{Q_2'}{W}=\dfrac{Q_2'}{Q_1'-Q_2'}$，其中 W 是卡诺热机对外做功 $W=\eta Q_1=6.51\times 10^6\text{J}$，可得

$$Q_1'=(1+w)W=7.4\times 6.51\times 10^6\text{J}=4.82\times 10^7\text{J}$$

暖气系统获得的总热量为

$$Q=Q_2+Q_1'=6.27\times 10^7\text{J}$$

练习 2.9.5：效率分别为 η_1 和 η_2 的两台卡诺热机串联运行，以第一台热机的低温热源作为第二台热机的高温热源。试证明联合热机的效率为 $\eta=\eta_1+\eta_2-\eta_1\eta_2$。

证明：在 p-V 图中作卡诺循环曲线，如图 2.9.5 所示。

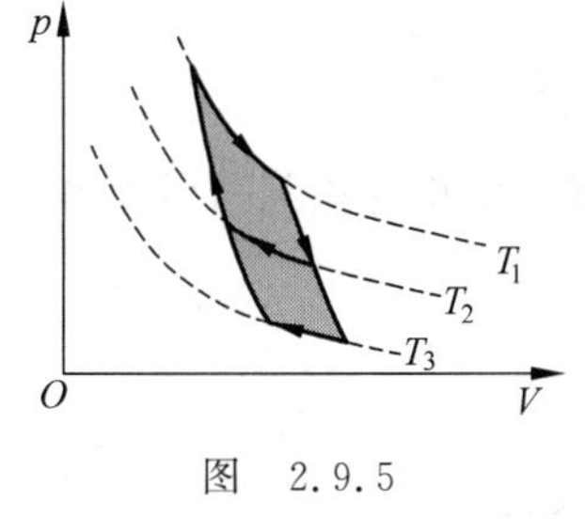

图　2.9.5

$\eta_1=1-T_2/T_1$，$\eta_2=1-T_3/T_2$，联合热机的效率为

$$\eta=1-T_3/T_1 \quad ①$$

由 $T_2/T_1=1-\eta_1$，$T_3/T_2=1-\eta_2$，可得

$$T_3/T_1=(1-\eta_1)(1-\eta_2) \quad ②$$

将②式代入①式可得，联合热机的效率为

$$\eta=1-(1-\eta_1)(1-\eta_2)=\eta_1+\eta_2-\eta_1\eta_2$$

练习 2.9.6：一个作可逆卡诺循环的热机，其效率为 η，它逆向运转时便成为一台致冷机，该致冷机的致冷系数为 w，则 η 与 w 的关系为____________。

答案：$\eta=\dfrac{1}{w+1}$。根据卡诺热机效率：$\eta_C=1-\dfrac{T_2}{T_1}$ 与卡诺制冷机制冷系数：$w_C=\dfrac{T_2}{T_1-T_2}$，整理可得低温、高温热源温度之比为 $\dfrac{T_2}{T_1}=1-\eta=\dfrac{w}{w+1}$。

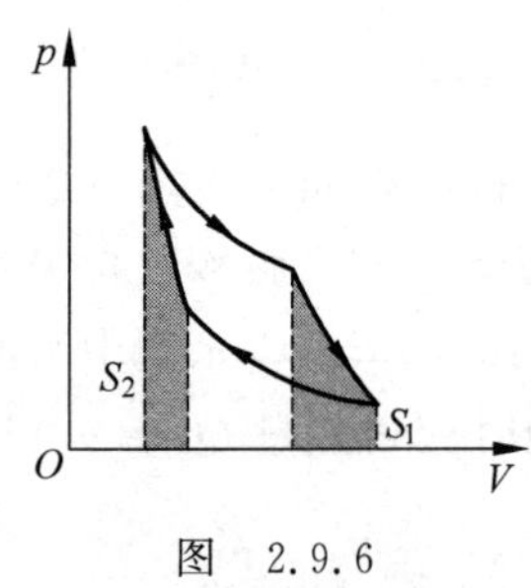

图 2.9.6

例 2.9.7：理想气体卡诺循环过程的两条绝热线下的面积大小(图 2.9.6 中阴影部分)分别为 S_1 和 S_2，则二者的大小关系是[　　]

(A) $S_1>S_2$；　　(B) $S_1=S_2$；

(C) $S_1<S_2$；　　(D) 无法确定。

答案：B。根据热力学第一定律，$Q=W+\Delta E$，两个绝热过程中吸收热量 $Q=0$，初末态温度变化相同，故内能变化 ΔE 大小相等，则其体积功大小 W 相等。故两条绝热线下的面积相等。

练习 2.9.7：两个卡诺热机的循环曲线如图 2.9.7 所示，一个工作在温度为 T_1 与 T_3 的两个热源之间，另一个工作在温度为 T_2 与 T_3 的两个热源之间，已知这两个循环曲线所包围的面积相等。由此可知[　　]

(A) 两个热机的效率一定相等；

(B) 两个热机从高温热源所吸收的热量一定相等；

(C) 两个热机向低温热源所放出的热量一定相等；

(D) 两个热机吸收的热量与放出的热量(绝对值)的差值一定相等。

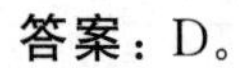

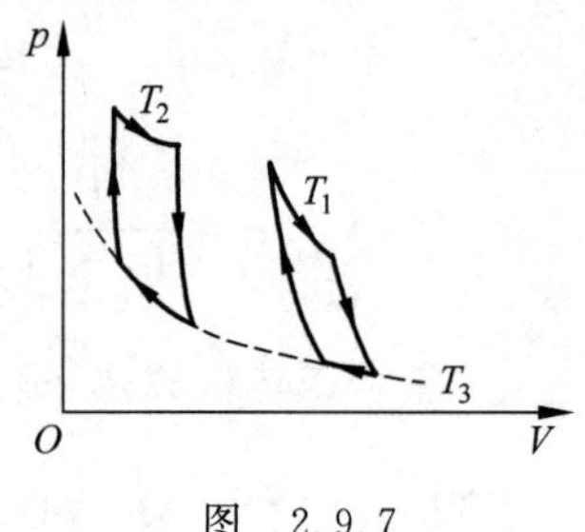

图 2.9.7

答案：D。

考点 4：吸热或放热判断

说明：吸热或放热的判断通常有两种方法：①根据热力学第一定律，如例 2.9.6、例 2.9.7 及相应练习；②正循环过程吸热，逆循环过程放热，如例 2.9.8 及相应练习。

例 2.9.8：一定质量的理想气体完成一循环过程，此过程在图 2.9.8 的 V-T 图中用曲线 1→2→3→1 描写，该气体在循环过程中吸热、放热的情况是[　　]

(A) 在 1→2，3→1 过程吸热；在 2→3 过程放热；

(B) 在 2→3 过程吸热；在 1→2，3→1 过程放热；

(C) 在 1→2 过程吸热；在 2→3，3→1 过程放热；

(D) 在 2→3，3→1 过程吸热；在 1→2 过程放热。

答案：C。对 1→2→3→1 过程作出相应的 p-V 曲线，如图 2.9.9 所示。

根据温度变化计算内能变化，$\Delta E=\frac{i}{2}\nu R\Delta T$；根据 p-V 曲线中体积变化判断做功 W 的正负，再由热力学第一定律判断吸热或放热，见表 2.9.1。

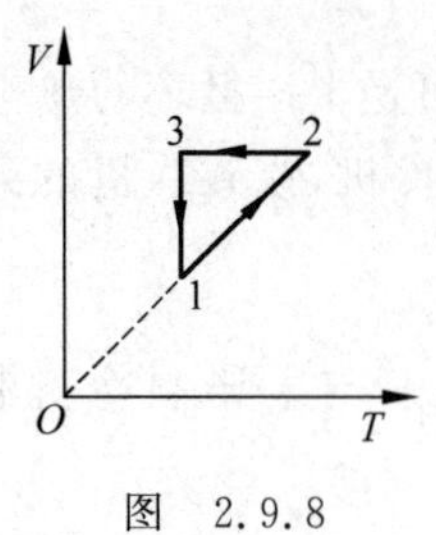

图 2.9.8

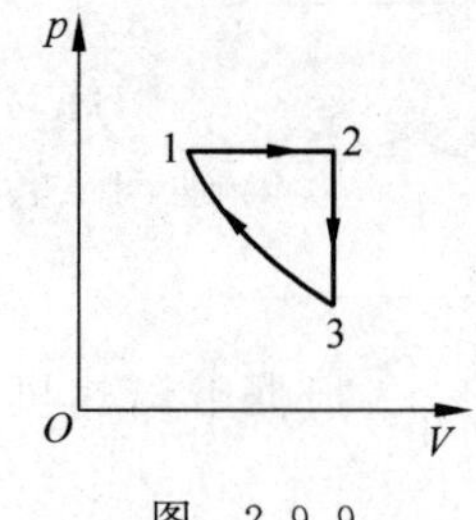

图 2.9.9

表 2.9.1

过 程	$Q=W+\Delta E$		
1→2	>0	>0	>0
2→3	<0	$=0$	<0
3→1	<0	<0	$=0$

练习 2.9.8：一定量的理想气体，从 a 态出发经过 1 或 2 过程到达 b 态，acb 为等温线(图 2.9.10)，则 1、2 两个过程中外界对系统传递的热量 Q_1 __________，Q_2 __________。(填">0""<0"或"$=0$")

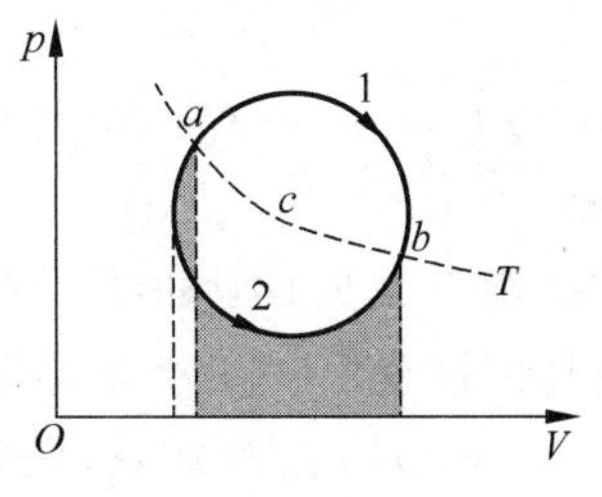

图 2.9.10

答案：>0，>0。根据热力学第一定律判断，1、2 过程中系统对外做功，内能不变。

练习 2.9.9：理想气体经历如图 2.9.11 中实线所示的循环过程，两条等体线分别和该循环过程曲线相切于 a、c 点，两条等温线分别和该循环过程曲线相切于 b、d 点，a、b、c、d 将该循环过程分成了 ab、bc、cd、da 四个阶段，则该四个阶段中从图上可肯定是放热阶段的为[　　]

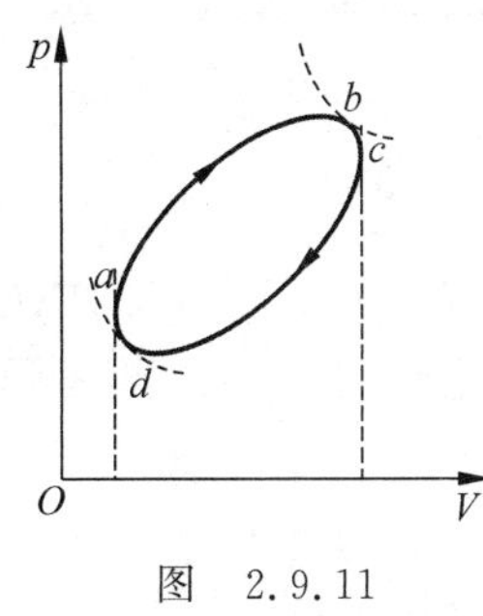

图 2.9.11

(A) ab；　(B) bc；　(C) cd；　(D) da。

答案：C。由热力学第一定律 $Q=\Delta E+W$ 知：ab 阶段，$\Delta E>0$、$W>0$，所以 $Q>0$，即吸热；bc 阶段，$\Delta E<0$、$W>0$，所以 Q 的正负不能肯定；cd 阶段，$\Delta E<0$、$W<0$，所以 $Q<0$，即放热；da 阶段，$\Delta E>0$，$W>0$，所以 Q 的正负不能确定。

例 2.9.9：如图 2.9.12 所示，AB、DC 是绝热过程，CEA 是等温过程，BED 是任意过程，组成一个循环。若图中 $EDCE$ 所包围的面积为 70J，$EABE$ 所包围的面积为 30J，CEA 过程中系统放热 100J，求 BED 过程中系统吸热为多少？

解：正循环 $EDCE$ 包围的面积为 70J，表示系统对外做正功 70J；$EABE$ 面积为 30J，因图中表示为逆循环，故系统对外做负功，所以整个循环过程系统对外做功为：$W=70+(-30)\text{J}=40\text{J}$。

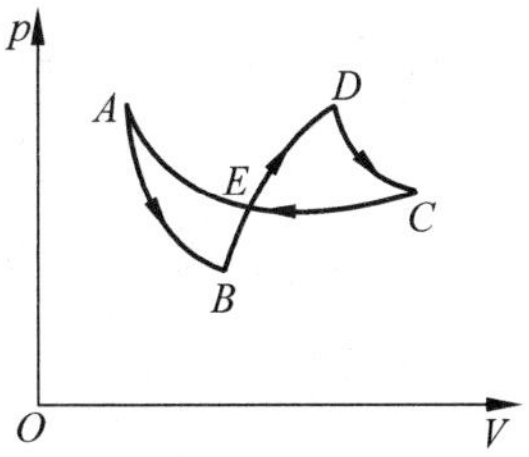

由热力学第一定律，整个循环过程系统对外做功等于该循环中系统吸收的净热量，设 CEA 过程中吸热 Q_1，BED 过程中吸热 Q_2，则 $W=Q_1+Q_2=40\text{J}$；

BED 过程中系统吸热：$Q_2=W-Q_1=40-(-100)\text{J}=140\text{J}$。

图 2.9.12

例 2.9.10：如图 2.9.13 所示，T_1、T_2 为等温线，ab 为绝热线，理想气体由 c 经 cb 压缩到 b，该过程热容[　　]

(A) $C>0$；　(B) $C<0$；　(C) $C=0$；　(D) 不能确定。

答案：B。因为 $C\propto\dfrac{Q_{cb}}{\Delta T}$，$\Delta T>0$，所以 cb 过程吸热则 $C>0$，放热则 $C<0$。

方法 1：利用热力学第一定律。

将 $c\to b$ 与 $a\to b$ 过程内能变化一样，设为 ΔE，其内能变化相比较：

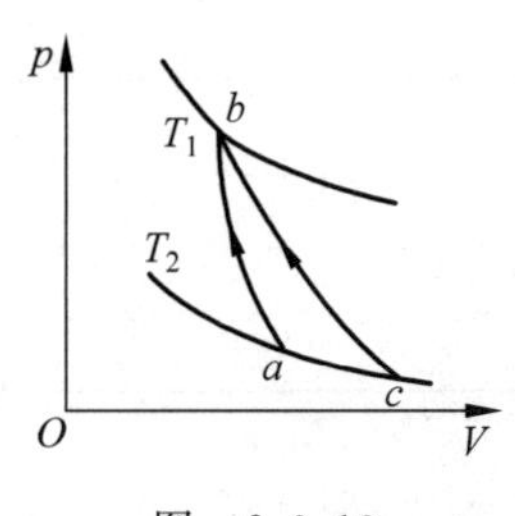

图 2.9.13

$$\begin{cases} Q_{cb}=W_{cb}+\Delta E & ① \\ Q_{ab}=W_{ab}+\Delta E=0 & ② \end{cases}$$

结合①式和②式得 $Q_{cb}=W_{cb}-W_{ab}$。

由图 2.9.13 可知，$W_{ab}<0$，$W_{cb}<0$，$|W_{ab}|<|W_{cb}|$，即 $W_{ab}>W_{cb}\Rightarrow Q_{cb}=W_{cb}-W_{ab}<0\Rightarrow C_{cb}<0$。

方法 2：利用循环特征。

图 2.9.13 中 $c\to b\to a\to c$ 形成一个逆循环，整个过程放热，即 $Q=Q_{cb}+Q_{ba}+Q_{ac}<0$，其中 $b\to a$ 绝热膨胀，$Q_{ba}=0$，$a\to c$ 等温膨胀，$Q_{ac}>0$，故有 $Q_{cb}<0\Rightarrow C_{cb}<0$。

练习 2.9.10：如图 2.9.14 所示，bca 为理想气体绝热过程，$b1a$ 和 $b2a$ 是任意过程，则上述两过程中气体做功与吸收热量的情况是[　　]

(A) $b1a$ 过程放热，做负功；$b2a$ 过程放热，做负功；

(B) $b1a$ 过程吸热，做负功；$b2a$ 过程放热，做负功；

(C) $b1a$ 过程吸热，做正功；$b2a$ 过程吸热，做负功；

(D) $b1a$ 过程放热，做正功；$b2a$ 过程吸热，做正功。

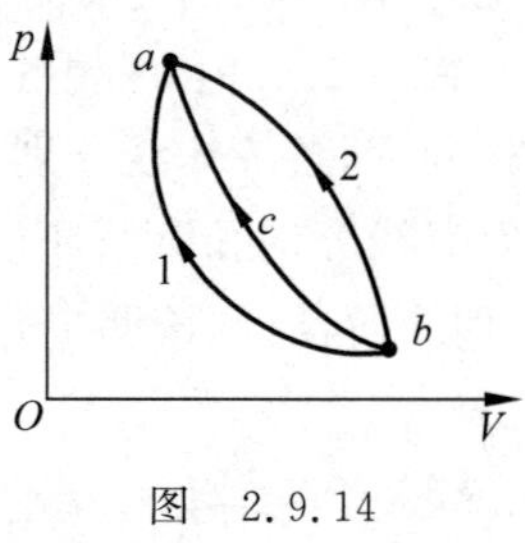

图 2.9.14

答案：B。$b1acb$ 构成正循环，$\Delta E=0$，$W>0$，$Q=Q_{b1a}+Q_{acb}=W>0$，但 $Q_{acb}=0$，所以 $Q_{b1a}>0$，吸热；$b1a$ 压缩，做负功；$b2acb$ 构成逆循环，$\Delta E=0$，$W<0$，$Q=Q_{b2a}+Q_{acb}=W<0$，但 $Q_{acb}=0$，所以 $Q_{b2a}<0$，放热；$b2a$ 压缩，做负功。

练习 2.9.11：一定量的理想气体，分别经历如图 2.9.15(a)所示的 abc 过程，(图中虚线 ac 为等温线)，和图 2.9.15(b)所示的 def 过程(图中虚线 df 为绝热线)。判断这两种过程是吸热还是放热[　　]

(A) abc 过程吸热，def 过程放热；　　(B) abc 过程放热，def 过程吸热；

(C) abc 过程和 def 过程都吸热；　　(D) abc 过程和 def 过程都放热。

答案：A。

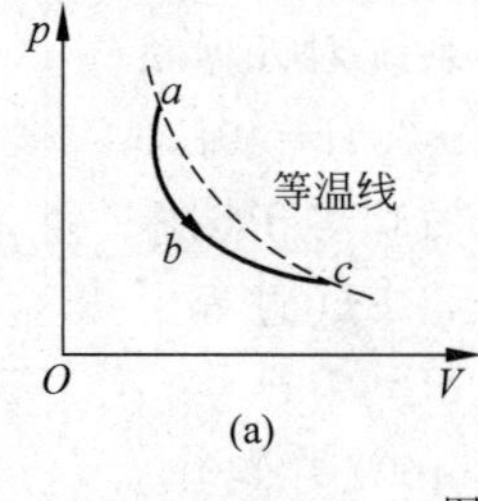

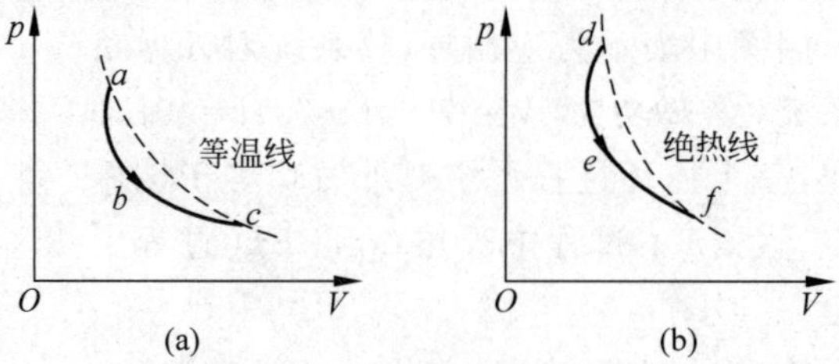

(a)

(b)

图 2.9.15

2.10 热力学第二定律、熵和熵增加原理、玻耳兹曼熵

(1) 可逆过程：系统从初态 a 出发经中间过程到达末态 b，若存在一个过程，使系统从 b 回到 a，系统和外界同时复原，则称 a 到 b 的过程是可逆过程。

不可逆过程：自然界一切宏观的自发过程都是不可逆过程。自然界宏观自发过程的不可逆性是相互沟通的。

(2) 热力学第二定律

① 两种典型表述

克劳修斯表述：热量不能自动地从低温物体传向高温物体。(热传导的不可逆性)

开尔文表述：不可能从单一热源吸收热量，使之完全变为功，而不产生其他影响。(热功转换的不可逆性)

两种表述等价，也可以用其他宏观自发过程的不可逆性作为热力学第二定律的表述。

② 熵增加原理(热力学第二定律的数学表述)：在孤立系中所进行的自发过程总是沿着熵增大的方向进行，即 $\Delta S=S_2-S_1>0$。

③ 微观统计解释：自然界的自发宏观过程总是向着使分子运动更加无序(热力学概率增大)的宏观状态进行。

④ 卡诺定理(应用热力学第二定律的例子)：对于工作在相同的高温和低温热源之间的热机，一切可逆机的效率 $\eta_{可逆}=\eta_C=1-T_2/T_1$，一切不可逆机的效率 $\eta_{不可逆}<1-T_2/T_1$。

(3) 熵的定义式

玻耳兹曼熵(微观定义)$S=k\ln\Omega$。其中，k 为玻耳兹曼常量，Ω 为热力学概率，即微观状态数，S 为系统无序性的量度。

克劳修斯熵增(宏观定义)$\Delta S=S_B-S_A=\int_{A\atop R}^{B}\frac{đQ}{T}$。其中，$T$ 是系统温度，$đQ$ 是系统吸热，R 是连接 A 和 B 的可逆过程，ΔS 只取决于系统的始末状态。

考点 1：可逆与不可逆过程、热力学第二定律的理解与判断

说明：(1) 可逆过程有：①温差无限小的热传导；②无摩擦、无损耗的准静态过程。

(2) 三个不可逆因素：①通过摩擦的功热转换；②有限温差的热传导；③绝热自由膨胀(自由扩散)。

例 2.10.1：下列说法中，哪些是正确的？[　　]

(1) 可逆过程一定是准静态过程；

(2) 准静态过程一定是可逆的；

(3) 不可逆过程一定是非准静态过程；

(4) 非准静态过程一定是不可逆的。

(A) (1)、(4)；　　(B) (2)、(3)；

(C) (1)、(2)、(3)、(4)；　　(D) (1)、(3)。

答案：A。无摩擦、无损耗的准静态过程是可逆过程。

练习 2.10.1：下列各种说法：

(1) 准静态过程就是无摩擦力作用的过程；

(2) 准静态过程一定是可逆过程；

(3) 准静态过程是无限多个连续变化的平衡态的连接；

(4) 准静态过程在 p-V 图上可用一连续曲线表示。

以上说法哪些是正确的？[ ]

(A) (1)、(2)； (B) (3)、(4)；

(C) (2)、(3)、(4)； (D) (1)、(2)、(3)、(4)。

答案：B。

例 2.10.2：根据热力学第二定律判断下列哪种说法是正确的？[ ]

(A) 功可以全部变为热，但热不能全部变为功；

(B) 热量能从高温物体传到低温物体，但不能从低温物体传到高温物体；

(C) 气体能够自由膨胀，但不能自动收缩；

(D) 有规则运动的能量能够变为无规则运动的能量，但无规则运动的能量不能变为有规则运动的能量。

答案：C。根据三个不可逆因素以及热力学第二定律的统计意义判断。

练习 2.10.2：设有下列过程：(1)用活塞缓慢地压缩绝热容器中的理想气体(设活塞与器壁无摩擦)；(2)用缓慢地旋转的叶片使绝热容器中的水温上升；(3)一滴墨水在水杯中缓慢弥散开；(4)一个不受空气阻力及其他摩擦力作用的单摆的摆动。其中是可逆过程的为[ ]

(A) (1)、(2)、(4)； (B) (1)、(2)、(3)；

(C) (1)、(3)、(4)； (D) (1)、(4)。

答案：D。(2)中包含不可逆因素，通过摩擦的功热转换；(3)中包含不可逆因素，自由扩散。

例 2.10.3：热力学第一定律表明：[ ]；热力学第二定律表明：[ ]

(A) 系统对外做功不可能大于系统从外界吸热；

(B) 系统内能增量一定等于系统从外界吸热；

(C) 不可能存在这样的循环，在其循环过程中外界对系统做的功不等于系统传给外界的热量；

(D) 热机效率不可能等于 1。

答案：C,D。热力学第一定律是包含热现象在内的能量守恒与转化定律。对一个循环过程，初末态相同，故内能不变，循环过程中外界对系统做的功必然等于系统传给外界的热量，故 C 正确；热力学第二定律描述自然界能量转换的方向，指出热机效率必然小于 1，故 D 正确。

练习 2.10.3：甲说："由热力学第一定律可证明任何热机的效率不可能等于 1。"乙说："热力学第二定律可表述为效率等于 100%的热机不可能制造成功。"丙说："由热力学第一定律可证明任何卡诺循环的效率都等于 $1-(T_2/T_1)$。"丁说："由热力学第一定律可证明理想气体卡诺热机(可逆的)循环的效率等于 $1-(T_2/T_1)$。"对以上说法，有如下几种评论，哪种是正确的？[ ]

(A) 甲、乙、丙、丁全对； (B) 甲、乙、丙、丁全错；

(C) 甲、乙、丁对，丙错； (D) 乙、丁对，甲、丙错。

答案：D。

例 2.10.4：卡诺定理指出：工作于两个一定温度的高、低温热源之间的[ ]

(A) 一切热机效率相等；

(B) 一切可逆机效率相等；

(C) 一切不可逆机的效率相等；

(D) 一切不可逆机的效率一定高于可逆机的效率。

答案：B。

练习 2.10.4：在相同的高温热源和低温热源间工作的一切热机[　　]

(A) 其效率都相等；

(B) 以可逆热机效率为最大；

(C) 以不可逆热机效率为最大；

(D) 即使都是可逆的，其效率也会因工作物质不同而异，当工作物质是理想气体时，热机效率最大。

答案：B。

例 2.10.5：两条绝热线与一条等温线可否构成一个循环？

答：不可能。因为如果存在这种可能，就意味着存在一种该循环对应的热机，如图 2.10.1 所示。只从单一热源吸热，使之完全转化为功，其他的一切都没有发生任何变化。这违反了热力学第二定律的开尔文表述。

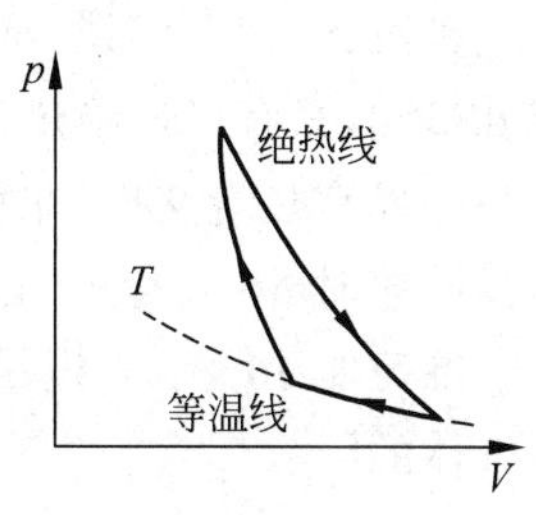

图 2.10.1

分析：此类题目使用反证法。如本例及练习 2.10.5。

练习 2.10.5：证明一条等温线和一条绝热线不能有两个交点。

证明：假设一条等温线和一条绝热线不能有两个交点，如图 2.10.2 所示。就意味着存在该种循环对应的热机，只从单一热源吸热，使之完全转化为功，其他的一切都没有发生任何变化。这违反了热力学第二定律的开尔文表述。

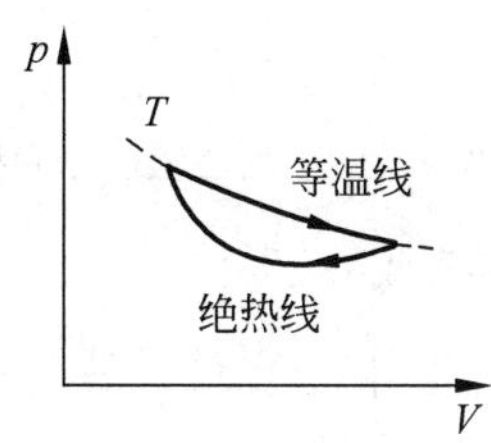

图 2.10.2

例 2.10.6：在气体等温膨胀中，气体从单一热源吸热，并完全变成功，这是否违背热力学第二定律？

答：没有违背热力学第二定律。气体等温碰撞过程中气体体积、压强发生变化，不满足热力学第二定律开尔文表述中不产生其他影响的条件。

练习 2.10.6：关于热力学第二定律，下列说法如有错误请改正：(1)热量不能从低温物体传向高温物体；(2)功可以全部转变为热量，但热量不能全部转变为功。

答：(1) 热量不能自动地从低温物体传向高温物体；

(2) 功可以全部转变为热量，但热量不能自发地全部转变为功。

考点 2：熵增加原理的理解和判断

说明：系统的可逆循环过程：$\Delta S=0$；

孤立系统的可逆过程是可逆绝热过程：$\Delta S=0$。

例 2.10.7：设有以下一些过程：

(1) 两种不同气体在等温下互相混合；

(2) 理想气体在定体下降温；

(3) 液体在等温下汽化；

(4) 理想气体在等温下压缩；

(5) 理想气体绝热自由膨胀。

在这些过程中，使系统的熵增加的过程是[　　]

(A) (1)、(2)、(3)；　　(B) (2)、(3)、(4)；

(C) (3)、(4)、(5)；　　(D) (1)、(3)、(5)。

答案：D。(1)、(3)、(5)是自发进行的过程，熵增加；(2)、(4)过程：$\Delta Q<0, \Delta S=\dfrac{\Delta Q}{T}<0$。

练习 2.10.7：关于一个系统的熵的变化，以下说法正确的是[　　]

(A) 任一绝热过程 $dS=0$；

(B) 任一可逆过程 $dS=0$；

(C) 对孤立系，任意过程 $dS\geqslant 0$。

答案：C。A 错误，绝热过程 $đQ=0$，但如果是不可逆的过程如气体绝热自由膨胀，则有 $dS>0$，只有可逆绝热过程才有 $dS=0$。B 错误，孤立系统的可逆过程才有 $dS=0$。若系统与外界有热量交换(非孤立系统、非绝热过程)，如理想气体可逆等温膨胀时 $dS>0$；可逆等温压缩时 $dS<0$。C 正确，这是熵增加原理的数学表述。

练习 2.10.8：一定量的理想气体向真空作绝热自由膨胀，体积由 V 增至 $2V$，在此过程中气体的[　　]

(A) 内能不变，熵增加；　　(B) 内能不变，熵减少；

(C) 内能不变，熵不变；　　(D) 内能增加，熵增加。

答案：A。

例 2.10.8：经可逆吸热过程或不可逆吸热过程都可使一固体从初态(温度 T_1)变到同样的末态(温度 T_2)，对这两种过程试判断下列各量之间的关系：

$\int_{T_1}^{T_2}\dfrac{đQ(\text{可逆})}{T}$ ________ $\int_{T_1}^{T_2}\dfrac{đQ(\text{不可逆})}{T}$；固体：$\Delta E$(可逆) ________ ΔE(不可逆)；固体：ΔS(可逆) ________ ΔS(不可逆)。(填“>”“=”或“<”)

答案：>；=；=。由克劳修斯不等式$\oint_{\text{任意}}\dfrac{đQ}{T}\leqslant 0$，可得 $\Delta S=\int_{T_1}^{T_2}\dfrac{đQ(\text{可逆})}{T}\geqslant\int_{T_1}^{T_2}\dfrac{đQ(\text{任意})}{T}$，其中等号对应可逆过程，大于号对应不可逆过程(对孤立系统：$đQ(\text{任意})=0$，故 $\Delta S\geqslant 0$，即熵增加原理)。熵 S 与内能 E 都是状态量，与过程无关，ΔE(可逆)$=\Delta E$(不可逆)，ΔS(可逆)$=\Delta S$(不可逆)。

考点 3：利用克劳修斯熵计算熵增

说明：利用克劳修斯熵计算熵增的步骤：

(1) ①选定系统；②确定不可逆过程及其始、末状态参量；③在始、末状态间拟定一个可逆过程；④沿可逆过程计算熵增$\left(\text{热温比的积分：} S_2-S_1=\int_R\dfrac{đQ}{T}\right)$。

(2) 若系统的初末态状态确定，运用 $\Delta S=\nu\left(C_{V,\mathrm{m}}\ln\dfrac{T_2}{T_1}+R\ln\dfrac{V_2}{V_1}\right)$计算熵增。

(3) 系统如分为几部分，各部分熵变之和等于系统的熵变。

典型结果：

等压过程：$\Delta S=\nu C_{p,\mathrm{m}}\ln\dfrac{T_2}{T_1}$；等容过程：$\Delta S=\nu C_{V,\mathrm{m}}\ln\dfrac{T_2}{T_1}$；等温过程：$\Delta S=\nu R\ln\dfrac{V_2}{V_1}$；绝热自由膨胀：$\Delta S=\nu R\ln\dfrac{V_2}{V_1}$。

例 2.10.9：1mol 理想气体经过绝热自由膨胀，体积从 V_1 增大到 V_2，求此过程中的熵增。

解：选择绝热容器内的理想气体为孤立系统，作如图 2.10.3 所示 p-V 图。

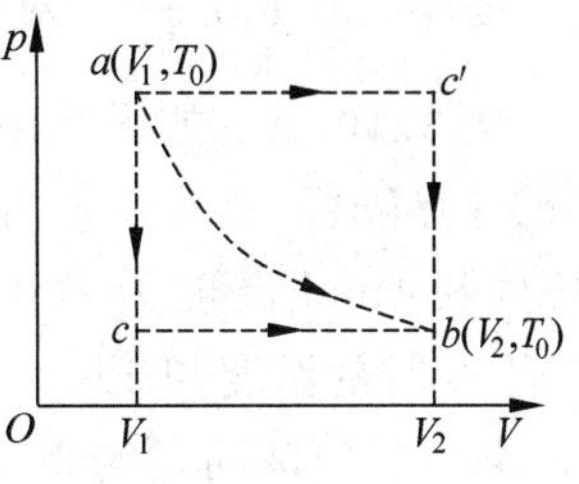

图 2.10.3

方法 1：拟定准静态等温膨胀过程 $a\to b$，沿此可逆过程求熵增

$$\Delta S=\int_a^b\frac{\mathrm{d}Q}{T}=\frac{1}{T_0}\int_{V_1}^{V_2}p\,\mathrm{d}V=\frac{1}{T_0}\cdot RT_0\int_{V_1}^{V_2}\frac{\mathrm{d}V}{V}=R\ln\frac{V_2}{V_1}(>0)$$

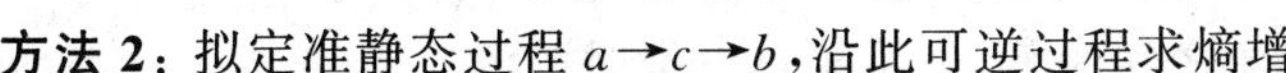

方法 2：拟定准静态过程 $a\to c\to b$，沿此可逆过程求熵增

$$\Delta S=\int_a^c\frac{\text{đ}Q}{T}+\int_c^b\frac{\text{đ}Q}{T}=\int_a^c\frac{C_{V,\mathrm{m}}\mathrm{d}T}{T}+\int_c^b\frac{C_{p,\mathrm{m}}\mathrm{d}T}{T}=\frac{i}{2}R\ln\frac{T_C}{T_0}+\frac{i+2}{2}R\ln\frac{T_0}{T_C}=R\ln\frac{T_0}{T_C}=R\ln\frac{V_2}{V_1}(>0)$$

方法 3：拟定准静态过程 $a\to c'\to b$，沿此可逆过程求熵增

$$\Delta S=\int_a^{c'}\frac{\text{đ}Q}{T}+\int_{c'}^b\frac{\text{đ}Q}{T}=\int_a^{c'}\frac{C_{p,\mathrm{m}}\mathrm{d}T}{T}+\int_{c'}^b\frac{C_{V,\mathrm{m}}\mathrm{d}T}{T}=\frac{i+2}{2}R\ln\frac{T_{C'}}{T_0}+\frac{i}{2}R\ln\frac{T_0}{T_{C'}}=R\ln\frac{T_{C'}}{T_0}=R\ln\frac{V_2}{V_1}(>0)$$

方法 4：运用公式，$\Delta S=\nu\left(C_{V,\mathrm{m}}\ln\dfrac{T_2}{T_1}+R\ln\dfrac{V_2}{V_1}\right)=R\ln\dfrac{V_2}{V_1}(>0)$。

分析：该例题进一步说明系统的熵增只取决于系统的始末两个平衡态，与系统所经历的具体过程无关。熵是系统的态函数。

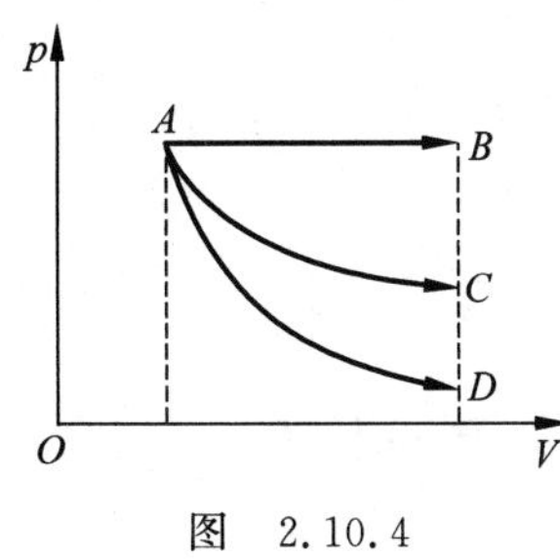

图 2.10.4

练习 2.10.9：如图 2.10.4 所示，一定量理想气体从体积 V_1 膨胀到体积 V_2 分别经历的过程是：AB 等压过程，AC 等温过程，AD 绝热过程，其中吸热量最多的过程是__________，气体的熵增加最多的过程是__________。(填“AB”“AC”或“AD”)

答案：AB，AB。AB 是等压过程，与其他两个过程相比，对外做功 W 最大，内能 $\Delta E>0$ 增加，依照热力学第一定律，吸收热量最多。三个过程的熵变可用公式 $\Delta S=\nu\left(C_{V,\mathrm{m}}\ln\dfrac{T_2}{T_1}+R\ln\dfrac{V_2}{V_1}\right)$计算，因为 AB 过程$\dfrac{T_2}{T_1}$最大，故 ΔS

最大。

练习 2.10.10：已知某理想气体的比热容比为γ，若该气体分别经历等压过程和等体过程，温度由T_1升到T_2，则前者的熵增加量为后者的__________倍。

答案：γ。等压过程：$\Delta S=\nu C_{p,\mathrm{m}}\ln\dfrac{T_2}{T_1}$；等体过程：$\Delta S=\nu C_{V,\mathrm{m}}\ln\dfrac{T_2}{T_1}$。

练习 2.10.11：1mol 理想气体在气缸中进行无限缓慢地膨胀，其体积由V_1变到V_2。(1)当气缸处于绝热情况下时，理想气体熵的增量$\Delta S=$__________；(2)当气缸处于等温情况时，理想气体熵的增量$\Delta S=$__________。

答案：0；$R\ln\dfrac{V_2}{V_1}$。对绝热可逆过程，熵变为 0。

例 2.10.10：如图 2.10.5 所示，绝热容器中有一无摩擦可移动的导热隔板，容器隔开的两部分分别装有 1mol 温度为 300K 的 He 气和 1mol 温度为 600K 的 O_2 气，其压强都等于 1atm。求：(1)平衡时的温度和压强；(2)系统的熵增。

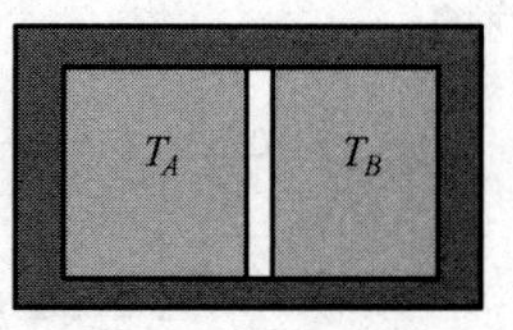

图 2.10.5

解：(1) 该问题与例 2.4.1 类似，考虑系统平衡前后内能不变，即 He 气与 O_2 气的内能改变之和为零，设系统热平衡时的温度为T，则有$(C_{V,\mathrm{m}})_{\mathrm{He}}(T-T_{\mathrm{He}})+(C_{V,\mathrm{m}})_{O_2}(T-T_{O_2})=0$。

$$T=\frac{(C_{V,\mathrm{m}})_{\mathrm{He}}T_{\mathrm{He}}+(C_{V,\mathrm{m}})_{O_2}T_{O_2}}{(C_{V,\mathrm{m}})_{\mathrm{He}}+(C_{V,\mathrm{m}})_{O_2}}=\frac{(3R/2)T_{\mathrm{He}}+(5R/2)T_{O_2}}{(3R/2)+(5R/2)}$$

$$=\frac{3T_{\mathrm{He}}+5T_{O_2}}{8}=487.5\mathrm{K}$$

平衡前后系统的总体积不变，即$V=V_{\mathrm{He}}+V_{O_2}=V'_{\mathrm{He}}+V'_{O_2}$。设系统热平衡时的压强为$p$，则

$$\frac{RT_{\mathrm{He}}}{p_0}+\frac{RT_{O_2}}{p_0}=\frac{RT}{p}+\frac{RT}{p}$$

$$p=\frac{2T}{T_{\mathrm{He}}+T_{O_2}}p_0=\frac{2\times 487.5}{300+600}\times 1\mathrm{atm}\approx 1.08\mathrm{atm}$$

(2) 平衡前：$p_0V_{\mathrm{He}}=RT_{\mathrm{He}}$，$p_0V_{O_2}=RT_{O_2}$，可得$V_{\mathrm{He}}/V_{O_2}=T_{\mathrm{He}}/T_{O_2}=1/2$，即$V_{\mathrm{He}}=V/3$，$V_{O_2}=2V/3$。平衡后 He 气和 O_2 气的体积均为$1/2V$。

根据熵增公式

$$\Delta S=\nu\left(C_{V,\mathrm{m}}\ln\frac{T_2}{T_1}+R\ln\frac{V_2}{V_1}\right)$$

$$\Delta S_{\mathrm{He}}=(C_V)_{\mathrm{He}}\ln\frac{T}{T_{\mathrm{He}}}+R\ln\frac{\frac{V}{2}}{\frac{V}{3}}=\frac{3R}{2}\ln\frac{487.5}{300}+R\ln\frac{3}{2}\approx 9.4\mathrm{J/K}$$

$$\Delta S_{O_2}=(C_V)_{O_2}\ln\frac{T}{T_{O_2}}+R\ln\frac{\frac{V}{2}}{\frac{2V}{3}}=\frac{5R}{2}\ln\frac{487.5}{600}+R\ln\frac{3}{4}\approx -6.7\mathrm{J/K}$$

$$\Delta S=\Delta S_{\text{He}}+\Delta S_{O_2}=2.7\text{J/K}$$

可见，气体混合过程中的熵是增加的。

分析：上例求熵变也可以设计可逆过程连接初末态进行计算。

练习 2.10.12：绝热容器用导热隔板分成体积均为 V 的两部分，各盛 1mol 的同种理想气体。开始时左半部温度为 T_A，右半部温度为 $T_B(<T_A)$。经足够长时间，两部分气体达到共同的热平衡温度 $(T_A+T_B)/2$。求初终两态的熵差。

解：根据熵增公式，$\Delta S=\nu\left(C_{V,\text{m}}\ln\dfrac{T_2}{T_1}+R\ln\dfrac{V_2}{V_1}\right)$。

左半边气体的熵增为

$$\Delta S_A=C_{V,\text{m}}\ln\frac{T}{T_A}$$

右半边气体的熵增为

$$\Delta S_B=C_{V,\text{m}}\ln\frac{T}{T_B}$$

其中 $T=(T_A+T_B)/2$ 为末态温度，总熵增为

$$\Delta S=\Delta S_A+\Delta S_B=C_{V,\text{m}}\left(\ln\frac{T}{T_A}+\ln\frac{T}{T_B}\right)=C_{V,\text{m}}\ln\frac{T^2}{T_AT_B}=C_{V,\text{m}}\ln\frac{(T_A+T_B)^2}{4T_AT_B}(>0)$$

可见，热传导过程中的熵是增加的。

练习 2.10.13：一个能透热的容器，盛有各为 1mol 的 A、B 两种理想气体，C 为具有分子筛作用的活塞，能让 A 种气体自由通过，不让 B 种气体通过，如图 2.10.6 所示。活塞从容器的右端移到容器的一半处，设过程中温度保持不变，则（1）A 种气体熵的增量 $\Delta S_A=$________；（2）B 种气体熵的增量 $\Delta S_B=$________。（普适气体常量为 R）

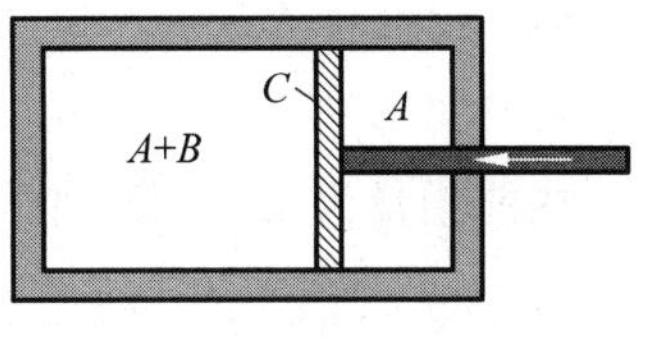

图 2.10.6

答案：0；$-R\ln2$。根据熵增公式，$\Delta S=\nu\left(C_{V,\text{m}}\ln\dfrac{T_2}{T_1}+R\ln\dfrac{V_2}{V_1}\right)$，对 A 种气体，$\dfrac{T_2}{T_1}=1$、$\dfrac{V_2}{V_1}=1$，熵的增量 $\Delta S_A=0$。对 B 种气体，$\dfrac{T_2}{T_1}=1$、$\dfrac{V_2}{V_1}=\dfrac{1}{2}$；熵的增量 $\Delta S_B=\nu R\ln\dfrac{1}{2}=-R\ln2$。

例 2.10.11：把质量为 1kg、温度为 0℃的水放到 100℃的恒温热源上，最终达到平衡。求这一过程中水和恒温热源所组成的系统的熵增。如果把这罐水先放到 50℃的恒温热源上加热，达到平衡后，再放到 100℃的恒温热源上加热，最终达到平衡。再求这一过程中系统的熵增。（已知水的比热为 4.2×10^3J/(kg/K)）

解：设计一个可逆过程，水与一系列温度逐渐升高 $\mathrm{d}T$ 的恒温热源依次接触，每经过一个等温过程从热源吸热 $\text{đ}Q$，温度升高 $\mathrm{d}T$，熵增加 $\mathrm{d}S$。

（1）在第一种情况下，水的熵增

$$\Delta S_{\text{水}}=\int_{T_1}^{T_2}\frac{cm\,\mathrm{d}T}{T}=cm\ln\frac{T_2}{T_1}$$

该过程中水吸收的热量为 $Q=cm(T_2-T_1)$，热源放出的热量为 $-Q$，热源的熵增为

$$\Delta S_{源}=\frac{-cm(T_2-T_1)}{T_2}$$

系统的总熵增是

$$\Delta S_1=\Delta S_{水}+\Delta S_{源}=cm\ln\frac{T_2}{T_1}+\frac{-cm(T_2-T_1)}{T_2}$$

$$=4.2\times10^3\times\left(\ln\frac{373}{273}-\frac{100}{373}\right)\text{J/K}\approx184.8\text{J/K}$$

(2) 在第二种情况下系统的熵增

$$\Delta S_2=\Delta S_{水1}+\Delta S_{源1}+\Delta S_{水2}+\Delta S_{源2}$$

$$=cm\ln\frac{T'}{T_1}+\frac{-cm(T'-T_1)}{T'}+cm\ln\frac{T_2}{T'}+\frac{-cm(T_2-T')}{T_2}$$

$$=cm\ln\frac{T_2}{T_1}+\frac{-cm(T'-T_1)}{T'}+\frac{-cm(T_2-T')}{T_2}$$

$$=4.2\times10^3\times\left(\ln\frac{373}{273}-\frac{50}{323}-\frac{50}{373}\right)\text{J/K}\approx97.7\text{J/K}$$

练习 2.10.14：1cm^3 的纯水在压强 $p=1\text{atm}$ 下饱和汽化成 1671cm^3 的水蒸气。已知水的汽化热为 $L=2.26\times10^6\text{J/kg}$，试求该系统内能和熵的增量。

解：水饱和情况下汽化，吸收的热量为 $Q=mL=2.26\times10^3\text{J}$；

对外做的功为 $W=p(V_2-V_1)=1.01\times10^5\times1670\times10^{-6}\text{J}=1.69\times10^2\text{J}$；

内能增量为 $\Delta E=Q-W=2.09\times10^3\text{J}$；

熵增量为 $\Delta S=\dfrac{Q}{T}=\dfrac{2.26\times10^3}{373}\text{J/K}=6.06\text{J/K}$。

练习 2.10.15：质量 $m_1=1\text{kg}$、温度 $T_1=280\text{K}$ 的冷水，与质量 $m_2=2\text{kg}$、温度 $T_2=360\text{K}$ 的热水通过热接触而达到热平衡。设过程中冷、热水系统与外界均无热交换，该过程中冷水的熵变 $\Delta S_1=$________，热水的熵变 $\Delta S_2=$________，二者的总熵变 $\Delta S=$________。(已知水的比热为 $c=4.18\times10^3\text{J/(kg·K)}$)。

答案：725J/K，−652J/K，73J。假设冷热水系统的平衡温度是 T，热水传递给冷水的热量大小为 Q，则 $Q=cm_1(T-T_1)=cm_2(T_2-T)$，末态温度为 $T=\dfrac{m_1T_1+m_2T_2}{m_1+m_2}=333\text{K}$，熵变 $\Delta S_1=\int_R\dfrac{dQ}{T}=\int_{T_1}^{T}\dfrac{cm_1dT}{T}=cm_1\ln\left(\dfrac{T}{T_1}\right)=725\text{J/K}$，$\Delta S_2=\int_{T_2}^{T}\dfrac{cm_2dT}{T}=cm_2\ln\left(\dfrac{T}{T_2}\right)=-652\text{J/K}$，总熵变 $\Delta S=\Delta S_1+\Delta S_2=73\text{J}$。

2.11* 玻耳兹曼分布

(1) 能量分布的统计规律——玻耳兹曼分布律：

$$\frac{dN}{N}=Ce^{-\varepsilon/kT}dxdydzdv_xdv_ydv_z$$

(2) 位于位置空间 $dxdydz$ 内的分子数 $dN=n_0e^{-\varepsilon_p/kT}dxdydz$。

特例：重力场中粒子数密度按高度的分布 $n=n_0e^{-\frac{\varepsilon_p}{kT}}=n_0e^{-\frac{mgh}{kT}}$。

恒温气压公式：$p=n_0e^{-\frac{-mgh}{kT}}kT=p_0e^{-\frac{mgh}{kT}}=p_0e^{-\frac{M_{mol}gh}{RT}}$。

考点：玻耳兹曼分布律的理解

例 2.11.1：在温度为 T 的平衡状态下，试问在重力场中分子质量为 m 的气体，当分子数密度减少一半时的高度 $h=$__________。

答案：$kT\ln2/(mg)$。重力场中粒子数密度按高度的分布为 $n=n_0e^{-\frac{\varepsilon_p}{kT}}=n_0e^{-\frac{mgh}{kT}}$，故当 $n=\frac{n_0}{2}$时，$e^{-\frac{mgh}{kT}}=\frac{1}{2}$。

练习 2.11.1：在大气中取一无限高的直立圆柱体，截面积为 A，设柱中分子的总数为 N，大气是等温的，温度为 T，试就此空气柱，求玻耳兹曼分布律中的常数 n_0。

解：根据玻耳兹曼分布律 $dN=n_0e^{-\varepsilon_p/kT}dxdydz$ 可得，对本题 $dN=n_0e^{-mgz/kT}Adz$，其中 n_0 为 $z=0$ 处单位体积内的分子数，故 $N=A\int_0^\infty n_0e^{-mgz/kT}dz=A\frac{n_0kT}{mg}$，故 $n_0=\frac{Nmg}{AkT}$。

例 2.11.2：作布朗运动的微粒系统可看作是在浮力 $-mg\rho_0/\rho$ 和重力场的作用下达到平衡态的巨分子系统。设 m 为粒子的质量，ρ 为粒子的密度，ρ_0 为粒子在其中漂浮的流体的密度，并令 $z=0$ 处势能为零，则在 z 为任意值处的粒子数密度 n 为[　　]

(A) $n_0\exp\left[-\frac{mgz}{kT}\cdot\left(1-\frac{\rho_0}{\rho}\right)\right]$；　　(B) $n_0\exp\left[\frac{mgz}{kT}\cdot\left(1-\frac{\rho_0}{\rho}\right)\right]$；

(C) $n_0\exp\left(-\frac{mgz\rho_0}{kT\rho}\right)$；　　(D) $n_0\exp\left(-\frac{mgz\rho_0}{kT\rho}\right)$。

答案：A。根据在 z 处的势能为 $\varepsilon_p=mgz\left(1-\frac{\rho_0}{\rho}\right)$，粒子数密度按高度的分布公式 $n=n_0e^{-\frac{\varepsilon_p}{kT}}$计算可得。

练习 2.11.2：一个很长的密闭容器内盛有分子质量为 m 的理想气体，该容器以匀加速度 a 垂直于水平面上升。当气体状态达到稳定时温度为 T，容器底部的分子数密度为 n_0，则容器内离底部 高为 h 处的分子数密度 $n=$__________。

答案：$n_0e^{-\frac{m(g+a)h}{kT}}$。

例 2.11.3：设地球大气是等温的，温度为 5℃，海平面上气压为 $p_0=760\text{mmHg}$ ($1\text{mmHg}=133\text{Pa}$)，今测得某山顶的气压 $p=560\text{mmHg}$，已知空气的平均摩尔质量为 28.97×10^{-3}kg，则山高为__________。

答案：2484m。由 $p=p_0e^{-\frac{M_{mol}gh}{RT}}$，可得 $h=\frac{RT\ln\left(\frac{p_0}{p}\right)}{M_{mol}g}=\frac{8.31\times278\times\ln(76/56)}{28.97\times10^{-3}\times9.8}\text{m}\approx2484\text{m}$。

练习 2.11.3：假定在海平面上大气压是 1.0×10^5 Pa，气温为 273K，忽略气温随高度的变化，则珠穆朗玛峰海拔 8848m 处的大气压是__________。（空气的平均摩尔质量为 28.97×10^{-3}kg）。

答案：0.33×10^5 Pa。

例 2.11.4：氢原子基态能级 $E_1=-13.6$eV，第一激发态能级 $E_2=-3.4$eV，求在室温 $T=27$℃时原子处于第一激发态与基态的数目比。（玻耳兹曼常量 $k=1.38\times10^{-23}$J/K）

解：根据玻耳兹曼分布律，

$$\frac{N_2}{N_1}=\mathrm{e}^{-(E_2-E_1)/kT}=\mathrm{e}^{-10.2\times1.6\times10^{-19}/(1.38\times10^{-23}\times300)}=1.58\times10^{-10}$$

可见，在室温下氢原子几乎都处于基态。

分析：玻耳兹曼分布律表明在外力场中分子（气、液、固等）总是优先占据能量较低的状态。

练习 2.11.4：在二氧化碳激光器中，作为产生激光的介质 CO_2 分子的两个能级能量分布为 $E_1=0.172$eV，$E_2=0.291$eV，在温度为 400℃时，两能级的分子数之比 N_2/N_1 为__________。（玻耳兹曼常量 $k=1.38\times10^{-23}$J/K）。

答案：0.13。

2.12* 范德瓦尔斯方程

修正项：① 气体分子本身体积的修正项 $-\frac{m}{M_{\mathrm{mol}}}b$；

② 分子引力所引起的内压强修正项 $\frac{m^2}{M_{\mathrm{mol}}^2}\frac{a}{V^2}\Rightarrow\left(p+\frac{m^2}{M_{\mathrm{mol}}^2}\frac{a}{V^2}\right)\left(V-\frac{m}{M_{\mathrm{mol}}}b\right)=\frac{m}{M_{\mathrm{mol}}}RT$。

考点：范德瓦尔斯方程的理解及应用

例 2.12.1：1mol 真实气体的范德瓦尔斯方程为 $\left(p+\frac{a}{V^2}\right)(V-b)=RT$，式中：(1) $\frac{a}{V^2}$ 表示真实气体表面层的单位面积上所受内部分子的引力；(2) $\left(p+\frac{a}{V^2}\right)$ 表示 1mol 真实气体对器壁的实际压强；(3) a 表示 1mol 真实气体在占有单位体积时的压强减小量；(4) $(V-b)$ 表示 1mol 真实气体可被压缩的空间。以上四种说法中：

(A) 只有(1)、(2)是正确的；　　(B) 只有(3)、(4)是正确的；

(C) 只有(1)、(3)、(4)是正确的；　　(D) 全部是正确的。

答案：C。在范德瓦尔斯方程中，$\frac{a}{V^2}$ 为分子引力所引起的内压强修正项，(1)、(3)表述正确；1mol 真实气体对器壁的实际压强为 p，1mol 真实气体分子的实际活动空间是 $(V-b)$，b 表示 1mol 真实气体的不可压缩的体积，故(2)错误，(4)正确。

练习 2.12.1：范德瓦尔斯方程引入反映分子本身体积的修正量是 b，其实是考虑到分子间有相互____________作用；而引入另一个修正量 a 是考虑到分子间有相互____________作用。

答案：排斥；吸引。

例 2.12.2：一定量的理想气体在真空中绝热膨胀后，其温度____________；已知 1mol 范德瓦尔斯气体的内能为 $E=C_{V,\mathrm{m}}T-a/V$（a、b、R、C_V 皆为常量），一定量的范德瓦尔斯气体在真空中绝热膨胀后，其温度____________。（填"升高""降低"或"不变"）

答案：不变；降低。范德瓦尔斯气体的绝热膨胀需克服分子间的引力，即对外做功，所以本身内能降低，温度降低。真空中绝热膨胀过程中 $W=0$，$Q=0$，根据热力学第一定律 $\Delta E=0$。1mol 真实气体的范德瓦尔斯气体的内能为 $E=C_{V,\mathrm{m}}T-a/V$。两边微分得：$\mathrm{d}E=C_{V,\mathrm{m}}\mathrm{d}T+\frac{a}{V^2}\mathrm{d}V$，当 $\mathrm{d}E=0$ 时，$\frac{\mathrm{d}T}{\mathrm{d}V}=-\frac{a}{V^2C_{V,\mathrm{m}}}<0$，可见体积增大温度降低。

练习 2.12.2：已知 1mol 范德瓦尔斯气体的内能为 $E=C_{V,\mathrm{m}}T-a/V$（a、b、R、C_V 皆为常量），1mol 范德瓦尔斯气体初始体积为 V_1，向真空作绝热膨胀至体积 V_2，则其温度的增量 $\Delta T=$____________。

答案：$\frac{a}{C_{V,\mathrm{m}}}\left(\frac{1}{V_1}-\frac{1}{V_2}\right)$。由例 2.12.2，$\mathrm{d}T=-\frac{a}{V^2C_{V,\mathrm{m}}}\mathrm{d}V$，温度的改变量 $\Delta T=\int_{V_1}^{V_2}-\frac{a}{V^2C_{V,\mathrm{m}}}\mathrm{d}V=\frac{a}{C_{V,\mathrm{m}}}\left(\frac{1}{V_1}-\frac{1}{V_2}\right)$。

练习 2.12.3：理想气体的内能是____________的单值函数；真实气体的内能是____________的函数。

答案：温度 T；温度 T 和体积 V（或温度 T 和压强 p，或压强 p 和体积 V）。真实气体的内能包括分子无规则运动的动能、分子间的相互作用势能等，故其内能是温度和外部参量的函数，1mol 范德瓦尔斯气体的内能为 $E=C_{V,\mathrm{m}}T-a/V$。

例 2.12.3：1mol 范德瓦耳斯气体的状态方程为 $\left(p+\frac{a}{V^2}\right)(V-b)=RT$，内能为 $E=C_{V,\mathrm{m}}T-a/V$（a、b、R、$C_{V,\mathrm{m}}$ 皆为常量）。(1)试导出其熵作为状态参量 T 和 V 的函数；(2)当气体作等温膨胀从体积 V_1 膨胀到 V_2 时，求其吸收的热量。

解：(1) 根据熵定义：

$$\mathrm{d}S=\frac{\text{đ}Q}{T}=\frac{\mathrm{d}E+p\,\mathrm{d}V}{T} \quad ①$$

其中

$$E=C_{V,\mathrm{m}}T-\frac{a}{V}\Rightarrow \mathrm{d}E=C_{V,\mathrm{m}}\mathrm{d}T+\frac{a}{V^2}\mathrm{d}V \quad ②$$

$$\left(p+\frac{a}{V^2}\right)(V-b)=RT\Rightarrow p=\frac{RT}{V-b}-\frac{a}{V^2} \quad ③$$

将②式和③式代入①式可得

$$\mathrm{d}S=\frac{\mathrm{d}E+p\,\mathrm{d}V}{T}=\frac{1}{T}\left[C_{V,\mathrm{m}}\mathrm{d}T+\frac{a}{V^2}\mathrm{d}V+\left(\frac{RT}{V-b}-\frac{a}{V^2}\right)\mathrm{d}V\right]=\frac{C_{V,\mathrm{m}}}{T}\mathrm{d}T+\frac{R}{V-b}\mathrm{d}V$$

所以

$$\Delta S=S-S_0=\int\frac{C_{V,\mathrm{m}}}{T}\mathrm{d}T+\frac{R}{V-b}\mathrm{d}V=C_{V,\mathrm{m}}\ln\frac{T}{T_0}+R\ln\frac{V-b}{V_0-b}$$

(2) 首先计算气体等温碰撞过程中做的功 $W=\int_{V_1}^{V_2} p\mathrm{d}V$,将 ③ 式代入可得

$$W=\int_{V_1}^{V_2}\left(\frac{RT}{V-b}-\frac{a}{V^2}\right)\mathrm{d}V=RT\ln\frac{V_2-b}{V_1-b}+a\left(\frac{1}{V_2}-\frac{1}{V_2}\right)$$

根据题目,等温膨胀过程内能改变为

$$\Delta E=E_2-E_1=-a\left(\frac{1}{V_2}-\frac{1}{V_1}\right)$$

利用热力学第一定律有

$$Q=\Delta E+W=RT\ln\frac{V_2-b}{V_1-b}$$

练习 2.12.4:一定量的理想气体在等温膨胀后,其内能__________;一定量的范德瓦耳斯气体在等温膨胀后,其内能__________。(填“增加”“减小”或“不变”)

答案:不变;增加。依照例 2.12.3,范德瓦耳斯气体在等温膨胀后内能改变为 $\Delta E=E_2-E_1=-a\left(\frac{1}{V_2}-\frac{1}{V_1}\right)$,可见体积增大内能减小。

练习 2.12.5:容积 20L 的容器内装有 1.5kg 二氧化碳气体。试计算温度为 27℃时气体的压强,并与同一情况下理想气体的压强相比较。(二氧化碳气体的 $a=0.365\mathrm{Pa}\cdot\mathrm{m}^6/\mathrm{mol}^2$,$b=0.427\times10^{-4}\mathrm{m}^3/\mathrm{mol}$)

解:由范德瓦耳斯方程 $\left(p+\frac{m^2}{M_{\mathrm{mol}}^2}\frac{a}{V^2}\right)\left(V-\frac{m}{M_{\mathrm{mol}}}b\right)=\frac{m}{M_{\mathrm{mol}}}RT$,计算可得 $p\approx 3.52\times10^6\mathrm{Pa}$。

而同一情况下,理想气体的压强为 $p=\frac{m}{M}\frac{RT}{V}=\frac{1.5\times8.31\times300.15}{44\times10^{-3}\times20\times10^{-3}}\mathrm{Pa}\approx 4.25\times10^6\mathrm{Pa}$。

2.13* 多方过程

多方过程方程:$pV^n=$常数。

考点:多方过程方程的应用

例 2.13.1:一定量单原子分子理想气体经历可由 $pV^n=$常数表示的多方过程。如变化过程为绝热过程,则 $n=$__________;如变化过程为等温过程,则 $n=$__________;如变化过程为等压过程,则 $n=$__________。

答案:1.67;1;0。对绝热过程,$pV^\gamma=$常数,其中摩尔热容比 $\gamma=\frac{C_p}{C_V}=\frac{i+2}{i}=\frac{5}{3}$。

例 2.13.2:1mol 的刚性双原子分子理想气体的多方过程方程为 $pV^n=$常数,若已知此过程的摩尔热容 $C=3R$(R 为普适气体恒量),试求多方指数 n。

解:对多方过程 $pV^n=$常数,两边求微分得:$pnV^{n-1}\mathrm{d}V+V^n\mathrm{d}p=0$,整理可得:$pn\mathrm{d}V=-V\mathrm{d}p$;

对 1mol 理想气体状态方程 $pV=RT$ 两边求微分得：$p\mathrm{d}V+V\mathrm{d}p=R\mathrm{d}T$；

结合以上两式，可得：$p\mathrm{d}V=\frac{R}{1-n}\mathrm{d}T$。

由热力学第一定律：$\text{đ}Q=\mathrm{d}E+\text{đ}W=C_{V,\mathrm{m}}\mathrm{d}T+p\mathrm{d}V=C_{V,\mathrm{m}}\mathrm{d}T+\frac{R}{1-n}\mathrm{d}T$；

根据摩尔热容 C_m 的定义，对 1mol 理想气体：$C_\mathrm{m}=\frac{\text{đ}Q}{\mathrm{d}T}=C_{V,\mathrm{m}}+\frac{R}{1-n}=\frac{5R}{2}+\frac{R}{1-n}=3R$；

解得多方指数 $n=-1$。

练习 2.13.1：证明一定量的理想气体在多方过程中($pV^n=$常数)的摩尔热容为 $C=C_{V,\mathrm{m}}\frac{n-\gamma}{n-1}$，其中 n 为多方指数，γ 为比热容比。

证：对多方过程方程 $pV^n=$常数，两边求微分整理得 $pn\mathrm{d}V=-V\mathrm{d}p$。

对理想气体状态方程 $pV=\nu RT$，两边求微分得 $p\mathrm{d}V+V\mathrm{d}p=\nu R\mathrm{d}T$。

结合以上两式，可得 $p\mathrm{d}V=\frac{\nu R}{1-n}\mathrm{d}T$。

由热力学第一定律：$\mathrm{d}Q=\mathrm{d}E+\text{đ}W=\nu C_{V,\mathrm{m}}\mathrm{d}T+p\mathrm{d}V=\nu C_{V,\mathrm{m}}\mathrm{d}T+\frac{\nu R}{1-n}\mathrm{d}T$。

根据摩尔热容 C_m 的定义：$C_\mathrm{m}=\frac{\text{đ}Q}{\nu\mathrm{d}T}=C_{V,\mathrm{m}}+\frac{R}{1-n}=C_{V,\mathrm{m}}+\frac{C_{p,\mathrm{m}}-C_{V,\mathrm{m}}}{1-n}=C_{V,\mathrm{m}}+\frac{\gamma-1}{1-n}C_{V,\mathrm{m}}=C_{V,\mathrm{m}}\frac{n-\gamma}{n-1}$。

例 2.13.3：一定量的理想气体，其状态变化遵从多方过程方程 $pV^n=$常数，已知其体积增大为原来的 2 倍时，温度相应降低为原来的$\frac{1}{4}$，则多方指数 $n=$__________。

答案：3。**方法 1**：对多方过程 $pV^n=C_1$，利用理想气体状态方程 $pV=\nu RT$ 约掉 p 得 $TV^{n-1}=C_2$。

方法 2：与绝热过程类似，$pV^\gamma=C_1$，$TV^{\gamma-1}=C_2$，利用公式 $TV^{n-1}=$常数，可得 $TV^{n-1}=\frac{1}{4}T(2V)^{n-1}$，整理得$\frac{2^{n-1}}{4}=1$。

练习 2.13.2：1mol 理想气体，其状态变化过程遵从的方程为 $pV^{1/2}=$常数，当它的体积从 V_1 膨胀 至 $2V_1$ 时，其温度将从 T_1 变为[　　]

(A) $\frac{1}{2}T_1$；　(B) $\frac{1}{\sqrt{2}}T_1$；　(C) $\sqrt{2}T_1$；　(D) $2T_1$。

答案：C。根据 $TV^{n-1}=C_2$ 计算。

练习 2.13.3：如果理想气体的体积按照 $pV^3=C$ 的规律从 V_1 膨胀至 V_2，则它所做的功 $W=$__________；膨胀过程中气体的温度__________。(填“升高”“降低”或“不变”)

答案：$\frac{C}{2}\left(\frac{1}{V_1^2}-\frac{1}{V_2^2}\right)$；降低。气体做的功为 $W=\int_{V_1}^{V_2}p\mathrm{d}V=\int_{V_1}^{V_2}\frac{C}{V^3}\mathrm{d}V=\frac{C}{2}\left(\frac{1}{V_1^2}-\frac{1}{V_2^2}\right)$；该过程中 $TV^{n-1}=TV^2=$常数，故体积增加温度降低。

第三部分

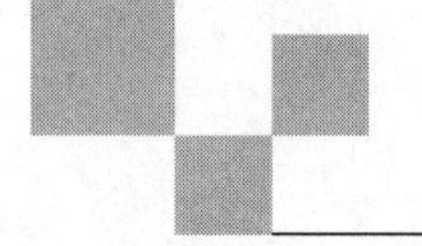

电 磁 学

- 电磁场
  - 静电场
    - 库仑定律 $\boldsymbol{F}=\frac{1}{4\pi\varepsilon_0}\frac{q_1q_2}{r^2}\boldsymbol{r}_0$
      - 电场强度矢量 $\boldsymbol{E}=\frac{\boldsymbol{F}}{q_0}$（$\boldsymbol{E}=-\nabla U$；电势 $U_a=\int_a^\infty \boldsymbol{E}\cdot d\boldsymbol{l}$）
        - 电场环路定理 $\oint \boldsymbol{E}\cdot d\boldsymbol{l}=0$
        - 电场高斯定理 $\oiint \boldsymbol{E}\cdot d\boldsymbol{S}=\frac{q}{\varepsilon_0}$
    - 导体
      - 静电平衡
        - 电场 $E_{内}=0, \boldsymbol{E}_{表}=\frac{\sigma}{\varepsilon_0}\boldsymbol{n}$
        - 电势 U=常数
        - 电荷 $\sigma\propto\frac{1}{r}$
      - 电容器的电容 $C=Q/U$ — 电容器的储能 $W_e=\frac{1}{2}QU$ — 电场能量 $W_e=\iiint_v \frac{1}{2}\boldsymbol{D}\cdot\boldsymbol{E}dV$
    - 介质
      - 电介质极化 — 极化强度 $\boldsymbol{P}=\chi_e\varepsilon_0\boldsymbol{E}$ — 电位移矢量 $\boldsymbol{D}=\varepsilon_0\boldsymbol{E}+\boldsymbol{P}$ — 电场高斯定理 $\oiint \boldsymbol{D}\cdot d\boldsymbol{S}=q_0=\iiint_v \rho dV$
  - 稳恒磁场
    - 毕奥-萨伐尔定律 $\boldsymbol{B}=\int_L d\boldsymbol{B}=\frac{\mu_0}{4\pi}\int_L\frac{Id\boldsymbol{l}\times\boldsymbol{r}_0}{r^2}$
      - 磁场环路定理 $\oint \boldsymbol{B}\cdot d\boldsymbol{l}=\mu_0 I$
      - 磁场高斯定理 $\oiint \boldsymbol{B}\cdot d\boldsymbol{S}=0$
    - 力
      - 安培定律 $d\boldsymbol{F}=Id\boldsymbol{l}\times\boldsymbol{B}$
      - 洛伦兹力 $\boldsymbol{F}=q\boldsymbol{v}\times\boldsymbol{B}$
    - 介质
      - 磁介质磁化 — 磁化强度 $\boldsymbol{M}=\chi_m\boldsymbol{H}$ — 磁场强度 $\boldsymbol{H}=\frac{\boldsymbol{B}}{\mu_0}-\boldsymbol{M}$ — 磁场环路定理 $\oint \boldsymbol{H}\cdot d\boldsymbol{l}=I_c$
  - 变化的电磁场
    - 变化的磁场
      - 法拉第电磁感应定律 $\varepsilon=-\frac{d\Phi}{dt}$
        - 感生电动势 $\varepsilon=-\iint_s\frac{\partial\boldsymbol{B}}{\partial t}\cdot d\boldsymbol{S}$ — 电场环路定理 $\oint \boldsymbol{E}\cdot d\boldsymbol{l}=-\iint_s\frac{\partial\boldsymbol{B}}{\partial t}\cdot d\boldsymbol{S}$
        - 动生电动势 $\varepsilon=\int_-^+(\boldsymbol{v}\times\boldsymbol{B})\cdot d\boldsymbol{l}$
        - 自感与互感
          - 互感电动势 $\varepsilon_{12}=-M\frac{dI_2}{dt}$
          - 自感电动势 $\varepsilon_L=-L\frac{dI}{dt}$ — 自感磁能 $W_m=\frac{1}{2}LI^2$ — 磁场能量 $W_m=\iiint_v\frac{1}{2}\boldsymbol{B}\cdot\boldsymbol{H}dV$
    - 变化的电场
      - 位移电流 $I_d=\iint_s\frac{\partial\boldsymbol{D}}{\partial t}\cdot d\boldsymbol{S}$ — 全电流 $I_s=I_c+I_d=\iint_s\left(\boldsymbol{j}_c+\frac{\partial\boldsymbol{B}}{\partial t}\right)\cdot d\boldsymbol{S}$ — 磁场环路定理 $\oint \boldsymbol{H}\cdot d\boldsymbol{l}=\iint_s\left(\boldsymbol{j}_c+\frac{\partial\boldsymbol{B}}{\partial t}\right)\cdot d\boldsymbol{S}$

电磁场的能量（电场能量 W_e ↔ 磁场能量 W_m）

麦克斯韦方程组（电场高斯定理、磁场高斯定理、电场环路定理、磁场环路定理）

电磁学部分主要内容思维导图

3.1 库仑定律、电场强度、电场强度叠加原理及其应用

(1) 库仑定律(实验定律,电磁场理论的基石):真空中两个静止点电荷之间作用力的大小和方向可表示为 $\boldsymbol{F}=k\dfrac{q_1q_2}{r^2}\boldsymbol{r}_0$。$\left(k=\dfrac{1}{4\pi\varepsilon_0}=9.0\times10^9\,\mathrm{N}\cdot\dfrac{\mathrm{m}^2}{\mathrm{C}^2},\varepsilon_0=8.85\times10^{-12}\,\mathrm{C}^2/(\mathrm{N}\cdot\mathrm{m}^2)\right)$

(2) 电场强度。①定义:$\boldsymbol{E}=\boldsymbol{F}/q$;②单位:N/C 或 V/m;③$\boldsymbol{E}$ 与 q 无关;④场强叠加原理:空间任一点的场强是空间所有电荷单独存在时在该点产生的场强的矢量和,即 $\boldsymbol{E}=\sum\limits_i\boldsymbol{E}_i$;⑤与 $\boldsymbol{E}$ 对应的描述场的几何方法:电力线。

(3) 电偶极子:大小相等、符号相反,彼此分开微小距离的两个点电荷系统。电偶极矩:$\boldsymbol{p}=q\boldsymbol{L}$,方向由负电荷指向正电荷。

考点 1:运用场叠加原理计算场强

注意:计算电场强度是这部分的主要内容之一,对形状不规则的连续带电体可以使用直接积分法计算场强:

$$\boldsymbol{E}=\int\mathrm{d}\boldsymbol{E}=\int_Q\frac{1}{4\pi\varepsilon_0}\frac{\mathrm{d}q}{r^2}\boldsymbol{r}_0$$

用矢量积分法求场强的一般步骤是:

(1) 建坐标,取微元 $\mathrm{d}q$:将连续带电体分割成许多电荷元 $\mathrm{d}q$,注意分割不是任意的,最好分割成场强分布已知的典型带电体,如点电荷、圆环、直线等。

(2) 求 $\mathrm{d}\boldsymbol{E}$:由已知的点电荷或典型带电体场强公式写出 $\mathrm{d}q$ 的场强 $\mathrm{d}\boldsymbol{E}$ 的大小,在图上标出其方向。

(3) 写分量:用正交分解法将 $\mathrm{d}\boldsymbol{E}$ 分解为各坐标轴方向的分量。

(4) 算积分:对 $\mathrm{d}\boldsymbol{E}$ 的每个分量积分。注意运用对称性化简,统一积分变量和正确确定积分限。

(5) 验结果:对总电场强度 $\boldsymbol{E}$ 的大小和方向结果进行讨论。通常先检查量纲是否正确,然后选特例,看所得结果是否与已知结论吻合。

例 3.1.1:有一均匀带电直线,单位长度上的电量为 λ,求离直线距离为 a 的 P 点处的场强。

解:建立坐标轴,取带点线的一段微元为研究对象,其长度为 $\mathrm{d}x$,带电量为 $\lambda\mathrm{d}x$,其场强为 $\mathrm{d}E=\dfrac{\lambda\mathrm{d}x}{4\pi\varepsilon_0r^2}$,方向如图 3.1.1 所示。将其沿 x、y 方向分解,可得

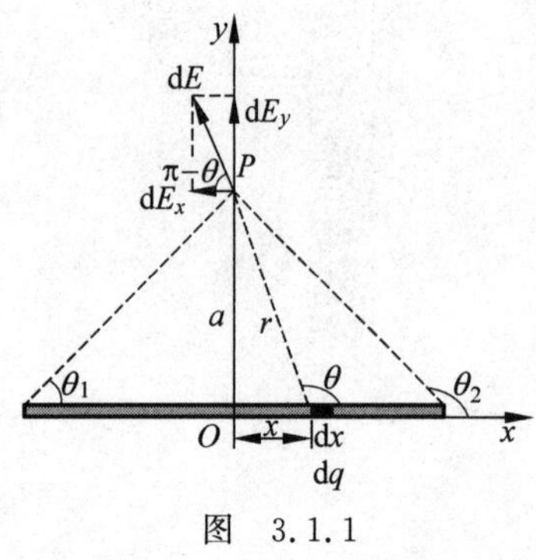

图 3.1.1

$$\mathrm{d}E_x=\frac{\lambda\mathrm{d}x}{4\pi\varepsilon_0r^2}\cos\theta,\quad \mathrm{d}E_y=\frac{\lambda\mathrm{d}x}{4\pi\varepsilon_0r^2}\sin\theta \qquad ①$$

其中 r、θ、x 皆为变量,需对其统一变量,考虑 $r=a/\sin\theta$,$x=-a\cot\theta\Rightarrow\mathrm{d}x=a\,\mathrm{d}\theta/\sin^2\theta$,代入①式,可得

$$\mathrm{d}E_x=\frac{\lambda}{4\pi\varepsilon_0a}\cos\theta\mathrm{d}\theta,\quad \mathrm{d}E_y=\frac{\lambda}{4\pi\varepsilon_0a}\sin\theta\mathrm{d}\theta$$

积分可得

$$E_x = \frac{\lambda}{4\pi\varepsilon_0 a}\int_{\theta_1}^{\theta_2}\cos\theta\mathrm{d}\theta = \frac{\lambda}{4\pi\varepsilon_0 a}(\sin\theta_2 - \sin\theta_1)$$

$$E_y = \frac{\lambda}{4\pi\varepsilon_0 a}\int_{\theta_1}^{\theta_2}\sin\theta\mathrm{d}\theta = \frac{\lambda}{4\pi\varepsilon_0 a}(\cos\theta_1 - \cos\theta_2)$$

说明：无限长均匀带电直线的场强（$\theta_1=0,\theta_2=\pi$）：$\boldsymbol{E}=\frac{\lambda}{2\pi\varepsilon_0 r}\boldsymbol{e}_r$。

练习 3.1.1：在长度为 L、带电量为 $Q(Q>0)$ 的均匀带电细棒的延长线上，距离细棒中心为 a 的 P 点处，放置一个带电量为 $q(q>0)$ 的点电荷，求点电荷受到的静电力。

解：如图 3.1.2 所示，取电荷元 $\mathrm{d}q=\lambda\mathrm{d}x$，它在 P 点的场强为

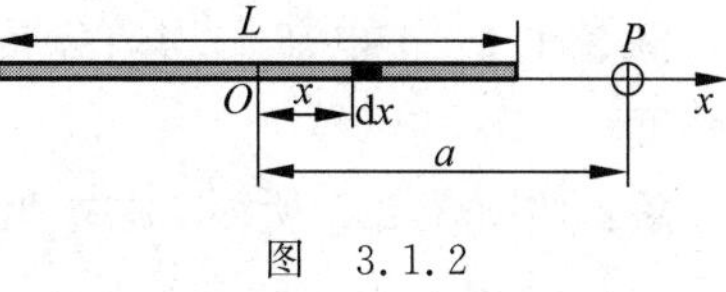

图 3.1.2

$$\mathrm{d}\boldsymbol{E} = \frac{\lambda\mathrm{d}x}{4\pi\varepsilon_0(a-x)^2}\boldsymbol{i}$$

整个带电直线在 P 点的场强为

$$\boldsymbol{E} = \int\mathrm{d}\boldsymbol{E} = \int_{-L/2}^{L/2}\frac{\lambda\mathrm{d}x}{4\pi\varepsilon_0(a-x)^2}\boldsymbol{i} = \frac{\lambda L}{4\pi\varepsilon_0(a^2-L^2/4)}\boldsymbol{i}$$

点电荷 q 在 P 点所受到的静电力为

$$\boldsymbol{F} = q\boldsymbol{E} = \frac{qQ}{4\pi\varepsilon_0(a^2-L^2/4)}\boldsymbol{i}$$

练习 3.1.2：两根互相平行的长直导线，相距为 a，其上均匀带电，电荷线密度分别为 $\lambda_1=2.0\times10^{-9}\mathrm{C/m}$ 和 λ_2。则导线单位长度所受电场力的大小为 $F/L=$ ________。

答案：$\lambda_1\lambda_2/2\pi\varepsilon_0 a$。运用无限长均匀带电直线的场强公式计算。

练习 3.1.3：如图 3.1.3 所示，一"无限长"圆柱面，其电荷面密度为 $\sigma=\sigma_0\cos\phi$，式中 ϕ 为半径 R 与 x 轴所夹的角，试求圆柱轴线上一点的场强。

解：将柱面分成许多与轴线平行的细长条，每条可视为"无限长"均匀带电直线，其电荷线密度为 $\lambda=\sigma_0\cos\phi R\mathrm{d}\phi$。它在 O 点产生的场强为

$$\mathrm{d}E = \frac{\lambda}{2\pi\varepsilon_0 R} = \frac{\sigma_0}{2\pi\varepsilon_0}\cos\phi\mathrm{d}\phi$$

如图 3.1.4 所示，它沿 x、y 轴上的两个分量为

$$\mathrm{d}E_x = -\mathrm{d}E\cos\phi = -\frac{\sigma_0}{2\pi\varepsilon_0}\cos^2\phi\mathrm{d}\phi$$

$$\mathrm{d}E_y = -\mathrm{d}E\sin\phi = -\frac{\sigma_0}{2\pi\varepsilon_0}\sin\phi\cos\phi\mathrm{d}\phi$$

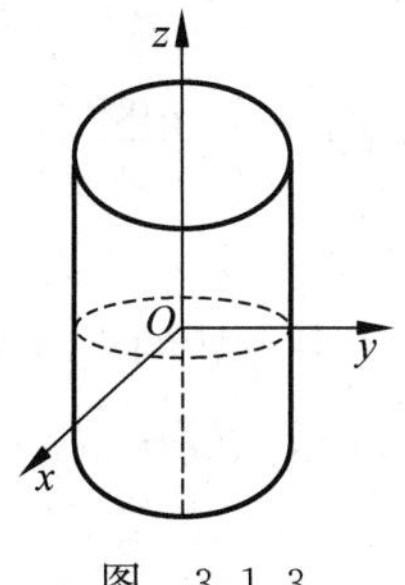

图 3.1.3

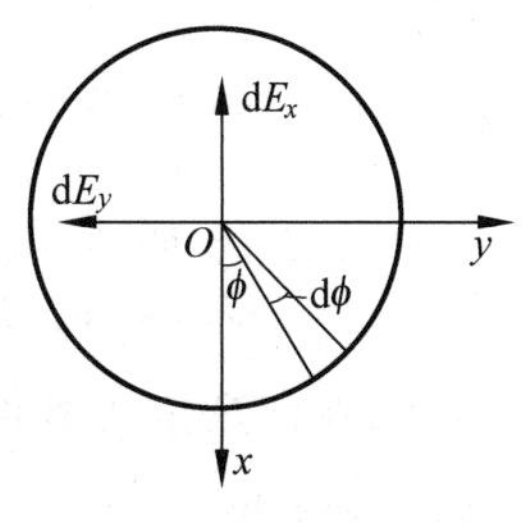

图 3.1.4

积分可得

$$E_x=\int_0^{2\pi}-\frac{\sigma_0}{2\pi\varepsilon_0}\cos^2\phi\,d\phi=-\frac{\sigma_0}{2\varepsilon_0}$$

$$E_y=\int_0^{2\pi}\frac{\sigma_0}{2\pi\varepsilon_0}\sin\phi\cos\phi\,d\phi=0$$

故圆柱轴线上一点的场强为

$$\boldsymbol{E}=-\frac{\sigma_0}{2\varepsilon_0}\boldsymbol{i}$$

例 3.1.2：正电荷 q 均匀分布在半径为 R 的圆环上，计算在环的轴线上任一点 P 的电场强度。

解：如图 3.1.5 所示，建立坐标轴，取圆环上微元长度 dl 为研究对象。其带电量为 $dq=\lambda dl$，其中 λ 为线密度，$\lambda=q/2\pi R$，$dq=q\,dl/2\pi R$：

$$d\boldsymbol{E}=\frac{1}{4\pi\varepsilon_0}\frac{\lambda dl}{r^2}\boldsymbol{e}_r$$

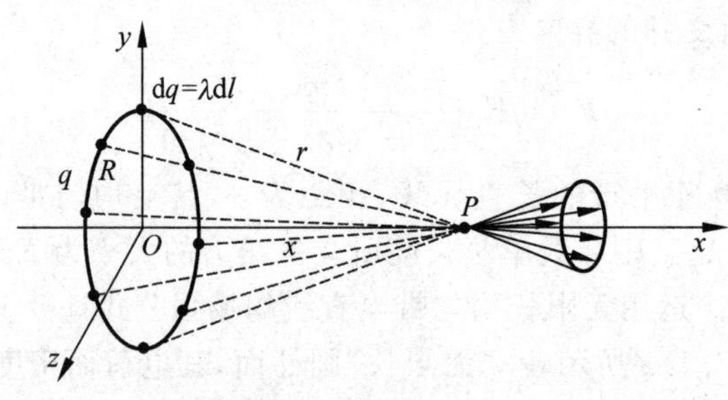

图 3.1.5

P 点的场强为圆环上各带电微元在此处的叠加。由对称性分析，叠加后电场沿 x 方向，

$$E_x=\int_l dE_x=\int_l dE\cos\theta=\int\frac{\lambda dl}{4\pi\varepsilon_0 r^2}\cdot\frac{x}{r}=\int_0^{2\pi R}\frac{x\lambda dl}{4\pi\varepsilon_0 r^3}=\frac{qx}{4\pi\varepsilon_0(x^2+R^2)^{\frac{3}{2}}}$$

练习 3.1.4：求均匀带电半圆环圆心处的电场，已知圆环半径为 R，线密度是 λ。

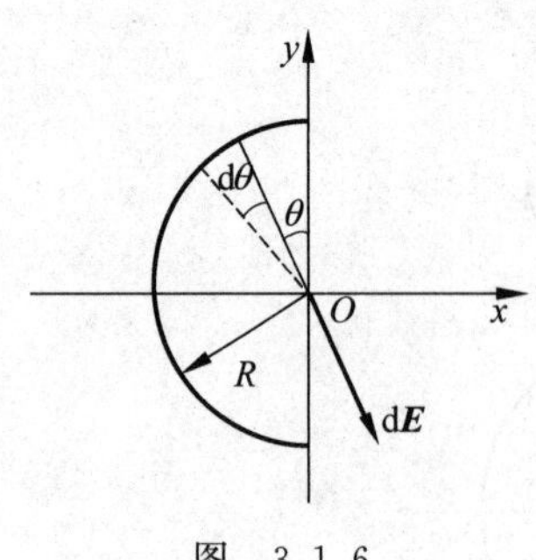

图 3.1.6

解：如图 3.1.6 所示，建立坐标轴，取半圆环张角为 θ 的微元为研究对象。产生的场强方向如图所示，大小为 $dE=\dfrac{dq}{4\pi\varepsilon_0 R^2}$。

由对称性分析可知，$E_y=0$，仅分析 x 方向分量：

$$E=\int dE_x=\int dE\sin\theta=\int_0^{\pi}\frac{\lambda R\,d\theta}{4\pi\varepsilon_0 R^2}\sin\theta=\frac{\lambda}{2\pi\varepsilon_0 R}$$

练习 3.1.5：带电细圆环的半径为 R，电荷线密度 $\lambda=\lambda_0\cos\phi$（$\lambda_0$ 为常数），求圆环中心处的电场强度。

解：如图 3.1.7 所示，在任意角 ϕ 处取微小电量电荷元：$dq=\lambda R\,d\phi=\lambda_0\cos\phi R\,d\phi$，在圆心 O 处的场强为 $dE=\dfrac{\lambda_0\cos\phi\,d\phi}{4\pi\varepsilon_0 R}$。

此电场的两个分量为

$$dE_x = -dE\cos\phi = -\frac{\lambda_0 \cos^2\phi\, d\phi}{4\pi\varepsilon_0 R}$$

$$dE_y = dE\sin\phi = \frac{\lambda_0 \sin\phi\cos\phi\, d\phi}{4\pi\varepsilon_0 R}$$

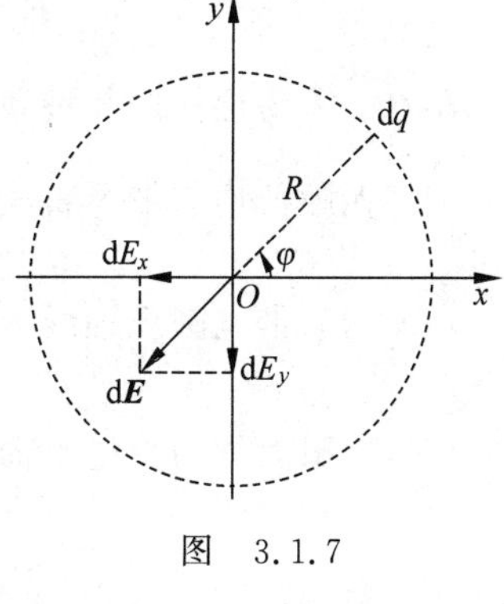

图 3.1.7

对各分量分别积分求圆心处的总场强：

$$E_y = \int dE_y = 0$$

$$E_x = \int_0^{2\pi} \frac{-\lambda_0 \cos^2\phi\, d\phi}{4\pi\varepsilon_0 R} = -\frac{\lambda_0}{4\varepsilon_0 R}$$

故 O 点的场强为

$$\boldsymbol{E} = -\frac{\lambda_0}{4\varepsilon_0 R}\boldsymbol{i}$$

例 3.1.3：有一半径为 R_0，电荷均匀分布的薄圆盘，其电荷面密度为 σ，求通过盘心且垂直盘面的轴线上任意一点处的电场强度。

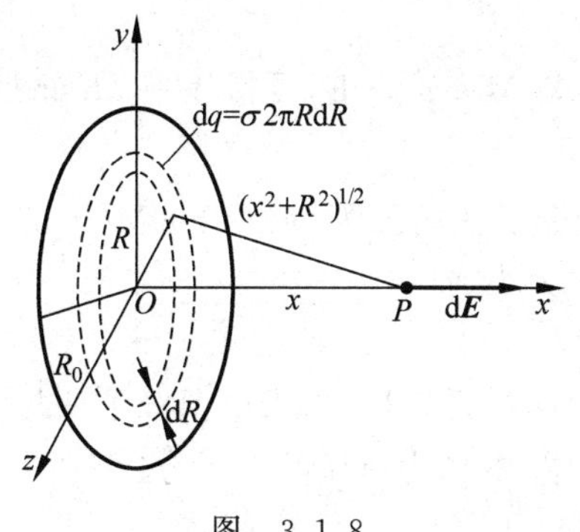

图 3.1.8

解：如图 3.1.8 所示，建立坐标轴，取宽度为 dR 的圆环微元为研究对象。其面积为 $dS=2\pi R\,dR$，带电量为 $dq=\sigma dS=\sigma 2\pi R\,dR$。

根据例 3.1.2 均匀带电圆环在 P 点的电场为

$$E_x = \frac{qx}{4\pi\varepsilon_0 (x^2+R^2)^{\frac{3}{2}}}$$

$$dE_x = \frac{x\,dq}{4\pi\varepsilon_0 (x^2+R^2)^{\frac{3}{2}}} = \frac{x\sigma 2\pi R\,dR}{4\pi\varepsilon_0 (x^2+R^2)^{3/2}}$$

此为圆环微元在 P 点的场强，运用场叠加原理，

$$E_x = \int dE_x = \frac{\sigma x}{2\varepsilon_0}\int_0^{R_0} \frac{R\,dR}{(x^2+R^2)^{3/2}} = \frac{\sigma x}{2\varepsilon_0}\left(\frac{1}{\sqrt{x^2}} - \frac{1}{\sqrt{x^2+R_0^2}}\right)$$

说明：无限大均匀带电平面外场强：$E=\dfrac{\sigma}{2\varepsilon_0}$，方向垂直于带电平面。

练习 3.1.6：有一均匀带电的半球面，半径为 R，电荷面密度为 σ，求球心处的电场强度。

解：如图 3.1.9 所示，把带电半球面分割成无数个极窄的均匀带电细圆环（宽 $R\,d\theta$），任取其中之一，其上电荷量为 $dq=\sigma ds=\sigma 2\pi R\sin\theta R\,d\theta$，此带电细圆环在球心处产生的场强为

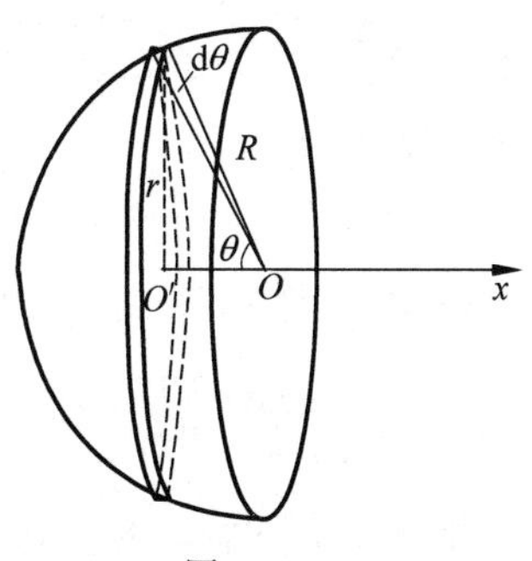

图 3.1.9

$$d\boldsymbol{E} = \frac{\overline{OO'}\,dq}{4\pi\varepsilon_0 (r^2+\overline{OO'}^2)^{3/2}}\boldsymbol{i} = \frac{R\cos\theta \cdot \sigma 2\pi R\sin\theta R\,d\theta}{4\pi\varepsilon_0 R^3}\boldsymbol{i}$$

$$= \frac{\sigma}{2\varepsilon_0}\sin\theta\cos\theta\,d\theta\boldsymbol{i}$$

积分得带电半球面在球心处总场强为

$$\boldsymbol{E}=\int \mathrm{d}\boldsymbol{E}=\frac{\sigma}{2\varepsilon_0}\boldsymbol{i}\int_0^{\pi/2}\sin\theta\cos\theta\,\mathrm{d}\theta=\frac{\sigma}{4\varepsilon_0}\boldsymbol{i}$$

小结：需要记住的几种典型带电体的静电场：

(1) 无限长均匀带电直线的场强：$\boldsymbol{E}=\dfrac{\lambda}{2\pi\varepsilon_0 r}\boldsymbol{e}_r$；

(2) 均匀带电圆环轴线上一点的场强：$\boldsymbol{E}=\dfrac{Qz}{4\pi\varepsilon_0(R^2+z^2)^{3/2}}\boldsymbol{e}_z$；

(3) 无限大均匀带电平面外场强：$\boldsymbol{E}=\dfrac{\sigma}{2\varepsilon_0}$，方向垂直于带电平面。

考点 2：电偶极子相关

说明：电偶极子在均匀外场中受到的电场作用力为零，受到的力矩不为零：$\boldsymbol{M}=\boldsymbol{p}_{\mathrm{e}}\times\boldsymbol{E}$；在这个力矩作用下，电偶极子转向沿外场方向。

例 3.1.4：一电偶极子放在场强大小为 $2\times10^3\,\mathrm{V/m}$ 的匀强电场中，其电矩方向与场强方向成 30°角。已知作用在电偶极子上的力矩大小为 $5\times10^{-2}\,\mathrm{N\cdot m}$，则其电矩大小 $p=$__________。

答案：$5\times10^{-5}\,\mathrm{C\cdot m}$。根据电偶极子在外场力矩公式，$\boldsymbol{M}=\boldsymbol{p}_{\mathrm{e}}\times\boldsymbol{E}$，可得 $M=pE\sin\theta\Rightarrow 5\times10^{-2}=p\times2\times10^3\times\sin30°$，计算可得 $p=5\times10^{-5}\,\mathrm{C\cdot m}$。

练习 3.1.7：一电矩为 $|\boldsymbol{p}|=5\times10^{-30}\,\mathrm{C\cdot m}$ 的电偶极子在场强为 $|\boldsymbol{E}|=500\,\mathrm{V/m}$ 的均匀电场中，$\boldsymbol{p}$ 与 $\boldsymbol{E}$ 间的夹角为 $\alpha=\pi/3$，则它所受的力矩的大小 $M=$__________。

答案：$2.3\times10^{-27}\,\mathrm{N\cdot m}$。

例 3.1.5：电偶极矩为 $\boldsymbol{p}_{\mathrm{e}}$ 的电偶极子处在场强为 $\boldsymbol{E}$ 的匀强电场中，求电偶极子从与场强方向垂直的位置转到与场强方向成 θ 角的位置的过程中，电场力所做的功。

解：电偶极子受的力矩为 $\boldsymbol{M}=\boldsymbol{p}_{\mathrm{e}}\times\boldsymbol{E}\to M=p_{\mathrm{e}}E\sin\theta$。

电偶极子由 $\dfrac{\pi}{2}$ 转到 θ 角时电场力做的功为

$$W=\int_{\pi/2}^{\theta}-M\,\mathrm{d}\theta=\int_{\pi/2}^{\theta}-p_{\mathrm{e}}E\sin\theta\,\mathrm{d}\theta=p_{\mathrm{e}}E\cos\theta=\boldsymbol{p}_{\mathrm{e}}\cdot\boldsymbol{E}$$

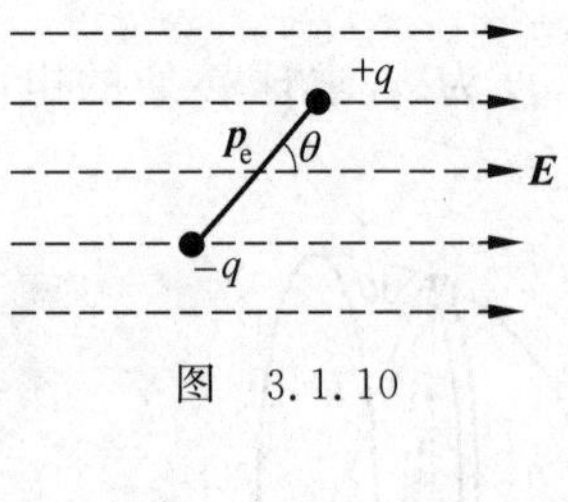

图 3.1.10

练习 3.1.8：氨分子(NH_3)的电偶电矩为 $|\boldsymbol{p}|=4.9\times10^{-30}\,\mathrm{C\cdot m}$，放在场强为 $|\boldsymbol{E}|=1.6\times10^3\,\mathrm{V/m}$ 的匀强电场中，$\boldsymbol{p}$ 与 $\boldsymbol{E}$ 间的夹角为 $\theta=30°$，如图 3.1.10 所示。将此偶极子绕通过其中心垂直于 $\boldsymbol{p}$、$\boldsymbol{E}$ 平面的轴转 180°，外力需做功 W。室温($T=300\mathrm{K}$)附近，分子的平均平动能为 $E_0=3kT/2=6.21\times10^{-21}\,\mathrm{J}$。那么 $W/E_0=$__________。

答案：2.2×10^{-6}。由例 3.1.5 电偶极子受的力矩所做的功为 $W'=-\int_{\theta}^{\theta+\pi}pE\sin\theta\,\mathrm{d}\theta=pE[\cos\theta-\cos(\theta+\pi)]=-2pE\cos\theta$，外力需做功 $W=2pE\cos\theta$，故 $W/E_0=4pE\cos\theta/(3kT)$。

例 3.1.6：在一个带负电的带电棒附近有一个电偶极子，其电偶极矩 p 的方向如

图 3.1.11 所示。当电偶极子被释放后,该电偶极子将[　　]

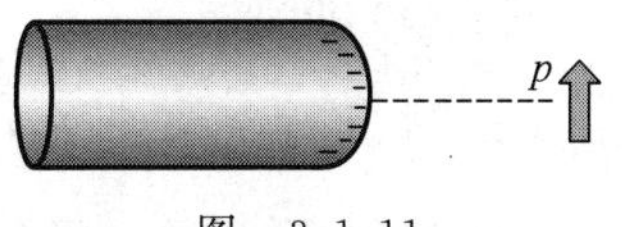

图　3.1.11

(A) 沿逆时针方向旋转直到电偶极矩 p 水平指向棒尖端而停止;

(B) 沿逆时针方向旋转至电偶极矩 p 水平指向棒尖端,同时沿电场线方向朝着棒尖端移动;

(C) 沿逆时针方向旋转至电偶极矩水平指向棒尖端,同时逆电场线方向朝远离棒尖端移动;

(D) 沿顺时针方向旋转至电偶极矩 p 水平方向沿棒尖端朝外,同时沿电场线方向朝着棒尖端移动。

答案:B。电偶极子处于非均匀外电场中。力矩作用使得电偶极子转向电场方向,即指向棒尖端;正负电荷的合外力向左。

练习 3.1.9:一电偶极子放在均匀电场中,当电偶极矩的方向与场强方向不一致时,其所受的合力 $\boldsymbol{F}$ 和合力矩 $\boldsymbol{M}$ 为[　　]

(A) $\boldsymbol{F}=0,\boldsymbol{M}=0$;　　(B) $\boldsymbol{F}=0,\boldsymbol{M}\neq 0$;　　(C) $\boldsymbol{F}\neq 0,\boldsymbol{M}=0$;　　(D) $\boldsymbol{F}\neq 0,\boldsymbol{M}\neq 0$。

答案:B。

3.2　静电场的高斯定理

(1) 电通量:$\Phi_e=\oint_S \boldsymbol{E}\cdot d\boldsymbol{S}$;

(2) 高斯定理:$\oint_S \boldsymbol{E}\cdot d\boldsymbol{S}=\left(\sum_i q_i\right)/\varepsilon_0$(离散);$\oint_S \boldsymbol{E}\cdot d\boldsymbol{S}=\left(\int_V \rho\, dV\right)/\varepsilon_0$(连续)。

考点 1:运用高斯定理计算场强

说明:高斯定理求场强步骤:

(1) 分析带电体及其场的对称性(柱、球、面对称);

(2) 取合适的高斯面(柱、球、长方体或圆柱),满足条件:①面元法向平行或垂直于电场线;②面元法向平行电场线处的场强大小相等;

(3) 计算通过高斯面的电通量 $\oint_S \boldsymbol{E}\cdot d\boldsymbol{S}=ES_E$;

(4) 计算高斯面所包围的净电荷,运用高斯定理求场强:$E=\dfrac{\sum q_{i内}}{\varepsilon_0 S_E}$。

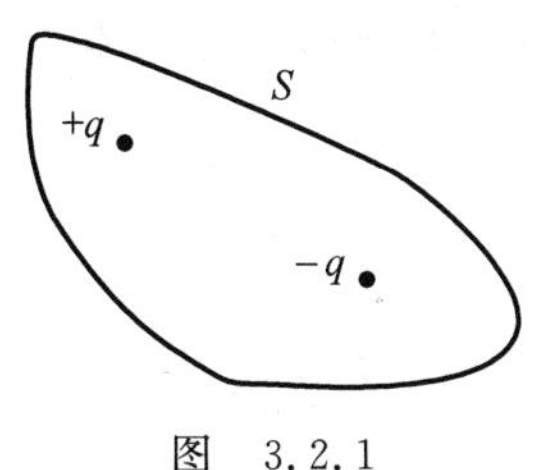

图　3.2.1

例 3.2.1:如图 3.2.1 所示,闭合面包围了两个等量异号点电荷 $\pm q$。下列说法是否正确?如有错误请改正。

(1) 高斯定理 $\oint_S \boldsymbol{E}\cdot d\boldsymbol{S}=\left(\sum_i q_i\right)/\varepsilon_0$ 成立;

(2) 因闭合面内包围净电荷 $\sum_i q_i=0$,得到 $\oint_S \boldsymbol{E}\cdot d\boldsymbol{S}$,故闭合面上场强 E 处处为零;

(3) 通过闭合面上任一面元的电场强度通量等于零。

答：(1) 正确；

(2) 错误，虽然有$\oint_S \boldsymbol{E}\cdot \mathrm{d}\boldsymbol{S}$，但本题中闭合面上各点场强均不为零；

(3) 错误，通过整个闭合面的电场强度通量为零，而通过任一面元的电场强度通量不一定为零(本题中任一面元上都不为零)。

例 3.2.2：如图 3.2.2 所示，在半径分别为 R_1 和 R_2 的两个同心球面上，分别均匀地分布着电量 Q_1 和 Q_2。(1)求Ⅰ、Ⅱ、Ⅲ三个区域的场强分布；(2)若 $Q_1=-Q_2$，情况如何？

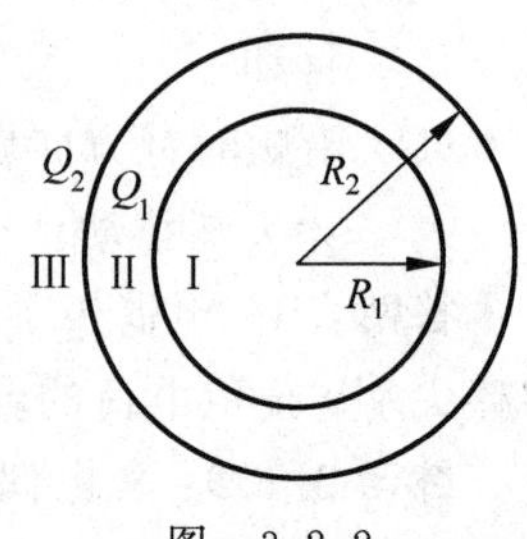

图 3.2.2

解：(1) 以球心为心，r 为半径作高斯面 S，根据对称性，S 上各点的电场强度 $\boldsymbol{E}$ 大小相等，方向与该处面元 ds 方向平行，故 $\boldsymbol{E}$ 对高斯面 S 的通量为$\oint_S \boldsymbol{E}\cdot \mathrm{d}\boldsymbol{S}=\oint_S E\mathrm{d}s=E\oint_S \mathrm{d}s=E\cdot 4\pi r^2$。

此结论对Ⅰ、Ⅱ、Ⅲ三个区域都成立。由高斯定理得：

在第Ⅰ区域，$4\pi r^2E_1=0\rightarrow E_1=0$；

在第Ⅱ区域，$4\pi r^2E_2=\dfrac{Q_1}{\varepsilon_0}\rightarrow E_2=\dfrac{Q_1}{4\pi\varepsilon_0 r^2}\rightarrow \boldsymbol{E}_2=\dfrac{Q_1}{4\pi\varepsilon_0 r^2}\boldsymbol{r}_0$；

在第Ⅲ区域，$4\pi r^2E_3=\dfrac{1}{\varepsilon_0}(Q_1+Q_2)\rightarrow E_3=\dfrac{Q_1+Q_2}{4\pi\varepsilon_0 r^2}\rightarrow \boldsymbol{E}_3=\dfrac{Q_1+Q_2}{4\pi\varepsilon_0 r^2}\boldsymbol{r}_0$。

(2) 若 $Q_1=-Q_2$，则 $E_1=0$，$\boldsymbol{E}_2=\dfrac{Q_1}{4\pi\varepsilon_0 r^2}\boldsymbol{r}_0$，$E_3=0$。

说明：对球状带电体高斯面一般选择球面，常见带电球层的电场分布如图 3.2.3 所示。

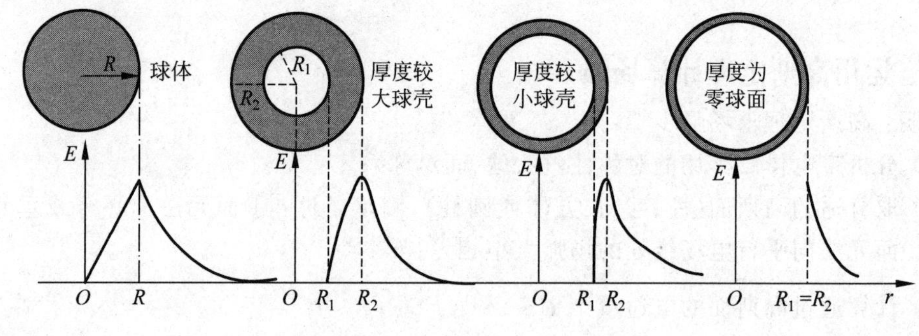

图 3.2.3

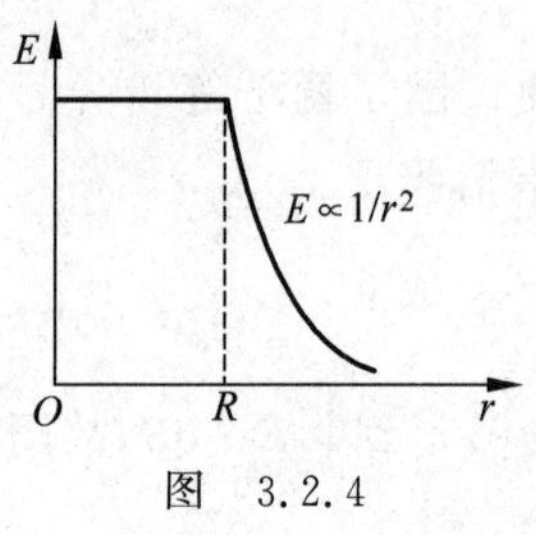

图 3.2.4

练习 3.2.1：如图 3.2.4 所示，一具有球对称性分布的静电场的 $E\sim r$ 关系曲线，请指出该静电场是由下列哪种带电体产生的[　　]

(A) 半径为 R 的均匀带电球面；

(B) 半径为 R 的均匀带电球体；

(C) 半径为 R、电荷体密度为 $\rho=Ar$(A 为常数)的非均匀带电球体；

(D) 半径为 R、电荷体密度为 $\rho=A/r$(A 为常数)的非均匀带电球体。

答案：D。对半径为 R、电荷体密度为 $\rho=A/r$ 的非均匀带电球体，当 $r>R$ 时，根据高斯定理，其电场与点电荷相同，即 $\boldsymbol{E}=\dfrac{Q}{4\pi\varepsilon_0 r^2}\boldsymbol{r}_0$。当 $r<R$ 时取同心球面为高斯面，运用高斯定理，$\oint_S \boldsymbol{E}\cdot d\boldsymbol{S}=\left(\int_V \rho dV\right)/\varepsilon_0$ 可得 $4\pi r^2 E=\left(\int_0^r \dfrac{A}{r}4\pi r^2 dr\right)/\varepsilon_0=2\pi A r^2/\varepsilon_0$，整理得半径为 r 处的场强大小为 $E=\dfrac{A}{2\varepsilon_0}$，为常数。

练习 3.2.2：两个同心均匀带电球面，半径分别为 R_1 和 $R_2(R_1<R_2)$，所带电荷分别为 Q_1 和 Q_2。设某点与球心相距 r，当 $R_1<r<R_2$ 时，该点的电场强度的大小为____________。

答案：$\dfrac{Q_1}{4\pi\varepsilon_0 r^2}$。

练习 3.2.3：在半径为 R_1 电荷密度为 ρ 的均匀带电球体内挖去半径为 R_2 的球形空腔。空腔中心 C_2 与带电球心 C_1 间距为 a，且 $R_1>a>R_2$，求空腔内任意点的电场强度。

解：本题可用补偿法求解。

设电荷密度为 ρ、半径为 R_1 的均匀带电球体在腔内任意一点 P 激发的场强为 $\boldsymbol{E}_1$，根据高斯定理可得到，$\boldsymbol{E}_1=\dfrac{\rho}{3\varepsilon_0}\boldsymbol{r}_1$，方向如图 3.2.5 所示。

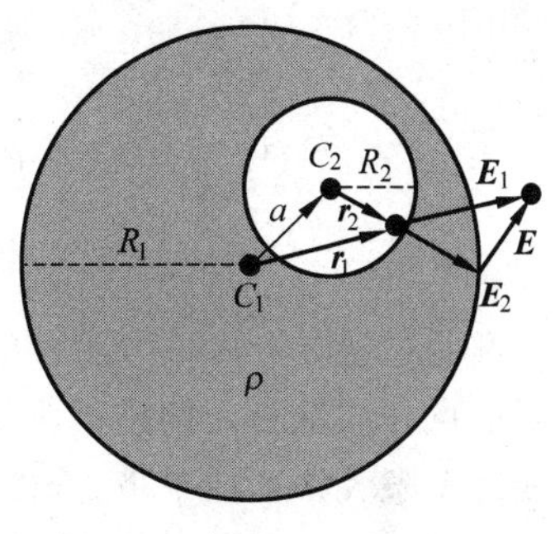

图　3.2.5

电荷密度为 ρ、半径为 R_2 的均匀带电球体在腔内任意一点 P 的场强为 $\boldsymbol{E}_2$，同样，$\boldsymbol{E}_2=\dfrac{\rho}{3\varepsilon_0}\boldsymbol{r}_2$。

P 点实际场强可看成电荷密度为 ρ 半径为 R_1 的球体与荷密度为 $-\rho$ 半径为 R_2 的球体叠加的效果，即实际场强为

$$\boldsymbol{E}=\boldsymbol{E}_1-\boldsymbol{E}_2=\frac{\rho}{3\varepsilon_0}(\boldsymbol{r}_1-\boldsymbol{r}_2)$$

根据如图 3.2.3 所示的几何关系可以判断，$\boldsymbol{r}_1-\boldsymbol{r}_2=\boldsymbol{a}$，$\boldsymbol{a}$ 指的是球心 C_1 指向球心 C_2 的矢量。所以 P 点场强为

$$\boldsymbol{E}=\frac{\rho}{3\varepsilon_0}\boldsymbol{a}$$

即空腔内是均匀电场。

练习 3.2.4：一孤立金属球，带有电荷 1.2×10^{-8}C，已知当电场强度的大小为 3×10^6 V/m 时，空气将被击穿。若要空气不被击穿，则金属球的半径至少大于[　　](已知 $1/(4\pi\varepsilon_0)=9\times10^9\,\mathrm{N\cdot m^2/C^2}$)

(A) 3.6×10^{-2}m；　　(B) 3.6×10^{-5}m；

(C) 6.0×10^{-3}m；　　(D) 6.0×10^{-6}m。

答案：C。金属球电荷分布在其外表面，内部电场为零，外部电场大小为 $E=\dfrac{Q}{4\pi\varepsilon_0 r^2}$，半

径 R 需要大于 $\sqrt{\dfrac{Q}{4\pi\varepsilon_0 E}}$。

例 3.2.3：电荷在半径为 R 的无限长直圆柱体内均匀分布，电荷体密度为 ρ。求离轴线为 r 处的电场强度。

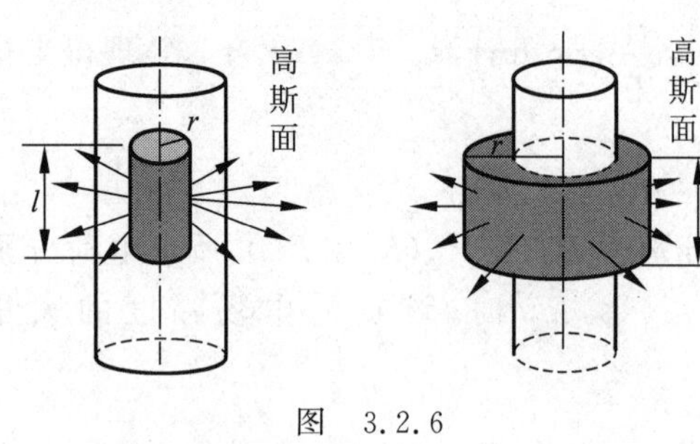

图 3.2.6

解：由电荷分布的对称性分析出场强分布的对称性如图 3.2.6 所示：场强方向垂直于轴线呈四周辐射状，离轴线距离相等处场强的大小相等。以圆柱轴线为轴，半径为 r 长度为 l 作闭合圆柱面型高斯面 S。在 S 上，$\boldsymbol{E}$ 的大小处处相等，方向都垂直于该高斯面，因此

$$\oint_S \boldsymbol{E}\cdot \mathrm{d}\boldsymbol{S}=E\oint_S \mathrm{d}S=E\cdot 2\pi rl$$

由高斯定理 $\varepsilon_0\oint_S \boldsymbol{E}\cdot \mathrm{d}\boldsymbol{S}=\int_{S里}\rho\mathrm{d}V$ 可知：

在 $r\leqslant R$ 处，$E\cdot 2\pi\varepsilon_0 rl=\rho\cdot \pi r^2 l$

$$\boldsymbol{E}=\frac{\rho}{2\varepsilon_0}\boldsymbol{r}$$

在 $r>R$ 处，$E\cdot 2\pi\varepsilon_0 rl=\rho\cdot \pi R^2 l$

$$\boldsymbol{E}=\frac{\rho}{2\varepsilon_0}\cdot\frac{R^2}{r}\boldsymbol{r}_0$$

说明：对均匀轴对称性带电体（长直线、柱体/面），一般过所求点作同轴封闭圆柱面为高斯面。

对无限大平面或平板，选以平面为中心的对称的圆柱体为高斯面（图 3.2.7），可得无限大均匀带电平面外的是均匀电场，其场强为 $E=\dfrac{\sigma}{2\varepsilon_0}$，方向垂直于带电平面。

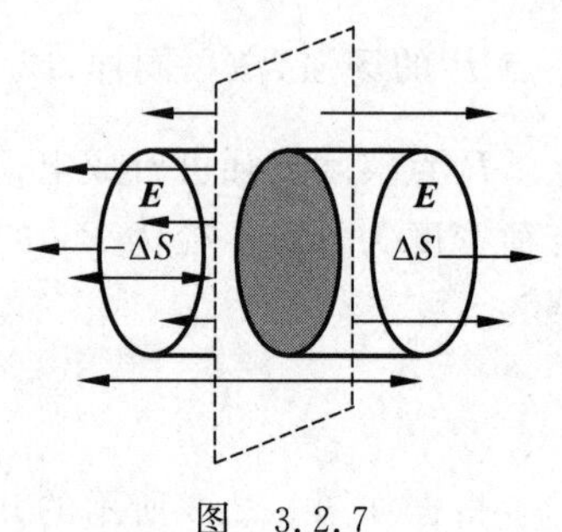

图 3.2.7

练习 3.2.5：如图 3.2.8 所示，一电荷线密度为 λ 的无限长带电直线垂直通过图中的 A 点；一带有电荷 Q 的均匀带电球体，其球心处于 O 点。$\triangle AOP$ 是边长为 a 的等边三角形。为了使 P 点处场强方向垂直于 OP，则 λ 和 Q 的数量之间应满足关系________，且 λ 与 Q 为________电荷。

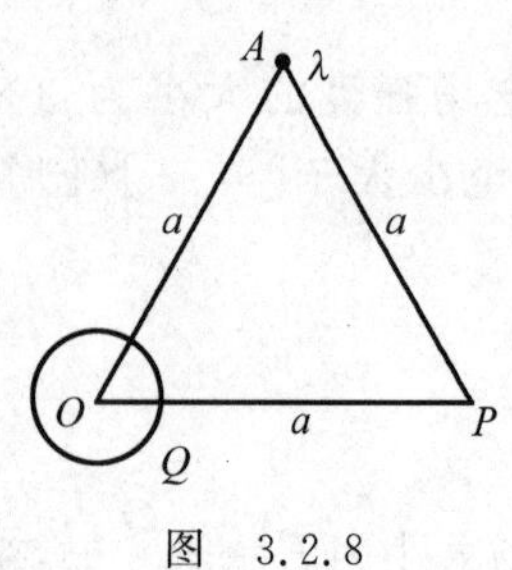

图 3.2.8

答案：$\lambda=Q/a$，异号。运用高斯定理，可得 A 处无限长带电直线在 P 点的场强大小为 $E=\dfrac{\lambda}{2\pi\varepsilon_0 a}$，方向平行于 AP；O 点均匀带电球体在 P 点的场强大小为 $E=\dfrac{Q}{4\pi\varepsilon_0 a^2}$，方向平行于 OP；若 P 点处场强方向垂直于 OP，则无限长带电直线在 P 点 OP 方向分量与均匀带电球体在 P 点的场强一定大小相等、方向相反，即 $\dfrac{\lambda}{2\pi\varepsilon_0 a}\times$

$\sin 30° = \dfrac{Q}{4\pi\varepsilon_0 a^2}$。

练习 3.2.6：如图 3.2.9 所示，图(a)和图(b)中曲线表示一种轴对称静电场的场强大小 E 的分布，r 表示离对称轴的距离，其分别表示是由(a)__________和(b)__________产生的电场。

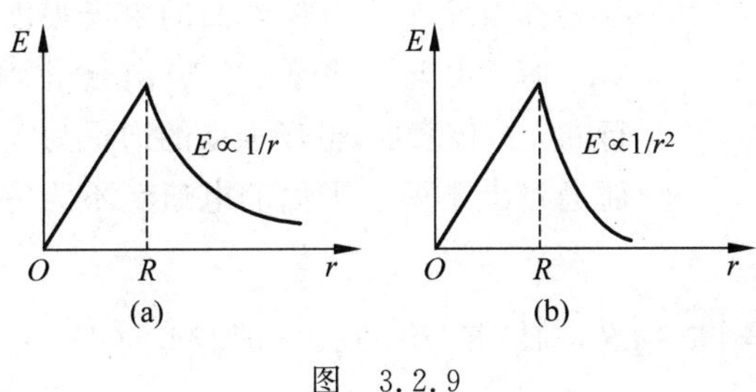

图　3.2.9

答案：半径为 R 的无限长均匀带电圆柱体，半径为 R 的均匀带电球体。

考点 2：计算电通量

例 3.2.4：如图 3.2.10 所示，一个带电量为 q 的点电荷位于立方体的 A 角上，则通过侧面 $abcd$ 的电场强度通量等于[　　]

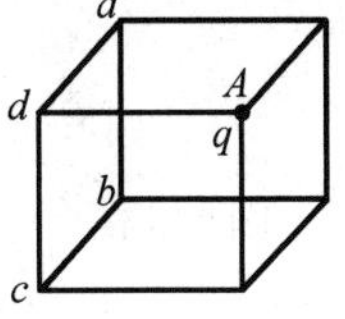

图　3.2.10

(A) 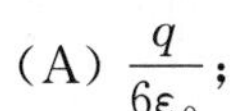 $\dfrac{q}{6\varepsilon_0}$；　　(B) $\dfrac{q}{12\varepsilon_0}$；

(C) 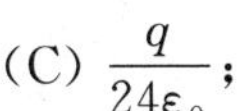 $\dfrac{q}{24\varepsilon_0}$；　　(D) $\dfrac{q}{48\varepsilon_0}$。

答案：C。试想将图 3.2.6 补全为一个大立方体，使 A 点位于大立方体的中心，则根据高斯定理，通过大立方体的总通量为 $\dfrac{q}{\varepsilon_0}$，侧面 $abcd$ 占大立方体总面积的 1/24，故选 C。

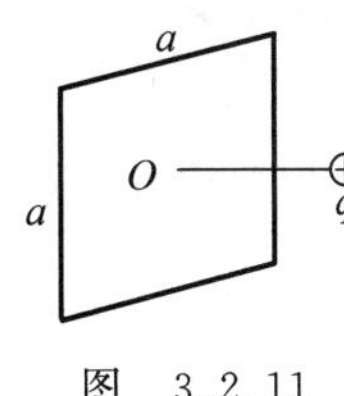

图　3.2.11

练习 3.2.7：有一边长为 a 的正方形平面，在其中垂线上距中心 O 点 $a/2$ 处，有一电量为 q 的正点电荷，如图 3.2.11 所示，则通过该平面的电场强度通量[　　]

(A) $q/(6\pi\varepsilon_0)$；　　(B) $q/(4\pi\varepsilon_0)$；

(C) $q/(3\pi\varepsilon_0)$；　　(D) $q/(6\varepsilon_0)$。

答案：D。

练习 3.2.8：有两个电荷都是 $+q$ 的点电荷，相距为 $2a$。今以左边的点电荷所在处为球心，以 a 为半径作一球形高斯面。在球面上取两块相等的小面积 S_1 和 S_2，其位置如图 3.2.12 所示。设通过 S_1 和 S_2 的电场强度通量分别为 ϕ_1 和 ϕ_2，通过整个球面的电场强度通量为 ϕ_S，则[　　]

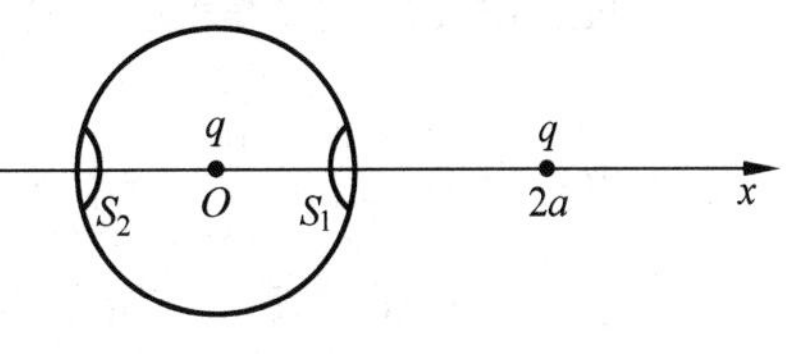

图　3.2.12

(A) $\phi_1 > \phi_2, \phi_S = q/\varepsilon_0$；　　(B) $\phi_1 < \phi_2, \phi_S = 2q/\varepsilon_0$；

(C) $\phi_1 = \phi_2, \phi_S = q/\varepsilon_0$；　　(D) $\phi_1 < \phi_2, \phi_S = q/\varepsilon_0$。

答案：D。

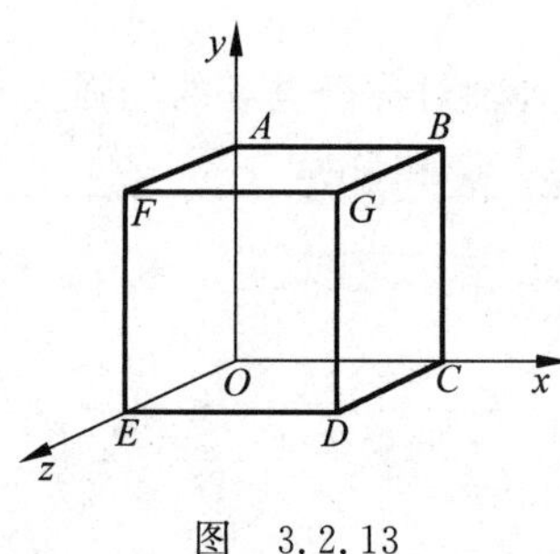

图 3.2.13

例 3.2.5：边长为 a 的立方体如图 3.2.13 所示，其表面分别平行于 Oxy、Oyz 和 Ozx 平面，立方体的一个顶点为坐标原点。现将立方体置于电场强度 $\boldsymbol{E}=(E_1+kx)\boldsymbol{i}+E_2\boldsymbol{j}$ (k、E_1、E_2 为常数)的非均匀电场中，求电场对立方体各表面及整个立方体表面的电场强度通量。

解：由电场只有 x、y 方向分量，所以任何相对 Oxy 面平行的立方体表面，电场强度的通量为零，即 $\Phi_{OABC}=\Phi_{DEFG}=0$。而通过上下两个平面的电通量不为零，其中通过上平面的电通量为

$$\Phi_{ABGF}=\int\boldsymbol{E}\cdot\mathrm{d}\boldsymbol{S}=\int[(E_1+kx)\boldsymbol{i}+E_2\boldsymbol{j}]\cdot(\mathrm{d}S\boldsymbol{j})=E_2a^2$$

考虑到下平面 $CDEO$ 与面 $ABGF$ 的外法线方向相反，且该两面的电场分布相同，故有

$$\Phi_{CDEO}=-\Phi_{ABGF}=-E_2a^2$$

同理

$$\Phi_{AOEF}=\int\boldsymbol{E}\cdot\mathrm{d}\boldsymbol{S}=\int[(E_1\boldsymbol{i}+E_2\boldsymbol{j})]\cdot(-\mathrm{d}S\boldsymbol{i})=-E_1a^2$$

$$\Phi_{BCDG}=\int\boldsymbol{E}\cdot\mathrm{d}\boldsymbol{S}=\int[(E_1+ka)\boldsymbol{i}+E_2\boldsymbol{j}]\cdot(\mathrm{d}S\boldsymbol{i})=(E_1+ka)a^2$$

因此，整个立方体表面的电场强度通量

$$\Phi=\sum\Phi=ka^3$$

练习 3.2.9：真空中一立方体形的高斯面，边长 $a=0.1\mathrm{m}$，位于图 3.2.14 中所示位置。已知空间的场强分布为：$E_x=bx$，$E_y=0$，$E_z=0$。常量 $b=1000\mathrm{N/(C\cdot m)}$。通过该高斯面的电通量为__________。

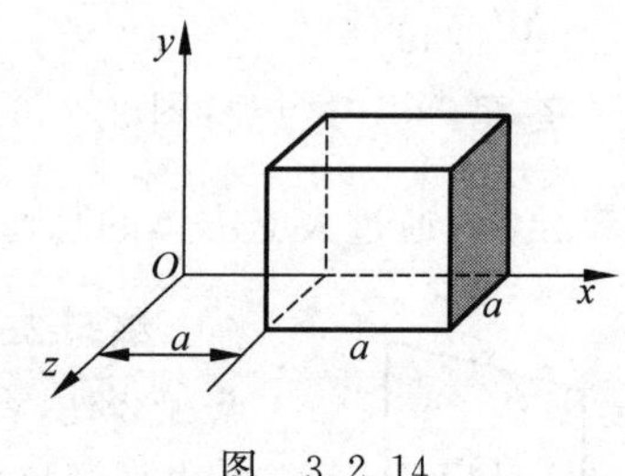

图 3.2.14

答案：$1\mathrm{N\cdot m^2/C}$。通过 $x=a$ 处平面 1 的电场强度通量 $\Phi_1=-E_1S_1=-ba^3$，通过 $x=2a$ 处平面 2 的电场强度通量 $\Phi_2=E_2S_2=2ba^3$，其他平面的电场强度通量都为零。因而通过该高斯面的总电场强度通量为 $\Phi=\Phi_1+\Phi_2=ba^3$。

3.3 电势、电势叠加原理

(1) 电势定义：$U_a=\dfrac{W_a}{q}=\int_a^0\boldsymbol{E}\cdot\mathrm{d}\boldsymbol{l}$，单位为 1J/C= 1V；$U_{ab}=\dfrac{W_a-W_b}{q}=\dfrac{A_{ab}}{q}=\int_a^b\boldsymbol{E}\cdot\mathrm{d}\boldsymbol{l}$；$U_a$、$U_{ab}$ 与 A 和 q 无关，U_a 与势能零点有关，U_{ab} 与零点无关。

(2) 电势叠加原理：空间任一点的电势是空间所有电荷单独存在时在该点产生的电势的代数和，即 $U=\sum\limits_i U_i$。

考点 1：计算电势或电势差

说明：(1) 电势的计算方法一：场强积分法。

运用电势的定义式：$U_a = \dfrac{W_a}{q} = \int_a^0 \boldsymbol{E} \cdot \mathrm{d}\boldsymbol{l}$，该方法常用于已知场强分布或场强分布容易求解的情形。为简化计算一般沿电场线进行积分。

(2) 电势的计算方法二：电势叠加法。

对点电荷系：$U = \sum_i \dfrac{q_i}{4\pi\varepsilon_0 r_i}$；对连续带电体：$U = \int_Q \dfrac{\mathrm{d}q}{4\pi\varepsilon_0 r}$。

例 3.3.1：已知均匀带电细圆环的带电量为 q，半径为 R，求圆环轴线上的电势分布。

解：**方法 1**：运用场强积分法。

由例题 3.1.2 可得，圆环轴线上的场强为

$$E_x = \frac{qx}{4\pi\varepsilon_0 (x^2 + R^2)^{\frac{3}{2}}}$$

取无穷远处为势能零点，根据电势定义，P 点电势为

$$U_P = \int_x^{\infty} \boldsymbol{E} \cdot \mathrm{d}\boldsymbol{l} = \int_x^{\infty} \frac{qx}{4\pi\varepsilon_0 (x^2 + R^2)^{\frac{3}{2}}} \mathrm{d}x = \frac{q}{4\pi\varepsilon_0 (R^2 + x^2)^{\frac{1}{2}}}$$

方法 2：电势叠加法。

如图 3.3.1 所示，P 点的电势是圆环上所有点电荷在该点电势的叠加。在圆环上任取一电荷元 $\mathrm{d}q$，此电荷元在距圆心 x 处的 P 点激发的电势为

$$\mathrm{d}u = \frac{\mathrm{d}q}{4\pi\varepsilon_0 r}$$

P 点的总电势为

$$U = \int \frac{\mathrm{d}q}{4\pi\varepsilon_0 r} = \frac{1}{4\pi\varepsilon_0 r}\int_q \mathrm{d}q$$

$$= \frac{q}{4\pi\varepsilon_0 r} = \frac{q}{4\pi\varepsilon_0 (R^2 + x^2)^{1/2}}$$

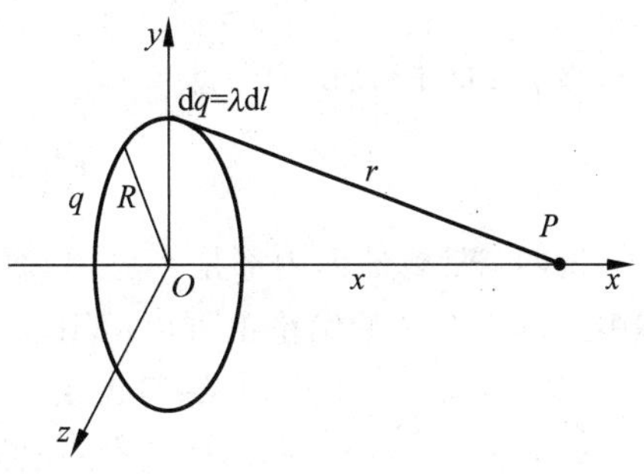

图　3.3.1

练习 3.3.1：如图 3.3.2 所示，一半径为 R、带有电荷 q_0 的均匀带电细圆环水平放置。在圆环轴线的上方离圆心 R 处，有一质量为 m、带电荷 q 的小球。当小球从静止下落到圆心位置时，它的速率为 $v=$____________。

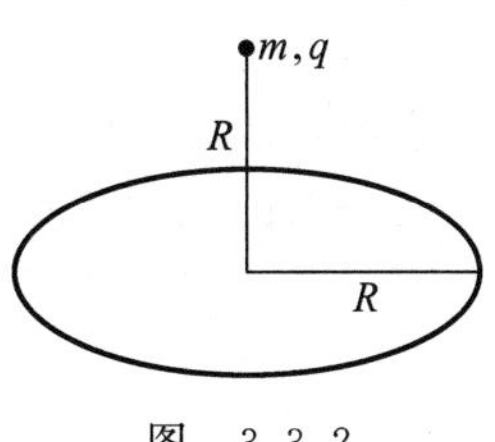

图　3.3.2

答案：$\sqrt{2gR - \dfrac{qq_0}{4\pi\varepsilon_0 mR}(2-\sqrt{2})}$。由例 3.3.1，小球落下过程中，电势变化为 $\Delta U = \dfrac{q_0}{4\pi\varepsilon_0 R} - \dfrac{q_0}{4\pi\varepsilon_0 (R^2+R^2)^{1/2}}$，电势能改变为 $\Delta W_{\mathrm{e}} = \Delta Uq = \dfrac{qq_0}{4\pi\varepsilon_0 R}\left(1-\dfrac{1}{\sqrt{2}}\right)$；重力势能变化量为 $\Delta W_G = -mgR$。根据机械能守恒 $\dfrac{1}{2}mv^2 +$

$\Delta W_G+\Delta W_e=0$，整理得 $v=\sqrt{2gR-\frac{qq_0}{4\pi\varepsilon_0 mR}(2-\sqrt{2})}$。

练习 3.3.2：如图 3.3.3 所示，一厚度为 d 的“无限大”均匀带电导体板，电荷面密度为 σ，则板的两侧离板面距离均为 h 的两点 a、b 之间的电势差为[　　]

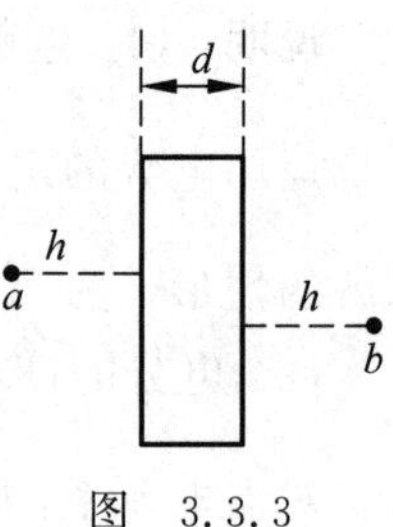

图 3.3.3

(A) 0；　　(B) $\sigma/2\varepsilon_0$；

(C) $\sigma h/\varepsilon_0$；　　(D) $2\sigma h/\varepsilon_0$。

答案：A。带电导体板两边场强相同，电势分布也相同。

例 3.3.2：求均匀带电薄球壳内、外空间的电势分布。

解：运用场强积分法。

由高斯定理可求得电场分布

$$E_1=0,\quad r<R_1$$

$$E_2=\frac{Q}{4\pi\varepsilon_0 r^2}e_r,\quad R_1<r<R_2$$

取无穷远处为势能零点，根据电势定义 $U_P=\int_r^{\infty}\boldsymbol{E}\cdot\mathrm{d}\boldsymbol{l}$ 可求得各区域的电势分布，取积分方向沿电场线方向。

当 $r\leqslant R_1$ 时，有

$$U_1=\int_r^R E_1\cdot\mathrm{d}l+\int_R^{\infty}E_2\cdot\mathrm{d}l=0+\frac{Q}{4\pi\varepsilon_0 R}=\frac{Q}{4\pi\varepsilon_0 R}$$

当 $r\geqslant R_2$ 时，有

$$U_2=\int_r^{\infty}E_2\cdot\mathrm{d}l=\frac{Q}{4\pi\varepsilon_0 r}$$

说明：带电球面内部是等势体，表面是等势面。该结论会用于后面静电平衡的电势求解中。例 3.3.2 的结论也可以运用电势叠加法求解球面组合下势场，如以下练习。

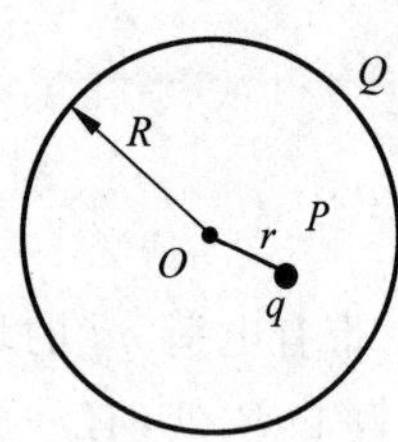

图 3.3.4

练习 3.3.3：空中一半径为 R 的球面均匀带电 Q，在距离球心 O 为 r 的 P 处有一电荷为 q 的点电荷，如图 3.3.4 所示。设无穷远处为电势零点，则在球内离球心 O 距离为 r 的 P 点处的电势为________。

答案：$\frac{1}{4\pi\varepsilon_0}\left(\frac{q}{r}+\frac{Q}{R}\right)$。根据电势叠加原理计算。

练习 3.3.4：把一个均匀带有电荷 $+Q$ 的孤立球形肥皂泡由半径 r_1 吹胀到 r_2，则半径为 $R(r_1<R<r_2)$ 的球面上任一点的场强大小 E 由________变为________；电势 U 由________变为________。(选无穷远处为电势零点)

答案：$\frac{Q}{4\pi\varepsilon_0 R^2}$，0；$\frac{Q}{4\pi\varepsilon_0 R}$，$\frac{Q}{4\pi\varepsilon_0 r_2}$。初态是求带电球壳外部某点(半径为 R)的电场与电势，根据例 3.3.2 的讨论，分别为 $E=\frac{Q}{4\pi\varepsilon_0 R^2}$，$U=\frac{Q}{4\pi\varepsilon_0 R}$；末态是求带电球壳内部某点(半径为 R)的电场与电势，分别为 $E=0$，$U=\frac{Q}{4\pi\varepsilon_0 r_2}$。

练习 3.3.5：两个同心球面的半径分别为 R_1 和 R_2，各自带有电荷 Q_1 和 Q_2。求：(1)各区域电势分布，并画出分布曲线；(2)两球面间的电势差为多少？

解：方法 1：场强积分法。

(1) 由高斯定理可求得电场分布

$$E_1=0,\quad r<R_1$$

$$E_2=\frac{Q_1}{4\pi\varepsilon_0 r^2},\quad R_1<r<R_2$$

$$E_3=\frac{Q_1+Q_2}{4\pi\varepsilon_0 r^2},\quad r>R_2$$

取无穷远处为势能零点，根据电势定义 $U_P=\int_r^{\infty}\boldsymbol{E}\cdot \mathrm{d}\boldsymbol{l}$ 可求得各区域的电势分布，取积分方向沿电场线方向。

当 $r\leqslant R_1$ 时，有

$$\begin{aligned}U_1&=\int_r^{R_1}E_1\cdot \mathrm{d}l+\int_{R_1}^{R_2}E_2\cdot \mathrm{d}l+\int_{R_2}^{\infty}E_3\cdot \mathrm{d}l\\&=0+\frac{Q_1}{4\pi\varepsilon_0}\left(\frac{1}{R_1}-\frac{1}{R_2}\right)+\frac{Q_1+Q_2}{4\pi\varepsilon_0 R_2}\\&=\frac{Q_1}{4\pi\varepsilon_0 R_1}+\frac{Q_2}{4\pi\varepsilon_0 R_2}\end{aligned}$$

当 $R_1\leqslant r\leqslant R_2$ 时，有

$$\begin{aligned}U_2&=\int_r^{R_2}E_2\cdot \mathrm{d}l+\int_{R_2}^{\infty}E_3\cdot \mathrm{d}l\\&=\frac{Q_1}{4\pi\varepsilon_0}\left(\frac{1}{r}-\frac{1}{R_2}\right)+\frac{Q_1+Q_2}{4\pi\varepsilon_0 R_2}\\&=\frac{Q_1}{4\pi\varepsilon_0 r}+\frac{Q_2}{4\pi\varepsilon_0 R_2}\end{aligned}$$

当 $r\geqslant R_2$ 时，有

$$U_3=\int_r^{\infty}E_3\cdot \mathrm{d}l=\frac{Q_1+Q_2}{4\pi\varepsilon_0 r}$$

(2) 两个球面间的电势差

$$U_{12}=\int_{R_1}^{R_2}E_2\cdot \mathrm{d}l=\frac{Q_1}{4\pi\varepsilon_0}\left(\frac{1}{R_1}-\frac{1}{R_2}\right)$$

方法 2：电势叠加法。

(1) 由各球面电势的叠加计算电势分布。运用例 3.3.2 的结果，若该点位于两个球面内，即 $r\leqslant R_1$，则

$$U_1=\frac{Q_1}{4\pi\varepsilon_0 R_1}+\frac{Q_2}{4\pi\varepsilon_0 R_2}$$

若该点位于两个球面之间，即 $R_1\leqslant r\leqslant R_2$，则

$$U_2=\frac{Q_1}{4\pi\varepsilon_0 r}+\frac{Q_2}{4\pi\varepsilon_0 R_2}$$

若该点位于两个球面之外，即 $r \geqslant R_2$，则

$$U_3 = \frac{Q_1 + Q_2}{4\pi\varepsilon_0 r}$$

(2) 两个球面间的电势差：

$$U_{12} = (U_1 - U_2)_{r=R_2} = \frac{Q_1}{4\pi\varepsilon_0 R_1} - \frac{Q_1}{4\pi\varepsilon_0 R_2}$$

说明：该练习应用了常用的电势的计算方法三：典型带电体的电势＋电势叠加原理。如下例及练习。

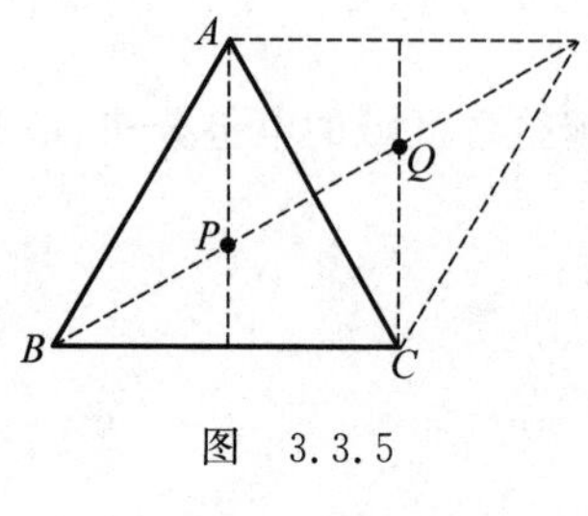

图 3.3.5

例 3.3.3：三等长绝缘棒连成正三角形，每根棒上均匀分布等量同号电荷，测得图 3.3.5 中 P、Q 两点（均为相应正三角形的中心）的电势分别为 U_P 和 U_Q，若撤去 BC 棒，则 P、Q 两点的电势各为多少？

解：根据对称性分析可得，设 AB、BC、CA 三棒对 P 点的电势贡献以及 AC 对 Q 点的电势贡献相同，设为 U_1；AB、BC 棒对 Q 点的电势贡献相同，设为 U_2。

根据电势叠加原理：

$$U_P = 3U_1$$

$$U_Q = U_1 + 2U_2$$

结合上两式，可得

$$U_1 = U_P/3$$

$$U_2 = \frac{U_Q}{2} - \frac{U_P}{6}$$

撤去 BC 棒，则

$$U'_P = U_P - U_1 = U_P - \frac{U_P}{3} = \frac{2}{3}U_P$$

$$U'_Q = U_Q - U_2 = U_Q - \left(\frac{U_Q}{2} - \frac{U_P}{6}\right) = \frac{1}{6}U_P + \frac{1}{2}U_Q$$

练习 3.3.6：如图 3.3.6 所示，半径分别为 R_1 与 R_2 的均匀带电半球面相对放置，两个半球面上的面电荷密度分别为 σ_1 与 σ_2，且满足关系 $\sigma_1 R_1 = -\sigma_2 R_2$。(1)试证小球面所对的圆截面 S 为一等势面；(2)求等势面 S 上的电势。

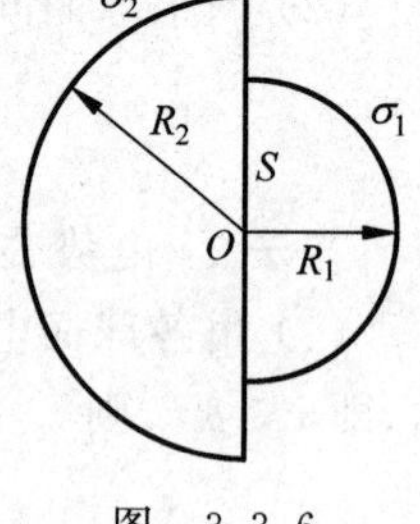

图 3.3.6

解：想象将两半球面均补全为闭合球面，根据例 3.3.2，任一闭合带电球面内为等势体，其电势分别为 $U_1 = \frac{Q_1}{4\pi\varepsilon_0 R_1} = \frac{4\pi R_1^2 \sigma_1}{4\pi\varepsilon_0 R_1}$，$U_2 = \frac{Q_2}{4\pi\varepsilon_0 R_2} = \frac{4\pi R_2^2 \sigma_2}{4\pi\varepsilon_0 R_2}$。由电势叠加原理，小球面所围区域内各点电势为 $U = U_1 + U_2$。

各去掉一半时，由电势叠加原理：

$$U_S=\frac{U_1}{2}+\frac{U_2}{2}=\frac{1}{2}\cdot\frac{4\pi R_1^2\sigma_1}{4\pi\varepsilon_0 R_1}+\frac{1}{2}\cdot\frac{4\pi R_2^2\sigma_2}{4\pi\varepsilon_0 R_2}$$

故 S 面上是等势面，因为 $\sigma_1 R_1=-\sigma_2 R_2$，其上电势为零。

例 3.3.4：一均匀静电场的电场强度 $\boldsymbol{E}=(400\boldsymbol{i}+600\boldsymbol{j})\text{V/m}$，则点 $a(3,2)$ 和点 $b(1,0)$ 之间的电势差 $U_{ab}=$__________。（点的坐标 x、y 以米计）

答案：-2000V。根据电势差公式 $U_{ab}=\int_a^b \boldsymbol{E}\cdot \mathrm{d}\boldsymbol{l}=(400\boldsymbol{i}+600\boldsymbol{j})\cdot(-2\boldsymbol{i}-2\boldsymbol{j})=-2000\text{V}$。

考点 2：电势能、电场力做功的计算

例 3.3.5：如图 3.3.7 所示，点电荷 q 在电量为 Q 的静止点电荷周围电场中沿半径为 R 的 3/4 圆轨道由 A 点移动到 B 点的全过程中电场力做功__________；从 B 点移动到无穷远处，电场力做功__________。

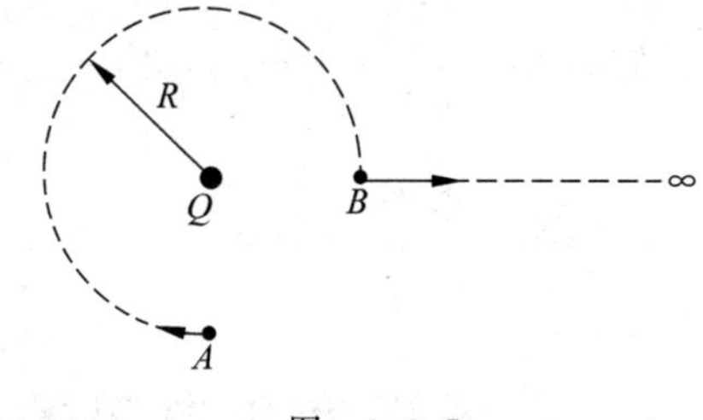

图　3.3.7

答案：0；$\dfrac{qQ}{4\pi\varepsilon_0 R}$。注意做功的正负判断。

练习 3.3.7：静电场中有一质子（带电荷为 $e=1.6\times10^{-19}\text{C}$），沿如图 3.3.8 所示路径从 a 点经过 c 点移动到 b 点时，电场做功为 $W=3.2\times10^{-15}\text{J}$，设 a 点电势为 0，则 b 点电势为__________。

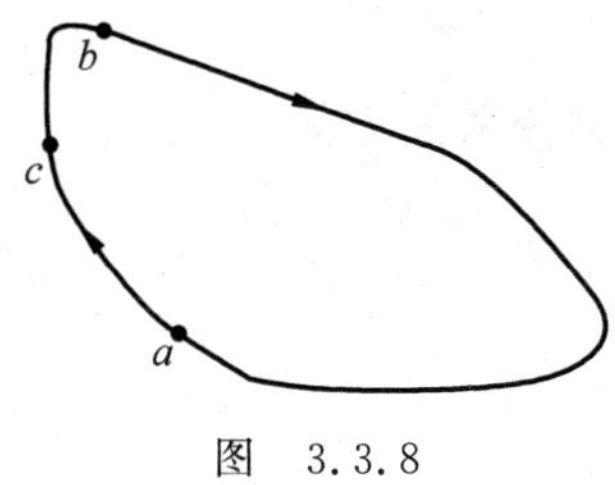

图　3.3.8

答案：$-2.0\times10^4\text{V}$。电场力做正功，电势减小。

练习 3.3.8：一半径为 R 的均匀带电球面，带有电荷 Q。若规定该球面上电势值为零，则无限远处的电势 $U_\infty=$__________。

答案：$-\dfrac{Q}{4\pi\varepsilon_0 R}$。

例 3.3.6：如图 3.3.9 所示，在电荷为 q 的点电荷的静电场中，将一电荷为 q_0 的试验电荷从 a 点经任意路径移动到 b 点，外力所做的功 $A_1=$__________，电场力所做的功 $A_2=$__________。

答案：$\dfrac{qq_0}{4\pi\varepsilon_0}\left(\dfrac{1}{r_b}-\dfrac{1}{r_a}\right)$，$\dfrac{qq_0}{4\pi\varepsilon_0}\left(\dfrac{1}{r_a}-\dfrac{1}{r_b}\right)$。选无穷远处为势能零点，则 a、b 点的电势分别为 $U_a=\dfrac{q}{4\pi\varepsilon_0 r_a}$，$U_b=\dfrac{q}{4\pi\varepsilon_0 r_b}$。电场力做的功等于势能的减少，$A_2=-q_0(U_b-U_a)=\dfrac{qq_0}{4\pi\varepsilon_0}\left(\dfrac{1}{r_a}-\dfrac{1}{r_b}\right)$。根据能量守恒，外力做功用于势能增加，$A_2=q_0(U_b-U_a)=\dfrac{qq_0}{4\pi\varepsilon_0}\left(\dfrac{1}{r_b}-\dfrac{1}{r_a}\right)$。

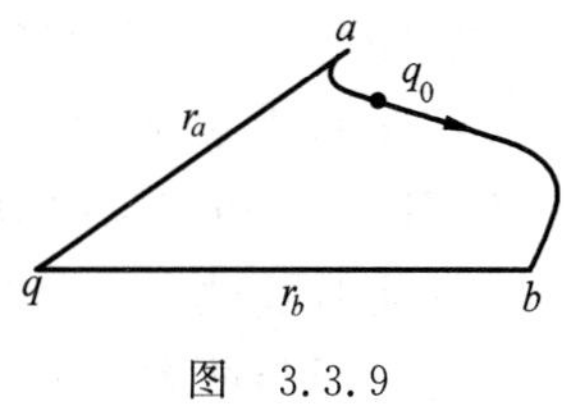

图　3.3.9

练习 3.3.9：一质量为 m、电荷为 q 的小球，在电场力作用下，从电势为 U 的 a 点，移动到电势为零的 b 点。若已知小球在 b 点的速率为 v_b，则小球在 a 点的速率 $v_a=$ ________。

答案：$\sqrt{v_b^2-2qU/m}$。根据机械能守恒：$qU+\frac{1}{2}mv_a^2=\frac{1}{2}mv_b^2$，则 $v_a=\sqrt{v_b^2-2qU/m}$。

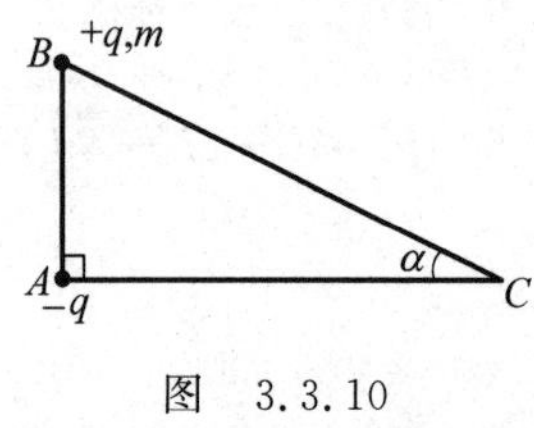

图 3.3.10

练习 3.3.10：如图 3.3.10 所示，有一高为 h 的直角形光滑斜面，斜面倾角为 α。在直角顶点 A 处有一电荷为 $-q$ 的点电荷。另有一质量为 m、电荷为 $+q$ 的小球在斜面的顶点 B 由静止下滑。设小球可看作质点，小球到达斜面底部 C 点时的速率为________。

答案：$\sqrt{\frac{q^2}{2m\pi\varepsilon_0 h}(\tan\alpha-1)+2gh}$。根据机械能守恒，$-\frac{q^2}{4\pi\varepsilon_0 h}+mgh=\frac{1}{2}mv^2-\frac{q^2}{4\pi\varepsilon_0 h\cdot\cot\alpha}$，整理可得。

3.4 电场强度和电势的关系、静电场的环路定理

(1) 电场强度和电势的关系：

① 积分关系：$U_{ab}=\int_a^b \boldsymbol{E}\cdot \mathrm{d}\boldsymbol{l}$；

② 微分关系：$\boldsymbol{E}=-\nabla U$；

③ 电力线与等势面的关系：电力线与等势面正交且指向电势降落的方向。

(2) 静电场的环路定理：$\oint_L \boldsymbol{E}\cdot \mathrm{d}\boldsymbol{l}=0$。

考点：电场与电势的关系

例 3.4.1：回答下列问题：

(1) 电势高的地方电场强度是否大？电场强度大的地方电势是否高？

(2) 电场强度为零的地方电势是否为零？电势为零的地方电场强度是否为零？

(3) 电场强度大小相等的地方电势是否相等？等势面上的电场强度的大小是否相等？

(4) 电势为零的物体是否一定不带电？带正电的物体其电势是否一定是正的？

答案：(1) 电势高的地方电场强度不一定大。电场强度大的地方电势不一定高。

(2) 电场强度为零的地方电势不一定为零。电势为零的地方电场强度不一定为零。

(3) 电场强度大小相等的地方电势不一定相等。等势面上的电场强度的大小不一定相等。

(4) 电势为零的物体不一定不带电。带正电的物体其电势不一定是正的。

例 3.4.2：图 3.4.1 中以 O 为圆心的各圆弧为静电场的等势线图，已知 $U_1<U_2<U_3$，请画出图中 a、b 两点电场强度的方向，并比较它们的大小，E_a ________ E_b（填“$<$”

"＞"或"＝")

答案：＝。因为电力线与等势面正交且指向电势降落的方向，a、b 两点电场强度方向如图 3.4.2 所示。

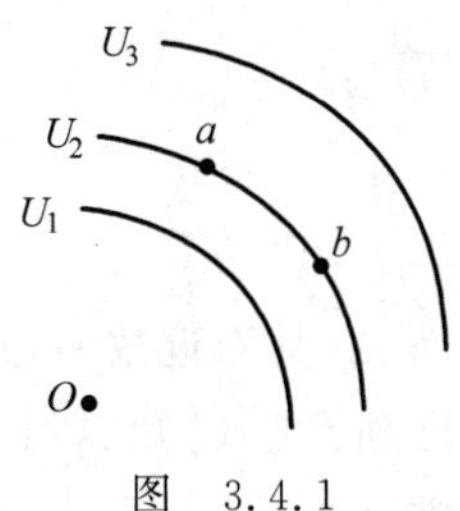

图　3.4.1

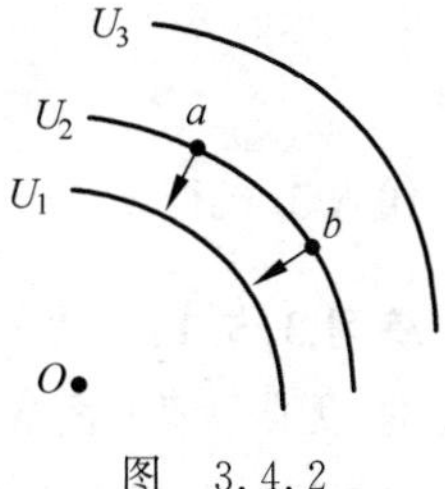

图　3.4.2

3.5　导体的静电平衡

(1) 场强：$\boldsymbol{E}_{内}=0, \boldsymbol{E}_{表面}=\dfrac{\sigma}{\varepsilon_0}\boldsymbol{e}_{\mathrm{n}}$；

(2) 电荷：导体内没有净电荷，电荷只能分布在导体表面；孤立导体表面 $\sigma \propto$ 曲率；

(3) 电势：导体是个等势体，表面是个等势面；

(4) 导体空腔：若腔内无电荷，则内表面无净电荷；若腔内有电荷 Q，则内表面有 $-Q$。

注意：导体静电平衡问题比较复杂，一般先假定静电平衡已经实现，再由导体静电平衡时的性质出发，反推其电荷、电场、电势。基本依据为以下几条：

(1) 静电平衡的条件 $E_{内}=0, U=$ 常数；

(2) 基本性质方程 $\oint_S \boldsymbol{E} \cdot \mathrm{d}\boldsymbol{S}=\dfrac{\sum q_{内}}{\varepsilon_0}, \oint_L \boldsymbol{E} \cdot \mathrm{d}\boldsymbol{l}=0$；

(3) 电荷守恒定律(没接地时) $\sum_i q_i=$ 常量。

注：导体接地时，其电势必为零，但其表面电荷不一定为零。

常见题目多为金属板或导体球(壳)。前者一般可视为无限大平面，附近场强大小为 $E=\dfrac{\sigma}{2\varepsilon_0}$，后者运用例 3.3.2 关于带电球壳电场电势分布的结果(详见考点 2)。

考点 1：静电平衡时金属板的电荷分布、进而获得电场分布等

例 3.5.1：面积为 S 的接地金属板，距板为 d 处有一点电荷 $+q$(d 很小)，则板上离点电荷最近处的感应电荷面密度 $\sigma=$____________。

答案：$\sigma=-\dfrac{q}{2\pi d^2}$。因金属板接地，电势为零，在背离 $+q$ 的面上无感应电荷，感应电荷只分布在面向 $+q$ 的一面。

依据：静电平衡条件：

$$E_P=E_P(\sigma)+E_P(q)=0 \quad ①$$

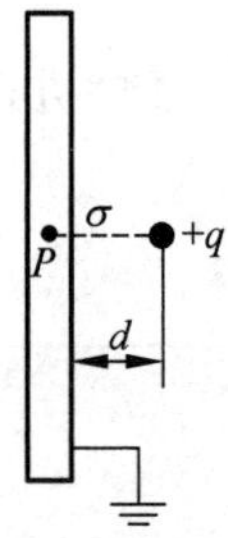

图 3.5.1

其中 $E_P(\sigma)$ 为感应电荷在 P 点的电场，根据无限大平面场强公式：

$$E_P(\sigma)=\frac{\sigma}{2\varepsilon_0}$$

$$E_P(q)=\frac{q}{4\pi\varepsilon_0 d^2}$$

代入①式得 $\sigma=-\frac{q}{2\pi d^2}$。

练习 3.5.1：一"无限大"均匀带电平面 A，其附近放一与它平行的有一定厚度的"无限大"平面导体板 B，如图 3.5.2 所示。已知 A 上的电荷面密度为 $+\sigma$，则在导体板 B 的表面 1 和表面 2 上的感生电荷面密度为[　　]

(A) $\sigma_1=-\sigma,\sigma_2=+\sigma$；

(B) $\sigma_1=-\frac{1}{2}\sigma,\sigma_2=+\frac{1}{2}\sigma$；

(C) $\sigma_1=-\frac{1}{2}\sigma,\sigma_2=-\frac{1}{2}\sigma$；

(D) $\sigma_1=-\sigma,\sigma_2=0$。

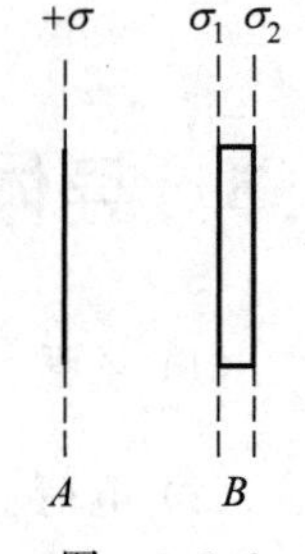

图 3.5.2

答案：B。取平面导体板 B 内部一点 P，运用静电平衡条件：$E_P=\frac{\sigma}{2\varepsilon_0}+\frac{\sigma_1}{2\varepsilon_0}-\frac{\sigma_2}{2\varepsilon_0}=0$；导体板 B 电荷守恒：$\sigma_1+\sigma_2=0$。结合以上两式可求得 σ_1 和 σ_2。

例 3.5.2：如图 3.5.3 所示，面积为 S，带电量为 Q 的一个金属板 A，与另一不带电的金属 B 平板平行放置。求静电平衡时(1)A、B 上的电荷分布及空间的电场分布；(2)将 B 板接地，求电荷分布。

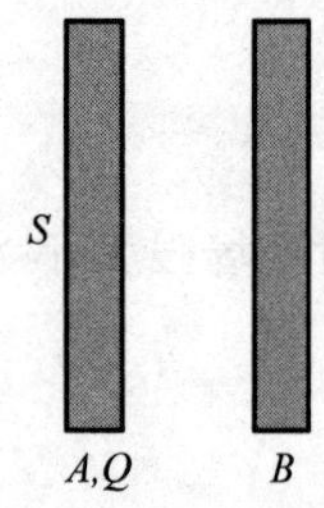

图 3.5.3

解：(1) 设静电平衡后，金属板各面所带电荷面密度分别为 σ_1、σ_2、σ_3、σ_4；并设空间三个区域的电场强度分别为 E_{I}、E_{II}、E_{III}，如图 3.5.3 所示。

依据 1：电荷守恒：

$$(\sigma_1+\sigma_2)S=Q \quad ①$$

$$\sigma_3+\sigma_4=0 \quad ②$$

依据 2：A、B 板内部 $\boldsymbol{E}=0$。

取其中各一点标记为 a、b，其电场为四个无限大平面在该处的电场叠加，为零。

$$a\ 点：\frac{\sigma_1}{2\varepsilon_0}-\frac{\sigma_2}{2\varepsilon_0}-\frac{\sigma_3}{2\varepsilon_0}-\frac{\sigma_4}{2\varepsilon_0}=0,\quad 即\quad \sigma_1-\sigma_2-\sigma_3-\sigma_4=0 \quad ③$$

$$b\ 点：\frac{\sigma_1}{2\varepsilon_0}+\frac{\sigma_2}{2\varepsilon_0}+\frac{\sigma_3}{2\varepsilon_0}-\frac{\sigma_4}{2\varepsilon_0}=0,\quad 即\quad \sigma_1+\sigma_2+\sigma_3-\sigma_4=0 \quad ④$$

由①式～④式联立可得

$$\sigma_1=\frac{Q}{2S},\quad \sigma_2=\frac{Q}{2S},\quad \sigma_3=-\frac{Q}{2S},\quad \sigma_4=\frac{Q}{2S}$$

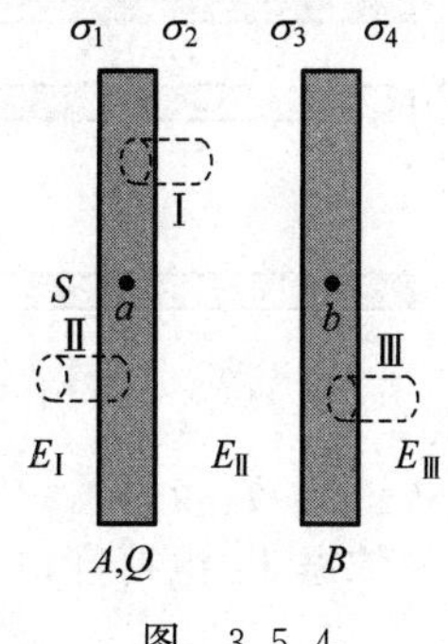

图 3.5.4

求电场分布可以有两种方法。

方法 1：运用高斯定理。

作高斯面如图 3.5.4 所示，对高斯面Ⅰ，设其底面积为 ΔS，因为导体内电场为零，穿过圆柱体左边圆面的电通量为零，因为电场 $E_{\text{Ⅱ}}$ 与法线方向平行，穿过圆柱体侧面的电通量为零，总电通量只需计算通过右边圆面的电通量，为 $\Phi_e=E_{\text{Ⅱ}}\Delta S$，包围电荷数为 $\sigma_2\Delta S$。运用高斯定理：

$$E_{\text{Ⅱ}}\Delta S=\sigma_2\Delta S/\varepsilon_0$$

即

$$E_{\text{Ⅱ}}=\frac{\sigma_2}{\varepsilon_0}=\frac{Q}{2\varepsilon_0 S},\quad \text{方向向右}$$

同理，对高斯面Ⅱ：

$$E_{\text{Ⅰ}}\Delta S=\sigma_1\Delta S/\varepsilon_0$$

即

$$E_{\text{Ⅰ}}=\frac{\sigma_1}{\varepsilon_0}=\frac{Q}{2\varepsilon_0 S},\quad \text{方向向左}$$

对高斯面Ⅲ得

$$E_{\text{Ⅲ}}=\sigma_4/\varepsilon_0=\frac{Q}{2\varepsilon_0 S},\quad \text{方向向右}$$

方法 2：运用场强叠加原理：

$$E_{\text{Ⅰ}}=\frac{\sigma_1}{2\varepsilon_0}+\frac{\sigma_2}{2\varepsilon_0}+\frac{\sigma_3}{2\varepsilon_0}+\frac{\sigma_4}{2\varepsilon_0}=\frac{Q}{2\varepsilon_0 S},\quad \text{方向向左}$$

$$E_{\text{Ⅱ}}=\frac{\sigma_1}{2\varepsilon_0}+\frac{\sigma_2}{2\varepsilon_0}-\frac{\sigma_3}{2\varepsilon_0}-\frac{\sigma_4}{2\varepsilon_0}=\frac{Q}{2\varepsilon_0 S},\quad \text{方向向右}$$

$$E_{\text{Ⅲ}}=\frac{\sigma_1}{2\varepsilon_0}+\frac{\sigma_2}{2\varepsilon_0}+\frac{\sigma_3}{2\varepsilon_0}+\frac{\sigma_4}{2\varepsilon_0}=\frac{Q}{2\varepsilon_0 S},\quad \text{方向向右}$$

(2) 将 B 板接地，其电势为 0，为满足该条件 $\sigma_4=0$。

依据 1：电荷守恒 $(\sigma_1+\sigma_2)S=Q$。

依据 2：导体内部电场为零，

$$a\text{ 点：}\frac{\sigma_1}{2\varepsilon_0}-\frac{\sigma_2}{2\varepsilon_0}-\frac{\sigma_3}{2\varepsilon_0}=0,\quad \text{即}\quad \sigma_1-\sigma_2-\sigma_3=0$$

$$b\text{ 点：}\frac{\sigma_1}{2\varepsilon_0}+\frac{\sigma_2}{2\varepsilon_0}+\frac{\sigma_3}{2\varepsilon_0}=0,\quad \text{即}\quad \sigma_1+\sigma_2+\sigma_3=0$$

由上式联立可得：$\sigma_1=0,\sigma_2=\dfrac{Q}{S},\sigma_3=-\dfrac{Q}{S},\sigma_4=0$。

电场分布：

$$E_{\text{Ⅰ}}=0,\quad E_{\text{Ⅱ}}=\frac{Q}{\varepsilon_0 S},\quad \text{方向向右},\quad E_{\text{Ⅲ}}=0$$

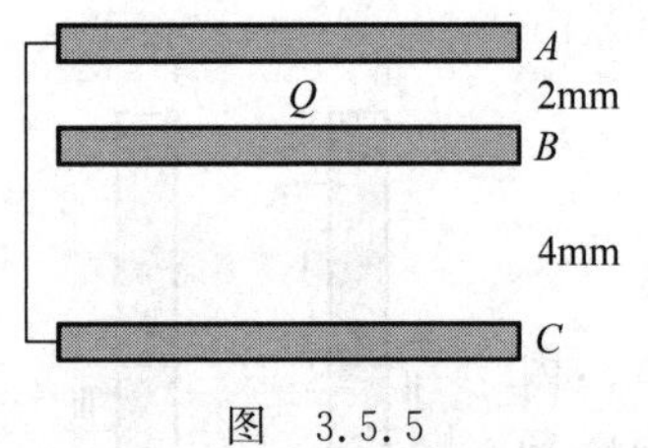

图 3.5.5

练习 3.5.2：如图 3.5.5 所示，三块大小、形状均相同的金属平板 A、B、C 彼此平行放置，A 与 B、B 与 C 之间的距离分别为 2mm 和 4mm。今用导线将外侧两板 A、C 连接，并使中间导体板 B 带正电荷 $Q=3.0\times10^{-7}$C。求三块板六个表面上的带电量。

解：设 A、B、C 三板的六个表面从上到下依次带电量为 q_1、q_2、q_3、q_4、q_5、q_6。(需要运用静电平衡条件列出 6 个独立算式)

依据 1：电荷守恒

$$q_1+q_2+q_5+q_6=0 \quad ①$$

$$q_3+q_4=Q \quad ②$$

依据 2：A、B、C 三板内部 $\boldsymbol{E}=\boldsymbol{0}$，运用高斯定理，对图 3.5.6 中的高斯面Ⅰ有

$$q_2+q_3=0 \quad ③$$

对高斯面Ⅱ有

$$q_4+q_5=0 \quad ④$$

选 A 板(或 C 板)中一点，其电场为 0，运用电场叠加原理：

$$\frac{q_1+q_2+q_3+q_4+q_5-q_6}{2\varepsilon_0 S}=0 \quad ⑤$$

依据 3：A 和 C 两板等势。

由 B 板到 A 板与到 C 板的电势差相等，由电场叠加或高斯定理(例 3.5.2)可求出 AB 间的电场强度为

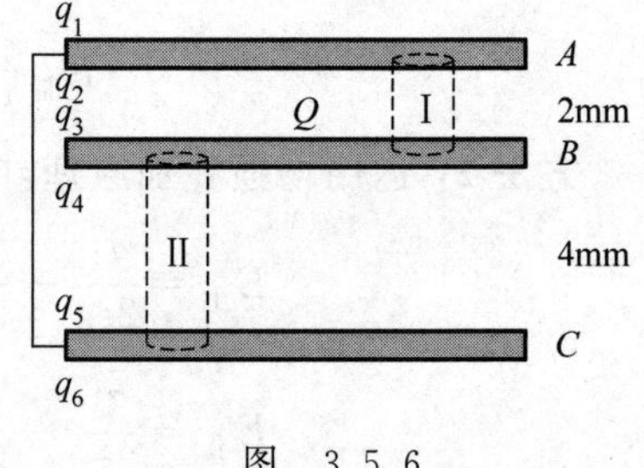

图 3.5.6

$$E_{\text{Ⅰ}}=\frac{q_3+q_4+q_5+q_6-q_1-q_2}{2\varepsilon_0 S}，\quad 假设方向向上$$

从 B 到 A 电势下降了

$$\Delta U=\frac{q_3+q_4+q_5+q_6-q_1-q_2}{2\varepsilon_0 S}\cdot d_1$$

BC 间的电场强度为

$$E_{\text{Ⅱ}}=\frac{q_1+q_2+q_3+q_4-q_5-q_6}{2\varepsilon_0 S}，\quad 假设方向向下$$

从 B 到 C 电势下降了

$$\Delta U=\frac{q_1+q_2+q_3+q_4-q_5-q_6}{2\varepsilon_0 S}\cdot d_2$$

即

$$\frac{q_3+q_4+q_5+q_6-q_1-q_2}{2\varepsilon_0 S}\cdot d_1=\frac{q_1+q_2+q_3+q_4-q_5-q_6}{2\varepsilon_0 S}\cdot d_2 \quad ⑥$$

由①式～⑥式联立解得

$$q_1=\frac{Q}{2}=1.5\times10^{-7}\text{C}，\quad q_2=-\frac{d_2Q}{d_1+d_2}=-2.0\times10^{-7}\text{C}，\quad q_3=\frac{d_2Q}{d_1+d_2}=2.0\times10^{-7}\text{C}$$

$$q_4=\frac{d_1Q}{d_1+d_2}=1.0\times10^{-7}\text{C}，\quad q_5=-\frac{d_1Q}{d_1+d_2}=-1.0\times10^{-7}\text{C}，\quad q_6=\frac{Q}{2}=1.5\times10^{-7}\text{C}$$

练习 3.5.3：A、B 为两导体大平板，面积均为 S，平行放置，如图 3.5.7 所示。A 板带电荷 $+Q_1$，B 板带电荷 $+Q_2$，如果使 B 板接地，则 AB 板间电场强度的大小 E 为[　　]

(A) $\dfrac{Q_1}{2\varepsilon_0 S}$；　　(B) $\dfrac{Q_1-Q_2}{2\varepsilon_0 S}$；

(C) $\dfrac{Q_1}{\varepsilon_0 S}$；　　(D) $\dfrac{Q_1+Q_2}{2\varepsilon_0 S}$。

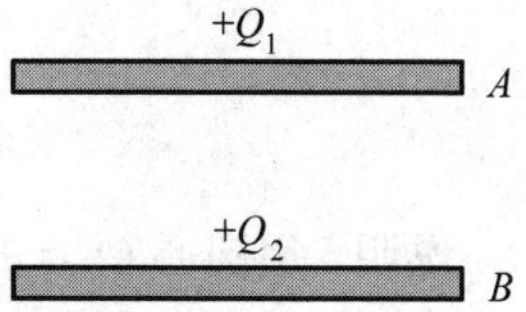

+Q_1 A

+Q_2 B

图 3.5.7

答案：C。当 B 板接地后，A、B 两板上的电荷会重新分布。因为 B 板电势为 0，其下表面电荷量为 0。假设 A 板上下表面、B 板上表面的电荷面密度分别为 σ_1、σ_2、σ_3，则(1)电荷守恒：$(\sigma_1+\sigma_2)S=Q_1$；(2)如图 3.5.8 所示，圆柱体为高斯面，$\sigma_2+\sigma_3=0$；(3)图 3.5.8 中 a 点场强为 0，$\sigma_1=\sigma_2+\sigma_3$。由以上三点可得：$\sigma_1=0$，$\sigma_2 S=Q_1$，$\sigma_3 S=-Q_1$。即 A 板上电荷分布在下表面，电荷量为 $+Q_1$，B 板上电荷分布在上表面，电荷量为 $-Q_1$。则 AB 板间电场强度的大小 $E=\dfrac{Q_1}{\varepsilon_0 S}$。

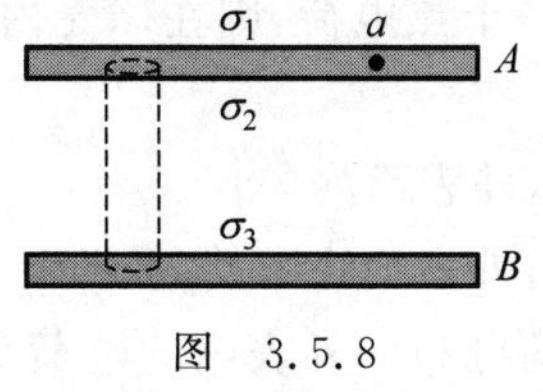

图 3.5.8

分析：(1)如果 B 板未接地，可用类似方法判断 A、B 导体板上下表面的电荷；(2)因接地后导体电势为零，所以不应该有导体电荷与无穷远处的电场线，故导体与无穷远处相对的一面电荷为零。

考点 2：静电平衡时金属球壳的电荷、电场、电势的性质(导体球和导体球壳)

注意：因为静电平衡下，带电导体内部电荷为零，电荷只能分布在导体表面，需要用到例 3.3.2 关于带电球壳电场电势分布的结果。

电场分布：

$$\begin{cases} E=0, & r<R \\ \boldsymbol{E}=\dfrac{Q}{4\pi\varepsilon_0 r^2}\boldsymbol{e}_r, & r>R \end{cases}$$

电势分布：

$$\begin{cases} U=\dfrac{Q}{4\pi\varepsilon_0 R}, & r<R \\ U=\dfrac{Q}{4\pi\varepsilon_0 r}, & r>R \end{cases}$$

例 3.5.3：如图 3.5.9 所示，有一半径为 R，带电量 Q 的导体球，在距球心 O 点 d_1 处放置一已知点电荷 q_1，在距球心 d_2 处再放置一点电荷 q_2，当 q_2 电荷电量为________时可使导体球电势为零。(以无穷远处为电势零点)

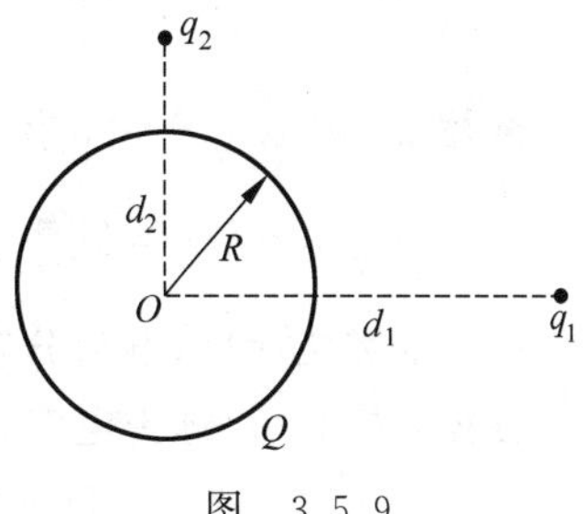

图 3.5.9

答案：$q_2=-d_2\left(\dfrac{Q}{R}+\dfrac{q_1}{d_1}\right)$。

依据：静电平衡后导体球是等势体；静电感应过程中总电量不变；电荷分布在外表面。

计算导体球球心处电势：

$$U_{球}=U_O=\frac{Q}{4\pi\varepsilon_0 R}+\frac{q_1}{4\pi\varepsilon_0 d_1}+\frac{q_2}{4\pi\varepsilon_0 d_2}=0$$

$$q_2=-d_2\left(\frac{Q}{R}+\frac{q_1}{d_1}\right)$$

说明：用圆心 O 点的电势代替等势导体球的电势。因为导体球上的电荷分布一般不均匀（如例 3.5.3），其上任一点电势不能用 $\frac{Q}{4\pi\varepsilon_0 r}$ 求解。但是各电荷距 O 点均为 R，按照点电荷电势公式＋电势叠加原理可得电荷分布不均匀的导体球壳在圆心 O 处的电势为 $U=\frac{Q}{4\pi\varepsilon_0 R}$。

练习 3.5.4：在一个孤立的导体球壳内，若在偏离球中心处放一个点电荷，则在球壳内、外表面上将出现感应电荷，其分布将是[　　]

(A) 内表面均匀，外表面也均匀；　　(B) 内表面不均匀，外表面均匀；

(C) 内表面均匀，外表面不均匀；　　(D) 内表面不均匀，外表面也不均匀。

答案：B。对导体球壳，内部点电荷如何放置不影响外表面电荷分布。外表面的电荷分布与孤立导体类似，电荷面密度与曲率半径成反比。

练习 3.5.5：空腔导体球壳外有点电荷 q，已知空腔导体球的半径为 R，点电荷距导体球心 O 的距离为 $d\,(d=3R)$。求：(1)感应电荷在 O 处的 $\boldsymbol{E}$、U；(2)腔内任一点的 $\boldsymbol{E}$、U；(3)空腔接地，求感应电荷的总量。

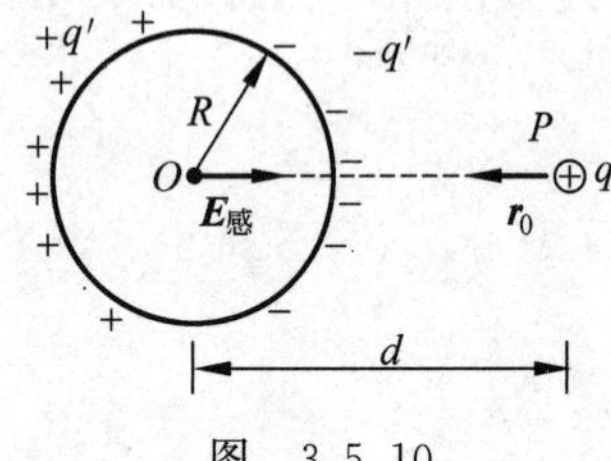

图　3.5.10

解：(1) 如图 3.5.10 所示，因为静电感应导体球上的电荷重新分布，又因为电荷守恒，导体球上总电量的代数和为零

$$\sum q_{感}=0$$

感应电荷在 O 处的电势为

$$U_O^{(感)}=0$$

依据：静电平衡时导体内部的场强为 0：

$$\boldsymbol{E}_O=\boldsymbol{E}_{+q}+\boldsymbol{E}_{感}=\boldsymbol{0}$$

$$\boldsymbol{E}_{感}=-\boldsymbol{E}_{+q}=-\frac{q}{4\pi\varepsilon_0 d^2}\boldsymbol{r}_0$$

(2) **依据 1**：静电平衡时导体内部的场强为 0：

$$\boldsymbol{E}=\boldsymbol{0}$$

依据 2：静电平衡时导体为等势体：

$$U_{腔内}=U_O=U_O^{(感)}+U_O^{(+q)}=0+\frac{q}{4\pi\varepsilon_0 d}$$

(3) 空腔接地后，电荷分布如图 3.5.11 所示。

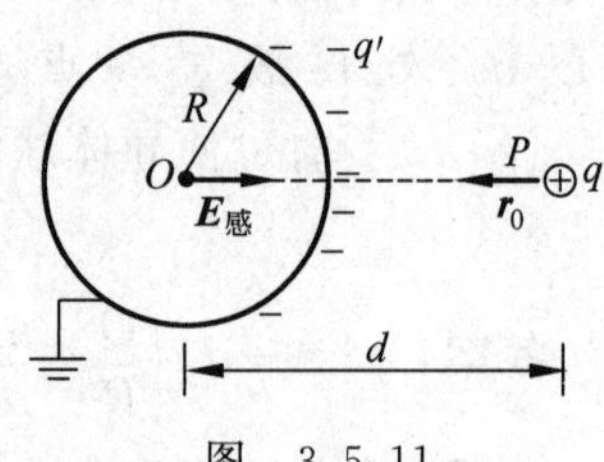

图　3.5.11

依据：接地后，球壳电势为 0，球壳是等势体：

$$U=0=U_O$$

由电势叠加原理：

$$U_O=\frac{q}{4\pi\varepsilon_0 d}+\frac{q'}{4\pi\varepsilon_0 R}=0$$

$$q'=-\frac{R}{d}q,\quad d=3R$$

所以

$$q'=-\frac{q}{3}$$

练习 3.5.6：有两个离地很远的相同的导体球 A、B，半径均为 R，它们的中心相距 d。起初两球带有相同的电荷 q，然后用一根很细的接地导线先接触 A，再接触 B，然后将导线拿走。则最后球 B 留下的电荷是 $q'=$____________。

答案：$\left(\frac{R}{d}\right)^2 q$。起初接地导线接触 A 球，电荷分布如图 3.5.12 所示，假设 A 球带电量为 q_1，其电势为 0，计算导体球 A 球心处电势：

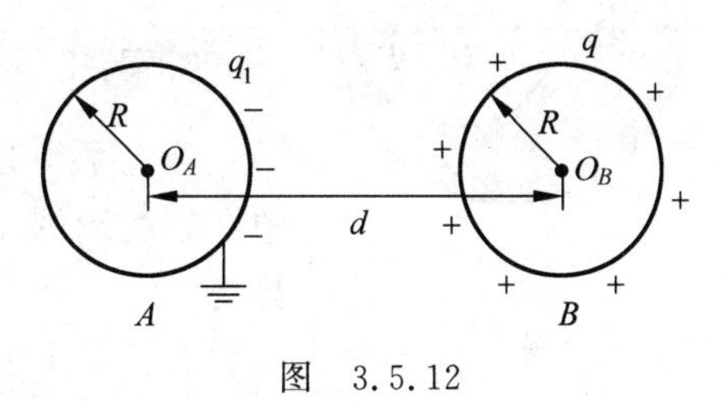

$$U_{A球}=U_{OA}=\frac{q_1}{4\pi\varepsilon_0 R}+\frac{q}{4\pi\varepsilon_0 d}=0$$

图　3.5.12

可得 A 球带电量为 $q_1=-\frac{R}{d}q$。随后接地导线接触 B 球，B 球留下的电荷是 q'，A 球上电荷 q_1 在球表面均匀分布。同样的方法可计算 B 球心处电势为 0：$\frac{q_1}{4\pi\varepsilon_0 d}+\frac{q'}{4\pi\varepsilon_0 R}=0$。可得 $q'=\frac{R}{d}q_1=\left(\frac{R}{d}\right)^2 q$。

例 3.5.4：内外径分别为 a、b 的导体球壳带有电量 Q，则球心处的电势为____________；若在球壳腔内距球心 r_0 处绝缘地放置一电量为 q_0 的点电荷，则球心处的电势为____________；若再在球外离球心为 r 处放置一电量为 q 的点电荷，则球心处的电势为____________。

答案：$\frac{Q}{4\pi\varepsilon_0 b}$；$\frac{q_0}{4\pi\varepsilon_0 r_0}+\frac{-q_0}{4\pi\varepsilon_0 a}+\frac{Q+q_0}{4\pi\varepsilon_0 b}$；$\frac{q_0}{4\pi\varepsilon_0 r_0}+\frac{-q_0}{4\pi\varepsilon_0 a}+\frac{Q+q_0}{4\pi\varepsilon_0 b}+\frac{q}{4\pi\varepsilon_0 r}$。

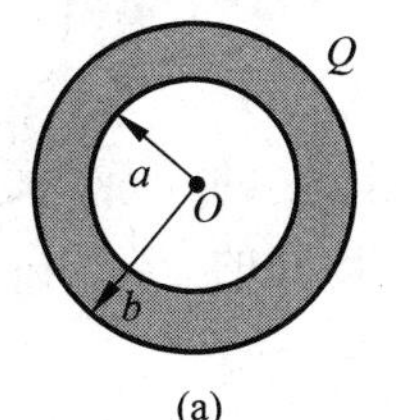

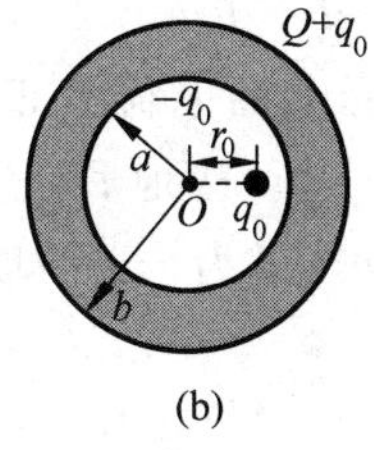

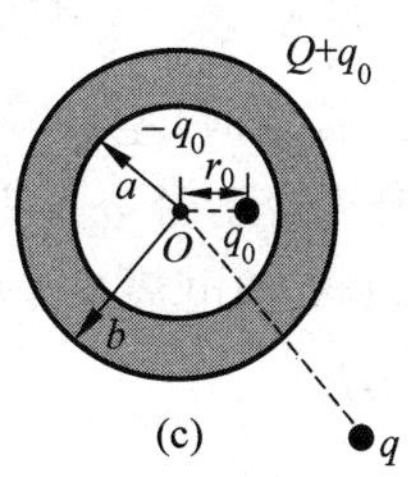

图　3.5.13

(1) 电量全分布在球壳外表面，如图 3.5.13(a)所示，球心电势＝球面电势＝$\frac{Q}{4\pi\varepsilon_0 b}$。

(2) 在球壳腔内绝缘地放置 q_0 时，电量分布如图 3.5.13(b)所示。

运用电势叠加原理，球心处电势为带电量为 $Q+q_0$ 半径为 b 的球壳、带电量为 $-q_0$ 半

径为 a 的球壳、带电量为 q_0 距离 O 为 r_0 的点电荷在 O 点的电势的叠加：

$$U_O=\frac{q_0}{4\pi\varepsilon_0 r_0}+\frac{-q_0}{4\pi\varepsilon_0 a}+\frac{Q+q_0}{4\pi\varepsilon_0 b}$$

(3) 导体空腔外的电荷不能改变腔内的电场，但能影响腔内的电势。

与(2)问相比在球壳外再放置 q，O 点电势应再加上 q 球的贡献：

$$U_O=\frac{q_0}{4\pi\varepsilon_0 r_0}+\frac{-q_0}{4\pi\varepsilon_0 a}+\frac{Q+q_0}{4\pi\varepsilon_0 b}+\frac{q}{4\pi\varepsilon_0 r}$$

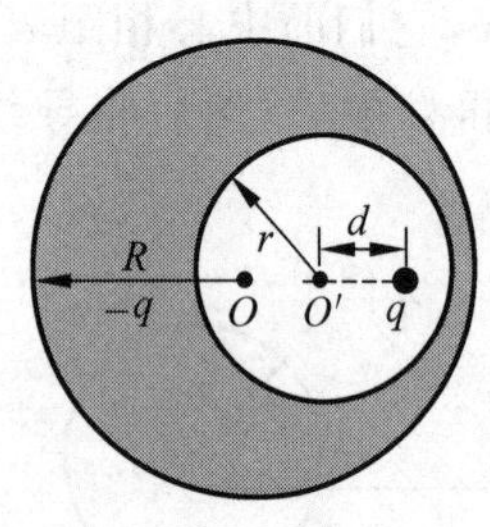

图 3.5.14

练习 3.5.7：在半径为 R 的金属球内偏心地挖出一个半径为 r 的球形空腔，如图 3.5.14 所示，在距空腔中心 O' 点 d 处放一点电荷 q，金属球带电为 $-q$，则 O' 的电势为__________。

答案：$U_{O'}=\frac{q}{4\pi\varepsilon_0 d}-\frac{q}{4\pi\varepsilon_0 r}$。

静电平衡时，导体内部电场为零。可以得到球形空腔的电荷集中在空腔周围，即半径为 r 的带电量为 $-q$ 的球壳，其在 O' 的电势为

$$U_1=-\frac{q}{4\pi\varepsilon_0 r}$$

O' 的电势为带点球壳的电势以及带电量为 q 的点电荷在 O' 的电势的叠加：

$$U_2=\frac{q}{4\pi\varepsilon_0 d}$$

$$U_{O'}=U_1+U_2=\frac{q}{4\pi\varepsilon_0 d}-\frac{q}{4\pi\varepsilon_0 r}$$

例 3.5.5：一未带电的空腔导体球壳，内半径为 R。在腔内离球心距离为 $d(d<R)$ 处，固定一电量为 $+q$ 的点电荷。用导线把球壳接地后，再把地线撤去，选无穷远处为电势零点，则球心处的电势为[　　]

(A) 0；　　(B) $\frac{q}{4\pi\varepsilon_0 d}$；

(C) $-\frac{q}{4\pi\varepsilon_0 R}$；　　(D) $\frac{q}{4\pi\varepsilon_0}\left(\frac{1}{d}-\frac{1}{R}\right)$。

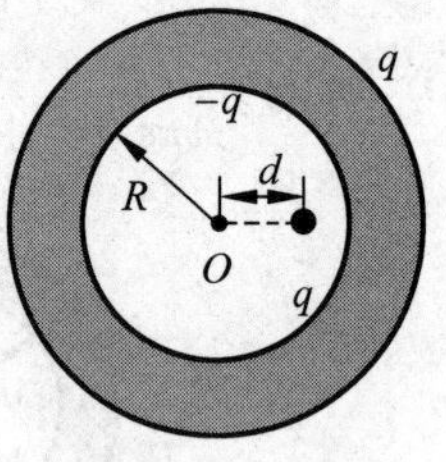

图 3.5.15

答案：D。未接地时，空腔导体球壳上的电荷分布如图 3.5.15 所示，空腔的内外壳分别带电量为 $-q$、$+q$。接地后空腔外侧 $+q$ 的电量被中和。球心处的电势为点电荷与电量为 $-q$ 的球壳在该处的电势叠加。故选 D。

考点 3：静电平衡时金属球(壳)组合的电荷、电场、电势的性质

例 3.5.6：两个半径分别为 R_1 和 $R_2(R_2>R_1)$ 的同心金属球壳，如果外球壳带电量为 Q，内球壳接地，如图 3.5.16 所示，则内球壳上带的电量是__________。

答案：$Q'=-\frac{R_1}{R_2}Q$。内球壳接地，电势为 0。O 点电势为 0，$U_O=\frac{Q}{4\pi\varepsilon_0 R_2}+\frac{Q'}{4\pi\varepsilon_0 R_1}=0$。

练习 3.5.8：如图 3.5.17 所示，两同心金属球壳，它们离地球很远，内球壳用细导线穿过外球壳上的绝缘小孔与地连接，外球壳上带有正电荷，则内球壳[　　]

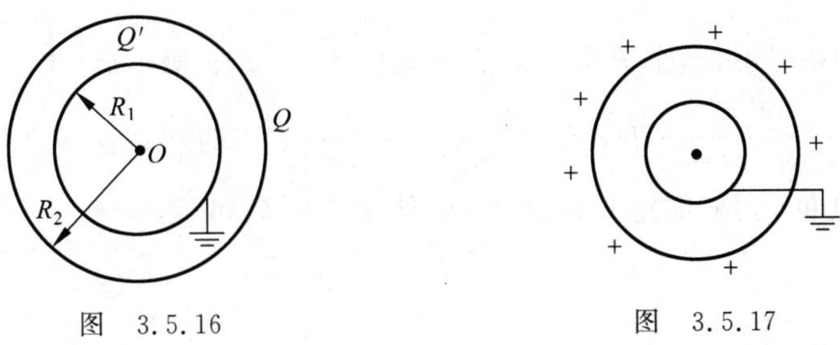

图 3.5.16　　　　图 3.5.17

(A) 不带电荷；

(B) 带正电荷；

(C) 带负电荷；

(D) 内球壳外表面带负电荷，内表面带等量正电荷。

答案：C。与例 3.5.6 类似，计算圆心处电势为零。

练习 3.5.9：如图 3.5.18 所示，两个同心的薄导体球壳均接地，内球壳半径为 a，外球壳半径为 b。另有一电量为 Q 的点电荷置于两球壳之间距球心 r 处，则内球上的感应电荷 $q_1=$____________，外球上的感应电荷 $q_2=$____________。

答案：$-\dfrac{a(b-r)}{r(b-a)}Q$，$-\dfrac{b(r-a)}{r(b-a)}Q$。将两薄球壳视为一导体组，若不接地，由静电感应，系统将产生 $+Q$ 与 $-Q$ 的感应电量。

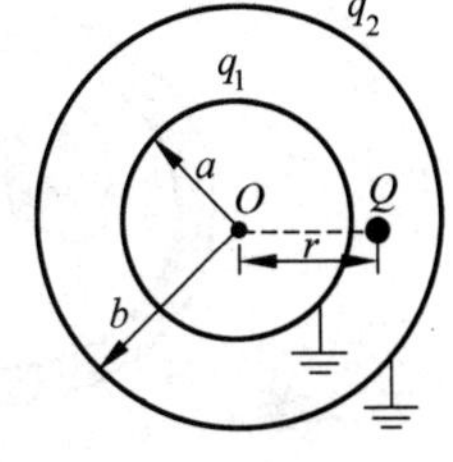

图 3.5.18

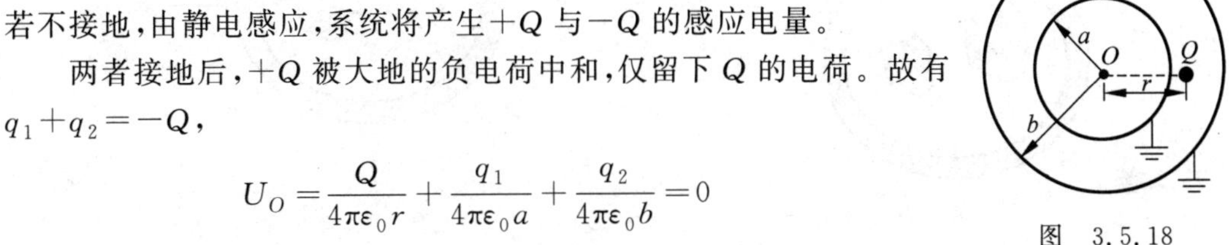

两者接地后，$+Q$ 被大地的负电荷中和，仅留下 Q 的电荷。故有 $q_1+q_2=-Q$，

$$U_O=\frac{Q}{4\pi\varepsilon_0 r}+\frac{q_1}{4\pi\varepsilon_0 a}+\frac{q_2}{4\pi\varepsilon_0 b}=0$$

解得 $q_1=-\dfrac{a(b-r)}{r(b-a)}Q$，$q_2=-\dfrac{b(r-a)}{r(b-a)}Q$。

例 3.5.7：两个薄导体球壳同心放置，内球壳半径为 a，电势为 U_{10}，外球壳半径为 b，带有电量 Q，现用导线把两球壳连接在一起，则此时内球上的电势 U_1 是多少？

解：取无穷远处为电势零点，设在导线连接前，内球壳上的电量为 Q'，则此时内球电势为

$$U_{10}=\frac{Q'}{4\pi\varepsilon_0 a}+\frac{Q}{4\pi\varepsilon_0 b}$$

$$Q'=4\pi\varepsilon_0 a\left(U_{10}-\frac{Q}{4\pi\varepsilon_0 b}\right)$$

用导线连接两球壳后，两球壳电势相等，静电平衡时内球壳上无电荷，Q'全移至外球壳，导体组的电势为

$$U_1=U_2=\frac{Q'+Q}{4\pi\varepsilon_0 b}=\frac{(b-a)Q}{4\pi\varepsilon_0 b^2}+\frac{a}{b}U_{10}$$

练习 3.5.10：两个薄金属同心球壳，半径各为 R_1 和 R_2（$R_2>R_1$），分别带有电荷 q_1 和 q_2，设两者电势分别为 U_1 和 U_2（无穷远处为电势零点）。若用导线将二球壳连起来，则它们的电势 U 为[　　]

(A) U_1；　　　　(B) U_2；

(C) $\frac{U_1+U_2}{2}$；　　　　(D) U_1+U_2。

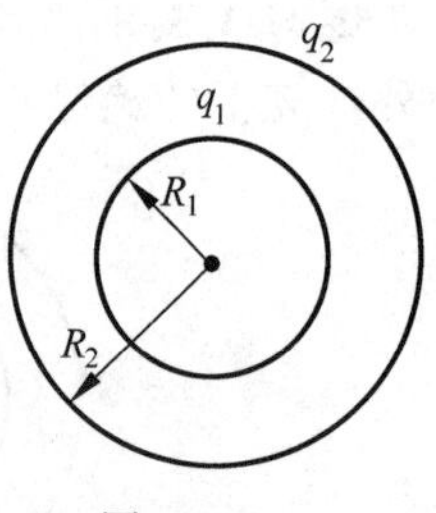

图 3.5.19

答案：B。初始时刻，两个薄金属同心球壳如图 3.5.19 所示放置，则 $U_1=\frac{q_1}{4\pi\varepsilon_0 R_1}+\frac{q_2}{4\pi\varepsilon_0 R_2}$，$U_2=\frac{q_1}{4\pi\varepsilon_0 R_2}+\frac{q_2}{4\pi\varepsilon_0 R_2}$。当两球壳连接起来，内球壳电量 q_1 全部跑到外球壳，内外球壳电势相等，$U=\frac{q_1+q_2}{4\pi\varepsilon_0 R_2}=U_2$。

例 3.5.8：如图 3.5.20 所示，一封闭的导体壳 A 内有两个导体 B 和 C，并且 A、B、C 均不带电。现在设法让 B 带上正电。试证明：$U_B>U_C>U_A>0$。(设无穷远处为势能零点)

证明：用电力线来辅助。设 B 带正电荷 Q_B，A 和 C 上必因感应而分别带上正电荷和负电荷。由高斯定理、静电平衡条件和电荷守恒可知：对于 C 导体，在靠近 B 的内侧出现 $-Q_C$，在背离 B 的外侧出现 $+Q_C$；对于 A 导体，在内表面出现 $-Q_B$，在外表面出现 $+Q_B$。根据电荷分布得到其电力线分布，如图 3.5.21 所示。沿着电力线的方向电势降低，无穷远处为势能零点，可得 $U_B>U_C$，$U_C>U_A$，$U_A>0$。综合以上关系，有 $U_B>U_C>U_A>0$。

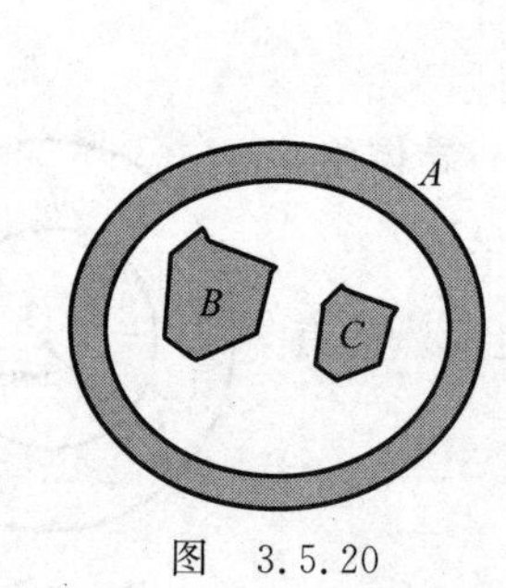

图 3.5.20

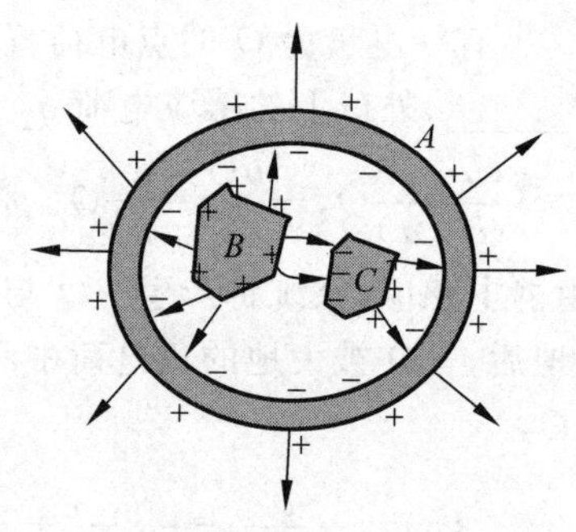

图 3.5.21

练习 3.5.11：在一个原来不带电的外表面为球形的空腔导体 A 内，放一带有电荷 $+Q$ 的带电导体 B，如图 3.5.22 所示。则比较空腔导体 A 的电势 U_A 和导体 B 的电势 U_B 时，可得以下结论[　　]

(A) $U_A=U_B$；

(B) $U_A>U_B$；

(C) $U_A<U_B$；

(D) 因空腔形状不是球形，两者无法比较。

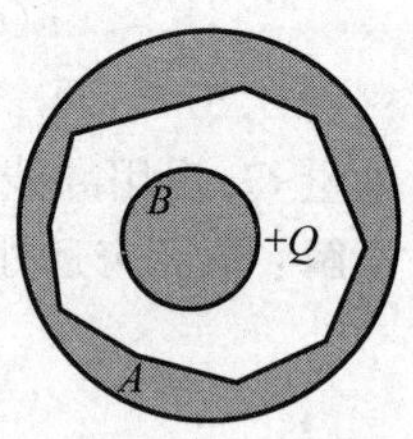

图 3.5.22

答案：C。

3.6 有电介质存在时的电场

(1) 电介质中的电场强度：$\boldsymbol{E}=\boldsymbol{E}_0+\boldsymbol{E}$；均匀、线性、各向同性电介质中的电极化强度矢量：$\boldsymbol{P}=(\varepsilon_r-1)\varepsilon_0\boldsymbol{E}=\chi_e\varepsilon_0\boldsymbol{E}$，$\oint_S \boldsymbol{P}\cdot d\boldsymbol{S}=-\int_V \rho' dV$。

(2) 极化电荷面密度：$\sigma'=P_{1n}-P_{2n}$，($\sigma'=P_n$（介质＋真空），$\sigma'=-P_n$（导体＋介质））。

(3) 电位移：$\boldsymbol{D}=\varepsilon_0\boldsymbol{E}+\boldsymbol{P}=\begin{cases}\varepsilon_0\boldsymbol{E}, & \text{真空中}\\ \varepsilon_0\varepsilon_r\boldsymbol{E}, & \text{均匀介质中}\end{cases}$。

(4) 介质中的高斯定理：$\oint_S\boldsymbol{D}\cdot d\boldsymbol{S}=\sum q_0$。

说明：计算介质中的电场及相关物理量一般由高斯定理出发，主要步骤如下：

$$\oint_S\boldsymbol{D}\cdot d\boldsymbol{S}=\sum q_0\Rightarrow\boldsymbol{D}\xrightarrow{\boldsymbol{D}=\varepsilon\boldsymbol{E}=\varepsilon_0\varepsilon_r\boldsymbol{E}}\underset{\underset{U}{\Downarrow}}{\boldsymbol{E}}\xrightarrow{\boldsymbol{P}=\chi_e\varepsilon_0\boldsymbol{E}(\varepsilon_r=1+\chi_e)}\boldsymbol{P}\xrightarrow{P_n=\sigma',\oint_S\boldsymbol{P}\cdot d\boldsymbol{S}=-q'}\sigma'、q'$$

本部分的主要考察内容是上述公式，以及涉及物理量的灵活应用。

考点 1：介质中的电场、电位移矢量以及电势的计算

例 3.6.1：一平行板电容器，板间间距为 d，板间是真空时充电至电压 U_0，随后切断电源，插入厚度为 b、相对介电常量为 ε_r 的介质板，求此时(1)两板空隙中的 D_0 和 E_0；(2)介质中的 D 和 E；(3)两板间的电压 U。

解：极板自由电荷的电量 $q_0=C_0U_0=\dfrac{\varepsilon_0S}{d}U_0$，自由电荷面密度为

$\sigma_0=\dfrac{\varepsilon_0}{d}U_0$。

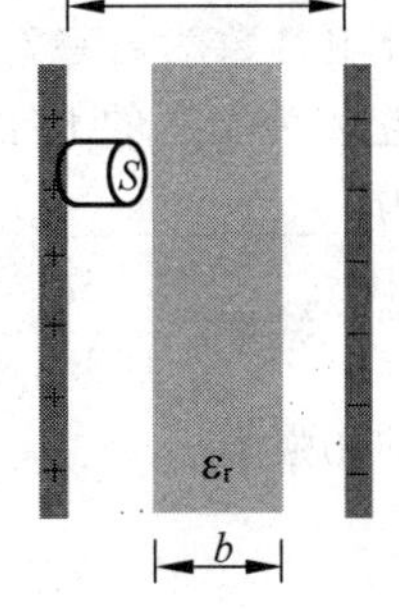

图　3.6.1

如图 3.6.1 所示作高斯面，运用高斯定理：

$$\oint_S\boldsymbol{D}\cdot d\boldsymbol{S}=D_0S=\sigma_0S$$

(1) 空隙中：

$$D_0=\sigma_0=\frac{\varepsilon_0}{d}U_0,\quad E_0=\frac{D_0}{\varepsilon}=\frac{D_0}{\varepsilon_0}=\frac{U_0}{d}$$

(2) 介质中电位移矢量不变(也可用高斯定理证明)，电场减小：

$$D=D_0=\frac{\varepsilon_0}{d}U_0,\quad E=\frac{D}{\varepsilon}=\frac{D_0}{\varepsilon_0\varepsilon_r}=\frac{U_0}{d\varepsilon_r}$$

(3) 两板间的电压

$$U=E_0(d-b)+Eb=U_0\left[1-b/d\left(1-\frac{1}{\varepsilon_r}\right)\right]$$

说明：在有介质存在的空间中，同样自由电荷激发场的情况下，电位移矢量 D 连续，电场强度 E 不连续。计算电势差一般使用场强积分法，注意使用的是不连续的电场强度 E。

练习 3.6.1：一平行板电容器中充满相对介电常数为 ε_r 的各向同性均匀电介质，已知介质表面极化电荷面密度为 σ'，则极化电荷在电容器中产生的电场强度大小为[　　]

(A) $\dfrac{\sigma'}{\varepsilon_0}$；　(B) $\dfrac{\sigma'}{\varepsilon_0\varepsilon_r}$；　(C) $\dfrac{\sigma'}{2\varepsilon_0}$；　(D) $\dfrac{\sigma'}{\varepsilon_r}$。

答案：A。极化电荷和自由电荷在产生电场上是完全等价的，即与自由电荷类似(其在

平行板电容器中的场强大小为 $E_0=\frac{\sigma_0}{\varepsilon_0}$)，极化电荷产生的场强大小为 $E'=\frac{\sigma'}{\varepsilon_0}$。

说明：电容器中的总场强为 $E=E_0-E'=E_0-\frac{\sigma'}{\varepsilon_0}=E_0-\frac{P}{\varepsilon_0}=E_0-\frac{\chi_e\varepsilon_0 E}{\varepsilon_0}=E_0-\chi_e E$，故电容器中的总场强与没有介质(或仅考虑自由电荷)时的场强 E_0 之间的关系为 $E=\frac{E_0}{1+\chi_e}=\frac{E_0}{\varepsilon_r}$，与课本一致。

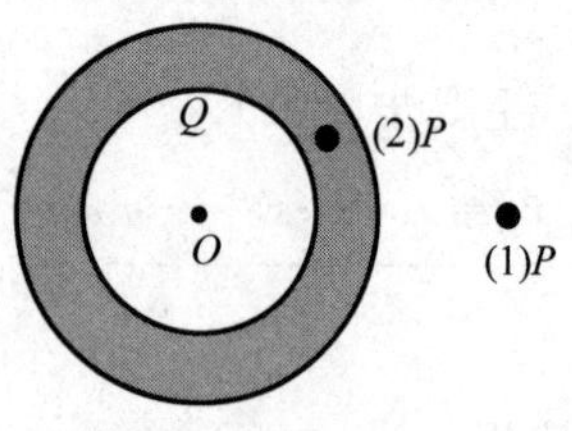

图 3.6.2

练习 3.6.2：如图 3.6.2 所示，在一带电量为 Q 的导体球外，同心地包有一各向同性均匀电介质球壳，相对介电常量为 ε_r，壳外是真空。则(1)在介质球壳外 P 点处(设 $\overline{OP}=r$)的场强和电位移的大小分别为[　　]；(2)将 P 点移至介质球壳中(依旧设 $\overline{OP}=r$)，场强和电位移的大小分别为[　　]

(A) $E=\frac{Q}{4\pi\varepsilon_0\varepsilon_r r^2}, D=\frac{Q}{4\pi\varepsilon_0 r^2}$；　(B) $E=\frac{Q}{4\pi\varepsilon_0\varepsilon_r r^2}, D=\frac{Q}{4\pi r^2}$；

(C) $E=\frac{Q}{4\pi\varepsilon_0 r^2}, D=\frac{Q}{4\pi r^2}$；　(D) $E=\frac{Q}{4\pi\varepsilon_0 r^2}, D=\frac{Q}{4\pi\varepsilon_0 r^2}$。

答案：(1)C；(2)B。分别运用介质中的高斯定理。

例 3.6.2：如图 3.6.3 所示，半径为 R 的金属球外面包一层相对介电常数为 $\varepsilon_r=2$、外径为 $2R$ 的均匀电介质壳，介质内均匀地分布着电量为 q_0 的自由电荷，金属球接地，则介质壳外表面的电势为________。

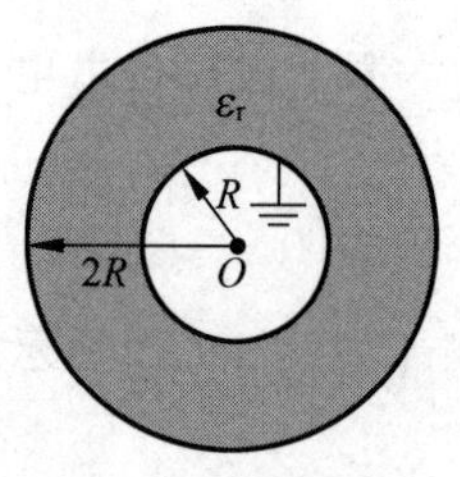

图 3.6.3

答案：$\frac{5q_0}{168\pi\varepsilon_0 R}$。金属球接地，$U=0$，其上电量设为 q，介质壳内的场强为

$$E_1=\frac{q+\frac{r^3-R^3}{(2R)^3-R^3}q_0}{4\pi\varepsilon_0\varepsilon_r r^2}=\frac{1}{8\pi\varepsilon_0}\left(\frac{q}{r^2}+\frac{q_0 r}{7R^3}-\frac{q_0}{7r^2}\right)$$

介质壳外的场强为

$$E_2=\frac{q+q_0}{4\pi\varepsilon_0 r^2}$$

因为

$$\int_{2R}^{R}E_1\,\mathrm{d}r=\int_{2R}^{\infty}E_2\,\mathrm{d}R$$

所以

$$q=-\frac{16}{21}q_0$$

故介质壳外表面的电势为 $U=\frac{q+q_0}{4\pi\varepsilon_0(2R)}=\frac{5q_0}{168\pi\varepsilon_0 R}$。

考点 2：介质中的极化电荷面密度与电极化强度矢量的理解和计算

例 3.6.3：如图 3.6.4 所示为一平行板电容器，两极板间有两层各向同性的均匀电介质板，相对介电常量分别为 ε_{r1} 和 ε_{r2}。已知两极板上的自由电荷面密度分别为 $+\sigma$ 和 $-\sigma$。求电介质中的电极化强度及两层电介质的分界面上的极化电荷面密度 σ'。

解：由电位移矢量 $\boldsymbol{D}$ 的高斯定理可求出两极板间的电位移矢量的大小为

$$D=\sigma$$

图　3.6.4

两种介质中的电场强度分别为

$$E_1=\frac{D}{\varepsilon_0\varepsilon_{r1}}=\frac{\sigma}{\varepsilon_0\varepsilon_{r1}}$$

$$E_2=\frac{D}{\varepsilon_0\varepsilon_{r2}}=\frac{\sigma}{\varepsilon_0\varepsilon_{r2}}$$

两种介质中的电极化强度分别为

$$P_1=\varepsilon_0\chi_{e1}E_1=\varepsilon_0(\varepsilon_{r1}-1)\frac{\sigma}{\varepsilon_0\varepsilon_{r1}}=\left(1-\frac{1}{\varepsilon_{r1}}\right)\sigma$$

$$P_2=\varepsilon_0\chi_{e2}E_2=\varepsilon_0(\varepsilon_{r2}-1)\frac{\sigma}{\varepsilon_0\varepsilon_{r2}}=\left(1-\frac{1}{\varepsilon_{r2}}\right)\sigma$$

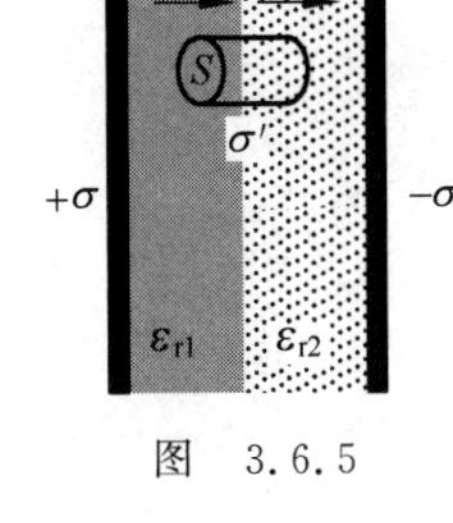

图　3.6.5

如图 3.6.5 所示，作一柱形闭合高斯面，底面积为 S，根据 $\boldsymbol{P}$ 通量与极化电荷之间的关系式：

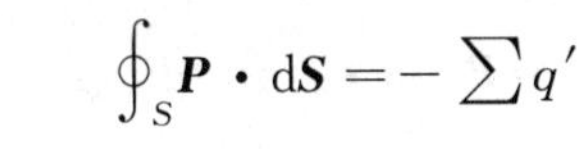

$$\oint_S \boldsymbol{P}\cdot \mathrm{d}\boldsymbol{S}=-\sum q'$$

可得

$$P_2S-P_1S=-\sigma' S$$

$$\sigma'=P_1-P_2=\left(1-\frac{1}{\varepsilon_{r1}}-1+\frac{1}{\varepsilon_{r2}}\right)\sigma=\left(\frac{1}{\varepsilon_{r2}}-\frac{1}{\varepsilon_{r1}}\right)\sigma$$

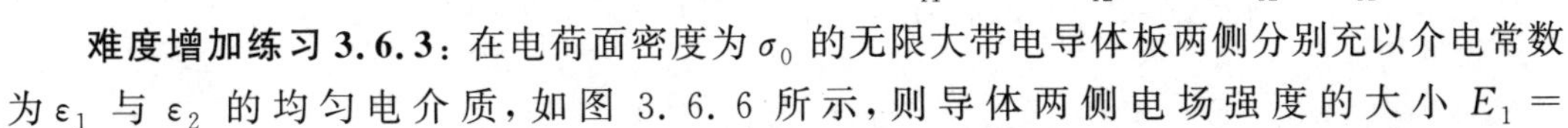

难度增加练习 3.6.3：在电荷面密度为 σ_0 的无限大带电导体板两侧分别充以介电常数为 ε_1 与 ε_2 的均匀电介质，如图 3.6.6 所示，则导体两侧电场强度的大小 $E_1=$ ________，$E_2=$ ________。

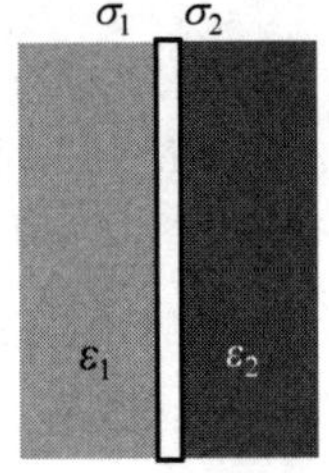

图　3.6.6

答案：$\dfrac{2\sigma_0}{\varepsilon_1+\varepsilon_2}$，$\dfrac{2\sigma_0}{\varepsilon_1+\varepsilon_2}$。

解：设加介质后导体板两侧的自由电荷面密度分别为 σ_1 和 σ_2，则

$$\sigma_1+\sigma_2=2\sigma_0$$

由 D 的高斯定理，得 $D_1=\sigma_1$，$D_2=\sigma_2$。

设板两侧界面处的极化电荷面密度为 σ_1' 和 σ_2'，导体板两侧均相当于均匀无限大带电平面，为保证导体板内 $E=0$，必有 $\sigma_1+\sigma_1'=\sigma_2+\sigma_2'$。故两侧介质中的电场大小相等 $|E_1|=|E_2|$，$\dfrac{D_1}{\varepsilon_1}=\dfrac{D_2}{\varepsilon_2}$，$\dfrac{\sigma_1}{\varepsilon_1}=\dfrac{\sigma_2}{\varepsilon_2}$。可得 $\sigma_1=\dfrac{2\varepsilon_1}{\varepsilon_1+\varepsilon_2}\cdot\sigma_0$，$E_2=E_1=\dfrac{\sigma_1}{\varepsilon_1}=\dfrac{2\sigma_0}{\varepsilon_1+\varepsilon_2}$。

例 3.6.4：如图 3.6.7 所示，半径为 R 的导体球带有电荷 q，球外包有一层厚度为 d、介电系数为 ε 的电介质球壳，其余空间为真空。求：(1)空间各点的电场强度分布；(2)电介质内、外表面的极化电荷面密度及电量；(3)空间各点的电势分布。

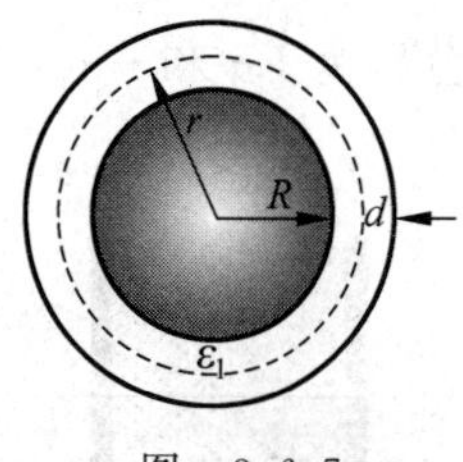

图 3.6.7

解：(1) 作半径为 r 的同心球面，运用高斯定理：

$$\oint_S \boldsymbol{D} \cdot \mathrm{d}\boldsymbol{S} = \begin{cases} 0, & r < R \\ q, & r > R \end{cases}$$

$$D = D(r) = \begin{cases} 0, & r < R \\ \dfrac{q}{4\pi r^2}, & r > R \end{cases}$$

由电位移矢量求电场：

$$E = \frac{D}{\varepsilon} = \begin{cases} 0, & r < R \\ \dfrac{q}{4\pi\varepsilon_0\varepsilon_r r^2}, & R < r < R+d \\ \dfrac{q}{4\pi\varepsilon_0 r^2}, & r > R+d \end{cases}$$

(2) 电介质的极化强度矢量大小为

$$P = D - \varepsilon_0 E = \left(1 - \frac{1}{\varepsilon_r}\right)\frac{q}{4\pi r^2}, \quad R < r < R+d$$

电解质内表面的极化电荷面密度及电量为

$$\sigma'_{\text{int}} = \boldsymbol{P}_{\text{int}} \cdot \boldsymbol{e}_{\text{int}} = -P\,|_{r=R} = -\left(1 - \frac{1}{\varepsilon_r}\right)\frac{q}{4\pi R^2}$$

$$q'_{\text{int}} = \sigma'_{\text{int}} \cdot 4\pi R^2 = -\left(1 - \frac{1}{\varepsilon_r}\right)q$$

电解质外表面的极化电荷面密度及电量为

$$\sigma'_{\text{ext}} = \boldsymbol{P}_{\text{ext}} \cdot \boldsymbol{e}_{\text{ext}} = P\,|_{r=R+d} = \left(1 - \frac{1}{\varepsilon_r}\right)\frac{q}{4\pi(R+d)^2}$$

$$q'_{\text{ext}} = \sigma'_{\text{ext}} \cdot 4\pi(R+d)^2 = \left(1 - \frac{1}{\varepsilon_r}\right)q$$

(3) 空间各点的电势，运用电场进行积分求解：

$r > R+d$ 时：

$$U = \int_r^\infty \frac{q}{4\pi\varepsilon_0 r^2}\mathrm{d}r = \frac{q}{4\pi\varepsilon_0 r}$$

$R < r < R+d$ 时：

$$U = \int_r^{R+d} \frac{q}{4\pi\varepsilon_0\varepsilon_r r^2}\mathrm{d}r + \int_{R+d}^\infty \frac{q}{4\pi\varepsilon_0 r^2}\mathrm{d}r = \frac{q}{4\pi\varepsilon_0\varepsilon_r}\left(\frac{1}{r} - \frac{\varepsilon_r - 1}{R+d}\right)$$

$r < R$ 时：

$$U = \int_R^{R+d} \frac{q}{4\pi\varepsilon_0\varepsilon_r r^2}\mathrm{d}r + \int_{R+d}^\infty \frac{q}{4\pi\varepsilon_0 r^2}\mathrm{d}r = \frac{q}{4\pi\varepsilon_0\varepsilon_r}\left(\frac{1}{R} - \frac{\varepsilon_r - 1}{R+d}\right)$$

练习 3.6.4：一导体球带电荷 Q。球外同心地有两层各向同性均匀电介质球壳，相对介电常量分别为 ε_{r1} 和 ε_{r2}，分界面处半径为 R，如图 3.6.8 所示。求两层介质分界面上的极化电荷面密度。

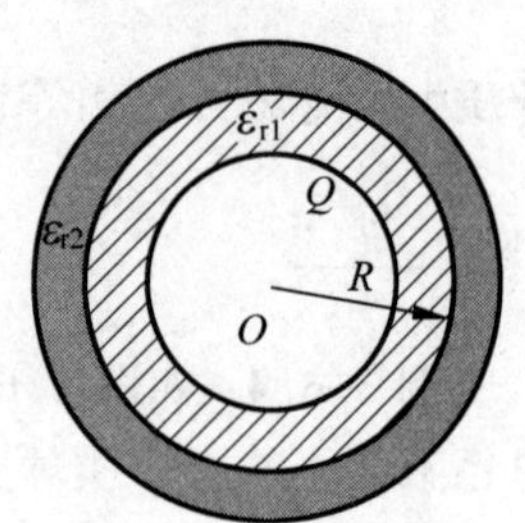

图 3.6.8

解：内球壳外表面上极化电荷的面密度为

$$\sigma'_1 = p_{1n} = p_1 = \varepsilon_0 \chi_{e1} E_1 = \varepsilon_0(\varepsilon_{r1} - 1)\frac{\sigma}{\varepsilon_0 \varepsilon_{r1}} = \left(1 - \frac{1}{\varepsilon_{r1}}\right)\frac{Q}{4\pi R^2}$$

球壳内表面上极化电荷的面密度为

$$\sigma'_2 = p_{2n} = -p_2 = -\varepsilon_0 \chi_{e2} E_2 = -\varepsilon_0(\varepsilon_{r2} - 1)\frac{\sigma}{\varepsilon_0 \varepsilon_{r2}} = -\left(1 - \frac{1}{\varepsilon_{r2}}\right)\frac{Q}{4\pi R^2}$$

两层介质分界面净极化电荷面密度为

$$\sigma' = \sigma'_1 + \sigma'_2 = \frac{Q}{4\pi R^2}\left(\frac{1}{\varepsilon_{r2}} - \frac{1}{\varepsilon_{r1}}\right)$$

练习 3.6.5：一导体球带电荷 Q，放在相对介电常量为 $\varepsilon_r = 2.1$ 的无限大各向同性均匀电介质中，介质与导体球的分界面上的极化电荷为 $Q' =$[　　]

(A) $-0.52Q$；　(B) $-0.63Q$；　(C) $-0.76Q$；　(D) $-0.84Q$。

答案：A。假设导体球半径为 R，电荷仅分布在导体球表面，介质与导体球的分界面上，$P = \chi_e \varepsilon_0 E = (\varepsilon_r - 1)\varepsilon_0 E = (\varepsilon_r - 1)\varepsilon_0 \dfrac{Q}{4\pi\varepsilon_0 \varepsilon_r R^2} = (\varepsilon_r - 1)\dfrac{Q}{4\pi\varepsilon_r R^2}$，方向与电场方向相同，沿导体球径向。分界面上的极化电荷面密度为 $\sigma' = -P = -(\varepsilon_r - 1)\dfrac{Q}{4\pi\varepsilon_r R^2}$，极化电荷为 $Q' = \sigma' 4\pi R^2 = -(\varepsilon_r - 1)\dfrac{Q}{4\pi\varepsilon_r R^2}4\pi R^2 = -(\varepsilon_r - 1)\dfrac{Q}{\varepsilon_r} \approx -0.52Q$。

练习 3.6.6：如图 3.6.9 所示，一均匀极化的各向同性电介质球，已知电极化强度为 $\boldsymbol{P}$，则介质球表面上极化电荷面密度 $\sigma' = P/2$ 的点是图中 a、b、c、d 中的________。

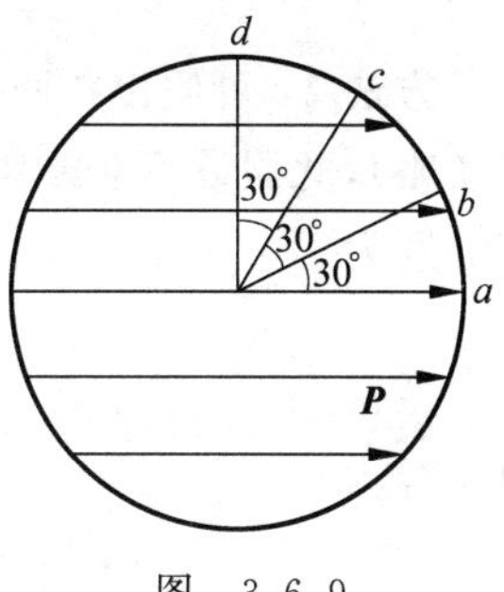

图　3.6.9

答案：c 点。在介质与真空的分界面上，$\sigma' = P_n = P\cos\theta$，其中 θ 为各点法线方向与 $\boldsymbol{P}$ 的夹角。

3.7 电容

(1) 电容定义：$C = Q/U_{ab}$（C 只与电容器自身结构和材料有关）。

(2) 电容器的连接：

① 串联：$U = \sum_i U_i$，$Q = Q_1 = Q_t = \cdots \rightarrow 1/C = \sum_i (1/C_i)$（电容减小，耐压提高）；

② 并联：$Q = \sum_i Q_i$，$U = U_1 = U_i = \cdots \rightarrow C = \sum_i C_i$（电容增大，耐压取小）。

考点 1：电容的计算以及电容串联并联的判断

注意：(1)电容的计算：①设两极板分别带电 $\pm Q$；②求出两极板间场强分布 $\boldsymbol{E}(\propto q)$；③积分求两极板电压 $U_{ab}(\propto Q)$；④由定义式求出电容 $C = Q/U_{ab}$。

(2) 典型电容器的电容：①平行板电容器 $C = \varepsilon_0 \dfrac{S}{d}$；②球形电容器 $C = 4\pi\varepsilon_0 \dfrac{R_1 R_2}{R_2 - R_1}$；

③单位长度圆柱形电容器$\dfrac{C}{l}=\dfrac{2\pi\varepsilon_0}{\ln(R_2/R_1)}$；④极板间充满电介质时 $C=\varepsilon_r C_0$。

例 3.7.1：平行板电容器两板相距为 d，极板面积为 S，分别求下列两种情况下平行板电容器的电容。(1)板间以两层厚度各为 $d/2$ 而相对介电常数分别为 ε_{r1} 和 ε_{r2} 的电介质充满；(2)板间以两层面积各为 $S/2$ 而相对介电常数分别为 ε_{r1} 和 ε_{r2} 的电介质充满。

解：此题可分别运用电容的定义式或电容串联、并联知识求解。

(1) **方法 1**：设两极板分别带电 $\pm Q$，自由电荷面密度为 $\sigma=Q/S$，根据例 3.6.1 及相应练习可得，金属板之间 D 连续、但是 E 不连续，两种介质中的电场强度大小分别为

$$E_1=\frac{\sigma}{\varepsilon_0\varepsilon_{r1}},\quad E_2=\frac{\sigma}{\varepsilon_0\varepsilon_{r2}}$$

两板间的电压为

$$U=E_1\frac{d}{2}+E_2\frac{d}{2}=\frac{d\sigma}{2\varepsilon_0}\left(\frac{1}{\varepsilon_{r1}}+\frac{1}{\varepsilon_{r2}}\right)=\frac{dQ}{2\varepsilon_0 S}\left(\frac{1}{\varepsilon_{r1}}+\frac{1}{\varepsilon_{r2}}\right)$$

由定义式求电容：

$$C=\frac{Q}{U}=\frac{2\varepsilon_0 S}{d}\cdot\frac{\varepsilon_{r1}\varepsilon_{r2}}{\varepsilon_{r1}+\varepsilon_{r2}}$$

方法 2：可假设在两介质交界面存在一薄金属板，板两侧带等量异号电荷(金属板厚度可忽略)，此假设不会改变空间电荷、电场分布，但此时电容器可视为两电容串联。两串联电容分别为

$$C_1=\varepsilon_0\varepsilon_{r1}\frac{S}{d/2},\quad C_2=\varepsilon_0\varepsilon_{r2}\frac{S}{d/2}$$

总电容为

$$C=\frac{C_1C_2}{C_1+C_2}=\frac{2\varepsilon_0 S}{d}\cdot\frac{\varepsilon_{r1}\varepsilon_{r2}}{\varepsilon_{r1}+\varepsilon_{r2}}$$

(2) **方法 1**：对该种情况两极板间电压相同，设为 U，则两种介质中电场强度相同均为

$$E=\frac{U}{d}$$

不同介质的电位移矢量以及面电荷密度为

$$D_1=\sigma_1=\varepsilon_0\varepsilon_{r1}E,\quad D_2=\sigma_2=\varepsilon_0\varepsilon_{r2}E$$

极板上的带电量为

$$Q=Q_1+Q_2=(\sigma_1+\sigma_2)\frac{S}{2}=\frac{SU}{2d}\varepsilon_0(\varepsilon_{r1}+\varepsilon_{r2})$$

由定义式求电容：

$$C=\frac{Q}{U}=\frac{S}{2d}\varepsilon_0(\varepsilon_{r1}+\varepsilon_{r2})$$

方法 2：此电容器可视为两电容的并联。两并联电容分别为

$$C_1=\varepsilon_0\varepsilon_{r1}\frac{\frac{S}{2}}{d}\ C_2=\varepsilon_0\varepsilon_{r2}\frac{\frac{S}{2}}{d}$$

总电容为

$$C=C_1+C_2=\frac{S}{2d}\varepsilon_0(\varepsilon_{r1}+\varepsilon_{r2})$$

分析：可以看出，在电容器中充以介质后，可通过判断两极板之间是带电量相同还是电压相同，判断电容器串联或并联，反之亦然。对图3.7.1(a)，电容器串联，极板上自由电荷密度 σ_0 相同，不同介质中的电位移矢量 $D=\sigma_0/\varepsilon_0$ 相等；对图3.7.1(b)，电容器并联，极板上自由电荷密度不同，不同介质中的电场 E 相等，由电介质中的电场强度：$E=E_0+E'=\frac{\sigma_0}{\varepsilon_0}+\frac{\sigma'}{\varepsilon_0}$，可知左右两边极板上的总电荷密度 $\sigma=\sigma_0+\sigma'$ 相等。

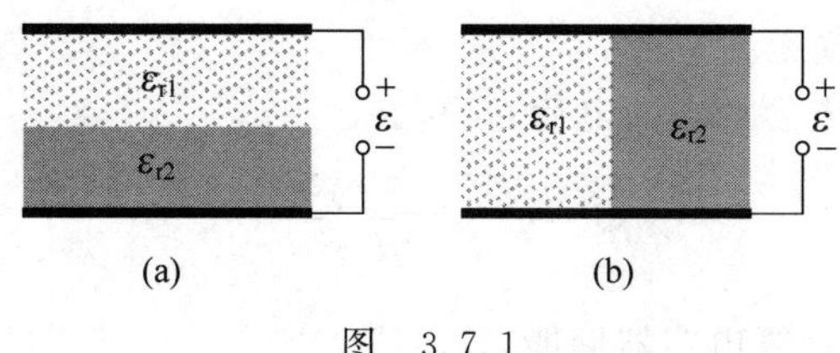

图 3.7.1

练习 3.7.1：一平行板电容器始终与端电压一定的电源相联。当电容器两极板间为真空时，电场强度为$\boldsymbol{E}_0$，电位移为$\boldsymbol{D}_0$，而当两极板间充满相对介电常量为 ε_r 的各向同性均匀电介质时，电场强度为 $\boldsymbol{E}$，电位移为 $\boldsymbol{D}$，则[　　]

(A) $\boldsymbol{E}=\boldsymbol{E}_0/\varepsilon_r$，$\boldsymbol{D}=\boldsymbol{D}_0$；　　(B) $\boldsymbol{E}=\boldsymbol{E}_0$，$\boldsymbol{D}=\varepsilon_r\boldsymbol{D}_0$；

(C) $\boldsymbol{E}=\boldsymbol{E}_0/\varepsilon_r$，$\boldsymbol{D}=\boldsymbol{D}_0/\varepsilon_r$；　　(D) $\boldsymbol{E}=\boldsymbol{E}_0$，$\boldsymbol{D}=\boldsymbol{D}_0$。

答案：B。因为始终连接电源，电容器充满电介质前后的电势差 U 不变，故场强 $E=U/d$ 保持不变，$\boldsymbol{D}=\varepsilon\boldsymbol{E}$ 增加。

练习 3.7.2：四个尺寸完全相同的平行板电容器，以如图3.7.2所示的四种方式分别充以各向同性、均匀电介质，其中 $\varepsilon_{r1}=4$，$\varepsilon_{r2}=8$，则电容值最大的电容器是[　　]，而电容值最小的是[　　]。

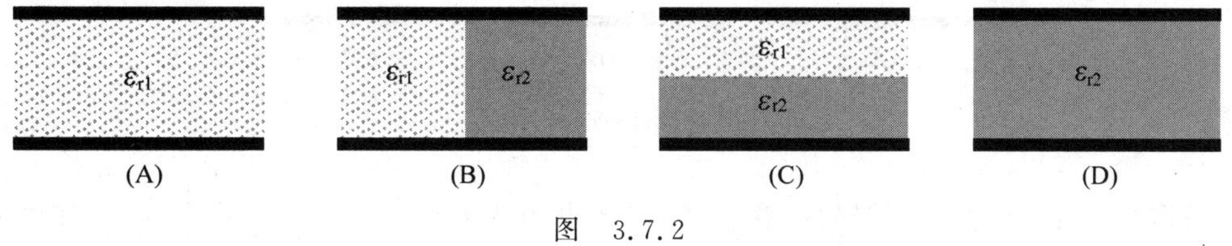

图 3.7.2

答案：D，A。由例3.7.1四个电容器的电容分别为：$C_A=\frac{\varepsilon_0\varepsilon_{r1}S}{d}=4\frac{\varepsilon_0 S}{d}$；$C_B=\frac{S}{2d}\varepsilon_0(\varepsilon_{r1}+\varepsilon_{r2})=6\frac{\varepsilon_0 S}{d}$；$C_C=\frac{2\varepsilon_0 S}{d}\cdot\frac{\varepsilon_{r1}\varepsilon_{r2}}{\varepsilon_{r1}+\varepsilon_{r2}}=\frac{16}{3}\frac{\varepsilon_0 S}{d}$；$C_D=\frac{\varepsilon_0\varepsilon_{r_2}S}{d}=8\frac{\varepsilon_0 S}{d}$。

例 3.7.2：平行板电容器每板面积为 S，板间距为 d，今以厚度为 d' 的铜板平行插入电容器内，计算：

(1) 此电容器电容改变了多少？铜板离极板距离对上述结果是否有影响？

(2) 使电容器充电到两板电势差 U 后，与电源断开，再把铜板从电容器中抽出，需做多少功？

解：

(1) 铜板插入前，$C=\varepsilon_0 S/d$。铜板插入后可视为上下两个电容器的串联：

$$C'=\frac{\varepsilon_0 S\dfrac{1}{d_1 d_2}}{\dfrac{1}{d_1}+\dfrac{1}{d_2}}=\frac{\varepsilon_0 S}{d_1+d_2}=\frac{\varepsilon_0 S}{d-d'}$$

电容改变量为

$$\Delta C=C'-C=\varepsilon_0 S\frac{d'}{d(d-d')}$$

可见，ΔC 与铜板位置无关。

(2) 铜板抽出前后，电容两端的电荷 Q 不变，

$$Q=C'U=\frac{\varepsilon_0 S}{d-d'}U$$

运用公式 $W=\dfrac{1}{2}\dfrac{Q^2}{C}$ 计算电容器储能。

抽出前后静电场储能为

$$W'=\frac{Q^2}{2C'},\quad W=\frac{Q^2}{2C}$$

外力的功为

$$A=W-W'=\frac{Q^2 d'}{2\varepsilon_0 S}=\frac{\varepsilon_0 Sd'}{2(d-d')^2}U^2$$

练习 3.7.3：在三个完全相同的空气平行板电容器中，将面积和厚度均相同的一块导体板和一块电介质板分别插入其中的两个电容器，如图 3.7.3 所示。比较三者电容的大小，电容最大的电容器是[　　]，电容最小的电容器是[　　]。

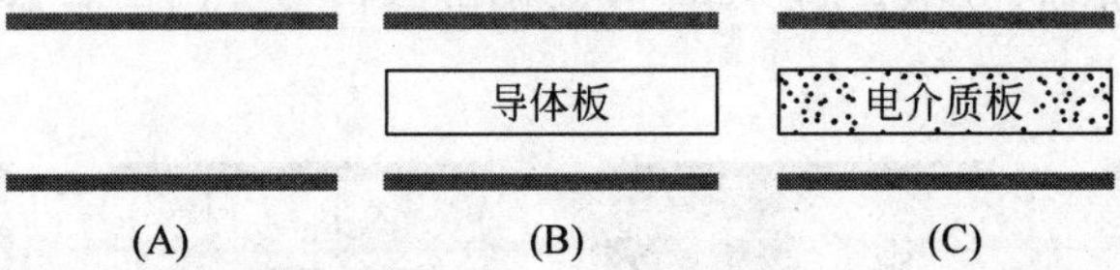

导体板　电介质板

(A)　(B)　(C)

图 3.7.3

答案：B，A。根据电容器的串联公式，三者电容为 $C=\left(\dfrac{1}{C_{上}}+\dfrac{1}{C_{中}}+\dfrac{1}{C_{下}}\right)^{-1}$，其中 $C_{上}$ 或 $C_{下}$ 为导体或电介质上下两部分空气电容器的电容，三种情况均相等；对(B)，$C=\left(\dfrac{1}{C_{上}}+\dfrac{1}{C_{下}}\right)^{-1}$，故电容最大；对(A)、(C)，$C_{中A}=\dfrac{S}{\varepsilon_0 d}$，$C_{中C}=\dfrac{S}{\varepsilon_0\varepsilon_r d}$，故 $C_{中A}$，$C_{中C}$，$C_A<C_C$，可见(A)电容最小。

练习 3.7.4：一空气平行板电容器，极板 A、B 的面积都是 S，极板间距离为 d。接上电源后，A 板带电量为 Q，电势为 U_A，B 板电势 $U_B=0$。现将一带有电荷 $q=nQ$、面积也是 S 而厚度可忽略的导体片 C 平行插在两极板的中间位置，如图 3.7.4 所示，则导体片 C 的电势为 $U_C=$________。(已知 U_A、n)

答案：$\left(1+\dfrac{n}{2}\right)\dfrac{U_A}{2}$。设导体片 C 上下两面电荷数绝对值分别为 Q_1、Q_2，其中 Q_1 为负

电荷，Q_2 为正电荷，则 $-Q_1+Q_2=q=nQ$；AC、CB 间的场强大小分别为 $E_1=\dfrac{Q_1}{\varepsilon_0 S}$、$E_2=\dfrac{Q_2}{\varepsilon_0 S}$，因为连接电源，$AB$ 两端的电势差不变，故 $\dfrac{Q_1}{\varepsilon_0 S}\dfrac{d}{2}+\dfrac{Q_2}{\varepsilon_0 S}\dfrac{d}{2}=U_A$；联立以上两式可得到：$Q_2=\dfrac{1}{2}nQ+\dfrac{U_A\varepsilon_0 S}{d}$，导体片 C 的电势为 $U_C=\dfrac{Q_2}{\varepsilon_0 S}\dfrac{d}{2}=\dfrac{dnQ}{4\varepsilon_0 S}+\dfrac{U_A}{2}=\dfrac{nU_A}{4}+\dfrac{U_A}{2}$。

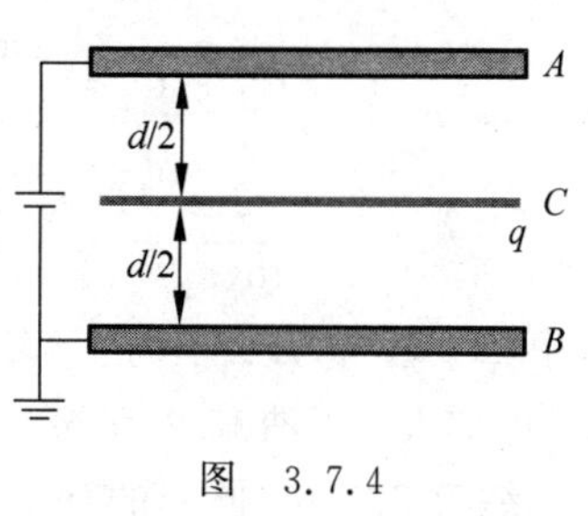

图　3.7.4

例 3.7.3：平行板电容器，极板面积为 S，两极板之间距离为 d，中间充满介电常量并按 $\varepsilon=\varepsilon_0(1+x/d)$ 规律变化的电介质。令 $C_0=\varepsilon_0\dfrac{S}{d}$，在忽略边缘效应的情况下，该电容器的电容为 $C=$____________ C_0。

答案：1/ln2。设两极板上分别带自由电荷，面密度分别为 $\pm\sigma$，则介质中的电场强度分布为 $E=\sigma/\varepsilon=\dfrac{\sigma d}{\varepsilon_0(d+x)}$，两极板之间的电势差为 $U=\int_0^d E\,\mathrm{d}x=\dfrac{\sigma d}{\varepsilon_0}\int_0^d\dfrac{\mathrm{d}x}{(d+x)}=\dfrac{\sigma d}{\varepsilon_0}\ln 2$，该电容器的电容为 $C=\sigma S/U=\dfrac{\varepsilon_0 S}{d\ln 2}$。

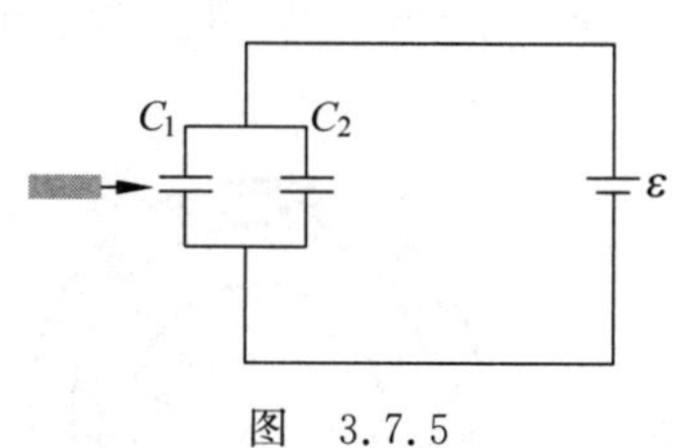

图　3.7.5

例 3.7.4：C_1 和 C_2 两空气电容器并联以后接电源充电。在电源保持连接的情况下，在 C_1 中插入一电介质板，如图 3.7.5 所示，则 C_1 极板上电荷____________，C_2 极板上电荷____________。（填“增加”“减少”或“不变”）

答案：增加，不变。两电容器并联，两端电势差保持不变，两个电容器内的电场强度 $E=U/d$ 保持不变，插入电介质后因为 $D=\varepsilon E$，C_1 中电位移矢量 D 增大，C_2 中 D 不变。因为 $D=\sigma_0$，故 C_1 极板上电荷增加，C_2 极板上电荷不变。

练习 3.7.5：C_1 和 C_2 两空气电容器串联起来接上电源充电，然后将电源断开，再把一电介质板插入 C_1 中，如图 3.7.6 所示。则 C_1 上电势差____________，C_2 上电势差____________。（填“增加”“减少”或“不变”）

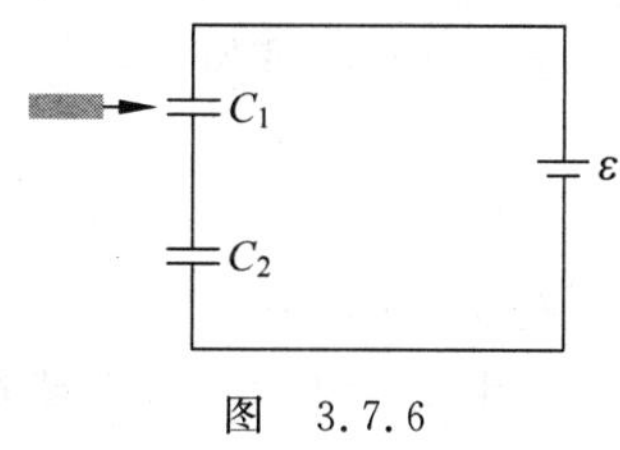

图　3.7.6

答案：减小，不变。两电容器串联并断开电源，极板上电荷保持不变，两个电容器内电位移矢量 D 保持不变，两极板间的电势差 $U=Ed=Dd/\varepsilon$，插入电介质后 C_1 中电势差 U 减少，C_2 中 U 不变。

例 3.7.5：电容式液位计依据的是电容感应原理，根据其电容变化来测量液面的高低。假设有如图 3.7.7 所示同轴柱形电容器的电容，其高度为 H，内外圆柱半径分别为 r_1 和 r_2。设燃油的相对介电常数为 ε_r，试讨论燃油高度 h 对柱形电容器电容的影响。

解：内外圆柱为电容器的两极板，如果把上下两部分（无、有介质）视为两个电容器，其正负极板间的电压相等，所以可视作两并联电容器。

$$C=C_1+C_2=\frac{2\pi\varepsilon_0(H-h)}{\ln(r_2/r_1)}+\frac{2\pi\varepsilon_0\varepsilon_r h}{\ln(r_2/r_1)}$$

$$=\frac{2\pi\varepsilon_0 H}{\ln(r_2/r_1)}+\frac{2\pi\varepsilon_0(\varepsilon_r-1)}{\ln(r_2/r_1)}h=C_0+\Delta C$$

其中 ΔC 是因为燃油使电容增加的部分，可见随燃油增加，h 增大，ΔC 也增大；燃油减少，h 减小，ΔC 也减小。

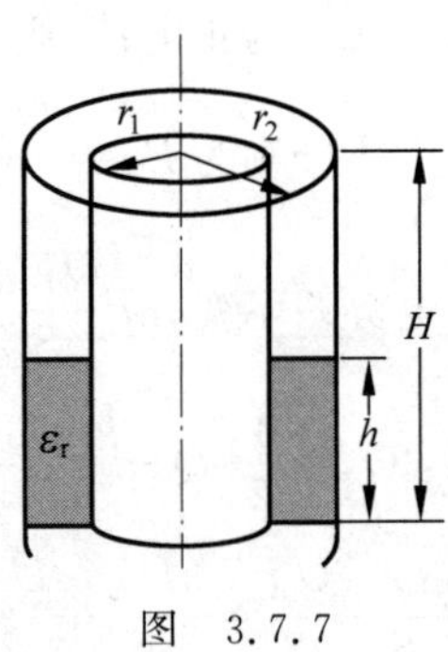

图 3.7.7

练习 3.7.6：同心的球形电容器，其内、外球半径分别为 R_1 和 R_2。两球面间有一半空间充满着相对介电常量为 ε_r 的各向同性均匀电介质，另一半空间充满空气，如图 3.7.8 所示。不计两半球交界处的电场弯曲，试求该电容器的电容。

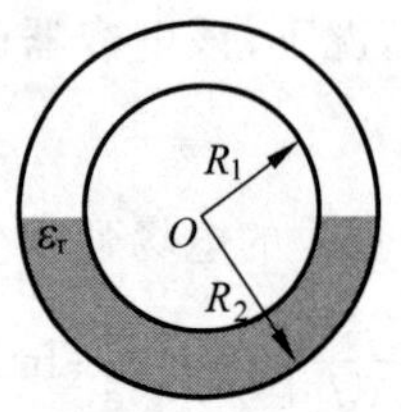

图 3.7.8

解：与例 3.7.5 类似，该题目可视为两半球电容器并联，总电容为

$$C=C_{上}+C_{下}=2\pi\varepsilon_0\frac{R_1R_2}{R_2-R_1}+2\pi\varepsilon_0\varepsilon_r\frac{R_1R_2}{R_2-R_1}$$

$$=2\pi\varepsilon_0\frac{R_1R_2}{R_2-R_1}(1+\varepsilon_r)$$

练习 3.7.7：一球形电容器，其内、外球半径分别为 R_1 和 R_2。两球壳间充有两层各向同性均匀的电介质，其界面半径为 R，相对介电常数分别为 ε_{r1} 和 ε_{r2}，如图 3.7.9 所示。设在两球壳间加上电势差 U_{12}，求：(1)电容器的电容；(2)电容器储存的能量。

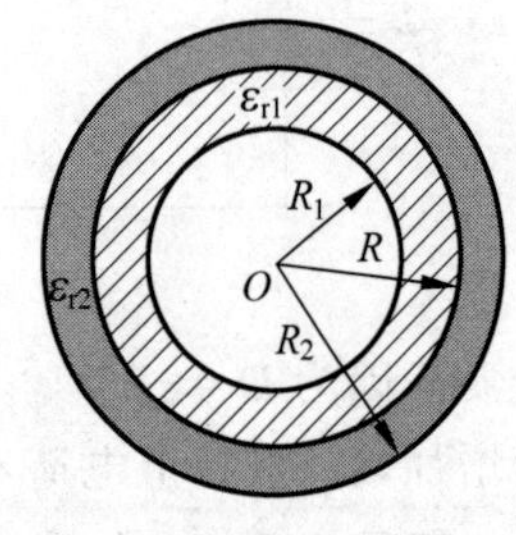

图 3.7.9

解：(1) 该题目可视为两个球形电容器串联，总电容为

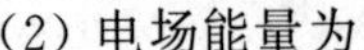

$$C=\frac{C_1C_2}{C_1+C_2}=\frac{4\pi\varepsilon_0\varepsilon_{r1}\dfrac{R_1R}{R-R_1}\times4\pi\varepsilon_0\varepsilon_{r2}\dfrac{RR_2}{R_2-R}}{4\pi\varepsilon_0\varepsilon_{r1}\dfrac{R_1R}{R-R_1}+4\pi\varepsilon_0\varepsilon_{r2}\dfrac{RR_2}{R_2-R}}$$

$$=\frac{4\pi\varepsilon_0\varepsilon_{r1}\varepsilon_{r2}R_1R_2R}{\varepsilon_{r1}R_1(R_2-R)+\varepsilon_{r2}R_2(R-R_1)}$$

(2) 电场能量为

$$W=\frac{1}{2}CU_{12}^2=\frac{2\pi\varepsilon_0\varepsilon_{r1}\varepsilon_{r2}R_1R_2RU_{12}^2}{\varepsilon_{r1}R_1(R_2-R)+\varepsilon_{r2}R_2(R-R_1)}$$

例 3.7.6：如图 3.7.10 所示，黄铜球浮在相对介质常数为 $\varepsilon_r=3.0$ 的油槽中，球的一半浸在油中。已知球上带电荷 Q，求球上下两部分各带多少电荷？

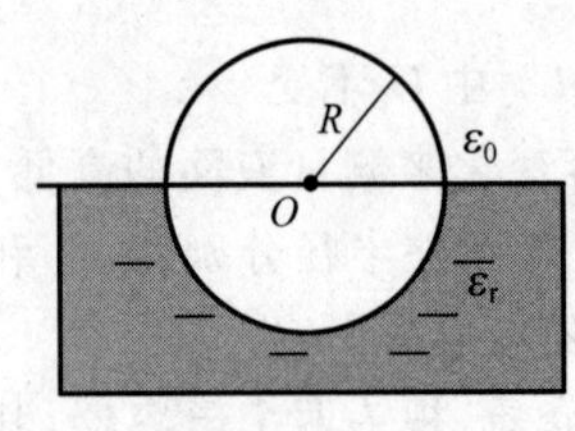

图 3.7.10

解：由于导体球电势 U 一定，导体球可被看作并联起来的两个孤立半球，参照例 3.7.1 结果，并联电容器的自由电荷密度不相等，故球上下两部分所带电荷量不同，具体数值取决于上下半球的电容大小。

上下半球的电容分别为 $C_{上}=2\pi\varepsilon_0R$，$C_{下}=2\pi\varepsilon R$，总电容为

$$C=C_{上}+C_{下}=2\pi\varepsilon_0R(1+\varepsilon_r)$$

电荷在两半球面上的分布为

$$Q_{上}=C_{上}U_{上}=C_{上}U$$

$$=C_{上}\frac{Q}{C}=\frac{Q}{\varepsilon_r+1}$$

$$Q_{下}=\frac{C_{下}Q}{C}=\frac{\varepsilon_r Q}{\varepsilon_r+1}$$

练习 3.7.8：如图 3.7.11 所示，金属球 A 与同心球壳 B 组成电容器，球 A 上带电荷 q，壳 B 上带电荷 Q，测得球与壳间电势差为 U_{AB}，可知该电容器的电容值为[　　]

(A) q/U_{AB}；　　(B) Q/U_{AB}；

(C) $(q+Q)/U_{AB}$；　　(D) $(q+Q)/(2U_{AB})$。

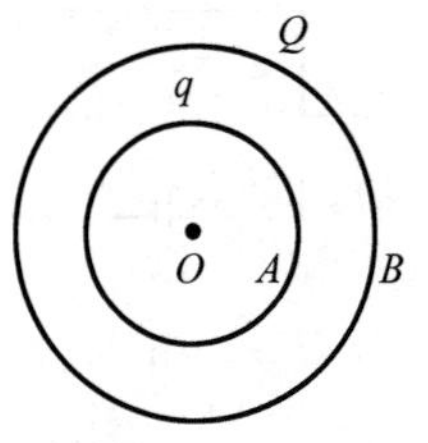

图　3.7.11

答案：A。静电平衡的知识可分析，当 A 带电量为 q 时，B 内表面带电量为 $-q$，外表面带电量为 $q+Q$。按照电容器电容的定义，$C=q/U_{AB}$。

练习 3.7.9：半径分别为 a 和 b 的两个金属球，它们的间距比本身线度大得多。今用一细导线将两者相连接，并给系统带上电荷 Q。求：(1)每个球上分配到的电荷是多少？(2)按电容定义式，计算此系统的电容。

解：(1) 设两球上各分配电荷 Q_a 和 Q_b，忽略导线影响，则

$$Q_a+Q_b=Q$$

两球相距很远，近似孤立，各球电势为 $U_a=\frac{Q_a}{4\pi\varepsilon_0 a}$，$U_b=\frac{Q_b}{4\pi\varepsilon_0 b}$。因有细导线连接，两球等势，即 $U_a=U_b=U$，U 为系统的电势。即

$$U=\frac{Q_a}{4\pi\varepsilon_0 a}=\frac{Q_b}{4\pi\varepsilon_0 b}$$

整理可得

$$Q_a=\frac{aQ}{a+b},\quad Q_b=\frac{bQ}{a+b}$$

(2) 系统电容：

$$C=\frac{Q}{U}=\frac{Q}{\dfrac{Q_a}{4\pi\varepsilon_0 a}}=4\pi\varepsilon_0(a+b)$$

例 3.7.7：将一个 12μF 和两个 2μF 的电容器连接起来组成 3μF 的电容器组。如果每个电容器的击穿电压都是 200V，则要保证此电容器组不被击穿，所加电压 U 最大不能超过多少伏？

解：要组成电容为 3μF 的电容器，需要把两个 2μF 的电容器并联起来，再和 12μF 的电容器串联，则

$$\frac{1}{C}=\frac{1}{C_1+C_1'}+\frac{1}{C_2}\Rightarrow C=\frac{(C_1+C_1')C_2}{C_1+C_1'+C_2}=3\mu\text{F}$$

设外加电压为 U，2μF 和 12μF 电容上的电压分别为 U_1 和 U_2，则

$$U_1+U_2=U,\quad (C_1+C_1')U_1=C_2U_2\rightarrow U_1=\frac{C_2}{C_1+C_1'+C_2}=\frac{3}{4}U,$$

$$U_2=\frac{C_1+C_1'}{C_1+C_1'+C_2}=\frac{1}{4}U$$

要保证电容器组不被击穿，必须

$$\frac{3}{4}U < 200\text{V} \Rightarrow U < 267\text{V}$$

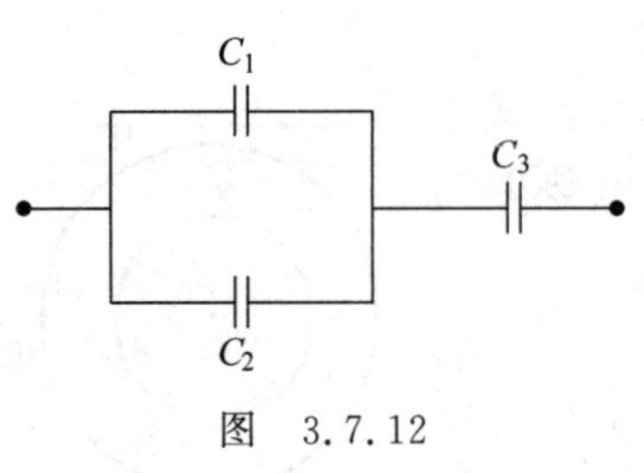

图 3.7.12

练习 3.7.10：三个电容器连接方式如图 3.7.12 所示，已知电容 $C_1 = C_2 = C_3$，而 C_1、C_2、C_3 的耐压值分别为 100V、200V、300V，则此电容器组的耐压值为[ ]

(A) 500V；　(B) 400V；

(C) 300V；　(D) 150V。

答案：C。设外加电压为 U，C_1、C_2 并联组（电容为 C_1+C_2）和 C_3 上的电压分别为 U_1 和 U_3，则 $(C_1+C_2)U_1 = C_3U_3$，$U_1+U_3=U$，可得 $U_1=\frac{1}{3}U$，$U_3=\frac{2}{3}U$。要保证电容器组不被击穿，须满足 $\frac{1}{3}U<100\text{V}$，$\frac{2}{3}U<300\text{V}$，故 $U<300\text{V}$。

练习 3.7.11：如图 3.7.13 所示，一球形电容器，内球壳半径为 R_1，外球壳半径为 R_2 $(R_2<\sqrt{2}R_1)$，其间充有相对介电常数分别为 ε_{r1} 和 ε_{r2} 的两层各向同性均匀电介质，其界面半径为 R。若两种电介质的击穿电场强度相同，皆为 E_m，问：(1)当电压升高时，哪层介质先击穿？(2)该电容器能承受多高的电压？

解：(1) 设两球壳上分别带电荷 $+Q$ 和 $-Q$，则其间电位移的大小为 $D=\frac{Q}{4\pi r^2}$，两层介质中的场强大小分别为

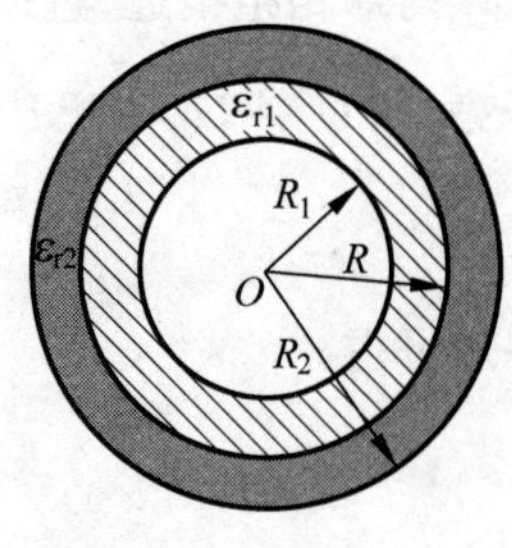

图 3.7.13

$$E_1=\frac{Q}{4\pi r^2}\frac{1}{\varepsilon_0\varepsilon_{r1}},\quad E_2=\frac{Q}{4\pi r^2}\frac{1}{\varepsilon_0\varepsilon_{r2}}$$

在两层介质中场强最大处均在各自内表面处，即 $E_{1m}=\frac{Q}{4\pi R_1^2}\frac{1}{\varepsilon_0\varepsilon_{r1}}$，$E_{2m}=\frac{Q}{4\pi R^2}\frac{1}{\varepsilon_0\varepsilon_{r2}}$。两者比较可得

$$\frac{E_{1m}}{E_{2m}}=\frac{\varepsilon_{r2}R^2}{\varepsilon_{r1}R_1^2}=\frac{R^2}{2R_1^2}$$

已知 $R_2<\sqrt{2}R_1$，可得 $E_{1m}<E_{2m}$，可见外层介质先击穿。

(2) 当外层介质中最大场强达击穿电场强度 $E_{2m}=\frac{Q}{4\pi R^2}\frac{1}{\varepsilon_0\varepsilon_{r2}}=E_m$ 时，可得球壳上有最大电荷：

$$Q_m=4\pi\varepsilon_0\varepsilon_{r2}R^2E_m$$

此时，两球壳间电压（即最高电压）为

$$U=\int_{R_1}^{R}\boldsymbol{E}_1\cdot\mathrm{d}\boldsymbol{r}+\int_{R}^{R_2}\boldsymbol{E}_2\cdot\mathrm{d}\boldsymbol{r}=\frac{Q_m}{4\pi\varepsilon_0\varepsilon_{r1}}\int_{R_1}^{R}\frac{1}{r^2}\mathrm{d}r+\frac{Q_m}{4\pi\varepsilon_0\varepsilon_{r2}}\int_{R}^{R_2}\frac{1}{r^2}\mathrm{d}r$$

$$=\varepsilon_{r2}RE_m\left(\frac{R-R_1}{\varepsilon_{r1}R_1}+\frac{R_2-R}{\varepsilon_{r2}R_2}\right)$$

考点 2：电容器中带电体的受力、做功等

例 3.7.8：如图 3.7.14 所示，板间距为 $2d$ 的大平行板电容器水平放置，电容器的右半部分充满相对介电常数为 ε_r 的电介质，左半部分空间的正中位置有一带电小球 P，电容器充电后 P 恰好处于平衡状态，断开电源后将电介质快速抽出，不计静电平衡经历的时间及带电球 P 对电容器极板电荷分布的影响，则 P 需经多久后到达某极板。（设小球质量为 m，电量为 q）

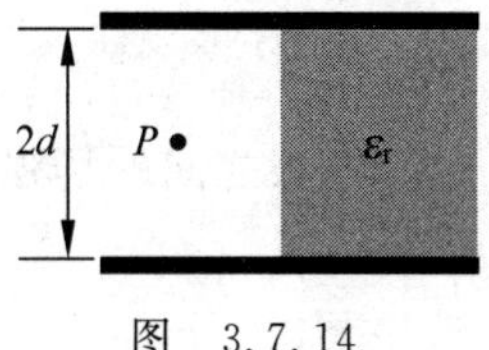

图 3.7.14

解：抽出介质前后，极板上带电量不变。设电容器极板面积为 S，电量为 Q。

抽出电介质前，

$$C_0=\frac{Q}{2E_0d}=\frac{\varepsilon_0S/2}{2d}+\frac{\varepsilon_0\varepsilon_rS/2}{2d}=\frac{\varepsilon_0S(1+\varepsilon_r)}{4d} \tag{①}$$

此时 $E_0q=mg$。

抽出电介质后，

$$C=\frac{Q}{2Ed}=\frac{\varepsilon_0S}{2d} \tag{②}$$

与①式相比，可得电场变为

$$E=\frac{1+\varepsilon_r}{2}E_0=\frac{1+\varepsilon_r}{2}\cdot\frac{mg}{q}$$

由牛顿第二定律，

$$qE-mg=\frac{\varepsilon_r-1}{2}mg=ma$$

小球加速度为

$$a=\frac{\varepsilon_r-1}{2}g$$

因经过时间 t 后小球路程为 d，故

$$t=\sqrt{\frac{2d}{a}}=\sqrt{\frac{4d}{(\varepsilon_r-1)g}}$$

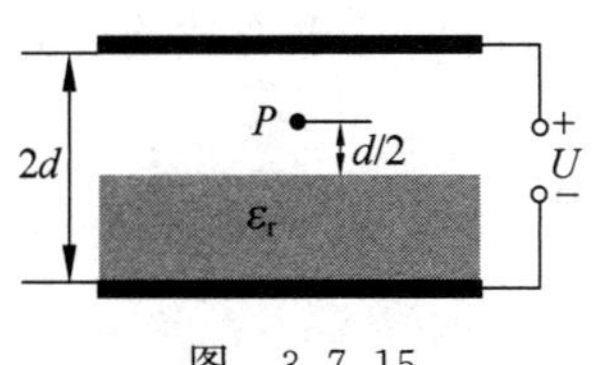

图 3.7.15

练习 3.7.12：如图 3.7.15 所示，一直流电源与一水平放置的板间距为 $2d$、其下半部分充满相对介电常量为 ε_r 的固态电介质的大平行板电容器相连，设此时图中带电小球 P 恰好处于平衡状态，现将电介质快速抽出，稳定后 P 将经 $t=$____________后到达某极板。设小球质量为 m，电量为 $-q$。

答案：$\sqrt{\dfrac{\sigma\varepsilon_1 d}{(\varepsilon_1-1)g}}$。抽出介质前后，两极板间电势差 U 不变。设抽出介质前后，真空中的场强分别为 E_1、E_2。抽出电介质前 $U=E_1d+\dfrac{E_1}{\varepsilon_r}d=\dfrac{1+\varepsilon_r}{\varepsilon_r}E_1d$，$E_1=\dfrac{\varepsilon_r}{1+\varepsilon_r}\dfrac{U}{d_0}$，$qE_1=mg$；抽出电介质后，$U=E_22d$，$E_2=\dfrac{1+\varepsilon_r}{2\varepsilon_r}E_1$；由牛顿第二定律 $mg-qE_2=ma$，$a=\dfrac{\varepsilon_r-1}{2\varepsilon_r}g$，

$t=\sqrt{\dfrac{3d}{a}}$。

例 3.7.9：一空气平行板电容器，上极板固定，下极板悬空。极板面积为 S，极板间距为 d，一个极板质量为 m。问电容器两极板加多大电压时，下极板才不会掉下去？

解：下极板受到的力为上极板在该处的电场与其带电量的乘积，设电容器两极板之间的场强为 E，则

$$F_e=\frac{1}{2}Eq=\frac{Q^2}{2\varepsilon_0 S}=mg$$

$$\Rightarrow Q=\sqrt{2\varepsilon_0 Smg}$$

两极板之间的场强大小为

$$E=\frac{Q}{\varepsilon_0 S}=\sqrt{\frac{2mg}{\varepsilon_0 S}}$$

$$\Rightarrow U=Ed=\sqrt{\frac{2mg}{\varepsilon_0 S}}d$$

练习 3.7.13：已知一平行板电容器，极板面积为 S，两板间隔为 d，其中充满空气。当两极板上加电压 U 时，忽略边缘效应，两极板间的相互作用力 $F=$____________。

答案：$\dfrac{1}{2}\dfrac{U}{d}CU$。

3.8 电场的能量

(1) 点电荷系的相互作用能：$W=\dfrac{1}{2}\sum\limits_{i=1}^{n}q_iU_i$，连续带电体的静电能：$W=\dfrac{1}{2}\int_q U\mathrm{d}q$。

(2) 均匀带电球面静电能：$W=\dfrac{Q^2}{8\pi\varepsilon_0 R}$。

(3) 电容器的储能：$W=\dfrac{1}{2}QU=\dfrac{Q^2}{2C}=\dfrac{1}{2}CU^2$。

(4) 电场的能量：①电场能量密度：$w=\dfrac{1}{2}\boldsymbol{D}\cdot\boldsymbol{E}$；②对于各向同性电介质有：$w=\dfrac{1}{2}DE=\dfrac{1}{2}\varepsilon E^2$；③体积 V 的电场能量：$W=\int_V \mathrm{d}w=\dfrac{1}{2}\int_V \boldsymbol{E}\cdot\boldsymbol{D}\mathrm{d}V$。

考点 1：电容器储能的计算

例 3.8.1：如图 3.8.1 所示，球形电容器由半径为 R_1 的导体球壳和半径为 R_2 的同心导体球壳构成，其间各充满一半相对介电常数分别为 ε_{r1} 和 ε_{r2} 的各向同性的均匀介质，当内球壳带电为 $-Q$，外球壳带电为 $+Q$ 时，忽略边缘效应。试求：(1)空间中 D、E 的分布；(2)电容器的电容 C；(3)电场能量。

解：(1) 把内外两部分导体视为电容器的两个极板，因为电压相同，所以将上下两部分

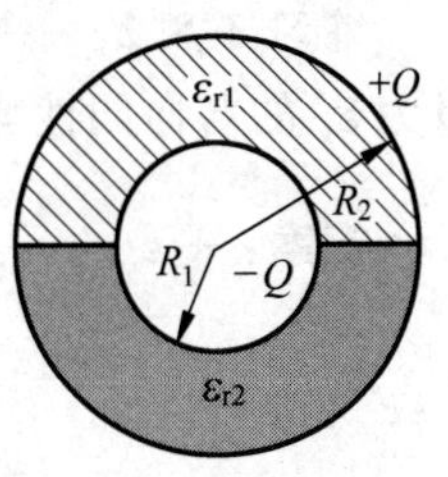

图 3.8.1

视作两并联电容。其电压相同,电场相同:

$$E_1 = E_2 = E$$

电位移矢量大小为

$$D_1 = \varepsilon_0 \varepsilon_{r1} E, \quad D_2 = \varepsilon_0 \varepsilon_{r2} E$$

忽略边缘效应,电荷分别在上、下半球和球壳均匀分布,并设电荷面密度分别为 σ_1、σ_2,根据高斯定理:

$$\oint_S \boldsymbol{D} \cdot \mathrm{d}\boldsymbol{S} = q_0$$

当 $r<R_1$ 时,

$$q_0 = 0 \Rightarrow D = 0, \quad E = 0$$

当 $R_1<r<R_2$ 时,

$$(D_1 + D_2) 2\pi r_1^2 = -Q \Rightarrow \varepsilon_0 (\varepsilon_{r1} + \varepsilon_{r2}) E 2\pi r_1^2 = -Q \Rightarrow$$

$$E = \frac{-Q}{2\pi(\varepsilon_{r1} + \varepsilon_{r2})\varepsilon_0 r^2}$$

$$D_1 = \frac{-\varepsilon_{r1} Q}{2\pi(\varepsilon_{r1} + \varepsilon_{r2}) r^2}, \quad D_2 = \frac{-\varepsilon_{r2} Q}{2\pi(\varepsilon_{r1} + \varepsilon_{r2}) r^2}$$

当 $r>R_2$ 时,

$$q_0 = 0 \Rightarrow D = 0, \quad E = 0$$

(2) 电容器的电容为

$$C = C_1 + C_2 = 2\pi\varepsilon_0\varepsilon_{r1} \frac{R_1 R_2}{R_2 - R_1} + 2\pi\varepsilon_0\varepsilon_{r2} \frac{R_1 R_2}{R_2 - R_1} = \frac{2\pi(\varepsilon_{r1} + \varepsilon_{r2})\varepsilon_0 R_1 R_2}{R_2 - R_1}$$

(3) 电场能量为

$$W_e = \frac{Q^2}{2C} = \frac{(R_2 - R_1) Q^2}{4\pi(\varepsilon_{r1} + \varepsilon_{r2})\varepsilon_0 R_1 R_2}$$

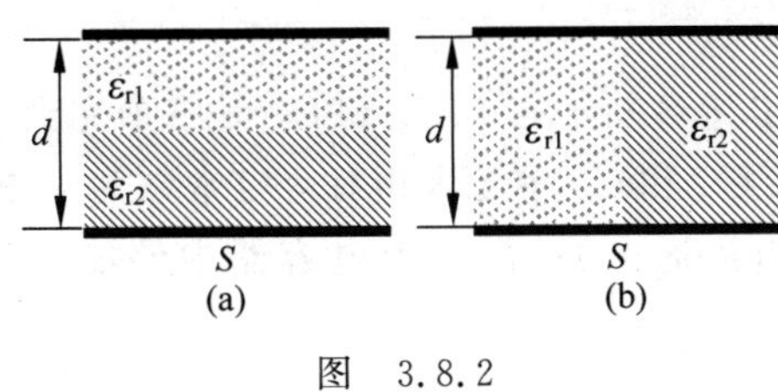

图 3.8.2

练习 3.8.1:电容器中充有两种各向同性均匀电介质,其相对介电常数分别为 ε_{r1} 和 ε_{r2},$\varepsilon_{r2} = 2\varepsilon_{r1}$,如图 3.8.2 所示。对图(a)和图(b)两种情况,充电后介质 1 中的电场能量密度分别是介质 2 中电场能量密度的(1)__________倍;(2)__________倍。

答案:2;1/2。(1)相当于两个电容器串联,其带电量相等,故在两种介质中电位移矢量 D 相等,能量密度 $w = \frac{1}{2}DE = \frac{\frac{1}{2}D^2}{\varepsilon}$,两种介质中的能量密度比为 $\frac{w_1}{w_2} = \frac{\varepsilon_{r2}}{\varepsilon_{r1}} = 2$。(2)相当于两个电容器并联,其电势差 U 相等,故在两种介质中电场强度 $E = \frac{U}{d}$ 相等,能量密度 $w = \frac{1}{2}DE = \frac{1}{2}\varepsilon E^2$,两种介质中的能量密度比为 $\frac{w_1}{w_2} = \frac{\varepsilon_{r1}}{\varepsilon_{r2}} = \frac{1}{2}$。

练习 3.8.2：一平行板电容器两极板间电压为 U，两板间距为 d，其间充满相对介电常量为 ε_r 的各向同性均匀电介质，则电介质中的电场能量密度 $w=$__________。

答案：$\frac{1}{2}\varepsilon_0\varepsilon_r\frac{U^2}{d^2}$。两极板之间的场强为 $E=U/d$，电介质中的电场能量密度 $w=\frac{1}{2}\varepsilon E^2$。

例 3.8.2：两电容器的电容之比为 $C_1:C_2=1:2$。(1)把它们串联后接到电压一定的电源上充电，它们的电能之比是多少？(2)如果是并联充电，电能之比是多少？(3)在上述两种情形下电容器系统的总电能之比又是多少？

解：(1) 串联时两个电容器的电荷相等，其电能之比为

$$W_1:W_2=\frac{\frac{1}{2}Q^2}{C_1}:\frac{\frac{1}{2}Q^2}{C_2}=2:1$$

(2) 并联时两个电容器的电压相等，其电能之比为

$$W_1:W_2=\frac{1}{2}C_1U^2:\frac{1}{2}C_2U^2=1:2$$

(3) 串联时系统的总电能为

$$W=\frac{1}{2}\frac{C_1C_2}{C_1+C_2}U^2$$

并联时系统的总电能为

$$W'=\frac{1}{2}(C_1+C_2)U^2$$

二者的电能之比为

$$\frac{W}{W'}=\frac{C_1C_2}{(C_1+C_2)^2}=\frac{1}{\frac{C_1}{C_2}+2+\frac{C_2}{C_1}}=\frac{2}{9}$$

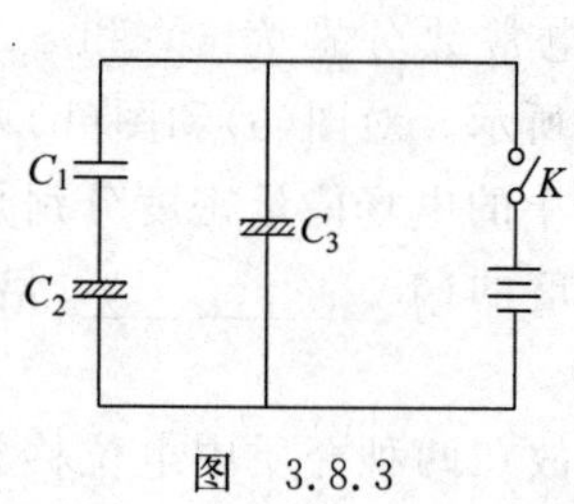

图 3.8.3

练习 3.8.3：如图 3.8.3 所示，C_1、C_2 和 C_3 是三个完全相同的平行板电容器。在 C_2 和 C_3 中充满相对介电常数为 ε_r 的各向同性的电介质。当接通电源后，三个电容器中储能之比 $W_1:W_2:W_3=$__________。

答案：$\frac{\varepsilon_r}{(1+\varepsilon_r)^2}:\frac{1}{(1+\varepsilon_r)^2}:1$。设 $C_1=C$，则 $C_2=C_3=\varepsilon_rC$，并联电路两端电势为 U。根据图 3.8.3 可得

$$Q=C_1U_1=C_2U_2$$

$$U_1+U_2=U,\quad U_3=U$$

则

$$U_1=\frac{C_2}{C_1+C_2}U=\frac{\varepsilon_r}{1+\varepsilon_r}U$$

$$U_2=\frac{C_1}{C_1+C_2}U=\frac{1}{1+\varepsilon_r}U$$

$$W_1:W_2:W_3=\frac{1}{2}C_1U_1^2:\frac{1}{2}C_2U_2^2:\frac{1}{2}C_3U_3^2=\frac{\varepsilon_r^2}{(1+\varepsilon_r)^2}:\frac{\varepsilon_r}{(1+\varepsilon_r)^2}:\varepsilon_r$$

例 3.8.3：在①充电后仍与电源连接，②充电后断开电源两种情况下，用力将电容器中的电解质极板拉出，电容器中储存的静电场能量将[　　]

(A) 都增加；　　(B) 都减少；

(C) ①增加，②减少；　　(D) ①减少，②增加。

答案：D。电解质抽出后电容 $C=\varepsilon\frac{S}{d}$ 变小。对①U 不变，电容器能量 $W=\frac{1}{2}U^2C$ 减小；对②Q 不变，电容器能量 $W=\frac{1}{2}Q^2/C$ 增加。

难度增加练习 3.8.4：同轴电缆可视作由两无限长同轴金属圆筒构成，其间充满介电常数为 ε、击穿场强为 E_M 的介质。设内筒的外径为 R_1，外筒的内径为 R_2，并把这两个导体圆筒接在电源上，在保证其内介质不被击穿的前提下，试求：(1)内筒外表面 ($R=R_1$) 处的最大电荷面密度；(2)沿两导体圆筒的轴线方向单位长度的最大电场能量。

解：(1) 设内筒外表面处电荷面密度为 σ，则其单位长度上带电量为 $\lambda=\sigma\cdot 2\pi R_1$。由高斯定理，得两筒间的场强为 $E=\frac{\lambda}{2\pi\varepsilon r}=\sigma\cdot\frac{2\pi R_1}{2\pi\varepsilon r}=\frac{\sigma R_1}{\varepsilon r}$。

可见，在内筒外表面处场强最大，该处介质最易被击穿。因此当内筒外表面处的场强等于介质击穿场强时，其表面处的电荷面密度最大。即有 $E_{R_1}=\frac{\sigma_{max}}{\varepsilon}$，得

$$\sigma_{max}=\varepsilon E_M$$

(2) 由电容器的储能公式，内、外导体加筒在沿轴线方向单位长度间的静电能为 $W_e=\frac{1}{2}\lambda U$，其中 $U=\int_{R_1}^{R_2}\boldsymbol{E}\cdot \mathrm{d}\boldsymbol{r}=\frac{\lambda}{2\pi\varepsilon}\int_{R_1}^{R_2}\frac{\mathrm{d}r}{r}=\frac{\lambda}{2\pi\varepsilon}\ln\frac{R_2}{R_1}$，故有 $W_e=\frac{1}{2}\lambda U=\frac{\lambda^2}{4\pi\varepsilon}\ln\frac{R_2}{R_1}$，代入 $\lambda=\lambda_{max}=2\pi R_1\sigma_{max}=2\pi R_1\varepsilon E_M$，可得单位长度上的最大静电储能为

$$W_{emax}=\pi\varepsilon R_1^2E_M^2\ln\frac{R_2}{R_1}$$

考点 2：利用电场能量密度公式求电能

例 3.8.4：带电量为 Q 的实心导体球(半径为 R)外放置一同心导体球壳(内外半径分别为 a、b)。求该系统的总电场能量。

解：用高斯定理可求出系统的电场分布：

$$E=\begin{cases}0, & r<R, a<r<b\\ \dfrac{Q}{4\pi\varepsilon_0r^2}, & r>b, R<r<a\end{cases}$$

如图 3.8.4 所示，取厚度为 $\mathrm{d}r$ 的薄球壳，其体积为 $\mathrm{d}V=4\pi r^2\mathrm{d}r$，储能为

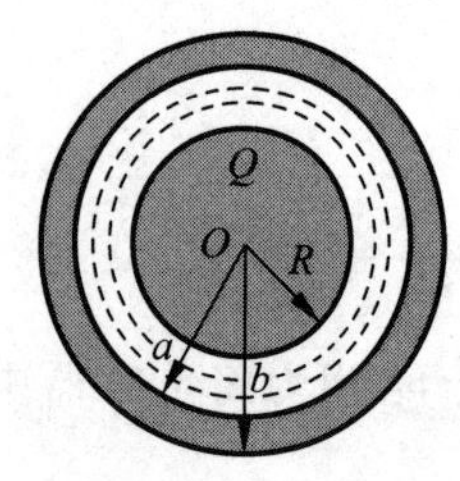

图 3.8.4

$$dW=\frac{1}{2}\varepsilon_0E^2dV=\begin{cases}0, & r<R, a<r<b\\ \dfrac{Q^2dr}{8\pi\varepsilon_0r^2}, & r>b, R<r<a\end{cases}$$

系统的总电场能量为

$$W=\int dW=\int_R^a\frac{Q^2dr}{8\pi\varepsilon_0r^2}+\int_b^\infty\frac{Q^2dr}{8\pi\varepsilon_0r^2}=\frac{Q^2}{8\pi\varepsilon_0}\left(\frac{1}{R}-\frac{1}{a}+\frac{1}{b}\right)$$

练习 3.8.5：两个同心导体球壳，其间充满相对介电常量为 ε_r 的各向同性均匀电介质，外球壳以外为真空。内球壳半径为 R_1，带有电荷 Q_1；外球壳内、外半径分别为 R_2 和 R_3，带有电荷 Q_2，求电介质中电场能量 W_e 为____________。

答案：$\frac{Q_1^2}{8\pi\varepsilon_0\varepsilon_r}\left(\frac{1}{R_1}-\frac{1}{R_2}\right)$。运用高斯定理可得电介质中电场强度大小为 $E=\frac{Q_1}{4\pi\varepsilon_r\varepsilon_0r^2}$，能量密度为 $\varepsilon=\frac{1}{2}\varepsilon_r\varepsilon_0E^2$，介质中电场能量 $W_e=\int_{R_1}^{R_2}\frac{Q_1^2}{32\pi^2\varepsilon_0\varepsilon_rr^4}4\pi r^2dr=\frac{Q_1^2}{8\pi\varepsilon_0\varepsilon_r}\left(\frac{1}{R_1}-\frac{1}{R_2}\right)$。

练习 3.8.6：真空中均匀带电的球面和球体，如果两者的半径和总电荷都相等，则带电球面的电场能量 W_1 与带电球体的电场能量 W_2 相比，W_1 ____________ W_2（填"$<$""$=$"或"$>$"）

答案：$<$。对于带电球面：

$$E=\begin{cases}0, & r<R\\ \dfrac{q}{4\pi\varepsilon_0r^2}, & r>R\end{cases}$$

对带点球体：

$$E=\begin{cases}\dfrac{qr}{4\pi\varepsilon_0R^3}, & r<R\\ \dfrac{q}{4\pi\varepsilon_0r^2}, & r>R\end{cases}$$

考虑电场能量公式 $W=\int_0^R\frac{1}{2}\varepsilon_0E^2\cdot4\pi r^2dr+\int_R^\infty\frac{1}{2}\varepsilon_0E^2\cdot4\pi r^2dr$ 可知，在球外部（$r>R$），球面与球体的电场能量相等；而在球内部，球面储能为零，故球面的总电场能量 W_1 小于球体的总电场能 W_2。

例 3.8.5：两金属球的半径之比为 n，带等量同号电荷。当两者的距离远大于两球半径时（球上电荷可以当作点电荷），两球的电势能记为 W_0。若将两球接触一下再移回原处，则电势能变为 W，那么 $\frac{W}{W_0}=$____________。（无限远处取为电势零点）

答案：$\frac{4n}{(n+1)^2}$。根据均匀带电球面静电能公式 $W=\frac{Q^2}{8\pi\varepsilon_0R}$，假设两金属球半径分别为 R_1 和 R_2，$\frac{R_1}{R_2}=n$，则两球初始静电能为 $W_0=\frac{Q^2}{8\pi\varepsilon_0}\left(\frac{1}{R_1}+\frac{1}{R_2}\right)=\frac{Q^2}{8\pi\varepsilon_0R_2}\frac{n+1}{n}$。两球接触一

下，电量重新分布，根据静电平衡条件，两球电荷面密度与其曲率半径成反比，即$\frac{\sigma_1}{\sigma_2}\propto\frac{R_2}{R_1}$，其上电荷数$\frac{Q_1}{Q_2}=\frac{\sigma_1}{\sigma_2}\frac{\pi R_1^2}{\pi R_2^2}\propto\frac{R_1}{R_2}=n$，再考虑电荷守恒，$Q_1+Q_2=2Q$，故$Q_1=\frac{2nQ}{n+1}$，$Q_2=\frac{2Q}{n+1}$。两球电势能为$W=\frac{Q_1^2}{8\pi\varepsilon_0 R_1}+\frac{Q_2^2}{8\pi\varepsilon_0 R_2}=\frac{Q^2}{8\pi\varepsilon_0 R_2}\frac{4}{n+1}$，$\frac{W}{W_0}=\frac{4n}{(n+1)^2}$。

练习 3.8.7：一个均匀带电的肥皂泡，当它被不断地吹大时，该电荷系统的静电能如何变化？

答：将肥皂泡近似看成是半径为 r 的球面。设球面上均匀带电荷量 Q，其静电能为 $W=\frac{Q^2}{8\pi\varepsilon_0 r}$。由上式可知，当 r 增大时，该电荷系的静电能将减少。

也可用文字答：肥皂泡上电荷间的静电斥力、肥皂水的表面张力、肥皂泡内外压力相平衡时，肥皂泡保持一定大小。当肥皂泡被吹大时，静电力做正功，合外力做负功，故电荷系静电能减少。

考点 3：求点电荷系和连续带电体的电能

例 3.8.6：如图 3.8.5 所示，在每边长为 a 的正六边形各顶点处有固定的点电荷，它们的电量相间地为 Q 或 $-Q$。(1)试求此电荷系统的相互作用能；(2)若有外力将其中相邻的两个点电荷保持相对位置不变地缓慢移到无穷远处，而其余固定点电荷位置不变的全过程中，求该过程中外力做的功。

解：(1) 运用电势叠加定理，求出任一电荷 Q 点所在处电势为

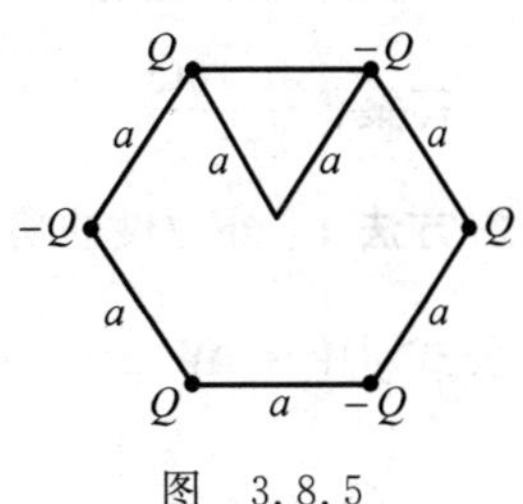

图　3.8.5

$$U_+=2\frac{-Q}{4\pi\varepsilon_0 a}+2\frac{Q}{4\pi\varepsilon_0\sqrt{3}a}+\frac{-Q}{4\pi\varepsilon_0 2a}=\frac{Q}{4\pi\varepsilon_0 a}\left(\frac{2}{\sqrt{3}}-\frac{5}{2}\right)$$

任一电荷 $-Q$ 点所在处电势为

$$U_-=-U_+$$

故系统电势能为

$$W_6=\frac{1}{2}[3QU_++3(-Q)U_-]=3QU_+=\frac{3Q^2}{4\pi\varepsilon_0 a}\left(\frac{2}{\sqrt{3}}-\frac{5}{2}\right)$$

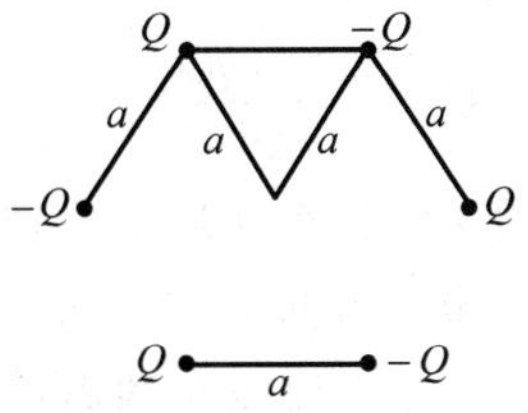

图　3.8.6

(2) 如图 3.8.6 所示，余下四个点电荷系统的电势能为

$$W_4=\left[\frac{-QQ}{4\pi\varepsilon_0 a}+\frac{(-Q)(-Q)}{4\pi\varepsilon_0\sqrt{3}a}+\frac{(-Q)Q}{4\pi\varepsilon_0 2a}\right]+\left[\frac{Q(-Q)}{4\pi\varepsilon_0 a}+\frac{QQ}{4\pi\varepsilon_0\sqrt{3}a}\right]+\frac{-QQ}{4\pi\varepsilon_0 a}$$

$$=\frac{Q^2}{4\pi\varepsilon_0 a}\left(\frac{2}{\sqrt{3}}-\frac{7}{2}\right)$$

在无穷远处的一对点电荷间的电势能为

$$W_2=\frac{-Q^2}{4\pi\varepsilon_0 a}$$

故外力做功为

$$A=-[W_6-(W_4+W_2)]=\left(3-\sqrt{\frac{4}{3}}\right)\frac{Q^2}{4\pi\varepsilon_0 a}$$

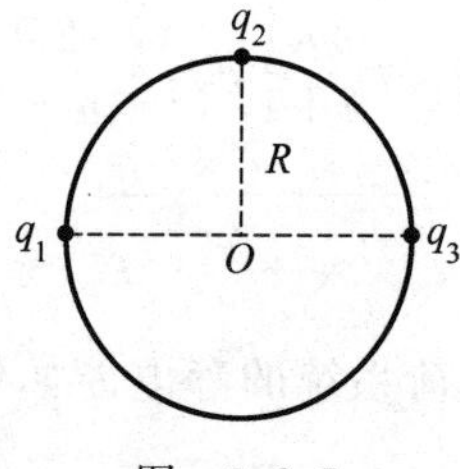

图 3.8.7

练习 3.8.8：有三个点电荷 $q_1=q$、$q_2=4q$、$q_3=5q$，分别静止于半径为 $R=10.0\text{cm}$ 的圆周的三个点上，如图 3.8.7 所示。设无穷远处为电势零点，则该电荷系统的相互作用电势能 $W=$______。($(4\pi\varepsilon_0)^{-1}=9.0\times10^9\text{N}\cdot\text{m}^2/\text{C}^2$，$q=5.0\times10^{-11}\text{C}$)

答案：$4.4\times10^{-9}\text{J}$。

$$W=\frac{1}{2}\sum_{i=1}^{n}q_iU_i=\frac{1}{2}q_1\left(\frac{q_2}{4\pi\varepsilon_0\sqrt{2}R}+\frac{q_3}{4\pi\varepsilon_0 2R}\right)+\frac{1}{2}q_2\left(\frac{q_1}{4\pi\varepsilon_0\sqrt{2}R}+\frac{q_3}{4\pi\varepsilon_0\sqrt{2}R}\right)+$$

$$\frac{1}{2}q_3\left(\frac{q_2}{4\pi\varepsilon_0\sqrt{2}R}+\frac{q_1}{4\pi\varepsilon_0 2R}\right)$$

$$=\frac{q^2}{8\pi\varepsilon_0 R}(5+24\sqrt{2})\approx4.4\times10^{-9}\text{J}$$

练习 3.8.9：如图 3.8.8 所示，边长为 a 的等边三角形的三个顶点上，分别放置着三个正的点电荷 q、$2q$、$3q$。若将另一正点电荷 Q 从无穷远处移到三角形的中心 O 处，外力所做的功为______。

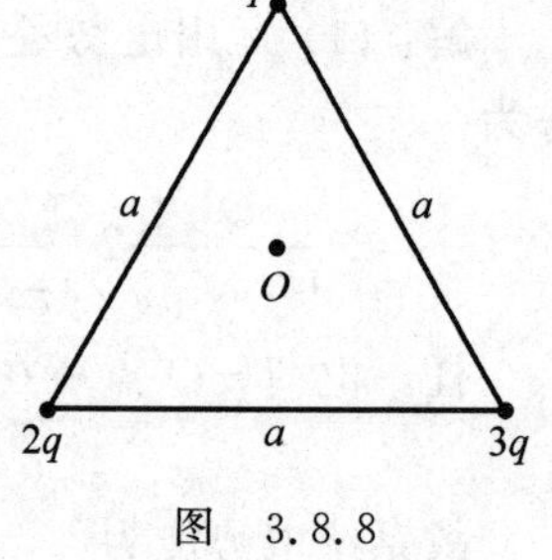

图 3.8.8

答案：$\dfrac{3\sqrt{3}qQ}{2\pi\varepsilon_0 a}$。

方法 1：外力做的功为该系统电势能增加，根据点电荷系电势能公式：$W=\Delta W_e=\dfrac{1}{2}Q\left(\dfrac{q}{4\pi\varepsilon_0 a/\sqrt{3}}+\dfrac{2q}{4\pi\varepsilon_0 a/\sqrt{3}}+\dfrac{3q}{4\pi\varepsilon_0 a/\sqrt{3}}\right)+$

$$\frac{1}{2}q\frac{Q}{4\pi\varepsilon_0 a/\sqrt{3}}+\frac{1}{2}2q\frac{Q}{4\pi\varepsilon_0 a/\sqrt{3}}+\frac{1}{2}3q\frac{Q}{4\pi\varepsilon_0 a/\sqrt{3}}=\frac{3\sqrt{3}qQ}{2\pi\varepsilon_0 a}。$$

方法 2：三角形三个顶点在中心 O 处的电势为 $U=\dfrac{q}{4\pi\varepsilon_0 a/\sqrt{3}}+\dfrac{2q}{4\pi\varepsilon_0 a/\sqrt{3}}+\dfrac{3q}{4\pi\varepsilon_0 a/\sqrt{3}}=\dfrac{3\sqrt{3}q}{2\pi\varepsilon_0 a}$，电荷 Q 从无穷远处(势能为 0)移到 O 点，外力做的功为 $W=QU=\dfrac{3\sqrt{3}qQ}{2\pi\varepsilon_0 a}$。

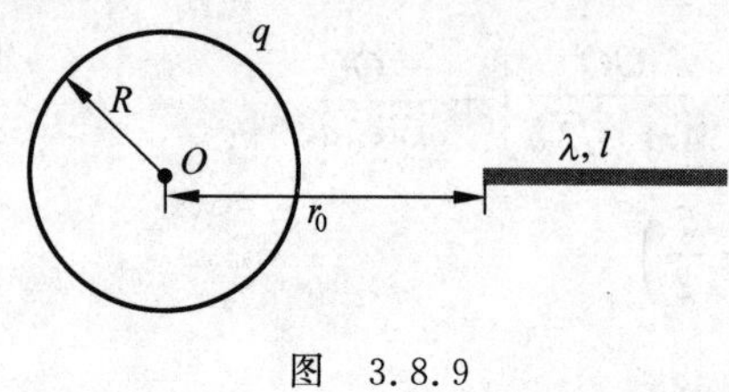

图 3.8.9

例 3.8.7：如图 3.8.9 所示，半径为 R 的均匀带电球面，带有电荷 q。沿某一半径方向上有一均匀带电细线，电荷线密度为 λ，长度为 l，细线左端离球心距离为 r_0。设球和线上的电荷分布不受相互作用影响，试求细线所受球面电荷的电场力和细线在该电场中的电势能。(设无穷远处的电势为零)

解：设 x 轴沿细线方向，原点在球心处，在 x 处取线元 dx，其上电荷为 $dq'=\lambda dx$，该线元在带电球面的电场中所受电场力为 $dF=q\lambda dx/(4\pi\varepsilon_0 x^2)$，整个细线所受电场力为

$$F=\int_{r_0}^{r_0+l}\frac{q\lambda dx}{4\pi\varepsilon_0 x^2}=\frac{q\lambda l}{4\pi\varepsilon_0 r_0(r_0+l)}$$

方向沿 x 正方向。

电荷元 $dq'=\lambda dx$ 在球面电荷电场中具有电势能 $dW=Udq'=(q\lambda dx)/(4\pi\varepsilon_0 x)$，整个线电荷在电场中具有电势能：

$$W=\int_{r_0}^{r_0+l}\frac{q\lambda dx}{4\pi\varepsilon_0 x}=\frac{q\lambda}{4\pi\varepsilon_0}\ln\left(\frac{r_0+l}{r_0}\right)$$

3.9 磁感应强度：毕奥-萨伐尔定律、磁感应强度叠加原理

(1) 毕奥-萨伐尔定律：$d\boldsymbol{B}(\boldsymbol{r})=\frac{\mu_0}{4\pi}\frac{I d\boldsymbol{l}\times\boldsymbol{r}_0}{\boldsymbol{r}^2}$，其中真空磁导率 $\mu_0=4\pi\times10^{-7}\mathrm{N/A^2}$。

① 运动电荷的磁场 $\boldsymbol{B}=\frac{\mu_0}{4\pi}\frac{q\boldsymbol{v}\times\boldsymbol{r}_0}{r^2}$；② 稳恒电流的磁场 $\boldsymbol{B}=\int d\boldsymbol{B}$。

(2) 磁场叠加原理：空间中多个电流在某点激发的磁感应强度等于各电流单独存在时在该点激发的磁感应强度的矢量和。

说明：几种典型的电流分布所激发的磁场分布：

(1) 长直电流磁场：$B=\frac{\mu_0 I}{4\pi a}(\cos\theta_1-\cos\theta_2)$（$\theta_1$ 与 θ_2 为电流在始末位置与参考点连线与电流方向的夹角）；

无限长直载流导线的磁场：$B=\frac{\mu_0 I}{2\pi a}$（磁力线绕向与电流绕向服从右手螺旋定则）。

(2) 载流圆线圈在轴线上的磁场：$B=\frac{\mu_0 IR^2}{2(x^2+R^2)^{3/2}}$；

圆心的磁场：$B=\frac{\mu_0 I}{2R}$（磁力线绕向与电流绕向成右手系套链）；

张角为 θ 的圆弧在圆心处的磁场：$B=\frac{\mu_0 I}{2R}\cdot\frac{\theta}{2\pi}$。

(3) 载流螺线管的磁场：$B=\frac{\mu_0 nI}{2}(\cos\theta_2-\cos\theta_1)$（$\theta_1$ 与 θ_2 为螺线管的始末位置与参考点连线与磁场方向的夹角）（磁力线绕向与电流绕向成右手系套链）；

无限长直螺线管内的磁场：$B=\mu_0 nI$；

管端口处：$B=\frac{1}{2}\mu_0 nI$。

考点 1：运用毕奥-萨伐尔定律微积分的方法计算磁感应强度

说明：磁场叠加原理＋矢量积分求磁场分布的一般步骤：

(1) 将载流导体分割成许多微元。注意，若要从毕奥-萨伐尔定律开始推导问题，电流微元就是电流元 $I\mathrm{d}\boldsymbol{l}$；若要运用已知的典型载流导线的磁场分布公式，则分割成的电流微元就是指典型的电流分布。

(2) 任取一电流微元，应用毕奥-萨伐尔定律或已知的磁场公式，写出该电流微元在场点激发的 $\mathrm{d}\boldsymbol{B}$(写出其大小，在图中标出其方向)。

(3) 建立坐标系，将 $\mathrm{d}\boldsymbol{B}$ 分解为坐标分量。建立坐标系时要注意运用电流分布的对称性。

(4) 计算积分。要注意统一积分变量和正确确定积分限。

(5) 求出总磁场强度 $\boldsymbol{B}$ 的大小和方向，并对结果进行讨论。

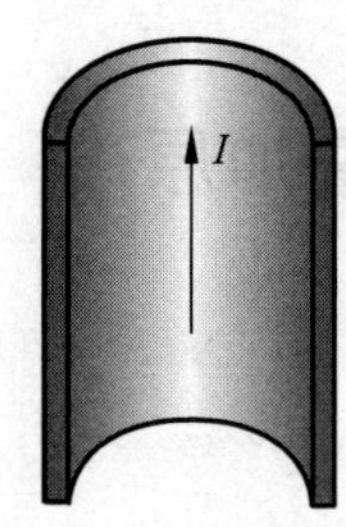

图 3.9.1

例 3.9.1：如图 3.9.1 所示，一个半径为 R 的无限长半圆柱面导体，沿长度方向的电流 I 在柱面上均匀分布。求半圆柱面轴线上的磁感应强度。

解：将半圆柱面分割成宽度为 $\mathrm{d}l=R\mathrm{d}\theta$ 的细电流，由于长直细线中的电流 $\mathrm{d}I=I\mathrm{d}l/\pi R$，它在轴线上一点激发的磁感应强度的大小为

$$\mathrm{d}B=\frac{\mu_0}{2\pi R}\mathrm{d}I$$

其方向如图 3.9.2 所示。由对称性可知，半圆柱面上细电流在轴线上产生的磁感应强度叠加后得

$$B_y=\int \mathrm{d}B\sin\theta=0$$

$$B=B_x=\int_{-\frac{\pi}{2}}^{\frac{\pi}{2}}\mathrm{d}B\cos\theta=\frac{\mu_0 I}{\pi^2 R}$$

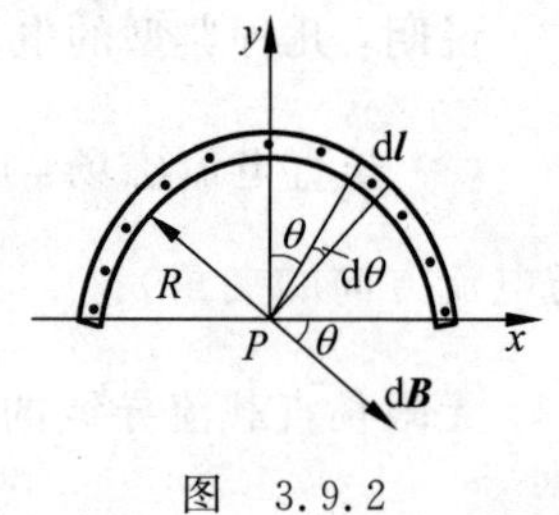

图 3.9.2

则轴线上总的磁感应强度大小为

$$B=B_x=\frac{\mu_0 I}{\pi^2 R}$$

B 的方向指向 Ox 轴正向。

练习 3.9.1：一宽为 a 无限长载流平面，通有电流 I，求距平面左侧为 b 与电流共面的 P 点磁感应强度 B 的大小。

图 3.9.3

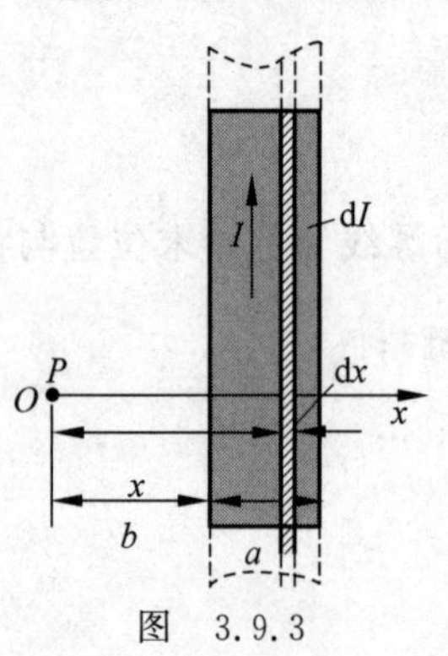

解：建立如图 3.9.3 所示坐标系，取电流元 $\mathrm{d}I=\dfrac{I}{a}\mathrm{d}x$，其在 P 点产生的磁感应强度为

$$\mathrm{d}B=\frac{\mu_0\mathrm{d}I}{2\pi x}=\frac{\mu_0 I\mathrm{d}x}{2\pi a x}$$

积分可得

$$B=\int \mathrm{d}B=\int_b^{a+b}\frac{\mu_0 I\mathrm{d}x}{2\pi a x}=\frac{\mu_0 I}{2\pi a}\ln\frac{a+b}{b}$$

例 3.9.2：半径为 R 的木球上绕有细导线，所绕线圈很紧密，相邻的线圈彼此平行地靠着，以单层盖住半个球面，共有 N 匝。设导线中通有电流 I 。求：在球心 O 处的磁感应强度。

解：取如图 3.9.4 所示微元为研究对象，其匝数为

$$dN = \frac{N}{\frac{\pi}{2}} d\theta$$

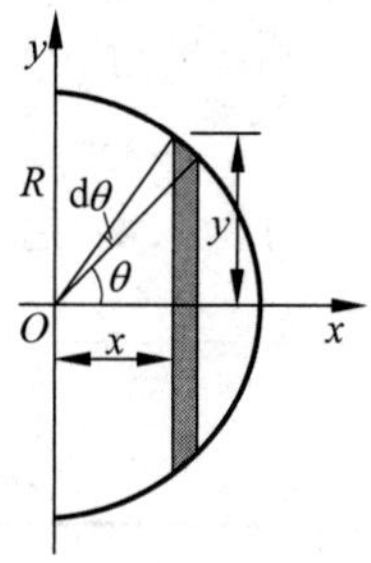

可视为电流为 $dI = I dN$ 的载流圆线圈，其在轴线上的磁场为

$$dB = \frac{\mu_0 I y^2 dN}{2(x^2 + y^2)^{3/2}}$$

图 3.9.4

其中

$$y = R\sin\theta, \quad x = R\cos\theta$$

$$dB = \frac{\mu_0 I y^2}{2(x^2 + y^2)^{\frac{3}{2}}} dN = \frac{\mu_0 NI}{\pi R} \sin^2\theta d\theta$$

积分可得球心 O 处的磁感应强度为

$$B = \frac{\mu_0 NI}{\pi R} \int_0^{\frac{\pi}{2}} \sin^2\theta d\theta = \frac{\mu_0 NI}{4R}$$

练习 3.9.2：有一蚊香状的平面 N 匝线圈，通有电流 I，每一圈近似为一圆周，其内外半径分别为 a 和 b。求圆心处 P 点的磁感应强度。

解：取厚度为 dr 的线圈为研究对象，其电流为

$$dI = \frac{NI}{b - a} dr$$

磁感应强度为

$$dB = \frac{\mu_0 dI}{2r} = \frac{\mu_0}{2r} \frac{NI}{b - a} dr$$

积分可得圆心处的磁感应强度为

$$B = \frac{\mu_0 NI}{2(b - a)} \int_a^b \frac{dr}{r} = \frac{\mu_0 NI}{2(b - a)} \ln \frac{b}{a}$$

考点 2：运用典型带载流体的磁感应强度与磁场叠加原理计算磁感应强度

例 3.9.3：三根平行长直导线在同一平面内，1、2 和 2、3 之间距离都是 d，其中电流 $I_1 = I_2$，$I_3 = -(I_1 + I_2)$，方向如图 3.9.5 所示。在该平面内 $B = 0$ 的直线的位置坐标是 $x =$ ______。

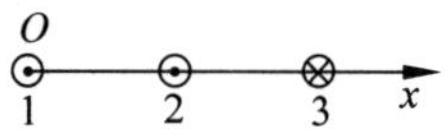

图 3.9.5

答案：$\frac{2}{3}d$。根据题意，x 轴上磁感应强度的大小为 $B = \frac{\mu_0 I_1}{2\pi x} + \frac{\mu_0 I_2}{2\pi(x - d)} + \frac{\mu_0 I_3}{2\pi(x - 2d)} = \frac{\mu_0 I_1}{2\pi} \frac{2d^2 - 3dx}{x(x - d)(x - 2d)}$。

练习 3.9.3：在 xy 平面内，有两根互相绝缘，分别通有电流 I_x 和 $I_y = kI_x$ 的长直导线。设两根导线互相垂直（图 3.9.6），则在 xy 平面内，磁感应强度为零的点的坐标 x 和 y 的比值为 $y/x =$ ______。

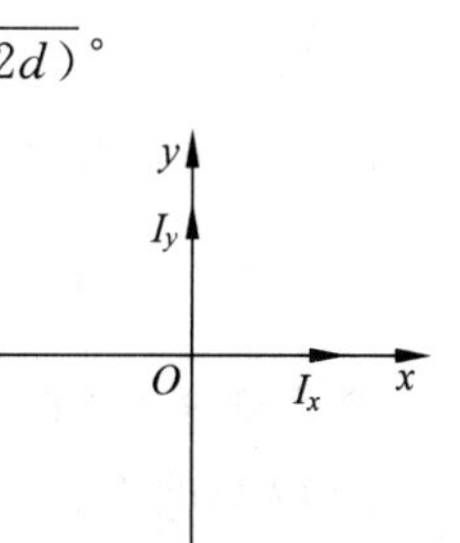

图 3.9.6

答案：$\frac{1}{k}$。用右手螺旋定则可判断，磁感应强度为零的点应位于第一、三象限。以第一象限为例，假设磁感应强度为零的点为

(x,y)，则$\dfrac{\mu_0 I_x}{4\pi y}=\dfrac{\mu_0 I_y}{4\pi x}$，故$\dfrac{y}{x}=\dfrac{I_x}{I_y}=\dfrac{1}{k}$。

例 3.9.4：边长为 L 的一个导体方框上通有电流 I，则此框中心的磁感应强度 B 为____________。

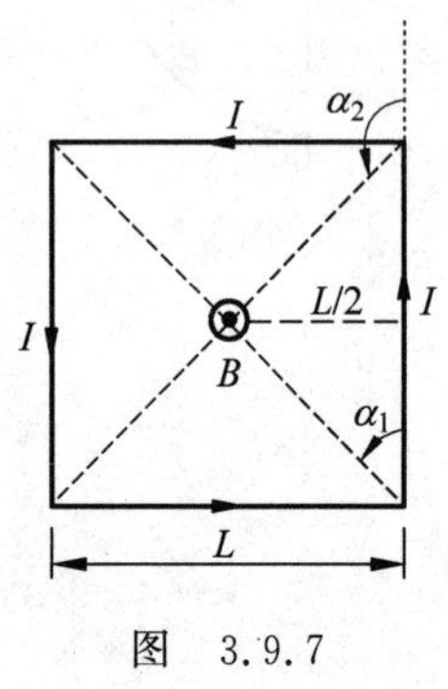

图 3.9.7

答案：$2\sqrt{2}\dfrac{\mu_0 I}{\pi L}$。如图 3.9.7 所示，正方形四边在中心磁感应强度方向相同，大小相等，故 $B=4\times\dfrac{\mu_0 I}{4\pi L/2}\left[\dfrac{\sqrt{2}}{2}-\left(-\dfrac{\sqrt{2}}{2}\right)\right]=2\sqrt{2}\dfrac{\mu_0 I}{\pi L}$。

练习 3.9.4：载流的圆形线圈（半径为 a_1）与正方形线圈（边长为 a_2）通有相同电流 I。若两个线圈的中心 O_1、O_2 处的磁感应强度大小相同，则半径 a_1 与边长 a_2 之比 $a_1:a_2$ 为____________。

答案：$\pi:4\sqrt{2}$。依例 3.9.4，$B_2=2\sqrt{2}\dfrac{\mu_0 I}{\pi a_2}$，而载流的圆形线圈中心磁感应强度为 $B_1=\dfrac{\mu_0 I}{2a_1}$。

练习 3.9.5：边长为 $2a$ 的等边三角形线圈，通有电流 I，则线圈在中心 O 处产生的磁感应强度的大小为____________。

答案：$\dfrac{9\mu_0 I}{4\pi a}$。如图 3.9.8 所示，等边三角形三边在中心磁感应强度方向相同，大小相等，故 $B=3\times\dfrac{\mu_0 I}{4\pi a/\sqrt{3}}\left[\dfrac{\sqrt{3}}{2}-\left(-\dfrac{\sqrt{3}}{2}\right)\right]=9\dfrac{\mu_0 I}{4\pi a}$。

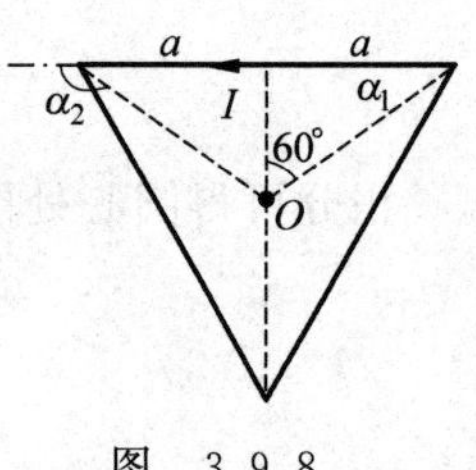

图 3.9.8

例 3.9.5：如图 3.9.9 所示，弦 AB 及其所对的圆弧上流有相同的电流强度，试求它们在圆心处所激发的总磁感应强度的大小。

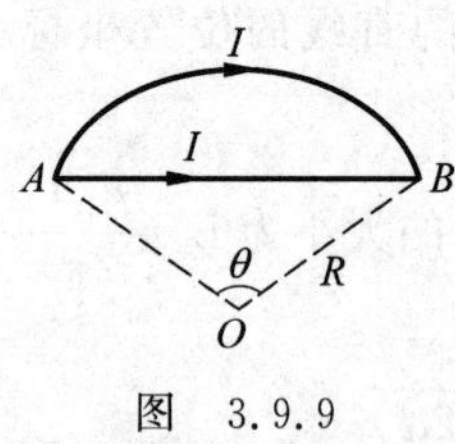

图 3.9.9

解：弦电流在 O 点激发的磁感应强度为

$$B_{弦}=\frac{\mu_0 I}{4\pi}\cdot\frac{2\sin(\theta/2)}{R\cos(\theta/2)}=\frac{\mu_0 I}{2\pi R}\tan\frac{\theta}{2},\quad 方向垂直纸面向里$$

弧电流在 O 点激发的磁感应强度为

$$B_{弧}=\frac{\mu_0 I}{2R}\cdot\frac{\theta}{2\pi}=\frac{\mu_0 I}{2\pi R}\cdot\frac{\theta}{2},\quad 方向垂直纸面向里$$

O 点的磁感应强度为

$$B=B_{弦}+B_{弧}=\frac{\mu_0 I}{2\pi R}\left(\tan\frac{\theta}{2}+\frac{\theta}{2}\right),\quad 方向垂直纸面向里$$

练习 3.9.6：如图 3.9.10 所示，无限长直导线弯成半径为 R 的圆，当通以电流 I 时，则在圆心 O 点的磁感应强度大小等于[　　]

(A) $\dfrac{\mu_0 I}{2\pi R}$；　　(B) $\dfrac{\mu_0 I}{4R}$；

(C) $\dfrac{\mu_0 I}{2R}\left(1-\dfrac{1}{\pi}\right)$；　　(D) $\dfrac{\mu_0 I}{2R}\left(1+\dfrac{1}{\pi}\right)$。

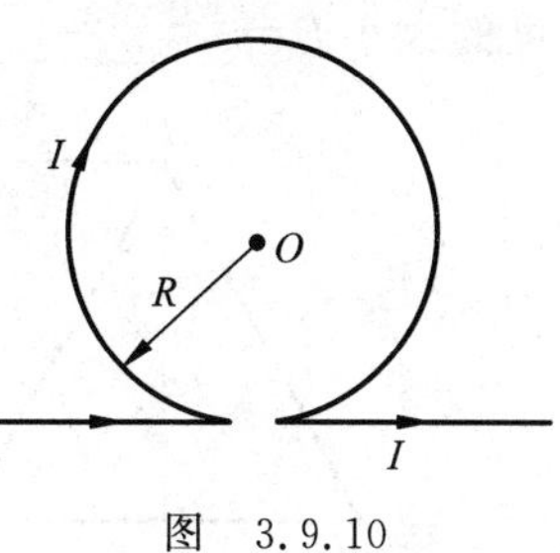

图　3.9.10

答案：C。半径为 R 的圆在圆心处的磁感应强度大小为 $B_1=\dfrac{\mu_0 I}{2R}$,方向垂直纸面向里；可近似看成无限长导线在 O 处的磁感应强度大小为 $B_2=\dfrac{\mu_0 I}{2\pi R}$,方向垂直纸面向外；故 O 点的磁感应强度为 $B=B_1-B_2=\dfrac{\mu_0 I}{2R}-\dfrac{\mu_0 I}{2\pi R}=\dfrac{\mu_0 I}{2R}\left(1-\dfrac{1}{\pi}\right)$,方向垂直纸面向里。

例 3.9.6：如图 3.9.11 所示,a 点分两路通过对称的圆环形分路,汇合于 b 点。若 ca、bd 都沿环的径向,求在环形分路的环心处的磁感应强度？

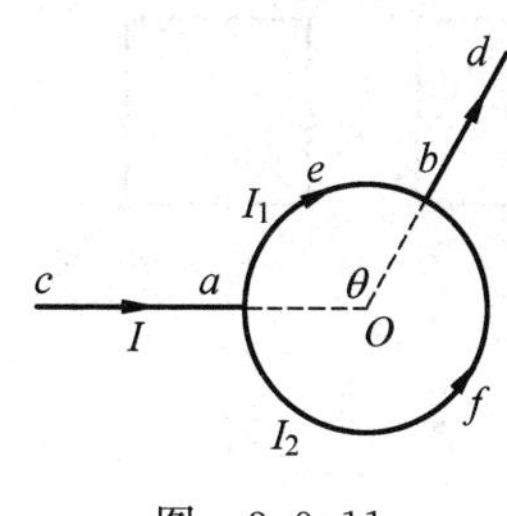

图　3.9.11

解：根据叠加原理,点 O 的磁感应强度可视作由 ca、bd 两段直线以及 aeb、afb 两段圆弧电流共同激发；其中 ca、bd 两段直线的延长线通过点 O,由于 $I\mathrm{d}\boldsymbol{l}\times\boldsymbol{r}=\mathbf{0}$,由毕奥-萨伐尔定律知 $B_{ca}=B_{bd}=0$。流过圆弧的电流 I_1、I_2 的方向如图 3.9.11 所示,两圆弧在点 O 激发的磁场分别为

$$B_1=\frac{\mu_0 I_1 l_1}{4\pi r^2},\quad B_2=\frac{\mu_0 I_2 l_2}{4\pi r^2}$$

其中 I_1、I_2 分别是圆弧 aeb、afb 的电流,由于导线电阻 R 与弧长 l 成正比,而圆弧 aeb、afb 又构成并联电路,故有

$$I_1 l_1=I_2 l_2$$

将 B_1、B_2叠加可得点 O 的磁感应强度

$$B=B_1-B_2=\frac{\mu_0 I_1 l_1}{4\pi r^2}-\frac{\mu_0 I_2 l_2}{4\pi r^2}=0$$

练习 3.9.7：如图 3.9.12 所示,用两根彼此平行的半无限长直导线 L_1、L_2 把半径为 R 的均匀导体圆环连到电源上。已知直导线中的电流为 I,则电流在圆环中心 O 点产生的磁感应强度大小 $B=$____________。

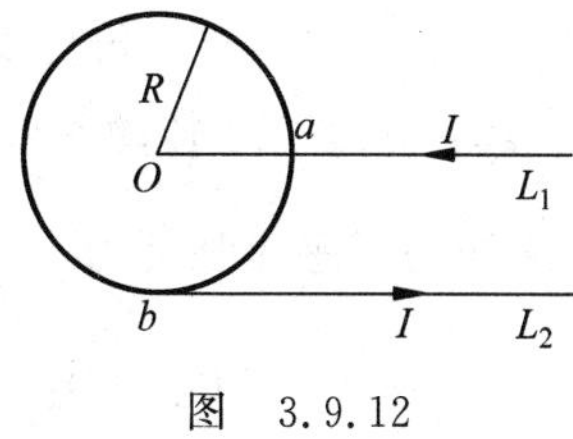

图　3.9.12

答案：$\dfrac{\mu_0 I}{4\pi R}$。点 O 的磁感应强度可视作由两段半无限长直导线以及两段圆弧电流共同激发。其中半无限长直导线 L_1 在 O 点的磁感应强度为零,L_2 在 O 点的磁感应强度为 $B_2=\dfrac{\mu_0 I}{4\pi R}$,方向垂直纸面向外。由例 3.9.6,两圆弧构成并联电路,在 O 点激发的磁场之和为零。

练习 3.9.8：在真空中,电流 I 由无限长直导线 1 沿垂直 bc 边方向经 a 点流入一由电阻均匀的导线构成的正三角形线框,再由 b 点沿平行 ac 边方向的无限长直导线 2 流出(图 3.9.13)。三角形线框的边长为 L,则该电流在正三角形线框中心 O 点处产生的磁感应

强度的大小 $B=$__________。

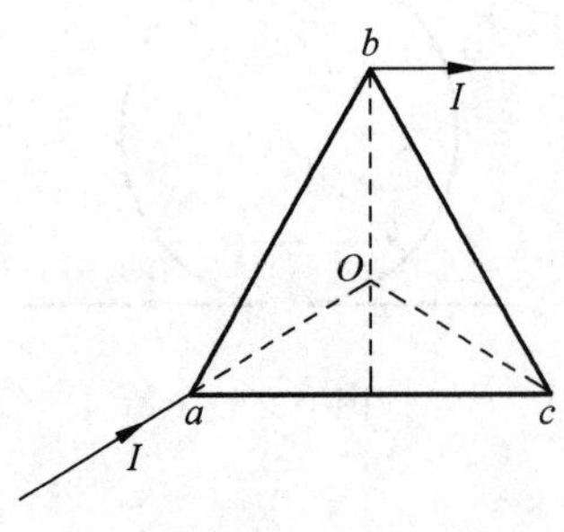

图 3.9.13

答案：$\dfrac{\sqrt{3}\mu_0 I}{4\pi L}$。点 O 的磁感应强度可视作由 1、2 两段半无限长直导线以及 ab、acb 两段电流共同激发。其中半无限长直导线 1 在 O 点的磁感应强度为零，2 在 O 点的磁感应强度为 $B_2=\dfrac{\mu_0 I}{4\pi L/\sqrt{3}}$，由例 3.9.6，$ab$、$acb$ 两段电流构成并联电路，在点 O 激发的磁场之和为零。

练习 3.9.9：边长为 L 的正方形线圈，分别如图 3.9.14 所示两种方式通以电流 I（其中 ab、cd 与正方形共面），在这两种情况下，线圈在其中心产生的磁感应强度的大小分别为[　　]

(A) $B_1=0, B_2=0$；

(B) $B_1=0, B_2=2\sqrt{2}\dfrac{\mu_0 I}{\pi L}$；

(C) $B_1=2\sqrt{2}\dfrac{\mu_0 I}{\pi L}, B_2=0$；

(D) $B_1=2\sqrt{2}\dfrac{\mu_0 I}{\pi L}, B_2=2\sqrt{2}\dfrac{\mu_0 I}{\pi L}$。

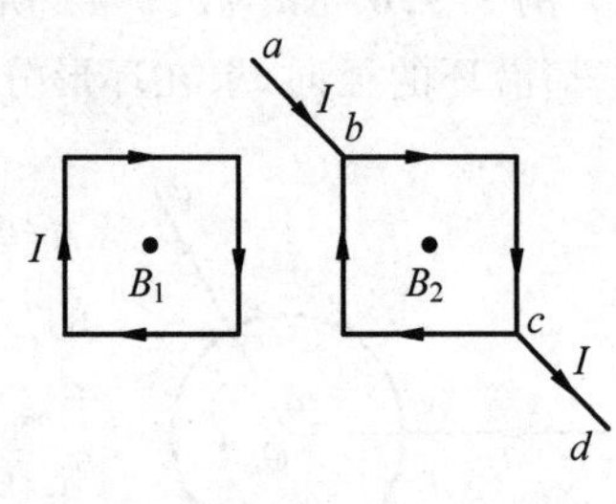

图 3.9.14

答案：C。

考点 3：计算运动电荷的磁感应强度

例 3.9.7：氢原子中的电子以速率 v 在半径为 r 的圆周轨道上作匀速率运动，如图 3.9.15 所示。求电子在轨道中心产生的磁感应强度。

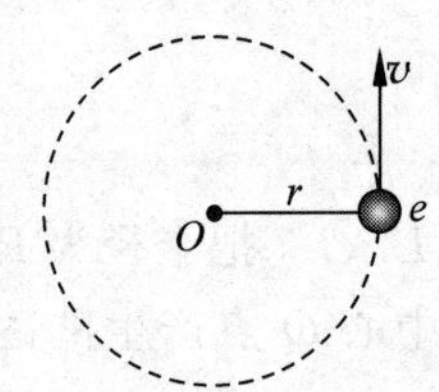

图 3.9.15

解：根据电流定义，电子在作圆周运动时，等效于 $I=\dfrac{e}{T}=\dfrac{ev}{2\pi r}$ 的圆电流，其在中心 O 处的磁感应强度为

$$B=\frac{\mu_0 I}{2r}=\frac{\mu_0}{4\pi}\frac{ev}{r^2},\quad \text{方向垂直纸面向里}$$

练习 3.9.10：如图 3.9.16 所示导线，电荷线密度为 λ，绕 O 点以角速度 ω 旋转时，求 O 点磁感应强度。

解：导线 1、2 转动等效于 $I=\dfrac{e}{T}=\dfrac{\lambda\pi r\omega}{2\pi}=\dfrac{\lambda r\omega}{2}$ 的圆电流，其在中心 O 处的磁感应强度为

$$B_1=B_2=\frac{\mu_0 I}{2r}=\frac{\mu_0\lambda r\omega}{4r}=\frac{1}{4}\mu_0\lambda\omega$$

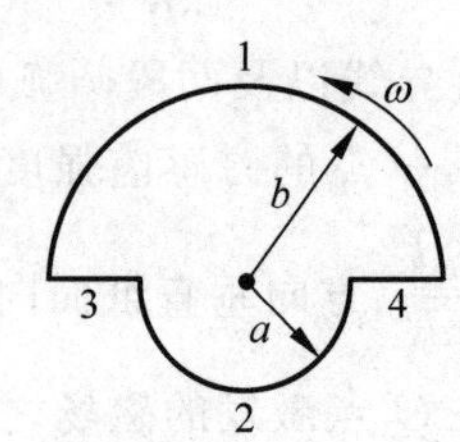

图 3.9.16

导线 3、4 转动对应的磁感应强度相同，根据例 3.9.7 为 $\mathrm{d}r$，电荷量为 $\mathrm{d}q=\lambda\mathrm{d}r$ 的元电荷作圆周运动在圆心的磁感应强度大小为

$$\mathrm{d}B=\frac{\mu_0}{4\pi}\frac{v\mathrm{d}q}{r^2}=\frac{\mu_0}{4\pi}\frac{\omega\lambda\mathrm{d}r}{r}$$

$$B_3=B_4=\int_a^b \frac{\mu_0}{4\pi}\frac{\omega\lambda\,\mathrm{d}r}{r}=\frac{\mu_0\lambda\omega}{4\pi}\ln\frac{b}{a}$$

O 处的总磁感应强度为

$$B=B_1+B_2+B_3+B_4=\frac{1}{2}\mu_0\lambda\omega\left(1+\frac{1}{\pi}\ln\frac{b}{a}\right)$$

方向垂直纸面向外。

例 3.9.8：如图 3.9.17 所示，一半径为 R_2 的带电薄圆盘，其中半径为 R_1 的阴影部分均匀带正电荷，面电荷密度为 $+\sigma$，其余部分均匀带负电荷，面电荷密度为 $-\sigma$。当圆盘以角速度 ω 旋转时，测得圆盘中心点 O 的磁感应强度为零，问 R_1 与 R_2 满足什么关系？

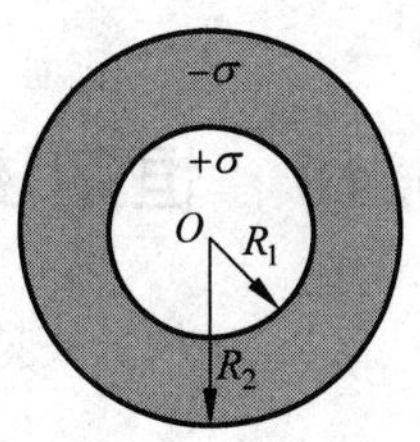

图 3.9.17

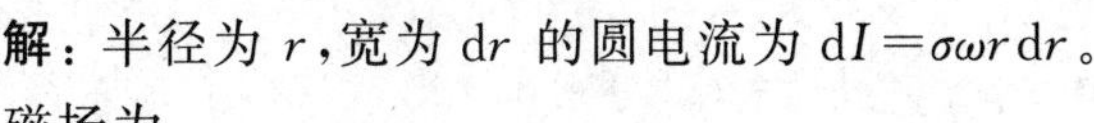

解：半径为 r，宽为 $\mathrm{d}r$ 的圆电流为 $\mathrm{d}I=\sigma\omega r\,\mathrm{d}r$。

磁场为

$$\mathrm{d}B=\mu_0\frac{\mathrm{d}I}{2r}=\mu_0\frac{\sigma\omega}{2}\mathrm{d}r$$

$$B_+=\int_0^{R_1}\frac{1}{2}\mu_0\sigma\omega\,\mathrm{d}r=\frac{\mu_0\sigma\omega R_1}{2}$$

$$B_-=\int_{R_1}^{R_2}\frac{1}{2}\mu_0\sigma\omega\,\mathrm{d}r=\frac{1}{2}\mu_0\sigma\omega(R_2-R_1)$$

已知 $B_+=B_-$，则有 $R_2=2R_1$。

练习 3.9.11：如图 3.9.18 所示，一扇形薄片，半径为 R，张角为 θ，其上均匀分布正电荷，面电荷密度为 σ，薄片绕过 O 点且垂直于薄片的轴转动，角速度为 ω。求 O 点处的磁感应强度。

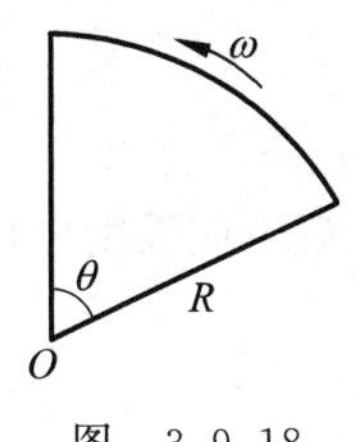

图 3.9.18

解：在扇形上选择一个距 O 点为 r，宽度为 $\mathrm{d}r$ 的面积元，其面积为 $\mathrm{d}S=r\theta\,\mathrm{d}r$，带有电荷 $\mathrm{d}q=\sigma\mathrm{d}S$，它所形成的电流为 $\mathrm{d}I=\mathrm{d}q\dfrac{\omega}{2\pi}$，$\mathrm{d}I$ 在 O 点产生的磁感应强度为

$$\mathrm{d}B=\mu_0\frac{\mathrm{d}I}{2r}=\mu_0\frac{\mathrm{d}q\omega}{4\pi r}=\frac{\mu_0\sigma\theta\omega}{4\pi}\mathrm{d}r$$

O 点处的磁感应强度为

$$B=\int_0^R\frac{\mu_0\sigma\theta\omega}{4\pi}\mathrm{d}r=\frac{\mu_0\sigma\theta\omega R}{4\pi}$$

方向垂直纸面向外。

例 3.9.9：如图 3.9.19 所示，半径为 R 的均匀带电无限长直圆筒，电荷面密度为 σ，筒以速度为 ω 绕其轴转动。求圆筒内部的 B。

解：把无限长直圆筒当成螺线管看待，长度为 L 的圆筒上的电流为

$$I_{总}=2\pi R\cdot L\cdot\sigma\cdot\frac{\omega}{2\pi}=\omega R\sigma L$$

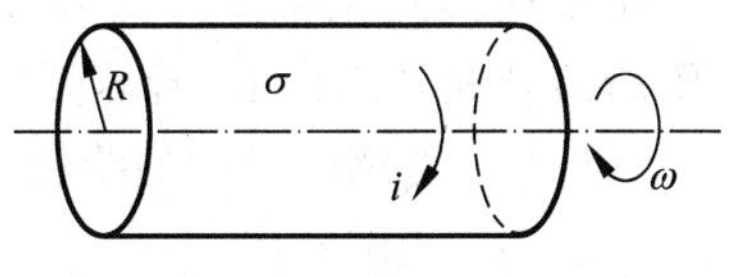

图 3.9.19

根据螺线管中心的磁感应强度公式：

$$B=\mu_0 nI=\mu_0\frac{N}{L}\frac{I_{总}}{N}=\mu_0\omega R\sigma\text{，方向平行轴向右}$$

思考：(1) 若变为旋转带电球圆柱体或有一定厚度的圆柱筒呢？

(2) 若变为多层螺线管呢？

(3) 若转速随时间变化呢？

3.10 恒定磁场的高斯定理和安培环路定理

(1) 磁场的高斯定理：$\oint_S \boldsymbol{B}\cdot \mathrm{d}\boldsymbol{s}=0$（自然界不存在"磁荷"或"磁单极子"）；

(2) 磁场的安培环路定理：$\oint_L \boldsymbol{B}\cdot \mathrm{d}\boldsymbol{l}=\mu_0\sum_{L内} I_i=\mu_0\int_S \boldsymbol{j}\cdot \mathrm{d}\boldsymbol{s}$。

考点 1：安培环路定理的理解应用

注意：应用安培环路定理求解磁感应强度 $\boldsymbol{B}$ 的步骤是：

(1) 设场点，由电流分布对称性分析磁感应强度（大小和方向）分布的对称性。

(2) 过场点作合适的安培回路 L。为方便计算环流，要求 L 上的 $\boldsymbol{B}$ 处处相等或为零，且 $\boldsymbol{B}/\!/\mathrm{d}\boldsymbol{l}$ 或 $\boldsymbol{B}\perp \mathrm{d}\boldsymbol{l}$。

(3) 计算 L 上的 $\boldsymbol{B}$ 的环流，运用安培环路定理：$\oint_L \boldsymbol{B}\cdot \mathrm{d}\boldsymbol{l}=\mu_0\sum_{L内} I_i=\mu_0\int_S \boldsymbol{j}\cdot \mathrm{d}\boldsymbol{S}$。

例 3.10.1：证明不存在边缘突然降到零的磁场（图 3.10.1）。

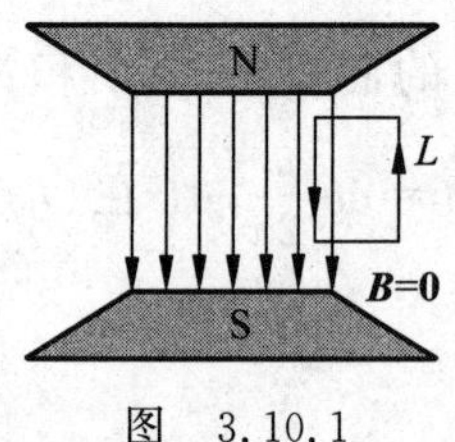

图 3.10.1

证明：选如图 3.10.1 所示的闭合回路 L，对该回路有

$$\oint_L \boldsymbol{B}\cdot \mathrm{d}\boldsymbol{l}=\mu_0\sum_{L内} I_i=0 \quad ①$$

但是对 L，上下线积分为 0，左边 $\int \boldsymbol{B}\cdot \mathrm{d}\boldsymbol{l}\neq 0$，右边磁感应强度为 0，

$$\int \boldsymbol{B}\cdot \mathrm{d}\boldsymbol{l}=0\rightarrow\oint_L \boldsymbol{B}\cdot \mathrm{d}\boldsymbol{l}\neq 0 \quad ②$$

①式与②式矛盾，故不存在这样的磁场。实际上磁场都会有边缘效应。

练习 3.10.1：在磁场空间分别取两个闭合回路，若两个回路各自包围载流导线的根数不同，但电流的代数和相同，则磁感应强度沿各闭合回路的线积分________，两个回路上的磁场分布________。（填"相同"或"不相同"）

答案：相同，不相同。

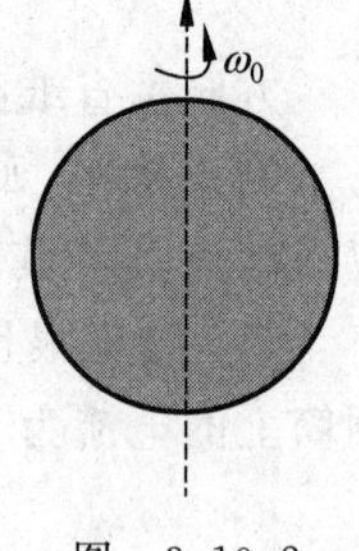

图 3.10.2

例 3.10.2：如图 3.10.2 所示，电荷 $q(>0)$ 均匀地分布在一个半径为 R 的薄球壳外表面上，若球壳以恒角速度 ω_0 绕 z 轴转动，则沿着 z 轴从 $-\infty\sim+\infty$ 磁感应强度的线积分等于________。

答案：$\dfrac{\mu_0\omega_0 q}{2\pi}$。由安培环路定理$\oint_{-\infty}^{+\infty}\boldsymbol{B}\cdot \mathrm{d}\boldsymbol{l}=\mu_0 I$，本题中球壳转动对

应的电流为 $I=\dfrac{q\omega_0}{2\pi}$。

练习 3.10.2：如图 3.10.3 所示，流进纸面的电流为 $2I$，流出纸面的电流为 I，则下述各式中哪一个是正确的？[　　]

(A) $\oint_{L_1}\boldsymbol{B}\cdot\mathrm{d}\boldsymbol{l}=-2\mu_0 I$；　(B) $\oint_{L_2}\boldsymbol{B}\cdot\mathrm{d}\boldsymbol{l}=\mu_0 I$；

(C) $\oint_{L_3}\boldsymbol{B}\cdot\mathrm{d}\boldsymbol{l}=\mu_0 I$；　(D) $\oint_{L_4}\boldsymbol{B}\cdot\mathrm{d}\boldsymbol{l}=\mu_0 I$。

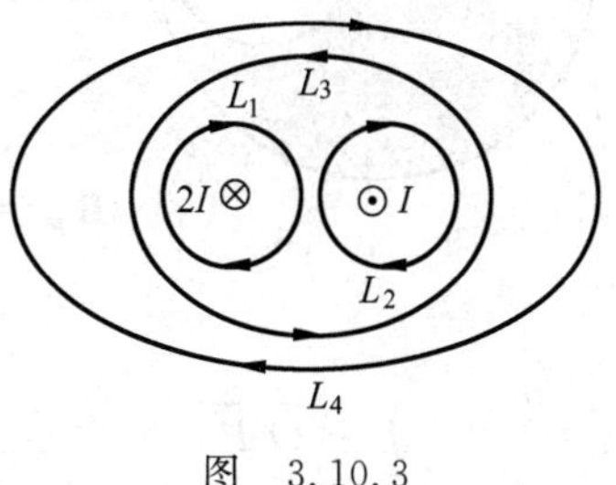

图 3.10.3

答案：D。磁感应强度环路与电流方向成右手螺旋关系，因此$\oint_{L_1}\boldsymbol{B}\cdot\mathrm{d}\boldsymbol{l}=2\mu_0 I$，A 错误；$\oint_{L_2}\boldsymbol{B}\cdot\mathrm{d}\boldsymbol{l}=-\mu_0 I$，B 错误；$\oint_{L_3}\boldsymbol{B}\cdot\mathrm{d}\boldsymbol{l}=-\mu_0 I$，C 错误；$\oint_{L_4}\boldsymbol{B}\cdot\mathrm{d}\boldsymbol{l}=\mu_0 I$，D 正确。

例 3.10.3：如图 3.10.4 所示，长为 $2R$ 的直线段载电流 I，求过中点 O 垂直于线段平面上，半径为 R，中心在 O 点的圆周上的环流。

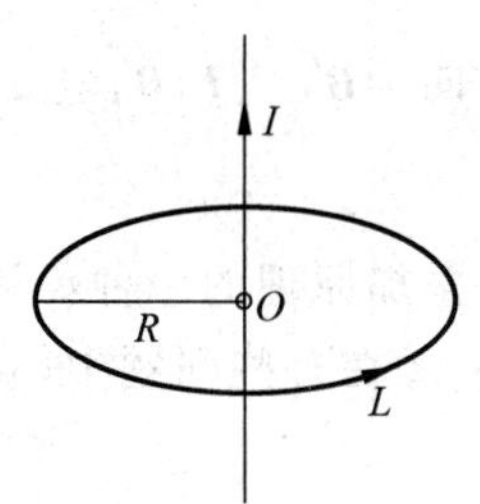

图 3.10.4

解：直线段的磁感应强度大小

$$B=\frac{\mu_0 I}{4\pi a}(\cos\theta_1-\cos\theta_2)=\frac{\mu_0 I}{4\pi R}\left(\cos\frac{\pi}{4}-\cos\frac{3\pi}{4}\right)=\frac{\sqrt{2}\mu_0 I}{4\pi R}$$

方向与电流成右手螺旋，与图 3.10.4 中环路方向一致，则

$$\oint\boldsymbol{B}\cdot\mathrm{d}\boldsymbol{l}=\frac{\mu_0 I}{4\pi R}\sqrt{2}\cdot 2\pi R=\frac{\sqrt{2}}{2}\mu_0 I$$

分析：对例 3.10.3，$\oint\boldsymbol{B}\cdot\mathrm{d}\boldsymbol{l}\neq\mu_0 I$，因为环路定理只适用于稳恒电流的磁场。由于稳恒电流总是闭合的，故安培环路定理只适用于闭合的载流导线，而对于任意设想的一段载流导线不成立。

练习 3.10.3：如图 3.10.5 所示，两根直导线 ab 和 cd 沿半径方向被接到一个截面处处相等的铁环上，稳恒电流 I 从 a 端流入从 d 端流出，则磁感应强度 $\boldsymbol{B}$ 沿图中闭合路径 L 的积分 $\oint\boldsymbol{B}\cdot\mathrm{d}\boldsymbol{l}=$＿＿＿＿＿＿。

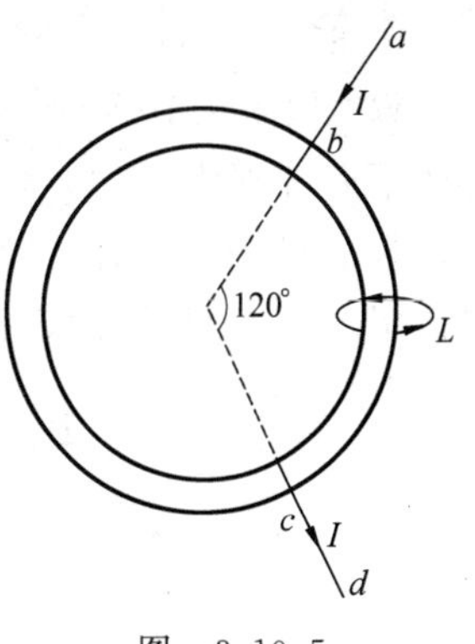

图 3.10.5

答案：$\dfrac{2}{3}\mu_0 I$。图 3.10.5 中环路方向与电流成右手螺旋关系，电流大小可以根据并联电路判断，为$\dfrac{2}{3}I$。

例 3.10.4：如图 3.10.6 所示，一无限长直圆柱体，内有一无限长直圆柱形空洞，空洞的轴线与圆柱的轴线平行，相距为 a。今有电流沿轴线方向流动并均匀分布在横截面上，电流密度为 $\boldsymbol{j}$。试证明：洞内是均匀磁场，并求出它的磁感应强度。

证明：本题可使用叠加法，将其视为均匀分布的电流密度为 $\boldsymbol{j}$ 的大实心圆柱体电流与电流密度为 $-\boldsymbol{j}$ 的小实心圆柱体电流的叠加，空心圆柱体电流在 P 点激发的磁感应强度为二者矢量和$\boldsymbol{B}''_P=\boldsymbol{B}_P+\boldsymbol{B}'_P$。

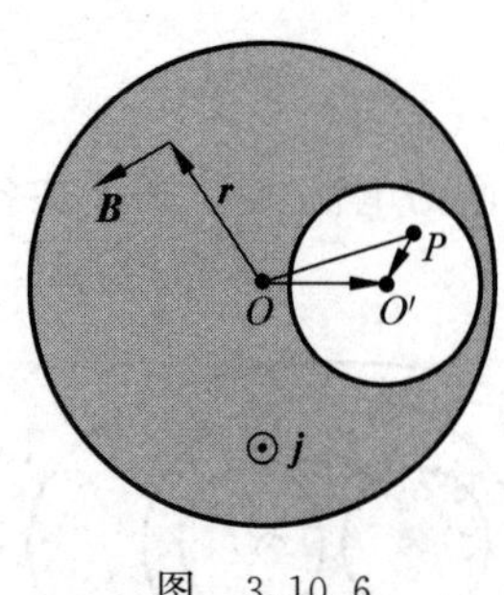

图 3.10.6

由安培环路定理可以求出，均匀分布的大实心圆柱体电流在大圆柱体内任一点 $\boldsymbol{r}$ 处激发的磁感应强度为 $B=\dfrac{\mu_0 j\pi r^2}{2\pi r}=\dfrac{\mu_0 jr}{2}$，方向如图 3.10.6 所示，即 $\boldsymbol{B}=\dfrac{\mu_0}{2}\boldsymbol{j}\times\boldsymbol{r}$。运用该结果可得：

均匀分布的大实心圆柱体电流在 P 点激发的磁感应强度为 $\boldsymbol{B}_P=\dfrac{\mu_0}{2}\boldsymbol{j}\times\overrightarrow{OP}$；

均匀分布的小实心圆柱体电流在 P 点激发的磁感应强度为 $\boldsymbol{B}'_P=\dfrac{\mu_0}{2}(-\boldsymbol{j})\times\overrightarrow{O'P}$；

空心圆柱体电流在 P 点激发的磁感应强度为

$$\boldsymbol{B}''_P=\boldsymbol{B}_P+\boldsymbol{B}'_P=\frac{\mu_0}{2}\boldsymbol{j}\times\overrightarrow{OP}+\frac{\mu_0}{2}(-\boldsymbol{j})\times\overrightarrow{O'P}=\frac{\mu_0}{2}\boldsymbol{j}\times(\overrightarrow{OP}-\overrightarrow{O'P})=\frac{\mu_0}{2}\boldsymbol{j}\times\overrightarrow{OO'}=\frac{\mu_0}{2}\boldsymbol{j}\times\boldsymbol{a}$$

由此可见，空洞内的磁场是匀强磁场，其大小为 $B''_P=\dfrac{\mu_0}{2}ja$；其方向为 $\boldsymbol{B}''_P\perp\boldsymbol{j}$，$\boldsymbol{B}''_P\perp\boldsymbol{a}$，且 $\boldsymbol{a}$、$\boldsymbol{j}$、$\boldsymbol{B}''_P$ 成右手螺旋关系。

分析：①本题与例 3.2.2 及其练习类似，都使用了叠加法，这也是叠加原理的一种灵活运用，不但在计算电场和磁场时有用，在其他许多问题中也经常用到；②在有些问题中，直接用矢量进行运算和分析，会使问题变得简单，应优先采用。

练习 3.10.4：两彼此绝缘的无限长且具有缺口的圆柱形导线的横截面如图 3.10.7 中阴影部分所示。它们的半径同为 R，两圆心的距离 $O_1O_2=1.6R$，沿轴向反向通以相同大小的电流 I。求在它们所包围的缺口空间 C 中的磁感应强度。($\cos 36.87°=0.8$)

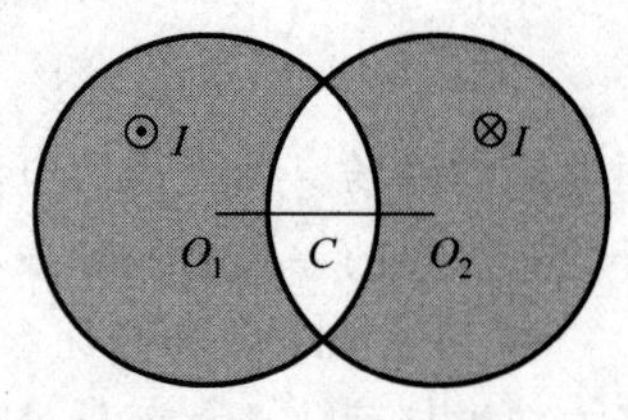

图 3.10.7

解：如图 3.10.8 所示，设在 C 区域中的任一点 A 到两圆心的距离分别为 r_1、r_2，r_1、r_2 与两圆心连线的夹角分别 θ_1、θ_2。假定 C 中也流有与导线中的电流密度相同的一正一反正好抵消的电流，并令导线中的电流密度为 j，则两导线在 A 点产生的磁感应强度分别为

$$B_1=\frac{\mu_0 j\pi r_1^2}{2\pi r_1}=\frac{\mu_0 jr_1}{2},\quad B_2=\frac{\mu_0 j\pi r_2^2}{2\pi r_2}=\frac{\mu_0 jr_2}{2}$$

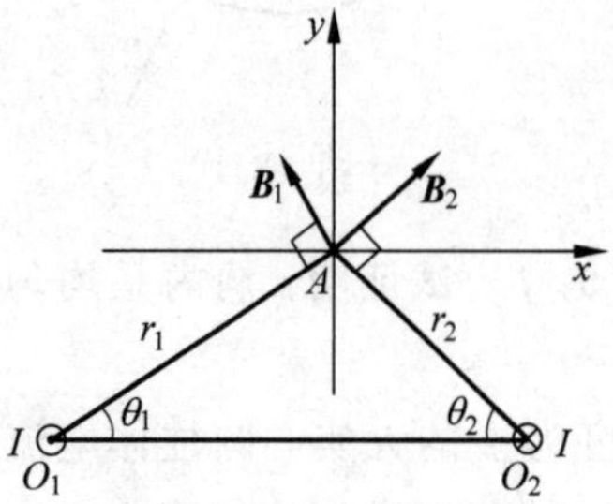

图 3.10.8

总磁感应强度 $\boldsymbol{B}=\boldsymbol{B}_1+\boldsymbol{B}_2$，投影：

$$B_x=B_{1x}+B_{2x}=-B_1\sin\theta_1+B_2\sin\theta_2$$

$$=\frac{\mu_0 j}{2}(r_2\sin\theta_2-r_1\sin\theta_1)=0$$

$$B_y=B_{1y}+B_{2y}=B_1\cos\theta_1+B_2\cos\theta_2$$

$$=\frac{\mu_0 I}{2}(r_2\cos\theta_2+r_1\cos\theta_1)=\frac{\mu_0 j}{2}\times 1.6R=0.8\mu_0 jR$$

而 $j=I/S$，其中 S 为一根导线的横截面积：$S=\pi R^2-$

$2\left(\dfrac{\pi R^2\alpha}{\pi}-0.8R^2\sin\alpha\right)$，又 $\alpha=\arccos 0.8\approx 36.78°\approx 0.6435\text{rad}$，$\sin\alpha=0.6$，故

$$S=R^2(\pi-2\alpha+2\times 0.8\times 0.6)=2.81R^2$$

缺口空间 C 中的磁感应强度：$B=B_y=0.285\mu_0 I/R$。

考点 2：磁通量的计算与磁场的高斯定理的理解应用

例 3.10.5：如图 3.10.9 所示，一矩形截面的空心环形螺线管上均匀绕有 N 匝线圈，内外直径分别为 d_1、d_2，线圈中通有电流 I。试求：(1)距轴线为 r 处的磁感应强度；(2)通过螺线管截面的磁通量。

图 3.10.9

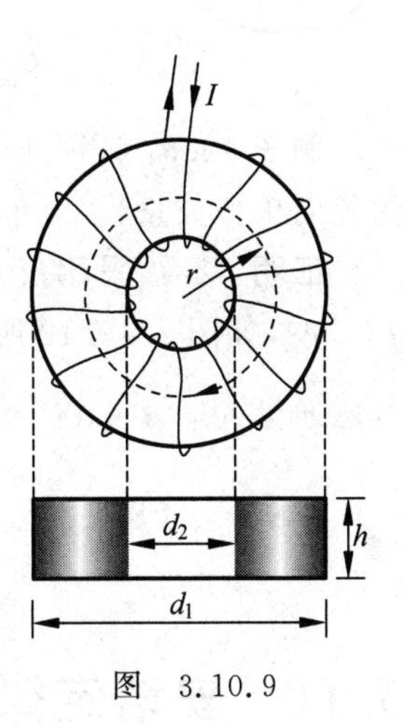

解：(1) 因为电流分布具有轴对称性，经过分析可得：磁场分布也具有轴对称性。即在与螺线管同轴的圆周上，各点的磁感应强度大小相等，方向沿圆周切向且与电流绕向成右手螺旋关系。取此圆周为安培积分回路，沿此回路 $\boldsymbol{B}$ 的环量为 $\oint_L \boldsymbol{B}\cdot \mathrm{d}\boldsymbol{l}=\oint_L B\cdot \mathrm{d}l=B\oint_L \mathrm{d}l=B\cdot 2\pi r$。

由安培环路定理 $\oint_L \boldsymbol{B}\cdot \mathrm{d}\boldsymbol{l}=\mu_0\sum\limits_{L内} I_i$，可得

在 $d_2/2\leqslant r\leqslant d_1/2$ 处，$B\cdot 2\pi r=\mu_0 NI\rightarrow B=\dfrac{\mu_0 NI}{2\pi r}$；

在 $r<d_2/2$ 和 $r>d_1/2$ 处，$B\cdot 2\pi r=0\rightarrow B=0$。

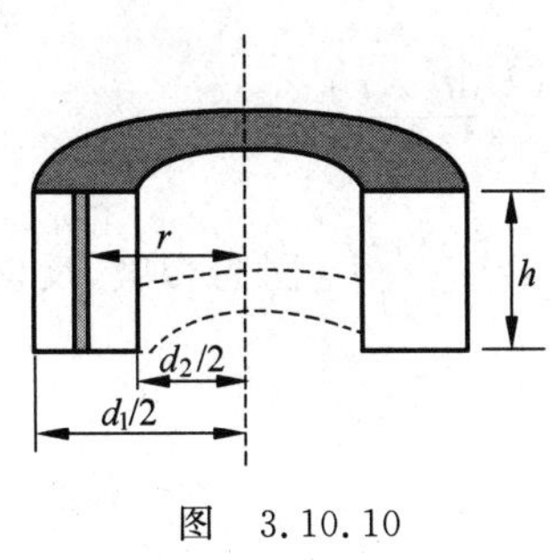

图 3.10.10

(2) 计算穿过螺线管横截面的磁通量 Φ_m。如图 3.10.10 所示，取距离轴线为 r、宽度为 $\mathrm{d}r$、高为 h 的小矩形为面元，则穿过该面元的磁通量为 $\mathrm{d}\Phi_\mathrm{m}=\boldsymbol{B}\cdot \mathrm{d}\boldsymbol{S}=\dfrac{\mu_0 NI}{2\pi r}\cdot h\cdot \mathrm{d}r$。

积分可得

$$\Phi_\mathrm{m}=\frac{\mu_0 NIh}{2\pi}\int_{d_2/2}^{d_1/2}\frac{\mathrm{d}r}{r}=\frac{\mu_0 NIh}{2\pi}\ln\frac{d_1}{d_2}$$

练习 3.10.5：底半径为 R 的无限长圆柱形导线通有稳恒电流 I，求通过长方形平面 $ABCD$ 的磁通量(图 3.10.11)。

解：运用安培环路定理求导线内部和外部的磁感应强度，取以中心轴为圆心半径为 r 的环路作积分：

$$\oint_L \boldsymbol{B}\cdot \mathrm{d}\boldsymbol{l}=B2\pi r=\mu_0\sum_{L内} I_i=\begin{cases}\dfrac{\mu_0 Ir^2}{R^2}, & r\leqslant R\\ \mu_0 I, & r>R\end{cases}$$

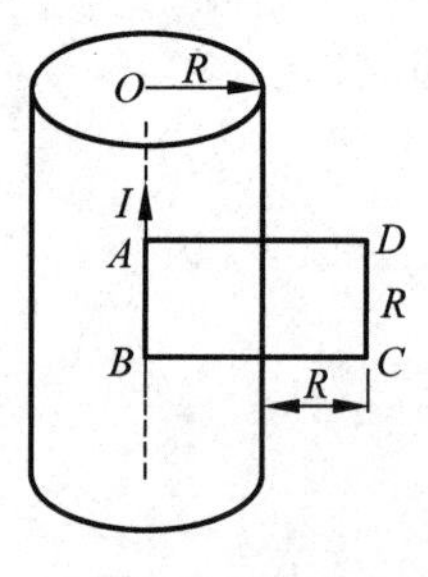

图 3.10.11

$$B=B(r)=\begin{cases}\dfrac{\mu_0 Ir}{2\pi R^2}, & r\leqslant R\\ \dfrac{\mu_0 I}{2\pi r}, & r>R\end{cases}$$

取距离中心轴为 r，宽度为 $\mathrm{d}r$ 的小矩形为面元，积分求通过图 3.10.11 中区域的磁通量为

$$\Phi_{\mathrm{m}}=\int_S \boldsymbol{B}\cdot\mathrm{d}\boldsymbol{S}=\int_0^R \frac{\mu_0 Ir}{2\pi R^2}\cdot R\,\mathrm{d}r+\int_R^{2R}\frac{\mu_0 I}{2\pi r}\cdot R\,\mathrm{d}r=\frac{\mu_0 IR}{4\pi}(1+2\ln 2)$$

例 3.10.6：证明不存在球对称辐射状磁场：$\boldsymbol{B}=f(r)\hat{\boldsymbol{e}}_r$（$\hat{\boldsymbol{e}}_r$ 为径向单位矢量）。

证明：本题采用反证法。假设存在球对称辐射状磁场 $\boldsymbol{B}=f(r)\hat{\boldsymbol{e}}_r$，如图 3.10.12 所示。则可作半径为 r 的球面为高斯面 S，其磁通量为$\oint_S \boldsymbol{B}\cdot\mathrm{d}\boldsymbol{S}=f(r)\cdot 4\pi r^2\neq 0$；这与磁场的高斯定理 $\oint_S \boldsymbol{B}\cdot\mathrm{d}\boldsymbol{S}=0$ 矛盾。故假设不成立，不存在 $\boldsymbol{B}=f(r)\hat{\boldsymbol{e}}_r$ 形式的磁场。

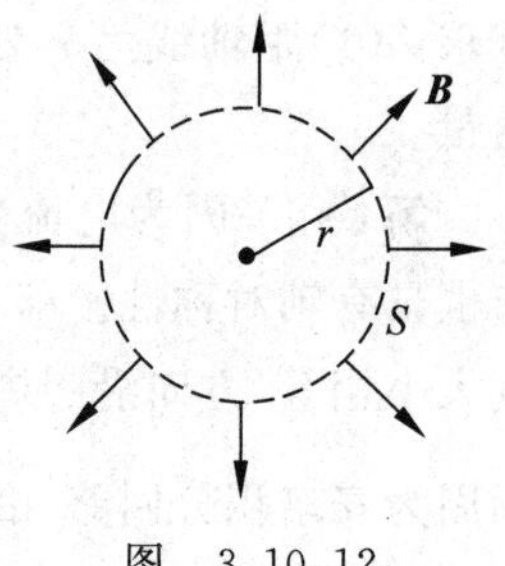

图 3.10.12

3.11 安培定律

(1) 安培力：$\boldsymbol{F}_{安}=\int_L I\mathrm{d}\boldsymbol{l}\times\boldsymbol{B}$。

① 对于匀强磁场中 a、b 两点间任意形状的载流导线：$\boldsymbol{F}_{安}=I\boldsymbol{ab}\times\boldsymbol{B}$；

② 对于匀强磁场中任意形状的闭合载流线圈：$\boldsymbol{F}_{安}=\boldsymbol{0}$；

③ 电流元 $I'\mathrm{d}\boldsymbol{l}'$ 对电流元 $I\mathrm{d}\boldsymbol{l}$ 的磁场力为 $\mathrm{d}\boldsymbol{F}=\dfrac{\mu_0}{4\pi}\cdot\dfrac{I\mathrm{d}\boldsymbol{l}'\times(I'\mathrm{d}\boldsymbol{l}'\times\boldsymbol{r})}{r^3}$；

④ 两根无限长平行载流直导线间单位长度的磁场力为 $\dfrac{\mathrm{d}F}{\mathrm{d}l}=\dfrac{\mu_0 I_1 I_2}{2\pi a}$（同向相吸，反向相斥）。

(2) 平面载流线圈在匀强磁场中所受的磁力矩。

① 磁矩 $\boldsymbol{p}_{\mathrm{m}}$：大小 $p_{\mathrm{m}}=IS$；N 匝线圈：$p_{\mathrm{m}}=NIS$；
方向：线圈平面法向且与电流绕向成右手螺旋关系。

② 磁力矩公式：$\boldsymbol{M}=\boldsymbol{p}_{\mathrm{m}}\times\boldsymbol{B}$。

③ 磁力(矩)的功：$A=I\Delta\Phi$。

考点 1：积分计算安培力

说明：根据磁场与导线的种类不同，计算安培力的题目主要有以下几类：①不均匀磁场中的直导线（例 3.11.1 及练习 3.11.1～练习 3.11.3）；②均匀磁场中的不规则导线（例 3.11.2 及练习 3.11.4）；③不均匀磁场中的不规则导线（例 3.11.3 及练习 3.11.5）。

例 3.11.1：在无限长直导线电流 I_1 的磁场中，有一段长度为 l，载流为 I_2 的导线，导

线与 I_1 垂直，近端距 I_1 为 d，求导线受到的安培力。

解：根据安培环路定律可得，长直导线右侧的磁感应强度为 $B=\dfrac{\mu_0 I_1}{2\pi r}$，方向垂直纸面向里。

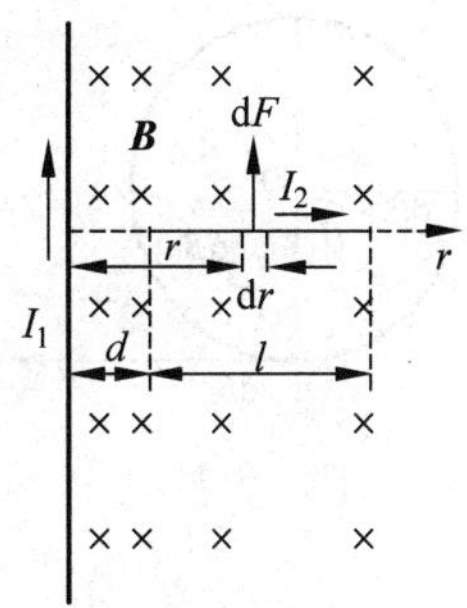

图　3.11.1

如图 3.11.1 所示，取 I_2 导线上的一段距离 I_1 为 r，长度为 $\mathrm{d}r$ 的电流元，其受力为

$$\mathrm{d}F=I_2 B\,\mathrm{d}r=\frac{\mu_0 I_1 I_2}{2\pi r}\mathrm{d}r$$

积分可得导线受到的安培力为

$$F=\int \mathrm{d}F=\int_d^{d+l}\frac{\mu_0 I_1 I_2}{2\pi r}\mathrm{d}r=\frac{\mu_0 I_1 I_2}{2\pi}\ln\frac{d+l}{d}$$

练习 3.11.1：如图 3.11.2 所示，长直薄铜牌上通以均匀电流 I_1，其宽度为 b，在其旁边放置载流为 I_2 的长直导线，距 I_1 近端为 d，求 I_2 长直导线单位长度受到的安培力。

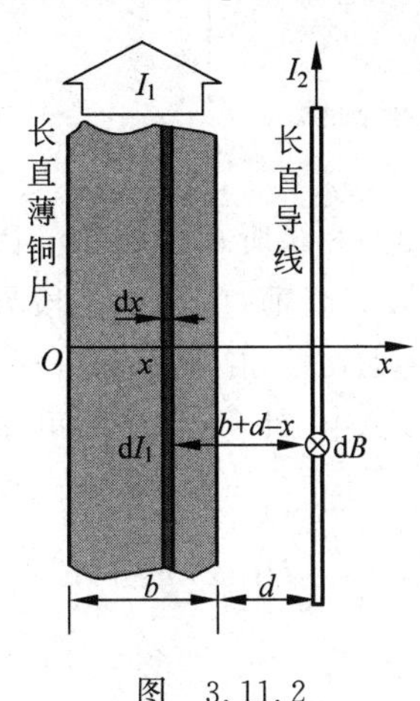

图　3.11.2

解：建立如图 3.11.2 所示坐标系，取薄铜片上距离 O 点为 x 宽度为 $\mathrm{d}x$ 的窄带，其上电流为 $\mathrm{d}I_1=\dfrac{I_1}{b}\mathrm{d}x$，它在 I_2 处产生的磁感应强度为

$$\mathrm{d}B=\frac{\mu_0\mathrm{d}I_1}{2\pi(b+d-x)}=\frac{\mu_0 I_1\mathrm{d}x}{2\pi b(b+d-x)}$$

整个铜片在 I_2 处产生的磁感应强度为

$$B=\int \mathrm{d}B=\int_0^b\frac{\mu_0 I_1\mathrm{d}x}{2\pi b(b+d-x)}=\frac{\mu_0 I_1}{2\pi b}\ln\frac{b+d}{d}$$

I_2 长直导线单位长度受到的安培力为

$$f=I_2 B=\frac{\mu_0 I_1 I_2}{2\pi b}\ln\frac{b+d}{d}$$

方向向左。

练习 3.11.2：将 N 根很长的相互绝缘的细直导线平行紧密排成一圆筒形，筒半径为 R，如图 3.11.3 所示，每根导线都通以方向相同、大小相等的电流，总电流为 I。求每根导线单位长度上所受的力的大小和方向。

解：如图 3.11.4 所示，在圆筒壁上对轴线张角为 $\mathrm{d}\theta$ 的一段宽度为 $\mathrm{d}l$ 上的电流为 $\mathrm{d}I=I\mathrm{d}\theta/(2\pi)$。

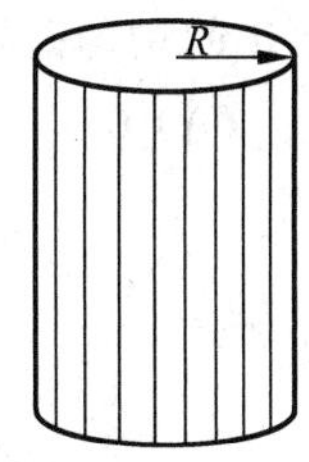

图　3.11.3

该电流在筒壁上 A 处的磁感应强度的大小为

$$\mathrm{d}B=\frac{\mu_0\mathrm{d}I}{2\pi a}=\frac{\mu_0}{2\pi}\cdot\frac{1}{2R\sin\dfrac{\theta}{2}}\cdot\frac{I\mathrm{d}\theta}{2\pi}$$

方向如图 3.11.4 所示。由电流分布的对称性知 $\mathrm{d}\boldsymbol{B}$ 的 y 分量在叠加中相互抵消，$\mathrm{d}\boldsymbol{B}$ 在图中 x 轴向的分量为 $\mathrm{d}B_x=\mathrm{d}B\sin\dfrac{\theta}{2}=\dfrac{\mu_0 I}{8\pi^2}\cdot\dfrac{\mathrm{d}\theta}{R}$。所以 A 点的磁感应强度为

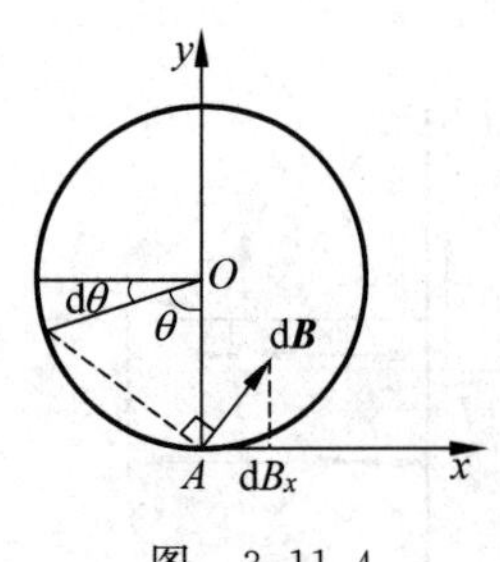

图 3.11.4

$$B=B_x=\int_0^{2\pi}\frac{\mu_0 I}{8\pi^2}\cdot\frac{\mathrm{d}\theta}{R}=\frac{\mu_0 I}{4\pi R}$$

故任一根导线单位长度所受力的大小为

$$F=\frac{IB}{N}=\frac{\mu_0 I^2}{4\pi RN}$$

受力方向垂直于导线并指向圆筒的轴线。

练习 3.11.3：如图 3.11.5 所示，无限长直载流导线与正三角形载流线圈在同一平面内，若长直导线固定不动，则载流三角形线圈将[　　]

(A) 向着长直导线平移；　　(B) 背向长直导线平移；

(C) 转动；　　(D) 不动。

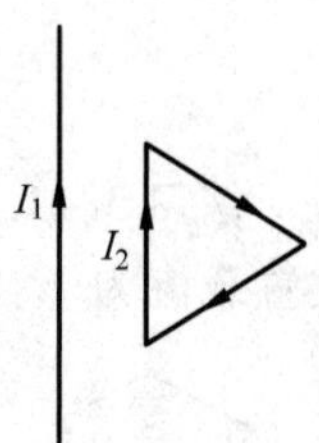

图 3.11.5

答案：A。载流线圈的磁矩方向与磁场方向相同，故受到的磁力矩为零，线圈不会转动，C 错误。因为磁场分布不均匀，I_2 中与 I_1 的同向电流距离 I_1 更近，磁场更强，受到相互吸引的安培力。

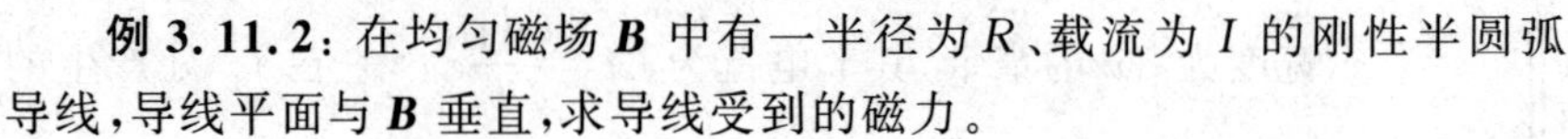

例 3.11.2：在均匀磁场 $\boldsymbol{B}$ 中有一半径为 R、载流为 I 的刚性半圆弧导线，导线平面与 $\boldsymbol{B}$ 垂直，求导线受到的磁力。

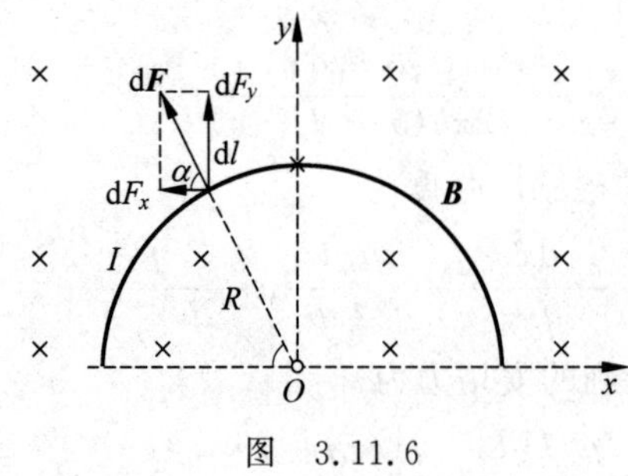

图 3.11.6

解：**方法 1**：建立如图 3.11.6 所示坐标轴。因为磁感应强度处处均匀，且与电流垂直，其上一段导线 $\mathrm{d}l$ 受到的安培力为 $\mathrm{d}F=IB\mathrm{d}l$；沿坐标轴分解，$\mathrm{d}F_x=\mathrm{d}F\cos\alpha$，$\mathrm{d}F_y=\mathrm{d}F\sin\alpha$，由对称性分析可知 $F_x=0$，积分得

$$F_y=\int\mathrm{d}F_y=\int IB\sin\alpha\,\mathrm{d}l=\int_{-R}^{R}IB\,\mathrm{d}x=2RIB$$

方向沿 y 轴正向。

方法 2：假设如图 3.11.7 所示电流回路，因为匀强磁场中任意形状的闭合载流线圈都有 $\boldsymbol{F}_{安}=\boldsymbol{0}$，故

$$\boldsymbol{F}_{\overline{ca}}=-\boldsymbol{F}_{\widehat{abc}}$$

其大小为 $2RIB$，方向向上，沿 y 轴正向。

练习 3.11.4：一通有电流为 I 的导线，弯成如图 3.11.8 所示的形状，放在磁感应强度为 $\boldsymbol{B}$ 的均匀磁场中，$\boldsymbol{B}$ 的方向垂直纸面向里，则此导线受到安培力的大小为[　　]

(A) 0；　　(B) $2BIR$；　　(C) $4BIR$；　　(D) $8BIR$。

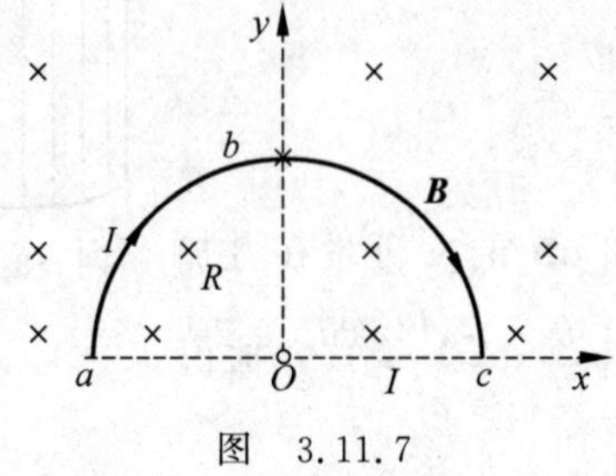

图 3.11.7

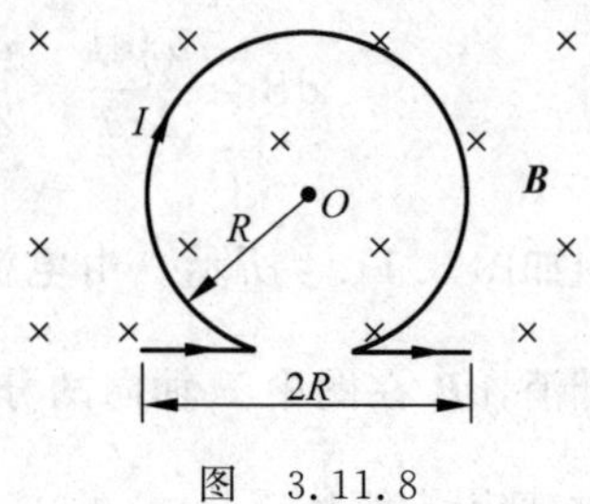

图 3.11.8

答案：B。根据例 3.11.2 的结论，图 3.11.8 导线受到的安培力与一段长为 $2R$ 的直载流导线受力相同。

例 3.11.3：半径为 R 的平面圆形线圈中载有电流 I_1，另一无限长直导线中载有电流 I_2。设长直导线通过圆心，并和圆形线圈在同一平面内(图 3.11.9)，求圆形线圈所受的磁力。

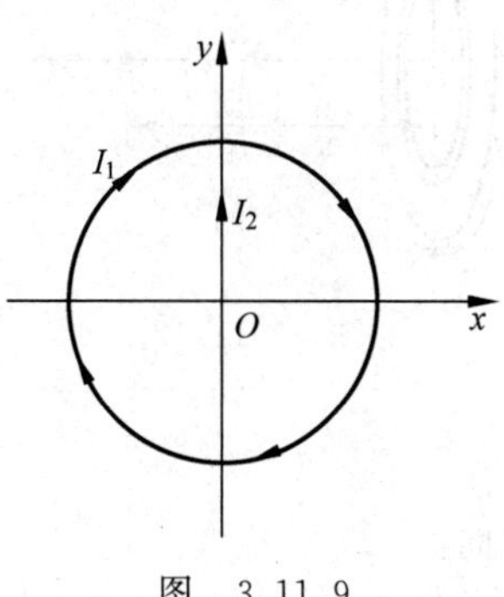

图 3.11.9

解：无限长直导线周围的磁感应强度可由安培环路定理求得，

$$B_2=\frac{\mu_0 I_2}{2\pi R\cos\theta}$$

平面圆形线圈中导线受力为

$$\mathrm{d}\boldsymbol{F}=I_1\mathrm{d}\boldsymbol{l}\times\boldsymbol{B}_2$$

方向如图 3.11.10 所示，由对称性可知，$F_y=0$，

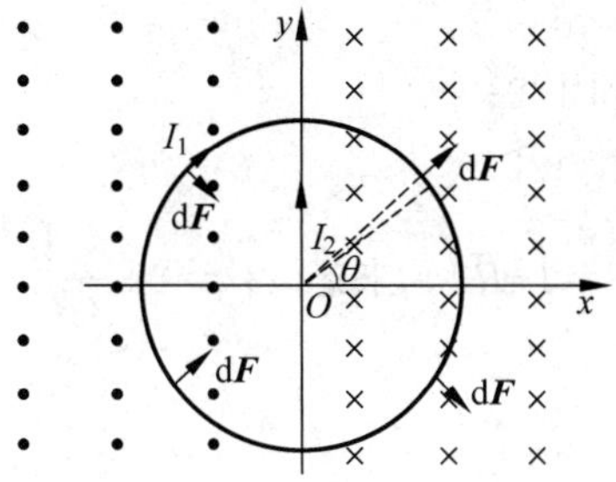

图 3.11.10

$$\mathrm{d}F=I_1\mathrm{d}lB_2\sin 90°=I_1R\mathrm{d}\theta\ \frac{\mu_0 I_2}{2\pi R\cos\theta}$$

$$\mathrm{d}F_x=\mathrm{d}F\cos\theta=\frac{\mu_0 I_1 I_2}{2\pi}\mathrm{d}\theta$$

积分可得圆形线圈所受的磁力为

$$F=F_x=\int\mathrm{d}F_x=\frac{\mu_0 I_1 I_2}{2\pi}\int_0^{2\pi}\mathrm{d}\theta=\mu_0 I_1 I_2$$

练习 3.11.5：若长直导线与圆心相距 $d(d>R)$仍在同一平面内，求圆线圈所受的磁力。

解：此时平面圆形线圈中导线受力方向如图 3.11.11 所示，由对称性可知 $F_y=0$。

无线长直导线右边磁感应强度为

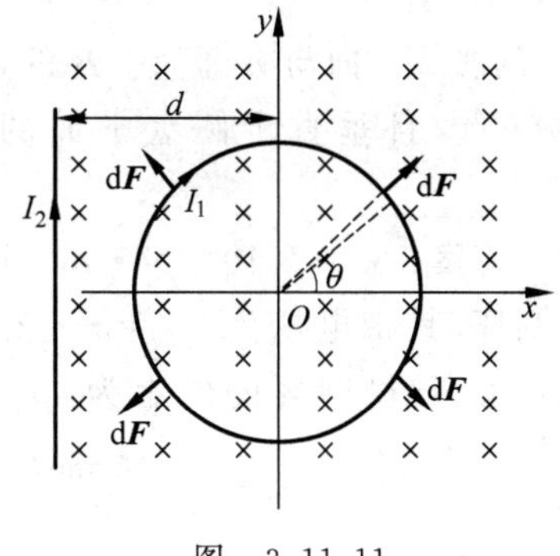

图 3.11.11

$$B_2=\frac{\mu_0 I_2}{2\pi(d+R\cos\theta)}$$

$$\mathrm{d}F=\frac{\mu_0 I_1 I_2 R d\theta}{2\pi(d+R\cos\theta)}$$

$$\mathrm{d}F_x=\mathrm{d}F\cos\theta=\frac{\mu_0 I_1 I_2 R d\theta}{2\pi(d+R\cos\theta)}\cos\theta$$

圆线圈所受的磁力为

$$F=F_x=\int\mathrm{d}F_x=\mu_0 I_1 I_2\left(1-\frac{d}{\sqrt{d^2-R^2}}\right)$$

考点 2：磁力矩的相关计算

例 3.11.4：均匀带电圆盘半径为 R，电荷密度为 σ，圆盘以匀角速度 ω 绕过圆心垂直于圆盘的轴转动。求圆盘轴线上的磁场和圆盘的磁矩。

解：如图 3.11.12 所示，取距离中心 O 为 r、宽度为 $\mathrm{d}r$ 的微圆环，其带电量为 $\mathrm{d}q=\sigma\cdot 2\pi r dr$，对应电流为 $\mathrm{d}I=\sigma\omega r\mathrm{d}r$，在距离圆心为 x 处的 P 点的磁感应强度为

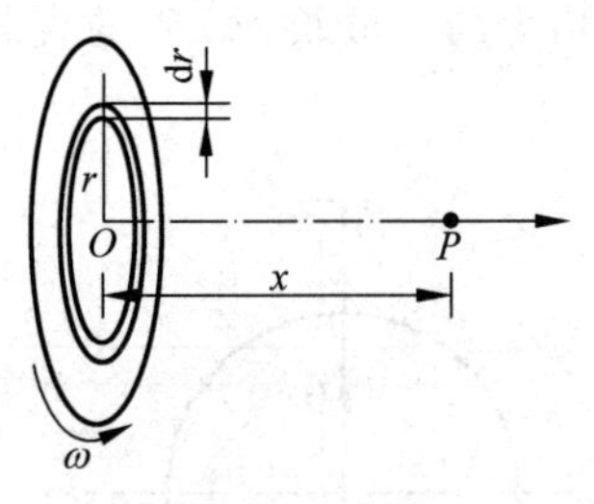

图 3.11.12

$$dB=\frac{\mu_0 r^2 dI}{2(x^2+r^2)^{3/2}}=\frac{\mu_0\sigma\omega r^3 dr}{2(x^2+r^2)^{3/2}}$$

积分可得 P 处的总磁感应强度为

$$B=\int_0^R\frac{\mu_0\sigma\omega r^3 dr}{2(x^2+r^2)^{3/2}}=\frac{\mu_0\sigma\omega}{2}\left(\frac{R^2+2x^2}{\sqrt{R^2+x^2}}-2x\right)$$

方向向右沿 $+x$ 方向。

微圆环的磁矩为 $dp_m=\pi r^2 dI=\pi\sigma\omega r^3 dr$。

圆盘的磁矩为 $p_m=\int_0^R\pi\sigma\omega r^3 dr=\frac{\pi\omega\sigma R^4}{4}$，方向向右沿 $+x$ 方向。

练习 3.11.6：有一半径为 R 的单匝圆线圈，通以电流 I，若将该导线弯成匝数 $N=2$ 的平面圆线圈，导线长度不变，并通以同样的电流，则线圈中心的磁感应强度和线圈的磁矩分别是原来的[　　]

(A) 4 倍和 1/8；　　(B) 4 倍和 1/2；

(C) 2 倍和 1/4；　　(D) 2 倍和 1/2。

答案：B。初态，磁感应强度为 $B=\frac{\mu_0 I}{2R}$，磁矩 $p_m=IS=I\pi R^2$。末态，$B'=2\frac{\mu_0 I}{2\left(\frac{R}{2}\right)}=4B$，磁矩 $p'_m=NIS'=2I\pi\left(\frac{R}{2}\right)^2=p_m/2$。

例 3.11.5：如图 3.11.13 所示，半径为 $R=20.0$ cm 的圆盘，带有正电荷，其面电荷密度 $\sigma=kr$，$k=5.0\times10^{-6}\text{C}\cdot\text{m}^{-3}$，$r$ 是圆盘上一点到圆心的距离，圆盘放在一均匀磁场 $\boldsymbol{B}$ 中，其法线方向与 $\boldsymbol{B}$ 垂直。$\boldsymbol{B}$ 的大小为 $B=1.50$T。当圆盘以角速度 $\omega=2000$rad/s 绕过圆心 O 点，且垂直于圆盘平面的轴作逆时针旋转时，则圆盘所受磁力矩的大小 $M=$ ________。

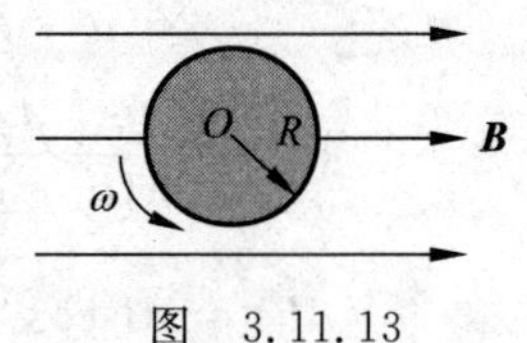

图 3.11.13

答案：$3.01\times10^{-6}\text{N}\cdot\text{m}$。取距离中心 O 为 r、宽度为 dr 的微圆环，其带电量为 $dq=\sigma\cdot2\pi r dr$，对应电流为 $dI=\sigma\omega r dr=k\omega r^2 dr$，该微圆环的磁矩为 $dp_m=\pi r^2 dI=k\pi\omega r^4 dr$。圆盘的磁矩为 $p_m=\int_0^R k\pi\omega r^4 dr=\frac{k\pi\omega R^5}{5}$。圆盘所受磁力矩大小为 $M=|\boldsymbol{p}_m\times\boldsymbol{B}|=p_m B\sin\frac{\pi}{2}=\frac{kB\pi\omega R^5}{5}=3.01\times10^{-6}\text{N}\cdot\text{m}$。

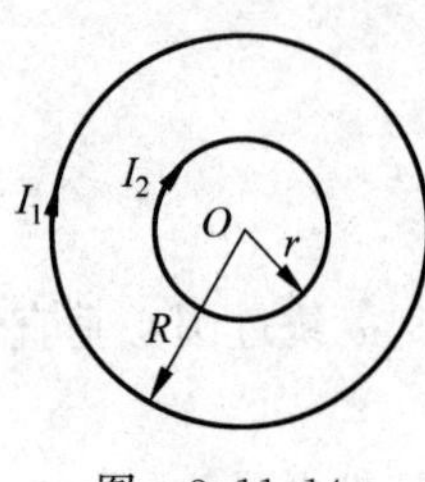

图 3.11.14

练习 3.11.7：两个同心圆线圈，大圆半径为 R，通有电流 I_1；小圆半径为 r，通有电流 I_2，方向如图 3.11.14 所示。若 $r\ll R$（大线圈在小线圈处产生的磁场近似为均匀磁场），当它们处在同一平面内时小线圈所受磁力矩的大小为[　　]。

(A) $\frac{\mu_0\pi I_1 I_2 r^2}{2R}$；　　(B) $\frac{\mu_0 I_1 I_2 r^2}{2R}$；

(C) $\frac{\mu_0 \pi I_1 I_2 R^2}{2r}$； (D) 0。

答案：D。本题中小线圈的$\boldsymbol{p}_{\mathrm{m}}$与大线圈的$\boldsymbol{B}$方向相同。故小线圈受到的力矩为零。

例 3.11.6：把轻的导线圈用线挂在磁铁 N 极附近，磁铁的轴线穿过线圈中心，且与线圈在同一平面内，如图 3.11.15 所示。当线圈内通以如图所示方向的电流时，线圈将[ ]

(A) 不动；

(B) 发生转动，同时靠近磁铁；

(C) 发生转动，同时离开磁铁；

(D) 不发生转动，只靠近磁铁。

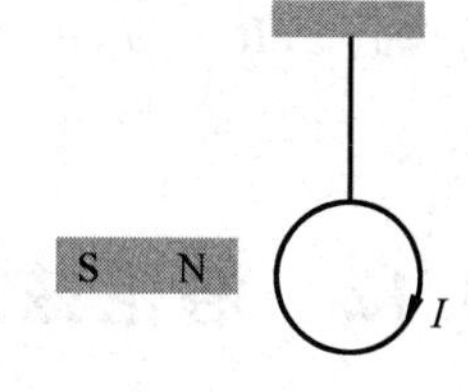

图 3.11.15

答案：B。闭合线圈在磁场中受到外力矩的作用，使其磁矩方向与外磁场方向相同，故会发生转动，同时靠近磁铁一端可视为磁铁 S 极，受磁力作用靠近磁铁。

练习 3.11.8：有两个半径相同的圆环形载流导线 A、B，它们可以自由转动和移动，把它们放在相互垂直的位置上，如图 3.11.16 所示，将发生以下哪种运动？[ ]

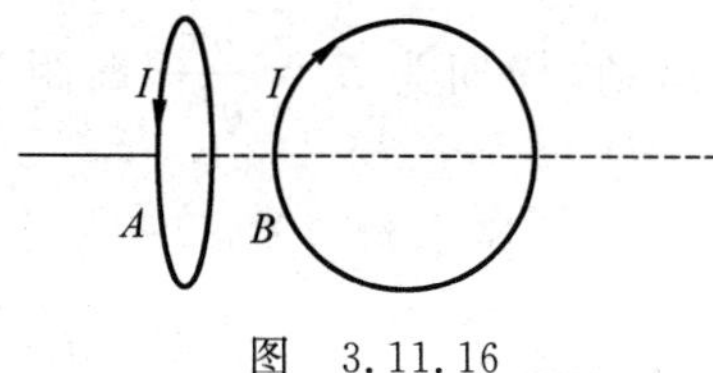

图 3.11.16

(A) A、B 均发生转动和平动，最后两线圈电流同方向并紧靠一起；

(B) A 不动，B 在磁力作用下发生转动和平动；

(C) A、B 都在运动，但运动的趋势不能确定；

(D) A、B 都在转动，但不平动，最后两线圈磁矩同方向平行。

答案：A。

例 3.11.7：一矩形线圈边长分别为 $a=10\mathrm{cm}$ 和 $b=5\mathrm{cm}$，导线中电流为 $I=2\mathrm{A}$，此线圈可绕它的一边 OO' 转动，如图 3.11.17 所示。当加上正 y 方向的 $B=0.5\mathrm{T}$ 均匀外磁场 $\boldsymbol{B}$，且与线圈平面成 30°时，线圈的角加速度为 $\alpha=2\mathrm{rad/s}$，求：(1)线圈对 OO' 轴的转动惯量是多少？(2)线圈平面由初始位置转到与 $\boldsymbol{B}$ 垂直时磁力所做的功？

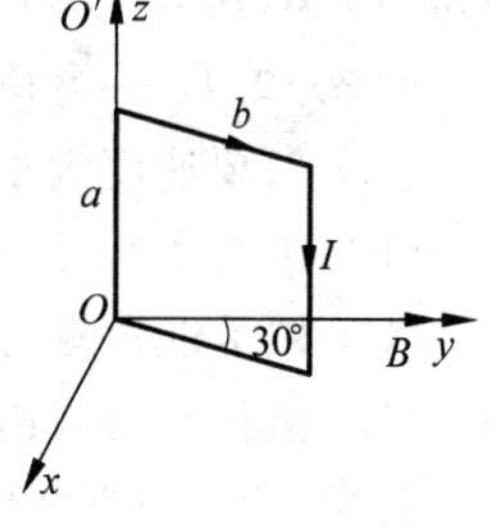

图 3.11.17

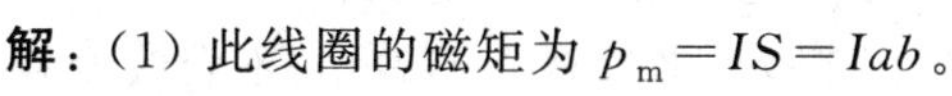

解：(1) 此线圈的磁矩为 $p_{\mathrm{m}}=IS=Iab$。

在如图 3.11.17 所示位置，线圈受到的磁力矩大小为 $M=p_{\mathrm{m}}B\sin 60^\circ=IabB\sin 60^\circ$。

因为磁力矩 $M=J\alpha$，故线圈对 OO' 轴的转动惯量为

$$J=\frac{M}{\alpha}=\frac{IabB\sin 60^\circ}{\alpha}=\frac{2\times 0.1\times 0.05\times 0.5\times\frac{\sqrt{3}}{2}}{2}\mathrm{kg\cdot m^2}=2.16\times 10^{-3}\mathrm{kg\cdot m^2}$$

(2) **方法 1**：线圈平面由初始位置转到与 $\boldsymbol{B}$ 垂直时磁力所做的功为

$$W=I\Delta\Phi=IBS(1-\cos 60^\circ)=2.5\times 10^{-3}\mathrm{J}$$

方法 2：磁力所做的功为

$$W=-\int_{60^\circ}^{0^\circ}M\mathrm{d}\theta=\int_{60^\circ}^{0^\circ}-p_{\mathrm{m}}B\sin\theta\mathrm{d}\theta=2.5\times 10^{-3}\mathrm{J}$$

练习 3.11.9：有一半径为 $R=0.1\text{m}$ 由细软导线做成的圆环，流过 $I=10\text{A}$ 的电流，将圆环放在一磁感应强度 $B=1\text{T}$ 的均匀磁场中，磁场的方向与圆电流的磁矩方向一致，今有外力作用在导线环上，使其变成正方形，则在维持电流不变的情况下，求外力克服磁场力所做的功？

答案：$6.74\times10^{-2}\text{J}$。外力克服磁场力所做的功为 $W=I\Delta\Phi=IB\Delta S=IB(a^2-\pi R^2)$，考虑到 $2\pi R=4a$，正方形边长为 $\pi R/2$，代入上式可得 $W=IB\left[\frac{(\pi R)^2}{4}-\pi R^2\right]$。

3.12 洛伦兹力

(1) 洛伦兹力：$\boldsymbol{F}_{洛}=q\boldsymbol{v}\times\boldsymbol{B}$。

① 带电粒子在匀强磁场中的运动：当 $\boldsymbol{v}_0 /\!/ \boldsymbol{B}$ 时，以 $\boldsymbol{v}_0$ 作匀速直线运动；

② 当 $\boldsymbol{v}_0\perp\boldsymbol{B}$ 时，以 $\boldsymbol{v}_0$ 作匀速率圆周运动，半径为 $R=\frac{mv_0}{qB}$，周期为 $T=\frac{2\pi m}{qB}$；

③ 当 $\boldsymbol{v}_0$ 与 $\boldsymbol{B}$ 的夹角 $\theta\neq0$ 和 $\pi/2$ 时，作等进螺线运动，周期为 $T=\frac{2\pi}{qB}$，螺距为 $h=\frac{2\pi m v_0\cos\theta}{qB}$。

(2) 载流导体中的载流子在横向匀强磁场作用下形成霍尔电势差：$U_{\text{H}}=\frac{IB}{nqb}=K\frac{IB}{q}$。

考点 1：洛伦兹力大小和方向的判断

例 3.12.1：一电荷为 q 的粒子在均匀磁场中运动，下列哪种说法是正确的？[　　]

(A) 只要速度大小相同，粒子所受的洛伦兹力就相同；

(B) 在速度不变的前提下，若电荷 q 变为 $-q$，则粒子受力反向，数值不变；

(C) 粒子进入磁场后，其动能和动量都不变；

(D) 洛伦兹力与速度方向垂直，所以带电粒子运动的轨迹必定是圆。

答案：B。根据洛伦兹力公式判断 A 错误，B 正确；洛伦兹力不做功，不会改变粒子的动能，粒子轨迹取决于 $\boldsymbol{v}_0$ 和 $\boldsymbol{B}$ 之间的夹角，故 C、D 错误。

练习 3.12.1：磁场中某点处的磁感应强度为 $\boldsymbol{B}=0.4\boldsymbol{i}-0.2\boldsymbol{j}$ (SI)，一电子以速度 $\boldsymbol{v}=0.5\times10^6\boldsymbol{i}+1.0\times10^6\boldsymbol{j}$ (SI)通过该点，以 $\boldsymbol{k}$ 表示 z 轴正向的单位矢量。则作用于该电子上的磁场力为 $\boldsymbol{F}=$[　　]（电子电荷 $e=-1.60\times10^{-19}\text{C}$）

(A) $-4.8\times10^{-14}\boldsymbol{k}$(N)；　(B) $4.8\times10^{-14}\boldsymbol{k}$(N)；

(C) $8.0\times10^{-14}\boldsymbol{k}$(N)；　(D) $-8.0\times10^{-14}\boldsymbol{k}$(N)。

答案：C。运用洛伦兹力 $\boldsymbol{F}_{洛}=q\boldsymbol{v}\times\boldsymbol{B}$ 计算。

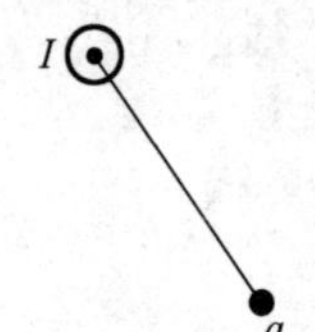

图 3.12.1

例 3.12.2：一个摆球带电的单摆其固定端有一无限长直载流导线，导线垂直于单摆平面(图 3.12.1)，若导线通电前单摆周期为 $T_1=2.0\text{s}$，则导线通电后单摆周期 $T_2=$[　　]

(A) 1.0s；　　(B) 1.5s；　　(C) 2.0s；　　(D) 3.0s。

答案：C。磁场与带电摆球的运动方向平行，故洛伦兹力为零，导线通电前后对单摆周期没有影响。

练习 3.12.2：按玻尔的氢原子理论，电子在以质子为中心、半径为 r 的圆形轨道上运动。如果把这样一个原子放在均匀的外磁场 $\boldsymbol{B}$ 中，使电子轨道平面与磁场方向垂直，如图 3.12.2 所示，则在 r 不变的情况下，电子轨道运动的角速度将[　　]

(A) 增加；　　(B) 减小；

(C) 不变；　　(D) 改变方向。

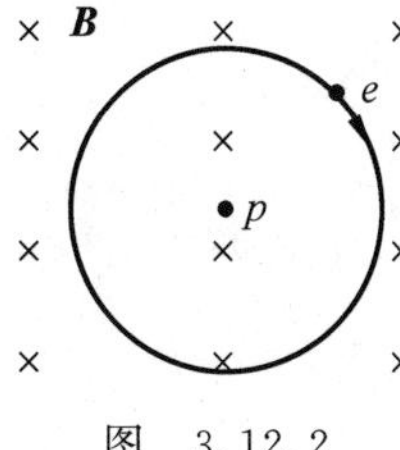

图　3.12.2

答案：A。根据右手螺旋定则，电子在磁场中受到的洛伦兹力方向指向质子，故向心力变大，粒子运动速度变大。

例 3.12.3：A、B 两个电子都垂直于磁场方向射入一均匀磁场而作圆周运动。A 电子的速率是 B 电子速率的两倍。设 R_A 和 R_B 分别为 A 电子与 B 电子的轨道半径，T_A 和 T_B 分别为它们各自的周期，则[　　]

(A) $R_A : R_B = 2, T_A : T_B = 2$；　　(B) $R_A : R_B = 1:2, T_A : T_B = 1$；

(C) $R_A : R_B = 1, T_A : T_B = 1:2$；　　(D) $R_A : R_B = 2, T_A : T_B = 1$。

答案：D。电子都垂直于磁场方向射入一均匀磁场而作圆周运动，假设半径为 R，则 $qvB = m\dfrac{v^2}{R}$，可得 $R = \dfrac{mv}{qB}$，转动周期 $T = \dfrac{2\pi R}{v} = \dfrac{2\pi m}{qB}$。

练习 3.12.3：一匀强磁场，其磁感应强度方向垂直于纸面（图 3.12.3），两带电粒子在该磁场中的运动轨迹如图 3.12.3 所示，则[　　]

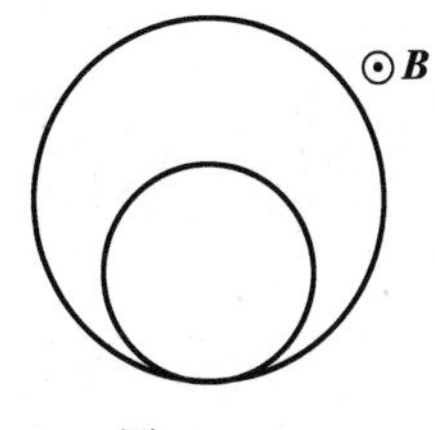

图　3.12.3

(A) 两粒子的电荷必然同号；

(B) 粒子的电荷可以同号也可以异号；

(C) 两粒子的动量大小必然不同；

(D) 两粒子的运动周期必然不同。

答案：B。由例 3.12.3 可知带电粒子转动半径 $R = \dfrac{mv}{qB}$，周期 $T = \dfrac{2\pi R}{v} = \dfrac{2\pi m}{qB}$。

练习 3.12.4：一电子以速率 v 垂直磁力线射入磁感应强度为 B 的均匀磁场中，则该电子的轨道磁矩为 $p_{\mathrm{m}} =$ ____________。

答案：$\dfrac{mv^2}{2B}$。$p_{\mathrm{m}} = IS = \dfrac{qv}{2\pi R}\pi R^2 = \dfrac{qvR}{2} = \dfrac{qv}{2}\dfrac{mv}{qB} = \dfrac{mv^2}{2B}$。

练习 3.12.5：一质量为 m、电量为 q 的带电粒子以速度 v 斜射到均匀磁场 B 中，设 v 与 B 的夹角为一锐角 α，则该粒子在磁场中运动的轨道半径 $R=$ ____________，周期 $T=$ ____________，螺距 $h=$ ____________。

答案：$\dfrac{mv\sin\alpha}{qB}$，$\dfrac{2\pi m}{qB}$，$\dfrac{2\pi mv\cos\alpha}{qB}$。

例 3.12.4：一充电的真空平行板电容器，两极板之间距离为 d，两板间电势差为 U。在负极板附近可发射初速可略（$v_0 = 0$）的电子。今将电容器放在均匀磁场中，磁场方向垂直图面向里，如图 3.12.4 所示(电容器极板平面与图面垂直)。问：欲阻止电子到达正极板，该磁场的磁感应强度 B 至少为多大(不计重力影响)？

解：电子在电容器极板间运动，受到向上的电场力，随后受到向右的洛伦兹力，接着向右运动的电子受到向下的洛伦兹力，电子轨迹如图 3.12.5 所示。建立坐标系，根据牛顿第二定律，电子在 x、y 方向的运动满足：

$$m\frac{\mathrm{d}v_y}{\mathrm{d}t}=eE-ev_xB \quad ①$$

$$m\frac{\mathrm{d}v_x}{\mathrm{d}t}=ev_yB \quad ②$$

①式两边对时间微分可得

$$m\frac{\mathrm{d}^2v_y}{\mathrm{d}t^2}=-eB\frac{\mathrm{d}v_x}{\mathrm{d}t}=-\frac{e^2B^2}{m}v_y \quad ③$$

解方程③可得

$$v_y=A\sin\left(\frac{eB}{m}t+\varphi\right) \quad ④$$

$$\frac{\mathrm{d}v_y}{\mathrm{d}t}=A\frac{eB}{m}\cos\left(\frac{eB}{m}t+\varphi\right) \quad ⑤$$

由初始条件，$t=0$，$v_y=0$，$\frac{\mathrm{d}v_y}{\mathrm{d}t}=\frac{eE}{m}$，代入④式和⑤式可得

$$\varphi=0,\quad A=\frac{E}{B} \quad ⑥$$

代入④式可得

$$v_y=\frac{E}{B}\sin\frac{eB}{m}t \quad ⑦$$

由⑦式可得电子在 y 方向的位移为

$$y=\int v_y\,\mathrm{d}t=-\frac{mE}{eB^2}\cos\frac{eB}{m}t+C \quad ⑧$$

由初始条件，$t=0$，$y=0$ 可得

$$y=\frac{mE}{eB^2}\left(1-\cos\frac{eB}{m}t\right) \quad ⑨$$

由⑨式可得，电子在 y 方向的最大位移为 $y_m=\frac{2mE}{eB^2}$，若电子到不了正极板，

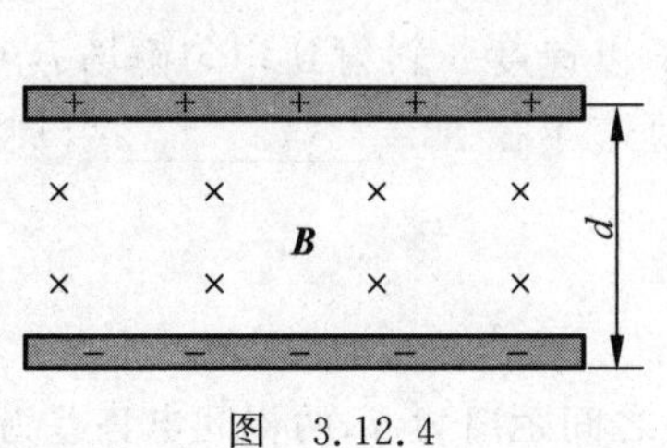

图 3.12.4

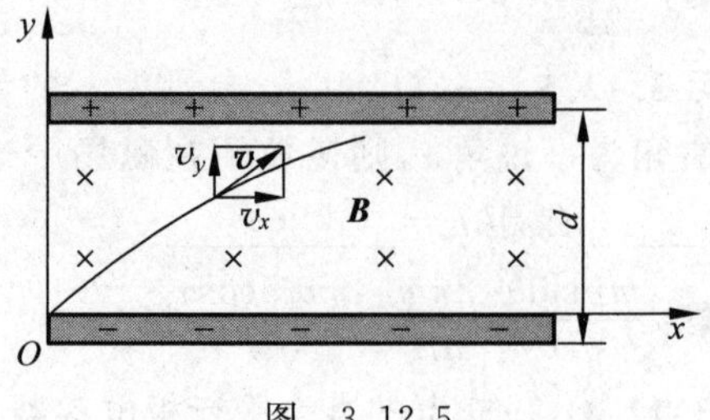

图 3.12.5

$$y_{\mathrm{m}}=\frac{2mE}{eB^{2}}\leqslant d\Rightarrow B\geqslant\frac{1}{d}\sqrt{\frac{2mE}{e}}$$

练习 3.12.6：如图 3.12.6 所示，一个电荷为 $+q$、质量为 m 的质点，以速度 v 沿 x 轴射入磁感应强度为 B 的均匀磁场中，磁场方向垂直纸面向里，其范围从 $x=0$ 延伸到无限远，如果质点在 $x=0$ 和 $y=0$ 处进入磁场，则它将以速度 $-v$ 从磁场中某一点出来，这点坐标是 $x=0$ 和[　　]

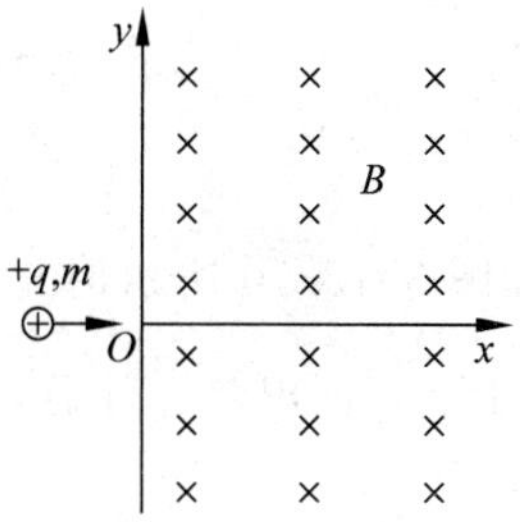

图　3.12.6

(A) $y=+\dfrac{mv}{qB}$；　　(B) $y=+\dfrac{2mv}{qB}$；

(C) $y=-\dfrac{2mv}{qB}$；　　(D) $y=-\dfrac{mv}{qB}$。

答案：B。质点在磁场中作逆时针圆周运动，假设半径为 R，则 $qvB=m\dfrac{v^{2}}{R}$，可得 $R=\dfrac{mv}{qB}$。

练习 3.12.7：如图 3.12.7 所示为四个带电粒子在 O 点沿相同方向垂直于磁场方向射入均匀磁场后的偏转轨迹的照片。磁场方向垂直纸面向外，轨迹所对应的四个粒子的质量相等，电荷大小也相等，则其中动能最大的带负电的粒子的轨迹是[　　]

(A) Oa；　　(B) Ob；

(C) Oc；　　(D) Od。

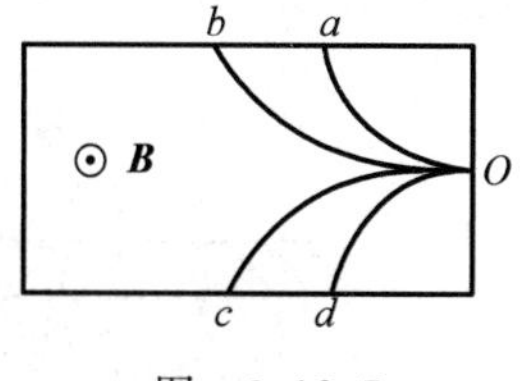

图　3.12.7

答案：C。根据带电粒子转动半径 $R=\dfrac{mv}{qB}$，质量相等，电荷大小也相等的粒子速度越大，半径越大；根据右手螺旋定则可判断带负电的粒子向下运动(逆时针转动)。

考点 2：霍尔电势差的理解及方向判断

例 3.12.5：如图 3.12.8 所示，一无净电荷的金属块，是一扁长方体。三边长分别为 a、b、c，且 a、b 都远大于 c。金属块在磁感应强度为 B 的均匀磁场中以速度 v 运动。金属块上面电荷密度的绝对值为 $\sigma=$____________。

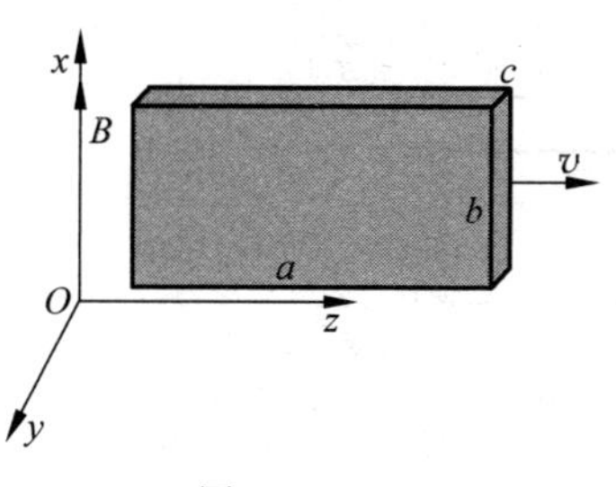

图　3.12.8

答案：$\varepsilon_0 vB$。金属导体向 $+z$ 方向运动，其中自由电子受到 $-y$ 方向的洛伦兹力。电子在 $-y$ 方向聚集，进而使自由电子受到 $+y$ 方向的电场力。二者相等时达到平衡，即 $qvB=Eq=\dfrac{\sigma}{\varepsilon_0}q$，故金属块上面电荷密度的绝对值为 $\sigma=\varepsilon_0 vB$。

练习 3.12.8：霍尔效应可用来测量血流的速度，其原理如图 3.12.9 所示。在动脉血管两侧分别安装电极并加以磁场。设血管直径为 $d=2.0\mathrm{mm}$，磁场为 $B=0.080\mathrm{T}$，毫伏表测出血管上下两端的电压为 $U_{\mathrm{H}}=0.10\mathrm{mV}$，血流的流速为____________。

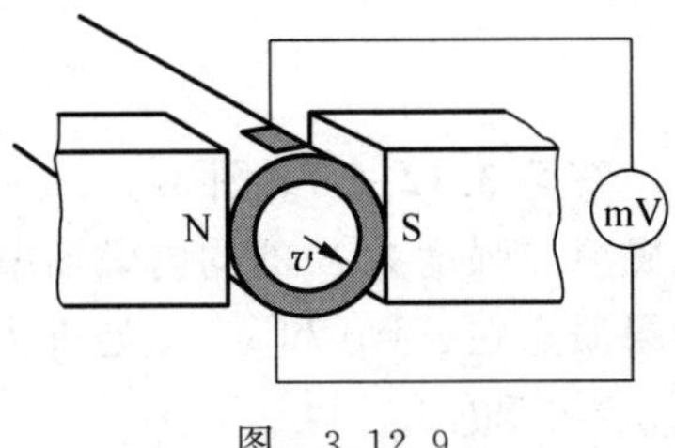

图 3.12.9

答案：0.63m/s。血流稳定时，有 $qvB=qE_H$，血流的流速为 $v=\frac{E_H}{B}=\frac{U_H}{dB}=0.63\text{m/s}$。

例 3.12.6：如图 3.12.10 所示，一厚度为 b、载有电流 I 的金属导体放置在磁感应强度为 B 的匀强磁场中，磁场方向垂直于导体的侧面。设该导体中的电子数密度为 n，电子的电量绝对值为 e，则导体上、下两面的电势差的绝对值为__________，其中上表面的电势比下表面的电势__________（填"高"或"低"）。

答案：$\frac{BI}{neb}$，低。前者根据霍尔电动势公式 $U_H=\frac{IB}{nqb}$ 得到。在如图 3.12.10 所示情况电子向左运动，受到向上的洛伦兹力，从而上表面是负电荷，电势要低于下表面电势。注意，如果载流子为正电荷，则霍尔电势方向相反。

练习 3.12.9：如图 3.12.11 所示，通有电流 I 的金属薄片置于垂直于薄片的均匀磁场 B 中，则 a、b 两点的电势有[　　]

(A) $U_a>U_b$；　(B) $U_a=U_b$；　(C) $U_a<U_b$；　(D) 无法确定。

答案：C。

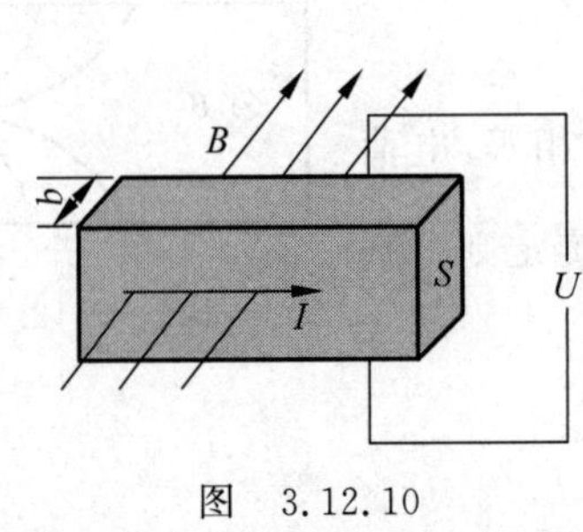

图 3.12.10

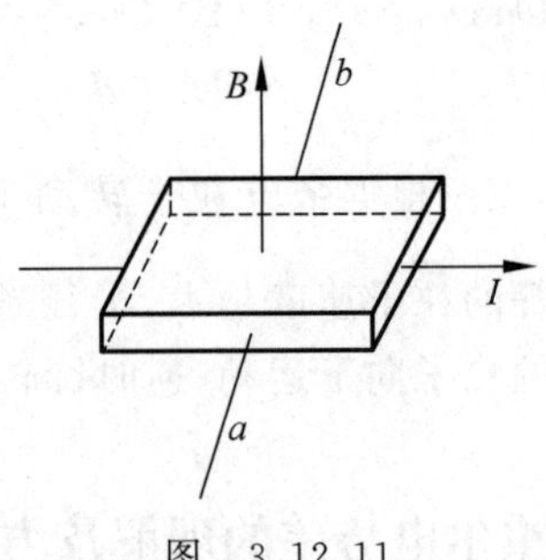

图 3.12.11

练习 3.12.10：有半导体通以电流 I，放在均匀磁场 B 中，其上下表面积累电荷如图 3.12.12 所示。试判断它们各是什么类型的半导体？

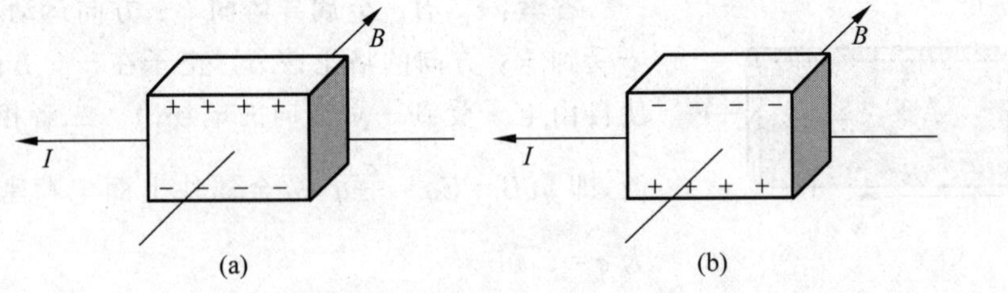

图 3.12.12

答案：图 3.12.12(a)是 N 型半导体；图 3.12.12(b)是 P 型半导体。N 型半导体中，参与导电的主要是带负电的电子；P 型半导体则靠空穴导电。由此可判断若电动势的方向与 I 的流向及 B 的方向满足右手螺旋定则，则为 P 型半导体；反之，为 N 型半导体。

3.13 有磁介质存在时的磁场

(1) 磁化强度矢量(描述介质磁化程度)：$\boldsymbol{M}=\lim\limits_{\Delta V\to 0}\left(\sum\limits_i \boldsymbol{p}_{mi}/\Delta V\right)$；磁化电流：$I_m=\oint_L \boldsymbol{M}\cdot d\boldsymbol{l}$，$\boldsymbol{n}\times(\boldsymbol{M}_2-\boldsymbol{M}_1)=\boldsymbol{\alpha}_m$。

(2) 磁场强度矢量：$\mu_0\boldsymbol{H}=\boldsymbol{B}-\mu_0\boldsymbol{M}$；各向同性均匀线性磁介质：$\boldsymbol{M}=\chi_m\boldsymbol{H}$，$\boldsymbol{B}=\mu_0(1+\chi_m)\boldsymbol{H}=\mu_0\mu_r\boldsymbol{H}=\mu\boldsymbol{H}$。

(3) $\boldsymbol{H}$ 的环路定理：$\oint_L \boldsymbol{H}\cdot d\boldsymbol{l}=\sum\limits_L I_c=\int_S \boldsymbol{j}_c\cdot d\boldsymbol{S}$。

考点1：介质中的磁场强度及相关物理量的计算

注意：计算介质中的磁场强度及相关物理量一般由环路定理出发，主要步骤如下：

$$\oint_L \boldsymbol{H}\cdot d\boldsymbol{l}=\sum I_c \Rightarrow \boldsymbol{H}\xrightarrow{\boldsymbol{B}=\mu_0\mu_r\boldsymbol{H}}\boldsymbol{B}\xrightarrow{\boldsymbol{M}=(\mu_r-1)\boldsymbol{H}(\mu_r=1+\chi_m)}\boldsymbol{M}$$

$$\xrightarrow{I_m=\oint_L \boldsymbol{M}\cdot d\boldsymbol{l},\ M_t=\alpha_m}\alpha_m、I_m$$

本部分的主要考察内容是上述公式以及涉及物理量的灵活应用。

例 3.13.1：关于稳恒电流磁场的磁场强度 $\boldsymbol{H}$，下列几种说法中哪个是正确的？[　　]

(A) $\boldsymbol{H}$ 仅与传导电流有关；

(B) 若闭合曲线内没有包围传导电流，则曲线上各点的 $\boldsymbol{H}$ 必为零；

(C) 若闭合曲线上各点 $\boldsymbol{H}$ 均为零，则该曲线所包围传导电流的代数和为零；

(D) 以闭合曲线 L 为边缘的任意曲面的 $\boldsymbol{H}$ 通量均相等。

答案：C。

例 3.13.2：同轴电缆的芯是半径为 R 的金属导体，导线外壁间填充相对磁导率为 μ_r 的均匀介质。现有电流 I 均匀地流过横截面，并沿外壁流回，求：(1)磁介质中的磁感应强度和磁化强度；(2)磁介质紧贴芯导体面上的磁化电流。

解：(1) 如图 3.13.1 所示，以圆柱中心轴为圆心，作环流，运用介质中的环路定理，由

$$\oint_L \boldsymbol{H}\cdot d\boldsymbol{l}=2\pi rH=I$$

可得介质中的磁场强度为

$$H=\frac{I}{2\pi r}$$

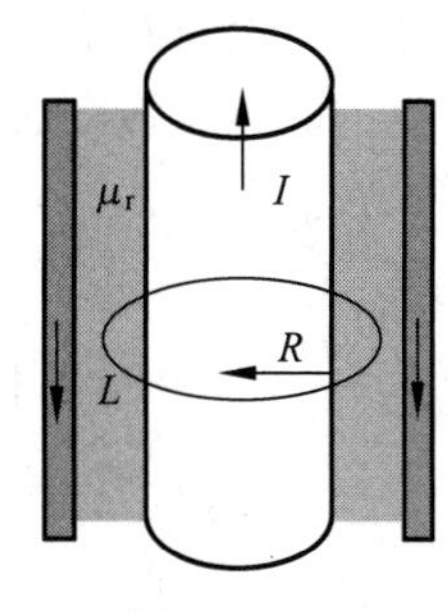

图 3.13.1

磁感应强度为

$$B=\mu H=\mu_0\mu_r H$$

磁化强度为

$$M=(\mu_r-1)H=\frac{(\mu_r-1)I}{2\pi r}$$

（2）磁介质紧贴芯导体面上的磁化电流为

$$I_m = \oint_L \boldsymbol{M} \cdot d\boldsymbol{l} = (\mu_r - 1)\frac{I}{2\pi R} \cdot 2\pi R = (\mu_r - 1)I$$

练习 3.13.1：一个磁导率为 μ_1 的无限长均匀磁介质圆柱体，半径为 R_1。其中均匀地通过电流 I。在它外面还有一半径为 R_2 的无限长同轴圆柱面，其上通有与前者方向相反的电流 I，两者之间充满磁导率为 μ_2 的均匀磁介质。则在 $0<r<R_1$ 的空间磁场强度 $\boldsymbol{H}$ 的大小等于[　　]

（A）0；　　（B）$\dfrac{I}{2\pi r}$；　　（C）$\dfrac{I}{2\pi R_1}$；　　（D）$\dfrac{Ir}{2\pi R_1^2}$。

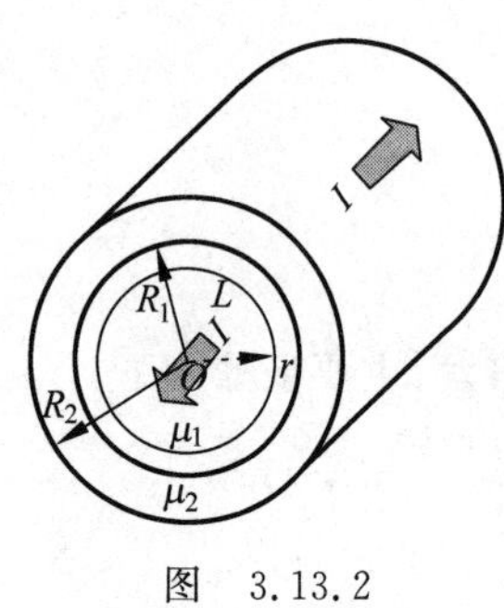

图　3.13.2

答案：D。如图 3.13.2 所示，以圆柱中心轴为圆心，作环流，运用介质中的环路定理：$\oint_L \boldsymbol{H} \cdot d\boldsymbol{l} = 2\pi r H = \dfrac{\pi r^2}{\pi R_1^2} I$，磁场强度大小为 $H = \dfrac{Ir}{2\pi R_1^2}$。

练习 3.13.2：螺绕环的中心周长为 L，环上均匀密绕 N 匝线圈，线圈中通有电流 I，管内充满相对磁导率为 μ_r 的铁磁介质。铁环的磁化强度为 $M=$＿＿＿＿＿＿。

答案：$\dfrac{(\mu_r - 1)NI}{L}$。运用介质中的环路定理 $\oint_L \boldsymbol{H} \cdot d\boldsymbol{l} = LH = NI$，可得介质中的磁场强度为 $H = \dfrac{NI}{L}$，磁化强度为 $M = (\mu_r - 1)H = \dfrac{(\mu_r - 1)NI}{L}$。

练习 3.13.3：铁环中心线周长为 L，横截面为 $S\left(L \gg \sqrt{\dfrac{S}{\pi}}\right)$，环上紧密地绕有 N 匝线圈。当导线中电流为 I 时，通过环截面的磁通量为 Φ。则铁芯的磁化率 $\chi_m=$＿＿＿＿＿＿。

答案：$\dfrac{\Phi L}{SNI\mu_0} - 1$。运用介质中的环路定理可得介质中的磁场强度为 $H = \dfrac{NI}{L}$，磁感应强度为 $B = \Phi/S$，故介质磁导率为 $\mu = \dfrac{B}{H} = \dfrac{\Phi L}{SNI}$，铁芯的磁化率 $\chi_m = \dfrac{\mu}{\mu_0} - 1 = \dfrac{\Phi L}{SNI\mu_0} - 1$。

练习 3.13.4：螺绕环上均匀密绕线圈，线圈中通有电流，管内充满相对磁导率为 μ_r 的磁介质。设线圈中电流在磁介质中产生的磁感应强度的大小为 B_0，由磁化电流在磁介质中产生的磁感应强度的大小为 B'，则比值 $B_0/B'=$＿＿＿＿＿＿。

答案：$1/(\mu_r - 1)$。螺绕环介质中的磁场强度为 $H = \dfrac{NI}{L}$，磁感应强度为 $B = \mu H = \mu_0 \mu_r \dfrac{NI}{L}$，其中线圈中电流产生的磁感应强度为 $B_0 = \mu_0 \dfrac{NI}{L}$，由上两式可得 $B' = B - B_0 = \mu_0(\mu_r - 1)\dfrac{NI}{L}$。

例 3.13.3：被均匀磁化的介质球，半径为 R，磁化强度为 M，求：(1)球面磁化电流面密度 α_m 和总磁化电流 I_m；(2)磁化电流在球心处产生的磁感应强度。

解：（1）在介质与真空的交界面，球面磁化电流面密度大小为

$$\alpha_m = M_t = M\sin\theta$$

取如图 3.13.3 所示的电流圆环带，其电流为$\mathrm{d}I_m=\alpha_m R\mathrm{d}\theta$，总磁化电流为

$$I_m=\int_0^{\pi}\alpha_m R\mathrm{d}\theta=2MR$$

(2) 取如图 3.13.3 所示的电流圆环带，$\mathrm{d}I_m=\alpha_m R\mathrm{d}\theta$ 在球心 O 处的磁感应强度：

$$\mathrm{d}B'=\frac{\mu_0 dI_m(R\sin\theta)^2}{2(R^2\sin^2\theta+z^2)^{\frac{3}{2}}}=\frac{\mu_0 MR\sin\theta\mathrm{d}\theta(R\sin\theta)^2}{2(R^2\sin^2\theta+R^2\cos^2\theta)^{\frac{3}{2}}}=\frac{\mu_0 M}{2}\sin^3\theta\mathrm{d}\theta$$

图　3.13.3

积分可得电流在球心 O 处产生的磁感应强度为

$$B'=\frac{\mu_0 M}{2}\int_0^{\pi}\sin^3\theta\mathrm{d}\theta=\frac{2}{3}\mu_0 M$$

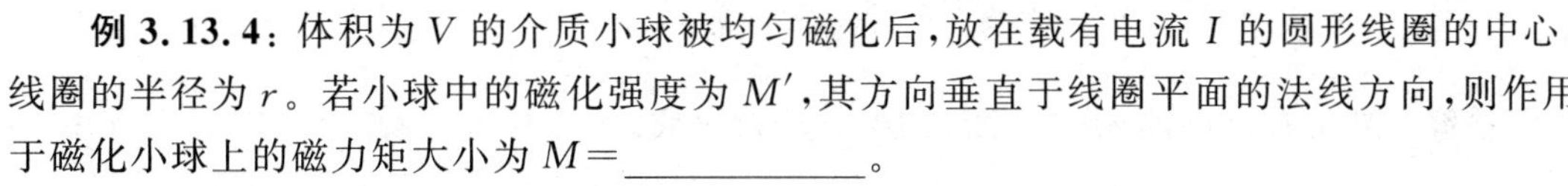

例 3.13.4：体积为 V 的介质小球被均匀磁化后，放在载有电流 I 的圆形线圈的中心，线圈的半径为 r。若小球中的磁化强度为 M'，其方向垂直于线圈平面的法线方向，则作用于磁化小球上的磁力矩大小为 $M=$____________。

答案：$\mu_0 IM'V/(2r)$。小球中的磁化强度为 $M'=\frac{P_m}{V}$，P_m 为小球的总磁矩；载流圆环中心的磁感应强度为 $B=\frac{\mu_0 I}{2r}$；作用于小球上的磁力矩大小为 $M=P_m B\sin\theta=M'V\cdot\frac{\mu_0 I}{2r}$。

练习 3.13.5：一均匀磁化的铁棒，直径为 0.01m，长为 1.0m，它的总磁矩为 $10^2\,\mathrm{A\cdot m}$，则棒表面的等效磁化面电流密度为[　　]

(A) $3.18\times10^2\,\mathrm{A/m}$；　　(B) $1.0\times10^5\,\mathrm{A/m}$；

(C) $1.27\times10^6\,\mathrm{A/m}$；　　(D) $4.0\times10^5\,\mathrm{A/m}$。

答案：C。铁棒的磁化强度大小为 $M=\frac{P_m}{V}$；表面的等效磁化面电流密度大小为 $\alpha_m=$

$$M_t=\frac{P_m}{V}=\frac{10^2}{\pi\times0.005^2\times1.0}\approx1.27\times10^6\,\mathrm{A/m}。$$

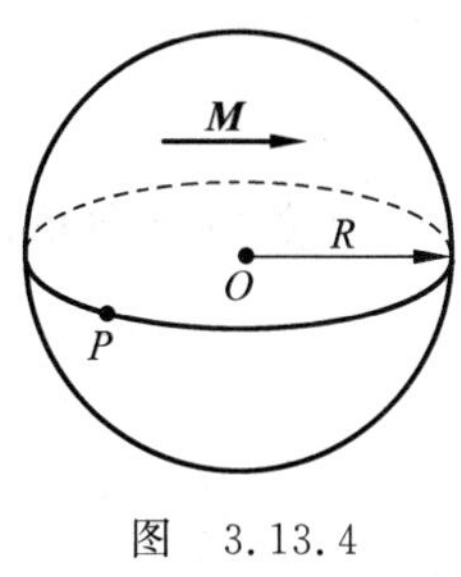

图　3.13.4

练习 3.13.6：如图 3.13.4 所示，一个磁介质球被均匀磁化，其磁化强度为 $\boldsymbol{M}$。介质球面上有一点 P，其位置矢量 $\overrightarrow{OP}$ 与磁化强度 $\boldsymbol{M}$ 的夹角为 θ，那么 P 点处的磁化电流密度的大小为 $\alpha_m=$____________，总磁矩为 $\boldsymbol{p}_m=$____________ $\boldsymbol{M}$。

答案：$\alpha_m=M_t=M\sin\theta$；$\boldsymbol{p}_m=\boldsymbol{M}V=\frac{4\pi R^3}{3}\boldsymbol{M}$。

考点 2：磁介质的性质

例 3.13.5：如图 3.13.5 所示，三条线表示三种不同磁介质的 B-H 关系曲线，虚线是 $B=\mu_0 H$ 的曲线，试指出哪一条表示顺磁质？哪一条表示抗磁质？哪一条表示铁磁质？

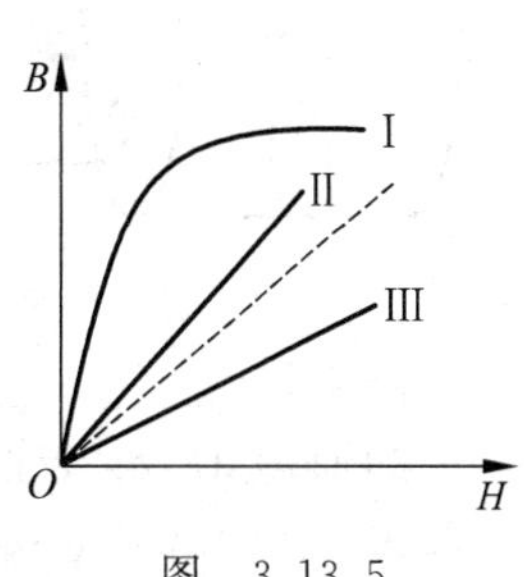

图　3.13.5

答案：曲线 Ⅰ 是铁磁质；曲线 Ⅱ 是顺磁质；曲线 Ⅲ 是抗磁质。

练习 3.13.7：两种不同磁性材料做成的小棒，放在磁铁的两个磁极之间，小棒被磁化后在磁极间处于不同的方位，如图 3.13.6 所示。试指出哪一个是由顺磁质材料做成的，哪一个是由抗磁质材料做成的？

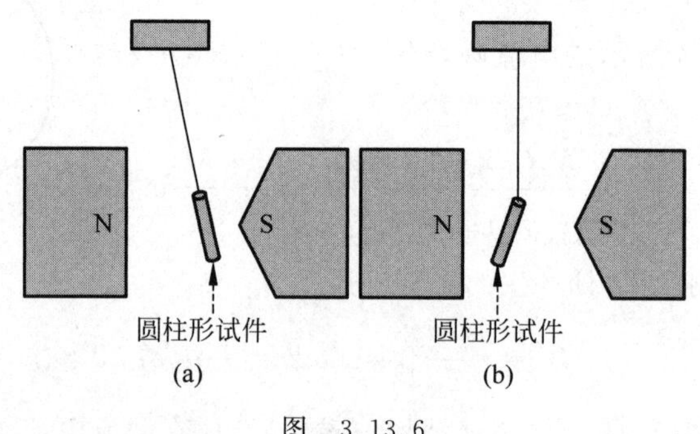

图 3.13.6

答案：图 3.13.6(a)顺磁质；图 3.13.6(b)抗磁质。

3.14 恒定电流、电流密度和电动势

(1) 电流强度：单位时间通过导体横截面的电量：$I=\mathrm{d}q/\mathrm{d}t$；方向：正电荷漂移方向。

(2) 电流密度矢量 $\boldsymbol{j}$：①定义：$\boldsymbol{j}$ 方向 // 正电荷 $\boldsymbol{v}_{漂}$；$j_{大小}=\mathrm{d}I/\mathrm{d}s_{\perp}$；② $\boldsymbol{j}$ 与 $\boldsymbol{v}_{漂}$ 的关系：$\boldsymbol{j}=nq\boldsymbol{v}_{漂}$；③ $\boldsymbol{j}$ 与 I 的关系：$I=\int_S \boldsymbol{j}\cdot\mathrm{d}\boldsymbol{s}$；④电流连续性方程(电荷守恒定律)：$\oint_S \boldsymbol{j}\cdot\mathrm{d}\boldsymbol{s}=-\dfrac{\mathrm{d}}{\mathrm{d}t}\int_V \rho\,\mathrm{d}V$。

(3) 电流稳恒条件：$\oint_S \boldsymbol{j}\cdot\mathrm{d}\boldsymbol{s}=0$，$\nabla\cdot\boldsymbol{j}=0$。

(4) 稳恒电场：① $\oint_S \boldsymbol{E}\cdot\mathrm{d}\boldsymbol{s}=\left(\int_V \rho\,\mathrm{d}V\right)/\varepsilon_0$；② $\oint_L \boldsymbol{E}\cdot\mathrm{d}\boldsymbol{l}=0$。

(5) 电源电动势：$\varepsilon=\dfrac{W_{非}}{q}=\dfrac{1}{q}\int_{-电源内}^{+}\boldsymbol{F}_{非}\cdot\mathrm{d}\boldsymbol{l}=\int_{-电源内}^{+}\boldsymbol{E}_{非}\cdot\mathrm{d}\boldsymbol{l}$(从负极指向正极为正)。

(6) 欧姆定律(微分形式)：$\boldsymbol{j}=\sigma\boldsymbol{E}$。

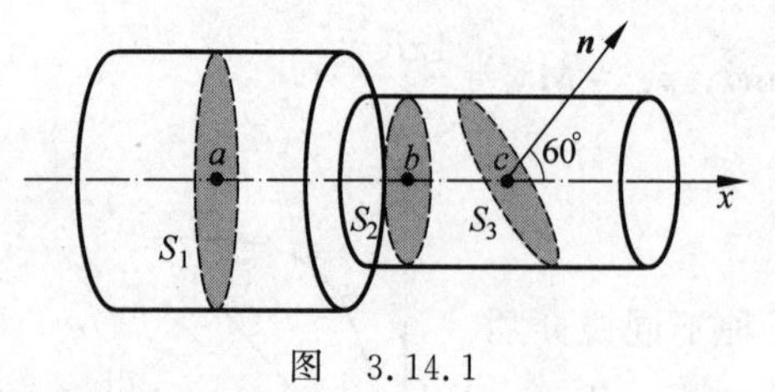

图 3.14.1

说明：本部分内容承前启后，相关公式及定义会在第 3 章第 15 部分电磁感应等内容应用。

例 3.14.1：如图 3.14.1 所示，导体中均匀地流着 10A 的电流，已知横截面积 $S_1=1\mathrm{cm}^2$，$S_2=0.5\mathrm{cm}^2$，S_3 的法线与轴线夹角为 60°，(1)三个面与轴线交点处 a、b、c 三点的电流密度矢量大小分别为：______、______、______；(2)电流密度矢量对三个面单位面积上的通量 $\mathrm{d}I/\mathrm{d}s$ 分别为：______、______、______。

答案：$1.0\times10^5\,\mathrm{A/m^2}$、$2.0\times10^5\,\mathrm{A/m^2}$、$2.0\times10^5\,\mathrm{A/m^2}$；$1.0\times10^5\,\mathrm{A/m^2}$、$2.0\times10^5\,\mathrm{A/m^2}$、

$1.0\times10^5\,\text{A/m}^2$。(1)根据电流密度矢量的定义：$j_{大小}=\mathrm{d}I/\mathrm{d}s_{\perp}$，可得：$\boldsymbol{j}_a=\dfrac{I}{S_1}\boldsymbol{i}=1.0\times10^5\boldsymbol{i}(\text{A/m}^2)$，$\boldsymbol{j}_b=\boldsymbol{j}_c=\dfrac{I}{S_2}\boldsymbol{i}=2.0\times10^5\boldsymbol{i}(\text{A/m}^2)$；(2) 由 $\mathrm{d}I=\boldsymbol{j}\cdot\mathrm{d}\boldsymbol{S}$ 可得：$\dfrac{\mathrm{d}I}{\mathrm{d}s}=j\boldsymbol{i}\cdot\boldsymbol{n}\rightarrow\dfrac{\mathrm{d}I_1}{\mathrm{d}s_1}=j_a\cdot\cos0°=1.0\times10^5(\text{A/m}^2)$，$\dfrac{\mathrm{d}I_2}{\mathrm{d}s_2}=j_b\cdot\cos0°=2.0\times10^5(\text{A/m}^2)$，$\dfrac{\mathrm{d}I_3}{\mathrm{d}s_3}=j_c\cdot\cos60°=1.0\times10^5(\text{A/m}^2)$。

3.15　法拉第电磁感应定律势，动生电动势和感生电动势、涡旋电场

(1) 法拉第定律和楞次定律的综合表达式：$\varepsilon=-\mathrm{d}\Phi/\mathrm{d}t$；

(2) 感应电流：$i=\dfrac{\varepsilon}{R}=-\dfrac{1}{R}\dfrac{\mathrm{d}\Phi}{\mathrm{d}t}$；感应电荷的大小：$q_{\mathrm{i}}=\dfrac{1}{R}|\Phi_2-\Phi_1|$；

(3) 动生电动势：$\varepsilon=\int_L(\boldsymbol{v}\times\boldsymbol{B})\cdot\mathrm{d}\boldsymbol{l}$；

(4) 感生电动势：$\varepsilon=-\int_S(\partial\boldsymbol{B}/\partial t)\cdot\mathrm{d}\boldsymbol{S}$；

(5) 感生电场：① $\oint_L\boldsymbol{E}_{感}\cdot\mathrm{d}\boldsymbol{l}=-\int_S\dfrac{\partial\boldsymbol{B}}{\partial t}\cdot\mathrm{d}\boldsymbol{S}$；② $\oint_S\boldsymbol{E}_{感}\cdot\mathrm{d}\boldsymbol{S}=0$。

说明：求解感应电动势的方法和步骤：

方法 1：用 $\varepsilon_{\mathrm{i}}=-\dfrac{\mathrm{d}\Phi_{\mathrm{m}}}{\mathrm{d}t}$。此方法既适用于求感生电动势，也适用于求动生电动势。特别是对感生电动势的问题，或者两种电动势共存的问题，一般用此方法。具体步骤如下：

(1) 取闭合回路。若回路不闭合，可假设一个闭合回路。

(2) 选定回路正绕向。一般选择与电场线方向成右手螺旋关系的绕向为正绕向。

(3) 计算与回路交链的磁通量 Φ_{m}。与正绕向成右手螺旋关系的磁通量为正，成左手螺旋关系的为负。

(4) 计算感应电动势：$\varepsilon_{\mathrm{i}}=-\dfrac{\mathrm{d}\Phi_{\mathrm{m}}}{\mathrm{d}t}$。若 $\varepsilon_{\mathrm{i}}>0$，则其实际方向与正方向同向；若 $\varepsilon_{\mathrm{i}}<0$，则其实际方向与正方向反向。

方法 2：用 $\varepsilon_{\mathrm{i}}=\int_L(\boldsymbol{v}\times\boldsymbol{B})\cdot\mathrm{d}\boldsymbol{l}$，此式仅用于求动生电动势。

(1) 沿导线选定正方向。

(2) 在导线上任取一导线元 $\mathrm{d}\boldsymbol{l}$，$\mathrm{d}\boldsymbol{l}$ 沿导线切向并且指向正方向。

(3) 写出 $\mathrm{d}\boldsymbol{l}$ 处的 $\boldsymbol{v}$ 和 $\boldsymbol{B}$(大小和方向)。

(4) 计算 $\mathrm{d}\boldsymbol{l}$ 上的 $\mathrm{d}\varepsilon_{\mathrm{i}}=(\boldsymbol{v}\times\boldsymbol{B})\cdot\mathrm{d}\boldsymbol{l}$，注意矢量乘法法则和 $\mathrm{d}\varepsilon_{\mathrm{i}}$ 的正负。

(5) 计算积分：$\varepsilon_{\mathrm{i}}=\int_L(\boldsymbol{v}\times\boldsymbol{B})\cdot\mathrm{d}\boldsymbol{l}$。若 $\varepsilon_{\mathrm{i}}>0$，则其实际方向与正方向同向；若 $\varepsilon_{\mathrm{i}}<0$，则其实际方向与正方向反向。

考点1：动生电动势的计算

例 3.15.1：在均匀磁场 $\boldsymbol{B}$ 中，一长为 L 的导体棒绕一端 O 点以角速度 ω 转动，求导体棒上的动生电动势。

解：**方法 1**：由动生电动势定义计算。

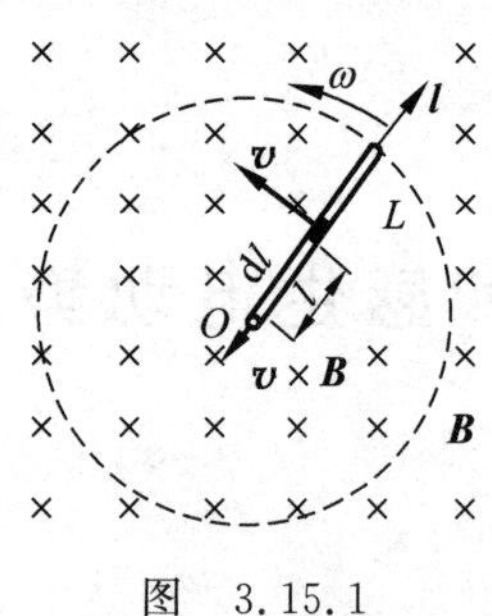

图 3.15.1

如图 3.15.1 所示，取箭头方向为 $\boldsymbol{l}$ 正方向，分割导体元 $\mathrm{d}\boldsymbol{l}$，导体元上的动生电动势为

$$\mathrm{d}\varepsilon=(\boldsymbol{v}\times\boldsymbol{B})\cdot\mathrm{d}\boldsymbol{l}=-vB\mathrm{d}l$$

整个导体棒的动生电动势为

$$\varepsilon=\int_{-}^{+}\mathrm{d}\varepsilon=-\int_{0}^{L}vB\mathrm{d}l=-\int_{0}^{L}l\omega B\mathrm{d}l=-\frac{1}{2}\omega BL^{2}$$

负号表示电动势的方向与 l 正向相反，指向 O 点。

方法 2：运用法拉第电磁感应定律计算。

如图 3.15.2 所示，构成假想扇形回路，使其包围导体棒旋转时扫过的面积；回路中只有导体棒部分产生电动势，虚线部分静止不产生电动势。

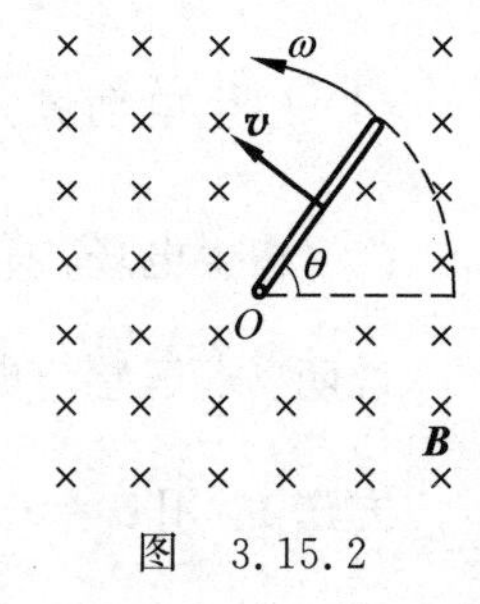

图 3.15.2

由法拉第电磁感应定律 $\varepsilon_{\mathrm{i}}=-\dfrac{\mathrm{d}\phi_{\mathrm{m}}}{\mathrm{d}t}$，其中 $\phi_{\mathrm{m}}=BS=\dfrac{1}{2}\theta L^{2}B$。

感应电动势为

$$\varepsilon_{\mathrm{i}}=-\frac{\mathrm{d}\phi_{\mathrm{m}}}{\mathrm{d}t}=-B\frac{\mathrm{d}}{\mathrm{d}t}\left(\frac{1}{2}\theta L^{2}\right)=-\frac{1}{2}B\omega L^{2}$$

由楞次定律可判断动生电动势的方向沿导体棒指向 O 点。

练习 3.15.1：长为 L 的铜棒，以距端点 r 处为支点，以角速度 ω 绕通过支点且垂直于铜棒的轴转动。设磁感应强度为 B 的均匀磁场与轴平行，求棒两端的电势差。

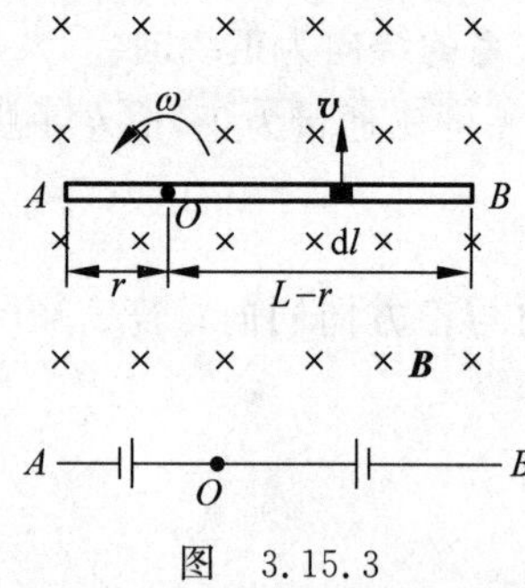

图 3.15.3

解：运用例 3.15.1 的结果，动生电动势大小为 $\varepsilon_{\mathrm{i}}=\dfrac{1}{2}B\omega L^{2}$，方向指向 O 点，则本题可视为 OA 棒与 OB 棒上电动势的代数和，如图 3.15.3 所示。

棒两端的电势大小为

$$|U_{AB}|=|U_{BO}-U_{AO}|=\left|\frac{1}{2}B\omega(L-r)^{2}-\frac{1}{2}B\omega r^{2}\right|=\left|\frac{1}{2}B\omega L(L-2r)\right|$$

当 $L>2r$ 时，端点 A 处的电势较高；当 $L<2r$ 时，端点 B 处的电势较高；当 $L=2r$ 时，A、B 处电势相等。

练习 3.15.2：如图 3.15.4 所示，四根辐条的金属轮子在均匀磁场 $\boldsymbol{B}$ 中转动，转轴与 $\boldsymbol{B}$ 平行，轮子和辐条都是导体，辐条长为 R，轮子转动角速度为 ω，则轮子中心 O 与轮边缘 b 之间的感应电动势为__________，电势最高点是在__________处。

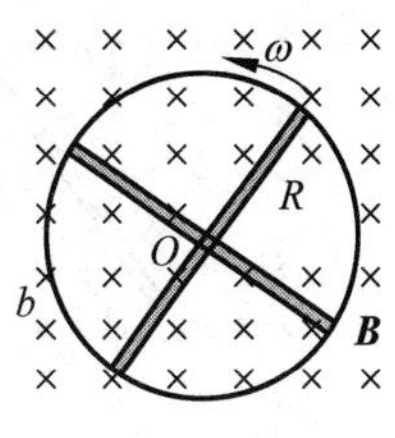

图 3.15.4

答案：$2B\omega R^2$，O 点。每根辐条都产生指向 O 的动生电动势，大小为 $\varepsilon_{i1}=\frac{1}{2}B\omega R^2$。根据练习 3.15.1 可判断辐条外端以及轮子电势相等，O 点为电势最高点。故轮子中心 O 与轮边缘 b 之间的感应电动势为 $\varepsilon_i=4\varepsilon_{i1}=2B\omega R^2$。

练习 3.15.3：如图 3.15.5 所示，在均匀磁场 B 中，一长为 L 的导体棒绕一端 a 点以角速度 ω 转动，磁场方向与转动轴平行，与导体棒夹角为 θ，则导体棒上的动生电动势____________，方向____________。

答案：$\frac{1}{2}B\omega l^2\sin^2\theta$，$a$ 指向 b。作如图 3.15.6 所示的辅助线构成假想三角形回路，该闭合回路转动时，磁通量不发生变化，故 ab 与 ac 段导体转动产生的动生电动势相等，为 $\frac{1}{2}B\omega|ac|^2=\frac{1}{2}B\omega l^2\sin^2\theta$。

难度增加综合类练习 3.15.4：如图 3.15.7 所示，在光滑水平桌面上，有一长为 L、质量为 m、电阻为 R 的匀质金属棒，绕过其一端的竖直光滑轴在桌面上旋转，棒的另一端在一环心与其旋转中心重合、半径同为 L 的光滑金属圆环上滑动(接触良好)，旋转中心的一端与圆环之间有一导线相连(不影响棒转动)。若垂直于桌面加一均匀磁场 B，在 $t=0\text{s}$，金属棒获得初角速度为 ω_0。不计金属圆环与导线的电阻及各种摩擦，试求：(1)任意时刻 t 金属棒的角速度 ω；(2)金属棒停下来时转过的圈数 N。

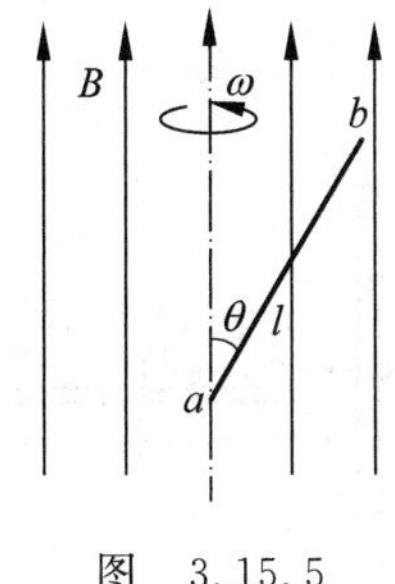

图 3.15.5

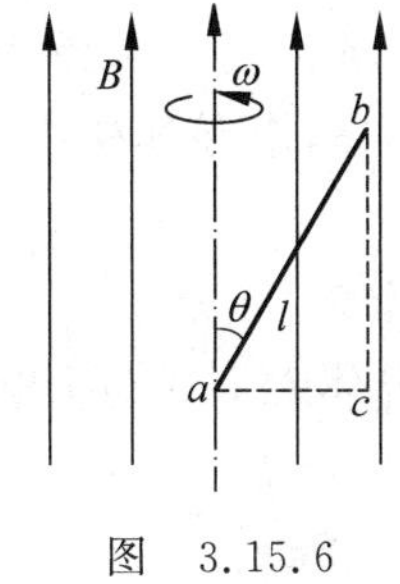

图 3.15.6

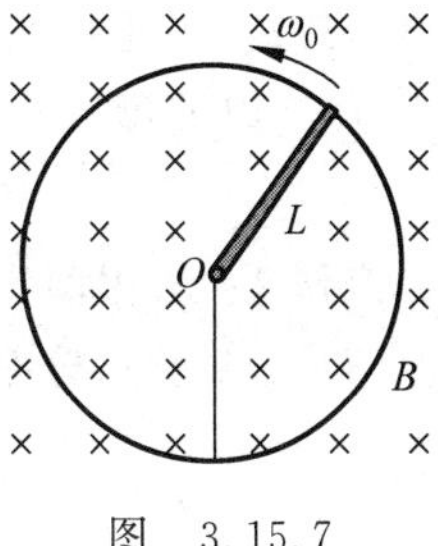

图 3.15.7

解：(1) 设某时刻棒的角速度为 ω，棒切割磁力线获得电动势：

$$\varepsilon=\frac{1}{2}B\omega L^2$$

棒中电流为 $i=\frac{\varepsilon}{R}=\frac{BL^2}{2R}\omega$。

如图 3.15.8 所示，距离圆心为 l、长度为 $\mathrm{d}l$ 段导体元所受安培力大小为 $\mathrm{d}F=Bi\,\mathrm{d}l$；该段导体元所受的磁力矩为 $\mathrm{d}M=l\,\mathrm{d}F=Bil\,\mathrm{d}l$；合力矩为 $M=\int_0^L Bil\,\mathrm{d}l=\frac{1}{2}BiL^2=\frac{B^2L^4}{4R}\omega$。

由刚体定轴转动的转动定理：

$$M=I\left|\frac{\mathrm{d}\omega}{\mathrm{d}t}\right|\left(I=\frac{1}{3}mL^2,\frac{\mathrm{d}\omega}{\mathrm{d}t}<0\right)$$

联立上两式得

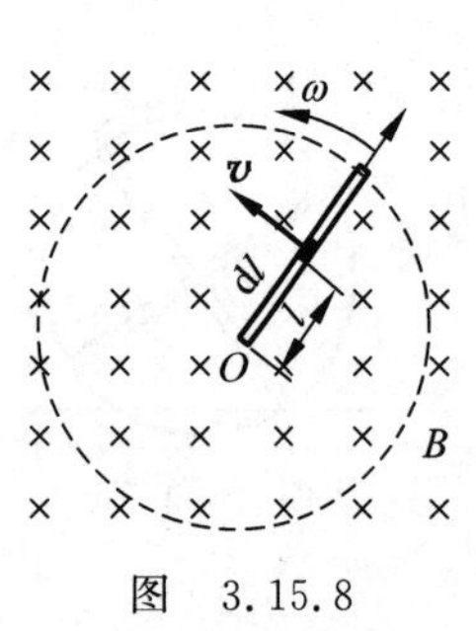

图 3.15.8

$$\frac{B^2L^4}{4R}\omega=-\frac{1}{3}mL^2\frac{\mathrm{d}\omega}{\mathrm{d}t}$$

分离变量并积分得

$$\int_{\omega_0}^{\omega}\frac{\mathrm{d}\omega}{\omega}=-\frac{3B^2L^2}{4mR}\int_0^t\mathrm{d}t$$

解得

$$\omega=\omega_0\mathrm{e}^{-\frac{3B^2L^2}{4mR}t}$$

(2) 由(1)问结果，$\omega=\omega_0\mathrm{e}^{-\frac{3B^2L^2}{4mR}t}=\frac{\mathrm{d}\theta}{\mathrm{d}t}$，可得

$$\mathrm{d}\theta=\omega_0\mathrm{e}^{-\frac{3B^2L^2}{4mR}t}\mathrm{d}t$$

两边积分

$$\int_0^{\theta_\mathrm{m}}\mathrm{d}\theta=\int_0^{\infty}\omega_0\mathrm{e}^{-\frac{3B^2L^2}{4mR}t}\mathrm{d}t$$

求解方程

$$\theta_\mathrm{m}=\frac{4mR}{3B^2L^2}\omega_0$$

所以金属棒停下来时转过的圈数为

$$N=\frac{\theta_\mathrm{m}}{2\pi}=\frac{2mR}{3\pi B^2L^2}\omega_0$$

例 3.15.2：在通有电流 I 的无限长载流直导线旁，距 a 垂直放置一长为 L 以速度 v 向上运动的导体棒，求导体棒中的动生电动势。

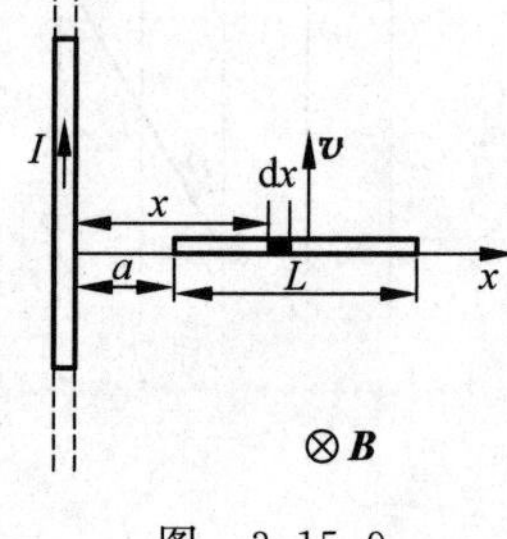

图 3.15.9

解：**方法 1**：运用动生电动势定义计算。

如图 3.15.9 所示分割导体元 $\mathrm{d}x$，导体元上的动生电动势为

$$\mathrm{d}\varepsilon=(\boldsymbol{v}\times\boldsymbol{B})\cdot\mathrm{d}\boldsymbol{x}=-v\frac{\mu_0 I}{2\pi x}\mathrm{d}x$$

整个导体棒的动生电动势为

$$\varepsilon=\int_-^+\mathrm{d}\varepsilon=-\int_a^{a+L}v\frac{\mu_0 I}{2\pi x}\mathrm{d}x=-\frac{1}{2\pi}\mu_0 Iv\ln\frac{a+L}{a}$$

负号表示电动势的方向与 x 正向相反，指向 $-x$ 方向。

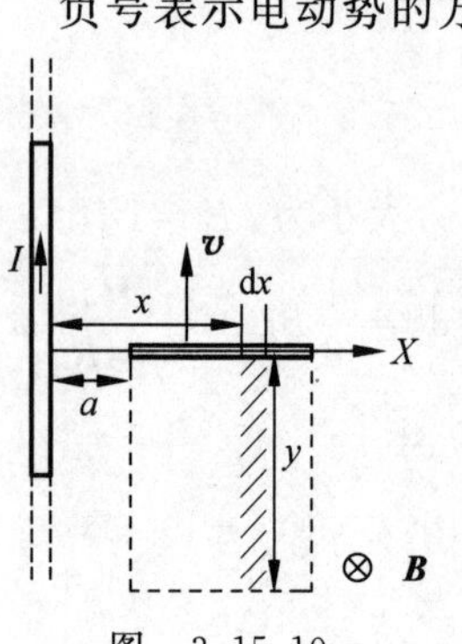

图 3.15.10

方法 2：运用法拉第电磁感应定律计算。

如图 3.15.10 所示，构成假想矩形回路，使其包围导体棒向上运动时扫过的面积；回路中只有导体棒部分产生电动势，虚线部分静止不产生电动势。

由法拉第电磁感应定律 $\varepsilon_\mathrm{i}=-\frac{\mathrm{d}\phi_\mathrm{m}}{\mathrm{d}t}$，其中 $\phi_\mathrm{m}=\int B\mathrm{d}S=\int_a^{a+L}\frac{\mu_0 I}{2\pi x}y\mathrm{d}x=\frac{\mu_0 I}{2\pi}y\ln\frac{a+L}{a}$。感应电动势为

$$\varepsilon_i=-\frac{d\phi_m}{dt}=-\frac{\mu_0 I}{2}\ln\frac{a+L}{a}\frac{dy}{dt}=-\frac{\mu_0 Iv}{2}\ln\frac{a+L}{a}$$

由楞次定律可判断动生电动势的方向沿导体棒，指向 $-x$ 方向。

难度增加综合类练习 3.15.5：一种简易的电磁轨道炮模型如图 3.15.11 所示。一轨距为 l 的水平光滑导轨，其电阻可以忽略，导轨一端与一个电容为 C、所充电压为 U_0 的电容器相连接。该装置的电感可忽略。整个系统放入均匀的竖直磁感应强度为 B 的磁场中。一根质量为 m、电阻为 R 的导体棒垂直于轨道放在导轨上。当电键 K 与触头 b 接通后，试求导体棒的最大速率（或收尾速率）与电容器的剩余电量（以一个极板上的电量绝对值表示）。

解：由题意，导体回路通电后，导体将向右运动。根据楞次定律，运动导体棒（速度为 v）将产生相应的动生电动势 $\varepsilon_i=Blv$，其方向与电容上的放电电压 U 相反。故当这两个电压彼此相抵消时，电容器放电结束，导体棒中电流为零，此时导体棒的速率最大，即收尾速率 v_f，它满足

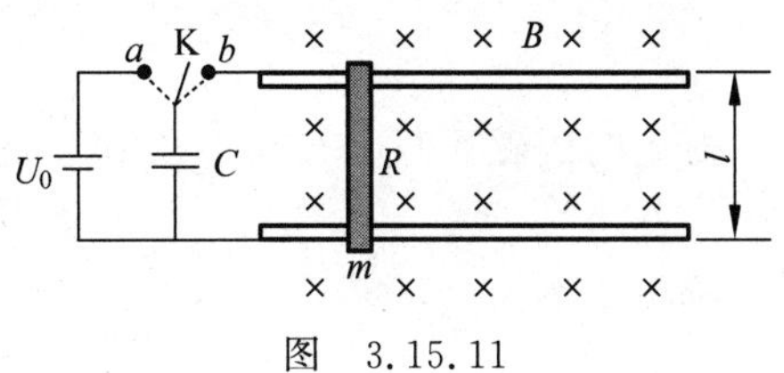

图　3.15.11

$$Blv_f=\frac{Q_f}{C} \qquad ①$$

式中 Q_f 为电容器的剩余电量。又由牛顿第二定律，棒的动力学方程为

$$m\frac{dv}{dt}=BlI=-Bl\frac{dQ}{dt}\Rightarrow m\,dv=-Bl\,dQ$$

令开始时电容器的电量为 $Q_0(=CU_0)$，上式两边积分，有

$$m\int_0^{v_f}dv=-Bl\int_{Q_0}^{Q_f}dQ$$

$$\Rightarrow mv_f=Bl(Q_0-Q_f) \qquad ②$$

联立①式和②式，可得

$$v_f=\frac{BlCU_0}{m+B^2l^2C},\quad Q_f=\frac{B^2l^2C^2U_0}{m+B^2l^2C}$$

考点 2：感生电场与感生电动势

例 3.15.3：半径为 R 的圆柱形区域内存在均匀磁场，磁场的磁感应强度大小随时间均匀增加，$\frac{dB}{dt}=k(k>0)$，求空间感生电场的分布情况。

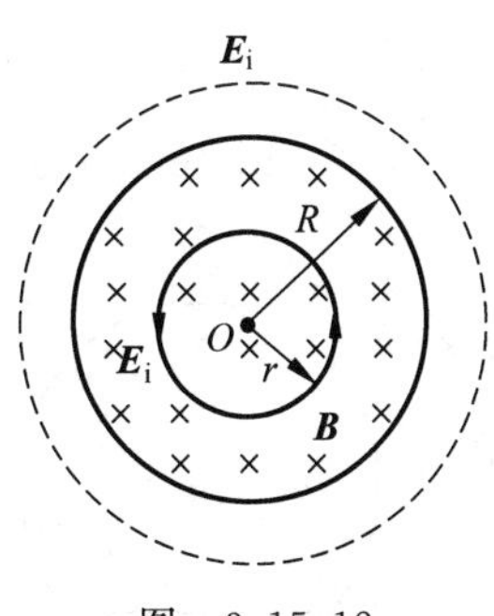

图　3.15.12

解：由于磁场在圆柱形区域内均匀分布，满足柱对称性，故由之所激发的感生电场必也满足同样的对称性，即感生电场线必为同心圆环线；又因磁场增大，感生电场线为逆时针绕向，如图 3.15.12 所示。

(1) $r<R$ 区域。

沿逆时针方向作半径为 r 的环路，有

$$\oint_{L_1}\boldsymbol{E}_i\cdot d\boldsymbol{l}=-\int_{S_1}\frac{\partial \boldsymbol{B}}{\partial t}\cdot d\boldsymbol{S}$$

其中$\oint_{L_1} \boldsymbol{E}_{\mathrm{i}} \cdot \mathrm{d}\boldsymbol{l} = E_{\mathrm{i}} \cdot 2\pi r$，$-\int_{S_1} \frac{\partial \boldsymbol{B}}{\partial t} \cdot \mathrm{d}\boldsymbol{S} = k \cdot \pi r^2$。故有

$$E_{\mathrm{i}} \cdot 2\pi r = k \cdot \pi r^2$$

感生电场为

$$E_{\mathrm{i}} = \frac{1}{2} \frac{\mathrm{d}B}{\mathrm{d}t} r = \frac{1}{2} k r$$

(2) $r > R$ 区域。

沿逆时针方向作半径为 r 的环路，有

$$\oint_{L_1} \boldsymbol{E}_{\mathrm{i}} \cdot \mathrm{d}\boldsymbol{l} = -\int_{S_1} \frac{\partial \boldsymbol{B}}{\partial t} \cdot \mathrm{d}\boldsymbol{S}$$

但此时因磁场只分布在半径为 R 的圆柱形区域内，故有

$$E_{\mathrm{i}} \cdot 2\pi r = k \cdot \pi R^2$$

感生电场为

$$E_{\mathrm{i}} = \frac{1}{2} \frac{\partial B}{\partial t} \frac{R^2}{r} = \frac{1}{2} k \frac{R^2}{r}$$

练习 3.15.6：如图 3.15.13 所示，均匀磁场限定在半径为 $R=0.1\mathrm{m}$ 的圆柱形空间内，其磁感应强度的方向沿圆柱轴线向里，其量值以 0.01T/s 的恒定速率减小。当把电子分别放在图中的 a、b、c 三点时，电子瞬时加速度的大小分别为__________。(a、c 两点对应半径分别为 $r_1 = R/2$，$r_2 = 1.5R$，电子荷质比为 $1.76 \times 10^{11}\mathrm{C/kg}$)

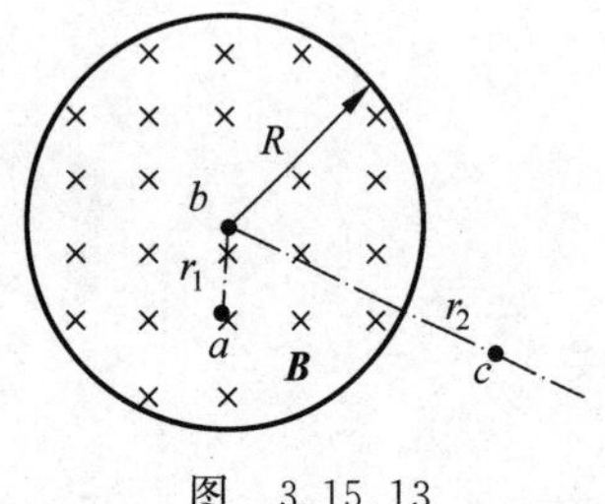

图 3.15.13

答案：$4.4 \times 10^7\,\mathrm{m/s^2}$，0，$5.9 \times 10^7\,\mathrm{m/s^2}$。

与例 3.15.3 类似，可以得到空间的感生电场大小为

$$E_{\mathrm{i}} = \begin{cases} \dfrac{1}{2} \left| \dfrac{\partial B}{\partial t} \right| r, & r < R \\ \dfrac{1}{2} \left| \dfrac{\partial B}{\partial t} \right| \dfrac{R^2}{r}, & r > R \end{cases}$$

感生电场线为顺时针绕向。

运用该结论可得各点感生电场的场强和电子加速度：

a 点：$E_{\mathrm{i}a} = \frac{1}{2} \cdot \left| \frac{\partial B}{\partial t} \right| \cdot r_1$，方向向左；$a_{\mathrm{i}a} = \frac{e}{2m_{\mathrm{e}}} \cdot \left| \frac{\partial B}{\partial t} \right| \cdot r_1 = 4.4 \times 10^7 (\mathrm{m/s^2})$，方向向右。

b 点：$E_{\mathrm{i}b} = 0$。$a_{\mathrm{i}b} = 0$。

c 点：$E_{\mathrm{i}c} = \frac{1}{2} \cdot \left| \frac{\partial B}{\partial t} \right| \cdot \frac{R^2}{r_2}$，方向左下；$a_{\mathrm{i}c} = \frac{e}{2m_{\mathrm{e}}} \cdot \left| \frac{\partial B}{\partial t} \right| \cdot \frac{R^2}{r_2} \approx 5.9 \times 10^7\,\mathrm{m/s^2}$，方向左上。

例 3.15.4：半径为 R 的圆柱形区域内存在均匀磁场，磁场的磁感应强度大小随时间均匀增加 $\frac{\mathrm{d}B}{\mathrm{d}t} = k\ (k > 0)$，在磁场中放置一长为 L 的导体棒，如图 3.15.14 所示，求棒中的感生电动势。

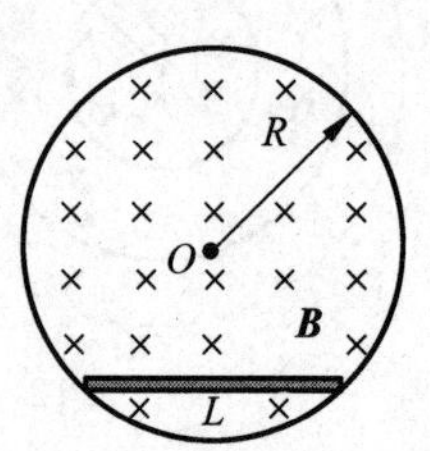

图 3.15.14

解：**方法 1**：运用感生电场计算。

运用例 3.15.3 的结果，空间的感生电场大小为

$$E_i=\begin{cases}\frac{1}{2}kr, & r<R\\ \frac{1}{2}k\frac{R^2}{r}, & r>R\end{cases}$$

感生电场线为逆时针绕向。

取如图 3.15.15 所示导体元 dl，取向向右，其上的感生电动势为

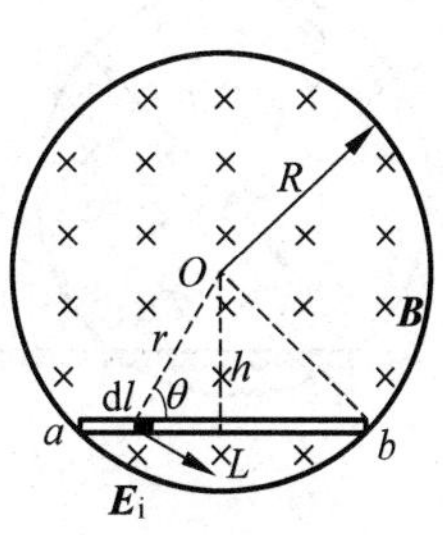

图　3.15.15

$$d\varepsilon=\boldsymbol{E}_i\cdot d\boldsymbol{l}=E_i\cos\left(\frac{\pi}{2}-\theta\right)\cdot dl$$

其中 $E_i=\frac{1}{2}kr=\frac{1}{2}k\frac{h}{\sin\theta}$，代入上式得

$$d\varepsilon=\frac{1}{2}k\frac{h}{\sin\theta}\cdot\sin\theta\cdot dl=\frac{1}{2}kh\cdot dl$$

积分可得

$$\varepsilon_{ab}=\int_a^b d\varepsilon=\frac{1}{2}kh\int_0^L dl=\frac{1}{2}khL=\frac{1}{2}kL\sqrt{R^2-\left(\frac{L}{2}\right)^2}$$

其方向可由感生电场方向判断，沿棒由 a 点指向 b 点。

方法 2：运用法拉第电磁感应定律计算。

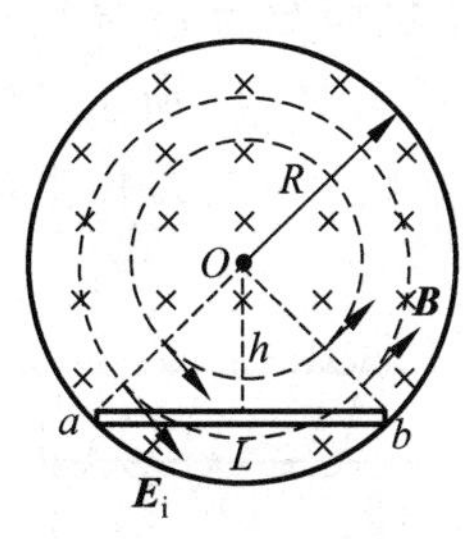

图　3.15.16

构想如图 3.15.16 所示逆时针绕向的回路，其磁通量为

$$\Phi=\boldsymbol{B}\cdot\boldsymbol{S}=-B\cdot\frac{L}{2}h$$

依据法拉第电磁感应定律，其对应的电动势大小为

$$\varepsilon=\frac{d\Phi}{dt}=\frac{dB}{dt}\cdot\frac{L}{2}h=\frac{1}{2}kLh=\frac{1}{2}kL\sqrt{R^2-\left(\frac{L}{2}\right)^2}$$

对假想的虚线部分，感生电场处处与其垂直，依照感生电动势定义，$d\varepsilon=\boldsymbol{E}_i\cdot d\boldsymbol{l}$，其中电动势为零，$\varepsilon_{Oa}=\varepsilon_{bO}=0$。所以

$$\varepsilon_{ab}=\varepsilon\ \frac{1}{2}kLh=\frac{1}{2}kL\sqrt{R^2-\left(\frac{L}{2}\right)^2}$$

又因为回路中磁通量增加，根据楞次定律可以判断假想回路中电动势方向与回路绕向相同，即该电动势的方向为沿棒指向右端，沿棒由 a 点指向 b 点。

分析：由结果也可知对于例 3.15.4 中圆柱形区域内磁场均匀变化的情况，$h=0$ 时，导线中的感生电动势为零，即过圆心的导线不产生感生电动势，以下练习应用了此结论。

练习 3.15.7：如图 3.15.17 所示，均匀磁场 B 被限制在无限长圆柱形空间内。A、B 两点放有三条导线：直线 1、折线 2 和弧线 3。若磁场的变化率 dB/dt 为正常数，则三条导线中感应电动势大小的关系是[　　]

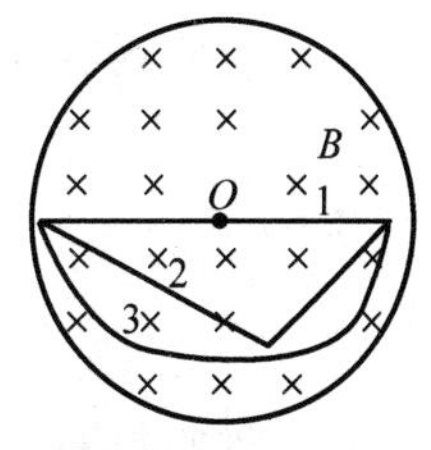

图　3.15.17

(A) $\varepsilon_1=\varepsilon_2=\varepsilon_3=0$；　　(B) $\varepsilon_1=\varepsilon_2=\varepsilon_3\neq 0$；

(C) $\varepsilon_1<\varepsilon_2, \varepsilon_3=0$；　　(D) $\varepsilon_2<\varepsilon_3, \varepsilon_1=0$。

答案：D。由例 3.15.4 的结果，$\varepsilon_1=0$；由法拉第电磁感应定律可

得，$\varepsilon_2<\varepsilon_3$。

练习 3.15.8：在半径为 R 的无限长直载流螺线管内，均匀磁场的磁感应强度的值随时间匀速率地增大($\mathrm{d}B/\mathrm{d}t>0$)。有一根直导线 ac 如图 3.15.18 放置，其中 $ab=bc=R$。求导线 ac 上的感应电动势。

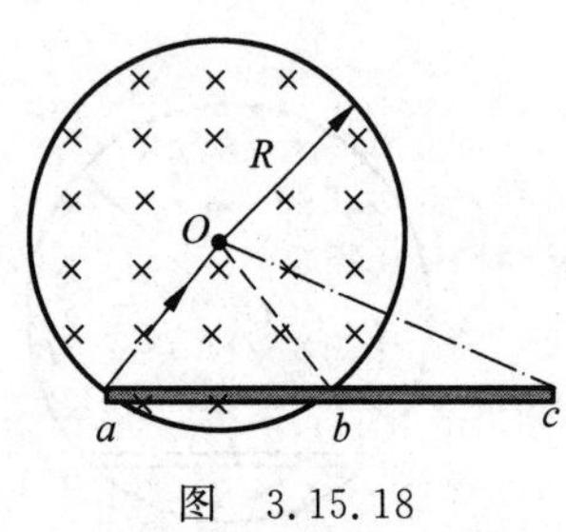

图 3.15.18

解：用法拉第电磁感应定律，作虚线将 Oa、Oc 连接构成闭合回路 Oac，选顺时针为正绕向。穿过此回路的磁通量为

$$\Phi_{\mathrm{m}}=\left(\frac{1}{2}\cdot R\cdot\frac{\sqrt{3}}{2}R+\frac{\pi R^2}{2\pi}\cdot\frac{\pi}{6}\right)\cdot B=\frac{(3\sqrt{3}+\pi)R^2}{12}B$$

依据法拉第电磁感应定律，其对应的电动势大小为

$$\varepsilon_{\mathrm{i}}=-\frac{\mathrm{d}\Phi_{\mathrm{m}}}{\mathrm{d}t}=-\frac{(3\sqrt{3}+\pi)R^2}{12}\cdot\frac{\mathrm{d}B}{\mathrm{d}t}$$

依照例 3.15.4，对假想的虚线部分，电动势为零，$\varepsilon_{aO}=\varepsilon_{Oc}=0$，导线 ac 上的感应电动势为

$$\varepsilon_{ca}=\varepsilon_{\mathrm{i}}=-\frac{(3\sqrt{3}+\pi)R^2}{12}\cdot\frac{\mathrm{d}B}{\mathrm{d}t}$$

又因为回路中磁通量增加，根据楞次定律可以判断假想回路中电动势方向与回路绕向相反，即该电动势的方向为沿棒指向右端，沿棒由 a 点指向 c 点。

例 3.15.5：有一均匀密绕的无限长直螺线管半径为 R，单位长度上的匝数为 n，导线中通过随时间 t 交变的电流 $i=I_0\sin(\omega t)$，I_0、ω 为正的常量，i 的正向如图 3.15.19 所示。试求：(1)螺线管内外感生电场大小；(2)紧套在螺线管上的一个细塑料圆环中的感生电动势。

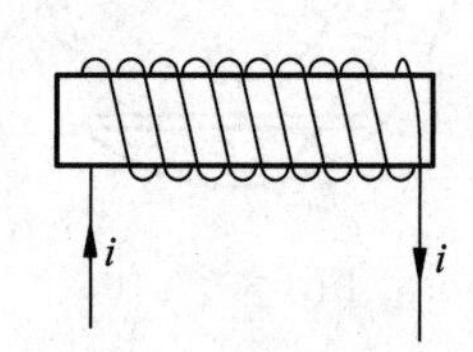

解：(1) 螺线管中均匀磁场的磁感应强度为 $B=\mu_0 ni=\mu_0 nI_0\sin\omega t$；由磁场分布对称性知道感生电场 $\boldsymbol{E}_{\mathrm{i}}$ 电场线为同心圆，圆上各处 E_{i} 大小相等。

图 3.15.19

对 $0\leqslant r\leqslant R$ 区域，即内部场，有

$$\oint_{L_1}\boldsymbol{E}_{\mathrm{i}}\cdot\mathrm{d}\boldsymbol{l}=-\int_{S_1}\frac{\partial\boldsymbol{B}}{\partial t}\cdot\mathrm{d}\boldsymbol{S}$$

故有

$$E_{\mathrm{i}}\cdot 2\pi r=-\mu_0 nI_0\omega\cos(\omega t)\cdot\pi r^2$$

感生电场为

$$E_{\mathrm{i}}=-\frac{1}{2}\mu_0 nI_0\omega r\cos(\omega t)$$

对 $r>R$ 区域，即外部场，有

$$E_{\mathrm{i}}\cdot 2\pi r=-\mu_0 nI_0\omega\cos(\omega t)\cdot\pi R^2$$

感生电场为

$$E_{\mathrm{i}}=-\frac{R^2}{2r}\mu_0 nI_0\omega r\cos(\omega t)$$

(2) 细塑料圆环处的感生电场为

$$E_{\mathrm{i}}(R)=-\frac{1}{2}\mu_0 nI_0\omega R\cos(\omega t)$$

感生电动势为

$$\varepsilon(R)=\oint \boldsymbol{E}_{\mathrm{i}} \cdot \mathrm{d}\boldsymbol{l}=\left[-\frac{1}{2}\mu_0 n I_0 \omega R \cos(\omega t)\right] 2\pi R=-\mu_0 n I_0 \omega \pi R^2 \cos(\omega t)$$

难度增加综合类练习 3.15.9：家用电磁炉的工作原理为：致密圆线圈环由一根细导线绕 N 圈而成(图 3.15.20(a))，线圈环的内半径为 R_1，外半径为 R_2，导线通过随时间 t 变化的电流 $i(t)=I_{\mathrm{m}}\cos(\omega t)$，(1)求线圈环中心处由传导电流激发的磁感应强度 B；(2)线圈环上放平底铁锅，锅底半径为 a。忽略位移电流激发的磁感应强度，并且假设磁感应强度以(1)问中的 B 大小均匀、垂直地穿过锅底(图 3.15.20(b))，求由 B 的变化产生的锅底内的感应电场强度 E。

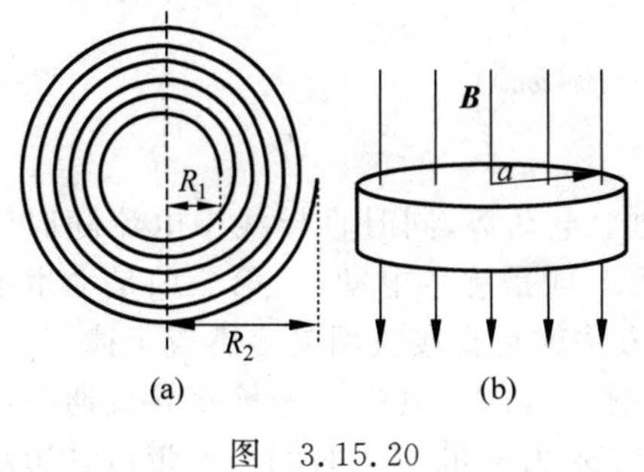

图 3.15.20

解：(1) 如图 3.15.20(a)所示，r 处 $\mathrm{d}r$ 宽度圆环上的元电流为

$$\mathrm{d}I=\frac{Ni}{R_2-R_1}\mathrm{d}r$$

该电流在环中心处激发的磁感应强度为

$$\mathrm{d}B=\frac{\mu_0}{2r}\mathrm{d}I=\frac{\mu_0 Ni}{2(R_2-R_1)}\frac{\mathrm{d}r}{r}$$

传导电流在线圈环中心激发的磁感应强度为

$$B=\int \mathrm{d}B=\int_{R_1}^{R_2}\frac{\mu_0 Ni}{2(R_2-R_1)}\frac{\mathrm{d}r}{r}=\frac{\mu_0 N I_{\mathrm{m}}\cos(\omega t)}{2(R_2-R_1)}\ln\frac{R_2}{R_1}$$

(2) 由$\oint_L \boldsymbol{E}\cdot \mathrm{d}\boldsymbol{l}=-\int \frac{\partial \boldsymbol{B}}{\partial t}\cdot \mathrm{d}\boldsymbol{S}$，因为变化的磁场是空间均匀分布且具有柱对称特点，所以感生电场线必为同心圆环线，取半径为 r 的感生电场线为积分环路 L，且沿电场线绕向积分，则有

$$\oint_L \boldsymbol{E}\cdot \mathrm{d}\boldsymbol{l}=E\cdot 2\pi r=\frac{\mu_0 N\omega I_{\mathrm{m}}\sin(\omega t)}{2(R_2-R_1)}\ln\frac{R_2}{R_1}\cdot \pi r^2$$

得锅底内的电场强度为

$$E=\frac{\mu_0 N\omega I_{\mathrm{m}}\sin(\omega t)}{4(R_2-R_1)}r\ln\frac{R_2}{R_1}$$

考点 3：动生电动势与感生电动势的综合

例 3.15.6：如图 3.15.21 所示，边长分别为 a 和 b 的矩形导体回路与无限长直导线共面，矩形的一边与直导线平行。直导线中通以电流 $I=I_0\cos(\omega t)$，矩形回路以速度 v 垂直向右离开导线。求任意时刻矩形回路中的感应电动势。

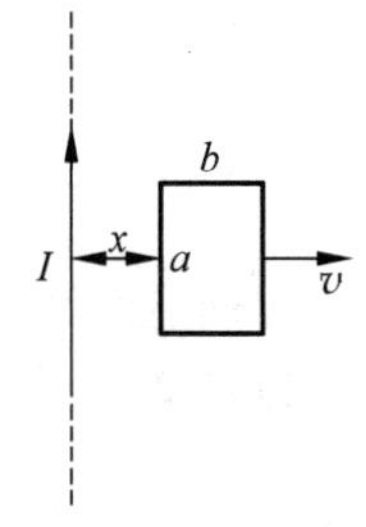

图 3.15.21

解：选顺时针为正绕向，穿过回路的磁通量为

$$\Phi_{\mathrm{m}}=\int_x^{x+b}\frac{\mu_0 I}{2\pi r}a\,\mathrm{d}r=\frac{\mu_0 I}{2\pi}a\ln\frac{x+b}{x}$$

根据法拉第电磁感应定律：

$$\begin{aligned}\varepsilon_i&=-\frac{d\Phi_m}{dt}=-\frac{d}{dt}\left(\frac{\mu_0 I}{2\pi}a\ln\frac{x+b}{x}\right)=-\frac{\mu_0 I_0 a}{2\pi}\frac{d}{dt}\left[\cos(\omega t)\ln\frac{x+b}{x}\right]\\&=-\frac{\mu_0 I_0 a}{2\pi}\left[-\omega\sin(\omega t)\ln\frac{x+b}{x}+\cos(\omega t)\left(\frac{1}{x+b}-\frac{1}{x}\right)\frac{dx}{dt}\right]\\&=\frac{\mu_0 I_0 a}{2\pi}\left[\omega\ln\frac{x+b}{x}\sin(\omega t)+\frac{bv}{x(x+b)}\cos(\omega t)\right]\\&=\frac{\mu_0 I_0 a}{2\pi}\left[\omega\ln\frac{vt+b}{vt}\sin(\omega t)+\frac{bv}{vt(vt+b)}\cos(\omega t)\right]\\&=\frac{\mu_0 Ia}{2\pi}\left[\omega\ln\frac{vt+b}{vt}\sin(\omega t)+\frac{bv}{vt(vt+b)}\cos(\omega t)\right]\end{aligned}$$

其中 $\varepsilon_i>0$ 时顺时针，$\varepsilon_i<0$ 时逆时针方向。

分析：本题中矩形回路运动切割磁感应线产生动生电动势，同时直导线中电流随时间变化使磁感应强度变化产生感生电动势；答案中的第一项是感生电动势，第二项是动生电动势。对于这类两种电动势共存的问题，比较简便的方法就是直接应用电磁感应定律。

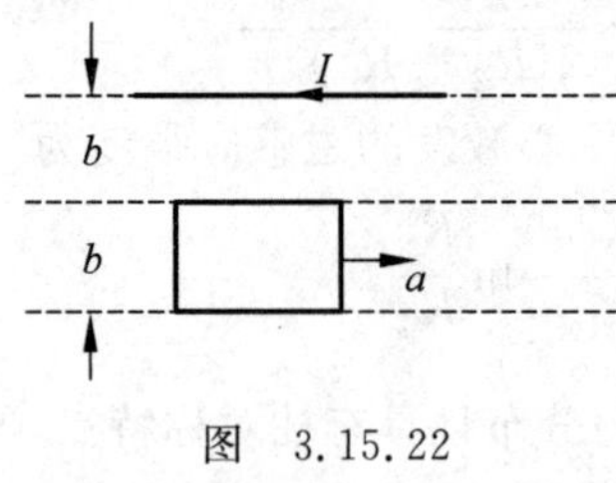

图 3.15.22

练习 3.15.10：如图 3.15.22，真空中一长直导线通有电流 $I(t)=I_0 e^{-\alpha t}$（式中 I_0、α 为常量，t 为时间），一带滑动边的矩形线框与长直导线平行共面，线框宽为 b，与长直导线相距也为 b。线框的滑动边与长直导线垂直，并且由静止开始以匀加速度 a（方向平行长直导线）滑动。忽略矩形线框的自感，设开始时滑动边与对边重合。求滑动边在线框上的任意时刻 t，线框回路内：(1)动生电动势的大小；(2)感生电动势的大小。

解：(1) 任意时刻 t，滑杆速度 $v=at$，取其上线元 dr，积分求动生电动势：

$$\varepsilon_{动}=\int_L(\boldsymbol{v}\times\boldsymbol{B})\cdot d\boldsymbol{l}=\int_b^{2b}at\cdot\frac{\mu_0 I_0 e^{-\alpha t}}{2\pi r}dr=\frac{\mu_0 I_0 at e^{-\alpha t}}{2\pi}\ln 2$$

方向向下。

(2) **方法 1**：应用感生电动势计算。

如图 3.15.23 所示，闭合线框在 t 时刻长度 $l=\frac{1}{2}at^2$，取宽度为 dr 的面元，积分求感生电动势：

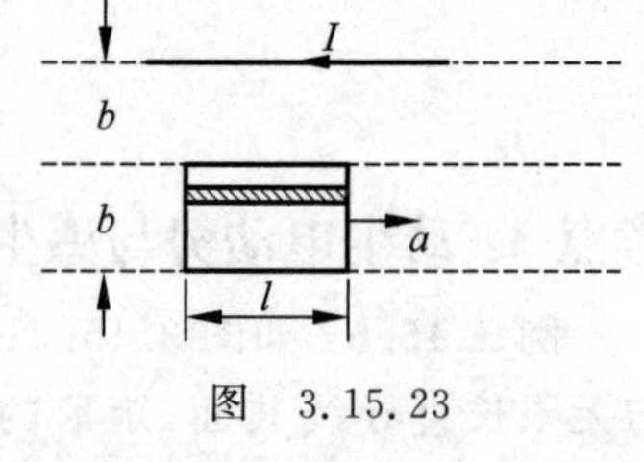

图 3.15.23

$$\begin{aligned}\varepsilon_{感}&=-\int_{S_1}\frac{\partial\boldsymbol{B}}{\partial t}\cdot d\boldsymbol{S}=\int_b^{2b}\frac{\mu_0 I_0\alpha e^{-\alpha t}}{2\pi r}\cdot\frac{1}{2}at^2 dr\\&=\frac{\mu_0 I_0 a\alpha t^2 e^{-\alpha t}}{4\pi}\ln 2\end{aligned}$$

方向逆时针。

方法 2：应用法拉第电磁感应定律。

$$\varepsilon_i=-\frac{d\Phi_m}{dt}=-\frac{d}{dt}\int_b^{2b}\frac{\mu_0 I_0 e^{-\alpha t}}{2\pi r}\cdot\frac{1}{2}at^2 dr=\frac{\mu_0 I_0 a\ln 2}{4\pi}e^{-\alpha t}(\alpha t^2-2t)$$

方向逆时针。则

$$\varepsilon_{感}=\varepsilon_i-\varepsilon_{动}=\frac{\mu_0 I_0 a\alpha t^2 e^{-\alpha t}}{4\pi}\ln 2$$

考点 4：感应电流与感应电荷的计算及楞次定律的理解

例 3.15.7：电阻为 $R=2\Omega$ 的闭合导体回路置于变化磁场中，通过回路包围面的磁通量与时间的关系为 $\Phi=(5t^2+8t-2)\times10^{-3}\,\text{Wb}$，则 $t=0\text{s}$ 时，回路中的感应电流的大小 $i=$__________；在 $t=2\text{s}$ 至 $t=3\text{s}$ 的时间内，流过回路导体横截面的感应电荷的大小 $q_i=$__________。

答案：$4\times10^{-3}\text{A}$；$1.65\times10^{-2}\text{C}$。回路中的感应电流大小 $i=\left|\frac{\varepsilon}{R}\right|=\left|-\frac{1}{R}\frac{\mathrm{d}\Phi}{\mathrm{d}t}\right|=\left|-\frac{1}{2}(10t+8)\times10^{-3}\right|$，$t=0\text{s}$ 代入，得 $i=4\times10^{-3}\text{A}$；感应电荷的大小 $q_i=\frac{1}{R}|\Phi_2-\Phi_1|$，$t=2\text{s}$ 和 $t=3\text{s}$ 分别代入 Φ 表达式，得 $q_i=\frac{1}{R}|\Phi_2-\Phi_1|=1.65\times10^{-2}\text{C}$。

分析：在电磁感应现象中，闭合回路中的感应电动势和感应电流与磁通量变化的快慢有关；而在一段时间内，通过导体截面的感应电量只与磁通量变化的大小有关，与其变化的快慢无关。工程中常通过感应电量的测定来确定磁场的强弱。

练习 3.15.11：实验中可用线圈测量磁感应强度，设有一线圈，其截面积 $S=4.0\text{cm}^2$、匝数 $N=160$ 匝、电阻 $R=50\Omega$。线圈与一内阻 $R_i=30\Omega$ 的冲击电流计相连。若开始时，线圈的平面与均匀磁场的磁感应强度 B 垂直，然后线圈的平面很快地转到与 B 平行的方向。此时从冲击电流计中测得电荷值 $q=4.0\times10^{-5}\text{C}$。则此均匀磁场的磁感应强度 B 的值为__________。

答案：0.05T。在线圈转过 90°时，通过线圈平面磁通量的变化量为 $\Delta\Phi=\Phi_2-\Phi_1=NBS$。因此，流过导体截面的电量为 $q=\frac{\Delta\Phi}{R+R_i}=\frac{NBS}{R+R_i}$，此均匀磁场的磁感应强度 B 的值为 $B=\frac{q(R+R_i)}{NS}=0.05\text{T}$。

例 3.15.8：在长直导线附近悬挂着一块长方形薄金属片 A，其重量很轻，A 与直导线共面，如图 3.15.24 所示。则在长直导线中突然接通大电流 I 的瞬间，金属片 A 将[　　]

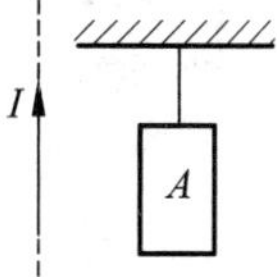

图　3.15.24

(A) 不动；　　(B) 向左运动；

(C) 只作转动；　　(D) 向右运动。

答案：D。根据楞次定律判断。

练习 3.15.12：一根无限长平行直导线载有电流 I，一矩形线圈位于导线平面内沿垂直于载流导线方向以恒定速率运动(图 3.15.25)，则[　　]

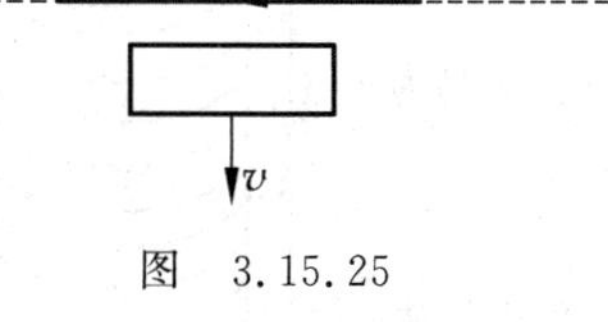

图　3.15.25

(A) 线圈中无感应电流；

(B) 线圈中感应电流为顺时针方向；

(C) 线圈中感应电流为逆时针方向；

(D) 线圈中感应电流方向无法确定。

答案：C。在矩形线圈附近磁场垂直于纸面朝外，磁场是非均匀场，距离长直载流导线越远，磁场越弱。因而当矩形线圈朝下运动时，感应电流的磁场应垂直于纸面朝外，即逆时针方向。

3.16 自感与互感

(1) 自感：①自感磁链 $\Psi_L=\sum_i \Phi_{mi}=LI$；②自感电动势 $\varepsilon_L=-L\frac{dI}{dt}$；③自感系数 $L=\frac{\Psi}{I}=\frac{|\varepsilon_L|}{|dI/dt|}$。

(2) 互感：①互感磁链 $\Psi_{21}=\sum_i \Phi_{21}=MI_1$，$\Psi_{12}=\sum_i \Phi_{12i}=MI_2$；②互感电动势 $\varepsilon_2=-M_{21}\frac{dI_1}{dt}$，$\varepsilon_1=-M_{12}\frac{dI_2}{dt}$；③互感系数 $M=\frac{\Psi_{21}}{I_1}=\frac{|\varepsilon_2|}{|dI_1/dt|}=\frac{\Psi_{12}}{I_2}=\frac{|\varepsilon_1|}{|dI_2/dt|}$。

考点 1：自感系数的求解

注意：自感系数 L 描述了回路的电磁惯性，取决于回路的大小、形状、匝数以及周围磁介质的性质。无铁芯长直螺线管的 $L=\mu_0 N^2 S/l=\mu_0 n^2 V$。

求自感系数的一般步骤如下：

令回路通电流 I→计算磁感应强度 B→计算磁通量 Ψ_m→代入自感定义式 $L=\frac{\Psi_m}{I}$。

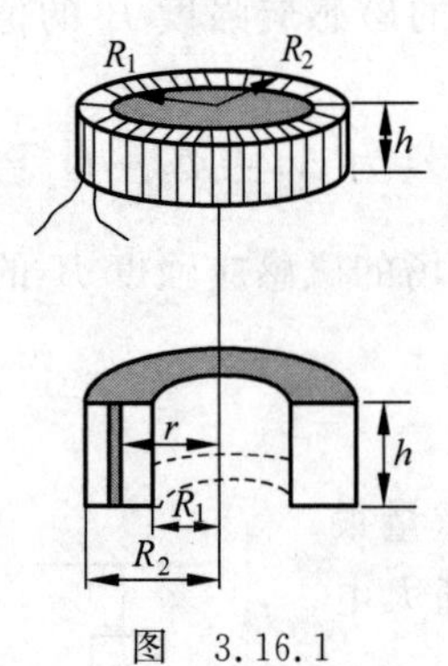

图 3.16.1

例 3.16.1：一截面为长方形的螺绕管，其尺寸如图 3.16.1 所示，共有 N 匝，求此螺绕管的自感系数。

解：假设回路中通以电流 I，运用例 3.10.5 结果可得通过单匝线圈的磁通量，则通过 N 匝线圈的全磁通为

$$\Psi_m=\frac{\mu_0 N^2 Ih}{2\pi}\ln\frac{R_2}{R_1}$$

自感系数为 $L=\frac{\Psi_m}{I}=\frac{\mu_0 N^2 h}{2\pi}\ln\frac{R_2}{R_1}$。

练习 3.16.1：如图 3.16.2 所示，螺线管的管心是两个套在一起的同轴圆柱体，其截面积分别为 S_1 和 S_2，磁导率分别为 μ_1 和 μ_2，管长为 l，匝数为 N，求螺线管的自感系数。(设管的截面很小)

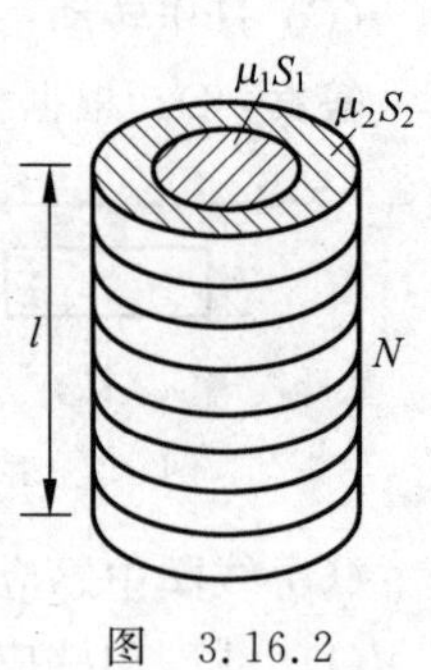

图 3.16.2

解：设有电流 I 通过螺线管，则管中两介质中磁感应强度分别为

$$B_1=\mu_1 nI=\mu_1\frac{N}{l}I,\quad B_2=\mu_2 nI=\mu_2\frac{N}{l}I$$

通过线圈横截面的总磁通量是截面积分别为 S_1 和 S_2 两部分磁通量之和，即

$$\Psi=\Psi_1+\Psi_2=NB_1S_1+NB_2S_2$$

由自感的定义可得总自感为

$$L=L_1+L_2=\frac{\Psi}{I}=\frac{N^2}{l}(\mu_1 S_1+\mu_2 S_2)$$

例 3.16.2：有一单位长绕有 n_1 匝线圈的空心长直螺线管，其自感系数为 L_1。另一个单位长绕 $2n_1$ 匝空心长直螺线管，其自感系数为 L_2，已知二者横截面、长度均相等，则[　　]

(A) $L_1=L_2$；　　　　(B) $2L_1=L_2$；

(C) $L_1/2=L_2$；　　　　(D) $4L_1=L_2$。

答案：D。运用公式无铁芯长直螺线管的自感 $L=\mu_0 n^2 V$。当单位长绕匝数由 n_1 匝变为 $2n_1$ 匝时，自感系数 $L_2=4L_1$。

练习 3.16.2：一个薄壁纸筒，长度为 l、横截面面积为 S，筒上绕有 N 匝线圈，纸筒内充满相对磁导率为 μ_r 的铁芯，则线圈的自感系数为 $L=$____________。

答案：$\mu_0\mu_r SN^2/l$。将薄壁纸筒看成长直螺线管，自感系数为 $L=\mu_0\mu_r n^2 V=\mu_0\mu_r\left(\frac{N}{l}\right)^2 Sl=\mu_0\mu_r SN^2/l$。

例 3.16.3：一自感线圈中，电流强度在 0.002s 内均匀地由 10A 增加到 12A，此过程中线圈内自感电动势为 400V，则线圈的自感系数为 $L=$____________。

答案：0.4H。根据自感系数定义 $\varepsilon_L=-L\frac{dI}{dt}$求得。

例 3.16.4：有两个相距很远的自感系数相等($L_1=L_2=L_0$)的电感器，忽略其电阻，求当这两个电感器串联和并联时的等效自感。

解：(1) 当两个自感器串联时，两个电感器上的电流及电流变化率相等。当两个电感器上的自感电动势分别为 ε_1 和 ε_2 时，串联的总电动势为

$$\varepsilon=\varepsilon_1+\varepsilon_2=-L_1\frac{dI}{dt}-L_2\frac{dI}{dt}=-(L_1+L_2)\frac{dI}{dt}$$

故串联后的等效自感为

$$L=L_1+L_2=2L_0$$

(2) 并联后两电感器上的电压相等，假设两个电感器上的电流分别为 I_1 和 I_2，总电流 $I=I_1+I_2$，根据自感电动势定义：

$$\varepsilon=\varepsilon_1=\varepsilon_2=-L_1\frac{dI_1}{dt}=-L_2\frac{dI_2}{dt}=-L\frac{dI}{dt}$$

因为两个电感器的自感相等，所以有

$$2\varepsilon=-L_0\frac{d(I_1+I_2)}{dt}=-L_0\frac{dI}{dt}$$

故并联后的等效自感为

$$L=-\varepsilon/\left(\frac{dI}{dt}\right)=L_0/2$$

分析：只有当两电感器相距很远时，才能得到以上结果，否则还要考虑互感的影响。

练习 3.16.3：用电阻丝绕制标准电阻时，常在圆柱陶瓷上用如图 3.16.3 所示的双线绕制方法绕制，其主要目的是[　　]

(A) 减少电阻的电容；　　　　(B) 增加电阻的阻值；

(C) 制作无自感电阻；　　　　(D) 提高电阻的精度。

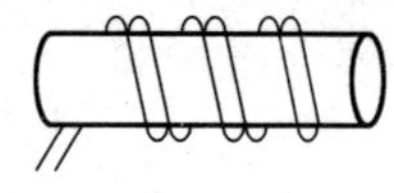

图 3.16.3

答案：C。可视为两个电流流向相反的线圈连接，则其产生的磁场强度大小相同方向相反，管内没有磁场，原磁通量相互抵消。故总自感为零。在工程实际中经常使用该方法构造无自感的线圈。

考点 2：互感系数的求解

注意：互感系数取决于两回路的大小、形状、匝数、相对位置以及周围磁介质的性质。

求互感系数的一般步骤如下：

令线圈 1 通电流 I→计算线圈 2 的磁感应强度 B→计算线圈 2 的磁通量 Ψ_{m21}→代入互感定义式 $M_{21}=M=\dfrac{\Psi_{m21}}{I_1}$。(用相同的方法可以推出 M_{12}，可以证明：$M_{21}=M_{12}$)

例 3.16.5：如图 3.16.4 所示，共轴的两个长螺线管截面积均为 S，长度为 l，单位长度的匝数分别为 n_1 和 n_2，螺线管内介质磁导率为 μ，求两个螺线管的互感系数。

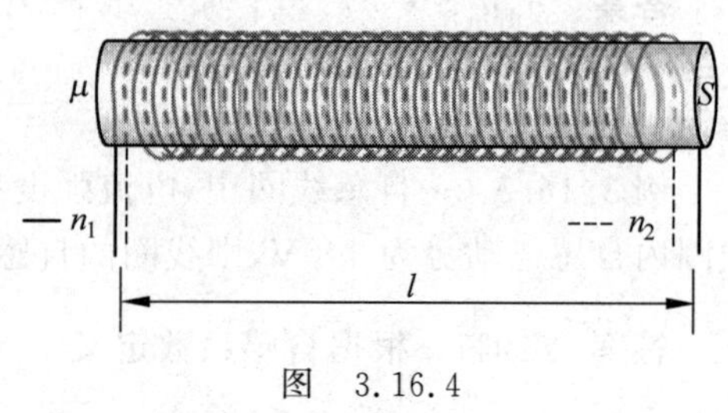

图 3.16.4

解：设线圈 1 中的电流为 I_1，线圈 1 在 2 中产生的磁链为 $\Psi_{21}=N_2\Phi_{m21}=ln_2\mu n_1 I_1 S$；互感系数为 $M=\dfrac{\Psi_{21}}{I_1}=\mu n_1 n_2 lS$。

分析：(1) 若假设线圈 2 中通以电流计算互感系数，能够得到相同的答案。

(2) 由计算结果可知 $M=\sqrt{L_1L_2}$，一般定义 $k=M/\sqrt{L_1L_2}$，$0\leqslant k\leqslant 1$ 为耦合系数，耦合系数的大小反映了两个回路磁场耦合松紧的程度。由于在一般情况下都有漏磁通，所以耦合系数小于 1。例 3.16.5 中 $k=1$ 为全耦合，螺线管 1 的磁力线全穿过螺线管 2。

练习 3.16.4：有两个线圈，线圈 1 对线圈 2 的互感系数为 M_{21}，而线圈 2 对线圈 1 的互感系数为 M_{12}。若它们分别流过 i_1 和 i_2 的变化电流且 $\left|\dfrac{di_1}{dt}\right|<\left|\dfrac{di_2}{dt}\right|$，并设由 i_2 变化在线圈 1 中产生的互感电动势为 ε_{12}，由 i_1 变化在线圈 2 中产生的互感电动势为 ε_{21}，下述论断正确的是[ ]

(A) $M_{12}=M_{21}$，$\varepsilon_{21}=\varepsilon_{12}$；　　(B) $M_{12}\neq M_{21}$，$\varepsilon_{21}\neq\varepsilon_{12}$；

(C) $M_{12}=M_{21}$，$\varepsilon_{21}>\varepsilon_{12}$；　　(D) $M_{12}=M_{21}$，$\varepsilon_{21}<\varepsilon_{12}$。

答案：D。理论与实验均已证明 $M_{12}=M_{21}$，电磁感应定律 $\varepsilon_{21}=M_{21}\left|\dfrac{di_1}{dt}\right|$；$\varepsilon_{12}=M_{12}\left|\dfrac{di_2}{dt}\right|$，故 $\varepsilon_{21}<\varepsilon_{12}$。

练习 3.16.5：两任意形状的导体回路 1 和 2，通有相同的稳恒电流 I，则其磁通量的关系[ ]

(A) $|\varphi_{12}|=|\varphi_{21}|$；　　(B) $|\varphi_{12}|>|\varphi_{21}|$；

(C) $|\varphi_{12}|<|\varphi_{21}|$；　　(D) 不能比较。

答案：A。根据 $M_{12}=M_{21}=M$ 以及互感的定义式：$M=\varphi_{21}/I_1=\varphi_{12}/I_2$，可得 $|\varphi_{12}|=|\varphi_{21}|$。

例 3.16.6：在磁导率为 μ 的均匀无限大的磁介质中，一无限长直导线与一宽长分别为 b 和 l 的矩形线圈共面，直导线与矩形线圈的一侧平行，且相距为 d，求二者的互感系数。

解：设长直导线通电流 I，其产生的磁感应强度为 $B=\dfrac{\mu I}{2\pi x}$，取如图 3.16.5 所示的宽为 $\mathrm{d}x$ 的小矩形微元，其磁通量为

$$\mathrm{d}\Phi=\boldsymbol{B}\cdot\mathrm{d}\boldsymbol{S}=\frac{\mu I}{2\pi x}l\,\mathrm{d}x$$

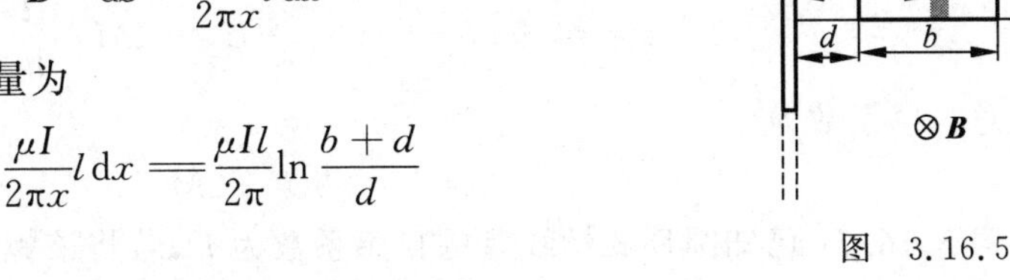

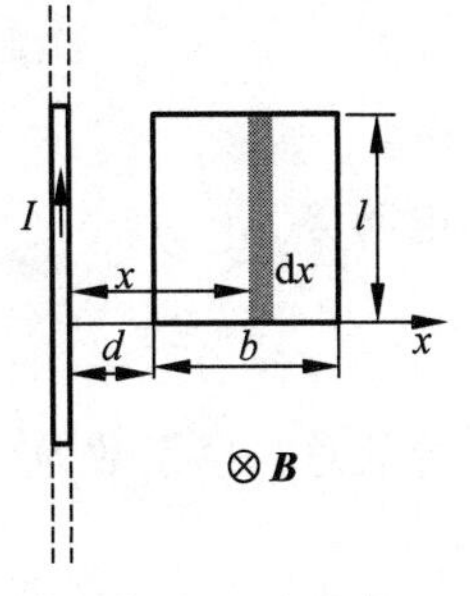

图　3.16.5

矩形线圈内的总磁通量为

$$\Phi=\int_d^{d+b}\frac{\mu I}{2\pi x}l\,\mathrm{d}x=\frac{\mu Il}{2\pi}\ln\frac{b+d}{d}$$

根据互感系数定义：

$$M=\frac{\Phi}{I}=\frac{\mu l}{2\pi}\ln\frac{b+d}{d}$$

练习 3.16.6：在磁导率为 μ 的均匀无限大的磁介质中，一无限长直导线与一宽长分别为 b 和 l 的矩形线圈共面，二者放置如图 3.16.6 所示，则二者的互感系数为________。

答案：0。根据对称性可知矩形线圈内的总磁通量 $\Phi=0$，则互感系数 $M=0$。

例 3.16.7：如图 3.16.7 所示，将自感系数分别为 L_1 和 L_2 的两个线圈串联，它们之间的互感系数为 M，如果两线圈的磁通互相加强，称为顺接；如果两磁通互相削弱，称为反接。求这两种接法下两线圈的等效总自感系数。

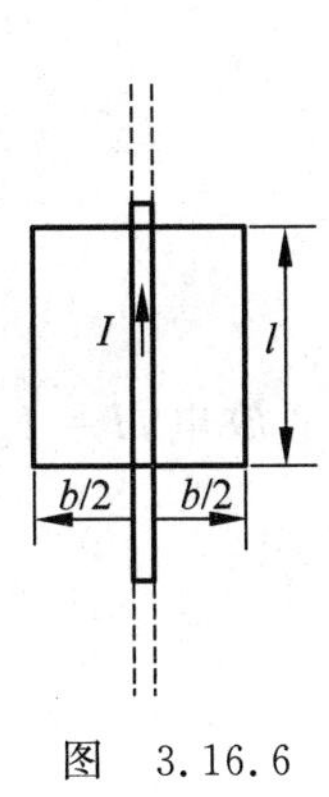

图　3.16.6

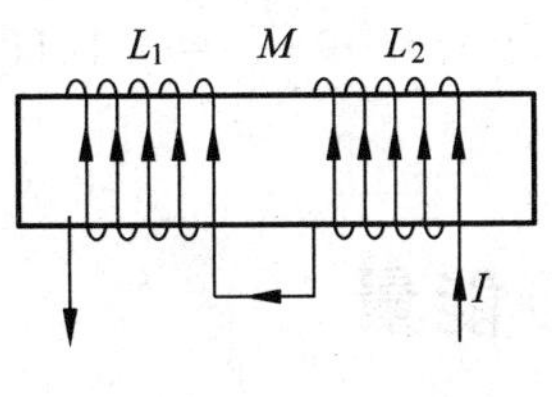

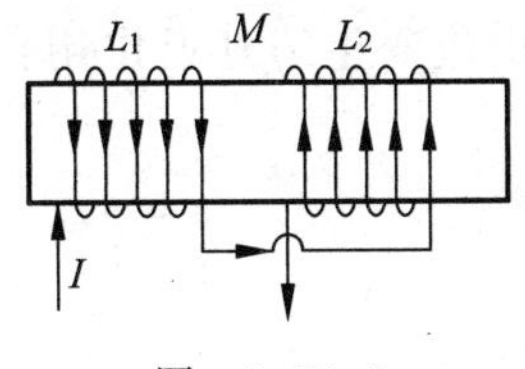

图　3.16.7

解：顺接时，两个线圈的感应电动势分别为

$$\varepsilon_1=-L_1\frac{\mathrm{d}I}{\mathrm{d}t}-M\frac{\mathrm{d}I}{\mathrm{d}t}$$

$$\varepsilon_2=-L_2\frac{\mathrm{d}I}{\mathrm{d}t}-M\frac{\mathrm{d}I}{\mathrm{d}t}$$

总电动势为

$$\varepsilon=\varepsilon_1+\varepsilon_2=-(L_1+L_2+2M)\frac{\mathrm{d}I}{\mathrm{d}t}$$

即等效总自感系数为

$$L=L_1+L_2+2M$$

反接时，两个线圈的感应电动势分别为

$$\varepsilon_1 = -L_1\frac{\mathrm{d}I}{\mathrm{d}t} + M\frac{\mathrm{d}I}{\mathrm{d}t}$$

$$\varepsilon_2 = -L_2\frac{\mathrm{d}I}{\mathrm{d}t} + M\frac{\mathrm{d}I}{\mathrm{d}t}$$

总电动势为

$$\varepsilon = \varepsilon_1 + \varepsilon_2 = -(L_1 + L_2 - 2M)\frac{\mathrm{d}I}{\mathrm{d}t}$$

即等效总自感系数为

$$L = L_1 + L_2 - 2M$$

练习 3.16.7：已知圆环式螺线管的自感系数为 L，若将该螺线管锯成两个半环式的螺线管，则两个半环式的螺线管的自感系数 L' 为[　　]

(A) 都等于 $L/2$；　　(B) 有一个大于 $L/2$，另一个小于 $L/2$；

(C) 都大于 $L/2$；　　(D) 都小于 $L/2$。

答案：D。圆环式螺线管可视为两个半环式的螺线管顺接，依照例 3.16.7 的结果，$L=2L'+2M$，故 $L'<L/2$。

练习 3.16.8：两线圈顺串联后总自感系数为 1.0H，在它们形状和位置都不变的情况下，反串联后总自感为 0.4H，它们之间的互感系数 M 为________。

答案：0.15H。两线圈顺串联时 $L=L_1+L_2+2M$，反串联时 $L'=L_1+L_2-2M$。故 $L-L'=4M$，所以 $M=\dfrac{L-L'}{4}=0.15\mathrm{H}$。

3.17 磁场能量

(1) 自感对电流变化的延迟作用：充电，$I=I_\mathrm{m}(1-\mathrm{e}^{-\frac{t}{\tau}})$；放电，$I=I_\mathrm{m}\mathrm{e}^{-\frac{t}{\tau}}\left(I_\mathrm{m}=\dfrac{\varepsilon}{R},\tau=\dfrac{L}{R}\right)$；

(2) 自感线圈储存的磁场能：$W_\mathrm{m}=\dfrac{1}{2}LI^2$；

(3) 磁场的能量密度 $w=\dfrac{1}{2}\boldsymbol{B}\cdot\boldsymbol{H}$；对于各向同性均匀磁介质：$w=\dfrac{1}{2}BH=\dfrac{1}{2}\dfrac{B^2}{\mu}$；

(4) 体积为 V 的空间内的磁场中储存的总能量：$W=\int_V \mathrm{d}w=\dfrac{1}{2}\int_V \boldsymbol{B}\cdot\boldsymbol{H}\mathrm{d}V$。

考点 1：自感磁能的记忆与理解

例 3.17.1：两长直密绕螺线管的长度及匝数均相同，半径及磁介质不同。设半径之比为 $r_1:r_2=1:2$，磁导率为 $\mu_1:\mu_2=2:1$；则 $L_1:L_2$ 及当通以 $I_1:I_2=2:1$ 时所储磁能比分别为[　　]

(A) 1∶1，1∶1；　　(B) 1∶2，2∶1；

(C) 1∶2,1∶2；　　　　　　　　　(D) 2∶1,2∶1。

答案：B。根据公式 $L=\mu\dfrac{\pi r^2N^2}{l}$ 以及 $W=\dfrac{1}{2}LI^2$ 可得到答案。

练习 3.17.1：在长直细铁环上绕有 N 匝的单层线圈，线圈中通以电流 I，穿过铁环截面的磁通量为 Φ，磁场的能量 $W=$______。

答案：$\dfrac{1}{2}\Phi NI$。将细铁环看成密绕细长螺线管，管内磁感应强度为 $B=\mu nI$，穿过铁环截面的磁通量为 $\Phi=BS=\mu nIS$，磁场能量 $W=\dfrac{1}{2}LI^2=\dfrac{1}{2}\mu n^2VI^2=\dfrac{1}{2}\mu n^2SLI^2$，代入磁通量表达式可得 $W=\dfrac{1}{2}\Phi nIL=\dfrac{1}{2}\Phi NI$。

例 3.17.2：将一宽度为 l 的薄铜片，卷成一个半径为 R 的细圆管，设 $l\gg R$，电流 I 均匀分布地通过此铜片形成的圆管(图 3.17.1)。(1)忽略边缘效应，求管内磁感应强度 B 的大小；(2)不考虑两个伸展部分，求它的自感系数。

解：(1) 将铜管看成密绕细长螺线管，管内磁感应强度为 $B=\mu_0nI$，其中 nI 为单位长度上的电流，本题中 $nI=I/l$。则管内磁感应强度为

$$B=\mu_0I/l$$

(2) 根据磁场能量公式，可得存储于圆管内的磁场能量为

$$W_{\mathrm{m}}=\frac{B^2}{2\mu_0}\cdot\pi R^2l=\frac{\mu_0^2I^2}{2\mu_0l^2}\cdot\pi R^2l=\frac{\mu_0I^2}{2l}\pi R^2$$

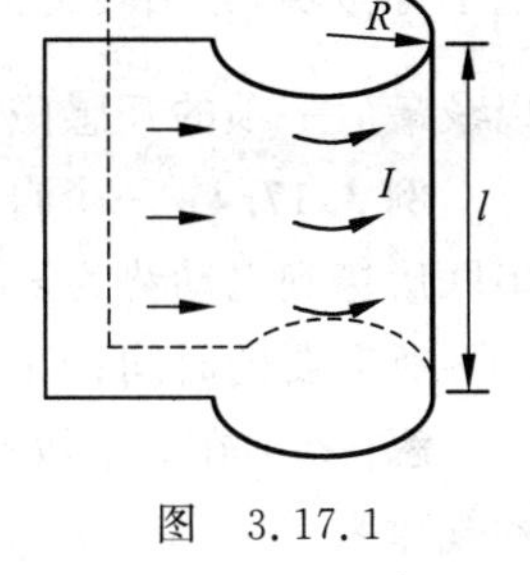

图　3.17.1

根据公式 $W_{\mathrm{m}}=\dfrac{1}{2}LI^2$，可得自感系数为

$$L=\mu_0\pi R^2/l$$

练习 3.17.2：设一同轴电缆由半径分别为 r_1 和 r_2 的两个同轴薄壁长直圆筒组成，两长圆筒通有等值反向电流 I，如图 3.17.2 所示。两筒间介质的相对磁导率为 $\mu_r=1$，求同轴电缆 (1)单位长度的自感系数；(2)单位长度内所储存的磁能。

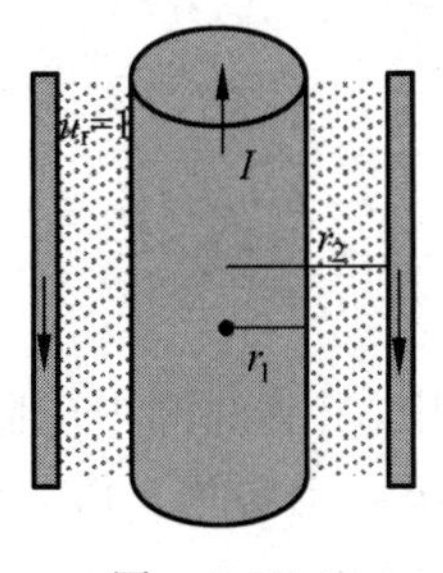

图　3.17.2

解：(1) 单位长度的磁感应强度为 $B=\dfrac{\mu_0I}{2\pi r}$，$r_1<r<r_2$，磁通量为 $\Phi=\displaystyle\int_{r_1}^{r_2}\boldsymbol{B}\cdot\mathrm{d}\boldsymbol{S}=\int_{r_1}^{r_2}\frac{\mu_0I}{2\pi r}\mathrm{d}r=\frac{\mu_0I}{2\pi}\ln\frac{r_2}{r_1}$，单位长度的自感系数为 $L=\Phi/I=\dfrac{\mu_0}{2\pi}\ln\dfrac{r_2}{r_1}$。

(2) 单位长度储存的磁能为 $W_{\mathrm{m}}=\dfrac{1}{2}LI^2=\dfrac{\mu_0I^2}{4\pi}\ln\dfrac{r_2}{r_1}$。

例 3.17.3：如图 3.17.3 所示，已知这两个回路的电流分别为 I_1、I_2，自感系数分别为 L_1、L_2，互感系数为 M。求两个相互临近的电流回路的磁场能量。

解：可以通过计算两个回路从电流为零增加到 I_1、I_2 过程中电源做的功来求解磁场能量。

初态 $I_1=I_2=0$，磁场能量 $W=0$。

先后合上 K_1、K_2，两个线圈存储能量分别为

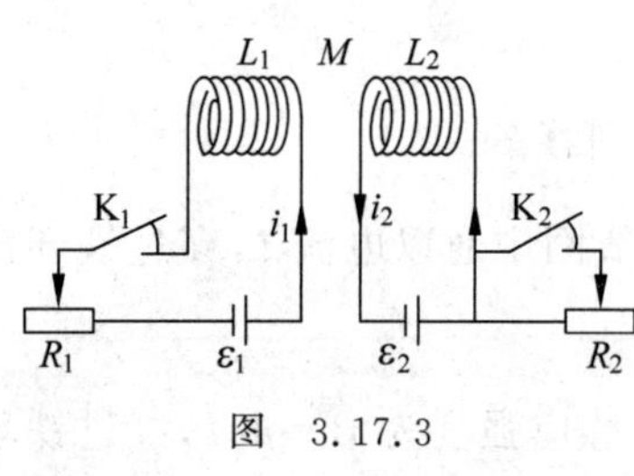

图 3.17.3

$$W_1=\frac{1}{2}L_1I_1^2,\quad W_2=\frac{1}{2}L_2I_2^2$$

当线路 1 中电流 I_1 稳定，合上 K_2 时，回路 2 中的电流增加会导致回路 1 中产生互感电动势，$\varepsilon_{2\to1}=-M\frac{dI_2}{dt}$。要使回路 1 中的电流保持不变，回路 1 的电源要反抗感生电动势做功，转变为磁场能量：

$$W_{2\to1}=-\int\varepsilon_{2\to1}I_1dt=\int MI_1dI_2=MI_1\int_0^{I_2}dI_2=MI_1I_2$$

因此末态总磁场能量为

$$W=W_1+W_2+W_{2\to1}=\frac{1}{2}L_1I_1^2+\frac{1}{2}L_2I_2^2+MI_1I_2$$

分析：先后合上 K_2、K_1 也能得到同样的结论。从例 3.17.3 可以看出将两相邻线圈分别与电源相连，在通电过程中，忽略线路中的焦耳热时，电源需要反抗自感电动势、反抗互感电动势做功，分别转化为例 3.17.3 末态总磁场能量的前两项自感磁能$\left(\frac{1}{2}L_1I_1^2+\frac{1}{2}L_2I_2^2\right)$，以及最后一项的互感磁能($M_1I_1I_2$)。

例 3.17.4：一个自感线圈，其自感系数为 L。另有一个电阻，其阻值为 R。将 L 和 R 串联后接到电动势为 ε 的电池上，如图 3.17.4 所示。求：(1)电路中的电流达到最大值的 80%所需要的时间；(2)当电流稳定时，储存在自感线圈中的磁场能量。

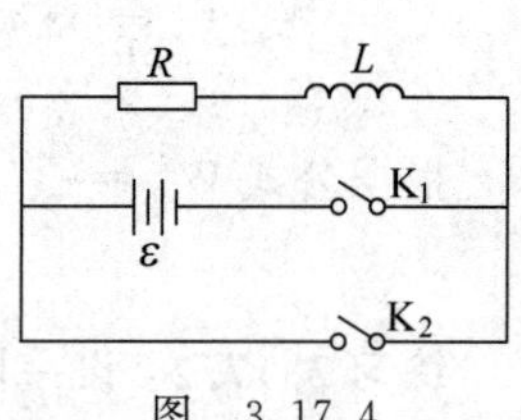

图 3.17.4

解：(1) 在 RL 暂态电路中，当 K_1 闭合时，电流随时间增大的规律为

$$i=\frac{\varepsilon}{R}(1-e^{-\frac{R}{L}t})\Rightarrow e^{-\frac{R}{L}t}=\left(1-\frac{i}{\varepsilon/R}\right)\Rightarrow-\frac{R}{L}t=\ln\left(1-\frac{i}{\varepsilon/R}\right)$$

电路中的电流达到最大值的 80%所需要的时间为

$$t=-\frac{L}{R}\ln\left(1-\frac{i}{\frac{\varepsilon}{R}}\right)=-\frac{L}{R}\ln(1-0.8)=\frac{L}{R}\ln5$$

(2) 当 $t\to\infty$时，稳定电流 $I_{max}=\frac{\varepsilon}{R}$，此时

$$W_m=\frac{1}{2}Li_{max}^2=\frac{1}{2}L\frac{\varepsilon^2}{R^2}$$

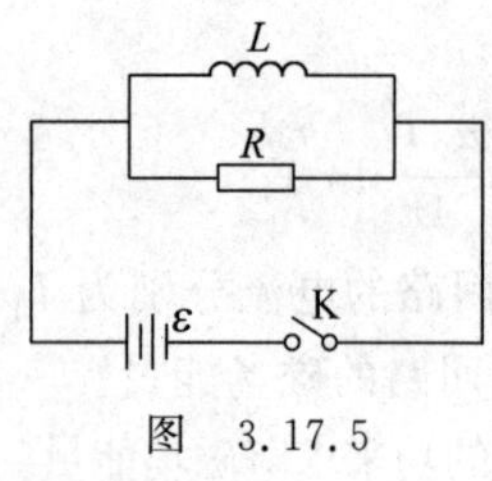

图 3.17.5

练习 3.17.3：在如图 3.17.5 所示的电路中，自感线圈中电阻为 10Ω，自感系数为 0.4H，电阻 R 为 90Ω，电源电动势为 40V，将电键接通，待电路中电流稳定后，把电键断开，则此后在 $t=0.01$s 时流过电阻 R 的电流强度为________。(忽略电源的内阻)

答案：0.33A。LR 并联电路电阻为 9Ω，电流稳定后，自感线圈中的电流为 $I_{max}=0.4$A，K 断开后 LR 回路中电流随时间减小的规律为 $I=I_me^{-\frac{t(R+R_L)}{L}}=0.4\times e^{-2.5}\approx0.033$A。

考点 2：运用磁能密度公式计算磁能

例 3.17.5：计算半径为 R、长为 l、通有电流 I、磁导率为 μ 的均匀载流圆柱导体内的磁场能量。

解：如图 3.17.6 所示，沿磁力线作半径为 r 的环路，由安培环路定理：

$$\oint \boldsymbol{H} \cdot \mathrm{d}\boldsymbol{l} = \sum I \qquad ①$$

其中 $\sum I = \frac{I}{\pi R^2}\pi r^2 = \frac{r^2}{R^2}I$，代入 ① 式可得

$$H 2\pi r = \frac{r^2}{R^2}I \Rightarrow H = \frac{Ir}{2\pi R^2} \qquad ②$$

导体内的磁感应强度为

$$B = \mu H = \frac{\mu I r}{2\pi R^2} \qquad ③$$

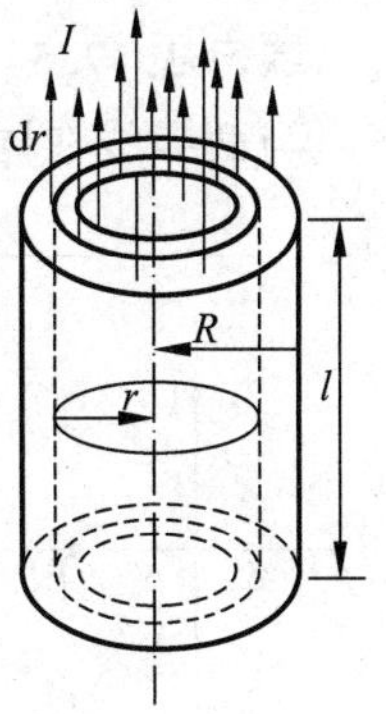

图　3.17.6

将圆柱导体分割为无限多长为 l、厚度为 $\mathrm{d}r$ 的同轴圆柱面，体积元体积为

$$\mathrm{d}V = 2\pi r l\,\mathrm{d}r$$

磁能密度为

$$w_{\mathrm{m}} = \frac{B^2}{2\mu}$$

积分可得导体内的磁场能量：

$$W_{\mathrm{m}} = \int_V w_{\mathrm{m}}\mathrm{d}V = \int_0^R \frac{B^2}{2\mu}2\pi r l\,\mathrm{d}r = \int_0^R \frac{1}{2\mu}\left(\frac{\mu I r}{2\pi R^2}\right)^2 2\pi r l\,\mathrm{d}r = \int_0^R \frac{\mu I^2 l}{4\pi R^4}r^3\,\mathrm{d}r = \frac{\mu I^2 l}{16\pi}$$

练习 3.17.4：如图 3.17.7 所示，一个横截面为矩形的螺绕环，环芯材料的磁导率为 μ，内、外半径分别为 R_1、R_2，环的厚度为 b。今在环上密绕 N 匝线圈，通以交变电流 $I = I_0\sin(\omega t)$。求螺绕环中磁场能量在一个周期内的平均值。

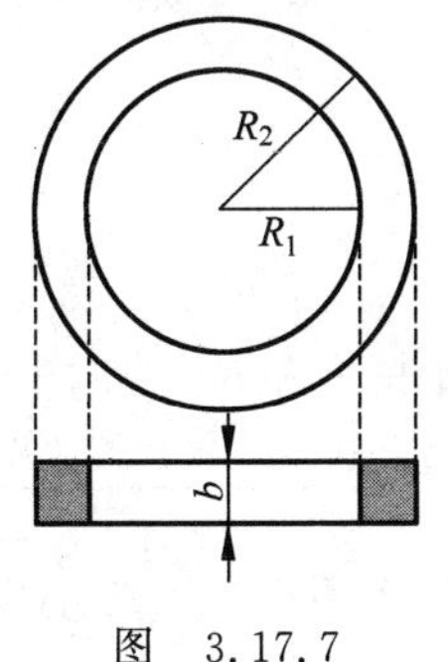

图　3.17.7

解：由安培环路定理知，半径为 r 处的磁感应强度为 $B = \frac{\mu I N}{2\pi r}$，$R_1 < r < R_2$，磁能密度为 $w_{\mathrm{m}} = \frac{B^2}{2\mu}$，积分可得导体内的磁场能量为

$$W_{\mathrm{m}} = \int_{R_1}^{R_2} \frac{B^2}{2\mu}2\pi r b\,\mathrm{d}r = \frac{\mu I^2 N^2 b}{4\pi}\int_{R_1}^{R_2}\frac{1}{r}\mathrm{d}r = \frac{\mu I^2 N^2 b}{4\pi}\ln\frac{R_2}{R_1}$$

磁场能量在一周期平均值为

$$\overline{W}_{\mathrm{m}} = \frac{\mu N^2 b I_0^2}{4\pi}\ln\frac{R_2}{R_1}\cdot\frac{1}{T}\int_0^T \sin^2(\omega t)\,\mathrm{d}t = \frac{\mu N^2 b I_0^2}{8\pi}\ln\frac{R_2}{R_1}$$

例 3.17.6：有两个长度相同，匝数相同，截面积不同的长直螺线管，通以相同大小的电流。现在将小螺线管完全放入大螺线管里（两者轴线重合），且使两者产生的磁场方向一致，则小螺线管内的磁能密度是原来的________倍；若使两螺线管产生的磁场方向相反，则小螺线管中的磁能密度为________。（忽略边缘效应）

答案：4；0。根据长直螺线管内磁感应强度的公式 $B=\mu_0 nI$，可得大小螺线管内的磁感应强度相同，$B_1=B_2=B$，当两者产生的磁场方向一致时，小螺线管内的磁感应强度 $B'=2B$，磁能密度 $w_m=\dfrac{B'^2}{2\mu_0}$是原来的 4 倍。当两者产生的磁场方向相反时，小螺线管内的磁感应强度为零，磁能密度为零。

练习 3.17.5：真空中两条相距为 $2a$ 的平行长直导线，通以方向相同、大小相等的电流 I，P 点与两导线在同一平面内，与导线的距离如图 3.17.8 所示，则 P 点的磁场能量密度为 $w_{mP}=$__________。

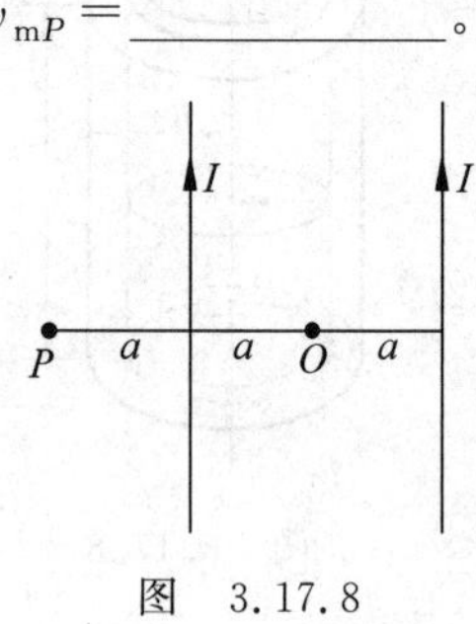

图 3.17.8

答案：$\dfrac{2\mu_0 I^2}{9\pi^2 a^2}$。$P$ 处的磁感应强度为 $B=\dfrac{\mu_0 I}{2\pi a}+\dfrac{\mu_0 I}{2\pi\cdot 3a}=\dfrac{2\mu_0 I}{3\pi a}$，$P$ 点的磁场能量密度为 $w_{mP}=\dfrac{B^2}{2\mu_0}=\dfrac{2\mu_0 I^2}{9\pi^2 a^2}$。

练习 3.17.6：半径为 R 的无限长圆柱形导体上均匀流有电流 I，该导体材料的相对磁导率为 μ_r，则在与导体轴线相距 r 处的磁场能量密度为 $w_{mr}=$__________。

答案：$\dfrac{\mu_0\mu_r I^2 r^2}{8\pi^2 R^4}$。由安培环路定理可得 r 处磁场强度为 $H=\dfrac{Ir}{2\pi R^2}$，磁感应强度为 $B=\dfrac{\mu_0\mu_r Ir}{2\pi R^2}$，磁场能量密度为 $w_{mr}=\dfrac{1}{2}BH=\dfrac{\mu_0\mu_r I^2 r^2}{8\pi^2 R^4}$。

3.18 位移电流、全电流环路定理

(1) 位移电流密度：$\boldsymbol{j}_d=\dfrac{d\boldsymbol{D}}{dt}$；位移电流强度：$I_d=\int_S \dfrac{d\boldsymbol{D}}{dt}\cdot d\boldsymbol{s}$；

(2) 全电流：$I_s=I_c+I_d$；

(3) 全电流环路定理：$\oint_L \boldsymbol{H}\cdot d\boldsymbol{l}=\int_s\left(\boldsymbol{j}_c+\dfrac{d\boldsymbol{D}}{dt}\right)\cdot d\boldsymbol{s}$。

考点：求位移电流密度进而得到周围磁场分布

例 3.18.1：电荷为 q 的点电荷，以匀角速度 ω 作圆周运动，圆周的半径为 R。设 $t=0$ 时 q 所在点的坐标为：$x_0=R$，$y_0=0$。则圆心处的位移电流密度大小 $|\boldsymbol{j}|=$__________。

答案：$\dfrac{q\omega}{4\pi R^2}$。点电荷的坐标为 $\boldsymbol{r}=R\cos(\omega t)\boldsymbol{i}+R\sin(\omega t)\boldsymbol{j}$，圆心处的场强 $\boldsymbol{E}=\dfrac{1}{4\pi\varepsilon_0}\dfrac{q}{R^3}\boldsymbol{r}$，电位移矢量 $\boldsymbol{D}=\dfrac{1}{4\pi}\dfrac{q}{R^3}\boldsymbol{r}=\dfrac{1}{4\pi}\dfrac{q}{R^2}[\cos(\omega t)\boldsymbol{i}+\sin(\omega t)\boldsymbol{j}]$。圆心处的位移电流 $\boldsymbol{j}=\dfrac{d\boldsymbol{D}}{dt}=\dfrac{q\omega}{4\pi R^2}[-\sin(\omega t)\boldsymbol{i}+\cos(\omega t)\boldsymbol{j}]$，其大小为 $|\boldsymbol{j}|=\dfrac{q\omega}{4\pi R^2}$。

分析：位移电流的本质是变化的电场；它可以存在于实物或真空中；它不产生焦耳热；

它在产生磁场方面与传导电流等效。

练习 3.18.1：一平行板电容器，两板间为空气，极板是半径为 r 的圆导体片，在充电时极板间电场强度的变化率为 $\mathrm{d}E/\mathrm{d}t$，若略去边缘效应，则两极板间位移电流密度为__________，位移电流为__________。

答案：$j_{\mathrm{d}}=\varepsilon_0\dfrac{\mathrm{d}E}{\mathrm{d}t}$，$I_{\mathrm{d}}=\varepsilon_0\pi r^2\dfrac{\mathrm{d}E}{\mathrm{d}t}$。根据位移电流密度公式 $\boldsymbol{j}_{\mathrm{d}}=\dfrac{\mathrm{d}\boldsymbol{D}}{\mathrm{d}t}$ 以及位移电流强度公式 $I_{\mathrm{d}}=\int_S \boldsymbol{j}_{\mathrm{d}}\cdot\mathrm{d}\boldsymbol{S}$ 计算可得。

难度增加练习 3.18.2：一球形电容器，内导体半径为 R_1，外导体半径为 R_2。两球间充有相对介电常数为 ε_{r} 的介质。在电容器上加电压，内球对外球的电压为 $U=U_0\sin(\omega t)$。假设 ω 不太大，以致电容器电场分布与静态场情形近似相同，求介质中各处的位移电流密度大小，再计算通过半径为 $r(R_1<r<R_2)$ 的球面的总位移电流大小。

解：由高斯定理可得，若电容器带电量为 $q(t)$，球形电容器之间的电场大小为

$$E=\frac{q(t)}{4\pi\varepsilon_0\varepsilon_{\mathrm{r}}r^2}$$

两极板之间的电压为

$$U=\int_{R_1}^{R_2}E\,\mathrm{d}r=\frac{q(t)}{4\pi\varepsilon_0\varepsilon_{\mathrm{r}}}\left(\frac{1}{R_1}-\frac{1}{R_2}\right)=U_0\sin(\omega t)$$

可得 $q(t)=4\pi\varepsilon_0\varepsilon_{\mathrm{r}}\dfrac{R_1R_2}{R_2-R_1}U_0\sin(\omega t)$，故电场大小为 $E=\dfrac{R_1R_2}{r^2(R_2-R_1)}U_0\sin(\omega t)$。位移电流密度大小为

$$j_{\mathrm{d}}=\varepsilon_0\varepsilon_{\mathrm{r}}\frac{\mathrm{d}E}{\mathrm{d}t}=\frac{\varepsilon_0\varepsilon_{\mathrm{r}}R_1R_2}{r^2(R_2-R_1)}U_0\omega\cos(\omega t)$$

过球面的总位移电流为

$$I_{\mathrm{d}}=\int_S \boldsymbol{j}_{\mathrm{d}}\cdot\mathrm{d}\boldsymbol{S}=j_{\mathrm{d}}\cdot 4\pi r^2=\frac{4\pi\varepsilon_0\varepsilon_{\mathrm{r}}R_1R_2}{R_2-R_1}U_0\omega\cos(\omega t)$$

例 3.18.2：如图 3.18.1 所示的平行板电容器，半径为 R，用长直电流给它充电，使极板间电场变化率为 $\mathrm{d}E/\mathrm{d}t=k$，求：距极板中心为 r 处的磁感应强度。

解：由对称性知，场线为一系列同心圆，在半径为 r 的圆周上，H 相等，由安培环路定理：

$$\oint_L \boldsymbol{H}_{感}\cdot\mathrm{d}\boldsymbol{l}=\int_S\frac{\mathrm{d}\boldsymbol{D}}{\mathrm{d}t}\cdot\mathrm{d}\boldsymbol{S} \quad ①$$

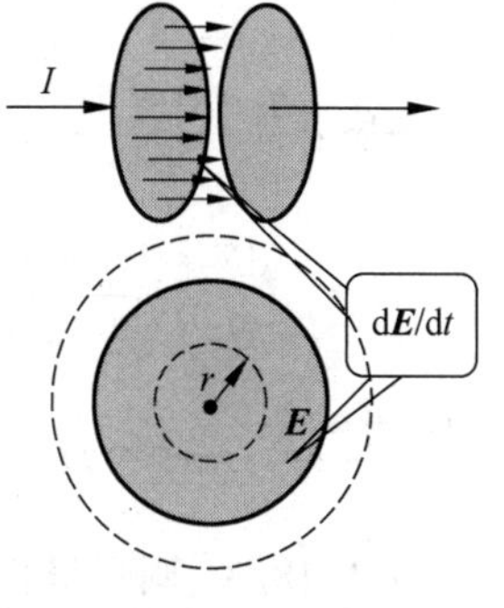

图 3.18.1

(1) 当 $r<R$，有 $\int_S\dfrac{\partial\boldsymbol{D}}{\partial t}\cdot\mathrm{d}\boldsymbol{S}=\varepsilon_0\pi r^2\dfrac{\mathrm{d}E}{\mathrm{d}t}$，代入 ① 式得

$$H_{感}\,2\pi r=\varepsilon_0\pi r^2\frac{\mathrm{d}E}{\mathrm{d}t}$$

磁场强度为

$$H_{感}=\frac{r}{2}\varepsilon_0\frac{\mathrm{d}E}{\mathrm{d}t}$$

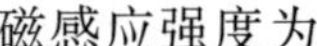

磁感应强度为

$$B=\mu_0 H=\frac{r}{2}\varepsilon_0\mu_0\frac{\mathrm{d}E}{\mathrm{d}t}=\frac{kr}{2}\varepsilon_0\mu_0$$

(2) 当 $r>R$,由①式得

$$H_{感}\,2\pi r=\varepsilon_0\pi R^2\frac{\mathrm{d}E}{\mathrm{d}t}$$

磁场强度为

$$H_{感}=\frac{R^2}{2r}\varepsilon_0\frac{\mathrm{d}E}{\mathrm{d}t}$$

磁感应强度为

$$B=\mu_0 H=\frac{R^2}{2r}\varepsilon_0\mu_0\frac{\mathrm{d}E}{\mathrm{d}t}=\frac{kR^2}{2r}\varepsilon_0\mu_0$$

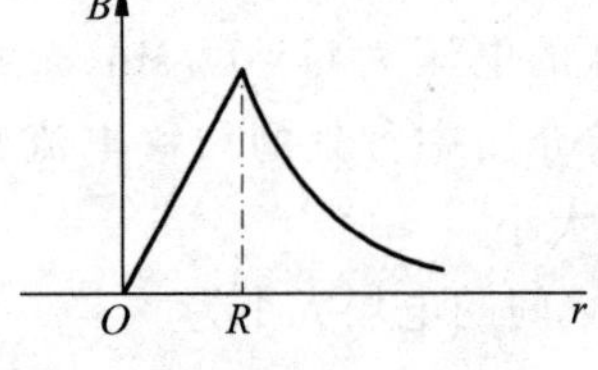

图 3.18.2

分析:本例中磁力线为系列同心圆,B-r 曲线如图 3.18.2 所示。

练习 3.18.3:如图 3.18.3 所示,平行板电容器中间是真空,充电时(忽略边缘效应),沿环路 L_1、L_2 磁场强度的环流中,必有[　　]

(A) $\oint_{L_1}\boldsymbol{H}\cdot\mathrm{d}\boldsymbol{l}>\oint_{L_2}\boldsymbol{H}\cdot\mathrm{d}\boldsymbol{l}$;　　(B) $\oint_{L_1}\boldsymbol{H}\cdot\mathrm{d}\boldsymbol{l}=\oint_{L_2}\boldsymbol{H}\cdot\mathrm{d}\boldsymbol{l}$;

(C) $\oint_{L_1}\boldsymbol{H}\cdot\mathrm{d}\boldsymbol{l}<\oint_{L_2}\boldsymbol{H}\cdot\mathrm{d}\boldsymbol{l}$;　　(D) $\oint_{L_1}\boldsymbol{H}\cdot\mathrm{d}\boldsymbol{l}=0$。

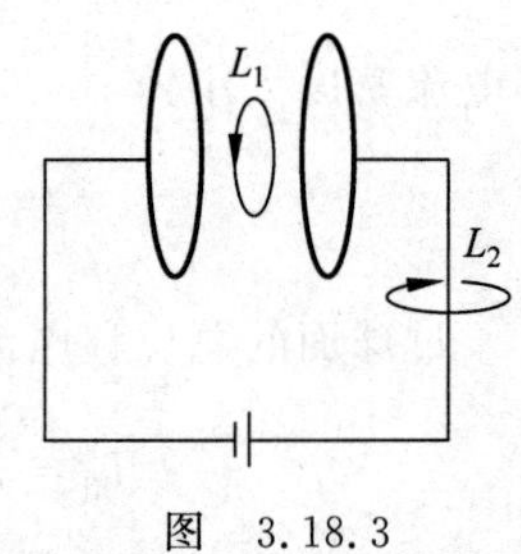

图 3.18.3

答案:C。由例 3.18.2,在电容器间,$\oint_{L_1}\boldsymbol{H}\cdot\mathrm{d}\boldsymbol{l}=\int_S\frac{\mathrm{d}\boldsymbol{D}}{\mathrm{d}t}\cdot\mathrm{d}\boldsymbol{S}=j_{\mathrm{d}}\pi r^2$,$\oint_{L_2}\boldsymbol{H}\cdot\mathrm{d}\boldsymbol{l}=I_{\mathrm{c}}$,因为全电流连续,$I_{\mathrm{c}}=I_{\mathrm{d}}=j_{\mathrm{d}}\pi R^2<j_{\mathrm{d}}\pi r^2$。

练习 3.18.4:一平行板电容器,极板是半径为 R 的圆形金属板,两极板与一交变电源相接,极板上电荷随时间的变化为 $q=q_0\sin(\omega t)$(式中 q_0、ω 均为常量)。忽略边缘效应,则两极板间位移电流密度大小为__________;在两极板间,离中心轴线距离为 $r(r<R)$处,磁场强度大小为__________。

答案:$\frac{q_0\omega\cos(\omega t)}{\pi R^2}$;$\frac{q_0\omega r\cos(\omega t)}{2\pi R^2}$。两极板间的场强为 $E=\frac{q}{S\varepsilon_0}=\frac{q_0\sin(\omega t)}{\pi R^2\varepsilon_0}$。$r<R$ 时,$j_{\mathrm{d}}=\varepsilon_0\frac{\mathrm{d}E}{\mathrm{d}t}=\frac{q_0\omega\cos(\omega t)}{\pi R^2}$。由安培环路定理:$\oint_L\boldsymbol{H}\cdot\mathrm{d}\boldsymbol{l}=\int_S\boldsymbol{j}_{\mathrm{d}}\cdot\mathrm{d}\boldsymbol{S}\Rightarrow H\cdot 2\pi r=\frac{q_0\omega\cos(\omega t)}{\pi R^2}\cdot\pi r^2\Rightarrow H=\frac{q_0\omega r\cos(\omega t)}{2\pi R^2}$。

例 3.18.3:圆形极板电容器,极板的面积为 S,两极板的间距为 d。一根长为 d 的极细的导线在极板间沿轴线与两板相连,已知细导线的电阻为 R,两极板外接交变电压 $U=U_0\sin(\omega t)$,求:(1)细导线中的电流及通过电容器的位移电流;(2)极板间离轴线为 $r(r<a)$处的磁场强度。

解：(1) 传导电流和位移电流：$I_c=\frac{U}{R}=\frac{U_0}{R}\sin(\omega t)$，$I_d=\frac{\mathrm{d}D}{\mathrm{d}t}S=\varepsilon_0\frac{\mathrm{d}E}{\mathrm{d}t}S=\frac{\varepsilon_0 S}{\mathrm{d}}\frac{\mathrm{d}U}{\mathrm{d}t}$；

(2) 全电流：

$$I=I_c+I_d=\frac{U_0}{R}\sin(\omega t)+\frac{\varepsilon_0 S}{d}U_0\omega\cos(\omega t)$$

极板间离轴线为 $r(r<a)$ 处：

$$\oint \boldsymbol{H}\cdot\mathrm{d}\boldsymbol{l}=H2\pi r=I=I_c+I_d$$

$$H=\frac{1}{2\pi r}\left[\frac{U_0}{R}\sin(\omega t)+\frac{\varepsilon_0\pi r^2}{d}U_0\omega\cos(\omega t)\right]$$

练习 3.18.5：真空中，有一平行板电容器，两块极板均为半径为 a 的圆板，将它连接到一个交变电源上，使极板上的电荷按规律 $Q=Q_0\sin(\omega t)$ 随时间 t 变化（式中 Q_0 和 ω 均为常量）。在略去边缘效应的条件下，试求两极板间任一点的磁场强度大小 H。

解：忽略边缘效应，则极板间为匀强电场，场强大小为

$$E=\frac{\sigma}{\varepsilon_0}=\frac{Q}{\varepsilon_0 S}=\frac{Q_0\sin(\omega t)}{\varepsilon_0\pi a^2}$$

极板间离轴线为 $r(r<a)$ 处：$\oint \boldsymbol{H}\cdot\mathrm{d}\boldsymbol{l}=\int_S\frac{\mathrm{d}\boldsymbol{D}}{\mathrm{d}t}\cdot\mathrm{d}\boldsymbol{S}$，整理可得 $H2\pi r=\varepsilon_0\frac{\mathrm{d}E}{\mathrm{d}t}\pi r^2$，可得磁场强度大小

$$H=\frac{r\varepsilon_0}{2}\frac{\mathrm{d}E}{\mathrm{d}t}=\frac{Q_0\omega r}{2\pi a^2}\cos(\omega t)$$

例 3.18.4：如图 3.18.4 所示，一个圆形平行板电容器两极板的电压与时间的关系为 $U=U_0\cos(\omega t)$，两板间是真空。假定 $d\ll a\ll c/\omega$，其中 c 为光速，以致电场的边缘效应和推迟效应可忽略。求两极板间区域内任意点的能流密度。

解：以中心轴线向上为 z 轴正向，设上板对下板的电压为 U，在两极板间的电场强度为

$$\boldsymbol{E}=-\frac{U}{d}\boldsymbol{k}=-\frac{U_0\cos(\omega t)}{d}\boldsymbol{k}$$

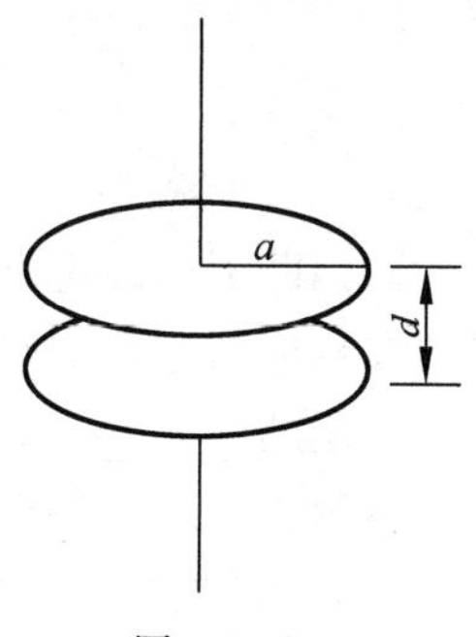

图　3.18.4

极板间离轴线为 $r(r<a)$ 处：$\oint \boldsymbol{H}\cdot\mathrm{d}\boldsymbol{l}=\int_S\frac{\mathrm{d}\boldsymbol{D}}{\mathrm{d}t}\cdot\mathrm{d}\boldsymbol{S}$，整理可得 $H2\pi r=\varepsilon_0\frac{\mathrm{d}E}{\mathrm{d}t}\pi r^2$，可得磁场强度大小为

$$H=\frac{r\varepsilon_0}{2}\frac{\mathrm{d}E}{\mathrm{d}t}=\frac{\varepsilon_0 U_0\omega r}{2d}\sin(\omega t)$$

方向为沿回路切向。

能流密度大小为 $S=EH=\frac{\varepsilon_0 U_0^2\omega t}{4d^2}\sin(2\omega t)$，方向为径向。

练习 3.18.6：在一个圆形平行板电容器内，存在着一均匀分布的随时间变化的电场，电场强度为 $E=E_0\mathrm{e}^{-t/\tau}$（$E_0$ 和 τ 皆为常量），则在任意时刻，电容器内距中心轴为 r 处的能流密度的大小为____________，方向为____________。

答案：$\dfrac{r\varepsilon_0}{2\tau}E_0^2\mathrm{e}^{-2t/\tau}$，沿半径方向指向电容器外。极板间离轴线为 $r(r<a)$ 处：$\oint \boldsymbol{H}\cdot\mathrm{d}\boldsymbol{l}=\int_S \dfrac{\mathrm{d}\boldsymbol{D}}{\mathrm{d}t}\cdot\mathrm{d}\boldsymbol{S}$，整理可得 $H2\pi r=\varepsilon_0\dfrac{\mathrm{d}E}{\mathrm{d}t}\pi r^2$，可得磁场强度大小为 $H=\dfrac{r\varepsilon_0}{2}\dfrac{\mathrm{d}E}{\mathrm{d}t}=-\dfrac{r\varepsilon_0}{2\tau}E_0\mathrm{e}^{-t/\tau}$，能流密度大小按 $S=EH$ 计算，方向由右手螺旋定则 $\boldsymbol{E}\times\boldsymbol{H}$ 判断。

3.19 麦克斯韦方程

(1) 积分形式

$$\oint_S \boldsymbol{D}\cdot\mathrm{d}\boldsymbol{s}=\int_V \rho\mathrm{d}V;\quad \oint_L \boldsymbol{E}\cdot\mathrm{d}\boldsymbol{l}=-\int_S \frac{\partial \boldsymbol{B}}{\partial t}\cdot\mathrm{d}\boldsymbol{s};$$

$$\oint_S \boldsymbol{B}\cdot\mathrm{d}\boldsymbol{s}=0;\quad \oint_L \boldsymbol{H}\cdot\mathrm{d}\boldsymbol{l}=\int_S\left(\boldsymbol{j}+\frac{\partial \boldsymbol{D}}{\partial t}\right)\cdot\mathrm{d}\boldsymbol{s}。$$

方程中各量的关系：$\boldsymbol{D}=\varepsilon_0\varepsilon_r\boldsymbol{E}$，$\boldsymbol{j}=\sigma\boldsymbol{E}$，$\boldsymbol{B}=\mu_0\mu_r\boldsymbol{H}$。

(2) 微分形式

$$\nabla\cdot\boldsymbol{D}=\rho;\quad \nabla\times\boldsymbol{E}=-\frac{\partial \boldsymbol{B}}{\partial t};\quad \nabla\cdot\boldsymbol{B}=0;\quad \nabla\times\boldsymbol{H}=\boldsymbol{j}+\frac{\partial \boldsymbol{D}}{\partial t}$$

考点：麦克斯韦方程组的理解

例 3.19.1：反映电磁场基本性质和规律的积分形式的麦克斯韦方程组为

$$\oint_S \boldsymbol{D}\cdot\mathrm{d}\boldsymbol{s}=\int_V \rho\mathrm{d}V \quad ①$$

$$\oint_L \boldsymbol{E}\cdot\mathrm{d}\boldsymbol{l}=-\int_S \frac{\partial \boldsymbol{B}}{\partial t}\cdot\mathrm{d}\boldsymbol{s} \quad ②$$

$$\oint_S \boldsymbol{B}\cdot\mathrm{d}\boldsymbol{s}=0 \quad ③$$

$$\oint_L \boldsymbol{H}\cdot\mathrm{d}\boldsymbol{l}=\int_S\left(\boldsymbol{j}+\frac{\partial \boldsymbol{D}}{\partial t}\right)\cdot\mathrm{d}\boldsymbol{s} \quad ④$$

试判断下列结论是包含于或等效于哪一个麦克斯韦方程式的。将你确定的方程式用代号填在相应结论后的空白处。(1)变化的磁场一定伴随有电场________；(2)磁感线是无头无尾的________；(3)电荷总伴随有电场________。

答案：②式；③式；①式。

练习 3.19.1：写出麦克斯韦方程组的积分形式：________，________，________，________。

答案：见例 3.19.1①式～④式。

3.20 电磁波的产生及基本性质

(1) 电磁波的波动方程：$\nabla^2\boldsymbol{E}=\mu\varepsilon\dfrac{\partial^2\boldsymbol{E}}{\partial t^2}$，$\nabla^2\boldsymbol{H}=\mu\varepsilon\dfrac{\partial^2\boldsymbol{H}}{\partial t^2}$，由此可得介质中电磁波的传播

速度：$u=\dfrac{1}{\sqrt{\mu\varepsilon}}=\dfrac{c}{\sqrt{\mu_r\varepsilon_r}}=\dfrac{c}{n}$。

(2) 电磁波的发射：LC 回路的固有频率为$\nu=\dfrac{1}{2\pi\sqrt{LC}}$，提高辐射强度的途径有减小 L 和减小 C。

(3) 平面电磁波的基本性质：①横波性，$\boldsymbol{E}$、$\boldsymbol{H}$、$\boldsymbol{u}$ 相互垂直且成右手系；②频率和相位特征，$\boldsymbol{E}$、$\boldsymbol{H}$ 同频率、同相位的变化；③振幅特征，介质中$\sqrt{\varepsilon}E=\sqrt{\mu}H\Rightarrow E=\dfrac{B}{\sqrt{\varepsilon\mu}}=Bu$，真空中$\sqrt{\varepsilon_0}E=\sqrt{\mu_0}H\Rightarrow E=\dfrac{B}{\sqrt{\varepsilon_0\mu_0}}=B_C$。

(4) 能量密度 $w=\dfrac{1}{2}(\boldsymbol{E}\cdot\boldsymbol{D}+\boldsymbol{B}\cdot\boldsymbol{H})$；区域 V 中的总能量 $W=\dfrac{1}{2}\int_V(\boldsymbol{E}\cdot\boldsymbol{D}+\boldsymbol{B}\cdot\boldsymbol{H})\mathrm{d}V$。

(5) 能流密度矢量，坡印亭矢量：$\boldsymbol{S}=\boldsymbol{E}\times\boldsymbol{H}$，$S=wu$。

考点 1：平面电磁波中电场和磁场的变换关系

例 3.20.1：已知沿 x 轴负向传播的平面电磁波的电场矢量函数为$\boldsymbol{E}=E_0\cos\left[2\pi\left(\dfrac{t}{T}+\dfrac{x}{\lambda}\right)+\pi\right]\boldsymbol{j}$，求：磁场强度矢量。

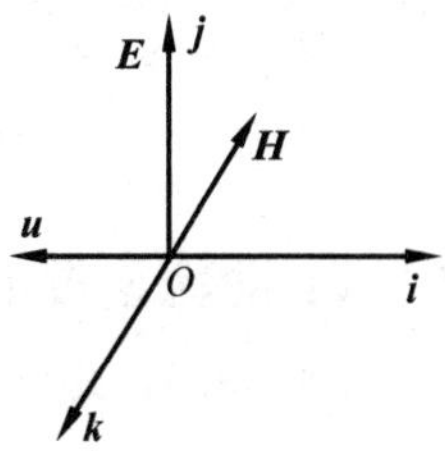

图 3.20.1

解：磁场振幅：根据$\sqrt{\mu}H=\sqrt{\varepsilon}E$，振幅 $H_0=\sqrt{\dfrac{\varepsilon}{\mu}}E_0$；

磁场相位：与电场相同；

磁场方向：根据 $\boldsymbol{E}\times\boldsymbol{H}$ 为电磁波传播方向，根据题意，$\boldsymbol{E}$ 为 $\boldsymbol{j}$ 向，$\boldsymbol{u}$ 为$-\boldsymbol{i}$ 向，如图 3.20.1 所示，可判断 $\boldsymbol{H}$ 为$-\boldsymbol{k}$ 向。

综上可得

$$\boldsymbol{H}=-\sqrt{\frac{\varepsilon}{\mu}}E_0\cos\left[2\pi\left(\frac{t}{T}+\frac{x}{\lambda}\right)+\pi\right]\boldsymbol{k}$$

练习 3.20.1：在真空中传播的平面电磁波，其电场强度波的表达式是 $E_z=E_0\cos[2\pi(\nu t-x/\lambda)]$，则磁场强度波的表达式是[　　]

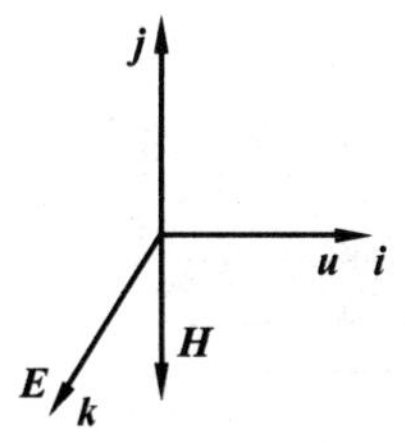

图 3.20.2

(A) $H_y=\sqrt{\varepsilon_0/\mu_0}E_0\cos[2\pi(\nu t-x/\lambda)]$；

(B) $H_z=\sqrt{\varepsilon_0/\mu_0}\cos[2\pi(\nu t-x/\lambda)]$；

(C) $H_y=-\sqrt{\varepsilon_0/\mu_0}E_0\cos[2\pi(\nu t-x/\lambda)]$；

(D) $H_y=-\sqrt{\varepsilon_0/\mu_0}E_0\cos[2\pi(\nu t+x/\lambda)]$。

答案：C。根据题意，$\boldsymbol{E}$ 为 $\boldsymbol{k}$ 向，$\boldsymbol{u}$ 为 $\boldsymbol{i}$ 向，如图 3.20.2 所示，可判断 $\boldsymbol{H}$ 为$-\boldsymbol{j}$ 向。

练习 3.20.2：沿在 $\mu_r=1.00$，$\varepsilon_r=2.00$ 的介质中传播的电磁波，若其电场强度振幅为 E_0，则其磁场强度振幅 $H_0=$____________。(ε_0、μ_0 已知)

答案：$\sqrt{2\varepsilon_0/\mu_0}\,E_0$。介质中电磁波的振幅特征：$H_0=\sqrt{\varepsilon/\mu}\,E_0=\sqrt{\dfrac{\varepsilon_0\varepsilon_r}{\mu_0\mu_r}}\,E_0=\sqrt{2\varepsilon_0/\mu_0}\,E_0$。

例 3.20.2：沿 x 轴正向传播的平面电磁波，其电场的传播方程为$\dfrac{\partial^2 E_y}{\partial t^2}=u^2\dfrac{\partial^2 E_y}{\partial x^2}$，那么磁场的传播方程为____________。

答案：$\dfrac{\partial^2 H_z}{\partial t^2}=u^2\dfrac{\partial^2 H_z}{\partial x^2}$。由电场振动方程可以判断其振动方向为 y 轴正向，由右手螺旋定则可判断磁场振动方向为 z 轴正向；二者传播速率相同。

例 3.20.3：一简谐振动回路由电容为 C 的平行板电容器和自感系数为 L 的理想线圈组成，将平行板电容器两极板间距增大一倍，线圈单位长度导线匝数增大一倍，则该振荡回路产生的电磁波频率为原来的____________倍。

答案：$\dfrac{1}{\sqrt{2}}$。LC 回路的固有频率 $\nu=\dfrac{1}{2\pi\sqrt{LC}}$，根据平行板电容器电容 $C=\varepsilon_0\dfrac{S}{d}$，以及理想线圈自感 $L=\mu_0 n^2 V$，可得当 d 增大一倍，电容 $C'=\dfrac{1}{2}C$，当 n 增大一倍，自感 $L'=4L$，辐射电磁波频率 $\nu'=\dfrac{1}{\sqrt{2}}\nu$。

考点 2：能流密度的理解与计算

例 3.20.4：真空中平面电磁波的波长为 0.03m，电场强度的振幅为 $E_0=30\text{V/m}$。试求：(1)电磁波的频率；(2)磁感应强度的振幅；(3)平均辐射强度大小；(4)当电磁波垂直入射到 0.5m^2 的平面上并被全部吸收时，它对该平面的辐射压力。

解：(1) 电磁波的频率：$\nu=\dfrac{c}{\lambda}=10^{10}\text{Hz}$；

(2) 磁感应强度的振幅：$B_0=\dfrac{E_0}{c}=10^{-7}\text{T}$；

(3) 平均辐射强度：$S=\overline{EH}=\dfrac{1}{2}E_0H_0=\dfrac{1}{2}u_0\varepsilon_0E_0^2=\dfrac{1}{2}c\varepsilon_0E_0^2\approx1.20\text{W/m}^2$；

(4) 根据狭义相对论公式：$E=mc^2$，可得单位体积中光子的质量为 $\rho=\dfrac{w}{c^2}$。 ①

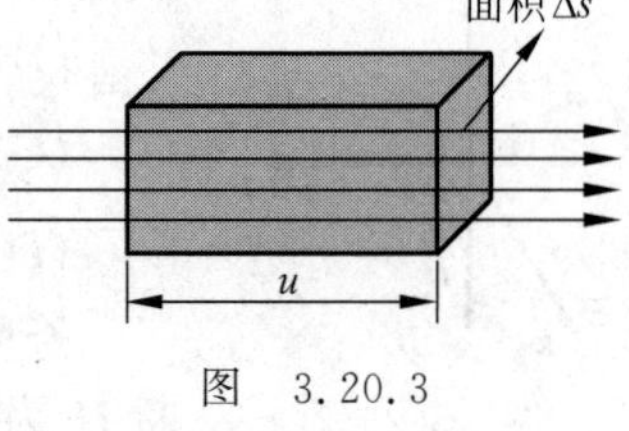

图 3.20.3

根据动量定理，电磁波垂直入射到右边面积为 Δs 的平面上并被全部吸收时(图 3.20.3)

$$f=\frac{\Delta p}{\Delta t}=\frac{mc}{\Delta t} \quad ②$$

由②式可得，Δt 时间内右壁受到的总作用力为

$$F=\frac{(\Delta s\rho\Delta tc)c}{\Delta t}=\Delta s\rho c^2=\Delta sw \quad ③$$

运用能量密度与能流密度之间的关系 $w=\dfrac{S}{c}$，将①式代入③式可得

$$F=\Delta s w=\Delta s\,\frac{S}{c}\approx 1.99\times 10^{-9}\,\mathrm{N}$$

练习 3.20.3：一同轴电缆，内外导体间充满了相对介电常数为 $\varepsilon_r=2.25$、相对磁导率为 $\mu_r=1$ 的介质，电缆损耗可以忽略不计。信号在此电缆中传播的速度为＿＿＿＿＿＿。

答案：$2.0\times10^8\,\mathrm{m/s}$。介质中的电磁波波速 $u=\dfrac{c}{\sqrt{\varepsilon_r\mu_r}}$。

练习 3.20.4：一平面电磁波在非色散无损耗的介质里传播，测得电磁波的平均能流密度为 $3000\,\mathrm{W/m^2}$，介质的相对介电常数为 4，相对磁导率为 1，则在介质中电磁波的平均能量密度为［　　］

(A) $1000\,\mathrm{J/m^3}$；　　(B) $3000\,\mathrm{J/m^3}$；

(C) $1.0\times10^{-5}\,\mathrm{J/m^3}$；　　(D) $2.0\times10^{-5}\,\mathrm{J/m^3}$。

答案：D。介质中的电磁波波速 $u=\dfrac{c}{\sqrt{\varepsilon_r\mu_r}}$，则电磁波的平均能量密度为 $w=\dfrac{S}{u}=\dfrac{S\sqrt{\varepsilon_r\mu_r}}{c}=2.0\times10^{-5}\,\mathrm{J/m^3}$。

例 3.20.5：证明电阻中消耗的焦耳热，是通过电磁场由电阻表面流进来的电磁场能量。

证明：设电阻是半径为 r、长为 l 的圆柱体，电阻 $R=\dfrac{l}{\sigma\pi r^2}$，电流沿 z 方向，靠近电阻表面的磁场和电场为

$$\boldsymbol{H}=\frac{I}{2\pi r}\boldsymbol{e}_\varphi,\quad \boldsymbol{E}=\frac{\boldsymbol{j}}{\sigma}=\frac{I}{\sigma\pi r^2}\boldsymbol{e}_z$$

柱体侧面上的能流密度为

$$\boldsymbol{S}=\boldsymbol{E}\times\boldsymbol{H}=-\frac{I^2}{\sigma 2\pi^2 r^3}\boldsymbol{e}_r$$

单位时间内由电阻表面流入的电磁场能量为

$$W=\oint_{柱面}\boldsymbol{S}\cdot\mathrm{d}\boldsymbol{s}=\frac{I^2 l}{\sigma\pi r^2}=I^2R$$

练习 3.20.5：有一圆形平行板电容器(图 3.20.4)。试由计算证明：在充电过程中，电磁场输入的功率等于电容器内电场能量的增加率。

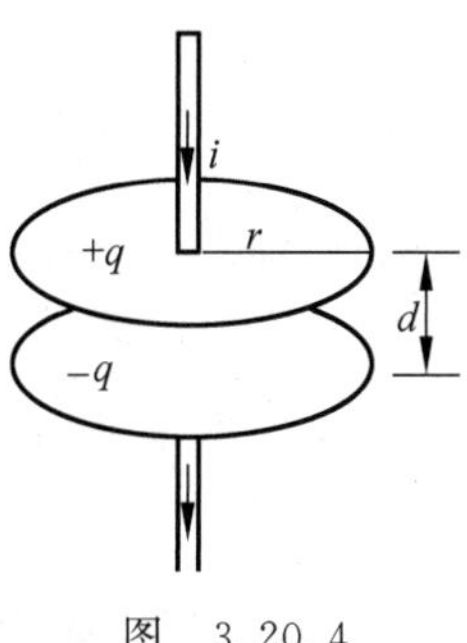

图　3.20.4

证：当充电电流向下时，极板间的 $\boldsymbol{H}$ 线为一系列同心圆。在板间空间任意点都有 $\boldsymbol{S}=\boldsymbol{E}\times\boldsymbol{H}$。坡印亭矢量 $\boldsymbol{S}$ 的方向垂直于圆柱形空间侧面指向电容器内部，电磁场的能量由空间通过圆柱形侧面进入电容器。圆柱形侧表面处场强度分别为

$$E=\frac{U}{d}=\frac{qC}{d},\quad H=\frac{i}{2\pi r}=\frac{1}{2\pi r}\frac{\mathrm{d}q}{\mathrm{d}t}$$

则电磁场输入电容器的功率为

$$W=\oint_{\text{侧面}} \boldsymbol{S}\cdot \mathrm{d}\boldsymbol{s}=\frac{q}{Cd}\frac{1}{2\pi r}\frac{\mathrm{d}q}{\mathrm{d}t}2\pi rd=\frac{q}{C}\frac{\mathrm{d}q}{\mathrm{d}t}=\frac{\mathrm{d}}{\mathrm{d}t}\left(\frac{1}{2}\frac{q^2}{C}\right)$$

其中$\frac{1}{2}\frac{q^2}{C}$为电容器电荷为q时存储的电场能，而$\frac{\mathrm{d}}{\mathrm{d}t}\left(\frac{1}{2}\frac{q^2}{C}\right)$则为电场能的增加率。

例 3.20.6：有一平面电磁波其电场强度为$\boldsymbol{E}=100\cos(2\pi\times10^{-2}z-2\pi\times10^{6}t)\hat{\boldsymbol{x}}$(SI)，其中$\hat{\boldsymbol{x}}$是$x$方向的单位矢量。(1)判断电场的振动方向和波传播的方向；(2)确定该波的圆频率和波长；(3)确定该波的波速；(4)若此波的磁场强度为$\boldsymbol{H}=\frac{5}{2\pi}\cos(2\pi\times10^{-2}z-2\pi\times10^{6}t)\hat{\boldsymbol{y}}$(SI)。其中$\hat{\boldsymbol{y}}$是$y$方向的单位矢量，求此平面波通过一个与$xy$平面平行，面积为$2\mathrm{m}^2$的截面所输送的平均功率。(答案中要写明单位)

解：(1) 电场强度振动的方向与$\hat{\boldsymbol{x}}$平行，波传播方向为$\hat{\boldsymbol{z}}$。

(2) 圆频率：$\omega=2\pi\times10^{6}\,\mathrm{Hz}=6.28\times10^{6}\,\mathrm{Hz}$；

波长：$\lambda=\frac{2\pi}{k}=\frac{2\pi}{2\pi\times10^{-2}}=100\mathrm{m}$。

(3) 波速：$u=\frac{\lambda}{T}=\frac{\omega\lambda}{2\pi}=10^{8}\,\mathrm{m/s}$。

(4) 坡印亭矢量：$\boldsymbol{S}=\boldsymbol{E}\times\boldsymbol{H}$，最大值为$S_0=E_0H_0=79.6\mathrm{J/(m^2\cdot s)}$；

平均功率：$\overline{P}=\overline{S}A=\frac{1}{2}S_0A=79.6\mathrm{W}$。

练习 3.20.6：在半径为0.01m直导线中，流有2A电流，已知1000m长度的导线的电阻为0.5Ω，则在导线表面上任意点的能流密度矢量的大小为[　　]

(A) $3.18\times10^{-2}\,\mathrm{W/m^2}$；　　(B) $1.27\times10^{-2}\,\mathrm{W/m^2}$；

(C) $3.18\times10^{-3}\,\mathrm{W/m^2}$；　　(D) $1.6\times10^{-3}\,\mathrm{W/m^2}$。

答案：A。导线表面上磁感应强度大小为$H=\frac{I}{2\pi a}$(a为导线半径)。根据公式$j=\sigma E$，以及电阻$R=\frac{1}{\sigma}\cdot\frac{l}{s}$，可得$\frac{I}{s}=\frac{l}{sR}E$，电场$E=\frac{IR}{l}$。导线表面上任意点的能流密度矢量的大小$S=EH=\frac{I}{2\pi a}\cdot\frac{IR}{l}=3.18\times10^{-2}\,\mathrm{W/m^2}$。

练习 3.20.7：一个1.0W的单色点光源，向各个方向均匀辐射，试计算距光源2m远处的电场强度和磁感应强度的最大值。

解：平均辐射强度：$\overline{S}=\frac{1}{2}E_0H_0=\frac{E_0^2}{2\mu_0 c}$；

根据辐射功率与平均强度之间的关系：$P=4\pi r^2\overline{S}$；

联立以上两式可得，电场强度最大值：$E_0=(\mu_0 cP/2\pi r^2)^{1/2}3.87\mathrm{V/m}$；

磁感应强度最大值：$B_0=E_0/c=1.29\times10^{-8}\,\mathrm{T}$。

3.21* 边界条件

(1) 在磁介质的交界面：$\boldsymbol{n}\cdot(\boldsymbol{B}_2-\boldsymbol{B}_1)=0$；$\boldsymbol{n}\times(\boldsymbol{H}_2-\boldsymbol{H}_1)=\boldsymbol{\alpha}\xrightarrow{a_c=0}B_{1n}=B_{2n}$，

$H_{1\tau}=H_{2\tau}$；

(2) 在电介质的交界面：$\boldsymbol{n}\times(\boldsymbol{E}_2-\boldsymbol{E}_1)=\boldsymbol{0}$，$\boldsymbol{n}\cdot(\boldsymbol{D}_2-\boldsymbol{D}_1)=\sigma_0\xrightarrow{\sigma_0=0}E_{1\tau}=E_{2\tau}$，$D_{1n}=D_{2n}$。

考点：根据电介质和磁介质边界条件判断其方向

例 3.21.1：在空气($\mu_{r1}=1$)和软铁($\mu_{r2}=7000$)的交界面附近测量磁场，发现软铁中的磁感应线与界面法线的夹角为 $\theta_2=85°$，则空气中的磁感应线与界面法线的夹角是多少度？若空气中的磁感应线与界面法线的夹角为 $\theta_1=30°$，则软铁中的磁感应线与界面法线的夹角又是多少度？

解：由磁场边界条件 $B_{1n}=B_{2n}$，$H_{1\tau}=H_{2\tau}$，如图 3.21.1 所示，可得

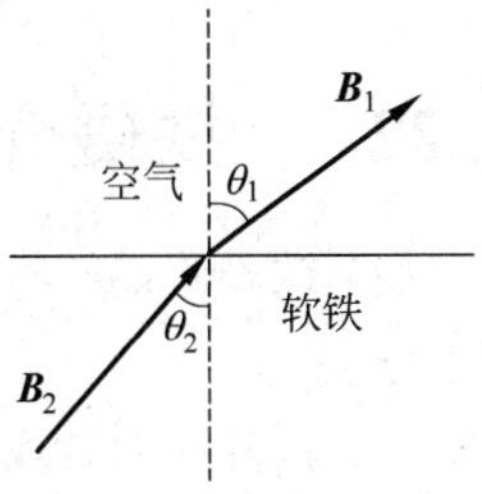

$$\mu_1 H_1\cos\theta_1=\mu_2 H_2\cos\theta_2\Rightarrow\mu_{r1}H_1\cos\theta_1=\mu_{r2}H_2\cos\theta_2 \quad ①$$

$$H_1\sin\theta_1=H_2\sin\theta_2 \quad ②$$

图 3.21.1

②式/①式得

$$\frac{\tan\theta_1}{\tan\theta_2}=\frac{\mu_{r1}}{\mu_{r2}}$$

$\rightarrow\theta_2=85°$ 时，$\theta_1=\arctan\left(\frac{\mu_1}{\mu_2}\tan\theta_2\right)=\arctan\frac{\tan85°}{7000}\approx 0.09456°\approx5.6'$

$\rightarrow\theta_1=30°$时，$\theta_2=\arctan\left(\frac{\mu_2}{\mu_1}\tan\theta_1\right)=\arctan(7000\tan30°)\approx89.986°\approx89°59'$

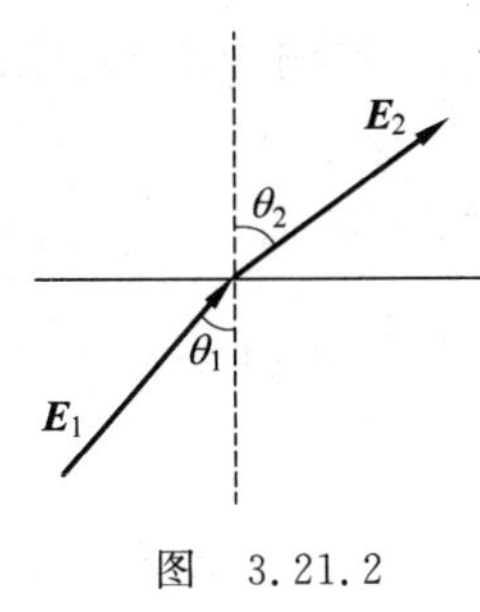

图 3.21.2

练习 3.21.1：在相对介电常数分别为 $\varepsilon_{r1}=2$ 和 $\varepsilon_{r2}=4$ 的两种同向均匀电介质 1 和 2 的分界面上(分界面处无自由电荷)，已知电场强度$\boldsymbol{E}_1$ 与界面法向夹角为 $\theta_1=45°$，如图 3.21.2 所示，则电场强度$\boldsymbol{E}_2$ 与界面法向夹角为[　　]

(A) $\theta_2=45°$；　(B) $\theta_2=30°$；

(C) $0<\theta_2<60°$；　(D) $60°<\theta_2<90°$。

答案：D。根据电场的边界条件，当分界面处无自由电荷时 $E_{1\tau}=E_{2\tau}$，$D_{1n}=D_{2n}$，即 $E_1\sin\theta_1=E_2\sin\theta_2$，$\varepsilon_1E_1\cos\theta_1=\varepsilon_2E_2\cos\theta_2$，两式相比得 $\tan\theta_1=\frac{1}{2}\tan\theta_2$，代入 $\theta_1=45°$，可得 $\tan\theta_2=2$。

练习 3.21.2：已知一各向同性均匀电介质板的介电常量是 ε。介质板外的真空中电场强度 $\boldsymbol{E}$ 的方向与介质板面的法线间夹角为 θ_1，且介质板上面无自由电荷。则介质板内场强 $\boldsymbol{E}_2$ 与板面法线间的夹角 $\theta_2=$__________。

答案：$\arctan\left(\frac{\varepsilon_0}{\varepsilon}\theta_1\right)$。

练习 3.21.3：在介电常量分别为 ε_1 和 ε_2 的两种各向同性均匀电介质的分界面上无自由电荷，已知第一种介质中电位移$\boldsymbol{D}_1$ 的方向如图 3.21.3 所示。若 $\varepsilon_1>\varepsilon_2$，试在图中画出

第二种介质中电位移$\boldsymbol{D}_1$的大致方向。

答案：如图 3.21.4 所示。

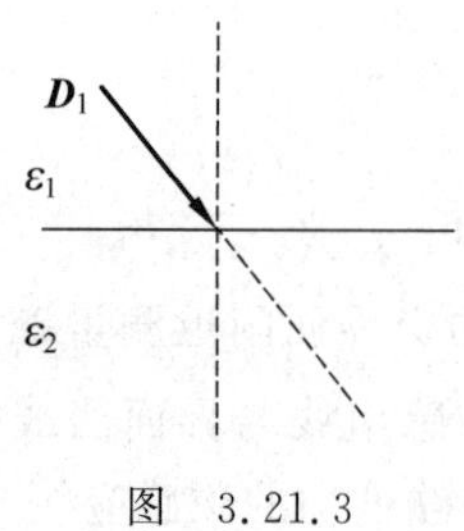

图 3.21.3

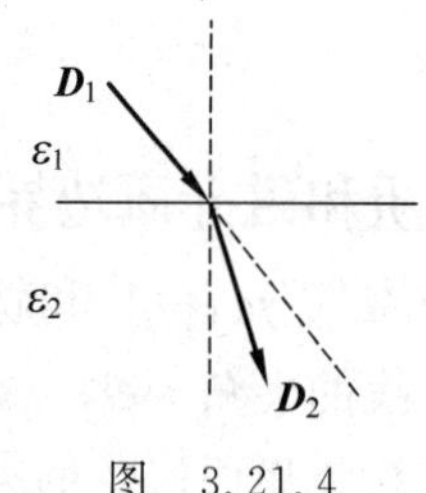

图 3.21.4

3.22* 铁磁介质

(1) 铁磁质：$\mu_r \gg 1$。磁化特性：①非线性；②磁化强；③有磁滞；④有剩磁；⑤存在临界温度。

(2) 铁磁性的微观解释：磁畴理论。

(3) 铁磁质的分类及其应用：

① 软磁材料：矫顽力小，磁滞回线瘦；用于制造变压器、电机、电磁铁的铁芯；

② 硬磁材料：矫顽力大，磁滞回线胖；用于制造永久磁铁；

③ 矩磁材料：矫顽力很大，磁滞回线近似于矩形；用于信息存储元件。

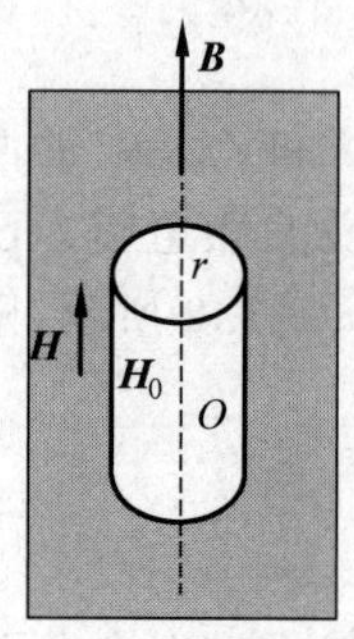

图 3.22.1

例 3.22.1：在$\mu_r=500$的很大的铁磁质内，挖一半径为r、长度为l的针形细长小洞($r \ll l$)，洞轴与$\boldsymbol{B}$平行(假设挖洞后不影响其余部分磁化)。已知铁磁质内$B=5\text{T}$，方向如图 3.22.1 所示。求洞中心O的B与H。

解：由边界条件知，H切向连续，洞中心O的磁场强度为$H_O=H_{介}=\dfrac{B}{\mu_0\mu_r}=7.96\times10^3\,\text{A/m}$，磁感应强度为$B_O=\mu_0 H_O=\dfrac{B}{\mu_r}=1.0\times10^{-2}\,\text{T}$。

例 3.22.2：有很大剩余磁化强度的软磁材料不能做成永磁铁，是因为软磁材料__________；如果做成永磁体__________。硬磁材料的特点是__________；适于制造__________。

答案：矫顽力小；容易退磁。矫顽力大，剩磁也大；永久磁铁。

例 3.22.3：有一根铁磁棒，其矫顽力为$4\times10^3\,\text{A/m}$。把这根铁磁棒插入一通电螺线管中使其去磁。螺线管的长度为 12cm，线圈的匝数为 60 匝，则线圈导线中应通以的电流强度为__________。

答案：8A。由于铁棒的强烈磁化作用，其内部的磁场总可以当作无限长直密绕螺线管内的均匀场：$H=\dfrac{N}{l}I$。若使铁磁棒去磁，必须$H=H_c=4\times10^3\,\text{A/m}$，所以线圈导线中应通

以的电流强度 $I=\frac{H_c l}{N}=\frac{4\times10^3\times0.12}{60}\text{A}=8\text{A}$ 。

3.23* 闭合电路和一段含源电路的欧姆定律、基尔霍夫定律、电流的功和功率

(1) 基尔霍夫定律：①节点 $\sum_i I_i=0$(流出为正，流入为负)；②回路 $\sum_i U_i=0$ 或 $(\sum\pm\varepsilon_i+\sum\pm I_iR_i)=0$(电动势方向(从负极到正极)与 L 回路方向相同，取负号；电流方向与 L 回路相同取正号)。

(2) 对非均匀截面电阻：$\mathrm{d}R=\rho\frac{\mathrm{d}l}{\mathrm{d}s}\left(\rho=\frac{1}{\sigma}\right)$，$R=\int\mathrm{d}R$。

(3) 微分形式的欧姆定律：$\boldsymbol{j}=\sigma\boldsymbol{E}$。

(4) 焦耳-楞次定律(微分形式)：$w=\boldsymbol{j}\cdot\boldsymbol{E}=\sigma E^2$。

(5) RC 充放电电路：(时间常数 $\tau=RC$)

充电：$q=\varepsilon C\left[1-\exp\left(-\frac{t}{RC}\right)\right]$；$u_c=\varepsilon\left[1-\exp\left(-\frac{t}{RC}\right)\right]$；$i=\frac{\varepsilon}{R}\exp\left(-\frac{t}{RC}\right)$；

放电：$q=C\varepsilon\exp\left(-\frac{t}{RC}\right)$；$u_c=\varepsilon\exp\left(-\frac{t}{RC}\right)$；$i=\frac{-\varepsilon}{R}\exp\left(-\frac{t}{RC}\right)$。

考点1：电阻的计算与微分形式的欧姆定律

例3.23.1：一电缆的芯线是半径为 r_1 的铜线，在铜线外包一层同轴的绝缘层，绝缘层的外径为 r_2，电阻率为 ρ，在绝缘层外又用铅层保护起来。当电缆在工作时，芯线与铅层之间存在着径向漏电电流。试求长为 l 的这种缆线的径向漏电电阻。

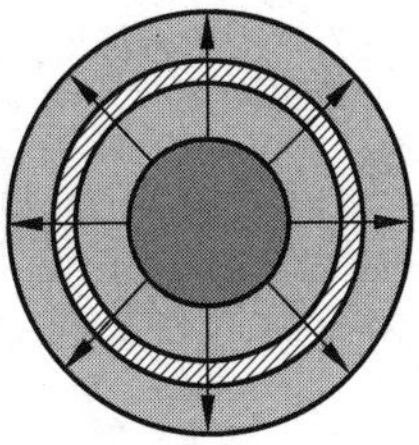

图　3.23.1

解：由于漏电电流沿径向通过不同截面的圆柱，因此绝缘层的电阻可视为无数圆柱薄层的电阻串联而成。

在此绝缘层沿径向取半径为 r、厚为 $\mathrm{d}r$ 的薄圆柱层，其电阻为 $\mathrm{d}R=\rho\frac{\mathrm{d}r}{2\pi rl}$，积分得径向电阻为

$$R=\int_{r_1}^{r_2}\rho\frac{\mathrm{d}r}{2\pi rl}=\frac{\rho}{2\pi l}\ln\frac{r_2}{r_1}$$

练习3.23.1：一长为 L 的金属接头具有如图3.23.2所示的圆台状，电流从半径为 r_1 的端面 S_1 流向半径为 r_2 的端面 S_2，且在任一截面上都是均匀分布的，试求 S_1 和 S_2 之间的电阻。

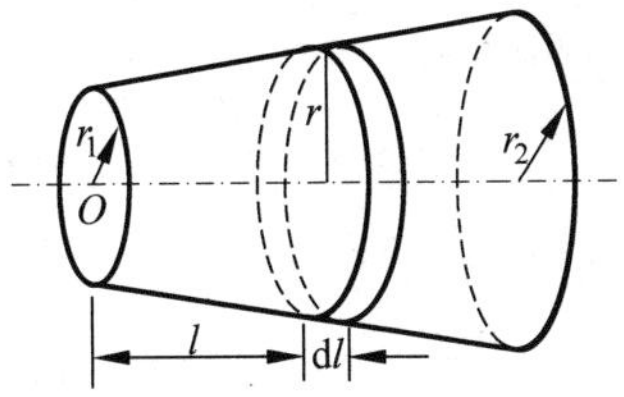

图　3.23.2

解：在此圆台状金属接头取半径为 r、距离左侧为 l，厚为 $\mathrm{d}l$ 的薄圆柱层，其电阻为 $\mathrm{d}R=\rho\frac{\mathrm{d}l}{\pi r^2}$。

因为 $l=\frac{r-r_1}{r_2-r_1}$，两边微分得 $dl=\frac{dr}{r_2-r_1}$，代入上式得

$$dR=\rho\frac{L\,dr}{\pi(r_2-r_1)r^2}$$

积分可得 S_1 和 S_2 之间的总电阻为

$$R=\int dR=\int_{r_1}^{r_2}\rho\frac{L\,dr}{\pi(r_2-r_1)r^2}=\rho\frac{L}{\pi r_1 r_2}$$

分析：当 $r_1=r_2=r$ 时，$R=\rho\frac{L}{\pi r^2}=\rho\frac{L}{S}$，可以判断答案正确。

例 3.23.2：一高压输电线被风吹断，一端触地，从而使强度为 I 的电流由接触点流入地内，设地面水平，土地的电阻率为 ρ，当人走近输电线接地端，左右两脚(间距为 l)间的电压称为跨步电压。试求距触地点为 L 处的跨步电压。

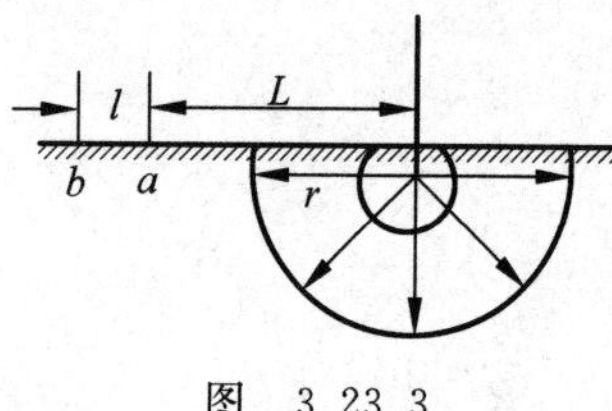

图 3.23.3

解：如图 3.23.3 所示，高压线触地后，电流以触地点为球心，呈半球状沿径向流入地面，离地 r 处的电流密度为 $j=\frac{I}{2\pi r^2}$，$E=j\rho=\frac{\rho I}{2\pi r^2}$。

距触地点为 L 处的跨步电压为

$$U_{ab}=\int_a^b \boldsymbol{E}\cdot d\boldsymbol{r}=\int_L^{L+l}\frac{I\rho}{2\pi r^2}\cdot dr=\frac{I\rho}{2\pi}\frac{l}{L(L+l)}$$

练习 3.23.2：如图 3.23.4 所示，在一块很大的电阻材料的水平表面上，竖直并排地插四根金属针，针间距都是 d，针与表面接触良好。外边两针间接电源，中间两针间接电压表。设流过电源的电流为 I，电压表读数为 U，则材料的电阻率为________。

答案：$\frac{2\pi d U_{ab}}{I}$。电阻材料中的电流是流入电流与流出电流(均以接触点为球心，呈半球状沿径向流入或流出)的叠加，当只有流入存在时，介质中的电流密度为 $j_1=\frac{I}{2\pi r^2}$，

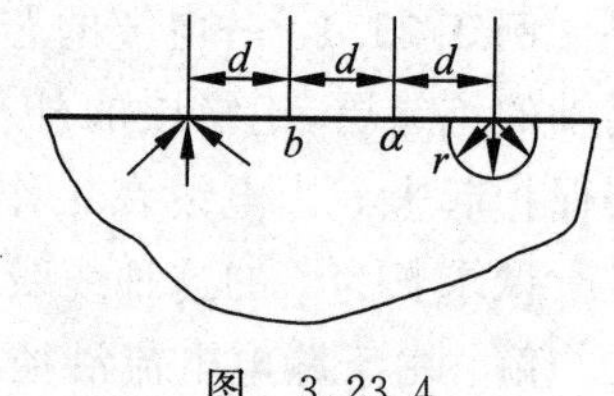

图 3.23.4

$$E_1=j\rho=\frac{\rho I}{2\pi r^2}$$

电压表两端所在位置的电势差为

$$U_{ab}^{入}=\int_a^b \boldsymbol{E}\cdot d\boldsymbol{r}=\int_d^{2d}\frac{I\rho}{2\pi r^2}\cdot dr=\frac{I\rho}{2\pi}\frac{1}{2d}$$

同理，当只有流出电流时，电压表两端所在位置的电势差为

$$U_{ab}^{出}=\int_a^b \boldsymbol{E}\cdot d\boldsymbol{r}=\int_d^{2d}\frac{I\rho}{2\pi r^2}\cdot dr=\frac{I\rho}{2\pi}\frac{1}{2d}$$

故电压表读数应为

$$U_{ab}=U_{ab}^{入}+U_{ab}^{出}=\frac{I\rho}{2\pi d}$$

材料电阻率为

$$\rho=\frac{2\pi d U_{ab}}{I}$$

例 3.23.3：已知两个同心金属球壳的半径分别为 a、$b(b>a)$，中间充满电导率为 σ 的均匀导电物质，且 $\sigma=KE$，其中 K 为常数，现将两球壳维持恒定电压 U，求两球壳间的电流。

解：在两金属球壳间取半径为 r 的球面，则穿过此面的电流为

$$I=j4\pi r^2,\quad j=\sigma E=KE^2$$

$$E=\frac{\sqrt{I/4\pi K}}{r}$$

两金属球壳间的电势差为

$$U=\int_a^b E\,\mathrm{d}r=\int_d^{2d}\frac{\sqrt{I/4\pi K}}{r}\mathrm{d}r=\sqrt{\frac{I}{4\pi K}}\ln\frac{b}{a}$$

两球壳间的电流为

$$I=\left[\frac{U}{\ln(b/a)}\right]^2 4\pi K$$

难度增加综合类练习 3.23.3：将一截面为圆形、截面半径为 $r_1=1\mathrm{mm}$ 的金属丝弯成半径为 $r_2=4\mathrm{cm}$ 的圆环后，以其边缘为支点直立在两磁极间，环的底部受到两个固定档的限制，使其不能滑动，如图 3.23.5 所示。现圆环受一扰动偏离竖直面 0.1rad，并开始倒下。已知 $B=0.5\mathrm{T}$，金属环的电导率为 $\sigma=4.0\times10^7/(\Omega\cdot\mathrm{m})$，设圆环所受重力为 $G=0.075\mathrm{N}$，并可以认为环倒下的过程中重力矩总是与磁力矩平衡。求金属环倒下所需的时间(保留小数点后 2 位数)。$\left(\text{积分公式}\int\frac{\mathrm{d}x}{\sin x}=\ln\left(\tan\frac{x}{2}\right)\right)$

解：环所受磁力矩由圆环下落中产生的感应电流所致。在环倒下的过程中偏离原竖直方向 θ 时，通过环面的磁通量为

$$\Phi(\theta)=\pi r_2^2 B\sin\theta$$

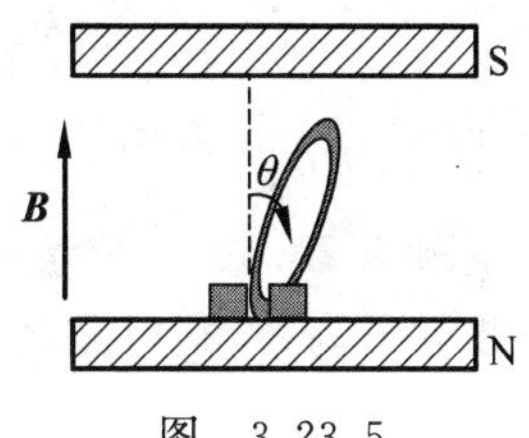

图 3.23.5

引起的感应电动势为

$$\varepsilon=\frac{\mathrm{d}\Phi}{\mathrm{d}t}=\pi r_2^2 B\cos\theta\frac{\mathrm{d}\theta}{\mathrm{d}t}$$

圆环的电阻为

$$R=\frac{2\pi r_2}{\sigma\pi r_1^2}=\frac{2r_2}{\sigma r_1^2}$$

环中感应电流为

$$i=\frac{\varepsilon}{R}=\frac{\sigma\pi r_2 r_1^2 B\cos\theta}{2}\frac{\mathrm{d}\theta}{\mathrm{d}t}$$

磁力矩大小为

$$|\boldsymbol{P}_{\mathrm{m}}\times\boldsymbol{B}|=iSB\cos\theta=\frac{\sigma\pi^2 r_2^3 r_1^2 B^2\cos^2\theta}{2}\frac{\mathrm{d}\theta}{\mathrm{d}t}$$

由环倒下过程中重力矩总是与磁力矩平衡可得

$$\frac{\sigma\pi^2 r_2^3 r_1^2 B^2\cos^2\theta}{2}\frac{\mathrm{d}\theta}{\mathrm{d}t}=Gr_2\sin\theta$$

由此可得

$$t=\int_{0.1}^{\frac{\pi}{2}}\frac{\sigma\pi^2 r_2^2 r_1^2 B^2\cos^2\theta}{2G\sin\theta}\mathrm{d}\theta=\frac{\sigma\pi^2 r_2^2 r_1^2 B^2}{2G}\left[\ln\left(\tan\frac{\theta}{2}\right)+\cos\theta\right]_{0.1}^{\frac{\pi}{2}}\approx 2.11\mathrm{s}$$

考点 2：*RC* 充放电电路和焦耳定律

例 3.23.4：如图 3.23.6 所示，电键 S 原来置于 a 端，电容器 C 已经被充满了电。现将 S 由 a 端掷向 b 端，直至电容器完全放完电。试证明：在此过程中，电容器原来所储存的能量完全转化为电阻器中的焦耳热。

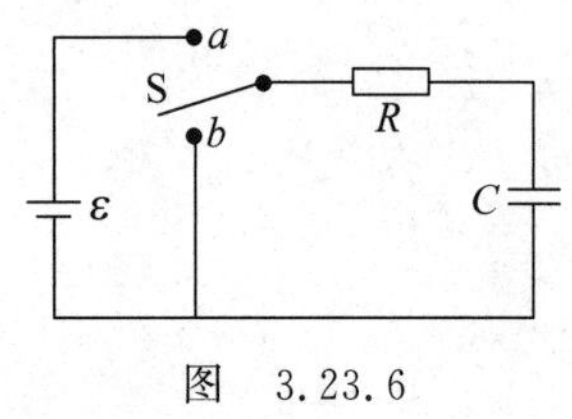

图 3.23.6

证明：把电容器 C 接在电动势为 ε 的电源上，充满电以后，电容器中储存的能量为 $W_C=\frac{1}{2}C\varepsilon^2$。

当电键 S 掷向 b 端时，电容器经电阻 R 放电。放电过程中电流随时间的变化关系为 $i=\frac{\varepsilon}{R}\mathrm{e}^{-\frac{t}{RC}}$。

由此可计算出电阻 R 中的焦耳热为

$$W_R=\int_0^{\infty}i^2R\,\mathrm{d}t=\frac{\varepsilon^2}{R}\int_0^{\infty}\mathrm{e}^{-\frac{2t}{RC}}\mathrm{d}t=\frac{\varepsilon^2}{R}\cdot\frac{RC}{2}=\frac{1}{2}C\varepsilon^2=W_C$$

即电容器所储存的能量在放电过程中完全转化为电阻器中的焦耳热。

练习 3.23.4：*RC* 回路如图 3.23.7 所示，开关 K 接通后 t 时刻电源提供的功率为__________。

答案：$\frac{\varepsilon^2}{R}\exp\left(-\frac{t}{RC}\right)$。*RC* 回路充电过程中电流为 $i=\frac{\varepsilon}{R}\exp\left(-\frac{t}{RC}\right)$，根据功率公式 $P=\varepsilon i$ 计算。

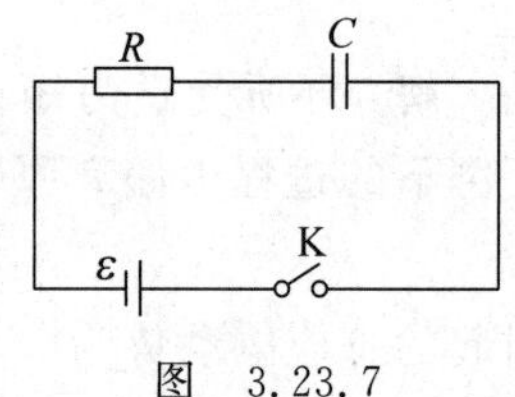

图 3.23.7

例 3.23.5：电炉丝正常工作电流密度为 J，热功率密度为 w，电源电压为 U，则电阻丝的总长度 $l=$__________。

答案：$\frac{UJ}{w}$。根据热功率密度 $w=JE=J\frac{U}{l}$计算可得。

练习 3.23.5：铜的电阻率为 ρ_1，某金属的电阻率为 ρ_2。横截面积相等的铜导线与该金属导线串联在电路中，当电路与电源接通时，铜线单位体积中产生的热量为 Q_1，金属导线单位体积中产生的热量 Q_2，则 $Q_1/Q_2=$__________。

答案：$\frac{\rho_1}{\rho_2}$。焦耳热的热功率密度为 $w=JE$。对横截面积相等的串联导线，其电流密度 J 相等，故金属导线单位体积中产生的热量之比$\frac{Q_1}{Q_2}=\frac{J_1E_1}{J_2E_2}=\frac{J_1^2\rho_1}{J_2^2\rho_2}=\frac{\rho_1}{\rho_2}$。

例 3.23.6：如图 3.23.8 所示，由质量密度为 ρ、电导率为 σ 的均匀细导线制成的圆环，在磁感应强度为 B 的均匀磁场中，绕着通过圆环直径的固定光滑轴 OO'旋转。已知 $t=0$ 时，圆环面与 B 垂直，角速度为 ω_0。假设损耗的能量全部变成焦耳热，求它的角速度降低到初始值的 $1/e$ 所需的时间。

解：设圆环半径为 a，绕图示轴的转动惯量为 J，细导线横截面为 A。在 t 时刻，圆环所

围面积的法向与 B 的方向夹角为 $\theta=\omega t$，磁通量为 $\Phi=\pi a^2 B\cos(\omega t)$，感应电动势为 $\varepsilon=-\mathrm{d}\Phi/\mathrm{d}t=\pi a^2 B\omega\sin(\omega t)$，能量损失的功率为 $P=I^2R=(\varepsilon/R)^2R=[\pi a^2 B\omega\sin(\omega t)]^2/R$。每旋转一周能量损失的平均功率为

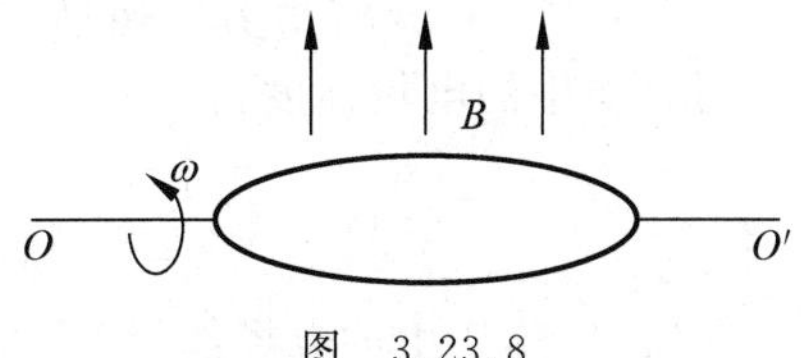

图 3.23.8

$$\bar{P}=\frac{1}{T}\int_0^T \frac{[\pi a^2 B\omega\sin(\omega t)]^2}{R}\mathrm{d}t=\frac{(\pi a^2 B\omega)^2}{2R}$$

能量守恒要求 $\dfrac{\mathrm{d}\left(\dfrac{J\omega^2}{2}\right)}{\mathrm{d}t}=-\dfrac{(\pi a^2 B\omega)^2}{2R}$，代入 $J=\dfrac{1}{2}ma^2$，$R=\dfrac{2\pi a}{\sigma A}$，$m=2\pi aA\rho$，整理得 $\dfrac{\mathrm{d}\omega}{\mathrm{d}t}+\dfrac{\sigma B^2}{4\rho}\omega=0$，解得 $\omega=\omega_0\exp\left(-\dfrac{\sigma B^2}{4\rho}t\right)$，故角速度降低到初始值的 $1/e$ 所需的时间为 $t=\dfrac{4\rho}{\sigma B^2}$。

练习 3.23.6：如图 3.23.9 所示，水平面内有两条相距 l 的平行长直光滑裸导线 MN、$M'N'$，其两端分别与电阻 R_1、R_2 相连；匀强磁场 B 垂直于图面向里；裸导线 ab 垂直搭在平行导线上，并在外力作用下以速率 v 平行于导线 MN 向右作匀速运动。裸导线 MN、$M'N'$ 与 ab 的电阻均不计。(1)求电阻 R_1 与 R_2 中的电流 I_1 与 I_2，并说明其流向；(2)设外力提供的功率不能超过某值 P_O，求导线 ab 的最大速率。

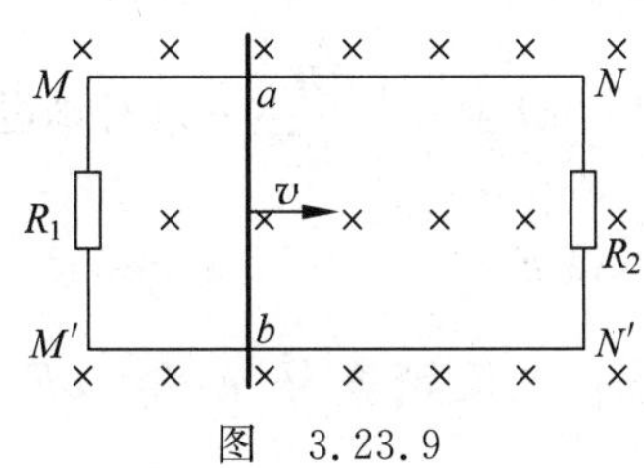

图 3.23.9

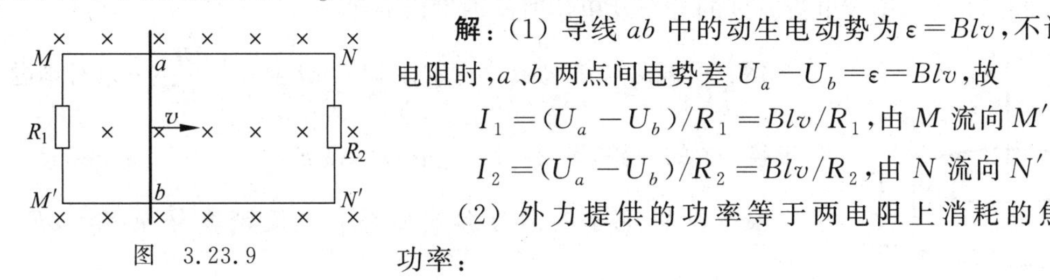

解：(1) 导线 ab 中的动生电动势为 $\varepsilon=Blv$，不计导线电阻时，a、b 两点间电势差 $U_a-U_b=\varepsilon=Blv$，故

$I_1=(U_a-U_b)/R_1=Blv/R_1$，由 M 流向 M'

$I_2=(U_a-U_b)/R_2=Blv/R_2$，由 N 流向 N'

(2) 外力提供的功率等于两电阻上消耗的焦耳热功率：

$$P=R_1I_1^2+R_2I_2^2=\frac{(Blv)^2(R_1+R_2)}{R_1R_2}$$

故 $\dfrac{B^2l^2v^2(R_1+R_2)}{R_1R_2}\leqslant P_O$，最大速率 $v_{\mathrm{m}}=\dfrac{1}{Bl}\sqrt{\dfrac{R_1R_2P_O}{R_1+R_2}}$。

难度增加综合类练习 3.23.7：如图 3.23.10 所示，一厚度为 d、极板面积为 S 的平行板电容器有两层具有一定导电性的电介质 A 和 B，它们的介电常数、电导率和厚度分别为 ε_1、σ_1、d_1 和 ε_2、σ_2、d_2，且 $d_1+d_2=d$。现将此电容器接至电压为 U 的电源上，试求稳定时(1)电容器所损耗的功率 P；(2)介质 A 和 B 中的电场能量 W_A 和 W_B；(3)两介质交界面上的自由电荷与极化电荷面密度。

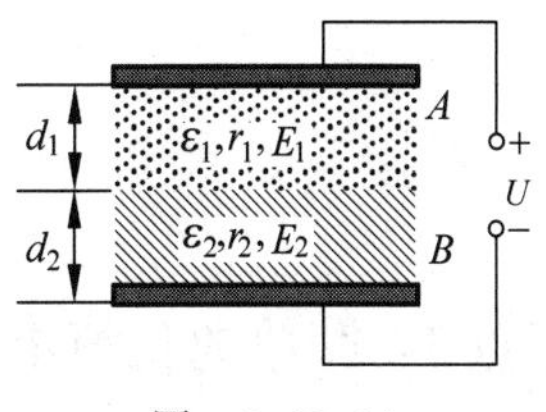

图 3.23.10

解：(1) 两板间电阻为 $R=\dfrac{d_1}{\sigma_1S}+\dfrac{d_2}{\sigma_2S}$，故损耗功率为 $P=\dfrac{U^2}{R}=\dfrac{\sigma_1\sigma_2SU^2}{\sigma_2d_1+\sigma_1d_2}$。

(2) 由电流连续：

$$I=jS=\sigma_1E_1S=\sigma_2E_2S,\quad U=E_1d_1+E_2d_2$$

可得两介质中的电场强度为

$$E_1=\frac{\sigma_1U}{\sigma_1d_1+\sigma_2d_2},\quad E_2=\frac{\sigma_2U}{\sigma_1d_1+\sigma_2d_2}$$

介质 A 和 B 中的电场能量 W_A 和 W_B 分别为

$$W_A=\frac{1}{2}\varepsilon_1E_1^2Sd_1=\frac{1}{2}\varepsilon_1Sd_1\left(\frac{\sigma_1U}{\sigma_1d_1+\sigma_2d_2}\right)^2$$

$$W_B=\frac{1}{2}\varepsilon_2E_2^2Sd_2=\frac{1}{2}\varepsilon_2Sd_2\left(\frac{\sigma_2U}{\sigma_1d_1+\sigma_2d_2}\right)^2$$

(3) 在两介质交界面应用 D 的高斯定理，得 $\sigma_0=D_{2n}-D_{1n}=\varepsilon_2E_2-\varepsilon_1E_1$，两介质交界面上的自由电荷与面密度为

$$\sigma_0=\frac{\sigma_2\varepsilon_2-\sigma_1\varepsilon_1}{\sigma_1d_1+\sigma_2d_2}U$$

由 E 的高斯定理，得 $\sigma_0+\sigma'=\varepsilon_0(E_2-E_1)$。两介质交界面上的极化电荷面密度为

$$\sigma'=\frac{\gamma_2(\varepsilon_1-1)-\sigma_1(\varepsilon_2-1)}{\sigma_2d_1+\sigma_1d_2}U$$

难度增加综合类练习 3.23.8：一厚度为 h、半径为 R、电导率为 σ 的铝圆盘放置在磁感应强度 $B=at$（a 为正值常量）的均匀分布但随时刻 t 变化的磁场中，磁场方向与盘面垂直，如图 3.23.11 所示感应电流密度的分布及单位时间内发出的热量。

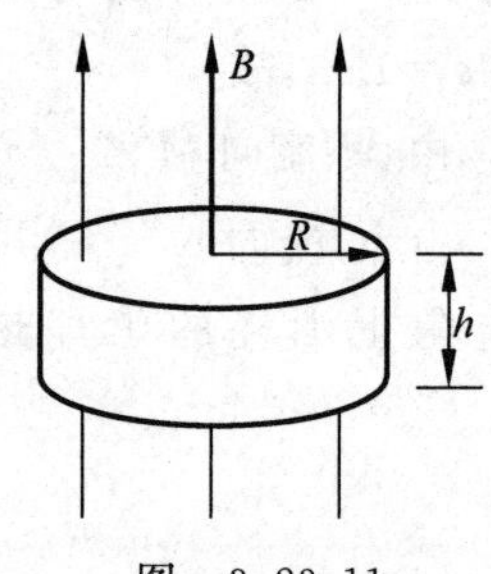

图 3.23.11

解：根据法拉第电磁感应定律 $\oint\boldsymbol{E}\cdot\mathrm{d}\boldsymbol{l}=-\int\frac{\partial\boldsymbol{B}}{\partial t}\cdot\mathrm{d}\boldsymbol{S}$，对本题，取半径为 r 的环路，有 $2\pi rE=-a\pi r^2$，得 $E=-\frac{1}{2}ar\ (0\leqslant r\leqslant R)$。

根据欧姆定律的微分形式得感应电流密度分布 $J=\sigma E=-\frac{1}{2}\sigma ar\ (0\leqslant r\leqslant R)$。

在半径 r 附近取宽为 $\mathrm{d}r$ 的环形体元，其电阻为 $\mathrm{d}R=\frac{1}{\sigma}\frac{2\pi r}{h\,\mathrm{d}r}$，则其热功率由焦耳-楞次定律得 $\mathrm{d}P=i^2\mathrm{d}R=(Jh\,\mathrm{d}r)^2\cdot\frac{1}{\sigma}\frac{2\pi r}{h\,\mathrm{d}r}=\frac{1}{2}\pi\sigma a^2hr^3\mathrm{d}r$，圆盘热功率为

$$P=\frac{1}{2}\pi\sigma a^2h\int_0^R r^3\,\mathrm{d}r=\frac{1}{8}\pi\sigma a^2hR^4$$

考点 3：简单的稳恒电路

例 3.23.7：两电源的电动势分别为 ε_1、ε_2，内阻分别为 r_1、r_2。三个负载电阻阻值分别为 R_1、R_2、R，电流分别为 I_1、I_2、I_3，方向如图 3.23.12 所示。则 A 到 B 的电势增量 U_B-U_A 为[　　]

(A) $\varepsilon_2-\varepsilon_1-I_1R_1+I_2R_2-I_3R$；

(B) $\varepsilon_2+\varepsilon_1-I_1(R_1+r_1)+I_2(R_2+r_2)-I_3R$；

(C) $\varepsilon_2-\varepsilon_1-I_1(R_1+r_1)+I_2(R_2+r_2)$；

(D) $\varepsilon_2-\varepsilon_1-I_1(R_1+r_1)-I_2(R_2+r_2)$。

答案：C。逆着电流方向电势增加，电动势从负极到正极电势增加，反之电势降低，故 $U_A-I_1(R_1+r_1)-\varepsilon_1+\varepsilon_2+I_2(R_2+r_2)=U_B$，可得 $U_B-U_A=\varepsilon_2-\varepsilon_1-I_1(R_1+r_1)+I_2(R_2+r_2)$。

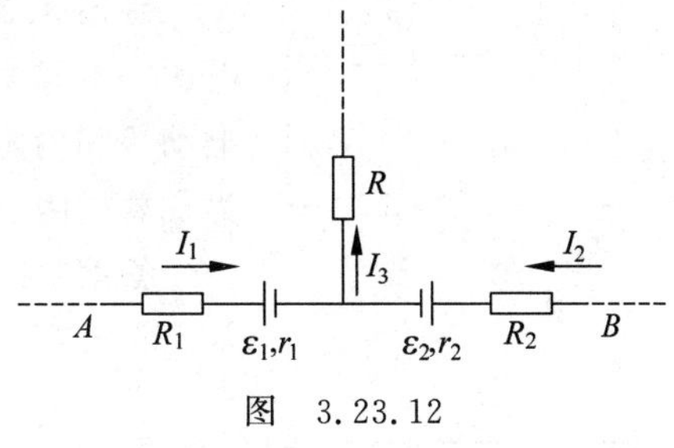

图 3.23.12

例 3.23.8：在如图 3.23.13 所示电路中，$\varepsilon_1=24\text{V}, r_1=2.0\Omega, \varepsilon_2=6\text{V}, r_2=1.0\Omega, R_1=2.0\Omega, R_2=1.0\Omega, R_3=3.0\Omega$。求：(1)电路中的电流；(2)$a$、$b$、$c$、$d$ 各点的电位；(3)两个电池的路端电压。

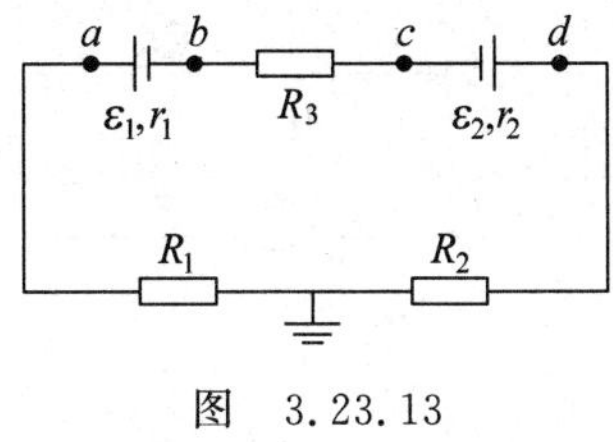

图 3.23.13

解：(1) 设电路中电流为 I，运用基尔霍夫第二定律，$\sum_i I_iR_i+\left(-\sum_j\varepsilon_j\right)=0$，取逆时针为回路正向：

$$-\varepsilon_1+\varepsilon_2+I(R_1+R_2+R_3+r_1+r_2)=0$$

电路中的电流 $I=\dfrac{\varepsilon_1-\varepsilon_2}{R_1+R_2+R_3+r_1+r_2}=2\text{A}$(流向为逆时针)。

(2) 接地处电势为零，逆着电流方向电势增加，电动势从负极到正极电势增加，依次可求 a、b、c、d 各点的电位：

$$U_a=IR_1=4\text{V}$$

$$U_b=-\varepsilon_1+I(r_1+R_1)=-16\text{V}$$

$$U_c=U_b+IR_3=-10\text{V}$$

$$U_d=-R_2=-2\text{V}$$

(3) 可通过两种方法求两个电池的路端电压：

$$U_{ab}=U_a-U_b=\varepsilon_1-Ir_1=20\text{V}$$

$$U_{dc}=U_d-U_c=\varepsilon_2+Ir_2=8\text{V}$$

练习 3.23.9：已知两段含源电路如图 3.23.14 所示。$\varepsilon_1=12.0\text{V}, r_1=0.5\Omega, R_1=20.0\Omega$；$\varepsilon_2=5\varepsilon_1, r_2=5r_1, R_2=30.0\Omega$。若将图中 a 与 d、b 与 c 分别联接，则 $U_a-U_b=$ ______。

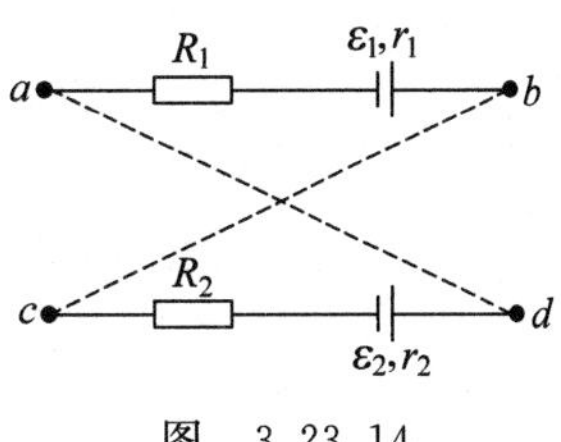

图 3.23.14

答案：16V。取 $adcba$ 为回路正向，设电路中电流为 I，运用基尔霍夫第二定律，$\varepsilon_1+\varepsilon_2+I(R_1+R_2+r_1+r_2)=0$，可得 $I=-\dfrac{\varepsilon_1+\varepsilon_2}{R_1+R_2+r_1+r_2}$。根据逆着电流方向电势增加，电动势从负极到正极电势增加，则 $U_a+I(R_1+r_1)+\varepsilon_1=U_b$，即

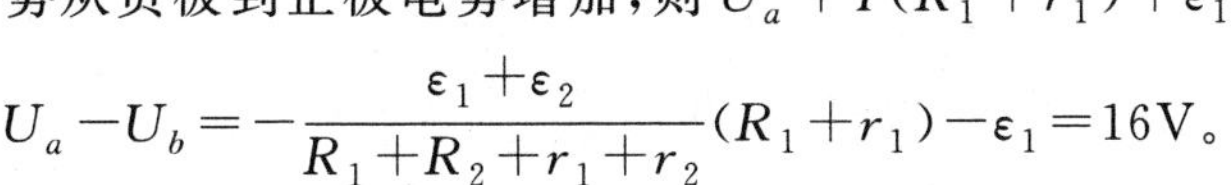

$U_a-U_b=-\dfrac{\varepsilon_1+\varepsilon_2}{R_1+R_2+r_1+r_2}(R_1+r_1)-\varepsilon_1=16\text{V}$。

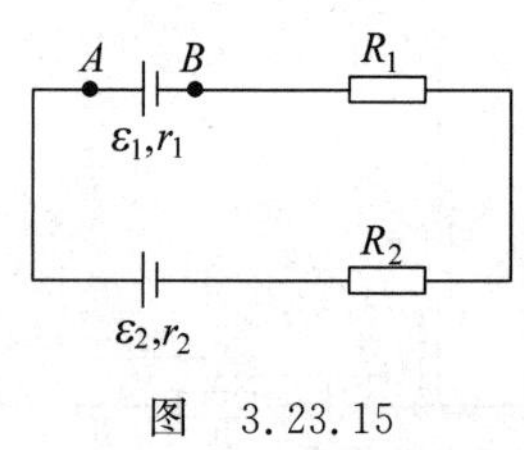

图 3.23.15

练习 3.23.10：有一闭合电路如图 3.23.15 所示。已知一个电源的电动势和内阻分别为 $\varepsilon_1=36.0\text{V}$，$r_1=1.5\Omega$，另一电源的电动势和内阻分别为 $\varepsilon_2=2\varepsilon_1$，$r_2=3r_1$，$R_1=10.0\Omega$，$R_2=15.0\Omega$ 为负载电阻。则 AB 间电势差 $U_{AB}=$__________。

答案：44V。设电路中电流为 I，取逆时针为回路正向，运用基尔霍夫第二定律，$-\varepsilon_1+\varepsilon_2+I(R_1+R_2+r_1+r_2)=0$，可得 $I=\dfrac{\varepsilon_1-\varepsilon_2}{R_1+R_2+r_1+r_2}$，则 $U_{AB}=U_A-U_B=-Ir_1+\varepsilon_1=\dfrac{\varepsilon_1+\varepsilon_2}{R_1+R_2+r_1+r_2}r_1+\varepsilon_1=44\text{V}$。

例 3.23.9：在如图 3.23.16 所示电路中，$\varepsilon_1=12\text{V}$，$\varepsilon_2=6\text{V}$，$r_1=r_2=R_1=R_2=1.0\Omega$，通过 R_3 的电流为 $I_3=3.0\text{A}$，方向如图所示，用基尔霍夫方程组求：(1)通过 R_1 和 R_2 的电流；(2)R_3 的大小。

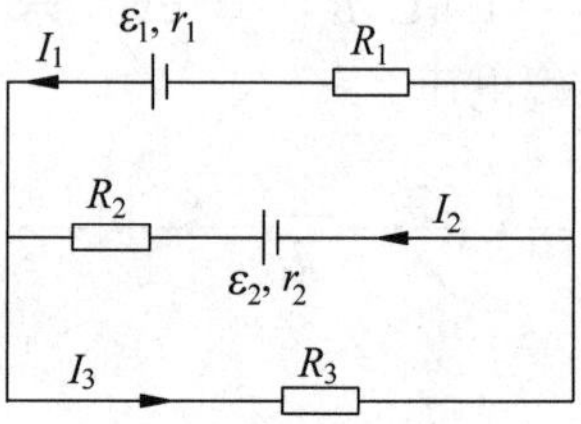

图 3.23.16

解：节点处运用基尔霍夫第一定律 $\sum\limits_i I_i=0$，

$$I_1+I_2=I_3 \qquad ①$$

取两个回路运用基尔霍夫第二定律 $\sum\limits_i I_iR_i+(-\sum\limits_j\varepsilon_j)=0$，

回路 $\varepsilon_1\to R_2\to\varepsilon_2\to R_1\to\varepsilon_1$：$I_1R_1+I_1r_1-\varepsilon_1-I_2R_2-I_2r_2+\varepsilon_2=0$； ②

回路 $R\to R_3\to\varepsilon_2\to R_2$：$I_2R_2+I_3R_3+I_2r_2-\varepsilon_2=0$； ③

由①式～③式解得

$$I_1=\frac{\varepsilon_1-\varepsilon_2+I_3(R_2+r_2)}{R_1+r_1+R_2+r_2}$$

$$I_2=\frac{-(\varepsilon_1-\varepsilon_2)+I_3(R_1+r_1)}{R_1+r_1+R_2+r_2}$$

$$R_3=\frac{\varepsilon_2}{I_3}-\frac{[-(\varepsilon_1-\varepsilon_2)/I_3]+(R_2+r_2)}{R_1+r_1+R_2+r_2}$$

代入数据可得(1)$I_1=3.0\text{A}$，$I_2=0$；(2) $R_3=2\Omega$。

练习 3.23.11：在如图 3.23.17 所示的电路中，两电源的电动势分别为 $\varepsilon_1=9\text{V}$，$\varepsilon_2=7\text{V}$，内阻分别为 $r_1=3\Omega$ 和 $r_2=1\Omega$，电阻 $R=8\Omega$，求电阻 R 两端的电位差。

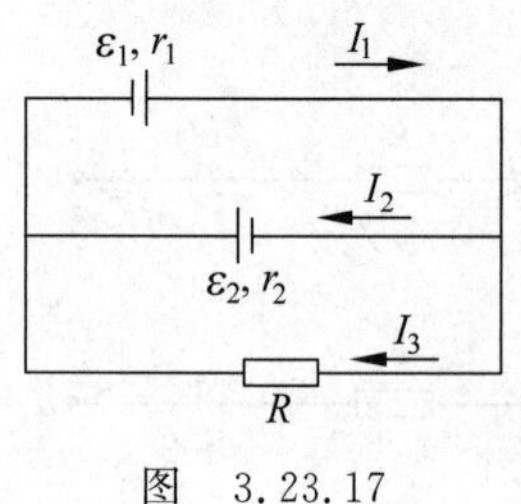

图 3.23.17

解：设各支路的电流为 I_1、I_2 和 I_3，可得

$$I_1=I_2+I_3$$

$$-\varepsilon_1+I_1r_1+I_3R=0$$

$$\varepsilon_2-I_2r_2+I_3R=0$$

联立以上三式可得

$$I_3=\frac{\varepsilon_1r_2-\varepsilon_2r_1}{Rr_1+r_1r_2+Rr_2}=-0.34\text{A}$$

电阻 R 两端的电位差为

$$U=|I_3|R=2.74\text{V}$$

第四部分

振动与波

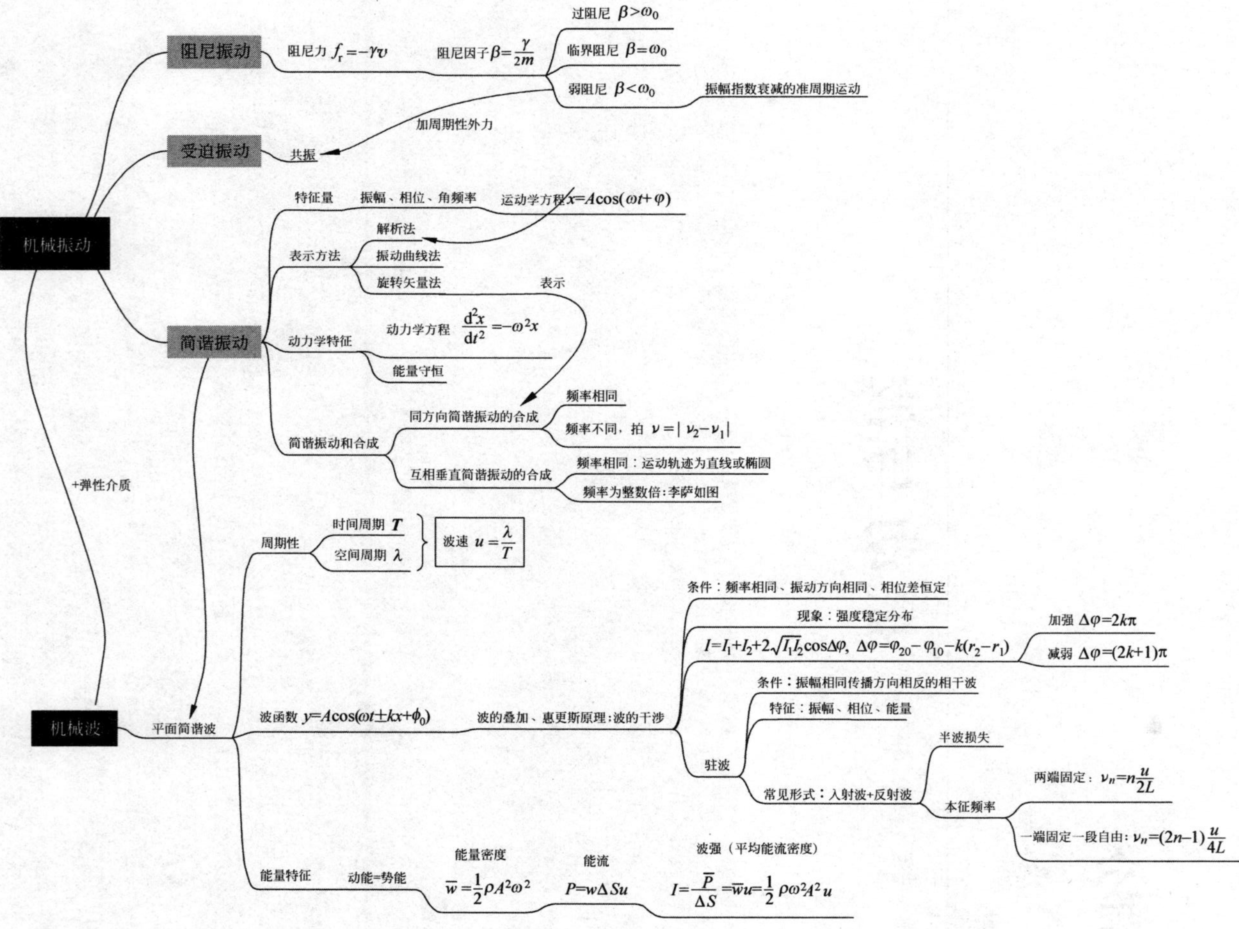

振动与波部分主要内容思维导图

4.1　简谐运动的基本特征和表述、振动的相位、旋转矢量法

(1) 简谐振动的三个特征量：

① 振幅 A：物体离开平衡位置的最大位移的绝对值，其值由振动的初始条件决定，$A=\sqrt{x_0^2+\left(\frac{v_0}{\omega}\right)^2}$；

② 频率 ν(角频率 ω、周期 T)：表征物体振动的快慢，由振动系统的固有性质决定，三者之间的关系为 $T=\frac{2\pi}{\omega}$，$\nu=\frac{\omega}{2\pi}$；

③ 相位 $\varphi=\omega t+\varphi_0$(初相位 φ_0)，初相 φ_0 由初始条件决定 $\varphi_0=\arctan\left(\frac{-v_0}{\omega x_0}\right)$。

(2) 简谐振动的描述方法：①解析法：$x=A\cos(\omega t+\phi_0)$；②曲线法(x-t 曲线)；③旋转矢量法。

考点 1：运用旋转矢量法求相位

例 4.1.1：已知某质点作简谐振动的振动曲线如图 4.1.1 所示，求：(1)运动方程；(2)点 P 的相位以及到达点 P 相应位置所需时间。

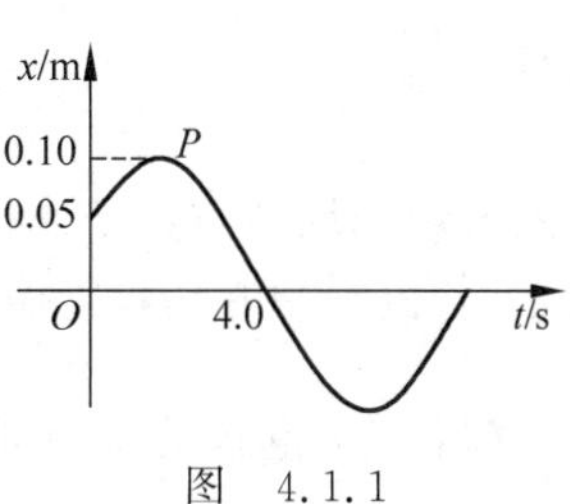

图　4.1.1

解：(1) 由图 4.1.1 可知，简谐振动的振幅为 $A=0.1$m，运用旋转矢量法可以得到初相位，如图 4.1.2 所示：在 $t=0$ 时刻，振子在 $x=0.05$m 处，且向 x 轴正方向运动，由旋转矢量图可得

$$\varphi_0=-\frac{\pi}{3}$$

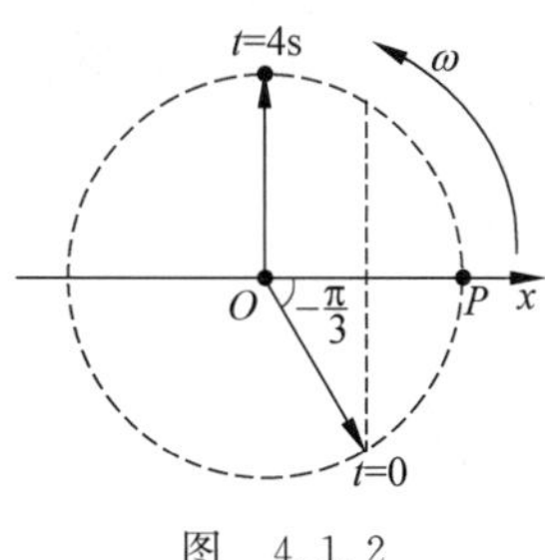

图　4.1.2

经过 4s 后，振子位移为 0，向 x 轴负方向运动，由图 4.1.2 可知其相位改变了 $\Delta\varphi=\frac{\pi}{3}+\frac{\pi}{2}=\frac{5\pi}{6}$。假设周期为 T，则 $\frac{T}{4}=\frac{2\pi}{5\pi/6}=\frac{12}{5}$，故周期 $T=\frac{48}{5}$s，角频率为

$$\omega=\frac{5\pi}{24}$$

故振子简谐振动的运动方程为

$$x=0.1\cos\left(\frac{5\pi}{24}t-\frac{\pi}{3}\right)$$

(2) 由旋转矢量法可得 P 点初相位(图 4.1.2)为 0。假设到达 P 点需要的时间为 t，则 $\frac{T}{t}=\frac{2\pi}{\pi/3}=6$，故

$$t=\frac{T}{6}=1.6\text{s}$$

分析：本题目亦可由解析法求，一般情况下旋转矢量法会更加直观、简洁。

练习 4.1.1：一质点作简谐振动，周期为 T。当它由平衡位置向 x 轴正方向运动时，从二分之一最大位移处到最大位移处这段路程所需要的时间为[　　]

(A) $T/12$；　(B) $T/8$；　(C) $T/6$；　(D) $T/4$。

答案：C。由例 4.1.1 第(2)问可得。

练习 4.1.2：一质点在 x 轴上作简谐振动，振幅 $A=4\text{cm}$，周期 $T=2\text{s}$，其平衡位置取作坐标原点。若 $t=0$ 时刻质点第一次通过 $x=-2\text{cm}$ 处，且向 x 轴负方向运动，则质点第二次通过 $x=-2\text{cm}$ 处的时刻为 [　　]

(A) 1s；　(B) 2/3s；　(C) 4/3s；　(D) 2s。

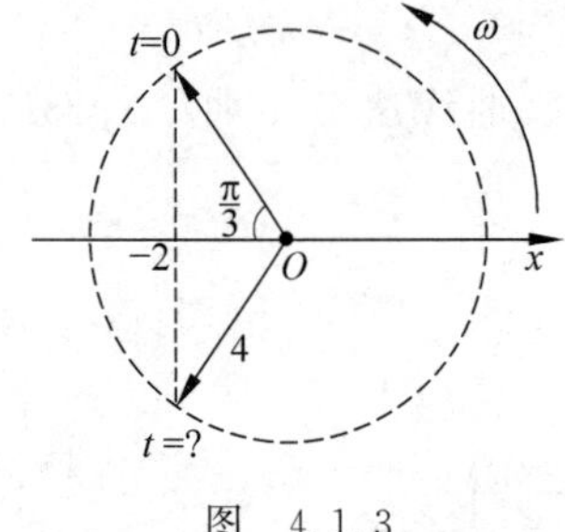

图 4.1.3

答案：B。由旋转矢量法，$t=0$ 时刻质点第一次通过 $x=-2\text{cm}$ 处，且向 x 轴负方向运动，矢量在图 4.1.3 上方箭头位置，第二次经过 $x=-2\text{cm}$ 处时，矢量在图 4.1.3 下方箭头位置，相位改变了 $\Delta\varphi=2\times\frac{\pi}{3}=\frac{2\pi}{3}$，即经过了 $\Delta t=\frac{1}{3}T=\frac{2}{3}\text{s}$。

例 4.1.2：一轻弹簧的劲度系数为 k，其下端悬有一质量为 M 的盘子。现有一质量为 m 的物体从离盘底 h 高度处自由下落到盘中并和盘子粘在一起，于是盘子开始振动。(1)此时的振动周期与空盘子作振动时的周期有何不同？(2)取新的平衡位置为原点，位移以向下为正，并以弹簧开始振动时作为计时起点，求初相位并写出物体与盘子的振动方程。

解：(1) 空盘的振动周期为 $2\pi\sqrt{\frac{M}{k}}$，落下重物后振动周期为 $2\pi\sqrt{\frac{M+m}{k}}$，即增大。

(2) 取新的平衡位置为原点，$t=0$ 时，则 $x_0=-\frac{mg}{k}$，碰撞时，以 m、M 为一系统动量守恒，即

$$m\sqrt{2gh}=(m+M)v_0$$

振子的初速度为

$$v_0=\frac{m\sqrt{2gh}}{m+M}$$

可得振动的振幅为

$$A=\sqrt{x_0^2+\left(\frac{v_0}{\omega}\right)^2}=\frac{mg}{k}\sqrt{1+\frac{2kh}{(m+M)g}}$$

初始相位为

$$\tan\varphi_0=-\frac{v_0}{x_0\omega}=\sqrt{\frac{2kh}{(M+m)g}}$$

因为初始位移为负，速度为正，故 $\varphi_0=\arctan\sqrt{\frac{2kh}{(M+m)g}}+\pi$，所以振动方程为

$$x=\frac{mg}{k}\sqrt{1+\frac{2kh}{(m+M)g}}\cos\left[\sqrt{\frac{k}{m+M}}t+\arctan\sqrt{\frac{2kh}{(M+m)g}}+\pi\right]$$

练习 4.1.3：一轻弹簧在 60N 的拉力下伸长 30cm。现把质量为 4kg 的物体悬挂在该弹簧的下端并使之静止，再把物体向下拉 10cm，然后由静止释放并开始计时。求：(1)物体的振动方程；(2)物体在平衡位置上方 5cm 时弹簧对物体的拉力；(3)物体从第一次越过平衡位置时刻起到它运动到上方 5cm 处所需要的最短时间。

解：(1) 选平衡位置为原点，向下为 x 轴正方向，初始 $t=0$ 时刻，$x_0=A=0.1\text{m}$，$v_0=0$，故初相位为 $\varphi_0=0$。由 $F=-kx$，可得劲度系数大小为 $k=|F/x|=200\text{N/m}$，故角频率 $\omega=\sqrt{k/m}=\sqrt{50}\,\text{rad/s}=7.07\text{rad/s}$。综上，物体的振动方程为

$$x=0.1\cos(7.07t)$$

(2) 物体在平衡位置上方 5cm 时，弹簧对物体的拉力为 $f=m(g-a)$，其中 $a=-\omega^2x=2.5\text{m/s}^2$，所以

$$f=m(g-a)=4(9.8-2.5)\text{N}=29.2\text{N}$$

(3) 设 t_1 时刻第一次越过平衡位置，t_2 时刻物体经过平衡位置上方 5cm 处并向 $-x$ 方向运动，由旋转矢量法可判断其相位为 $\omega t_1=\frac{\pi}{2}$，$\omega t_2=\frac{2\pi}{3}$，可得

$$\Delta t=t_2-t_1=0.296-0.222\text{s}=0.074\text{s}$$

练习 4.1.4：轻质弹簧下挂一个小盘，小盘作简谐振动，平衡位置为原点，位移向下为正，并采用余弦表示。小盘经过平衡位置向下运动时有一个小物体不变盘速地粘在盘上，设此时新的平衡位置相对原平衡位置向下移动的距离小于原振幅，且以小物体与盘相碰为计时零点，那么以新的平衡位置为原点时，新的位移表示式的初相在[　　]

(A) $0\sim\frac{\pi}{2}$之间；　(B) $\frac{\pi}{2}\sim\pi$ 之间；　(C) $\pi\sim\frac{3\pi}{2}$之间；　(D) $\frac{3\pi}{2}\sim2\pi$ 之间。

答案：C。小盘经过原平衡位置向下运动时粘上小物体，盘向下运动，较新的平衡位置，初始时刻位移为负，速度为正，在旋转矢量法的第三象限，振动系统的初相位在 $\pi\sim\frac{3\pi}{2}$之间。

例 4.1.3：如图 4.1.4 所示有两个简谐振动的 x-t 曲线，两振动 x_1 的比 x_2 的相位[　　]

(A) 落后$\frac{\pi}{2}$；　(B) 超前$\frac{\pi}{2}$；　(C) 落后 π；　(D) 超前 π。

答案：A。分别求出①的初始相位为 $\varphi_{01}=-\frac{\pi}{2}$，②的初始相位为 $\varphi_{02}=0$，则 $\varphi_{01}-\varphi_{02}=-\frac{\pi}{2}$，表示①比②落后了$\frac{\pi}{2}$。

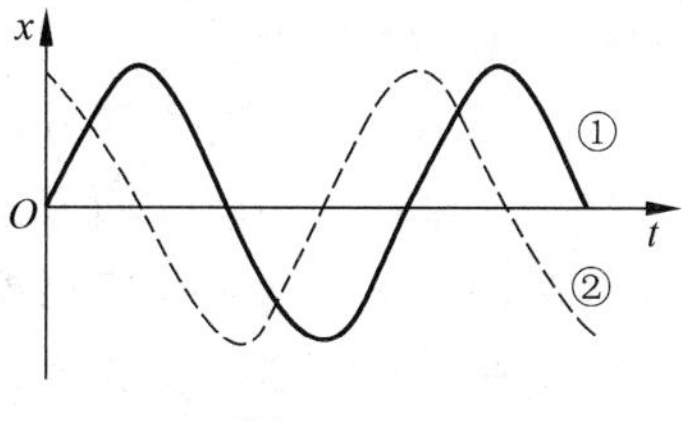

图 4.1.4

说明：相位的物理意义：当 $\Delta\varphi=\varphi_2-\varphi_1>0$ 时，称振动 2 超前振动 $1\Delta\varphi$，或振动 1 落后 $2\Delta\varphi$。反之，若 $\Delta\varphi=\varphi_2-\varphi_1<0$ 时，称振动 2 落后振动 $1\Delta\varphi$，或振动 1 超前 $2\Delta\varphi$。这是随后讨论波函数的基础。

练习 4.1.5：两个质点各自作简谐振动，它们的振幅相同、周期相同。第一个质点的振

动方程为 $x_1=A\cos(\omega t+\alpha)$。当第一个质点从相对于其平衡位置的正位移处回到平衡位置时，第二个质点正在最大正位移处。则第二个质点的振动方程为[　　]

(A) $x_2=A\cos\left(\omega t+\alpha+\dfrac{\pi}{2}\right)$；　　(B) $x_2=A\cos\left(\omega t+\alpha-\dfrac{\pi}{2}\right)$；

(C) $x_2=A\cos\left(\omega t+\alpha-\dfrac{3\pi}{2}\right)$；　　(D) $x_2=A\cos(\omega t+\alpha+\pi)$。

答案：B。由题意第一个质点比第二个质点的振动超前了 $\dfrac{T}{4}$，因此第二个质点的相位较第一个落后 $\dfrac{\pi}{2}$。

考点 2：弹簧振子角频率公式

例 4.1.4：一弹簧振子，重物的质量为 m，弹簧的劲度系数为 k，该振子作振幅为 A 的简谐振动。当重物通过平衡位置且向规定的正方向运动时，开始计时。则其振动方程为____________。

答案：$x=A\cos\left(\sqrt{\dfrac{k}{m}}t-\dfrac{\pi}{2}\right)$。弹簧的角频率为 $\omega=\sqrt{\dfrac{k}{m}}$，由题意，初始相位为 $-\dfrac{\pi}{2}$。

练习 4.1.6：轻弹簧上端固定，下系一质量为 m_1 的物体，稳定后在 m_1 下边又系一质量为 m_2 的物体，于是弹簧又伸长了 Δx。若将 m_2 移去，并令其振动，则振动周期为[　　]

(A) $T=2\pi\sqrt{\dfrac{m_2\Delta x}{m_1 g}}$；　　(B) $T=2\pi\sqrt{\dfrac{m_1\Delta x}{m_2 g}}$；

(C) $T=\dfrac{1}{2\pi}\sqrt{\dfrac{m_1\Delta x}{m_2 g}}$；　　(D) $T=2\pi\sqrt{\dfrac{m_2\Delta x}{(m_1+m_2)g}}$。

答案：B。根据公式，弹簧的周期为 $T=2\pi\sqrt{\dfrac{m}{k}}$，末态只有质量为 m_1 的物体，故 $m=m_1$，又有 $\Delta x=m_2 g/k$，可得劲度系数 $k=\dfrac{m_2 g}{\Delta x}$，故弹簧的振动周期为 $T=2\pi\sqrt{\dfrac{m_1\Delta x}{m_2 g}}$。

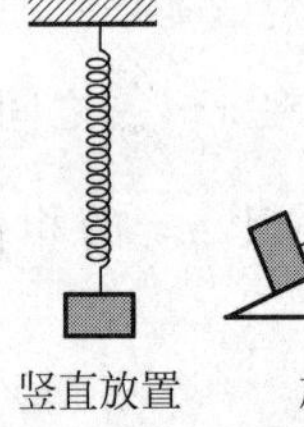

图　4.1.5

例 4.1.5：一弹簧振子，当把它水平放置时，可以作简谐振动。若把它竖直放置或放在固定的光滑斜面上(图 4.1.5)，试判断下面哪种情况是正确的[　　]

(A) 竖直放置可作简谐振动，放在光滑斜面上不能作简谐振动；

(B) 竖直放置不能作简谐振动，放在光滑斜面上可作简谐振动；

(C) 两种情况都可作简谐振动；

(D) 两种情况都不能作简谐振动。

答案：C。取平衡位置为坐标原点，可以证明两种情况振子都受到线性回复力作用，故都作简谐振动。

练习 4.1.7：一轻弹簧，上端固定，下端挂有质量为 m 的重物，其自由振动的周期为 T。今已知振子离开平衡位置为 x 时，加速度为 a。则下列计算该振子劲度系数的公式中，错误

的是[　　]

(A) $k=\dfrac{mv_{\max}^2}{x_{\max}^2}$；　　　(B) $k=mg/x$；

(C) $k=4\pi^2 m/T^2$；　　　(D) $k=ma/x$。

答案：B。振子离开平衡位置为 x 时，受到的合外力大小为 $|F|=kx=ma$，故 $k=ma/x$，D 正确，B 错误。根据公式 $k=m\omega^2$，分别运用 $\dfrac{v_{\max}}{x_{\max}}=\dfrac{\omega A}{A}=\omega$ 以及 $\omega=\dfrac{2\pi}{T}$，可得 A、C 正确。

考点 3：弹簧的串联和并联

说明：

弹簧串联：$F=F_i$，$\Delta x=\sum x_i$ → 劲度系数：$\dfrac{1}{k}=\sum\dfrac{1}{k_i}$；

弹簧并联：$F=\sum F_i$，$\Delta x=x_i$ → 劲度系数：$k=\sum k_i$。

例 4.1.6：匀质弹簧，原长为 L，劲度系数为 k。今将此弹簧分割为两段，两段的原长分别为 L_1、L_2，且 $L_1=nL_2$。求两段弹簧的劲度系数 k_1 和 k_2。(用 n、k 表示)

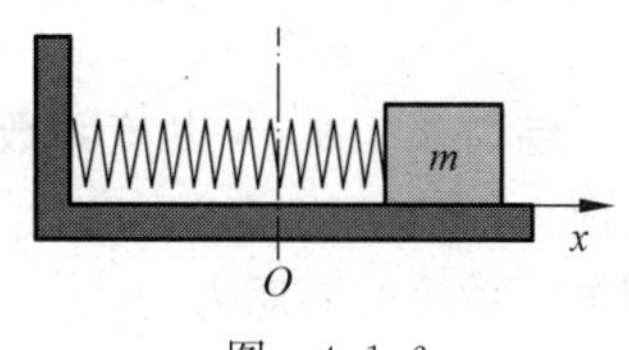

图　4.1.6

解：方法 1：

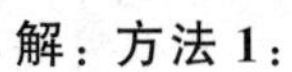

将两段弹簧串联，建立坐标系如图 4.1.6 所示，$\Delta L=\Delta L_1+\Delta L_2$。

对于匀质弹簧由 $L_1=nL_2$ 可得 $\Delta L_1=n\Delta L_2$，即

$$\Delta L=n\Delta L_2+\Delta L_2=(n+1)\Delta L_2 \tag{①}$$

对于串联弹簧，$F=F_1=F_2$，即

$$k\Delta L=k_1\Delta L_1=k_2\Delta L_2 \tag{②}$$

将①式代入②式可得 $k(n+1)\Delta L_2=k_2\Delta L_2$，故

$$k_2=(n+1)k$$

同理可得

$$k\left(\Delta L_1+\frac{1}{n}\Delta L_1\right)=k_1\Delta L_1\Rightarrow k_1=\left(1+\frac{1}{n}\right)k$$

方法 2：

对于串联弹簧：$F=F_1=F_2$，即 $k\Delta L=k_1\Delta L_1=k_2\Delta L_2$，故

$$\frac{k_1}{k_2}=\frac{\Delta L_2}{\Delta L_1}=\frac{L_2}{L_1}=\frac{1}{n} \tag{③}$$

根据串联公式：

$$\frac{1}{k}=\frac{1}{k_1}+\frac{1}{k_2} \tag{④}$$

由③式和④式可得

$$k_1=\left(1+\frac{1}{n}\right)k,\quad k_2=(n+1)k$$

分析：由上述讨论可知，对同种弹簧，劲度系数 k 与长度成反比。

练习 4.1.8：一劲度系数为 k 的轻弹簧，下端挂一质量为 m 的物体，系统的振动周期为 T_1。若将此弹簧截去一半的长度，下端挂一质量为 $m/2$ 的物体，则系统振动周期 T_2 等于[　　]

(A) $2T_1$；　　(B) T_1；　　(C) $T_1/\sqrt{2}$；　　(D) $T_1/2$。

答案：D。根据 $T=2\pi\sqrt{\dfrac{m}{k}}$，当弹簧长度减半，劲度系数 k 变为原来 2 倍，再考虑质量减半，系统的振动周期减半。

例 4.1.7：一质量为 m 的滑块，两边分别与劲度系数为 k_1、k_2 的轻弹簧连接，两弹簧的另外两端分别固定在墙上。滑块 m 可在光滑的水平面上滑动，O 点为系统平衡位置。将滑块 m 向右移动到 x_0，自静止释放，并从释放时开始计时。取坐标如图 4.1.7 所示，则其振动方程为__________。

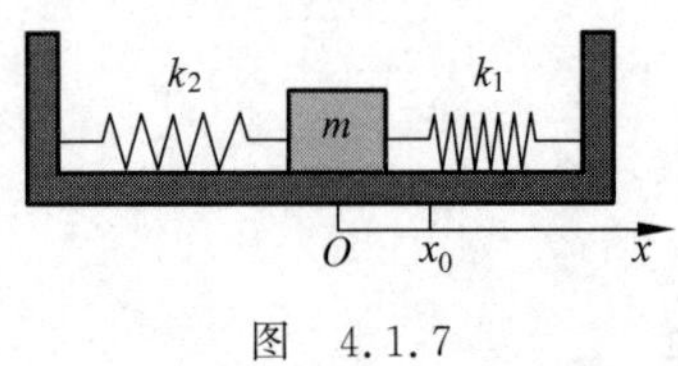

图 4.1.7

答案：$x=x_0\cos\left(\sqrt{\dfrac{k_1+k_2}{m}}t\right)$。由初始条件可知，振幅 $A=x_0$，初相位 $\varphi_0=0$；两个弹簧并联，劲度系数为 $k=k_1+k_2$，故 $\omega=\sqrt{\dfrac{k}{m}}=\sqrt{\dfrac{k_1+k_2}{m}}$。

练习 4.1.9：一劲度系数为 k 的轻弹簧截成三等份，取出其中的两根，将它们并联，下面挂一质量为 m 的物体，如图 4.1.8 所示。则振动系统的周期为__________。

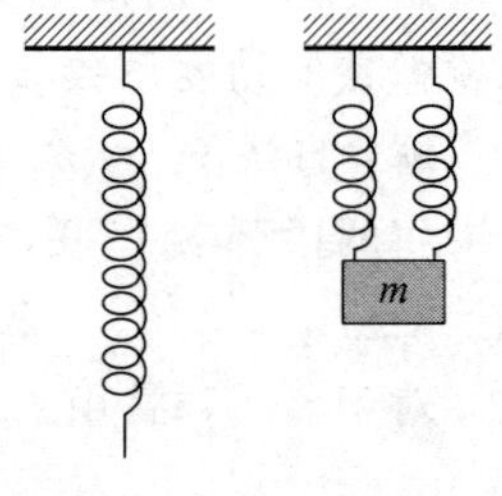

图 4.1.8

答案：$2\pi\sqrt{\dfrac{m}{6k}}$。一劲度系数为 k 的轻弹簧截成三等份，每份的劲度系数为 $3k$，取出其中的两根并联后，劲度系数为 $k'=3k+3k=6k$。

练习 4.1.10：如图 4.1.9 所示，质量为 m_1 的光滑物块和轻弹簧构成振动系统，已知两弹簧的劲度系数分别为 k_1、k_2。此系统沿弹簧的长度方向振动，周期 T_1，振幅 A_1。当物块经过平衡位置时有质量为 m_2 的油泥块竖直地落到物块上并立即粘住。求新的振动周期和振幅。

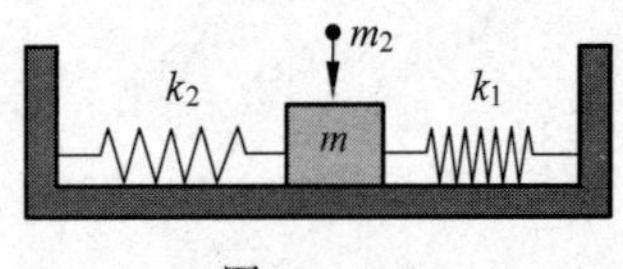

图 4.1.9

解：两弹簧并联，其劲度系数为 $k=k_1+k_2$；粘上泥块后，振子质量为 $m=m_1+m_2$。设碰撞前后振动角频率分别为 ω_1、ω，则

$$\omega_1=\sqrt{\frac{k_1+k_2}{m_1}},\quad \omega=\sqrt{\frac{k_1+k_2}{m_1+m_2}}$$

故新的振动周期为

$$T=\frac{2\pi}{\omega}=2\pi\sqrt{\frac{m_1+m_2}{k_1+k_2}}$$

碰撞前，物块 m_1 经过平衡位置时的速度为 $v_1=\omega_1 A_1$；碰撞后，设角频率为 ω，根据水平方向动量守恒，速度为 $v=\dfrac{m_1 v_1}{m_1+m_2}$。新的振幅为

$$A=\frac{v}{\omega}=\frac{m_1\omega_1 A_1}{(m_1+m_2)\omega}=\sqrt{\frac{m_1}{m_1+m_2}}A_1$$

4.2 简谐运动的动力学方程,简谐运动的能量

(1) 简谐振动的定义(判据):①简谐振动的运动学定义:物体离开平衡位置的位移满足 $x=A\cos(\omega t+\phi_0)$;②简谐振动的动力学定义:物体受到的合外力满足 $F=-kx$;③动力学方程:$\dfrac{d^2x}{dt^2}+\omega^2x=0$。

(2) 简谐振动的能量:振动系统的机械能守恒,振子的总能 $E=E_k+E_p=\dfrac{1}{2}mv^2+\dfrac{1}{2}kx^2=\dfrac{1}{2}m\omega^2A^2\sin^2(\omega t+\phi_0)+\dfrac{1}{2}kA^2\cos^2(\omega t+\phi_0)=\dfrac{1}{2}kA^2$。

考点 1:求振动系统的固有频率及其动力学特征分析

说明 1:求振动系统的固有频率利用动力学方程$\dfrac{d^2x}{dt^2}+\omega^2x=0$,主要方法如下。

(1) 受力分析法

① 对振动系统进行受力分析。

② 找出平衡位置,以平衡位置为原点建立坐标系。

③ 令系统偏离平衡位置 x(x 可以是位移、角位移或其他振动的物理量),由牛顿第二定律或转动定律列出此时的动力学关系,并利用平衡方程进行化简。

④ 若化简结果是 x 与它的二阶导数 $\ddot{x}$ 不成正比反向关系,则系统不可能作简谐振动。若化简结果是 x 与它的二阶导数 $\ddot{x}$ 成正比反向关系,即 $\ddot{x}=-k'x$(k'是由系统的动力学性质决定的常数,对不同的系统,k'的内含不同。对弹簧振子,$k'=k/m$),则系统作简谐振动,振动的角频率为 $\omega=\sqrt{k'}$。

⑤ 设 $x=A\cos(\omega t+\phi_0)$,由系统的初始条件求出 A 和 φ_0。

(2) 能量求导法

① 找出平衡位置,以平衡位置为原点建立坐标系;

② 计算系统动能和势能,计算其总能量 $E=E_k+E_p=$常数;

③ 对能量方程两边对时间微分并化简,同样若化简结果是 x 与它的二阶导数 $\ddot{x}$ 成正比反向关系,即 $\ddot{x}=-k'x$,则系统作简谐振动,振动的圆频率为 $\omega=\sqrt{k'}$;

④ 设 $x=A\cos(\omega t+\phi_0)$,由系统的初始条件求出 A 和 ϕ_0。

说明 2:常用振动系统角频率:①弹簧,$\omega=\sqrt{\dfrac{k}{m}}$;②单摆,$\omega=\sqrt{\dfrac{g}{L}}$;③复摆,$\omega=\sqrt{\dfrac{mgr_c}{I}}$。

例 4.2.1:一定滑轮的半径为 R,质量为 $M$$\left(\text{转动惯量 } I=\dfrac{1}{2}MR^2\right)$。有一轻绳一端系一质量为 m 的物体,另一端跨过定滑轮与一端固定的轻弹簧相连,如图 4.2.1 所示。设弹

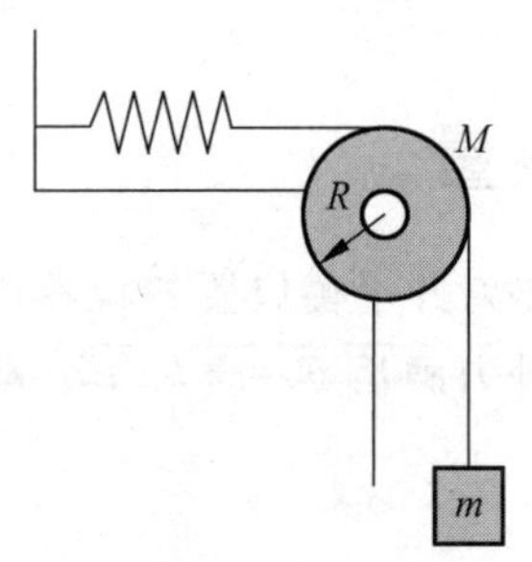

图 4.2.1

簧的劲度系数为 k,绳与滑轮间不打滑,忽略轴承摩擦力与空气阻力。现将物体 m 从平衡位置向下拉一微小距离后,由静止释放任其运动。证明物体作简谐振动,并求其振动周期。

解:方法 1:受力分析法

取 m 的平衡位置为原点,向下为正方向,此时弹簧伸长量为 x_0,则

$$mg = kx_0 \tag{①}$$

将 m 向下拉 x 后释放,设绳子对物体的拉力为 T_1,对物体受力分析:

$$mg - T_1 = m\ddot{x} \tag{②}$$

设此时弹簧拉力为 T_2,对定滑轮有

$$(T_1 - T_2)R = I\alpha = \frac{1}{2}MR^2\alpha \tag{③}$$

其中 $T_2 = k(x + x_0)$,再考虑 $\alpha R = \ddot{x}$,结合①式~③式可得

$$\ddot{x} + \frac{k}{m + M/2}x = 0$$

故物体作简谐振动,其振动角频率为 $\omega = \sqrt{\dfrac{k}{m+M/2}}$,振动周期为 $T = \dfrac{2\pi}{\omega} = 2\pi\sqrt{\dfrac{m+M/2}{k}}$。

方法 2:能量微分法

取 m 的平衡位置为原点及势能零点,向下为正方向,此时弹簧伸长量为 x_0,则

$$mg = kx_0 \tag{④}$$

当物体位移为 x 时,势能为

$$E_{\mathrm{p}} = \frac{1}{2}k[(x + x_0)^2 - x_0^2] - mgx = \frac{1}{2}kx^2 \tag{⑤}$$

动能为

$$E_{\mathrm{k}} = \frac{1}{2}mv^2 + \frac{1}{2}I\omega^2 = \frac{1}{2}(m + M/2)\dot{x}^2 \tag{⑥}$$

结合⑤式和⑥式可得系统总能量:

$$E = \frac{1}{2}kx^2 + \frac{1}{2}(m + M/2)\dot{x}^2 = 常数$$

两边对时间微分并整理得

$$\ddot{x} + \frac{k}{m + M/2}x = 0$$

故物体作简谐振动,其振动角频率为 $\omega = \sqrt{\dfrac{k}{m+M/2}}$,振动周期为 $T = \dfrac{2\pi}{\omega} = 2\pi\sqrt{\dfrac{m+M/2}{k}}$。

分析:当振动系统不能作为质点处理时,用能量求导法更简捷。①根据势能的定义和弹性力做功的积分式可知,若选择弹簧伸长(压缩)长度为 x_0 时为弹性势能的零点,则弹性势能的表达式为 $E_{弹} = \dfrac{1}{2}k[(x + x_0)^2 - x_0^2]$;②若以平衡位置为弹性势能和重力势能零点,则当振动系统偏离平衡位置为 x 时,总的势能为 $E_{\mathrm{p}} = \dfrac{1}{2}kx^2$,称为系统的振动势能。但

是振动势能却不一定是弹性势能，它可能是：①弹性势能（如水平放置的弹簧振子）；②重力势能（如单摆）；③弹性势能和重力势能之和（如竖直放置的弹簧振子）。

练习 4.2.1：质量为 m 的水银装在 U 形管中，管截面积为 S，若使两边水银面相差 $2y_0$，然后使水银面上下振动，求振动周期 T。（水银的密度为 ρ）

解：显然 U 形管两边水银面相平时为平衡位置，建立竖直坐标如图 4.2.2 所示，两水银面相平时，水银面坐标为 0，重力势能为 0。在振动的某一时刻，左边水银面由平衡位置向上升高 y，水银速度为 $v=\frac{\mathrm{d}y}{\mathrm{d}t}$，这时振动中的全部水银的动能为 $\frac{1}{2}m\dot{y}^2$，势能为 $(yS\rho)gy$（从两端水银相平状态下，从右边移高度为 y 的一段水银柱到左边，即质量为 $yS\rho$ 的水银柱升高了 y 的高度）。振动过程中机械能守恒：

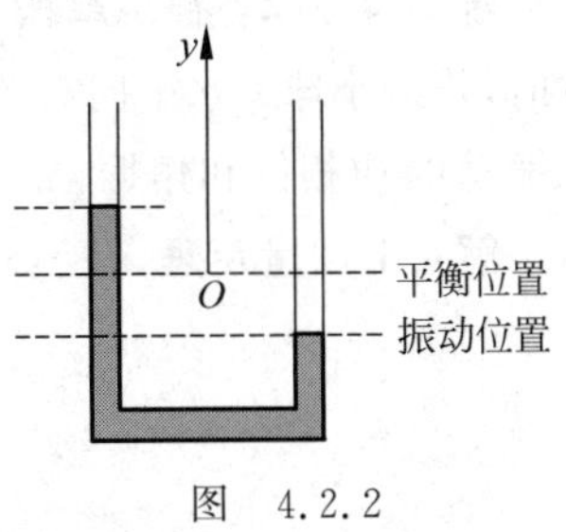

图　4.2.2

$$\frac{1}{2}m\dot{y}^2+(yS\rho)gy=E\text{（常量）}$$

两边对时间求导：

$$m\dot{y}\ddot{y}+2y\dot{y}S\rho g=0$$

化简得到简谐振动的动力学方程：

$$\ddot{y}=-\frac{2S\rho g}{m}y$$

由此可得水银面作简谐振动，振动的角频率为 $\omega=\sqrt{\frac{2S\rho g}{m}}$，周期为 $T=2\pi\sqrt{\frac{m}{2S\rho g}}$。

练习 4.2.2：试由能量守恒定律出发推导 LC 电路无阻尼自由振荡的频率公式。

证：设在振荡过程中的任一时刻，电容为 C 的电容器极板上的电荷为 q，自感系数为 L 的线圈中通过的电流为 i，则电容器和线圈储存的电场和磁场能量为

$$W=\frac{1}{2}\frac{q^2}{C}+\frac{1}{2}Li^2$$

上式两边分别对时间求导，则有

$$\frac{\mathrm{d}W}{\mathrm{d}t}=\frac{q}{C}\frac{\mathrm{d}q}{\mathrm{d}t}+Li\frac{\mathrm{d}i}{\mathrm{d}t}$$

对无阻尼自由振荡，能量守恒：$\frac{\mathrm{d}W}{\mathrm{d}t}=0$；又有 $i=\frac{\mathrm{d}q}{\mathrm{d}t}$，则有

$$\frac{\mathrm{d}^2q}{\mathrm{d}t^2}+\frac{q}{LC}=0$$

可得 LC 电路无阻尼自由振荡的频率公式：$\omega=\frac{1}{\sqrt{LC}}$，$\nu=\frac{\omega}{2\pi}=\frac{1}{2\pi\sqrt{LC}}$。

练习 4.2.3：一金属细杆的上端被固定，下端连接在一水平圆盘的中心组成一个扭摆。将圆盘扭转一小角，金属杆将以一回复力矩 $M=-D\varphi$ 作用于圆盘（式中 D 为扭转系数，φ 为扭转角），使其作往复扭转运动。已知圆盘对它的中心轴的转动惯量为 I，则扭摆的转动周期为__________。

答案：$2\pi\sqrt{I/D}$。对圆盘，回复力矩 $M=-D\varphi=I\dfrac{\mathrm{d}^2\varphi}{\mathrm{d}t^2}$，与简谐振动的动力学方程对比，振动角频率为 $\omega=\sqrt{D/I}$，周期为 $T=\dfrac{2\pi}{\omega}=2\pi\sqrt{I/D}$。

练习 4.2.4：有一单摆，摆长 $l=1.0\mathrm{m}$，摆球质量 $m=10\times10^{-3}\mathrm{kg}$，当摆球处在平衡位置时，若给小球一水平向右的冲量 $F\Delta t=1.0\times10^{-4}\mathrm{kg\cdot m/s}$，取打击时刻为计时起点（$t=0$），求振动的初相位和角振幅，并写出小球的振动方程。

解：由动量定理，有

$$F\cdot\Delta t=mv-0$$

所以

$$v=\frac{F\cdot\Delta t}{m}=\frac{1.0\times10^{-4}}{10\times10^{-3}}\mathrm{m/s}=0.01\mathrm{m/s}$$

取打击时为计时起点，并设向右为 x 轴正方向，则知 $t=0$ 时，$x_0=0$，$v_0=0.01\mathrm{m/s}>0$，所以初相位为 $\varphi_0=3\pi/2$。

单摆的角频率为

$$\omega=\sqrt{\frac{g}{l}}=\sqrt{\frac{9.8}{1.0}}\mathrm{rad/s}=3.13\mathrm{rad/s}$$

所以

$$A=\sqrt{x_0^2+\left(\frac{v_0}{\omega}\right)^2}=\frac{v_0}{\omega}=\frac{0.01}{3.13}\mathrm{m}=3.2\times10^{-3}\mathrm{m}$$

可得角振幅为

$$\Theta=\frac{A}{l}=3.2\times10^{-3}\mathrm{rad}$$

小球的振动方程为

$$\theta=3.2\times10^{-3}\cos\left(3.13t+\frac{3}{2}\pi\right)\mathrm{rad}$$

例 4.2.2：如图 4.2.3 所示，一轻杆的一端固定一质量为 m、半径为 R 的均匀圆环，杆沿直径方向；杆的另一端固定在 O 点，使圆环绕通过 O 点的水平光滑轴摆动。已知杆长为 l，圆环绕 O 点的转动惯量 $I=m[R^2+(R+l)^2]$。今使该装置在圆环所在的竖直平面内作简谐振动，则其周期为[　　]

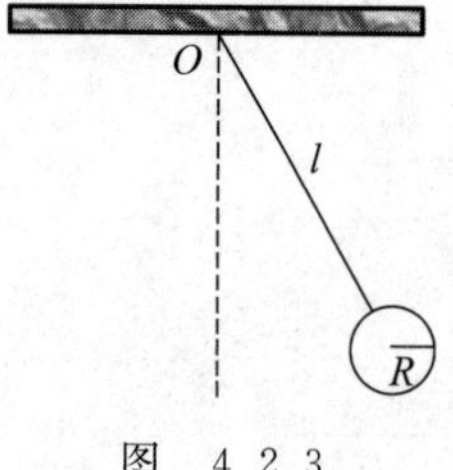

图 4.2.3

(A) $2\pi\sqrt{\dfrac{l+R}{g}}$；　(B) $2\pi\sqrt{\dfrac{l^2+2R^2}{g(R+l)}}$；

(C) $2\pi\sqrt{\dfrac{l}{g}}$；　(D) $2\pi\sqrt{\dfrac{(R+l)^2+R^2}{g(R+l)}}$。

答案：D。根据复摆角频率公式 $\omega=\sqrt{\dfrac{mgr_c}{I}}$，因轻杆质量不计，故质心为圆环中心，$r_c=l+R$。则振动周期 $T=\dfrac{2\pi}{\omega}=2\pi\sqrt{\dfrac{(R+l)^2+R^2}{g(R+l)}}$。

练习 4.2.5：一质量为 M、半径为 r 的均匀圆环挂在一光滑的钉子上，以钉子为轴在自身平面内作幅度很小的简谐振动。已知圆环对轴的转动惯量为 $I=2Mr^2$，若测得其振动周期为$(\pi/2)$s，则 r 的值为[　　]

(A) $g/32$；　　(B) $g/16\sqrt{2}$；　　(C) $\sqrt{2}g/16$；　　(D) $g/4$。

答案：A。复摆角频率公式：$\omega=\sqrt{\dfrac{mgr_c}{I}}=\sqrt{\dfrac{Mgr}{2Mr^2}}=\sqrt{\dfrac{g}{2r}}$，由振动周期 $T=\dfrac{2\pi}{\omega}=\pi/2$ 可得 $\sqrt{\dfrac{g}{2r}}=4$。

难度增加练习 4.2.6：劲度系数为 k 的水平轻弹簧一端固定，另一端连接在质量为 m 的匀质圆柱体的轴上，圆柱可绕其轴在水平面上滚动，令圆柱体偏离其平衡位置，使该系统作简谐振动，设圆柱与地面之间无滑动，求系统的振动周期 T。

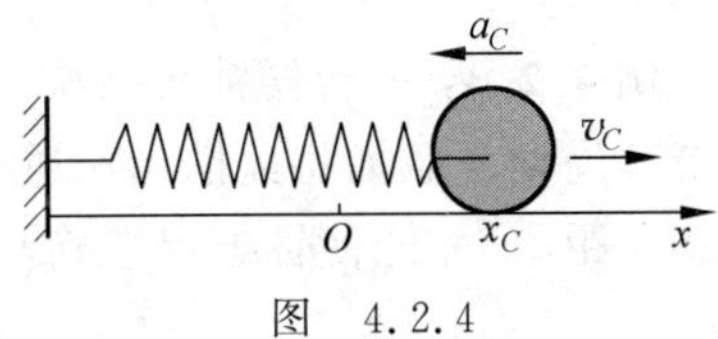

图　4.2.4

解：**方法 1**：设圆柱半径为 R、质心为 C。如图 4.2.4 所示，设圆柱体运动到 x_C 位置时，速度和加速度分别为 v_C 和 a_C，此时圆柱体受到弹性恢复力 $\boldsymbol{F}=-kx_C\boldsymbol{i}$，静摩擦力 $f>0$。

由质心定理

$$f-kx_C=ma_C \qquad ①$$

以垂直纸面向里为 C 轴正方向，由质心转动定理

$$-fR=\left(\frac{1}{2}mR^2\right)\beta \qquad ②$$

由纯滚动条件

$$a_C=R\beta \qquad ③$$

解①式～③式，得

$$\frac{3}{2}ma_C+kx_C=0$$

即

$$\frac{\mathrm{d}^2x_C}{\mathrm{d}t^2}+\frac{2k}{3m}x_C=0$$

由该振动微分方程得知系统振动周期：

$$T=2\pi\sqrt{\frac{3m}{2k}}$$

方法 2：由弹簧和圆柱系统机械能守恒求解

$$\frac{1}{2}kx_C^2+\frac{1}{2}mv_C^2+\frac{1}{2}\left(\frac{1}{2}mR^2\right)\omega^2=\text{常量}$$

由纯滚动条件

$$v_C=R\omega$$

上两式消去 ω，得

$$\frac{1}{2}kx_C^2+\frac{3}{4}mv_C^2=\text{常量}$$

将上式对时间求导得

$$\frac{1}{2}k \cdot 2x_C \frac{\mathrm{d}x_C}{\mathrm{d}t} + \frac{3}{4}m \cdot 2v_C \frac{\mathrm{d}v_C}{\mathrm{d}t} = kx_C v_C + \frac{3}{2}mv_C \frac{\mathrm{d}^2 x_C}{\mathrm{d}t^2} = 0$$

即

$$\frac{\mathrm{d}^2 x_C}{\mathrm{d}t^2} + \frac{2k}{3m}x_C = 0$$

由此得

$$T = 2\pi\sqrt{\frac{3m}{2k}}$$

例 4.2.3：一台摆钟每天快 1 分 27 秒，其等效摆长为 $l=0.995\mathrm{m}$，摆锤可上、下移动以调节其周期。假如将此摆当作质量集中在摆锤中心的一个单摆来考虑，则应将摆锤向下移动多少距离，才能使钟走得准确？（重力加速度 g 恒定）

解：钟摆单摆等效周期为 $T=2\pi\sqrt{\frac{l}{g}}$，两边微分有 $\frac{2\mathrm{d}T}{T}=\frac{\mathrm{d}l}{l}$，其中钟表周期的相对误差 $\frac{\mathrm{d}T}{T}$ 与钟的相对误差相等，即 $\frac{\Delta l}{l}=\frac{2\Delta t}{t}=\frac{2\times 87}{86400}$，则摆锤向下移动的距离为

$$\Delta l = \frac{2\Delta t}{t}l = 2\mathrm{mm}$$

练习 4.2.7：设有一根线挂在又高又暗的城堡中，看不见它的上端而只能看见它的下端，如何测量此线的长度？（要求列出基本的算式）

解：在下端挂一质量远大于线的物体，拉开一小角度，让其自由摆动，测出周期 T，就可以测得此线的长度。由 $T=2\pi\sqrt{\frac{l}{g}}$，得 $l=\frac{gT^2}{4\pi^2}$。

例 4.2.4：一振动台上放一质量为 $m=1.0\mathrm{kg}$ 的物体，振动频率为 2.0Hz，振幅为 2.0cm，问：(1)最高处和最低处时，物体对振动台压力为多少？(2)频率不变，振幅多大时，物体会跳离台面？(3)振幅不变，频率多大时，物体会跳离台面？

解：以 m 的平衡位置为坐标原点，x 轴正向向上，物体随谐振台一起作简谐振动，方程为

$$x = A\cos(\omega t + \varphi)$$

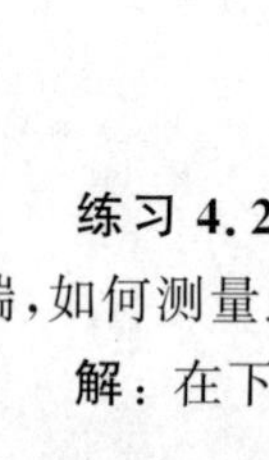

如图 4.2.5 所示，由牛顿第二定律：

$$F_N - mg = -m\omega^2 x$$

物体对振动台的压力为

$$F'_N = -F_N = -m(g - \omega^2 x)$$

(1) 最高处 $x=A$，$F'_N=-6.64\mathrm{N}$；最低处 $x=-A$，$F'_N=-12.96\mathrm{N}$，负号表示振动台受到的压力向下。

图 4.2.5

物体脱离振动台的条件为 $F_N\leqslant 0$，即

$$m(g - \omega^2 x) \leqslant 0$$

(2) 跳离台面时物体的振幅(频率不变)：$A'\geqslant\frac{g}{\omega^2}=6.2\mathrm{cm}$；

(3) 跳离台面时物体的频率(振幅不变)：$\nu \geqslant \sqrt{\frac{g}{A}}/2\pi = 3.5\text{Hz}$。

练习 4.2.8：一质量为 10g 的物体作简谐振动，其振幅为 2cm，频率为 4Hz，$t=0$ 时位移为 -2cm，初速度为零。则 $t=1/4\text{s}$ 时物体所受的作用力的大小为____________。

答案：0.126N。$t=0$ 时，$x_0=-2\text{cm}=-A$，故初相 $\varphi=\pi$，$\omega=2\pi\nu=8\pi\text{s}^{-1}$，故振动方程为 $x=2\times10^{-2}\cos(8\pi t+\pi)(\text{SI})$。(2)$t=\frac{1}{4}\text{s}$ 时，物体所受的作用力 $F=-m\omega^2 x=0.126\text{N}$。

考点 2：振动系统的能量

例 4.2.5：一物体质量为 $m=2\text{ kg}$，受到的作用力为 $F=-8x(\text{SI})$。若该物体偏离坐标原点 O 的最大位移为 $A=0.1\text{ m}$，则物体动能的最大值为____________，动能变化的周期为____________。

答案：0.04J，1.57s。物体受到弹性恢复力作用，故作简谐振动。动能最大值为 $\frac{1}{2}kA^2=0.04\text{J}$。

弹性振动的周期为 $T=\frac{2\pi}{\omega}=2\pi\sqrt{\frac{m}{k}}=\pi$，物体的动能为 $E_k=\frac{1}{2}mv^2=\frac{1}{2}kA^2\sin^2(\omega t+\varphi)$，其变化周期为简谐振动周期的 1/2，即$\frac{\pi}{2}=1.57\text{s}$。

练习 4.2.9：弹簧振子在光滑水平面上作简谐振动时，弹性力在半个周期内所做的功为[　　]

(A) kA^2；　(B) $kA^2/2$；　(C) $kA^2/4$；　(D) 0。

答案：D。与例 4.2.5 类似，弹性势能周期为简谐振动周期的 1/2，故半周期后弹性势能不变，弹性力做功为 0。

练习 4.2.10：一弹簧振子作简谐振动，当其偏离平衡位置的位移的大小为振幅的 1/4 时，其动能为振动总能量的[　　]

(A) 1/16；　(B) 9/16；　(C) 11/16；　(D) 15/16。

答案：D。作简谐振动的弹簧振子势能为 $E_p=\frac{1}{2}kx^2$，当 $x=\frac{1}{4}A$ 时，$E_p=\frac{1}{16}E$，占了总能量的 1/16，则动能占总能量的 15/16。

例 4.2.6：如图 4.2.6 所示，把单摆自平衡位置 b 拉开一个小角度 $+\theta_0$ 至 a 点，然后由静止放手任其摆动，从放手开始计时，依次经过 a、b、c 三位置，振动函数用余弦函数来表示，不计各种阻力，下列说法正确的是[　　]

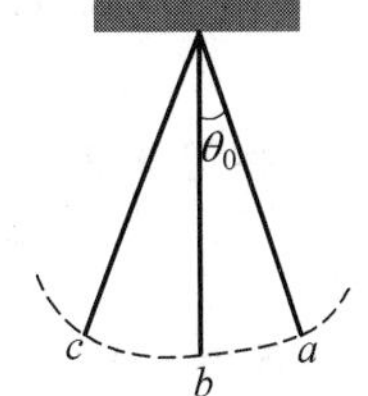

图　4.2.6

(A) 在 a 处，动能最小，相位为 θ_0；

(B) 在 b 处，动能最大，相位为 $\pi/2$；

(C) 在 c 处，动能为零，相位为 $-\theta_0$；

(D) 在 a、b、c 三位置，能量相同，初相不同。

答案：B。对单摆系统，角度 θ_0 为角位移的振幅，故 A、C 错误；在 b 处，振子处于平衡位置，以最大速率向负方向运动，故动能最大，相位为 $\pi/2$。

4.3 一维简谐运动的合成，拍现象

(1) 同方向、同频率简谐振动的合成：$x_1=A_1\cos(\omega t+\phi_{10})$，$x_2=A_2\cos(\omega t+\phi_{20})$，合振动：$x=A\cos(\omega t+\phi_0)$（仍为同频率简谐振动）。其中 $A=\sqrt{A_1^2+A_2^2+2A_1A_2\cos(\phi_{20}-\phi_{10})}$，$\phi_0=\arctan\dfrac{A_1\sin\phi_{10}+A_2\sin\phi_{20}}{A_1\cos\phi_{10}+A_2\cos\phi_{20}}$；

(2) 同方向、不同频率简谐振动的合成：$x_1=A\cos(\omega_1 t+\phi_{10})$，$x_2=A\cos(\omega_2 t+\phi_{20})$，合振动：$x=2A\cos\left(\dfrac{\omega_2-\omega_1}{2}t+\dfrac{\phi_{20}-\phi_{10}}{2}\right)\cos\left(\dfrac{\omega_2+\omega_1}{2}t+\dfrac{\phi_{20}+\phi_{10}}{2}\right)$。合振动不是简谐振动，若 $\omega_2\approx\omega_1$，$\omega_2+\omega_1\gg|\omega_2-\omega_1|$，合振动是振幅随时间缓变的准简谐振动——拍振动，拍频为 $\nu=|\nu_2-\nu_1|$。

考点 1：同方向、同频率简谐振动合成的理解

例 4.3.1：如图 4.3.1 所示，手电筒和屏幕质量均为 m，且均被劲度系数为 k 的轻弹簧悬挂于同一水平面上。平衡时，手电筒的光恰好照在屏幕中心。设手电筒和屏幕上下振动的表达式分别为 $x_1=A\cos(\omega t+\phi_1)$ 和 $x_2=A\cos(\omega t+\phi_2)$。试求在下述两种情况下，初相位 ϕ_1、ϕ_2 应满足的条件：(1)光点在屏幕上相对于屏静止不动；(2)光点在屏幕上相对于屏作振幅为 $2A$ 的振动，并说明用何种方式起动，才能得到上述结果。

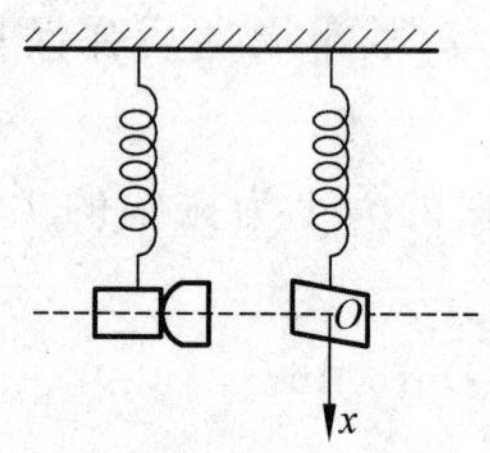

图 4.3.1

解：(1) 由题意，要使光点相对于屏不动，就要求手电筒和屏的振动始终要同步等幅振动。由于两个振动系统具有相等的质量 m 与劲度系数 k，即具有相等的振动频率且悬挂于同一水平面上，故把它们往下拉 A 位移后，同时释放即可实现。此时它们的初相位满足：

$$\phi_2-\phi_1=2k\pi,\quad k=0,\pm1,\pm2,\cdots$$

(2) 同理，要使光点对屏作振幅为 $2A$ 的简谐振动，两者须相位相反，为此，让手电筒位于平衡点上方的 $-A$ 处，而屏则位于平衡点下方的 $+A$ 处同时释放，即可实现。此时它们的初相位满足：

$$\phi_2-\phi_1=(2k+1)\pi,\quad k=0,\pm1,\pm2,\cdots$$

练习 4.3.1：两个同方向的简谐振动曲线如图 4.3.2 所示。合振动的振幅为__________，合振动的振动方程为__________。

答案：$A/2$，$\dfrac{A}{2}\cos\left(\dfrac{2\pi}{T}t+\dfrac{\pi}{2}\right)$。将 x_1、x_2 画在如图 4.3.3 所示的矢量图中，可见叠加后振幅为 $A/2$，初相位为 $\pi/2$。

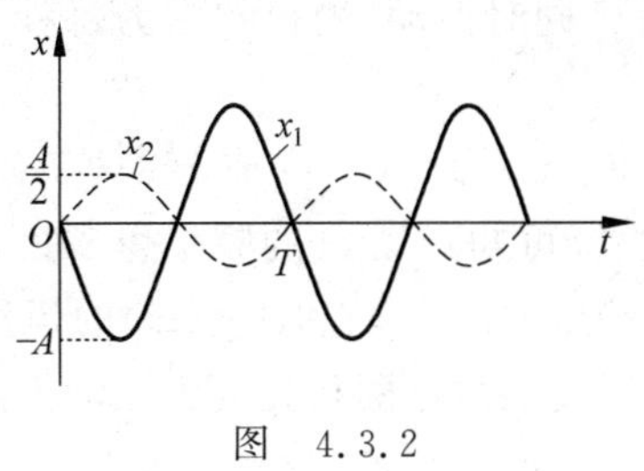

图　4.3.2

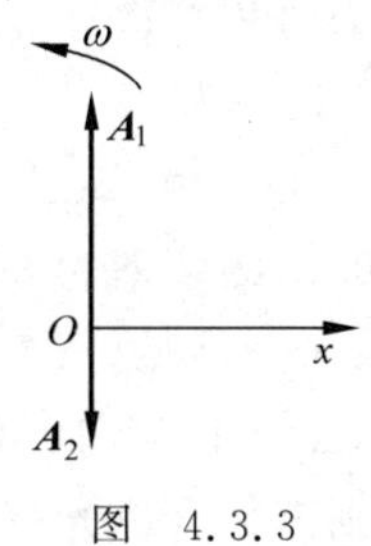

图　4.3.3

例 4.3.2：三个同方向、同频率的简谐振动为：$x_1=0.08\cos\left(314t+\frac{\pi}{6}\right)$，$x_2=0.08\cos\left(314t+\frac{\pi}{2}\right)$，$x_3=0.08\cos\left(314t+\frac{5\pi}{6}\right)$。求：(1)合振动的表达式；(2)合振动由初始位置运动到 $x=\sqrt{2}A/2$（A 为合振动的振幅）所需的最短时间。

解：(1) 将 x_1、x_2 和 x_3 画在如图 4.3.4 所示的矢量图中，可知

$$x_1+x_3=0.08\cos\left(314t+\frac{\pi}{2}\right)$$

$$\rightarrow x=x_1+x_2+x_3=0.16\cos\left(314t+\frac{\pi}{2}\right)$$

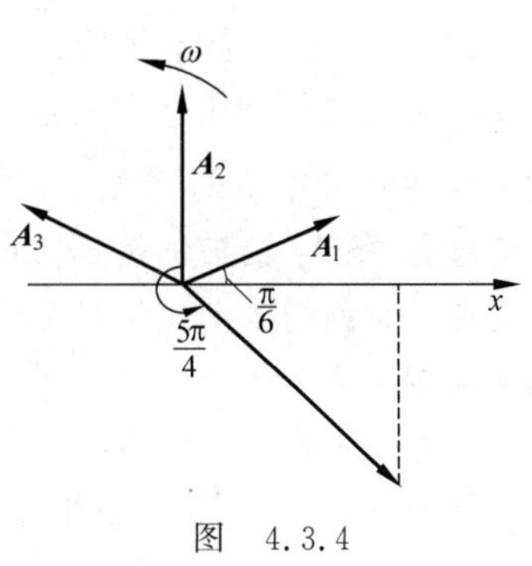

图　4.3.4

(2) 如图 4.3.4 所示，由旋转矢量法可以判断，当合振幅矢量在 x 轴的投影为 $\sqrt{2}A/2$ 时，转过的最小角度为 $5\pi/4$，所以合振动由初始位置运动到 $x=\sqrt{2}A/2$ 所需的最短时间为

$$t=\frac{T}{2\pi}\times\frac{5\pi}{4}=\frac{5}{8}T=\frac{5}{8}\times\frac{2\pi}{314}\mathrm{s}=0.0125\mathrm{s}$$

练习 4.3.2：已知两个简谐振动的表达式分别为(下式中 x 的单位为 m，t 的单位为 s)：$x_1=2\cos\left(10\pi t+\frac{\pi}{2}\right)$，$x_2=2\cos(10\pi t-\pi)$。求：(1)合振动的表达式；(2)若另有 $x_3=3\cos(10\pi t+\phi)$，则 ϕ 分别为何值时，三个简谐振动叠加后，合振动的振幅分别为最大与最小？

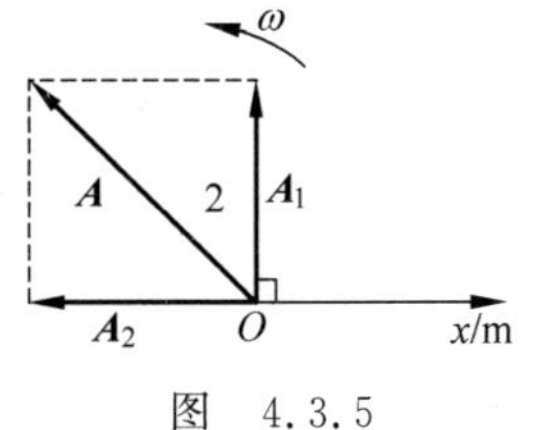

图　4.3.5

解：(1) 将 x_1 和 x_2 画在如图 4.3.5 所示的矢量图中。由图可知：

$$x=2\sqrt{2}\cos\left(10\pi t+\frac{3\pi}{4}\right)$$

(2) 当 $\phi=\frac{3\pi}{4}$时，合振幅最大为$(2\sqrt{2}+3)$m；当 $\phi=-\frac{\pi}{4}$时，合振幅最小为$(3-2\sqrt{2})$m。

考点 2：拍的概念

例 4.3.3：为测定某音叉 C 的频率，选取频率已知且与 C 接近的另两个音叉 A 和 B，已知 A 的频率为 800Hz，B 的频率是 797Hz，进行下面试验：第一步，使音叉 A 和 C 同时振

动，测得拍频为每秒2次；第二步，使音叉 B 和 C 同时振动，测得拍频为每秒5次。由此可确定音叉 C 的频率为__________。

答案：802Hz。由 A、C 之间的拍频为2，C 的频率为802Hz或798Hz；使 B、C 之间的拍频为5，可知 C 的频率为802Hz或792Hz；综合可知音叉 C 的频率为802Hz。

练习4.3.3：双频氦氖激光器发射出频率分别为 $(\nu+\Delta\nu)$ 和 $(\nu-\Delta\nu)$ 的两种光，其中 $\nu=3.6\times10^{14}\,\text{Hz}$，$\Delta\nu=1.6\times10^{6}\,\text{Hz}$。经过某种装置处理后，这两种光变为振动方向相同的光而在某处叠加，则该处合成光强度的变化频率为__________。

答案：$3.2\times10^{6}\,\text{Hz}$。合成光强度的变化的拍频为两种光频率之差的绝对值，为 $2\Delta\nu$。

4.4 机械波的基本特征、平面简谐波波函数

(1) 机械波定义：机械振动在弹性介质中传播形成机械波。

(2) 描述波的基本物理量：①波的周期 T（频率 ν、角频率 ω）：$T=1/\nu=2\pi/\omega$，波场中各质元振动的周期由波源决定。②波速 u：单位时间内振动所传播的距离，它取决于介质的弹性性质和介质的密度，与波源无关。柔软的轻绳中波速 $u=\sqrt{T/\mu}$，μ 为绳线密度。③波长 $\lambda=uT$：沿波的传播方向两个相邻同相点之间的距离。④波的相位：设 $x=0$ 处的质元在 t 时刻的振动相位是 $\omega t+\varphi_0$，波沿 x 轴正（反）向传播，则位于 x 处的质元在 t 时刻的振动相位为 $\varphi=\omega(t\mp x/u)+\varphi_0$。

(3) 波动的几何描述：①波线：表示波的传播方向的直线或曲线；②介质中相位相同的点构成的面称为等相面，位置在波的最前方的等相面称为波前或波面；③在各向同性均匀介质中，波线与波面正交；④沿波线单位长度上完整波的个数称为波数，$k=2\pi/\lambda$ 称为角波数，$\boldsymbol{k}=2\pi\boldsymbol{n}/\lambda$ 称为波矢量（$\boldsymbol{n}$ 是沿波传播方向的单位矢量）。

(4) 平面简谐波的波函数：

沿 x 轴正向传播：$\xi(x,t)=A\cos\left[\omega\left(t-\dfrac{x}{u}\right)+\varphi_0\right]=A\cos\left[2\pi\left(\dfrac{t}{T}-\dfrac{x}{\lambda}\right)+\varphi_0\right]$；

沿 x 轴负向传播：$\xi(x,t)=A\cos\left[\omega\left(t+\dfrac{x}{u}\right)+\varphi_0\right]=A\cos\left[2\pi\left(\dfrac{t}{T}+\dfrac{x}{\lambda}\right)+\varphi_0\right]$。

说明：由振动方程写波函数的关键：沿着波的传播方向，相位依次滞后 $|\Delta\varphi|=\dfrac{\omega}{u}|\Delta x|=\dfrac{2\pi}{\lambda}|\Delta x|$。

考点1：波的基本物理量的理解与计算

例4.4.1：平面简谐波波动方程为 $\xi=A\cos(Bt-Cx)$，其中 A、B、C 为正值常数，则下列说法中正确的是[　　]

(A) 波速为 C；

(B) 角频率为 $2\pi/B$；

(C) 波长为 $2\pi/C$；

(D) 波的周期为 $1/B$。

答案：C。根据题意，$B=\omega$，故周期为 $T=\dfrac{2\pi}{\omega}=\dfrac{2\pi}{B}$，故B、D错误。$C=k=\dfrac{2\pi}{\lambda}=\dfrac{\omega}{u}$，故波

速 $u=\frac{\omega}{k}=\frac{B}{C}$，故 A 错误，波长 $\lambda=\frac{2\pi}{k}=\frac{2\pi}{C}$，C 正确。

练习 4.4.1：一横波沿绳子传播时，波的表达式为 $y=-0.05\sin(4\pi x-10\pi t)$(SI)，则[　　]

(A) 波长为 0.5m；　　(B) 波速为 5m/s；

(C) 波速为 25m/s；　　(D) 频率为 2Hz。

答案：A。整理波函数为余弦形式：$y=0.05\cos\left(10\pi t-4\pi x-\frac{\pi}{2}\right)$，由波函数可知，其振幅为 $A=0.05$m，角频率为 $\omega=10\pi$rad/s，角波数 $k=4\pi$rad/m(正向波)。故波长为 $\lambda=\frac{2\pi}{k}=0.5$m，波速为 $u=\frac{\omega}{k}=2.5$m/s，频率为 $\nu=\frac{\omega}{2\pi}=5$Hz。

练习 4.4.2：已知 14℃时空气中的声速为 340m/s。人可以听到频率为 20～20000Hz 的声波。可以引起听觉的声波在空气中波长的范围约为________。

答案：1.7×10^{-2}～17m。根据 $\lambda=u/\nu$ 可得。

练习 4.4.3：一平面简谐波沿 x 轴正方向传播，波速 $u=100$m/s，$t=0$ 时刻的波形曲线如图 4.4.1 所示。可知波长 $\lambda=$________，振幅 $A=$________，频率 $\nu=$________。

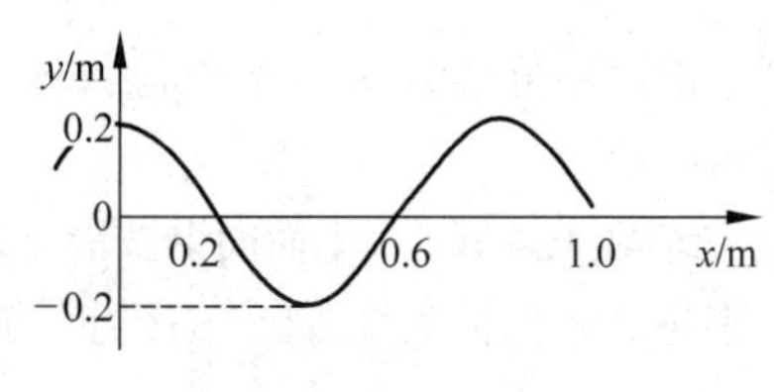

图 4.4.1

答案：0.8m，0.2m，125Hz。

例 4.4.2：在下面几种说法中，正确的说法是[　　]

(A) 波源不动时，波源的振动周期与波动的周期在数值上是不同的；

(B) 波源振动的速度与波速相同；

(C) 在波传播方向上的任一质点振动相位总是比波源的相位滞后(按差值不大于 π 计)；

(D) 在波传播方向上的任一质点的振动相位总是比波源的相位超前(按差值不大于 π 计)。

答案：C。

练习 4.4.4：下列函数 $f(x,t)$ 可表示弹性介质中的一维波动，式中 A、a 和 b 是正的常量。其中哪个函数表示沿 x 轴负向传播的行波？[　　]

(A) $f(x,t)=A\cos(ax+bt)$；　　(B) $f(x,t)=A\cos(ax-bt)$；

(C) $f(x,t)=A\cos(ax)\cdot\cos(bt)$；　　(D) $f(x,t)=A\sin(ax)\cdot\sin(bt)$。

答案：A。kx 一项前符号为正表示负向波。

练习 4.4.5：一简谐波沿 x 正方向传播。x_1 与 x_2 两点处的振动曲线如图 4.4.2 所示。已知 $x_2>x_1$ 且 $x_2-x_1<\lambda$(λ 为波长)，则波从 x_1 点传到 x_2 点所用时间为________(用波的周期 T 表示)，这两点之间的距离为________(用波长 λ 表示)。

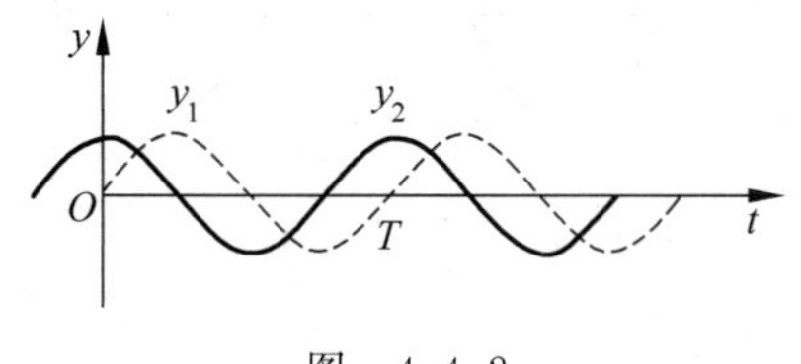

图 4.4.2

答案：$\frac{3}{4}T$，$\frac{3}{4}\lambda$。由图 4.4.2 可知，x_1 与 x_2 两点初相位分别为 $-\frac{\pi}{2}$ 与 0，其相位差 $\Delta\varphi=\varphi_2-\varphi_1=\frac{\pi}{2}\pm 2k\pi$，因为 $x_2>x_1$ 故对正向波 $\Delta\varphi<0$（沿着波的传播方向相位落后），因为 $x_2-x_1<\lambda$，故 $|\Delta\varphi|<2\pi$，因此 $\Delta\varphi=-\frac{3\pi}{2}$，故波从 x_1 点传到 x_2 点所用时间为 $\Delta t=\frac{|\Delta\varphi|}{2\pi}T=\frac{3}{4}T$。

例 4.4.3：在简谐波的一条射线上，相距 0.2m 两点的振动相位差为 $\pi/6$。又知振动周期为 0.4s，则波长为________，波速为________。

答案：2.4m，6.0m/s。两点之间的相位差为 $\Delta\varphi=k\Delta x$。故由题意 $k=\frac{2\pi}{\lambda}=\frac{5\pi}{6}$，波长 $\lambda=2.4\text{m}$，波速 $u=\frac{\lambda}{T}=6.0\text{m/s}$。

说明：角波数 k 表示单位长度上的相位改变量，乘以两点之间的距离可以很方便地求其相位差。

练习 4.4.6：一平面简谐波沿 x 轴正方向传播。已知 $x=0$ 处的振动方程为 $y=\cos(\omega t+\varphi_0)$，波速为 u。坐标为 x_1 和 x_2 的两点的振动初相位分别记为 φ_1 和 φ_2，则相位差 $\varphi_1-\varphi_2=$________。

答案：$\omega(x_1-x_2)/u$。

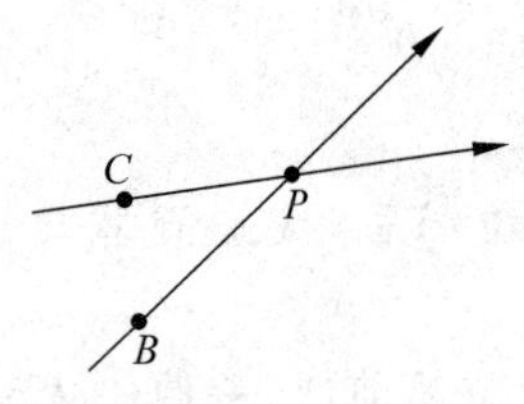

图 4.4.3

练习 4.4.7：一简谐波沿 $\overline{BP}$ 方向传播，它在 B 点引起的振动方程为 $y_1=A_1\cos2\pi t$。另一简谐波沿 $\overline{CP}$ 方向传播，它在 C 点引起的振动方程为 $y_2=A_2\cos(2\pi t+\pi)$。P 点与 B 点相距 0.40m，与 C 点相距 0.50m（图 4.4.3）。波速均为 $u=0.20\text{m/s}$。则两波在 P 点的相位差为________。

答案：0。$\overline{BP}$ 方向传播的简谐波到达 P 点后相位延迟了 $\Delta\varphi=k\Delta x=\frac{\omega}{u}\Delta x$，即 $\varphi_{1P}=-4\pi$；同理，$\overline{CP}$ 方向传播到达 P 点后相位为 $\varphi_{2P}=-4\pi$。故两波在 P 点相位差为 0。

例 4.4.4：已知 $t=T/4$ 时刻的简谐波如图 4.4.4 所示，以余弦函数表示，求 O、a、b、c 各点振动初相位。

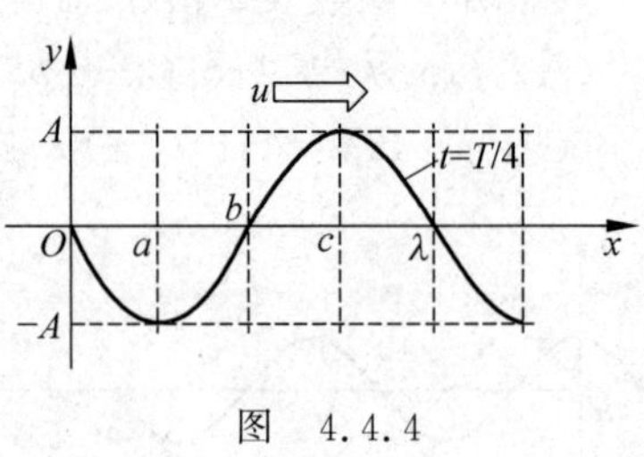

图 4.4.4

解：先将波形逆着波的传播方向移动 $\lambda/4$，如图 4.4.5 所示，结合旋转矢量法可以判断：

O 点位移负最大，初相位 $\varphi_O=\pi$；

a 点位移经过平衡位置向负方向运动，初相位 $\varphi_a=\pi/2$；

b 点位移正最大，初相位 $\varphi_b=0$；

c 点位移经过平衡位置向正方向运动，初相位 $\varphi_c=-\pi/2$。

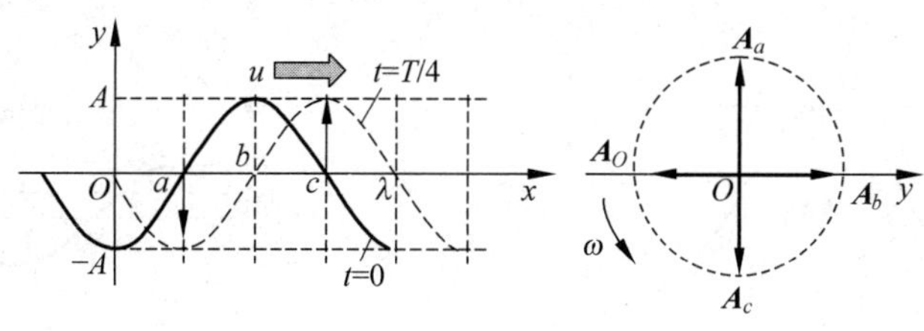

图　4.4.5

练习 4.4.8：横波以波速 u 沿 x 轴负方向传播，t 时刻波形曲线如图 4.4.6 所示，则该时刻[　　]

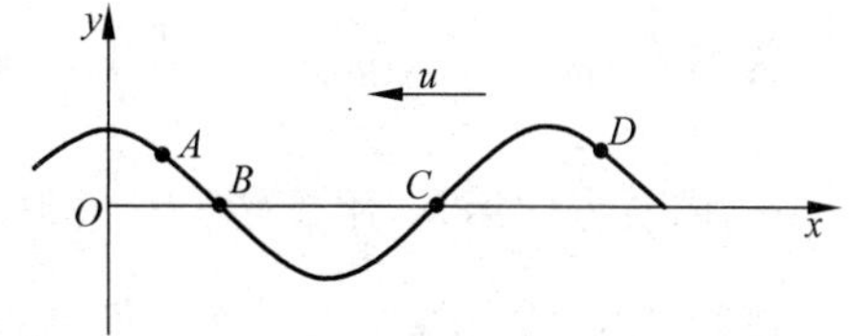

图　4.4.6

(A) A 点振动速度大于零；

(B) B 点静止不动；

(C) C 点向下运动；

(D) D 点振动速度小于零。

答案：D。结合波形图及波的传播方向，可以判断各质元的振动方向。

例 4.4.5：一横波在均匀柔软弦上传播，其表达式为 $y=0.02\cos[\pi(5x-200t)]$ (SI)，若弦的线密度 $\mu=50\text{g/m}$，则弦中张力为__________。

答案：80N。由波函数可得，波速 $u=\dfrac{\omega}{k}=\dfrac{200}{5}\text{m/s}=40\text{m/s}$，根据弦中波速公式 $u=\sqrt{T/\mu}$，可得弦中张力为 $T=u^2\mu=40^2\times0.05\text{N}=80\text{N}$。

练习 4.4.9：一声波在空气中的波长是 0.25m，传播速度是 340m/s，当它进入另一介质时，波长变成了 0.37m，它在该介质中传播速度为__________。

答案：503m/s。在不同介质中波动频率不变，波速及波长发生改变。

例 4.4.6：已知平面简谐波的波函数为 $y=A\cos\pi(4t+2x)$。(1)写出 $t=4.2\text{s}$ 时各波峰位置的坐标表示式，并计算此时离原点最近的一个波峰的位置，该波峰何时通过原点？(2)画出 $t=4.2\text{s}$ 时的波形曲线。

解：(1) $t=4.2\text{s}$ 时各波峰的位移为 A：

$$y\,|_{t=4.2\text{s}}=A\cos[2\pi(8.4+x)]=A$$

即

$$x=k-8.4(\text{m}),\quad k=0,\pm1,\pm2,\cdots$$

则离原点最近的波峰的位置为 $x=-0.4\text{m}$。

由波函数可知，平面简谐波以 $u=\lambda\nu=2\text{m/s}$ 沿 x 轴负方向传播，此波峰通过原点的时刻为 $t=4.2-\dfrac{0.4}{2}\text{s}=4.0\text{s}$。

(2) $t=4.2\text{s}$ 时的波形曲线如图 4.4.7 所示。

练习 4.4.10：一平面简谐波沿 Ox 轴正方向传播，$t=0$ 时刻的波形如图 4.4.8 所示，则 P 处介质质点的振动方程是__________。

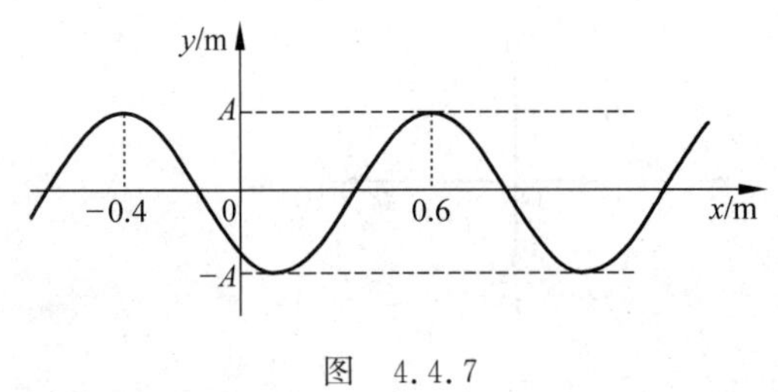

图 4.4.7

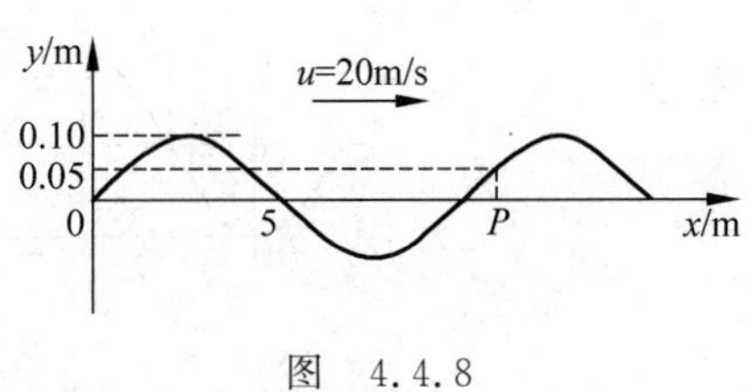

图 4.4.8

答案：$y_P=0.1\cos\left(4\pi t+\dfrac{\pi}{3}\right)$。由波形图和波的传播方向结合可得，$P$ 点位移为 0.05m，向负方向运动，用旋转矢量法可判断其相位为$\dfrac{\pi}{3}$。

练习 4.4.11：图 4.4.9 为一简谐波在 $t=0$ 时刻的波形图，波速 $u=200\text{m/s}$，则 P 处质点的振动速度表达式为[　　]

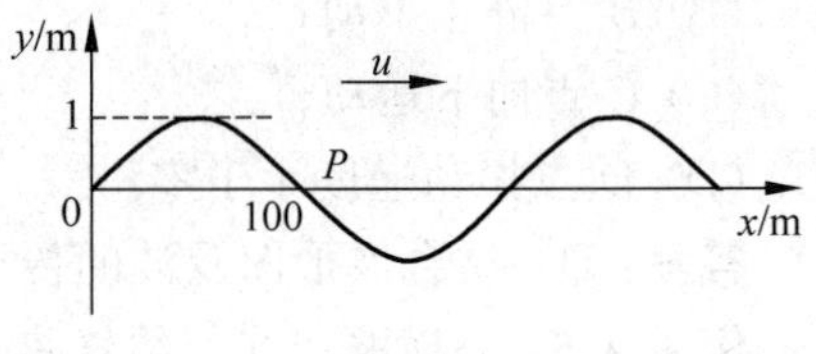

图 4.4.9

(A) $v=-2\pi\cos(2\pi t-\pi)$(SI)；

(B) $v=-2\pi\cos(\pi t-\pi)$(SI)；

(C) $v=2\pi\cos(2\pi t-\pi/2)$(SI)；

(D) $v=-2\pi\cos(\pi t-3\pi/2)$(SI)。

答案：A。由波形图知，波长 $\lambda=200\text{m}$，P 点经过平衡位置向正方向运动，相位为 $-\pi/2$，角频率为 $\omega=\dfrac{2\pi u}{\lambda}=2\pi\text{rad/s}$，故 P 点处振动方程为 $y_P=\cos\left(2\pi t-\dfrac{\pi}{2}\right)$，微分可得其速度表达式为 $v=-2\pi\sin\left(2\pi t-\dfrac{\pi}{2}\right)=2\pi\cos(2\pi t)=-2\pi\cos(2\pi t-\pi)$(SI)。

考点 2：波函数的求解

例 4.4.7：如图 4.4.10 所示，已知 $t=0$ 的波形曲线（实线），波沿 Ox 方向传播。经过 $t=0.5\text{s}$ 后，波形曲线如图中虚线所示。已知波的周期 $T\geqslant 1\text{s}$，试根据图中的条件写出波函数，并求出 $x=1\text{cm}$ 处质元的振动方程。

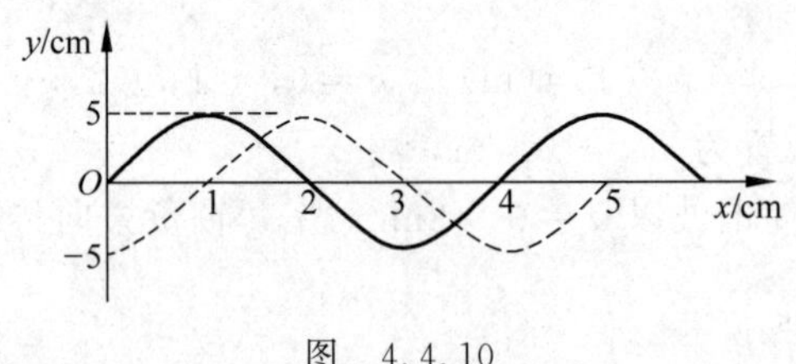

图 4.4.10

解：第一步：先写出原点处质点的振动方程。由图 4.4.10 可知，振幅 $A=0.05\text{m}$，波长 $\lambda=0.04\text{m}$，经过 0.5s 后波向前传播 $\lambda/4$，所以周期 $T=2\text{s}$。在 $t=0$ 时刻，原点处的质点在平衡位置并将向 y 轴负方向运动，所以此质点的初相为 $\pi/2$。

故原点处质点的振动方程为

$$y=0.05\cos(\pi t+\pi/2)$$

第二步：写波函数。由于波沿 x 轴正向传播，故波函数为

$$y=0.05\cos[\pi(t-x/0.02+1/2)]$$

$x=0.01\text{m}$ 处质元的振动方程为

$$y\big|_{x=0.01\text{m}}=0.05\cos(\pi t)$$

分析：解此类题时，往往先选取一点（这一点可以是任意一点，但为了简单常选择原点）写出其振动方程，然后根据这一点的振动方程写波函数。

练习 4.4.12：如图 4.4.11 所示，是一平面简谐波在 $t=0\text{s}$ 时的波形图，由图中所给的数据求：(1)该波的周期；(2)传播介质 O 点处的振动方程；(3)该波的波函数。

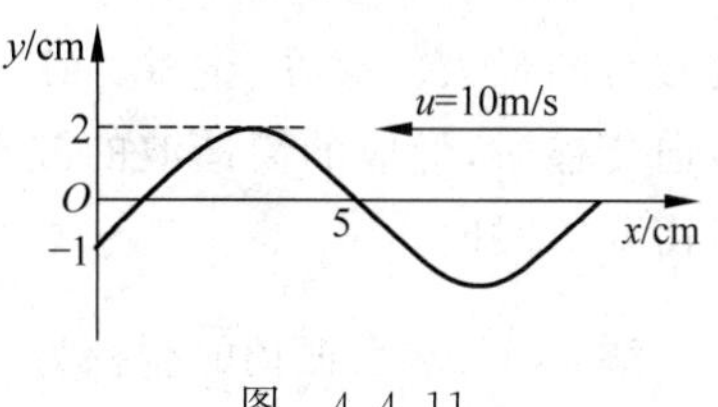

图　4.4.11

解：利用旋转矢量法求出 O 点的初相位为 $\phi=-\dfrac{2}{3}\pi$；

其振动方程为 $y=0.02\cos\left(\omega t-\dfrac{2}{3}\pi\right)$；

波函数为 $y=0.02\cos\left[\omega\left(t+\dfrac{x}{10}\right)-\dfrac{2}{3}\pi\right]$；

在 $x=5\text{m}$ 处，由旋转矢量法可知，其相位为 $\phi=\dfrac{\pi}{2}$，代入上式，即 $\omega\left(0+\dfrac{5}{10}\right)-\dfrac{2}{3}\pi=\dfrac{\pi}{2}$，可得角频率 $\omega=\dfrac{7\pi}{3}$。

故(1)周期：$T=\dfrac{2\pi}{\omega}=\dfrac{6}{7}\text{s}$；(2)$O$ 点处的振动方程：$y=0.02\cos\left(\dfrac{7\pi}{3}t-\dfrac{2}{3}\pi\right)$；(3)该波的波函数：$y=0.02\cos\left[\dfrac{7\pi}{3}\left(t+\dfrac{x}{10}\right)-\dfrac{2}{3}\pi\right]$。

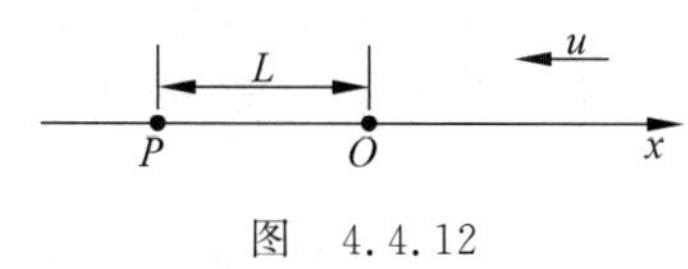

图　4.4.12

练习 4.4.13：如图 4.4.12 所示，一平面简谐波沿 Ox 轴的负方向传播，波速大小为 u，若 P 处介质质点的振动方程为 $y_P=A\cos(\omega t+\phi)$，求：(1)O 处质点的振动方程；(2)该波的波动表达式；(3)与 P 处质点振动状态相同的那些点的位置。

解：(1) O 处质点的振动比 P 点提前了 $\dfrac{\omega}{u}L$，故振动方程为 $y_O=A\cos[\omega(t+L/u)+\phi]$；

(2) 该波的波函数为 $y=A\cos\left[\omega\left(t+\dfrac{x+L}{u}\right)+\phi\right]$；

(3) 令 $\omega\dfrac{x+L}{u}=2k\pi$，可得

$$x=-L+\frac{2k\pi u}{\omega},\quad k=\pm1,\pm2,\cdots$$

练习 4.4.14：一平面余弦波沿 Ox 轴正方向传播，波动表达式为 $y=A\cos\left[2\pi\left(\frac{t}{T}-\frac{x}{\lambda}\right)+\phi\right]$，则 $x=\lambda$ 处质点的振动方程是____________；若以 $x=\lambda$ 处为新的坐标轴原点，且此坐标轴指向与波的传播方向相反，则对此新的坐标轴，该波的波动表达式是____________。

答案：$y_1=A\cos\left(\frac{2\pi t}{T}+\phi\right)$；$y_2=A\cos\left[2\pi\left(\frac{t}{T}+\frac{x}{\lambda}\right)+\phi\right]$。在波动方程中代入 $x=\lambda$ 可得其振动方程；第二问是已知原点处振动方程，求负向波的波函数。

例 4.4.8：在一个海港港口，海潮引起海洋的水面以涨落高度（最高水面到最低水面）$d=0.12\text{m}$ 作简谐运动，周期为 20s，以该水面的平衡位置为坐标原点，$t=0$ 时刻，水面恰好处在负向最大位移处，试求：(1)该水面的振动方程；(2)此振动以波速 $u=2\text{m/s}$ 沿 x 轴正方向传播时，形成的简谐波的波动表达式；(3)该波的波长；(4)水从最高水面下降 0.03m 所需要的时间。

解：(1) 水面振动的振幅为 $A=\frac{d}{2}=0.06\text{m}$，圆频率和初相位为 $\omega=\frac{2\pi}{T}=\frac{\pi}{10}\text{rad/s}$，$\varphi_0=\pi$；故水面的振动方程为

$$y=0.06\cos\left(\frac{\pi}{10}t+\pi\right)$$

(2) 振动以波速 $u=2\text{m/s}$ 沿 x 轴正方向传播时，形成的简谐波的波动表达式为

$$y=0.06\cos\left[\frac{\pi}{10}\left(t-\frac{x}{u}\right)+\pi\right]=0.06\cos\left[\frac{\pi}{10}\left(t-\frac{x}{2}\right)+\pi\right]$$

(3) 该波的波长为 $\lambda=uT=40\text{m}$。

(4) 由旋转矢量法得水从最高位置下降 0.03m 转过的角度为 60°，则所需要的时间为

$$t=\frac{60}{360}\times 20\text{s}=\frac{10}{3}\text{s}$$

4.5 波的能量、能流密度

(1) 介质质元的能量：①动能 $E_k=\frac{1}{2}\rho\Delta V\omega^2A^2\sin^2\left[\omega\left(t-\frac{x}{u}\right)\right]$；②势能 $E_p=\frac{1}{2}\rho\Delta V\omega^2A^2\sin^2\left[\omega\left(t-\frac{x}{u}\right)\right]$；③总能量 $E=\rho\Delta VA^2\omega^2\sin^2\left[\omega\left(t-\frac{x}{u}\right)\right]$。能量特点：①动能和势能同相变化，在最大位移处同时为零，在平衡位置处同时最大；②总能量随时间变化，质元在不断地吸收和放出能量，质元的机械能不守恒；③能量以速度 u 向前传播。

(2) 波的能量密度：$w=\rho A^2\omega^2\sin^2\left[\omega\left(t-\frac{x}{u}\right)\right]$，平均能量密度 $\bar{w}=\frac{1}{2}\rho A^2\omega^2$。

(3) 波的能流：$p=\frac{\mathrm{d}E}{\mathrm{d}t}=w\Delta Su$，平均能流：$\bar{P}=\frac{\mathrm{d}E}{\mathrm{d}t}=\bar{w}\Delta Su-\frac{1}{2}\rho\omega^2A^2u\Delta S$。

(4) 平均能流密度：$I=\frac{\bar{P}}{\Delta S}=\bar{w}u=\frac{1}{2}\rho A^2\omega^2u$。

考点 1：波的能量的理解

例 4.5.1：如图 4.5.1 所示为一平面简谐机械波在 t 时刻的波形曲线。若此时 A 点处介质质元的振动动能在增大，则[　　]

(A) A 点处质元的弹性势能在减小；　(B) 波沿 x 轴负方向传播；

(C) B 点处质元的振动动能在减小；　(D) 各点的波的能量密度都不随时间变化。

答案：B。由 A 点处介质质元的振动动能在增大可判断 A 点向负方向振动接近平衡位置，故波沿 x 轴负方向传播，B 正确；势能与动能同步变化，故 A 点处质元的弹性势能增大，A 错误；B 点处质元向正方向运动接近平衡位置，其振动动能在增加，C 错误；各点的能量密度为 $w=\rho A^2\omega^2\sin^2\left[\omega\left(t-\frac{x}{u}\right)\right]$，都随时间变化，D 错误。

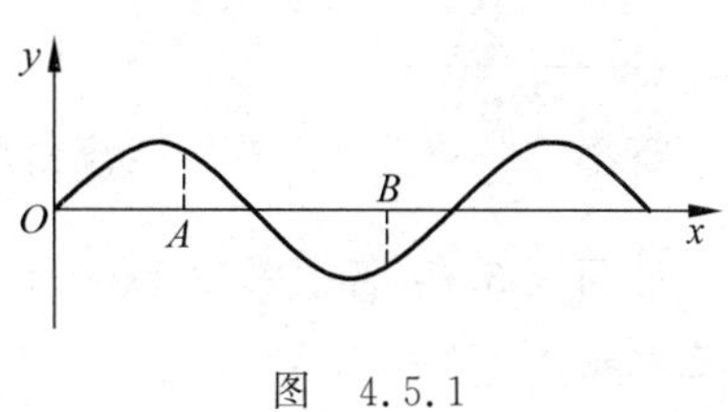

图　4.5.1

练习 4.5.1：一平面简谐波在弹性介质中传播，在介质质元从平衡位置运动到最大位移处的过程中[　　]

(A) 它的动能转换成势能；

(B) 它的势能转换成动能；

(C) 它从相邻的一段质元获得能量，其能量逐渐增大；

(D) 它把自己的能量传给相邻的一段质元，其能量逐渐减小。

答案：D。

考点 2：能流密度相关公式与理解

例 4.5.2：一线波源发射柱面波，设介质为不吸收能量的各向同性的均匀介质，试求：(1)波的强度和离开波源距离的关系；(2)振幅和离开波源的距离有何关系？

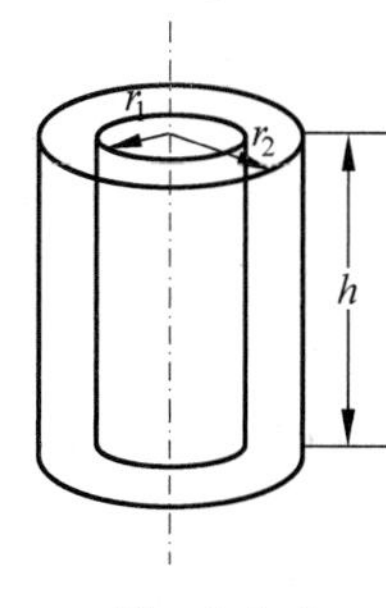

图　4.5.2

解：(1) 以线波源为轴作两个同轴等高的圆柱面，由于介质各向同性，且不吸收能量，则在单位时间内流过第一个柱面的能量必流过第二个柱面，即 $I_1 2\pi r_1 h=I_2 2\pi r_2 h$，$I_1/I_2=r_2/r_1$。

(2) 因为 $I\propto A^2$，所以 $A_1/A_2=\sqrt{r_2/r_1}$。

说明 1：对同一波源，功率相同(即平均能流 $\overline{P}$ 相同)，即单位时间内流过第一个柱面的能量必流过第二个柱面。能流 P 的物理意义是单位时间内通过某界面的能量，单位为瓦特；波强 I 的物理意义为单位时间通过单位面积的能量，单位为瓦特每平方米。

说明 2：与例 4.5.2 讨论类似，可得平面波的振幅：$\frac{A_1}{A_2}=1$；球面波振幅：$\frac{A_1}{A_2}=\frac{r_2}{r_1}$。

练习 4.5.2：一个波源位于 O 点，以 O 为圆心作两个同心球面，它们的半径分别为 R_1 和 R_2，在两个球面上分别取相等的面积 ΔS_1 和 ΔS_2，则通过它们的平均能流之比 $\overline{P}_1/\overline{P}_2=$____________。

答案：R_2^2/R_1^2。根据平均能流公式：$\bar{P}=\frac{1}{2}\rho\omega^2A^2u\Delta S$，本题中$\frac{\bar{P}_1}{\bar{P}_2}=\frac{A_1^2}{A_2^2}$，对球面波$\frac{A_1}{A_2}=\frac{R_2}{R_1}$，故$\frac{\bar{P}_1}{\bar{P}_2}=\frac{R_2^2}{R_1^2}$。

练习 4.5.3：设为了维持一波源的振动不变，需要消耗 8W 的功率。假如此波源发出的是均匀球面波，且介质不吸收波的能量，则距波源 2m 远处波的平均能流密度 $I=$__________。

答案：$\frac{1}{2\pi}\text{W/m}^2$。平均能流密度 $I=\frac{\bar{P}}{\Delta S}=\frac{\bar{P}}{4\pi r^2}=\frac{1}{2\pi}$。

练习 4.5.4：若频率为 1200Hz 的声波和 400Hz 的声波有相同的振幅，则此两声波的强度之比是__________。

答案：9∶1。根据强度公式：$I=\frac{1}{2}\rho A^2\omega^2u$，可得强度正比于频率的平方。

例 4.5.3：一正弦式空气波沿直径为 0.14m 的圆柱形管行进，波的平均强度为 $9\times10^{-3}\text{J/(s}\cdot\text{m}^2)$，频率为 300Hz，波速为 300m/s，求波的平均能量密度和最大能量密度各是多少？每相邻两个等相面的波带中含有多少能量？

解：由波的平均强度 $I=\bar{w}u$ 可得，波的平均能量密度 $\bar{w}=I/u=3\times10^{-5}\text{J/m}^3$。

最大能量密度 $w_{\max}=2\bar{w}=6\times10^{-5}\text{J/m}^3$。

两相邻同相面之间的波带所具有的能量可视为一个周期内通过 S 面的能量，故相邻两个等相面的波带中含有的能量为 $W=\bar{w}uTS$（或者 $W=ITS$），故

$$W=9\times10^{-3}\times\frac{1}{300}\times3.14\times0.07^2\text{J}=4.62\times10^{-7}\text{J}$$

练习 4.5.5：在截面积为 S 的圆管中，有一列平面简谐波在传播，其波的表达式为 $y=A\cos[\omega t-2\pi(x/\lambda)]$，管中波的平均能量密度是 $\bar{w}$，则通过截面积 S 的平均能流是__________。

答案：$\frac{\omega\lambda}{2\pi}S\bar{w}$。通过截面积 S 的平均能流是 $\bar{P}=\bar{w}Su=\frac{\bar{w}S\lambda}{T}=\frac{\omega\lambda}{2\pi}S\bar{w}$。

4.6 惠更斯原理，波的衍射

(1) 惠更斯原理：波传到的各点都可看成是发射子波的波源，其后任意时刻这些子波波面的包迹就是新波面；用惠更斯原理作图法可得波的衍射、反射和折射定律。

(2) 波的衍射：波遇到障碍物时改变直线传播方向，进入障碍物阴影区域中传播。

考点 1：惠更斯原理的理解

例 4.6.1：关于对惠更斯原理的理解，下列说法中错误的是[　　]

(A) 同一波面上的各质点振动情况完全相同；

(B) 同一振源的不同波面上的质点的振动情况也相同；

(C) 球面波的波面是以波源为中心的一个球面；

(D) 在各向同性均匀介质中波线与波面相互垂直。

答案：B。按照惠更斯原理，波面是由振动情况完全相同的点构成的面(或线)，不同波面上质点的相位不同，故A正确、B错误；由波面和波线的概念可判断C、D正确。

练习 4.6.1：关于惠更斯原理的次波假设，下列说法中正确的是[　　]

(A) 它能说明波在障碍物后面偏离直线传播的现象，但不能定量计算波所到达的空间范围内任何一点的振幅；

(B) 它既能说明波在障碍物后面偏离直线传播的现象，也能定量计算波所到达的空间范围内任何一点的振幅；

(C) 它能说明波在障碍物后面偏离直线传播的现象，但不能说明波在两种不同介质界面处的反射与折射现象；

(D) 它只能说明平面波或球面波的传播方向，但不能说明其他波如柱面波的传播方向。

答案：A。

考点 2：波的反射、折射、衍射现象的初步理解

例 4.6.2：关于波的折射，下列说法正确的是[　　]

(A) 波发生折射时，波的频率不变，但波长、波速发生变化；

(B) 波发生折射时，波的频率、波长、波速均发生变化；

(C) 波发生折射时，波的频率、波长、波速均不发生变化；

(D) 波发生折射时，波的波长不变，但频率、波速发生变化。

答案：A。波的频率仅取决于波源振动频率，故在不同介质中频率不变；波速仅与介质性质有关，发生折射时发生变化：$\frac{u_1}{u_2}=\frac{n_2}{n_1}=\frac{\sin i}{\sin\gamma}$；波长 $\lambda=u/\nu$，也随介质的改变而变化。

练习 4.6.2：一列声波从空气传入水中，已知水中声速较大，则[　　]

(A) 声波频率不变，波长变大；　　(B) 声波频率不变，波长变小；

(C) 声波频率变小，波长变大；　　(D) 声波频率变大，波长不变。

答案：A。

例 4.6.3：人耳只能区分相差 0.1s 以上的两个声音，人要听到自己讲话的回声，离障碍物的距离至少要大于[　　](设空气中的声速为 340m/s)

(A) 17m；　　(B) 170m；　　(C) 100m；　　(D) 34m。

答案：A。$S=v\Delta t/2=0.05\times340\text{m}=17\text{m}$。

4.7　波的叠加、驻波、相位突变

(1) 干涉 ①概念：几列波在空间相遇时，在叠加区域内各质元的合振幅不随时间变化；②条件：同频率、同振向、同相位(或相位差恒定)；③干涉点的合振幅：$A=\sqrt{A_1^2+A_2^2+2A_1A_2\cos\Delta\varphi}$ $(\Delta\varphi=\varphi_2-\varphi_1-2\pi\Delta r/\lambda)$；强度分布：$I=I_1+I_2+2\sqrt{I_1I_2}\cos\Delta\varphi$。

(2) 干涉加强和减弱的条件:

① 相位差表述: $\Delta\varphi=\begin{cases}2k\pi, & \text{加强}\\(2k+1)\pi, & \text{减弱}\end{cases}$;

② 波程差表述($\varphi_{20}=\varphi_{10}$): $\Delta r=\begin{cases}2k\dfrac{\lambda}{2}, & \text{加强}\\(2k+1)\dfrac{\lambda}{2}, & \text{减弱}\end{cases}$。

(3) 干涉的特例——驻波: 传播方向相反的等振幅相干波叠加形成驻波,其标准波函数为 $\xi(x,t)=2A\cos(2\pi x/\lambda)\cos(\omega t)$。

(4) 驻波的特征: ①振幅特征: 振幅 $|2A\cos(2\pi x\lambda)|$ 是 x 的周期函数且不随 t 而变; 相邻两波节(或相邻两波腹)之间的距离为 $\lambda/2$; ②相位特征: 波节两侧对应处等幅反相; 相邻两波节之间各点的振动同相; ③能量特征: 在相邻的两波节间动能和势能相互转换,平均能流为零,驻波中没有能量的传播。

(5) 离散的简振频率称为本征频率,系统以基频或谐频作简谐振动称为系统的简正模式。两端固定、长为 L 的弦上驻波: $L=n\dfrac{\lambda_n}{2}$, $\nu_n=n\dfrac{u}{2L}(n=1,2,\cdots)$; 一端固定一端自由、长为 L 的弦上驻波: $L=(2n-1)\dfrac{\lambda_n}{4}$, $\nu_n=(2n-1)\dfrac{u}{4L}(n=1,2,\cdots)$。

(6) 波疏介质垂直入射到波密介质反射会产生半波损失,界面处出现波节; 当波从波密介质垂直入射到波疏介质界面上反射时,无半波损失,界面处出现波腹。

考点 1: 相干叠加的条件及计算

例 4.7.1: 设 S_1、S_2 为两个相干波源,相距 $\dfrac{\lambda}{4}$ 波长,S_1 比 S_2 的相位超前 $\dfrac{\pi}{2}$,若两波各自独立在 S_1、S_2 连线上传播时强度相同且不随距离变化,S_1、S_2 连线上在 S_1 外侧各点的合成波的强度如何? 在 S_2 外侧各点的强度如何?

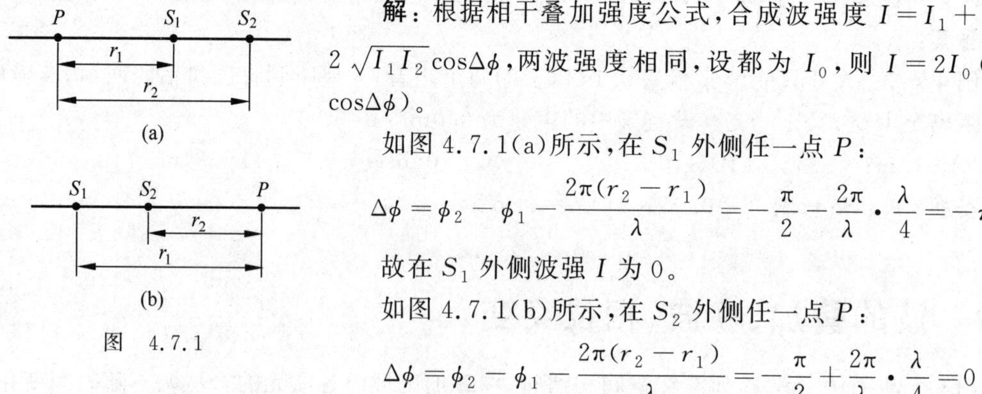

图 4.7.1

解: 根据相干叠加强度公式,合成波强度 $I=I_1+I_2+2\sqrt{I_1I_2}\cos\Delta\phi$,两波强度相同,设都为 I_0,则 $I=2I_0(1+\cos\Delta\phi)$。

如图 4.7.1(a)所示,在 S_1 外侧任一点 P:

$$\Delta\phi=\phi_2-\phi_1-\frac{2\pi(r_2-r_1)}{\lambda}=-\frac{\pi}{2}-\frac{2\pi}{\lambda}\cdot\frac{\lambda}{4}=-\pi$$

故在 S_1 外侧波强 I 为 0。

如图 4.7.1(b)所示,在 S_2 外侧任一点 P:

$$\Delta\phi=\phi_2-\phi_1-\frac{2\pi(r_2-r_1)}{\lambda}=-\frac{\pi}{2}+\frac{2\pi}{\lambda}\cdot\frac{\lambda}{4}=0$$

故在 S_2 外侧波强 I 最大,为 $4I_0$。

练习 4.7.1: 两相干波源 S_1、S_2 的振动方程分别是 $y_1=A\cos(\omega t)$ 和 $y_2=$

$A\cos\left(\omega t+\frac{\pi}{2}\right)$。$S_1$ 距 P 点 3 个波长，S_2 距 P 点 21/4 个波长。两波在 P 点引起的两个振动的相位差是__________，$-\pi$ 到 π 之间合振幅为__________。

答案：0，$2A$。与例 4.7.1 类似，两波在 P 点引起的两个振动的相位差是 $\Delta\phi=\phi_2-\phi_1-\frac{2\pi(r_2-r_1)}{\lambda}=\frac{\pi}{2}-\frac{2\pi}{\lambda}\cdot\left(\frac{21}{4}-3\right)\lambda=-4\pi$。此时合振幅 $A_P=\sqrt{A_1^2+A_2^2+2A_1A_2\cos\Delta\phi}=2A$。

例 4.7.2：如图 4.7.2 所示，有一种声波干涉仪，声波从入口 E 进入仪器，分 B、C 两路在管中传播至喇叭口 A 汇合传出，弯管 C 可以移动以改变管路长度，当它渐渐移动时从喇叭口发出的声音周期性地增强或减弱，设 C 管每移动 10cm，声音减弱一次，则该声波的频率为__________。（空气中声速为 340m/s）

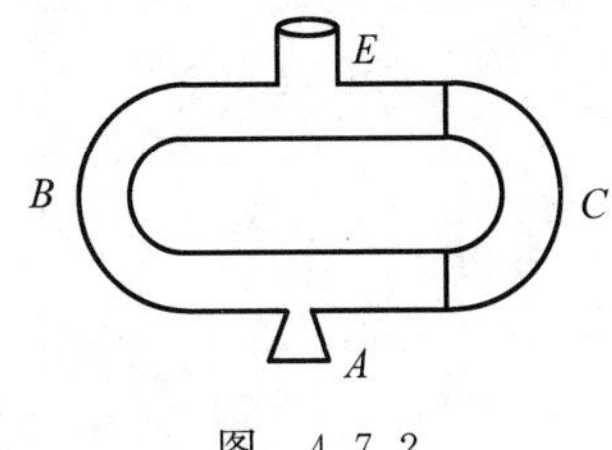

图　4.7.2

答案：1.7×10^3 Hz。两声波干涉减弱的条件是其波程差：$\delta=\overline{ECA}-\overline{EBA}=(2k+1)\frac{\lambda}{2}$，当 C 管移动 $x=10$cm 时，再次减弱，说明波程差改变了 λ，即 $\lambda=2x=20$cm。声波频率 $\nu=\frac{u}{\lambda}=1.7\times10^3$ Hz。

练习 4.7.2：如图 4.7.3 所示，原点 O 是波源，振动方向垂直于纸面，波长是 λ。AB 为波的反射平面，反射时无相位突变 π。O 点位于 A 点的正上方，$\overline{AO}=h$。Ox 轴平行于 AB。求 Ox 轴上干涉加强点的坐标（限于 $x\geqslant0$）。

解：设沿 Ox 轴传播的波与从 AB 面上 P 点反射回来的波在 x 处相遇，如图 4.7.4 所示。两波的波程差为

$$\delta=2\sqrt{\left(\frac{x}{2}\right)^2+h^2}-x$$

干涉加强条件为 $\delta=2k\,\frac{\lambda}{2}$，故

$$2\sqrt{\left(\frac{x}{2}\right)^2+h^2}-x=k\lambda$$

解得

$$x=\frac{4h^2-k^2\lambda^2}{2k\lambda},\quad k=1,2,\cdots,<2h/\lambda$$

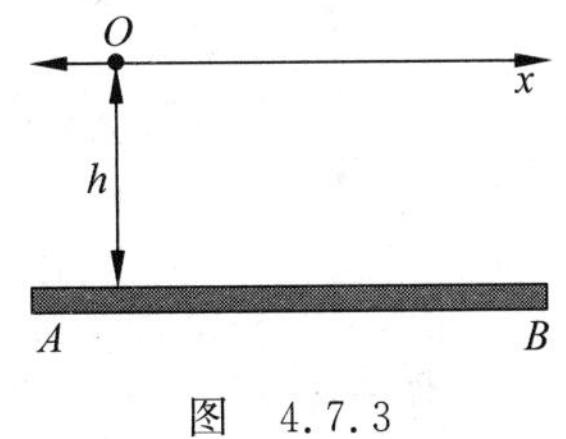

图　4.7.3

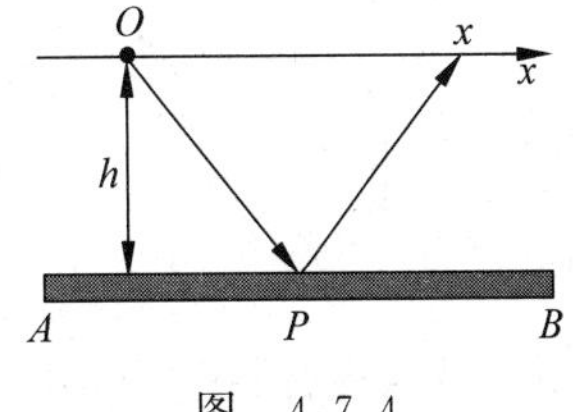

图　4.7.4

练习 4.7.3：一微波探测器位于湖岸水面以上 0.5m 处，一发射波长 21cm 的单色微波的射电星从地平线上缓慢升起，探测器将相继指出信号强度的极大值和极小值。当接收到

第一个极大值时，射电星位于湖面以上什么角度？

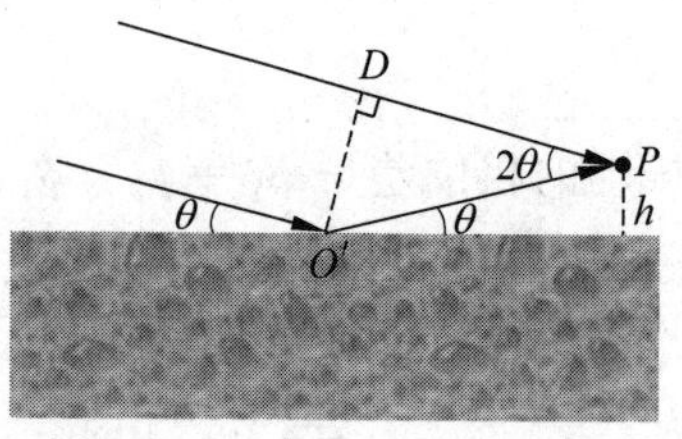

图 4.7.5

解：如图 4.7.5 所示，P 为探测器，射电星直接发射到 P 点的波与经湖面有相位突变 π 的波在 P 点相干叠加，其光程差为

$$\delta=\overline{O'P}-\overline{DP}+\frac{\lambda}{2}=\frac{h}{\sin\theta}-\frac{h}{\sin\theta}\cos 2\theta+\frac{\lambda}{2}$$

出现第一个极大值时：

$$\frac{h}{\sin\theta}-\frac{h}{\sin\theta}\cos 2\theta+\frac{\lambda}{2}=\lambda$$

整理可得

$$h(1-\cos 2\theta)=\frac{\lambda}{2}\sin\theta$$

利用 $\cos 2\theta=1-2\sin^2\theta$ 可得

$$\sin\theta=\frac{\lambda}{4h}=0.105\rightarrow\theta=6^\circ$$

练习 4.7.4：如图 4.7.6 所示，从远处声源发出的波长为 λ 的声波垂直入射到墙上，墙上有两相距为 3λ 的小孔 A 和 B。若将一探测器沿与墙垂直的 AP 直线移动，则只能探测到两次极大，它们的位置 Q_1、Q_2 已定性地在图中示出，则 Q_1、Q_2 到 A 点的距离分别为 $d_1=$__________，$d_2=$__________。

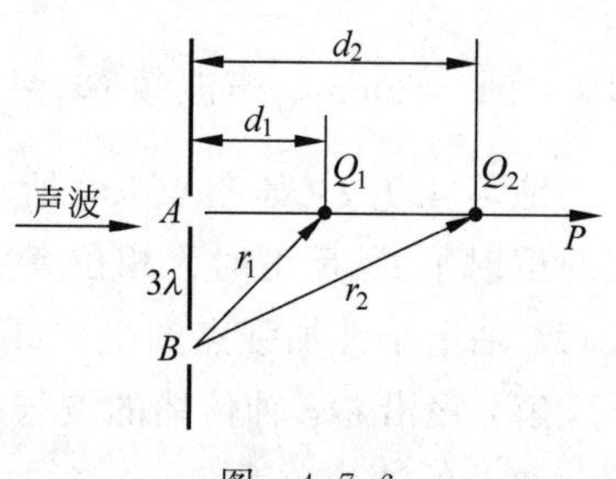

图 4.7.6

答案：$\frac{5}{4}\lambda$，4λ。设光程差 $\delta_1=\overline{BQ_1}-\overline{AQ_1}=r_1-d_1$；$\delta_2=\overline{BQ_2}-\overline{AQ_2}=r_2-d_2$。由图 4.7.6 可得 $\delta_2<\delta_1<\overline{AB}=3\lambda$，故 $\delta_1=2\lambda$，$\delta_2=\lambda$。在直角三角形 ABQ_1 中，$r_1-d_1=2\lambda$，$r_1^2-d_1^2=9\lambda^2$，故 $d_1=\frac{5}{4}\lambda$，同理可得 $d_2=4\lambda$。

考点 2：半波损失的理解及反射波波函数的求解

例 4.7.3：已知入射波 t 时刻的波动曲线如图 4.7.7 所示，问哪条曲线是 t 时刻反射波曲线？（反射壁是波密介质）

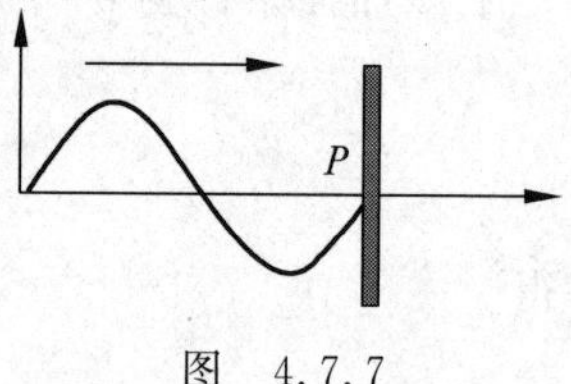

图 4.7.7

答案：B。

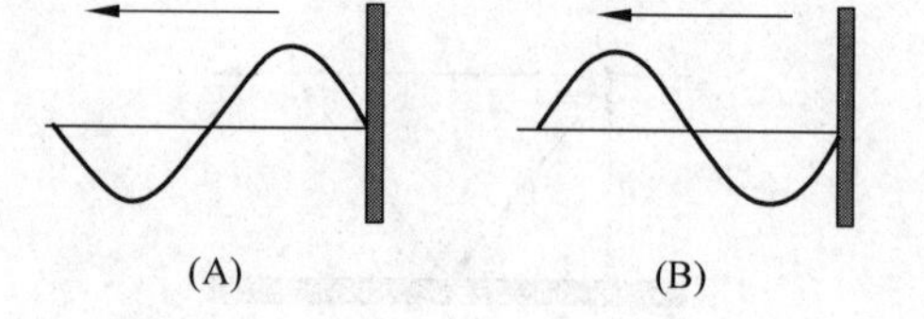

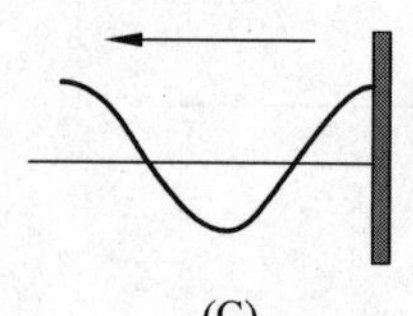

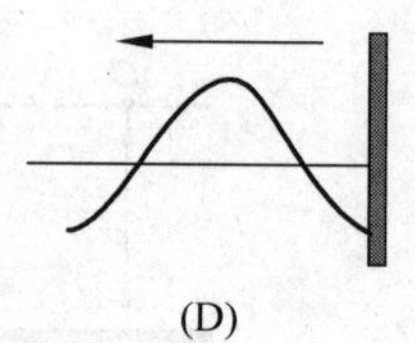

方法 1：由入射波的波函数可知，入射波在 P 点引起的振动经过平衡位置向负方向运动，相位为 $\frac{\pi}{2}$，由半波损失，反射波在 P 点的振动相位应为 $-\frac{\pi}{2}$，即 P 点经平衡位置向正方向运动，故选 B。

方法 2：分别让入射波和反射波沿着波的传播方向向前走一小段距离，保持反射点是波节。

练习 4.7.5：一简谐波沿 Ox 轴正方向传播，如图 4.7.8 所示为该波 t 时刻的波形图。欲沿 Ox 轴形成驻波，且使坐标原点 O 处出现波节，试画出需要叠加的另一简谐波 t 时刻的波形图。

答案：t 时刻的波形图如图 4.7.9 所示。

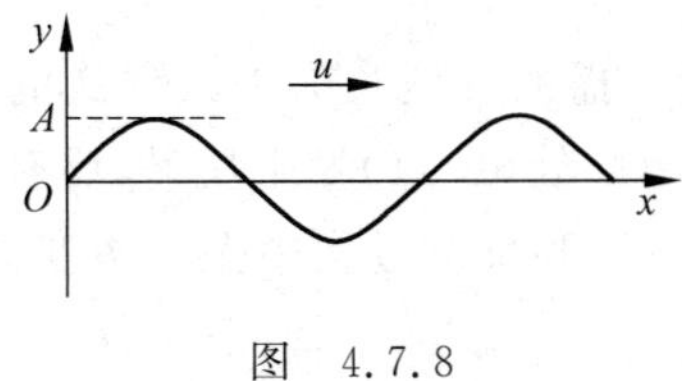

图　4.7.8

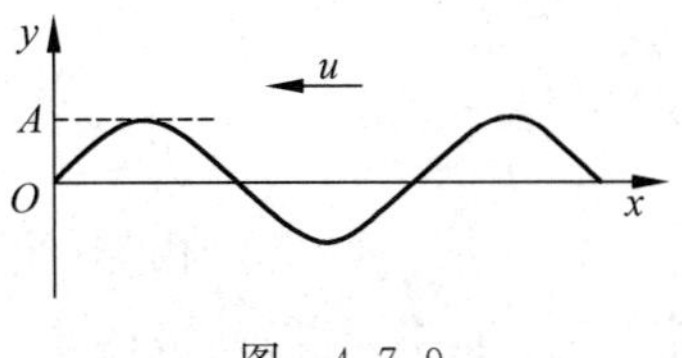

图　4.7.9

例 4.7.4：如图 4.7.10 所示，一列振幅为 A、频率为 ν 的平面简谐纵波沿 x 轴正向以速度 u 传播。(1)$t=0$ 时，在原点 O 处的质元由平衡位置向正向运动，试写出此波的波函数；(2)若经分界面反射的波的振幅和入射波的振幅相等，试写出反射波的波函数；(3)合成波的波函数，并求在 x 轴上因叠加而静止的各点的位置。

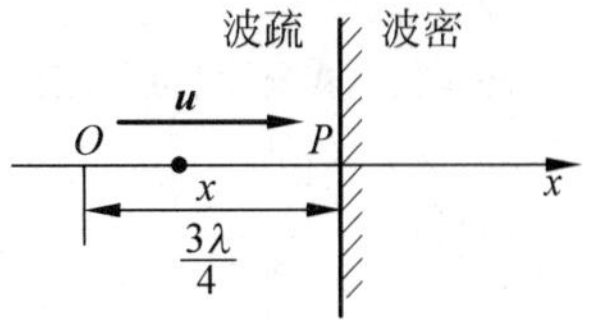

解：(1) 由题意可知：原点 O 处质元振动的初相位为 $-\pi/2$，其振动方程为

$$y_{1O}=A\cos(2\pi\nu t-\pi/2)$$

入射波的波函数为

$$y_1=A\cos[2\pi\nu(t-x/u)-\pi/2]$$

波疏　波密

图　4.7.10

(2) **方法 1**：入射波在 P 点引起的振动为

$$y_{1P}=A\cos(2\pi\nu t-3\pi/2-\pi/2)=A\cos(2\pi\nu t)$$

因为波从波疏介质入射到波密介质分界面上，反射波在反射点处相位跃变 π(半波损失)。反射波在 P 点引起的振动为

$$y_{2P}=A\cos(2\pi\nu t+\pi)$$

反射波的波函数为

$$y_2=A\cos\left[2\pi\nu\left(t+\frac{x-3\lambda/4}{u}\right)+\pi\right]=A\cos[2\pi\nu(t+x/u)-\pi/2]$$

方法 2：对 Ox 轴上坐标为 x 的任一点，振动由 O 点传播再反射至该点，走过的路程为 $\Delta r=2L-x=\frac{3\lambda}{2}-x$，即该点相位较 O 点落后了 $\Delta\varphi=k\Delta r$，再考虑反射波在反射点处的半波损失，坐标为 x 处的反射波的波函数为

$$y_2=A\cos\left[2\pi\nu\left(t-\frac{\frac{3\lambda}{2}-x}{u}\right)-\pi/2+\pi\right]=A\cos[2\pi\nu(t+x/u)-\pi/2]$$

(3) 两列传播方向相反的等振幅相干波叠加形成驻波

$$\begin{aligned}y&=y_1+y_2=A\cos[2\pi\nu(t-x/u)-\pi/2]+A\cos[2\pi\nu(t+x/u)-\pi/2]\\&=2A\cos(2\pi\nu x/u)\cos(2\pi\nu t-\pi/2)\end{aligned}$$

对于因干涉而静止的各点：

$$\cos(2\pi\nu x/u)=0 \rightarrow x=(2k+1)\lambda/4,\quad k=1,0,-1,-2,\cdots$$

说明：反射波波函数 $y=A\cos\left[2\pi\left(\nu t-\frac{2L-x}{\lambda}\right)+\varphi_0(+\pi)\right]$ 最好记住，以下练习都是直接使用的。(其中 L 为波源与反射面的距离，φ_0 为波源初相位，$(+\pi)$ 为半波损失项，由波疏向波密介质入射时，反射波相位需要加上该项，反之由波密向波疏介质入射，反射波的波函数不需要考虑该项。)

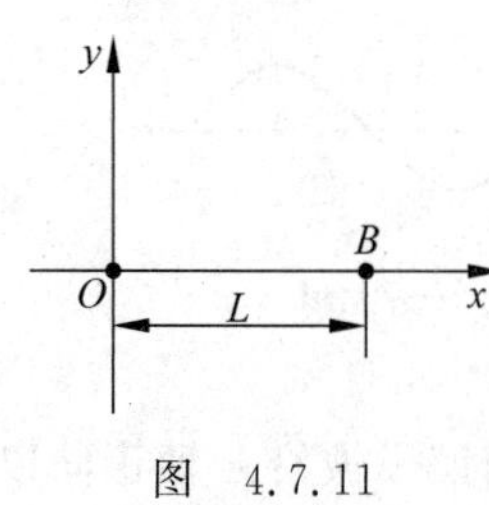

图 4.7.11

练习 4.7.6：设沿弦线传播的一波长为 λ 入射波的表达式为 $y=A\cos(2\pi\nu t)$，波在 $x=L$ 处(B 点)发生反射，反射点为自由端(图 4.7.11)。设波在传播和反射过程中振幅不变，则反射波的表达式是 $y_2=$ ________。

答案：$y_2=A\cos\left[2\pi\left(\nu t-\frac{2L-x}{\lambda}\right)\right]$。

练习 4.7.7：如图 4.7.11 所示，弦线传播的一入射波在 $x=L$ 处(B 点)发生反射，反射点为固定端，设波在传播和反射过程中振幅不变，且反射波的表达式为 $y_2=A\cos\left[2\pi\left(\nu t+\frac{x}{\lambda}\right)\right]$，则入射波的表达式是 $y_1=$ ________。

答案：$A\cos\left(\omega t+2\pi\frac{2L-x}{\lambda}\pm\pi\right)$。因考虑半波损失时反射波表达式为 $y=\cos\left[2\pi\left(\nu t-\frac{2L-x}{\lambda}\right)+\varphi_0\pm\pi\right]$，与题目中反射波波函数比较可得 $\varphi_0=2\pi\frac{2L}{\lambda}\pm\pi$，故入射波波函数为 $y_1=A\cos(\omega t-kx+\varphi_0)=A\cos\left(\omega t+2\pi\frac{2L-x}{\lambda}\pm\pi\right)$。

考点 3：驻波性质及其波函数表达式

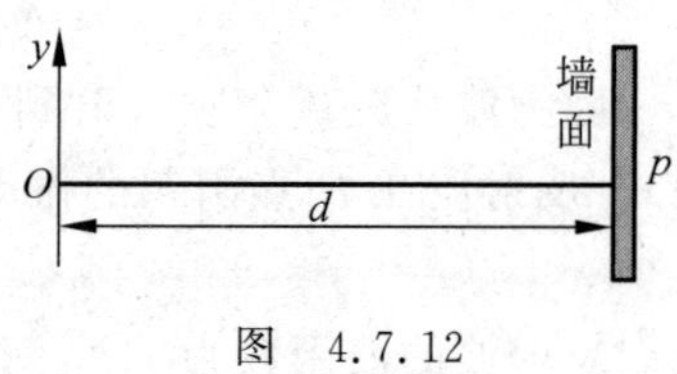

图 4.7.12

例 4.7.5：设波源(在原点 O)的振动方程为 $y_O(t)=A\cos(\omega t)$，如图 4.7.12 所示，它向距离为 d 的墙面方向传播经反射后形成驻波。试求：(1)驻波表达式；(2)波节及波腹的位置。(角波数 k 已知)

解：(1) 由 O 点振动方程可得入射波和反射波的波函数分别为

$$y_1=A\cos(\omega t-kx)$$

$$y_2=A\cos[\omega t-k(2d-x)+\pi]$$

驻波波函数为

$$y=y_1+y_2=2A\cos\left(kx-kd+\frac{\pi}{2}\right)\cos\left(\omega t-kd+\frac{\pi}{2}\right)$$

(2) **方法 1**：当 $\left|\cos\left(kx-kd+\frac{\pi}{2}\right)\right|=1$ 时对应波腹，即 $kx-kd+\frac{\pi}{2}=n\pi$，$x=d-\frac{(n-0.5)\lambda}{2}$，$n=1,2,\cdots\left(n\leqslant\frac{2d}{\lambda}+\frac{1}{2}\right)$。

当$\left|\cos\left(kx-kd+\frac{\pi}{2}\right)\right|=0$时对应波节，即$kx-kd+\frac{\pi}{2}=n\pi+\frac{\pi}{2}$，$x=d-\frac{n\lambda}{2}$，$n=1,2,\cdots(n\leqslant 2d/\lambda)$。

方法2：因为墙面处必为波节，相邻波节之间间距为$\frac{\lambda}{2}$，故$x=d-\frac{n\lambda}{2}$且$0\leqslant x\leqslant d$处皆为波节。

同理根据相邻波节波腹间距为$\frac{\lambda}{4}$，相邻波腹间距为$\frac{\lambda}{2}$，可得$x=d-\frac{\lambda}{4}-\frac{n\lambda}{2}$且$0\leqslant x<d$处皆为波腹。

练习4.7.8：设平面简谐波沿x轴传播时在$x=0$处发生反射，反射波的表达式为$y_2=A\cos\left[2\pi\left(\nu t-\frac{x}{\lambda}\right)+\frac{\pi}{2}\right]$，已知反射点为一自由端，则由入射波和反射波形成的驻波的波节位置的坐标为____________。

答案：$x=\left(n+\frac{1}{2}\right)\frac{\lambda}{2}$，$n=0,1,2,3,\cdots$。因为反射点$x=0$处是自由端，故$x=0$处为波腹，根据相邻波节波腹间距为$\frac{\lambda}{4}$，相邻波腹间距为$\frac{\lambda}{2}$，可得$x=0+\frac{\lambda}{4}+\frac{n\lambda}{2}$处为波节。

注意：本题中反射波为正向波，故波节位置坐标应大于0。

练习4.7.9：在弦线上有一简谐波，其表达式是$y_1=2.0\times10^{-2}\cos\left[100\pi\left(t+\frac{x}{20}\right)-\frac{4\pi}{3}\right]$(SI)为了在此弦线上形成驻波，并且在$x=0$处为一波腹，此弦线上还应有一简谐波，其表达式为[　　]

(A) $y_2=2.0\times10^{-2}\cos\left[100\pi\left(t-\frac{x}{20}\right)+\frac{\pi}{3}\right]$ (SI)；

(B) $y_2=2.0\times10^{-2}\cos\left[100\pi\left(t-\frac{x}{20}\right)+\frac{4\pi}{3}\right]$ (SI)；

(C) $y_2=2.0\times10^{-2}\cos\left[100\pi\left(t-\frac{x}{20}\right)-\frac{\pi}{3}\right]$ (SI)；

(D) $y_2=2.0\times10^{-2}\cos\left[100\pi\left(t-\frac{x}{20}\right)-\frac{4\pi}{3}\right]$ (SI)。

答案：D。首先，y_2应满足驻波条件，即与y_1等幅、同频、反向；其次，为了在$x=0$处为波腹，两列波在$x=0$的振动应为同相，故D正确。

例4.7.6：两列余弦波沿Ox轴传播，波动表达式分别为$y_1=0.06\cos\left[\frac{\pi}{2}(0.02x-8.0t)\right]$ (SI)与$y_2=0.06\cos\left[\frac{\pi}{2}(0.02x+8.0t)\right]$ (SI)，试确定Ox轴上合振幅为0.06m的那些点的位置。

解：方法1：两波相遇叠加形成驻波，驻波波函数为$y=y_1+y_2=0.12\cos\left[\frac{\pi}{2}(0.02x)\right]\cos\left[\frac{\pi}{2}(8.0t)\right]$，振幅为0.06m的位置满足$\left|\cos\left[\frac{\pi}{2}(0.02x)\right]\right|=0.5$，即$0.01\pi x=\frac{\pi}{3}+n\pi$，即$x=100\left(n+\frac{1}{3}\right)$m，$n=0,\pm1,\pm2,\cdots$。

方法 2：根据波的干涉公式，相遇点处的振幅满足 $A^2=A_1^2+A_2^2+2A_1A_2\cos\Delta\varphi$。在 x 处两列波的 $\Delta\varphi=\varphi_2-\varphi_1-\frac{2\pi\Delta r}{\lambda}=0.02\pi x$，为满足振幅 $A=0.06\mathrm{m}$，$\cos\Delta\varphi=-\frac{1}{2}$，即 $0.02\pi x=\frac{2\pi}{3}+2n\pi$，所以 $x=100\left(n+\frac{1}{3}\right)m$，$n=0,\pm1,\pm2,\cdots$。

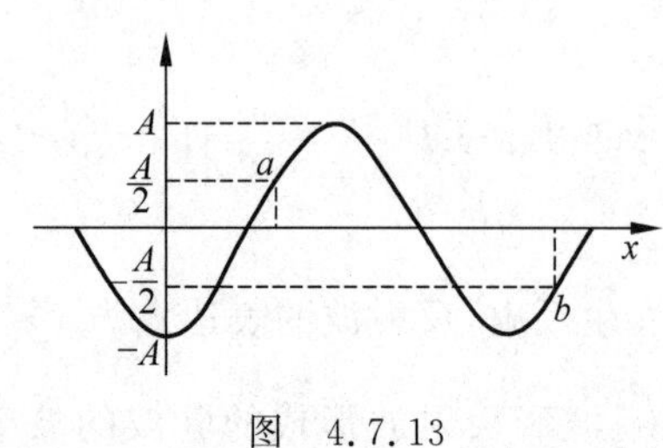

图 4.7.13

例 4.7.7：如图 4.7.13 所示是某时刻的驻波波形，也可以是某时刻的行波波形，就驻波而言，a、b 两点间的相位差是__________；就行波而言，a、b 两点间的相位差是__________。

答案：π；5π/3。驻波相位特征：波节两侧各点的振动反相，相邻两波节之间同相。故 a、b 两点振动反相，相位差为 π。若为行波，可先假设波向 $+x$ 方向传播，则 a、b 两点的振动相位分别为$\frac{\pi}{3}$与$\frac{2\pi}{3}+2n\pi$，由图 4.7.13 可以判断 b 点相位落后于 a，且小于 2π，故 b 点相位应取 $n=-1$ 为$-\frac{4\pi}{3}$，故 a、b 两点间的相位差为 $\Delta\phi=\frac{\pi}{3}+\frac{4\pi}{3}=\frac{5\pi}{3}$。

练习 4.7.10：一驻波表达式为 $y=A\cos(2\pi x)\cos(100\pi t)$(SI)。位于 $x_1=\frac{1}{8}\mathrm{m}$ 处的质元 P_1 与位于 $x_2=\frac{3}{8}\mathrm{m}$ 处的质元 P_2 的振动相位差为__________。

答案：π。将 x_1、x_2 代入 $\cos(2\pi x)$可得其分别为正、负值，代表两处振动反相。

练习 4.7.11：在驻波中，两个相邻波节间各质点的振动[　　]。

(A) 振幅相同，相位相同；　　(B) 振幅不同，相位相同；

(C) 振幅相同，相位不同；　　(D) 振幅不同，相位不同。

答案：B。

例 4.7.8：一弦上的驻波表达式为 $y=2.0\times10^{-2}\cos(15x)\cos(1500t)$(SI)。形成该驻波的两个反向传播行波的波速为__________。

答案：100m/s。由弦上的驻波表达式可得，$k=15$，$\omega=1500$(SI)，故波速 $u=\frac{\omega}{k}=100\mathrm{m/s}$。

练习 4.7.12：沿着相反方向传播的两列相干波，其表达式为 $y_1=A\cos\left[2\pi\left(\nu t-\frac{x}{\lambda}\right)\right]$ 和 $y_2=A\cos\left[2\pi\left(\nu t+\frac{x}{\lambda}\right)\right]$。在叠加后形成的驻波中，各处简谐振动的振幅是[　　]

(A) A；　　(B) $2A$；

(C) $2A\cos\left(2\pi\frac{x}{\lambda}\right)$；　　(D) $\left|2A\cos\left(2\pi\frac{x}{\lambda}\right)\right|$。

答案：D。叠加后驻波表达式为 $y=y_1+y_2=2A\cos\left(2\pi\frac{x}{\lambda}\right)\cos(2\pi\nu t)$。因为振幅应为正，故位移为 x 处的质元的振幅为 $\left|2A\cos\left(2\pi\frac{x}{\lambda}\right)\right|$，D 正确。

考点 4：本征频率的理解

例 4.7.9：两根完全相同的琴弦，它们的基频都是 400Hz。若将一弦中的张力逐渐增加，问需要增加百分之几才能产生 4 拍每秒的拍频？

解：弦中基频为 $\nu=\frac{u}{2L}=\frac{1}{2L}\sqrt{\frac{T}{\eta}}$，其中 L 为琴弦长度，η 为琴弦线密度，故弦中张力 T 为

$$T=4L^2\eta\nu^2$$

设基频为 400Hz 和 404Hz 时，绳中的张力分别为 T_1 和 T_2，运用上式可得

$$\frac{T_2-T_1}{T_1}=\frac{404^2-400^2}{400^2}=2.01\%$$

练习 4.7.13：如果在长为 L、两端固定的弦线上形成驻波，则此驻波的基频波（波长最长的波）的波长为[　　]；若为一段固定一段自由的悬空弦线，则基频波的波长为[　　]

(A) $L/2$；　(B) L；　(C) $2L$；　(D) $4L$。

答案：C；D。两端固定、长为 L 的弦上驻波：$L=n\frac{\lambda_n}{2}$；一端固定一端自由、长为 L 的弦上驻波：$L=(2n-1)\frac{\lambda_n}{4}$。对基频波，取 $n=1$，可得答案分别为 C 和 D。

练习 4.7.14：一哨子两端开口，基频为 1000Hz，设声速为 340m/s，哨子的长度（考虑哨子内的空气柱，近似看作两端是自由的）是____________。

答案：17cm。对两端自由的空气柱，其上驻波本征频率与两端固定弦线上的相同，即 $L=n\frac{\lambda_n}{2}$，$\nu_n=n\frac{u}{2L}$，对基频波取 $n=1$，则 $L=\frac{u}{2\nu_1}=\frac{340}{2000}$m。

例 4.7.10：将固有频率为 1700Hz 的音叉置于盛水的玻璃管口，调节管中水面的高度，当管中空气柱高度 L 从零连续增加时，发现在 $L=0.15$m 和 0.25m 时相继产生两次共鸣，试由以上数据计算声波在空气中的传播速度。

解：可将空气柱看成一端固定一端自由的弦，其上形成驻波时与音叉产生共鸣，因为 $L=0.15$m 和 0.25m 时相继产生两次共鸣，设声波在空气中的波长为 λ，故 $\frac{1}{2}\lambda=0.25-0.15\text{m}=0.1\text{m}$（图 4.7.14），故波速为

$$u=\lambda\nu=340\text{m/s}$$

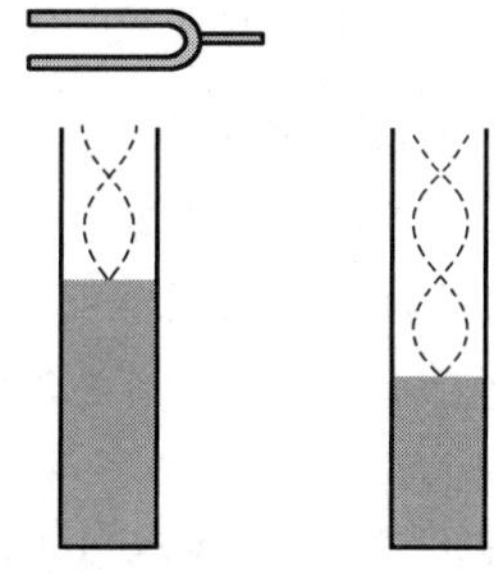

图　4.7.14

练习 4.7.15：试利用一支标准音叉（设频率为 ν）、一个足够高的细量筒与足量的纯净水，测量声波在空气中的传播速度。要求：(1)写出测量的基本原理（或思路）；(2)结合必要的测量，列出声波在空气中传播速度的计算式。

解：将标准音叉置于盛水的量筒口，调节量筒中水面的高度，当管中空气柱高度从零连续增加时，测量相继产生两次共鸣的水面高度 L_1 与 L_2。

由于共鸣时量筒内空气柱（一端固定一端自由）形成驻波，设空气中声波波长为 λ，则共

鸣时量筒内气柱高度应满足关系 $L_n=(2n+1)\frac{\lambda}{4}$，由此知相继两次共鸣时气柱的高度差 $L_2-L_1=\frac{\lambda}{2}$，故声速为 $u=\lambda\nu=2(L_2-L_1)\nu$。

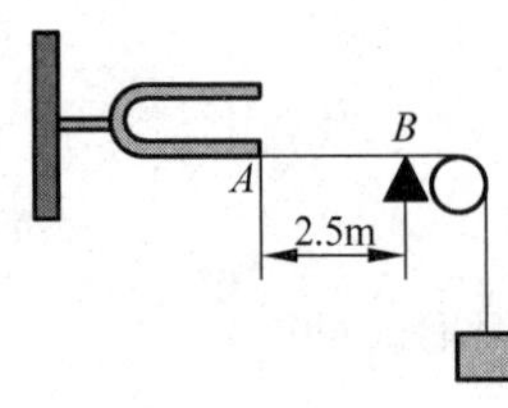

图 4.7.15

例 4.7.11：在做驻波实验时，将一根长 2.5m 的弦线一端系于音叉的一臂的 A 点上（图 4.7.15）。此音叉在垂直于弦线长度的方向上作 30 次每秒的简谐振动。B 点为固定端。弦线的线密度为 $\mu=4\times10^{-3}$kg/m。在这根弦线上形成的驻波有五个波腹，求对这根弦线应施加多大的拉力？（A 点的振幅相对于弦线上驻波的波腹来说很小，所以 A 点可以近似看作是波节）

解：A、B 两点都是波节，之间有五个波腹，故

$$\frac{5\lambda}{2}=2.5\text{m}$$

所以波长 $\lambda=1.0$m，波速 $u=\nu\lambda=30$m/s，又因为弦线上的波速 $u=\sqrt{T/\mu}$。故应对弦线施加拉力 $T=\mu u^2=3.6$N。

练习 4.7.16：把一根十分长的绳子拉成水平，用手握其一端。维持拉力恒定，使绳端在垂直于绳子的方向上作简谐振动，则[　　]

(A) 振动频率越高，波长越长；　　(B) 振动频率越低，波长越长；

(C) 振动频率越高，波速越大；　　(D) 振动频率越低，波速越大。

答案：B。根据 $u=\lambda/T$ 可知，在拉力恒定时，弦线上的波速 $u=\sqrt{T/\mu}$ 确定，振动频率 $\nu=1/T$ 越低，波长越长。

4.8 机械波的多普勒效应

(1) 多普勒效应：定义，观察者或波源相对于介质运动时，观察者接收到的波频率不等于波源频率的现象。观察者接收到的频率与波源频率的关系为 $\nu_r=\frac{u+v_r}{u-v_s}\nu_s$。式中 v_r 与 v_s 正负号规定为：若观察者和波源的靠近时，取正号；若观察者和波源远离时，取负号。

(2) 当点波源在介质中的运动速度 v_s 大于这种介质中的相速度时，波面形成以点波源位置为顶点的圆锥面。此锥体称为马赫锥，这种波称为冲击波。设波源运动速度为 v_s，波速为 u，$M=v_s/u$ 为马赫数。马赫锥的顶角 α 为 $\sin(\alpha/2)=1/M$。

考点：多普勒公式的理解应用

例 4.8.1：一固定的超声波探测器在海水中发出一束频率为 $\nu=30000$Hz 的超声波，被向着探测器驶来的潜艇反射回来，反射波与原来的波合成后得到频率为 $\Delta\nu=241$Hz 的拍。求潜艇的速率。设超声波在海水中的波速为 $u=1500$m/s。

解：设潜艇的速率为 v_B，潜艇接收到的波的频率为

$$\nu'=\frac{u+v_B}{u}\nu$$

探测器接收到的波的频率为

$$\nu''=\frac{u}{u-v_B}\nu'=\frac{u+v_B}{u-v_B}\nu$$

拍频为

$$\Delta\nu=\nu''-\nu=\frac{u+v_B}{u-v_B}\nu-\nu=\frac{2v_B\nu}{u-v_B}=241\text{Hz}$$

求解上式可得

$$v_B=6\text{m/s}$$

练习 4.8.1：如图 4.8.1 所示，一波源（$\nu=2040\text{Hz}$）以速度 v_s 向一反射面接近，观察者在 A 点听得拍音的频率为 $\Delta\nu=3\text{Hz}$。(1)求波源移动的速度 v_s，设声速为 340m/s；(2)若波源没有运动，而反射面以速度 $v=0.20\text{m/s}$ 向观察者接近，所听得的拍音频率 $\Delta\nu=4\text{Hz}$，求波源的频率。

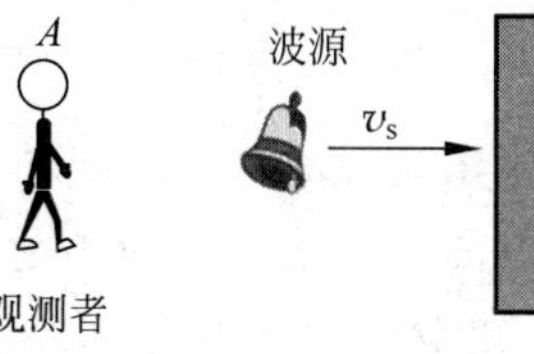

图　4.8.1

解：(1) 观察者听到的拍频源于直接听到的频率与反射面反射波频率之差。观察者直接听到的频率为

$$\nu_{1R}=\frac{u}{u+v_s}\nu$$

反射面反射波的频率为

$$\nu_{2R}=\frac{u}{u-v_s}\nu$$

上两式相减为观察者听到的拍频：

$$\Delta\nu=\nu_{2R}-\nu_{1R}=\left(\frac{u}{u-v_s}-\frac{u}{u+v_s}\right)\nu=3\text{Hz}$$

计算可得波源移动的速度为 $v_s=0.25\text{m/s}$。

(2) 与(1)类似，观察者听到的拍频源于直接听到的频率与反射面反射波频率之差。因为波源不动，故观察者直接听到的频率为 $\nu_{1R}=\nu$。运用例 4.8.1 的结果，当反射面运动时，观察者接收到的反射频率为 $\nu_{2R}=\dfrac{u+v}{u-v}\nu$。观察者听到的拍频为

$$\Delta\nu=\nu_{2R}-\nu_{1R}=\left(\frac{u+v}{u-v}-1\right)\nu=4\text{Hz}$$

计算可得波源频率为 $\nu=3398\text{Hz}$。

例 4.8.2：一声源的频率为 1080Hz，相对地面以 30m/s 的速率向右运动。在其右方有一反射面相对地面以 65m/s 的速率向左运动。设空气中的声速为 331m/s，求：(1)声源所发出的声波在声源前方和后方的波长；(2)静止于空气中的观察者所测得的反射波的频率和波长。

解：已知声源频率为 $\nu_s=1080\text{Hz}$，声源速度为 $v_s=30\text{m/s}$，反射面速度为 $v_{反}=65\text{m/s}$，空气中声速为 $u=331\text{m/s}$。

(1) 声源前方的波长为 $\lambda_1=uT-v_sT=\dfrac{u-v_s}{\nu_s}=\dfrac{331-30}{1080}\text{m}\approx0.279\text{m}$；声源后方的波

长为$\lambda_2=uT+v_sT=\dfrac{u+v_s}{\nu_s}=\dfrac{331+30}{1080}\text{m}\approx0.334\text{m}$；

(2) 反射面先作为一个接收器，接收到的频率为$\nu_反=\dfrac{u+v_反}{u-v_s}\nu_s$，然后作为一个以频率$\nu_反$振动、以速度$v_反$运动的波源发出反射波。所以空气中的观察者所测得的反射波的频率和波长分别为

$$\nu_R=\frac{u}{u-v_反}\nu_反=\frac{u}{u-v_反}\cdot\frac{u+v_反}{u-v_s}\cdot\nu_s=\frac{331\times396}{266\times301}\times1080\text{Hz}\approx1768\text{Hz}$$

$$\lambda'=\frac{u}{\nu_R}\approx0.187\text{m}$$

练习 4.8.2：有 A 和 B 两个汽笛，其频率均为 404Hz。A 是静止的，B 以 3.3m/s 的速度远离 A。在两个汽笛之间有一位静止的观察者，他听到的声音的拍频是__________。(已知空气中的声速为 330m/s)

答案：4Hz。观察者听到的 A 的频率为 404Hz，B 的频率为$\nu_r=\dfrac{u}{u-v_s}\nu_s=\dfrac{330}{330+3.3}\times404\text{Hz}=400\text{Hz}$。

练习 4.8.3：设声波在介质中的传播速度为 u，声源的频率为 ν_s。若声源 S 不动，而接收器 R 相对于介质以速度 v_r 沿着 S、R 连线向着声源 S 运动，则位于 S、R 连线中点的质点 P 的振动频率为[　　]

(A) ν_s；　(B) $\dfrac{u+v_r}{u}\nu_s$；　(C) $\dfrac{u}{u+v_r}\nu_s$；　(D) $\dfrac{u}{u-v_r}\nu_s$。

答案：A。当声源不动、接收器运动时，介质中波的频率与声源频率相等，为 ν_s。

说明：若是接收器不动、声源运动时，介质中波的频率应等于接收频率，为$\dfrac{u}{u-v_s}\nu_s$。

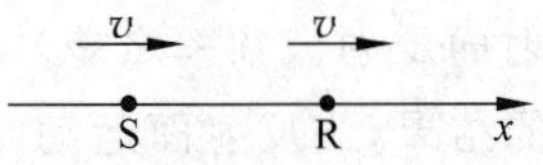

练习 4.8.4：声源 S 和接收器 R 均沿 x 方向运动，已知两者相对于介质的运动速率均为 v，如图 4.8.2 所示。设声波在介质中的传播速度为 u，声源振动频率为 ν_s，则接收器测得的频率 ν_r 为[　]

图 4.8.2

(A) $\dfrac{u+v}{u-v}\nu_s$；　(B) $\dfrac{u-v}{u+v}\nu_s$；　(C) $\dfrac{u+v}{u}\nu_s$；　(D) ν_s。

答案：D。本题中接收器远离，故 $v_r=-v$；声源靠近，故 $v_s=v$。代入多普勒效应公式：$\nu_r=\dfrac{u+v_r}{u-v_s}\nu_s=\dfrac{u-v}{u-v}\nu_s=\nu_s$。

例 4.8.3：一警车以 30m/s 的速度追赶前面一辆以 26m/s 的速度行驶的汽车，假设警车的警笛频率为 800Hz。坐在前面汽车中的人听到警笛声的频率是__________。(已知空气中的声速为 330m/s)

答案：811Hz。汽车为接收者，远离，故 $v_r=-26\text{m/s}$；警车为声源，靠近，故 $v_s=30\text{m/s}$，代入多普勒效应公式：$\nu_r=\dfrac{u+v_r}{u-v_s}\nu_s=\dfrac{330-26}{330-30}\times800\text{Hz}\approx811\text{Hz}$。

4.9* 阻尼振动、受迫振动和共振

(1) 阻尼振动：在弹性恢复力($F=-kx$)与阻尼力($f_r=-\gamma v$)共同作用下的振动。动力学方程：$\frac{d^2x}{dt^2}+2\beta\frac{dx}{dt}+\omega_0^2x=0$ ($\beta=\frac{\gamma}{2m}$,阻尼因子；$\omega_0=\sqrt{k/m}$,固有圆频率)。三种可能情况：$\begin{cases}\beta<\omega_0, & 弱阻尼\\ \beta=\omega_0, & 临界阻尼。\\ \beta>\omega_0, & 过阻尼\end{cases}$

(2) 弱阻尼振动：可视为振幅按指数规律衰减的准周期运动：$x(t)=A_0e^{-\beta t}\cos(\omega_d t+\phi_0)$，$\omega_d=\sqrt{\omega_0^2-\beta^2}$。

(3) 受迫振动：物体在外界驱动力($F_0\cos(\omega t)$)作用下的振动。动力学方程：$\frac{d^2x}{dt^2}+2\beta\frac{dx}{dt}+\omega_0^2x=\frac{F_0}{m}\cos(\omega t)$。运动学方程：$x(t)=A_0e^{-\beta t}\cos(\sqrt{\omega_0^2-\beta^2}\,t+\phi_0)+A\cos(\omega t+\phi)$。稳态受迫振动方程：$x(t)=A\cos(\omega t+\phi)$，其中 $\phi=\arctan-\frac{2\beta\omega}{\omega_0^2-\omega^2}$，$A=\frac{F_0/m}{\sqrt{(\omega_0^2-\omega^2)^2+4\beta^2\omega^2}}$。

(4) 位移共振：当驱动力的频率为某一特定值时，受迫振动的振幅达到最大值的现象。位移共振频率：$\omega_r=\sqrt{\omega_0^2-2\beta^2}$，位移共振振幅：$A_r=\frac{F_0/m}{2\beta\sqrt{\omega_0^2-\beta^2}}$。特别地：若 $\beta\to0$，则 $\omega_r\to\omega_0$，$A_r\to\infty$，尖锐共振。

(5) 速度共振：当驱动力的频率等于受迫振动系统的固有频率时，受迫振动的速度振幅达到最大值的现象。速度共振频率：$\omega=\omega_0$，速度共振振幅：$v=\omega A=\frac{\omega F_0/m}{\sqrt{(\omega_0^2-\omega^2)^2+4\beta^2\omega^2}}$。

考点1：弱阻尼振动相关性质

例 4.9.1：一摆在空气中振动，某一时刻振幅 $A_0=3\text{cm}$，经过 $t_1=10\text{s}$ 后，振幅变为 $A_1=1\text{cm}$。问：由振幅为 A_0 时起，经过多长时间，振幅减为 0.3cm?

解：根据弱阻尼振动振幅公式：$A=A_0e^{-\beta t}$，由题意可得 $1=3e^{-10\beta}$；可得到阻尼因子 β 的大小为 $\beta=\frac{1}{10}\ln3$。

假设经过时间 t 振幅减为 0.3cm，则 $0.3=3e^{-\beta t}$，故

$$\beta t=\ln10\Rightarrow t=10\times\frac{\ln10}{\ln3}\text{s}\approx21\text{s}$$

例 4.9.2：一单摆作弱阻尼振动，则在振动过程中，下列说法正确的是[ ](多选)

(A) 振幅越来越小，周期也越来越小；

(B) 振幅越来越小，周期不变；

(C) 在振动过程中，通过某一位置时，机械能始终不变；

(D) 振动过程中，机械能不守恒，周期不变。

答案：B,D。弱阻尼振动可视为振幅按指数规律衰减的准周期运动，角频率 $\omega_d=\sqrt{\omega_0^2-\beta^2}<\omega_0$，自身周期保持不变，与无阻尼情况相比，周期变大。因为阻力的作用，机械能变小。

练习 4.9.1：质量为 $m=5.0\text{kg}$ 的物体挂在弹簧上，让它在竖直方向作自由振动。在无阻尼情况下，其振动周期为 $T_0=0.2\pi\text{s}$，放在阻力与物体的运动速率成正比的某介质中，它的振动周期 $T=0.4\pi\text{s}$。求当速度为 1.0cm/s 时物体在该阻尼介质中所受的阻力的大小为________。

答案：0.866N。对弱阻尼振动，周期 $T=\dfrac{2\pi}{\sqrt{\omega_0^2-\beta^2}}$，故阻尼因子 $\beta=\sqrt{\left(\dfrac{2\pi}{T_0}\right)^2-\left(\dfrac{2\pi}{T}\right)^2}=8.66\text{s}^{-1}$。阻力大小：$f_r=\gamma v=2\beta mv=0.866\text{N}$。

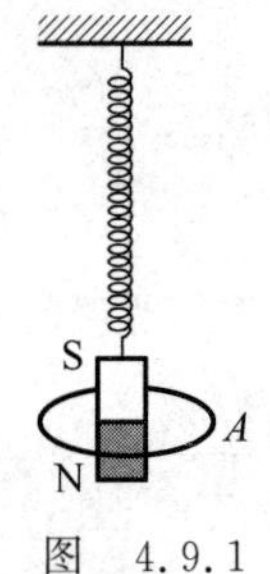

图 4.9.1

练习 4.9.2：有一悬挂的弹簧振子。振子是一个条形磁铁，当振子上下振动时，条形磁铁穿过一个闭合圆导线圈 A（图 4.9.1），则此振子作[　　]

(A) 等幅振动；　　(B) 阻尼振动；

(C) 受迫振动；　　(D) 增幅振动。

答案：B。振子振动过程中因为法拉第电磁感应受到阻尼力作用。

考点 2：共振条件

例 4.9.3：沿轨道匀速行驶的火车，每经过一接轨处便受到一次震动，从而使车厢在弹簧上上下振动，设每段铁轨长 12.5m，每节车厢的重量为 55t，弹簧每受 1.0t 重力将压缩 1.6mm，空气阻力可忽略。问：火车以什么速度行驶时，弹簧的振幅最大？(忽略阻尼力)

解：已知：$l=12.5\text{m}, m=55\times10^3\text{kg}, m'=1.0\times10^3\text{kg}, \Delta x=1.66\times10^{-3}\text{m}$。

车厢和弹簧组成的振动系统的固有圆频率为 $\omega_0=\sqrt{\dfrac{k}{m}}=\sqrt{\dfrac{m'g}{m\Delta x}}$；铁轨作用于系统上的策动力的圆频率为 $\omega=\dfrac{2\pi}{T}=\dfrac{2\pi}{l/v}=\dfrac{2\pi v}{l}$。

当策动力的圆频率正好等于系统的固有圆频率时，系统发生共振，振幅最大。即 $\sqrt{\dfrac{m'g}{m\Delta x}}=\dfrac{2\pi v}{l}$，可得

$$v=\frac{l}{2\pi}\sqrt{\frac{m'g}{m\Delta x}}=\frac{12.5}{2\pi}\sqrt{\frac{1.0\times10^3\times9.8}{55.0\times10^3\times1.66\times10^{-3}}}\text{m/s}\approx20.6\text{m/s}=74.2\text{km/h}$$

例 4.9.4：如果一振动系统既受到小阻尼作用，还受到周期性外力的作用，当位移振幅达到最大时，周期性外力的频率 ν 和振动系统的固有频率 ν_0 接近，且为[　　]；速度振幅达到最大时[　　]

(A) $\nu/\nu_0>1$；　　(B) $\nu/\nu_0<1$；
(C) $\nu/\nu_0=1$；　　(D) 前三者都可能。

答案：B；C。弱阻尼情况下位移共振的频率为 $\omega=\sqrt{\omega_0^2-2\beta^2}<\omega_0$，故当位移振幅达到最大时，周期性外力的频率 $\nu<\nu_0$；位移共振频率为 $\omega=\omega_0$，故速度振幅达到最大时 $\nu=\nu_0$。

练习 4.9.3：如图 4.9.2 所示，A 球振动后，通过水平细绳迫使 B、C 振动，稳定后下面说法中正确的是[　　](多选)

(A) 只有 A、C 振动周期相等；　　(B) A 的振幅比 B 的小；
(C) C 的振幅比 B 的大；　　(D) A、B、C 的振动周期相等。

答案：C,D。B、C 在 A 球振动引起的周期性驱动力作用下作受迫振动，固有周期接近驱动力周期时，达到共振，振幅增大，因 C 的固有周期与 A 球振动驱动力周期相近，故振幅大，C 正确。受迫振动的稳态振动方程为 $x(t)=A\cos(\omega t+\phi)$，即会以驱动力同频率振动，故 D 正确。

练习 4.9.4：如图 4.9.3 所示，曲轴上悬挂一弹簧振子，转动摇把曲轴可以带动弹簧振子上下振动。开始时不转动摇把，让振子上下振动，测得振动的频率为 2Hz，然后匀速转动摇把，转速为 240r/min，当振子振动稳定后，它的振动周期为__________。

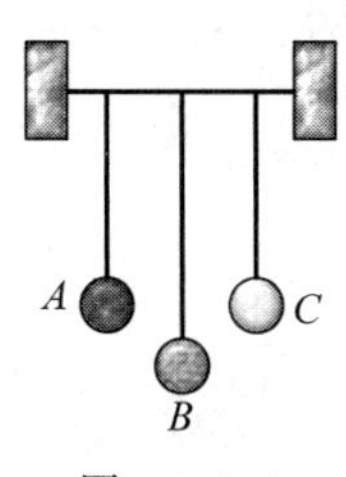

图　4.9.2

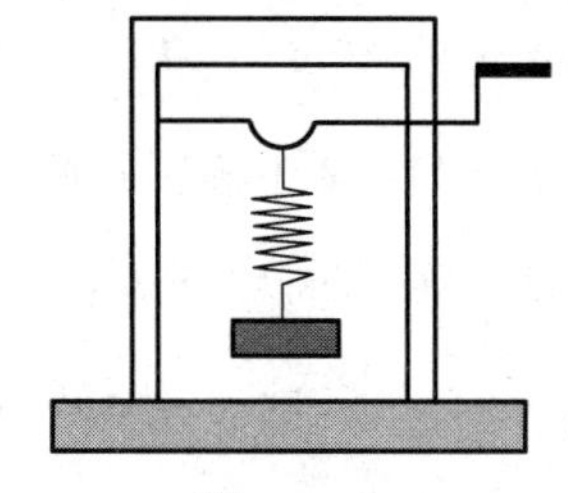
图　4.9.3

答案：1/4s。当振子振动稳定后，它的振动频率与周期性外力的一致，即 240r/min，对应周期为 1/4s。

4.10* 两个相互垂直、频率相同或为整数比的简谐运动合成

(1) 两个相互垂直、频率相同的简谐运动合成：$x=A_1\cos(\omega t+\phi_{10})$，$y=A_2\cos(\omega t+\phi_{20})$，合运动的轨道方程：$\frac{x^2}{A_1^2}+\frac{y^2}{A_2^2}-2\frac{xy}{A_1A_2}\cos(\phi_{20}-\phi_{10})=\sin^2(\phi_{20}-\phi_{10})$。在 A_1、A_2 确定之后，合运动的轨道主要决定于 $\Delta\phi=\phi_{20}-\phi_{10}$，详见表 4.10.1。

(2) 两个相互垂直、频率为整数比的简谐运动合成：合运动的轨迹形成稳定的封闭图形——李萨如图形。

表 4.10.1　互相垂直、频率相同简谐运动合成轨道

$\Delta\phi=0(\pi)$	合运动的轨道：第 1、3(2、4)象限内的直线
$\Delta\phi=\pi/4(-\pi/4)$	合运动的轨道：第 1、3 象限顺(逆)时斜椭圆
$\Delta\phi=\pi/2(-\pi/2)$	合运动的轨道：顺(逆)时针旋转正椭圆
$\Delta\phi=3\pi/4(-3\pi/4)$	合运动的轨道：第 2、4 象限顺(逆)时斜椭圆

考点：李萨如图形的记忆与理解

例 4.10.1：质量为 0.4kg 的质点同时参与两个互相垂直的振动：$x=0.05\cos\left(\frac{\pi}{3}t+\frac{\pi}{6}\right)$，$y=0.06\cos\left(\frac{\pi}{3}t-\frac{\pi}{3}\right)$。式中 x、y 以米计，t 以秒计。求：(1)运动的轨道方程，并在 xOy 平面内将合振动的轨迹画出；(2)质点在任一位置所受的力。

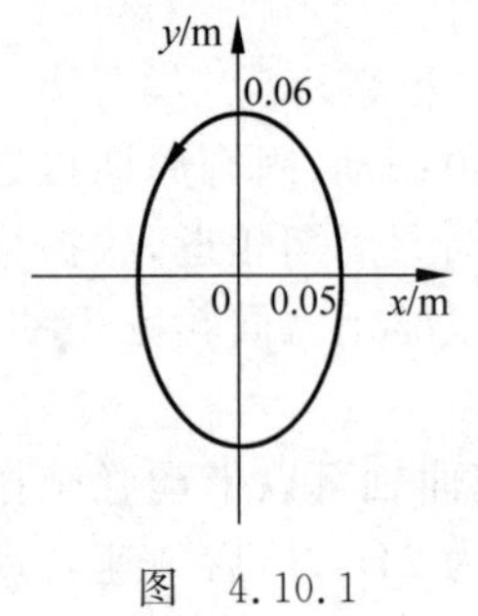

图 4.10.1

解：(1) **方法 1**：因为两个振动相位差为 $\Delta\phi=-\pi/2$，故合运动的轨道为逆时针旋转正椭圆，如图 4.10.1 所示。x、y 方向的振动最大值取决于其振幅。

方法 2：由题目给出的振动方程可知：$x=0.05\cos\left(\frac{\pi}{3}t+\frac{\pi}{6}\right)$，$y=0.06\sin\left(\frac{\pi}{3}t+\frac{\pi}{6}\right)$，质点的运动轨迹方程为$\frac{x^2}{0.05^2}+\frac{y^2}{0.06^2}=1$。

(2) 质点在任一位置所受的力为

$$\boldsymbol{F}=\boldsymbol{F}_x+\boldsymbol{F}_y=-m\omega^2(x\boldsymbol{i}+y\boldsymbol{j})=-0.4\times\left(\frac{\pi}{3}\right)^2\cdot(x\boldsymbol{i}+y\boldsymbol{i})\approx-0.44(x\boldsymbol{i}+y\boldsymbol{j})$$

练习 4.10.1：图 4.10.2 中椭圆是两个互相垂直的同频率谐振动合成的图形，已知 x 方向的振动方程为 $x=6\cos\left(\omega t+\frac{\pi}{2}\right)$，动点在椭圆上沿逆时针方向运动，则 y 方向的振动方程应为［ ］

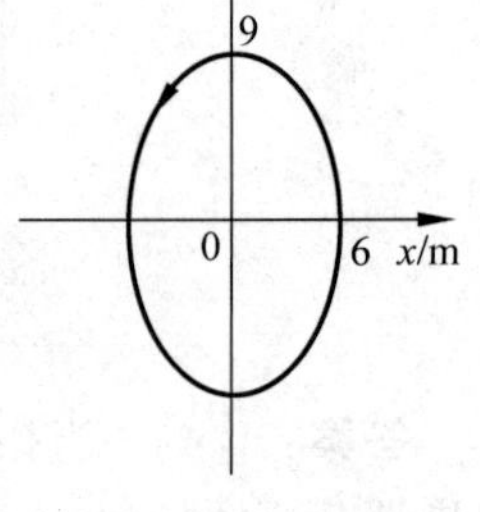

图 4.10.2

(A) $y=9\cos\left(\omega t+\frac{\pi}{2}\right)$；

(B) $y=9\cos\left(\omega t-\frac{\pi}{2}\right)$；

(C) $y=9\cos(\omega t)$；

(D) $y=9\cos(\omega t+\pi)$。

答案：C。因为合运动的轨道为逆时针旋转正椭圆，故两个振动相位差为 $\Delta\phi=\phi_{20}-\phi_{10}=-\pi/2$，故 y 方向的振动相位为 $\phi_{20}=\phi_{10}+\Delta\phi=\frac{\pi}{2}-\frac{\pi}{2}=0$。

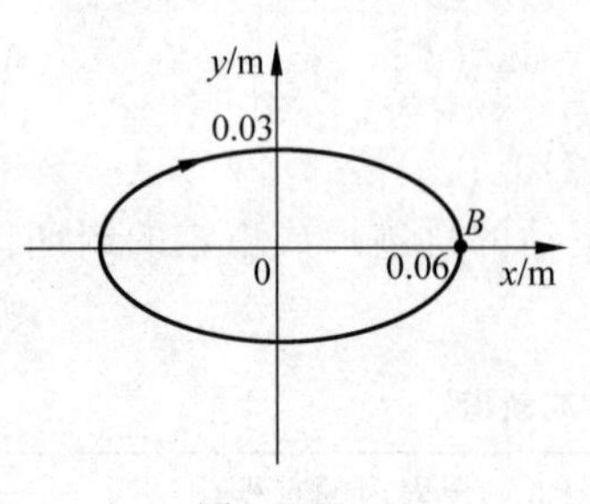

图 4.10.3

练习 4.10.2：一质点同时参与两个互相垂直的同频率的谐振动，其合成运动的轨迹及旋转方向如图 4.10.3 所示，旋转周期为 2s。$t=0$ 时质点位于图中 x 轴上的 B 点。两个分振动的数值表达式分别为 $x=$________(SI)，$y=$________(SI)。

答案：$0.06\cos(\pi t)$，$0.03\cos\left(\pi t+\frac{\pi}{2}\right)$。由图 4.10.3 可知 x、y 方向的振幅分别为 0.06m、0.03m。$t=0$ 时刻 x 方向振动位于最大正位移处，故初相位为零，合运动的轨道为顺时针旋转正椭圆，故 x、y 两

个方向振动相位差为 $\Delta\phi=\phi_{20}-\phi_{10}=\pi/2$，故 y 方向的振动相位为 $\phi_{20}=\phi_{10}+\Delta\phi=0+\frac{\pi}{2}=\frac{\pi}{2}$。两方向振动角频率相同，为 $\omega=\frac{2\pi}{T}=\pi\ \mathrm{rad/s}$。

综上所述，可得两个分振动的数值表达式分别为 $x=0.06\cos(\pi t)$ 和 $0.03\cos\left(\pi t+\frac{\pi}{2}\right)$(SI)。

例 4.10.2：在示波器上观察到两个互相垂直的简谐振动合成的轨迹如图 4.10.4 所示，则两谐振动的频率之比为 $\nu_x:\nu_y=$____________。

答案：3∶2。**方法 1**：在李萨如图一个封闭图形中，振子在 x 方向完成 3 个周期振动，在 y 方向完成 2 个周期振动，故 $\nu_x:\nu_y=3:2$。

方法 2：可以通过数 x、y 方向的切点数判断，即在李萨如图一个封闭图形中，在 x 方向 3 次达到正(或负)最大，切点数 3，在 y 方向 2 次达到正(或负)最大，切点数 2，故 $\nu_x:\nu_y=3:2$。

练习 4.10.3：示波器中的电子受到两个互相垂直的按简谐振动规律变化的偏转电场的作用，荧光屏上显示的稳定图形如图 4.10.5 所示，则 x 方向和 y 方向电场简谐振动的频率之比为 $\nu_x:\nu_y=$____________。

答案：3∶1。

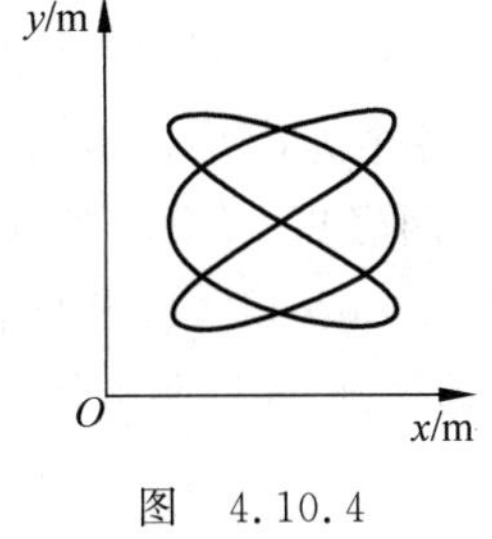

图　4.10.4

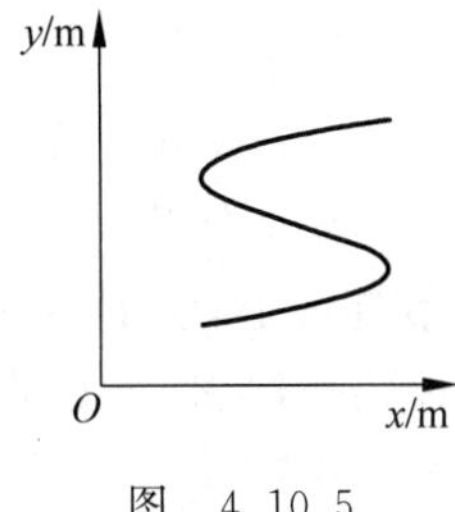

图　4.10.5

4.11* 声波、超声波和次声波，声强级

(1) 频率在 20～20000Hz 的机械纵波称为声波，频率高于 20000Hz 的机械波称为超声波，频率低于 20Hz 的机械波称为次声波。

(2) 强度为 I 的声波声强级定义为：$L_I=10\lg(I/I_0)$，其单位为分贝(dB)。其中 $I_0=10^{-12}\ \mathrm{W/m^2}$。

考点：声强级的定义与计算

例 4.11.1：一声波点波源发射的平均功率为 $\bar{P}=10\mathrm{W}$，均匀地向各个方向传播，问距离声波点波源多远处，声音的强度级为 60dB 和 10dB?

解：根据波的功率与强度之间的关系：

$$I=\frac{\bar{P}}{\Delta S}=\frac{\bar{P}}{4\pi r^2} \quad ①$$

声强级定义：

$$L=10\lg\frac{I}{I_0},\quad I_0=10^{-12}\,\mathrm{W/m^2} \qquad ②$$

将①式代入②式，可得离波源的距离 r 与声强级之间的关系为

$$r=\sqrt{\frac{\overline{P}\times 10^{-L/10}}{4\pi I_0}}$$

$$L_1=60\Rightarrow r_1\approx 892\mathrm{m},\quad L_2=10\Rightarrow r_2\approx 282\mathrm{km}$$

练习 4.11.1：两种声音的声强级之差为 5dB，则两声波强度之比为__________。

答案：$\sqrt{10}$。由声强级定义：$L=10\lg\frac{I}{I_0}$，$L_2-L_1=10\lg\frac{I_2}{I_1}=5$，故$\frac{I_2}{I_1}=\sqrt{10}$。

练习 4.11.2：距一点声源 10m 处声音的声强级是 20dB。若不考虑声音在介质中的损耗，则声强级为 10dB 处距点声源的距离__________。

答案：$10\sqrt{10}\,\mathrm{m}$。由例 4.11.1 可知，$r=\sqrt{\frac{P\times 10^{-L/10}}{4\pi I_0}}$，对同一声源，其功率 P 相同，故$\frac{r_2}{r_1}=\sqrt{\frac{10^{-L_2/10}}{10^{-L_1/10}}}$，已知 $r_1=10\mathrm{m}$ 时，$L_1=20\mathrm{dB}$，代入上式可知 $L_2=10\mathrm{dB}$ 时，$r_2=10\sqrt{10}\,\mathrm{m}$。

例 4.11.2：相距 7m 的两个扬声器 A 和 B，各自向各个方向均匀地发射声波。A 的输出功率是 $8\times 10^{-4}\,\mathrm{W}$，$B$ 的输出功率是 $1.35\times 10^{-4}\,\mathrm{W}$。两者以 173Hz 的频率作同相振动。$C$ 点位于 A、B 两点连线上，距 $B=3\mathrm{m}$ 处。已知声速为 346m/s。(1)求两信号在 C 点的相位差；(2)如果关掉扬声器 B，求 C 点处来自扬声器 A 的声强；(3)两个扬声器都打开，C 点的声强级是多少分贝？

解：(1) 波长为 $\lambda=\frac{u}{\nu}=\frac{346}{173}\mathrm{m}=2.0\mathrm{m}$，两信号在 C 点的相位差为 $\Delta\phi=\frac{2\pi\Delta r}{\lambda}=\pi$。

(2) 扬声器 A 的声强为 $I_A=\frac{P_A}{4\pi r_A^2}=3.98\times 10^{-6}\,\mathrm{W/m^2}$。

(3) 扬声器 B 的声强为 $I_B=\frac{P_B}{4\pi r_B^2}=1.19\times 10^{-6}\,\mathrm{W/m^2}$。

因为 A、B 在 C 点反相，故 C 点的声强为

$$I_C=I_A+I_B-2\sqrt{I_AI_B}=0.817\times 10^{-6}\,\mathrm{W/m^2}$$

C 点的声强级为 $L=10\lg\frac{I_C}{I_0}=59\mathrm{dB}$。

第五部分

波动光学

- 波动光学
  - 光的干涉
    - 相干条件(同机械波)
      - 干涉光强 $I=I_1+I_2+2\sqrt{I_1I_2}\cos\Delta\varphi$
        - $\Delta\varphi=\begin{cases}2k\pi, & 相长\\(2k+1)\pi, & 减弱\end{cases}$
        - 初相位相同时：$\Delta\varphi=\frac{2\pi}{\lambda}(n_2r_2-n_1r_1)$
          - 光程 $L=nr$
          - 光程差与相位差 $\Delta\varphi=\frac{2\pi}{\lambda}\Delta L$
            - $\Delta L=\begin{cases}k\lambda, & 相长\\(2k+1)\frac{\lambda}{2}, & 减弱\end{cases}$
    - 相干光的获得
      - 分波阵面法
        - 杨氏双缝干涉
          - 光程差 $\Delta L=d\frac{x}{D}$
            - 等间距条纹 $\Delta x=\frac{D}{d}\lambda$
      - 分振幅法
        - 薄膜干涉
          - 等倾干涉
            - 光程差 $\Delta L=2e\sqrt{n^2-n'^2\sin^2 i}\left\{+\frac{\lambda}{2}\right\}$
              - 内疏外密同心圆环 $r_k=f\cdot\tan i$
          - 等厚干涉
            - 劈尖干涉
              - 光程差 $\Delta L=2ne\left\{+\frac{\lambda}{2}\right\}$
                - 等间距条纹 $\Delta e=\frac{\lambda}{2n}$, $\Delta l=\frac{\lambda}{2n\theta}$
            - 牛顿环
              - 光程差 $\Delta L=2ne\left\{+\frac{\lambda}{2}\right\}$
                - 内疏外密条纹：
                  - 明条纹：$r_k=\sqrt{\frac{(2k-1)R\lambda}{2n}}$
                  - 暗条纹：$r_k=\sqrt{\frac{kR\lambda}{n}}$
          - 迈克耳孙干涉仪
            - $M_1\perp M_2$ 等倾干涉
            - $M_1\not\perp M_2$ 等厚干涉
            - $\Delta e=N\frac{\lambda}{2}$
  - 光的衍射
    - 惠更斯-菲尼尔原理
    - 夫琅禾费衍射
      - 单缝夫琅禾费衍射
        - 半波带法
          - 中央明条纹：$a\sin\theta=0$
          - 明条纹：$a\sin\theta=(2k+1)\frac{\lambda}{2}$
          - 暗条纹：$a\sin\theta=k\lambda$
        - 振幅矢量法
      - 圆孔夫琅禾费衍射
        - 艾里斑
          - 半角宽 $\theta_0=1.22\frac{\lambda}{D}$
          - 半径 $r_0=f\theta_0$
          - 最小分辨角 $\delta\theta=1.22\frac{\lambda}{D}$
          - 分辨本领 $R=\frac{1}{\delta\theta}=\frac{D}{1.22\lambda}$
      - 光栅衍射
        - 多缝干涉
          - 光栅公式 $d\sin\theta=k\lambda$
            - 光栅分辨本领 $R=\frac{\lambda}{\delta\lambda}=Nk$
        - 单缝衍射 $a\sin\theta=k'\lambda$
          - 缺级 $k=\frac{d}{a}k'$
      - X射线衍射 $2d\sin\theta=k\lambda$
    - 菲涅尔衍射
  - 光的偏振
    - 光的五种偏振态
      - 线偏光的获得
        - 偏振片
          - 马吕斯定律 $I=I_0\cos^2\alpha$
        - 反射起偏
          - 布儒斯特定律 $\tan i_b=\frac{n_2}{n_1}$
        - 晶体的双折射

波动光学部分主要内容思维导图

5.1　光源、光的相干性，光程和光程差

(1) 光的相干叠加：①光强分布：$I=I_1+I_2+2\sqrt{I_1I_2}\cos\Delta\phi$；②干涉加强和减弱的条件(相位差表述)：$\Delta\phi=2k\pi$ 时，干涉加强；$\Delta\phi=(2k+1)\pi$ 时，干涉减弱。

(2) 光程：定义 $L=nr$，其物理意义是将光在介质中的路程折算为真空路程。

光程差：$\Delta L=L_2-L_1=n_2r_2-n_1r_1$。相位差用光程差表示：$\Delta\varphi=\frac{2\pi}{\lambda}\Delta L$，其中 λ 为真空中的波长。

(3) 干涉加强和减弱的条件(光程差表述)：$\Delta L=2k\frac{\lambda}{2}$时，干涉加强；$\Delta L=(2k+1)\frac{\lambda}{2}$时，干涉减弱。

考点：光程的概念与计算

例 5.1.1：在相同的时间内，一束真空中波长为 λ 的单色光在空气中和在玻璃中[　　]

(A) 传播的路程相等，走过的光程相等；

(B) 传播的路程相等，走过的光程不相等；

(C) 传播的路程不相等，走过的光程相等；

(D) 传播的路程不相等，走过的光程不相等。

答案：C。在不同介质中单色光波长改变为 $\lambda'=\frac{\lambda}{n}$，周期 T 不变，故 Δt 时间内单色光走过的路程为 $r=\frac{\Delta t}{T}\lambda'=\frac{\Delta t\lambda}{nT}$，光程为 $L=nr=\frac{\Delta t\lambda}{T}$，故该单色光在相同时间、不同介质中传播的路程不相等，走过的光程相等。

概念理解：光程的物理意义是将光在介质中的路程折算为真空路程，在相同时间内光在真空中走过的路程相同，即光程相等。

例 5.1.2：真空中波长为 λ 的单色光，在折射率为 n 的均匀透明介质中，从 A 点沿某一路径传播到 B 点，路径的长度为 l，A、B 两点光振动相位差记为 $\Delta\varphi$，则下述表示成立的是[　　]

(A) $l=3\lambda/2$，$\Delta\varphi=3\pi$；　　(B) $l=3\lambda/(2n)$，$\Delta\varphi=3n\pi$；

(C) $l=3\lambda/(2n)$，$\Delta\varphi=3\pi$；　　(D) $l=3n\lambda/2$，$\Delta\varphi=3n\pi$。

答案：C。若 $\Delta\varphi=3\pi$，则光程为 $L=\Delta\varphi\frac{\lambda}{2\pi}=\frac{3\lambda}{2}$，路程为 $l=\frac{L}{n}=\frac{3\lambda}{2n}$，故 A 错误，C 正确。

同理若 $\Delta\varphi=3n\pi$，路程为 $l=\frac{L}{n}=\Delta\varphi\frac{\lambda}{2n\pi}=\frac{3\lambda}{2}$，故 B、D 错误。

练习 5.1.1：在真空中波长为 λ 的单色光，在折射率为 n 的透明介质中从 A 沿某路径传播到 B，若 A、B 点相位差为 5π，则此路径 AB 的光程为________。

答案：$5\lambda/2$。

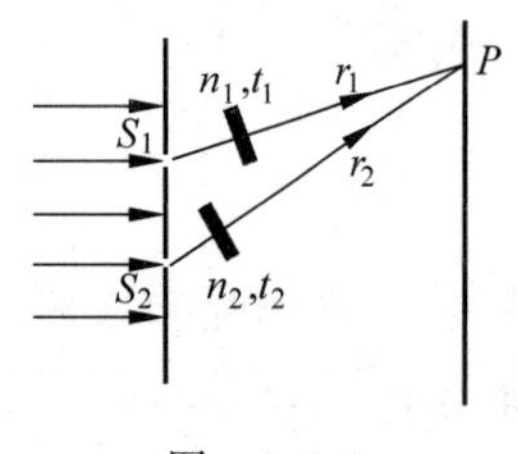

图 5.1.1

例 5.1.3：如图 5.1.1 所示，S_1、S_2 是两个相干光源，它们到 P 点的距离分别为 r_1 和 r_2。路径 S_1P 垂直穿过一块厚度为 t_1、折射率为 n_1 的介质板，路径 S_2P 垂直穿过厚度为 t_2、折射率为 n_2 的另一介质板，其余部分可看作真空，这两条路径的光程差等于__________。

答案：$[r_2+(n_2-1)t_2]-[r_1+(n_1-1)t_1]$。对路径 S_1P，光程为 $L_1=(r_1-t_1)+n_1t_1=r_1+(n_1-1)t_1$，同理对路径 S_2P，光程为 $L_2=r_2+(n_2-1)t_2$，故两条路径光程差为 $\Delta L=L_2-L_1=[r_2+(n_2-1)t_2]-[r_1+(n_1-1)t_1]$。

练习 5.1.2：如图 5.1.2 所示，假设有两个同相的相干点光源 S_1 和 S_2，发出真空中波长为 λ 的光。A 是它们连线中垂线上的一点，若在 S_1 与 A 之间插入厚度为 e、折射率为 n 的薄玻璃片，则两光源发出的光在 A 点的相位差为 $\Delta\varphi=$__________。若已知 $\lambda=500\text{nm}$，$n=1.5$，A 点恰为第四级明条纹中心，则 $e=$__________。

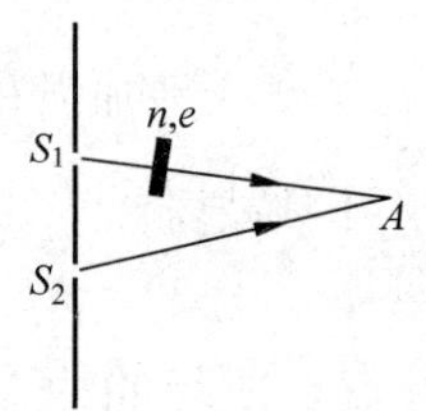

图 5.1.2

答案：$\dfrac{2\pi(n-1)e}{\lambda}$；$4\times10^3\text{nm}$。由例 5.1.3，两光源发出的光在 A 点的相位差为 $\Delta\varphi=\dfrac{2\pi}{\lambda}\Delta L=\dfrac{2\pi}{\lambda}[r+(n-1)e-r]=\dfrac{2\pi(n-1)e}{\lambda}$。若 A 点恰为第四级明条纹中心，则 $\Delta\varphi=2k\pi=8\pi$，即 $\dfrac{2\pi(n-1)e}{\lambda}=8\pi$，所以 $e=\dfrac{4\lambda}{n-1}=4000\text{nm}$。

5.2 分波阵面干涉

(1) 杨氏双缝干涉：单色光源 S 的波长为 λ，双缝 S_1 和 S_2 的横向宽度为 d，双缝屏到观察屏的距离为 D。

① 光程差：$\Delta L=d\cdot\dfrac{x}{D}$，相位差：$\Delta\varphi=\dfrac{2\pi}{\lambda}\Delta L=\dfrac{2\pi d}{\lambda D}x$；

② 明条纹中心：$x=\pm\dfrac{kD}{d}\lambda$，暗条纹中心：$x=\pm\dfrac{(2k-1)D}{2d}\lambda$，$k=1,2,\cdots$；

③ 条纹间距：$\Delta x=\dfrac{D}{d}\lambda$；

④ 光强分布：$I=4I_0\cos^2\left(\dfrac{\pi d}{\lambda D}x\right)$。

(2) 其他分波阵面干涉实验：菲涅耳双棱镜实验、菲涅耳双面镜实验、洛埃(Lloyd)镜实验。

考点 1：双缝干涉条件以及公式应用

例 5.2.1：用白光光源进行双缝实验，若用一个纯红色的滤光片遮盖一条缝，用一个纯蓝色的滤光片遮盖另一条缝，则[　　]

(A) 干涉条纹的宽度将发生改变；　　(B) 产生红光和蓝光两套彩色干涉条纹；
(C) 干涉条纹的亮度将发生改变；　　(D) 不产生干涉条纹。

答案：D。经过滤光片后，透过两缝的光的频率不同，不满足干涉条件，故不产生干涉条纹。

例 5.2.2：在双缝干涉实验中，两条缝的宽度原来是相等的。若其中一缝的宽度略变窄(缝中心位置不变)，则[　　]

(A) 干涉条纹的间距变宽；
(B) 干涉条纹的间距变窄；
(C) 干涉条纹的间距不变，但原极小处的强度不再为零；
(D) 不再发生干涉现象。

答案：C。双缝干涉时，干涉光强为 $I=I_1+I_2+2\sqrt{I_1I_2}\cos\Delta\varphi$，当一缝的宽度略变窄时，$I_1\neq I_2$，故最小干涉光强不再为零。干涉条纹间距为 $\Delta x=\dfrac{D}{d}\lambda$，条件不变，故间距不变。

练习 5.2.1：光强均为 I_0 的两束相干光相遇而发生干涉时，在相遇区域内有可能出现的最大光强是________。

答案：$4I_0$。

例 5.2.3：在杨氏双缝干涉实验中，设两缝的距离为 5.0mm，缝与屏的距离为 5m。由于用了 480nm 和 600nm 的两种光垂直入射，因而在屏上有两个干涉图样，这两个干涉图样的第三级明条纹的间距为________。

答案：3.6×10^{-4}m。根据明条纹中心公式：$x=\dfrac{kD}{d}\lambda$，两干涉图样第三级明条纹间距为 $\Delta x=k\dfrac{D}{d}(\lambda_2-\lambda_1)=3\times\dfrac{5}{5\times10^{-3}}\times(6\times10^{-7}-4.8\times10^{-7})\text{m}=3.6\times10^{-4}\text{m}$。

练习 5.2.2：在双缝干涉实验中，为使屏上的干涉条纹间距变大，可以采取的办法是[　　]

(A) 使屏靠近双缝；　　(B) 使两缝的间距变小；
(C) 把两个缝的宽度稍微调窄；　　(D) 改用波长较小的单色光源。

答案：B。由条纹间距公式 $\Delta x=\dfrac{D}{d}\lambda$ 可知，为使干涉条纹间距变大可以采取的办法有增大双缝到屏的间距 D、增大波长 λ、减小两缝间距 d，故 B 正确，

练习 5.2.3：以白光垂直入射在相距 0.25mm 的双缝上，距缝 50cm 处放置一个屏幕，试问在屏幕上第一级明条纹的彩色带的宽度为________，第五级明条纹的彩色带宽度为________。(设可见光波长范围 400～760nm)

答案：7.2×10^{-4}m，3.6×10^{-3}m。第 k 级明条纹位置：$x=\pm k\lambda D/d\rightarrow k$ 级明条纹的宽度为 $\Delta x=kD\Delta\lambda/d$；第一级彩色明条纹的宽度为 $\Delta x_1=\dfrac{0.5}{2.5\times10^{-4}}\times(760-400)\times10^{-9}\text{m}=7.2\times10^{-4}\text{m}$；第五级彩色明条纹的宽度为 $\Delta x_5=5\times\dfrac{0.5}{2.5\times10^{-4}}\times(760-400)\times10^{-9}\text{m}=3.6\times10^{-3}\text{m}$。

练习 5.2.4：在双缝干涉实验中，双缝间距为 d，双缝到屏的距离为 D，测得中央零级明

条纹与第五级明条纹之间的距离为 x,则入射光的波长为__________。

答案:$\dfrac{xd}{5D}$。

考点 2:实验条件对干涉条纹的影响

说明:双缝干涉条纹明暗主要取决于两缝到屏的光程差,常见的影响因素有:①光源移动或斜入射;②屏(或双缝)左右(或上下)移动;③空间折射率的变化(放入均匀介质或光路加入玻片等)。详见以下例题及相应练习。

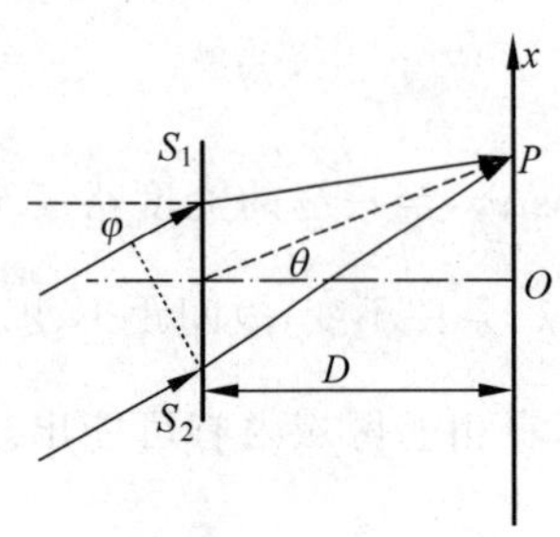

图 5.2.1

例 5.2.4:波长为 λ 的平面单色光以 φ 角斜入射到缝间距为 d 的双缝上,若双缝到屏的距离为 $D(D\gg d)$,如图 5.2.1 所示。求:(1)各级明条纹的位置;(2)条纹的间距;(3)若使零级明条纹移至屏幕 O 处,则应在 S_2 处放置一厚度为多少的折射率为 n 的透明介质薄片?

解:(1) 在 P 处两相干光的光程差为 $\delta=d(\sin\theta-\sin\varphi)$,对第 k 级明条纹:

$$\delta=d(\sin\theta-\sin\varphi)=\pm k\lambda$$

可得

$$\sin\theta=\pm\frac{k\lambda}{d}+\sin\varphi$$

故第 k 级明条纹位置为

$$x_k=D\tan\theta\approx D\sin\theta=D\left(\pm\frac{k\lambda}{d}+\sin\varphi\right)$$

(2) 明条纹之间的间距为

$$\Delta x=x_{k+1}-x_k=\frac{D\lambda}{d}$$

(3) 在 S_2 处放了厚度为 t 的折射率为 n 的透明介质薄片后,则在 P 处两光的光程差为

$$\delta'=d\sin\theta+(n-1)t-d\sin\varphi$$

要使零级明条纹回到屏幕中心,即要满足 $\sin\theta=0$ 时 $\delta'=0$,代入上式可得

$$(n-1)t-d\sin\varphi=0$$

故透明介质薄片的厚度为

$$t=\frac{d\sin\varphi}{n-1}$$

练习 5.2.5:如图 5.2.2 所示,在双缝干涉实验中,若把一厚度为 e、折射率为 n 的透明薄膜覆盖在 S_1 缝上,中央明条纹将向__________移动;若入射光波长为 480nm,透明薄膜折射率为 $n=1.5$,这时第五条明条纹出现在覆盖前屏上中央明条纹的位置,则透明薄膜的厚度为__________。

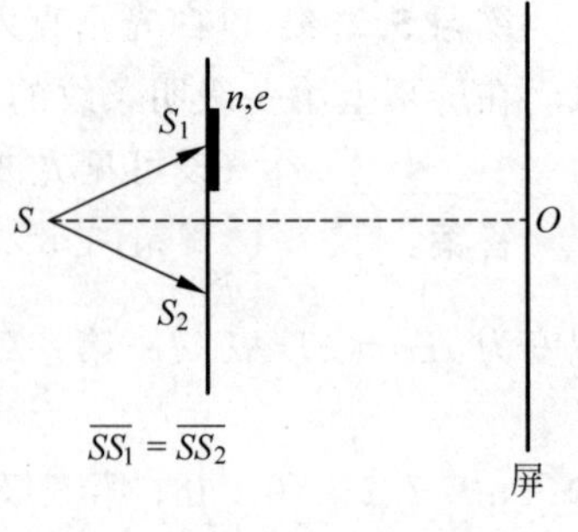

图 5.2.2

答案:上;4.8μm。覆盖薄膜前中央明条纹位置在屏

中央 O 点，覆盖后通过 S_1 的光程增加，中央明条纹上移，才能满足经过上下缝的光程差为零的条件。此时两光路到 O 点的光程差为 $\Delta L=(n-1)e=5\lambda$，故薄膜厚度 $e=\dfrac{5\lambda}{n-1}=4800\text{nm}$。

练习 5.2.6：如图 5.2.3 所示，在双缝干涉实验中若将一折射率为 n 的透明三角劈尖(足够厚)插入光线 2 中，当劈尖缓缓向上移动(只遮 S_2)，屏上的干涉条纹将[　　]

(A) 间隔变大，向下移动；

(B) 间隔变小，向上移动；

(C) 间隔不变，向上移动；

(D) 间隔不变，向下移动。

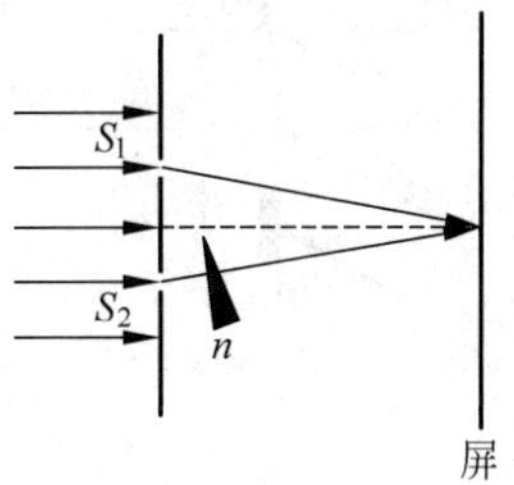

图　5.2.3

答案：D。插入劈尖后通过 S_2 的光程增加，干涉条纹下移。

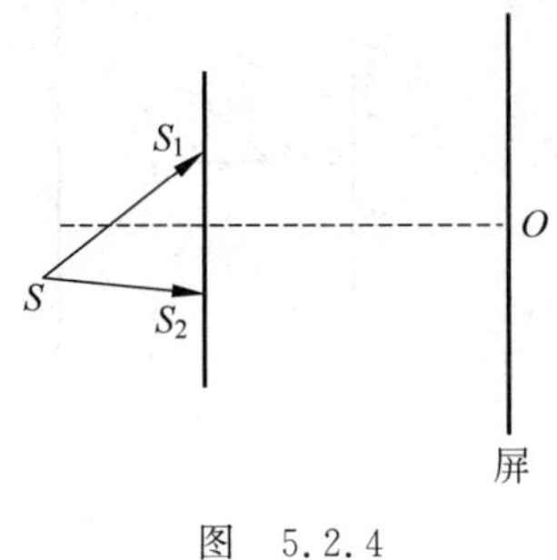

图　5.2.4

练习 5.2.7：在双缝干涉实验中，若单色光源 S 到两缝 S_1、S_2 距离相等，则观察屏上中央明条纹位于图 5.2.4 中 O 处。现将光源 S 向下移动，则[　　]；若双缝所在的平板稍微向上平移，其他条件不变，则[　　]

(A) 中央明条纹也向下移动，且条纹间距不变；

(B) 中央明条纹向上移动，且条纹间距不变；

(C) 中央明条纹向下移动，且条纹间距增大；

(D) 中央明条纹向上移动，且条纹间距增大。

答案：B；B。光源向下移动与双缝平板向上移动效果相同，都会使 S 至 S_1 缝的光程增加，从而中央明条纹上移。条纹间距 $\Delta x=\dfrac{D}{d}\lambda$，相关实验参数不变，故间距不变。

例 5.2.5：如图 5.2.5 所示，真空中波长为 λ 的单色平行光垂直入射到双缝上。观察屏上 P 点到两缝的距离分别为 r_1 和 r_2。设双缝和屏之间充满折射率为 n 的介质，则 P 点处二相干光线的光程差为__________。若已知双缝间距为 d，双缝屏至观察屏的距离为 D，则干涉条纹的间距为__________。

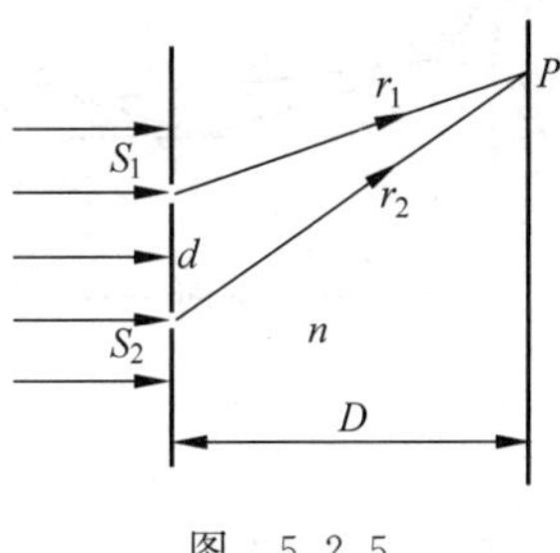

图　5.2.5

答案：$n(r_2-r_1)$；$\dfrac{D}{d}\dfrac{\lambda}{n}$。当光程差改变为真空中的波长 λ 时，条纹级数改变 1，光程中介质折射率 n 的引入导致条纹间距变为原来的 $\dfrac{1}{n}$ 倍。

练习 5.2.8：如图 5.2.5 所示，真空中波长为 λ 的单色平行光垂直入射到双缝 S_1 和 S_2，通过真空后在屏幕上形成干涉条纹。已知 P 点处为第三级明条纹，则 S_1 和 S_2 到 P 点的光程差为__________。若将整个装置放于某种透明液体中，P 点为第四级明条纹，则该液体的折射率 $n=$__________。

答案：3λ；1.33。整个装置在真空中时，根据三级明条纹条件，S_1 和 S_2 到 P 点的光程差等于路程差，即 $\Delta L=r_2-r_1=3\lambda$。将整个装置置于液体中，则 S_1 和 S_2 到 P 点的光程差为 $\Delta L'=n(r_2-r_1)=n\times3\lambda$，此时 P 点为第四级明条纹，即 $\Delta L'=4\lambda$。结合上述两式，可得 $n=\dfrac{4}{3}\approx1.33$。

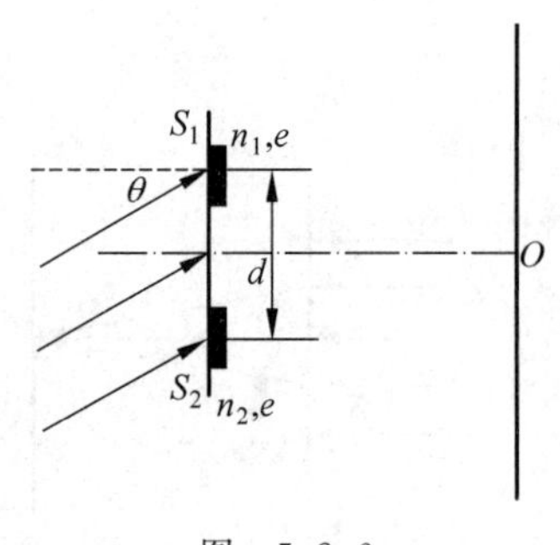

图 5.2.6

练习 5.2.9：如图 5.2.6 所示，双缝干涉实验装置中两个缝用厚度均为 e，折射率分别为 n_1 和 n_2 的透明介质膜覆盖（$n_1>n_2$）。波长为 λ 的平行单色光斜入射到双缝上，入射角为 θ，双缝间距为 d，在屏幕中央 O 处（$\overline{S_1O}=\overline{S_2O}$），两束相干光的相位差 $\Delta\varphi=$__________。

答案：$\dfrac{2\pi}{\lambda}[d\sin\theta+(n_1-n_2)e]$。

考点 3：其他分波阵面干涉实验的理解

例 5.2.6：如图 5.2.7 所示，在双缝实验中，屏幕 E 上的 P 处是明条纹，若将缝 S_2 盖住，并在 S_1、S_2 连线的垂直平分面处放一反射镜 M，则此时[　　]

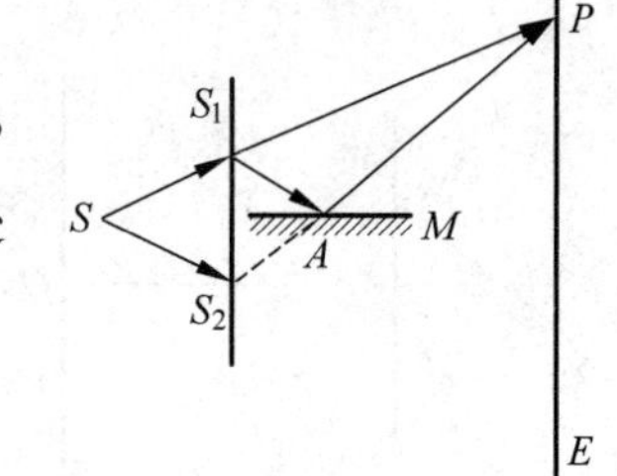

图 5.2.7

(A) P 处仍为明条纹；

(B) P 处为暗条纹；

(C) 不能确定 P 处是明条纹还是暗条纹；

(D) 无干涉条纹。

答案：B。此为洛埃镜干涉装置，S_1 直射到 P 的光与 S_1 经 M 反射光发生干涉，与杨氏双缝干涉实验相比，光路 S_1AP 与 S_2P 路程相等，但是因为反射增加了半波损失，即到 P 点的相干光的相位差与杨氏双缝干涉相比改变了 π，原明条纹位置变成暗条纹。

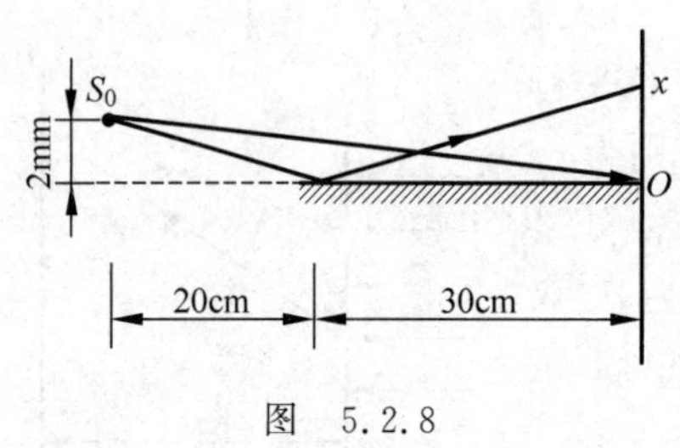

图 5.2.8

练习 5.2.10：洛埃镜干涉装置如图 5.2.8 所示。若光源波长为 $\lambda=7.2\times10^{-7}$ m，则镜的右边缘到第一条明条纹的距离为__________。

答案：45μm。对于洛埃镜，两条狭缝可以看成是一对反相的相干光源，对杨氏双缝干涉公式加以修正即可：光程差为 $\delta=d\dfrac{x}{D}-\dfrac{\lambda}{2}\rightarrow$①$x=0$ 处是暗条纹；②第一条明条纹位置：$x=(2-1)\cdot\dfrac{\lambda}{2}\cdot\dfrac{D}{d}=45\mu\text{m}$。

例 5.2.7：如图 5.2.9 所示为一双棱镜，顶角 α 很小，狭缝光源 S 发出的光经过双棱镜分成两束，好像直接来自虚光源 S_1 和 S_2，它们的间距 $d=2\alpha a(n-1)$，$n=1.50$ 为棱镜的折射率。在双棱镜干涉实验中，狭缝光源到双棱镜距离 $a=10$cm，而双棱镜到屏幕距离 $L=120$cm。所用波长 $\lambda=589.0$nm，在屏幕上测得干涉明条纹间距 $\Delta x=0.10$cm，则双棱镜顶角 $\alpha=$__________。

答案：0.00766rad 或 0.44°。由双缝干涉公式，干涉条纹间距 $\Delta x=\dfrac{D}{d}\lambda=\dfrac{L+a}{2\alpha a(n-1)}\lambda=$

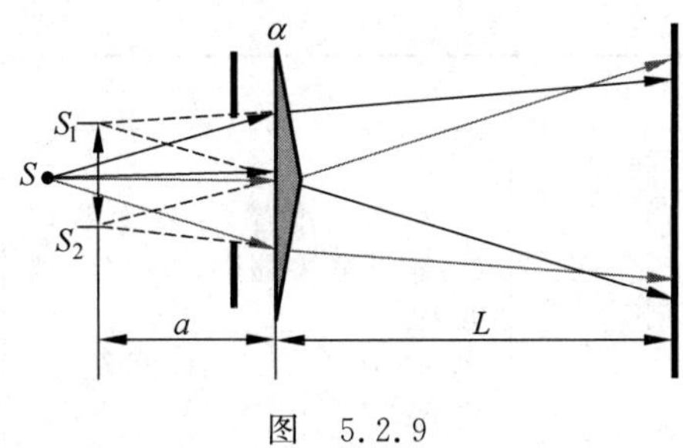

图 5.2.9

$\dfrac{1.2+0.1}{2\alpha\times0.1\times0.5}\times589\times10^{-9}=0.001\text{m}$，故双棱镜顶角 $\alpha=0.007657\text{rad}=0.44°$。

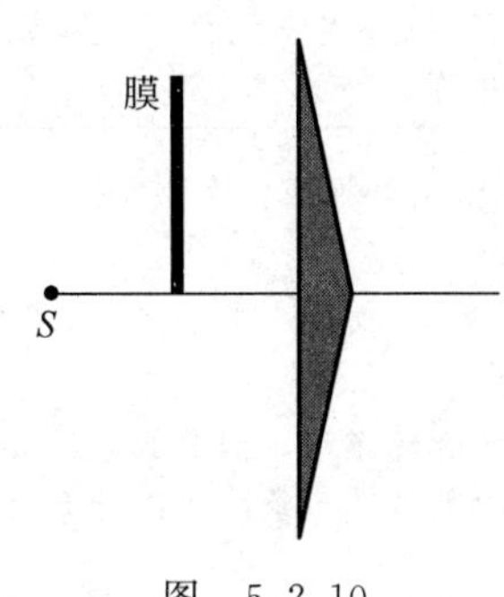

图 5.2.10

练习 5.2.11：在用钠光（$\lambda=589.3\text{nm}$）照亮的缝 S 和双棱镜获得干涉条纹时，将一折射率为 1.33 的平行平面透明膜插入双棱镜上半棱镜的光路中，如图 5.2.10 所示。发现干涉条纹的中心极大（零级）移到原来不放膜时的第五级极大处，则膜厚为 $e=$__________。

答案：8.9μm。在双棱镜干涉实验的光路如图 5.2.9 所示，加入膜使双缝干涉通过上狭缝的光程增加了 $(n-1)e$，依据题意，这部分增加的光程应为 5λ，故 $e=\dfrac{5}{n-1}\lambda=8.9\mu\text{m}$。（本题目与练习 5.2.5 实验装置不同，但光程差的计算、公式应用等皆相同）

5.3 分振幅干涉

分振幅干涉主要讲述了等倾干涉与等厚干涉两种类型，后者实验装置主要为劈尖干涉与牛顿环，分析方法类似，详见表 5.3.1。

表 5.3.1 分振幅干涉主要知识点

	等倾干涉	劈尖干涉	牛顿环
光程差	$2e\sqrt{n^2-n'^2\sin^2 i}\left(+\dfrac{\lambda}{2}\right)$	$2ne\left(+\dfrac{\lambda}{2}\right)$	$2ne+\dfrac{\lambda}{2}$
条纹特征	① 同心、内疏外密的圆环； ② 圆环半径：$r_{环}=f\tan i$； ③ 中心圆环级次(k_0)高： $2ne\left(+\dfrac{\lambda}{2}\right)=k_0\lambda$	① 等间距直条纹： ② 相邻条纹厚度差 $\Delta e=\dfrac{\lambda}{2n}$； 相邻条纹间距：$\Delta l=\lambda/2n\theta$	① 同心、内疏外密的圆环； ② 圆环半径： $r_k=\begin{cases}\sqrt{\left(k-\dfrac{1}{2}\right)R\lambda}, & 明\\ \sqrt{kR\lambda}, & 暗\end{cases}$ ③ 中央圆环级次低

续表

	等倾干涉	劈尖干涉	牛顿环
分析	① 厚度 e 增加,圆环外冒,e 减小,圆环内收; ② 每冒出(收)一个亮斑,薄膜厚度增加(减小)了 $\Delta e=\lambda/2n$; ③ 波长 λ 增大,圆环半径 r 减小	① 厚度 e 增加,条纹级数增加,靠近劈尖移动;反之背离劈尖; ② 劈尖角 θ 增加,间距 Δl 减小; ③ 波长 λ 增大,间距 Δl 增大	① 厚度 e 增加,圆环内收,e 减小,圆环外冒; ② 每冒出(收)一个亮斑,薄膜厚度减小(增加)了 $\Delta e=\lambda/2n$; ③ 波长 λ 增大,圆环半径增大;用白光入射时,牛顿环是彩环
应用	令 $i=0$,得增透膜和增反膜的原理	用于检验光学元件表面的平整度,测量微小的厚度变化等	常用来测量透镜的曲率半径,检查光学元件的表面质量等
说明	① 光程差中 $\left(+\frac{\lambda}{2}\right)$ 项是半波损失项,当从上到下三层介质折射率依次增加或依次减小时,反射光无半波损失项,否则反射光有半波损失项。 ② 透射光也能产生干涉,其相位差与反射光相差 $\frac{\pi}{2}$,二者条纹互补。 ③ 牛顿环的干涉图样与等倾干涉类似,都是明暗相间的内疏外密的圆环条纹。但等倾干涉环心可明可暗且中心级次最高,而牛顿环中心处总是一暗斑且中心级次最低。条纹级次分布相反导致二者条纹随实验参数的变化也相反		

考点1:薄膜干涉中的半波损失问题

例 5.3.1:如图 5.3.1 所示,平行单色光垂直照射到薄膜上,经上下两表面反射的两束光发生干涉,若薄膜的厚度为 e,并且 $n_1<n_2$,$n_2>n_3$,λ_1 为入射光在折射率为 n_1 的介质中的波长,则两束反射光在相遇点的光程差为__________,相位差为__________。

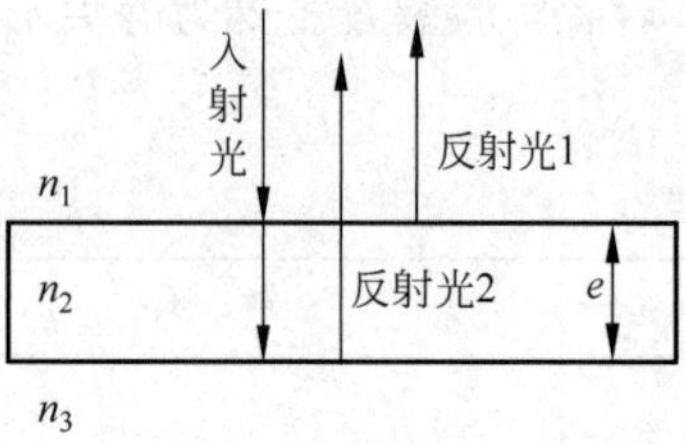

图 5.3.1

答案:$2n_2e\pm\frac{1}{2}n_1\lambda_1$,$\frac{4\pi n_2 e}{n_1\lambda_1}\pm\pi$。根据折射率关系,可以判断两束反射光有半波损失项,相位差增加(或减小)π,对应光程差增加(或减小)$\lambda/2$(λ 为真空中的波长)。相位差与光程差的关系为 $\Delta\varphi=\frac{2\pi}{\lambda}\Delta L$。

练习 5.3.1:一束波长为 λ 的单色光由空气垂直入射到折射率为 n 的透明薄膜上,透明薄膜放在空气中,要使反射光得到干涉加强,则薄膜最小的厚度为[　　]

(A) $\lambda/4$;　(B) $\lambda/(4n)$;　(C) $\lambda/2$;　(D) $\lambda/(2n)$。

答案:B。两束反射光有半波损失项,其光程差为 $\Delta L=2ne-\frac{\lambda}{2}$,要使反射光得到干涉加强,$\Delta L=2ne-\frac{\lambda}{2}=k\lambda$,故膜厚最小为 $k=0$ 时,$e=\frac{\lambda}{4n}$。

练习 5.3.2:在玻璃(折射率 $n_3=1.6$)表面镀一层 MgF_2(折射率 $n_2=1.38$)薄膜作为增透膜。为了使波长为 500nm 的光从空气(折射率 $n_1=1.0$)正入射时尽可能少反射,

MgF_2 薄膜的最少厚度应是____________。

答案：90.6nm。根据题意，$n_1<n_2<n_3$，两束反射光无半波损失项，其光程差为 $\Delta L=2n_2e$。为达到增透的目的，反射光应干涉相消，即 $\Delta L=2n_2e=\left(k+\frac{1}{2}\right)\lambda$。故 $k=0$ 时膜厚最小为 $e=\frac{\lambda}{4n_2}=\frac{500}{4\times1.38}\text{nm}\approx90.6\text{nm}$。

例 5.3.2：一油轮漏出的油(折射率 $n_1=1.20$)污染了某海域，在海水($n_2=1.30$)表面形成一层薄薄的油污，(1)如果太阳正位于海域上空，一直升机的驾驶员从机上向下观察，他所正对的油层厚度为 460nm，则他将观察到油层呈什么颜色？(2)如果一潜水员潜入该区域水下，又将看到油层呈什么颜色？

解：(1) 驾驶员从机上向下观察，两束反射光没有半波损失，光程差为 $\Delta L_r=2dn_1$，当 $\Delta L_r=k\lambda$ 时，干涉相长为驾驶员看到的颜色，由上两式得 $\lambda=\frac{2n_1d}{k}$，$k=1,2,\cdots$。

当 $k=1$，$\lambda=2n_1d=1104\text{nm}$，不在可见光范围；

当 $k=2$，$\lambda=n_1d=552\text{nm}$，绿光；

当 $k=3$，$\lambda=\frac{2}{3}n_1d=368\text{nm}$，不在可见光范围；

故驾驶员看到的是绿色油层。

(2) 潜水员看到的透射光的光程差为 $\Delta L_t=2dn_1+\lambda/2$，$\Delta L_t=k\lambda$ 时，干涉相长为潜水员看到的颜色，由上两式得 $\lambda=\frac{2n_1d}{k-1/2}$，$k=1,2,\cdots$。

当 $k=1$，$\lambda=\frac{2n_1d}{1-1/2}=2208\text{nm}$，不在可见光范围；

当 $k=2$，$\lambda=\frac{2n_1d}{2-1/2}=736\text{nm}$，红光；

当 $k=3$，$\lambda=\frac{2n_1d}{3-1/2}=441.6\text{nm}$，紫光；

当 $k=4$，$\lambda=\frac{2n_1d}{4-1/2}=315.4\text{nm}$，不在可见光范围；

潜水员看到的是紫红色。

练习 5.3.3：冬日，行驶的列车车窗玻璃上凝结一层薄冰膜。乘客发现原本白色的车窗呈现绿色，这是为什么？行驶一段距离后，玻璃又呈现黄色，则冰膜的厚度如何变化，并估算其厚度的最小变化值。(绿光波长 $\lambda=500\text{nm}$，黄光波长 $\lambda'=590\text{nm}$，冰的折射率 $n_2=1.33$，玻璃的折射率 $n_3=1.5$)

解：(1) 设太阳光为垂直入射的平行光，则当薄冰膜的厚度恰好使得太阳光中的绿光在其内外表面的反射光发生干涉相消(或透射光干涉相长)时，即冰膜对绿光具有增透作用时，车窗内乘客看到车窗呈现绿色。

(2) 冰膜既可能变厚，也可能变薄。

因为透射光干涉相长时，是车窗内乘客看到的颜色，当看到车窗为绿色时，假设冰膜厚度为 e：

$$2n_2e-\frac{\lambda}{2}=k_1\lambda$$

假设当冰膜变厚为 e' 时，乘客看到车窗为黄色：

$$2n_2e'-\frac{\lambda'}{2}=k_2\lambda'$$

$k_1=k_2=0$ 时，冰膜的厚度变化最小，为

$$\Delta e=e'-e=\frac{\lambda'-\lambda}{4n_2}=\frac{590-500}{4\times1.33}\times10^{-9}\,\mathrm{m}=0.17\times10^{-7}\,\mathrm{m}$$

例 5.3.3：如图 5.3.2 所示(图中数字为各处折射率)，三种透明材料构成的牛顿环装置中，用单色光垂直照射，在反射光中看到干涉条纹，则在接触点 P 处形成的圆斑为[　　]

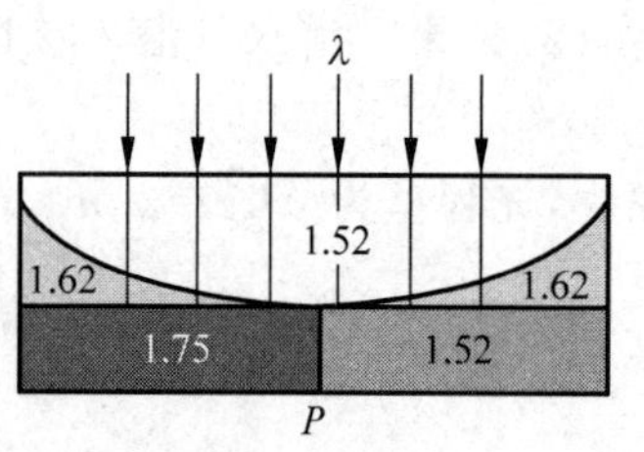

图　5.3.2

(A) 全明；

(B) 全暗；

(C) 右半部明，左半部暗；

(D) 右半部暗，左半部明。

答案：D。根据折射率条件，左半边从上到下折射率依次增加，故反射光无半波损失项，其光程差为 $\Delta L_1=2ne$，P 点厚度 $e=0$，故 $\Delta L_1=0$，干涉相长，故为明条纹。右半部分两束反射光有半波损失项，可判断在 P 点厚度为零处干涉相消，为暗条纹。

练习 5.3.4：如图 5.3.3 所示，平板玻璃和凸透镜构成的牛顿环装置，全部浸入 $n=1.60$ 的液体中，凸透镜可沿 OO' 移动，用波长为 $\lambda=500\mathrm{nm}$ 的单色光垂直入射。从上向下观察，看到中心是一个暗斑，此时凸透镜顶点距平板玻璃的距离可能是[　　]

(A) 156.3nm；　　(B) 148.8nm；

(C) 234.4nm；　　(D) 0。

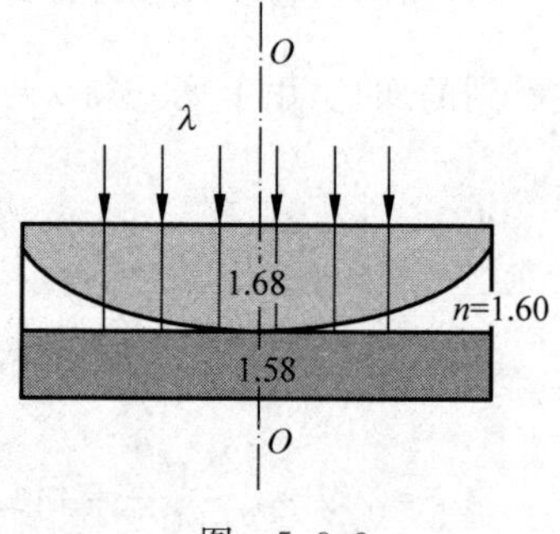

图　5.3.3

答案：C。可判断反射光无半波损失，其光程差为 $\Delta L=2ne$。中央为暗斑，反射光应干涉相消，则 $\Delta L=2ne=\left(k+\frac{1}{2}\right)\lambda$，凸透镜顶点距平板玻璃的距离为 $e=\left(k+\frac{1}{2}\right)\lambda/(2n)=\left(k+\frac{1}{2}\right)\times156.25\mathrm{nm}$。当 $k=1$ 时，C 正确。

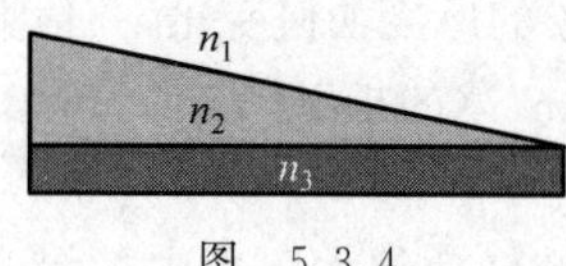

图　5.3.4

练习 5.3.5：用波长为 λ 的单色光垂直照射如图 5.3.4 所示的劈形膜($n_1>n_2>n_3$)，观察反射光干涉。从劈形膜尖顶开始算起，第二条明条纹中心所对应的膜厚度 $e=$________。

答案：$\frac{\lambda}{2n_2}$。劈形膜尖顶处膜厚度为零，为零级明条纹，第二条明条纹为一级明条纹，即 $\Delta L=2n_2e=\lambda$。

考点 2：劈尖干涉中实验条件对干涉条纹的影响及应用

例 5.3.4：如图 5.3.5 所示，两块平板玻璃构成空气劈形膜，左边为棱边，用单色平行光垂直入射。若上面的平板玻璃以棱边为轴，沿逆时针方向作微小转动，则干涉条纹的[　　]；若上面的平板玻璃慢慢地向上平移，则干涉条纹[　　]

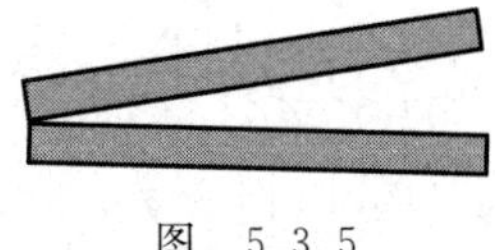

图　5.3.5

(A) 间隔变小，并向棱边方向平移；

(B) 间隔变大，并向远离棱边方向平移；

(C) 间隔变小，并向远离棱边方向平移；

(D) 间隔不变，并向棱边方向平移；

(E) 间隔不变，并向远离棱边方向平移。

答案：A；D。劈尖干涉中相邻条纹间距为 $\Delta l=\lambda/2n\theta$。当上面的玻璃逆时针转动，劈膜夹角 θ 变大，故条纹间距 Δl 变小，条纹向棱边处收缩，故 A 正确。当上面的平板玻璃慢慢地向上平移，条纹间距不变，因为棱边处厚度增加，对应条纹级数增加，故观察到条纹向棱边方向平移。

练习 5.3.6：波长为 λ 的平行单色光垂直照射到劈形膜上，劈尖角为 θ，劈形膜的折射率为 n，第 k 级明条纹与第 $k+5$ 级明条纹的间距是________。

答案：$\dfrac{5\lambda}{2n\theta}$。劈尖干涉中相邻条纹间距为 $\Delta l=\lambda/(2n\theta)$。

练习 5.3.7：如图 5.3.6 所示，两个直径有微小差别的彼此平行的滚柱之间的距离为 L，夹在两块平晶的中间，形成空气劈尖，当单色光垂直入射时，产生等厚干涉条纹。如果两滚柱之间的距离 L 变大，则在 L 范围内干涉条纹的[　　]

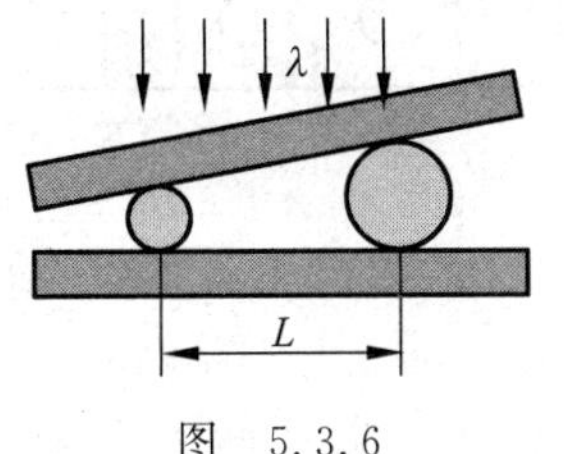

图　5.3.6

(A) 数目增加，间距不变；

(B) 数目减少，间距变大；

(C) 数目增加，间距变小；

(D) 数目不变，间距变大。

答案：D。劈尖干涉中相邻条纹间距为 $\Delta l=\lambda/(2n\theta)$，当滚柱之间的距离 L 变大，劈尖角 θ 变小，干涉条纹间距变大。而滚轴直径不变，设大小滚珠直径分别为 d_1、d_2，则 $L=\dfrac{d_1-d_2}{\tan\theta}\approx\dfrac{d_1-d_2}{\theta}$，$L$ 范围内干涉条纹数为 $\dfrac{L}{\Delta l}=\dfrac{2n(d_1-d_2)}{\lambda}$，可见与 L 无关。

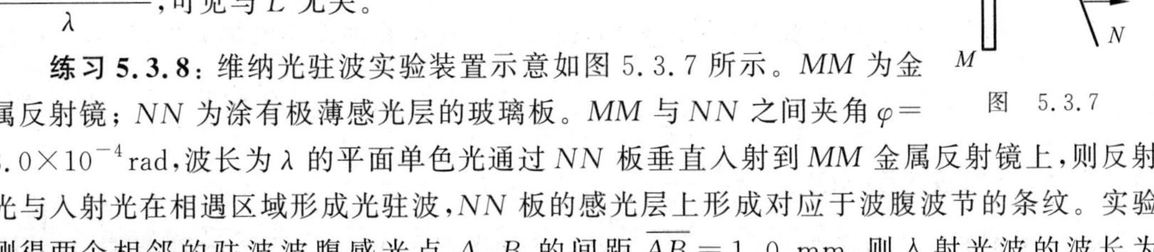

图　5.3.7

练习 5.3.8：维纳光驻波实验装置示意如图 5.3.7 所示。MM 为金属反射镜；NN 为涂有极薄感光层的玻璃板。MM 与 NN 之间夹角 $\varphi=3.0\times10^{-4}$ rad，波长为 λ 的平面单色光通过 NN 板垂直入射到 MM 金属反射镜上，则反射光与入射光在相遇区域形成光驻波，NN 板的感光层上形成对应于波腹波节的条纹。实验测得两个相邻的驻波波腹感光点 A、B 的间距 $\overline{AB}=1.0$ mm，则入射光波的波长为 $\lambda=$________。

答案：6.0×10^{-4} mm。该实验装置与劈尖干涉类似，两个相邻的驻波波腹感光点 A、B 相当于劈尖干涉相邻明条纹，其间距为 $\Delta l=\lambda/(2n\varphi)$，故 $\lambda=2n\varphi\Delta l=6.0\times10^{-4}$ mm。

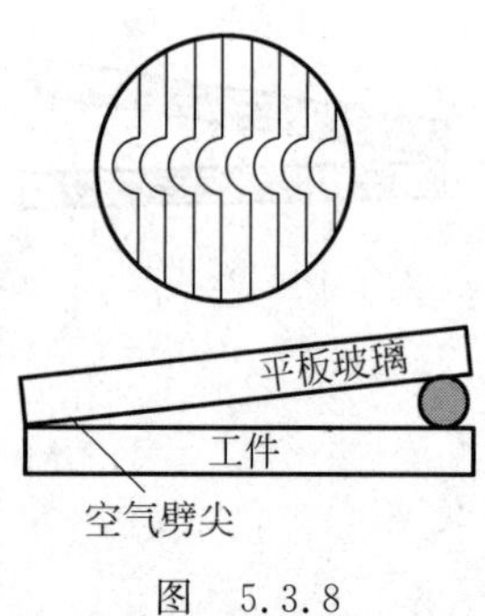

图 5.3.8

例 5.3.5：用劈尖干涉法可检测工件表面缺陷，当波长为 λ 的单色平行光垂直入射时，若观察到的干涉条纹如图 5.3.8 所示，每一条纹弯曲部分的顶点恰好与其左边条纹的直线部分的连线相切，则工件表面与条纹弯曲处对应的部分为[　　]

(A) 凸起，且高度为 $\lambda/4$；

(B) 凸起，且高度为 $\lambda/2$；

(C) 凹陷，且深度为 $\lambda/4$；

(D) 凹陷，且深度为 $\lambda/2$。

答案：D。对劈尖干涉，e 减小，条纹背离棱边弯曲；e 增大，条纹朝向棱边弯曲。图 5.3.8 中条纹向棱边处弯曲，对应厚度 e 增大，故为凹陷。劈尖干涉中相邻条纹厚度差为 $\Delta e=\dfrac{\lambda}{2n}$，真空中厚度差每改变$\dfrac{\lambda}{2}$，条纹级次改变 1，题目中每一条纹弯曲部分的顶点恰好与其左边条纹的直线部分的连线相切，即级次改变 1，其深度为$\dfrac{\lambda}{2}$。

练习 5.3.9：图 5.3.9(a)为一块光学平板玻璃与一个加工过的平面一端接触构成的空气劈尖，用波长为 λ 的单色光垂直照射。看到反射光干涉条纹(实线为暗条纹)，如图 5.3.9(b)所示。则干涉条纹上 A 点处所对应的空气薄膜厚度为 $e=$__________。

(a)

(b)

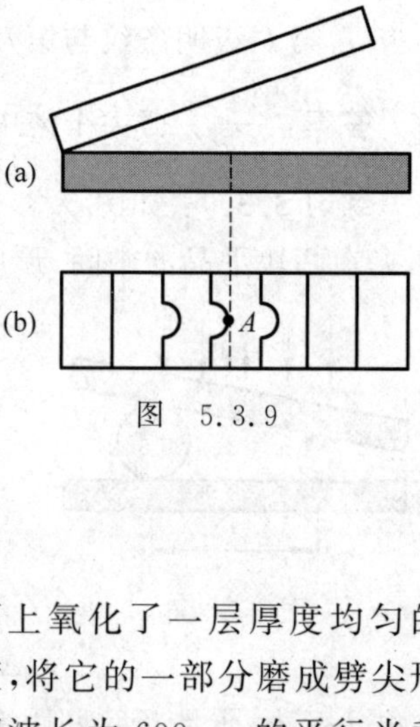

图 5.3.9

答案：1.5λ。图 5.3.9(b)中条纹向背离棱边弯曲，对应厚度 e 减小，故为凸起。其厚度应与左边直线表示的暗条纹处厚度一致，A 处为第三级暗条纹：$2e+\dfrac{\lambda}{2}=\dfrac{\lambda}{2}(2\times3+1)$，可得 A 点处所对应的空气薄膜厚度为 $e=\dfrac{\lambda}{2}\times3=\dfrac{3}{2}\lambda$。

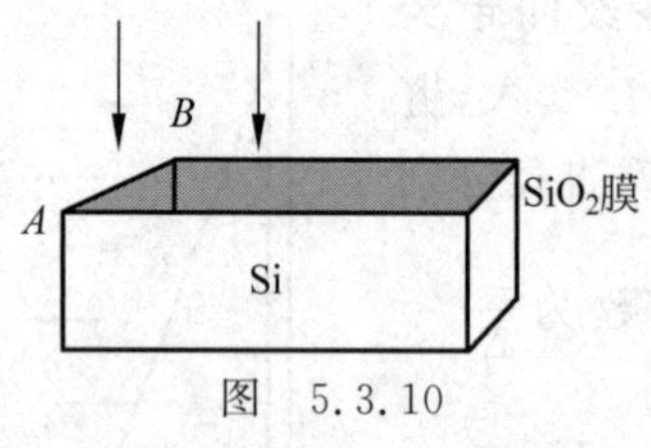

图 5.3.10

例 5.3.6：在 Si 的平表面上氧化了一层厚度均匀的 SiO_2 薄膜。为了测量薄膜厚度，将它的一部分磨成劈尖形(图 5.3.10 中的 AB 段)。现用波长为 600nm 的平行光垂直照射，观察反射光形成的等厚干涉条纹。在图中 AB 段共有 8 条暗条纹，且劈尖厚度最大的 B 处恰好是一条暗条纹，求薄膜的厚度。(Si 的折射率为 3.42，SiO_2 的折射率为 1.50)

解：因为从上到下介质折射率依次增加，故发射光相干叠加无半波损失项，设薄膜的厚度为 e，因为 B 处为暗条纹，故 $2ne=\dfrac{1}{2}(2k+1)\lambda$，$k=0,1,2,\cdots$。$AB$ 段共有 8 条暗条纹，即上式中 $k=7$，故薄膜厚度为 $e=\dfrac{(2k+1)\lambda}{4n}=1.5\times10^{-6}$ m。

练习 5.3.10：检验滚珠大小的干涉装置示意如图 5.3.11(a)所示。S 为光源，L 为会聚透镜，M 为半透半反镜。在平晶 T_1、T_2 之间放置 A、B、C 三个滚珠，其中 A 为标准件，

直径为 d_0。用波长为 λ 的单色光垂直照射平晶，在 M 上方观察时观察到等厚条纹如图(b)所示。轻压 C 端，条纹间距变大，则 B 珠的直径 d_1、C 珠的直径 d_2 与 d_0 的关系分别为[　　]

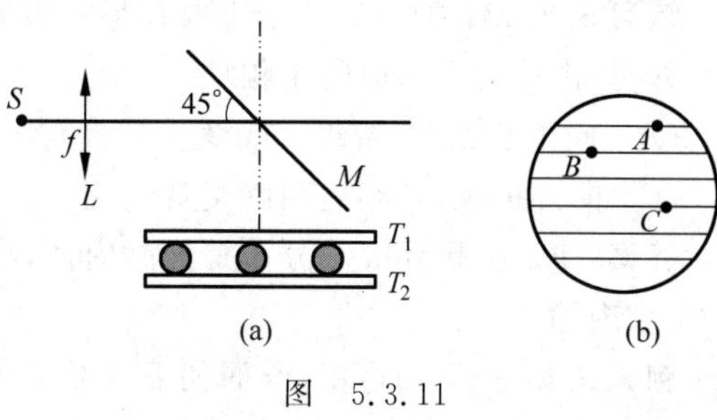

图　5.3.11

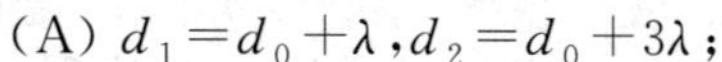

(A) $d_1=d_0+\lambda, d_2=d_0+3\lambda$；

(B) $d_1=d_0-\lambda, d_2=d_0-3\lambda$；

(C) $d_1=d_0+\lambda/2, d_2=d_0+3\lambda/2$；

(D) $d_1=d_0-\lambda/2, d_2=d_0-3\lambda/2$。

答案：C。轻压 C 端，条纹间距变大，由条纹间距公式 $\Delta l=\lambda/(2n\theta)$，劈尖角 θ 减小。故 C 应该在离劈尖角最远位置，半径最大；由相邻条纹的厚度差 $\Delta e=\dfrac{\lambda}{2}$，$C$ 与 A 相隔 3 级条纹，其直径为 $d_2=d_0+3\lambda/2$。B 在 AC 之间，与 A 为相邻条纹，厚度为 $d_1=d_0+\lambda/2$，故选 C。

考点 3：牛顿环的实验条件对条纹的影响以及半径的计算

例 5.3.7：一个平凸透镜的顶点和一平板玻璃接触，用单色光垂直照射，观察反射光形成的牛顿环，测得中央暗斑外第 k 个暗环半径为 r_1。现将透镜和玻璃板之间的空气换成某种液体(其折射率小于玻璃的折射率)，第 k 个暗环的半径变为 r_2，由此可知该液体的折射率为____________。

答案：r_1^2/r_2^2。牛顿环第 k 级暗环半径 $r_k=\sqrt{kR\lambda/n}$。

练习 5.3.11：在牛顿环装置中，把玻璃平凸透镜和平面玻璃(设玻璃折射率 $n_1=1.50$)之间的空气($n_2=1.00$)改换成水($n'_2=1.33$)，求第 k 个暗环半径的相对改变量 $(r_k-r'_k)/r_k$。

解：在空气中时牛顿环第 k 个暗环半径为 $r_k=\sqrt{kR\lambda}$，充水后牛顿环第 k 个暗环半径为 $r'_k=\sqrt{kR\lambda/n'_2}$，其半径改变量为 $\dfrac{(r_k-r'_k)}{r_k}=\dfrac{\sqrt{kR\lambda}\,(1-1/\sqrt{n'_2})}{\sqrt{kR\lambda}}=1-\dfrac{1}{\sqrt{n'_2}}=13.3\%$。

练习 5.3.12：若把牛顿环装置(都是用折射率为 1.52 的玻璃制成的)由空气搬入折射率为 1.33 的水中，则干涉条纹[　　]

(A) 中心暗斑变成亮斑；　　(B) 变疏；

(C) 变密；　　(D) 间距不变。

答案：C。

例 5.3.8：用波长为 λ 的单色光垂直照射牛顿环装置，观察从空气膜上下表面反射的光形成的牛顿环。若使平凸透镜慢慢地垂直向上移动，从透镜顶点与平面玻璃接触到两者距离为 d 的移动过程中，移过视场中某固定观察点的条纹数目等于____________。

答案：$2d/\lambda$。与劈尖干涉类似，膜厚改变量与视场中某确定观察点移过的亮(暗)纹数目的关系为 $\Delta e=\dfrac{\lambda}{2n}\Delta k$。

练习 5.3.13：把一平凸透镜放在平板玻璃上，构成牛顿环装置。当平凸透镜慢慢地向上平移时，由反射光形成的牛顿环[　　]

(A) 向中心收缩，条纹间隔变小；　　(B) 向中心收缩，环心呈明暗交替变化；

(C) 向外扩张，环心呈明暗交替变化；　(D) 向外扩张，条纹间隔变大。

答案：B。牛顿环级次分布是外高内低，当平凸透镜慢慢地向上平移时，空气膜整体增厚，条纹内缩。

例 5.3.9：一平凸透镜，凸面朝下放在一平板玻璃板上。透镜刚好与玻璃板接触。波长分别为 $\lambda_1=600$nm 和 $\lambda_2=500$nm 的两种单色光垂直入射，观察反射光形成的牛顿环。从中心向外数的两种光的第五个明环所对应的空气膜厚度之差为__________nm。

答案：225。两束反射光的光程差为 $\Delta L=2e+\dfrac{\lambda}{2}$，当 $\Delta L=5\lambda$ 时，对应第五个明环(级数为 5)，可得厚度为 $e=\dfrac{9}{4}\lambda$，则 $\Delta e=\dfrac{9}{4}\Delta\lambda=225\text{nm}$。

练习 5.3.14：用单色光垂直照射牛顿环装置，测得某一暗环的直径为 3.0mm，它外面第五个暗环的直径为 4.60mm，平凸透镜的半径为 1m，则此单色光的波长 $\lambda\approx$__________nm。

答案：608。牛顿环 k 级暗条纹级次与条纹半径之间的关系为 $r_k=(kR\lambda)^{1/2}$，其外第五级暗条纹 $k+5$ 级半径 $r_{k+5}=[(k+5)R\lambda]^{1/2}$，所以 $r_{k+5}^2-r_k^2=5R\lambda$，代入相应的参数可得出波长。

练习 5.3.15：在牛顿环干涉实验中，透镜曲率半径为 $R=5.0$m，而透镜的直径为 $d=2.0$cm，入射光波长为 589nm，则干涉暗环的总数目为__________(不包括中心暗斑)。

答案：33。牛顿环的暗环半径公式为 $r_k=\sqrt{kR\lambda}$，最外部的暗环半径应小于透镜的半径，$d/2=1$cm，对应的暗环级数为 $k<\dfrac{r_k^2}{R\lambda}=\dfrac{(1\times10^{-2})^2}{5\times589\times10^{-9}}\approx33.96$。

5.4 惠更斯-菲涅尔原理

(1) 衍射的基本原理：惠更斯-菲涅尔原理：波阵面上各面元都可以看成是发射子波波源，波前方任一点的振动是所有子波在该点相干叠加的结果。

干涉是有限多个分立的子波的叠加，衍射是无限多个连续分布的子波的叠加。

(2) 衍射现象的分类：①夫琅禾费衍射——光源和衍射屏都在无限远处；②菲涅尔衍射——光源和衍射屏有一者在有限远处。

考点：惠更斯-菲涅尔原理的理解

例 5.4.1：根据惠更斯-菲涅耳原理，若已知光在某时刻的波阵面为 S，则 S 的前方某点 P 的光强度取决于波阵面 S 上所有面积元发出的子波各自传到 P 点的[　　]

(A) 振动振幅之和；　　(B) 光强之和；

(C) 振动振幅之和的平方；　(D) 振动的相干叠加。

答案：D。

练习 5.4.1：惠更斯引入__________的概念提出了惠更斯原理，菲涅耳再用__________的思想补充了惠更斯原理，发展成了惠更斯-菲涅耳原理。

答案：子波，子波干涉（或子波相干叠加）。

5.5　夫琅禾费衍射

（1）单缝夫琅禾费衍射：

① 衍射图样：衍射条纹呈明暗相间、对称。中央明条纹的角宽度（线宽度）是其余明条纹角宽度（线宽度）的两倍。

② 分析方法：菲涅尔半波带法、振幅矢量叠加法。

（2）半波带法分析单缝夫琅禾费衍射：

① 条纹位置：中央明条纹：$\theta=0$；两侧明条纹：$a\sin\theta=(2k+1)\lambda/2$；两侧暗条纹：$a\sin\theta=2k\lambda/2, k=\pm1,\pm2,\pm3,\cdots$；对于小角度衍射：$x\approx f\sin\theta$；中央明条纹宽度：角宽度 $\Delta\theta_0=2\theta_1\approx2\dfrac{\lambda}{a}$，线宽度 $\Delta x_0\approx2\dfrac{\lambda f}{a}$。

② 强度分布：中央明条纹光强最大，其余明条纹的亮度随级次的增加而减小。

（3）振幅矢量叠加法分析单缝夫琅禾费衍射：

① 条纹位置：中央明条纹与两侧暗条纹位置与半波带法结论一致，两侧明条纹位置与半波带法结论不同，随着明条纹级数 k 增加逐步接近。

② 光强分布：$I=I_0\left(\dfrac{\sin\alpha}{\alpha}\right)^2$，$\alpha=\dfrac{N\Delta\phi}{2}=\dfrac{\pi a\sin\theta}{\lambda}$，$I_0$ 为中心主极大的光强度。

（4）圆孔夫琅禾费衍射：艾里斑的半角宽度为 $\theta_0=1.22\lambda/D$。

（5）光学仪器的最小分辨角：$\Delta\theta=\theta_0=1.22\lambda/D$。

光学仪器的分辨本领：$R=\dfrac{1}{\Delta\theta}=\dfrac{1}{1.22}\dfrac{D}{\lambda}$。

考点 1：半波带法分析单缝夫琅禾费衍射

例 5.5.1：如图 5.5.1 所示，用波长为 λ 的单色光垂直照射狭缝 AB。(1)考虑光程，若 $AP-BP=2\lambda$，问对 P 点来说，狭缝 AB 处波阵面可以分为几个半波带？P 点是明是暗？(2)若 $AP-BP=1.5\lambda$，则 P 点又是怎样？对另一点 Q 来说，若 $AQ-BQ=2.5\lambda$，则 Q 点又是怎样？P 点和 Q 点相比，哪点更亮？为什么？

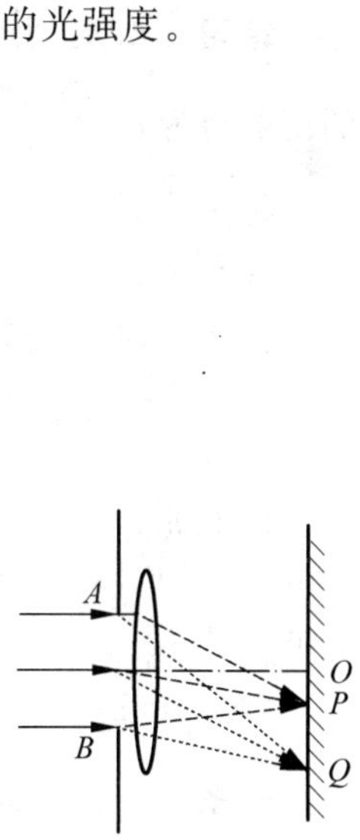

图　5.5.1

答案：(1) 对 P 点，AB 处的波阵面分为 4 个半波带，P 点是暗的；

(2) 对 P 点，AB 处的波阵面分为 3 个半波带，P 点是明的；对 Q 点，AB 处的波阵面分为 5 个半波带，Q 点也是明的。P 点比 Q 点亮，因为 P 点对应的半波带面积较宽。

练习 5.5.1：在单缝夫琅禾费衍射示意图 5.5.2 中，所画出的各条正入射光线间距相等，那么光线 1 与 3 在屏幕上相遇时的相位差为__________，P 点应为__________。

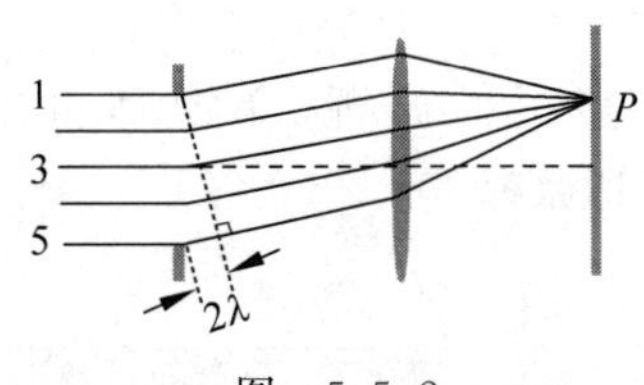

图 5.5.2

答案：2π，暗条纹。由半波带理论可知，每相邻的半波带之间的光程差为 $\lambda/2$，所以 1、3 两光线间的光程差为 λ，所以 1、3 光线间的相位差为 $\Delta\phi=\frac{2\pi}{\lambda}\cdot\Delta L=\frac{2\pi}{\lambda}\cdot\lambda=2\pi$，$P$ 点为暗条纹。

例 5.5.2：橙黄色的平行光（$\lambda=600\sim650\text{nm}$）垂直地照射到缝宽为 $a=0.6\text{mm}$ 的单缝上，缝后放一焦距为 $f=40\text{cm}$ 的透镜，如屏幕上离中央明条纹中心 1.4mm 处的 P 点为第三级明条纹，求：(1)入射光的波长；(2)从 P 点看，单缝处波阵面被分为多少个半波带；(3)中央明条纹的宽度；(4)第一级明条纹所对应的衍射角。

解：(1) 第 k 级明条纹的衍射角 θ 满足的条件为 $a\sin\theta=\frac{(2k+1)\lambda}{2}$，对于小角度衍射：$x\approx f\sin\theta$；故 $\lambda=\frac{2a\sin\theta}{2k+1}=\frac{2ax}{(2k+1)f}=600\text{nm}$。

(2) 因为 P 点是第三级明条纹，单缝处的波阵面分为 7 个半波带。

(3) 中央明条纹宽度为 $\Delta x_0=\frac{2f\lambda}{a}=0.8\text{mm}$。

(4) 第一级明条纹对应的衍射角满足条件 $a\sin\theta_1=3\,\frac{\lambda}{2}$，故 $\theta_1=0.0015\text{rad}$。

练习 5.5.2：在单缝夫琅禾费衍射实验中，波长为 λ 的单色光垂直入射在宽度为 $a=4\lambda$ 的单缝上，对应于衍射角为 30°的方向，单缝处波阵面可分成的半波带数目为[ ]

(A) 2 个； (B) 4 个； (C) 6 个； (D) 8 个。

答案：B。对应于衍射角为 $\theta=30°$，$a\sin\theta=2\lambda$，故可分为 4 个半波带。

练习 5.5.3：波长为 λ 的单色平行光垂直入射到一狭缝上，若第一级暗条纹的位置对应的衍射角为 $\theta=\pm\frac{\pi}{6}$，则缝宽的大小为 $a=$______。

答案：2λ。利用第一级暗条纹衍射角条件：$a\sin\theta=\lambda$。

练习 5.5.4：平行单色光垂直入射于单缝上，观察夫琅禾费衍射。若屏上 P 点处为第二级暗条纹，则单缝处波面相应地可划分为______个半波带；若将单缝宽度缩小一半，P 点处将是______级______条纹。

答案：4；第一，暗。

例 5.5.3：一单色平行光束垂直照射在宽度为 1.0mm 的单缝上，在缝后放一焦距为 2.0m 的会聚透镜。已知位于透镜焦平面处的屏幕上的中央明条纹宽度为 2.0mm，则入射光波长约为[ ]

(A) 100nm； (B) 200nm； (C) 500nm； (D) 600nm。

答案：C。中央明条纹角宽度为 $\Delta\theta_0=2\theta_1\approx2\,\frac{\lambda}{a}$，线宽度为 $\Delta x_0\approx2\,\frac{\lambda f}{a}$，入射光波长 $\lambda=\frac{a\Delta x_0}{2f}=5\times10^{-7}\text{m}$。

练习 5.5.5：波长为 $\lambda=500\text{nm}$ 的单色光垂直地照射在宽度为 $a=0.25\text{mm}$ 的单缝上，单缝后面放置一凸透镜，凸透镜的焦平面上放置一屏幕，用以观测衍射条纹。今测得屏幕上中央明条纹一侧第三个暗条纹和另一侧第三个暗条纹之间的距离为 $d=12\text{mm}$，则凸透镜

的焦距 f 为________________________。

答案：1m。第三条暗条纹衍射角 θ 满足的条件为 $a\sin\theta=3\lambda$，对于小角度衍射：$x\approx f\theta=3\dfrac{\lambda f}{a}$；两侧三级暗条纹间距 $d=2x=6\dfrac{\lambda f}{a}$，凸透镜的焦距 $f=\dfrac{ad}{6\lambda}=\dfrac{0.25\times10^{-3}\times12\times10^{-3}}{6\times500\times10^{-9}}\text{m}=1\text{m}$。

考点 2：实验条件对单缝夫琅禾费衍射条纹的影响

说明：与双缝干涉实验类似，影响条纹宽度、分布的常见的实验因素有：①单缝宽度改变；②屏（或单缝）左右（或上下）移动；③空间折射率的变化；④斜入射。详见以下例题及练习。

例 5.5.4：如图 5.5.3 所示的单缝夫琅禾费衍射装置中，将单缝宽度 a 稍稍变宽，同时使单缝向上作微小位移，则屏幕 C 上的中央衍射条纹将[　　]

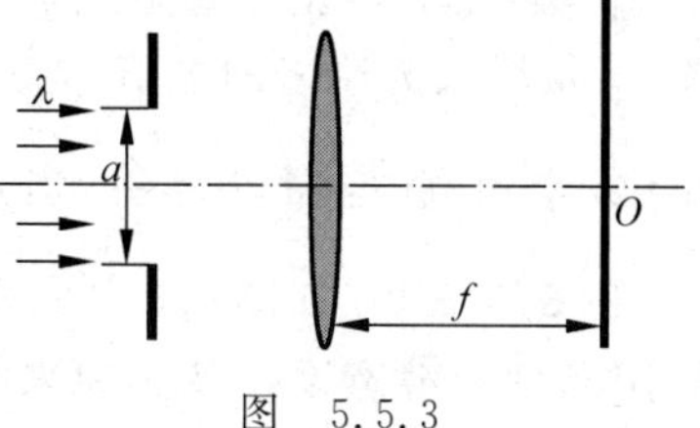

图　5.5.3

(A) 变窄，同时向上移；

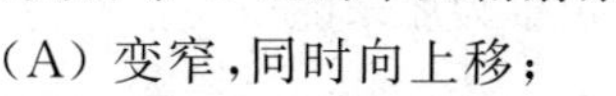

(B) 变窄，同时向下移；

(C) 变窄，不移动；

(D) 变宽，同时向上移。

答案：C。根据中央衍射条纹宽度公式：$\Delta x_0\approx2\dfrac{\lambda f}{a}$，当 a 增加，Δx_0 减小。故中央衍射条纹变窄；单缝上下平移对单缝衍射图样无影响。

练习 5.5.6：在夫琅禾费单缝衍射实验中，对于给定的入射单色光，当缝宽度变小时，除中央亮纹的中心位置不变外，各级衍射条纹[　　]

(A) 对应的衍射角变小；　　(B) 对应的衍射角变大；

(C) 对应的衍射角不变；　　(D) 光强不变。

答案：B。各级明条纹的衍射角 θ 满足的条件为：$a\sin\theta=(2k+1)\lambda/2$，故当 a 减小，衍射角 θ 增大。

练习 5.5.7：在如图 5.5.3 所示的单缝夫琅禾费衍射实验中，若将单缝沿透镜光轴方向向透镜平移，则屏幕上的衍射条纹[　　]

(A) 间距变大；　　(B) 间距变小；

(C) 不发生变化；　　(D) 间距不变，但明暗条纹的位置交替变化。

答案：C。根据各级明条纹的衍射角 θ 满足的条件 $a\sin\theta=(2k+1)\lambda/2$，单缝上下平移、左右平移对单缝衍射图样均无影响。

练习 5.5.8：如图 5.5.3 所示的单缝夫琅禾费衍射实验中，将透镜沿垂直于光的入射方向向上平移，则[　　]

(A) 衍射条纹向上移动，条纹宽度不变；

(B) 衍射条纹不动，条纹宽度变动；

(C) 衍射条纹中心不动，条纹变宽；

(D) 衍射条纹向上移动，条纹变宽。

答案：A。单缝夫琅禾费衍射实验中，单缝上下平移对衍射条纹没影响，中央明条纹依旧成像于透镜中心轴位置。故透镜上下移动时，条纹会随之移动。

练习 5.5.9：当单色平行光垂直入射时，观察单缝的夫琅禾费衍射图样，设 I_0 表示中央极大(主极大)的光强，θ_1 表示中央条纹的半角宽度，若只是把单缝的宽度增大为原来的 3 倍，其他条件不变，则[　　]

(A) I_0 增大为原来的 9 倍，$\sin\theta_1$ 减小为原来的$\frac{1}{3}$；

(B) I_0 增大为原来的 3 倍，$\sin\theta_1$ 减小为原来的$\frac{1}{3}$；

(C) I_0 增大为原来的 3 倍，$\sin\theta_1$ 增大为原来的 3 倍；

(D) I_0 不变，$\sin\theta_1$ 减小为原来的$\frac{1}{3}$。

答案：A。若把单缝宽度增大为原来的 3 倍，根据惠更斯-菲涅尔原理，中央极大的合振幅 A_0 将增大为原来的 3 倍，光强 I_0 将增大为原来的 9 倍。另外根据单缝衍射公式，中央明条纹半角宽度：$\sin\theta_1 \approx \frac{\lambda}{a}$，当 a 增大为原来的 3 倍，$\sin\theta_1$ 减小为原来的$\frac{1}{3}$。

例 5.5.5：在如图 5.5.3 所示的单缝夫琅禾费衍射装置中，设中央明条纹的衍射角范围很小，若使单缝宽度 a 变为原来的 3/2，同时使入射的单色光的波长λ 变为原来的 3/4，则屏幕上单缝衍射条纹的中央明条纹宽度将变为原来的__________。

答案：1/2。根据中央衍射条纹宽度公式 $\Delta x_0 \approx 2\frac{\lambda f}{a}$计算。

练习 5.5.10：有一单缝，宽度为 a，在缝后放一焦距为 f 的凸透镜，用波长为 λ 的平行光垂直照射单缝，则中央明条纹的宽度为__________；如果把此装置浸入水中(折射率为 n)，则中央明条纹的宽度为__________。

答案：$2\frac{\lambda f}{a}$；$2\frac{\lambda f}{an}$。据中央衍射条纹宽度公式 $\Delta x_0 = 2\frac{\lambda f}{a}$，放入水中，$\Delta x_0 = 2\frac{\lambda f}{an}$，波长变小，中央明条纹宽度变小。

例 5.5.6：如图 5.5.4 所示，设波长为 λ 的平面波沿与单缝平面法线成 θ 角的方向入射，单缝 AB 的宽度为 a，观察夫琅禾费衍射。试求出各极小值(即各暗条纹)的衍射角 φ。

解：如图 5.5.5 所示，1、2 两光线的光程差为 $\Delta L = \overline{CA} - \overline{BD} = a(\sin\theta - \sin\varphi)$，由单缝衍射极小值条件：$a(\sin\theta - \sin\varphi) = \pm k\lambda$，$k = 1, 2, \cdots$，可得各暗条纹衍射角 $\varphi = \arcsin\left(\pm\frac{k\lambda}{a} + \sin\theta\right)$。

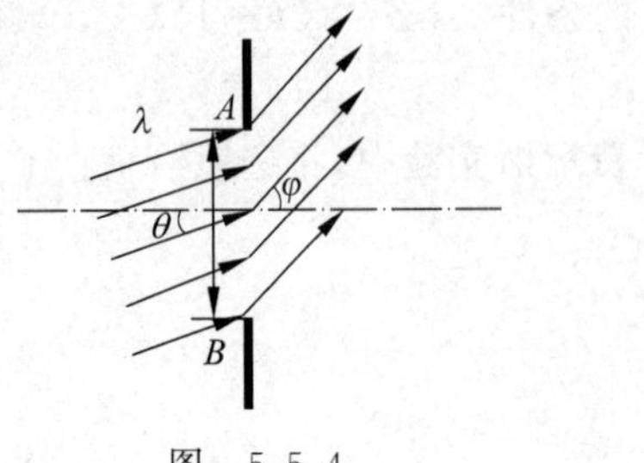

图 5.5.4

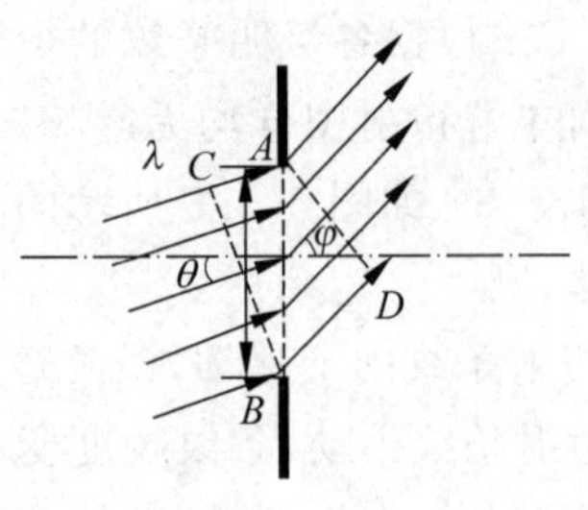

图 5.5.5

难度增加练习 5.5.11：声呐起水下雷达的作用，现有一潜水艇停在水下 100m 处，艇上声呐喇叭向前发射声波，习惯上以第一级衍射极小对应的张角为波的覆盖范围。现设潜水艇前上方海面有一敌舰，二者相距 1000m，请你为潜水艇声呐设计一个喇叭，给出形状和尺寸，使该声呐使用波长为 10cm 声波时，信号在水平方向覆盖范围张角为 60°，同时不让敌舰收到信号。

解：如图 5.5.6 所示，在竖直方向有 $\sin\theta_{1y}=\dfrac{h}{l}=0.1$，设声呐竖直方向高度为 b，根据中央明条纹半角宽度：$\sin\theta_1\approx\dfrac{\lambda}{a}$，有 $b\sin\theta_{1y}=\lambda$，即 $b=\dfrac{\lambda}{\sin\theta_{1y}}=\dfrac{10}{0.1}\text{cm}=100\text{cm}$。

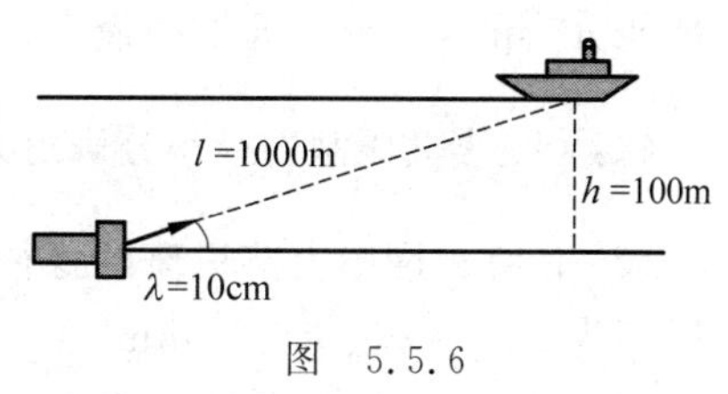

图 5.5.6

在水平方向张角为 60°，即中央明条纹半角宽度 $\theta_{1x}=\dfrac{60^\circ}{2}=30^\circ$，设声呐水平方向宽度为 a，则 $a\sin\theta_{1x}=\lambda$，即 $a=\dfrac{\lambda}{\sin 30^\circ}=20\text{cm}$。

所以潜水艇声呐的喇叭为矩形，高 100cm，宽 20cm。

考点 3：光学仪器的分辨本领的理解与计算

说明：光学仪器的最小分辨角 $\Delta\theta$ 与艾里斑的半角宽度 θ_0（r_0 为艾里斑半径）之间的关系如图 5.5.7 所示，可见 $\Delta\theta=\theta_0=1.22\lambda/D$。

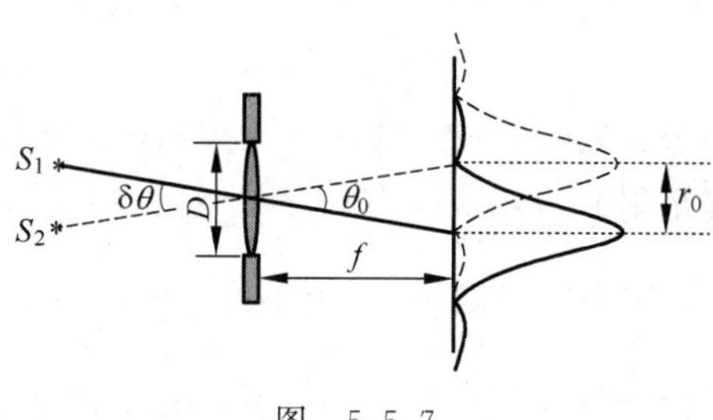

图 5.5.7

例 5.5.7：在夜间，人眼瞳孔的直径为 5.0mm，在可见光中，人眼最灵敏的波长为 550nm，此时人眼的最小分辨角是________。在迎面驶来的汽车上，两盏前灯相距 120cm，当汽车离人的距离为________时，眼睛恰好可以分辨这两盏灯。

答案：1.342×10^{-4} rad；8.94×10^{3} m。人眼的最小分辨角 $\Delta\theta=1.22\times\dfrac{\lambda}{D}=1.22\times\dfrac{550\times10^{-9}}{5\times10^{-3}}\text{rad}\approx1.342\times10^{-4}\text{rad}$。两车灯相距为 $d=120\text{cm}$，设汽车离人的距离为 L，则车灯对瞳孔张开的角度为 $\dfrac{d}{L}=\Delta\theta=1.22\times\dfrac{\lambda}{D}$，故 $L=\dfrac{dD}{1.22\lambda}=\dfrac{5\times10^{-3}\times120\times10^{-2}}{1.22\times550\times10^{-9}}\text{m}\approx8.94\times10^{3}\text{m}$。

练习 5.5.12：已知天空中两颗星相对于一望远镜的角距离为 4.48×10^{-6} rad，它们发出的光波波长为 5500Å。望远镜物镜的口径至少为 $D=$________，才能分辨出这两颗星？

答案：0.15m。最小分辨角 $\Delta\theta=1.22\dfrac{\lambda}{D}\rightarrow D=1.22\dfrac{\lambda}{\theta}=1.22\times\dfrac{5500\times10^{-10}}{4.48\times10^{-6}}\text{m}\approx$ 0.15m。

练习 5.5.13：婴儿眼球直径约为 16mm(可视为瞳孔到视网膜的焦距)，瞳孔直径 $D=2\text{mm}$，取 $\lambda=550\text{nm}$，试估算婴儿的瞳孔在视网膜上所形成的艾里斑的大小，以及婴儿的眼睛所能分辨的 $s=20\text{m}$ 远处的最小线距离 $d_{\min}$。

解：(1) 婴儿眼睛的最小分辨角为 $\theta_{\text{m}}=1.22\dfrac{\lambda}{D}=1.22\times\dfrac{550\times10^{-9}}{2\times10^{-3}}=3.4\times10^{-4}\text{rad}\approx1'$。

(2) 估算视网膜上艾里斑的直径：$d=2f\theta_{\text{m}}\approx11\mu\text{m}$；人眼所能分辨的 20m 远处的最小线距离为 $d_{\min}=s\theta_{\text{m}}=6.71\text{mm}$。

例 5.5.8：孔径相同的微波望远镜和光学望远镜比较，前者的分辨本领较小的原因是[ ]

(A) 星体发出的微波能量比可见光能量小；

(B) 微波更易被大气吸收；

(C) 大气对微波折射率较小；

(D) 微波波长比可见光波长大。

答案：D。光学仪器的分辨本领：$R=\dfrac{1}{1.22}\dfrac{D}{\lambda}$，波长越大、光学仪器孔径越小，光学仪器的分辨本领越小。

5.6 光栅衍射

(1) 干涉明条纹(光栅公式)：$d\sin\theta=k\lambda,k=0,\pm1,\pm2,\pm3,\cdots$；

(2) 衍射暗条纹(单缝衍射)：$a\sin\theta=k'\lambda,k'=\pm1,\pm2,\pm3,\cdots$；

(3) 当$\dfrac{d}{a}=\dfrac{k}{k'}$时，$\pm k$ 级主极大将缺级，对于小角度衍射，$\sin\theta\approx x/f$；

(4) 光栅光强：$I=I_0\left(\dfrac{\sin\alpha}{\alpha}\right)^2\left(\dfrac{\sin N\beta}{\sin\beta}\right)^2$，其中单缝衍射因子 $\alpha=\dfrac{\pi}{\lambda}a\sin\theta$，多缝干涉因子 $\beta=\dfrac{\pi}{\lambda}d\sin\theta$；

(5) 光栅分辨本领：$R=\dfrac{\lambda}{\delta\lambda}=kN$。

考点 1：光栅公式的应用、单缝衍射的作用及缺级现象

例 5.6.1：若把光栅衍射实验装置浸在折射率为 n 的透明液体中进行实验，则光栅公式由 $(a+b)\sin\theta=k\lambda$ 变为________；同在空气中的实验相比较，此时主极大之间的距离________。(填“变大”“变小”或“不变”)

答案：$n(a+b)\sin\theta=k\lambda$；变小。

练习 5.6.1：一束白光垂直照射在一光栅上，在形成的同一级光栅光谱中，偏离中央明

条纹最远的是[ ]

(A) 紫光; (B) 绿光; (C) 黄光; (D) 红光。

答案:D。根据光栅公式 $d\sin\theta=k\lambda$,波长 λ 越大,衍射角 θ 越大,同一级光栅光谱中偏离中央明条纹越远。

练习 5.6.2:光栅衍射实验中,波长为 $\lambda_1=440\text{nm}$ 的第三级光谱线将与波长为 $\lambda_2=$__________的第二级光谱线重叠。

答案:660nm。根据光栅公式及题意,$3\lambda_1=2\lambda_2$,故 $\lambda_2=1.5\lambda_1$。

练习 5.6.3:可见光的波长范围是 400~760nm。用平行的白光垂直入射在平面透射光栅上时,它产生的不与另一级光谱重叠的完整的可见光光谱是第__________级光谱。

答案:一。设 $\lambda_1=400\text{nm}$,$\lambda_2=760\text{nm}$,λ_1 的第三级光谱线的衍射角为 θ_1,λ_2 的第二级光谱线的衍射角为 θ_2,光栅常数为 d,则 $\sin\theta_1=\dfrac{3\lambda_1}{d}=\dfrac{1200}{d}$,$\sin\theta_2=\dfrac{2\lambda_2}{d}=\dfrac{1520}{d}$,$\theta_2>\theta_1$,可见光的第二级光谱的末端与其第三级光谱的前端重叠。只有第一级光谱是完整的,没有与第二级光谱重叠($2\lambda_1>\lambda_2$)。

练习 5.6.4:用波长为 4000~7600Å 的白光照射衍射光栅,其衍射光谱的第二级和第三级重叠,则第三级光谱被重叠的部分的波长范围是[ ]

(A) 6000~7600Å; (B) 5067~7600Å;

(C) 4000~5067Å; (D) 4000~6000Å。

答案:C。根据光栅公式 $d\sin\theta=k\lambda$,重叠的光波为 $2\lambda_2=3\lambda_3$,故 $\lambda_3=\dfrac{\lambda_2}{1.5}$。

例 5.6.2:一双缝衍射系统,缝宽为 a,两缝中心间距为 d。若双缝干涉的第 ±4,±8,±12,±16,… 级主极大由于衍射的影响而消失(即缺级),则 d/a 的最大值为__________。

答案:4。当干涉第四级主极大位置和衍射第一级极小位置重合时,d/a 为最大值。或者由缺级条件当 $\dfrac{d}{a}=\dfrac{k}{k'}$时,$k$ 级主极大将缺级,当 $k'=1$ 时,$k=\pm4$,此时 d/a 最大为 4。

练习 5.6.5:若在某单色光的光栅光谱中第三级谱线是缺级,则光栅常数与缝宽之比 $(a+b)/a$ 的各种可能的数值为__________。

答案:3,3/2。后者为多缝干涉第三级明条纹与单缝衍射第二级暗条纹重合情况。

练习 5.6.6:一束单色光垂直入射在光栅上,衍射光谱中共出现 5 条明条纹。若已知此光栅缝宽度与不透明部分宽度相等,那么在中央明条纹一侧的两条明条纹分别是第__________级和第__________级谱线。

答案:一,三。光栅缝宽度与不透明部分宽度相等,则$\dfrac{d}{a}=2$,故第二级明条纹缺级。

例 5.6.3:已知入射光 $\lambda=5000\text{Å}$,垂直入射到光栅上,其衍射光强分布如图 5.6.1 所示,求:(1)光栅总缝数 $N=$?(2)缝宽 $a=$?(3)光栅常数 $d=a+b$?

解:(1) 由相邻主极大之间有 $N-1$ 条暗条纹、$N-2$ 条次极大可知:$N=5$。

(2) 单缝衍射暗条纹公式 $a\sin\phi=k'\lambda$,由图 5.6.1 可知,$k'=1$ 时,$\sin\phi=0.25$,故 $a=\dfrac{5000\text{Å}}{0.25}=2\times10^4\text{Å}$。

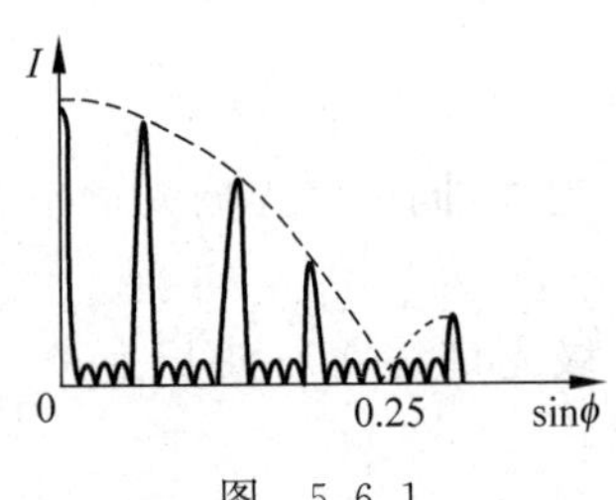

图 5.6.1

(3) **方法 1**：由光栅公式 $d\sin\phi=k\lambda$，由图 5.6.1 可知，$k=4$ 时，$\sin\phi=0.25$，故光栅常数 $d=\frac{4\times5000}{0.25}\text{Å}=8\times10^4\text{Å}$。

方法 2：由缺级条件：$\frac{d}{a}=4$，可得光栅常数 $d=4a=8\times10^4\text{Å}$。

练习 5.6.7：如图 5.6.2 所示是多缝衍射的强度分布曲线，试根据图线回答：(1)图线是几缝衍射？为什么？(2)哪条图线对应的缝宽最大。(设入射光波长相同)

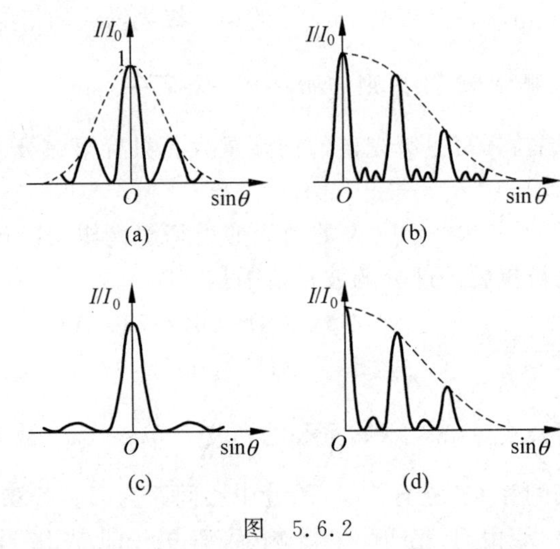

图 5.6.2

答：(1) 光栅多缝干涉条纹被单缝衍射调制后，如果光栅总缝数为 N，则在两个极大之间有 $N-1$ 个极小。故图 5.6.2(a)～(d)分别为双缝、四缝、单缝、三缝衍射。

(2) 缝宽由单缝衍射的包络线确定：$\sin\theta=\frac{\lambda}{a}$，$a$ 越大，包络线对应的第一个暗条纹衍射角 θ 越小，故图(c)对应的缝宽最大。

练习 5.6.8：在双缝衍射实验中，若保持双缝 S_1 和 S_2 的中心之间的距离 d 不变，而把两条缝的宽度 a 略微加宽，则[　　]

(A) 单缝衍射的中央主极大变宽，其中所包含的干涉条纹数目变少；

(B) 单缝衍射的中央主极大变宽，其中所包含的干涉条纹数目变多；

(C) 单缝衍射的中央主极大变宽，其中所包含的干涉条纹数目不变；

(D) 单缝衍射的中央主极大变窄，其中所包含的干涉条纹数目变少；

(E) 单缝衍射的中央主极大变窄，其中所包含的干涉条纹数目变多。

答案：D。两条缝的宽度 a 加宽，根据衍射一级暗条纹公式，$a\sin\theta=\lambda$，衍射角 θ 减小，即单缝衍射的中央主极大变窄；双缝中心之间的距离 d 不变，则根据光栅公式，干涉明条纹间距不变，则单缝衍射中央主极大包络中所包含的干涉条纹数目变少。

例 5.6.4：用波长为 λ 的单色平行光垂直入射在一块多缝光栅上，其光栅常数为 $d=3\mu\text{m}$，缝宽 $a=1\mu\text{m}$，则在单缝衍射的中央明条纹中共有________条谱线(主极大)。

答案：5。**方法 1**：由缺级条件$\frac{d}{a}=\frac{k}{k'}=\frac{3}{1}$知第三级谱线与单缝衍射第一级暗条纹重合。可知在单缝衍射中央明条纹内共有 5 条谱线，相应于 $d\sin\theta=k\lambda$，$k=0,\pm1,\pm2$。

方法 2：光栅干涉明条纹条件(光栅公式)：$d\sin\theta=k\lambda$，衍射暗条纹条件：$a\sin\theta=k'\lambda$，因为 $d=3a$，故第三级干涉明条纹与衍射第一级暗条纹 $\sin\theta$ 相同，即衍射角相同。因此单缝衍射的中央明条纹中共有 $k=0,\pm1,\pm2$，5 条谱线。

练习 5.6.9：衍射实验中，若每条缝宽 $a=0.03\text{mm}$，两缝中心间距 $d=0.15\text{mm}$，则在单缝衍射的两个第一极小条纹之间出现的干涉明条纹数为[　　]

(A) 2；　　(B) 5；　　(C) 9；　　(D) 12。

答案：C。由缺级条件$\frac{d}{a}=5$，可知在单缝衍射的两个第一极小条纹之间出现的干涉明条纹级数为 0，±1，±2，±3，±4，共 9 条明条纹。

例 5.6.5：波长为 6000Å 的单色光垂直入射在一光栅上，第二、三级明级分别出现在 $\sin\theta=0.2$ 与 $\sin\theta=0.3$ 处，第四级缺级。求：(1)光栅常数；(2)狭缝的宽度的最小值；(3)实际显现的全部主极大明条纹级数。

解：由已知条件得 $d\sin\theta_2=2\lambda$，$d\sin\theta_3=3\lambda$，$\frac{d}{a}=4$ 或 4/3。

(1) 光栅常数：$d=\frac{2\lambda}{\sin\theta_2}=\frac{2\times6\times10^{-7}}{0.2}\text{m}=6\times10^{-6}\text{m}$；

(2) 狭缝的宽度的最小值：$a=\frac{d}{4}=\frac{6}{4}\text{m}=1.5\times10^{-6}\text{m}$；

(3) 实际显现的明条纹应满足衍射角 $|\theta|<\frac{\pi}{2}$，即 $|\sin\theta|=\left|\frac{k\lambda}{d}\right|<1$，可观察到的明条纹级数满足条件：$|k|<\frac{d}{\lambda}=\frac{6\times10^{-6}}{6\times10^{-7}}=10$。其中，±10 级位于 $\theta=\pm\frac{\pi}{2}$处，在观察屏上看不到，而±4、±8 级缺级，所以，在屏上可观察到的级次为 0，±1，±2，±3，±5，±6，±7，±9，共 15 条明条纹。

练习 5.6.10：对某一定波长的垂直入射光，衍射光栅的屏幕上只能出现零级和一级主极大，欲使屏幕上出现更高级次的主极大，应该[　　]

(A) 换一个光栅常数较小的光栅；　　(B) 换一个光栅常数较大的光栅；

(C) 将光栅向靠近屏幕的方向移动；　　(D) 将光栅向远离屏幕的方向移动。

答案：B。根据光谱线的最大级次 $|k|<\frac{d}{\lambda}$，可知增大光栅常数 d 可以使屏幕上出现更高级次的主极大。

例 5.6.6：如图 5.6.3 所示，已知波长 $\lambda=500\text{nm}$ 的单色光与光栅平面法线成 30°入射，光栅常数为 $d=2.5a=2\times10^{-6}\text{m}$，试求：(1)中央主极大位置；(2)屏中心 F 处的条纹级次；(3)屏上可见哪几级主明条纹？

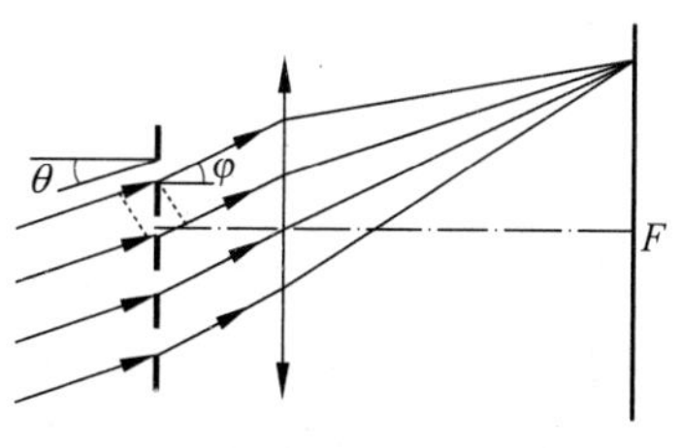

图　5.6.3

解：衍射角为 φ 的相邻光束的光程差为 $\Delta L=d(\sin\varphi-\sin\theta)$。

(1) 中央主极大对应于 $\Delta L=0$，即 $\sin\varphi=\sin\theta$，衍射角为 $\varphi=\theta=30°$。

(2) 屏中心 F 处衍射角 $\varphi=0$，光程差 $\Delta L=-d\sin\theta=-10^{-6}\,\text{m}$，由 $\Delta L=k\lambda$ 得 $k=-2$，即 F 处为 -2 级明条纹。

(3) 在 F 上方取 $\varphi=\dfrac{\pi}{2}$，得 $k<\dfrac{d(1-\sin\theta)}{\lambda}=2$，即 $k_{\max1}=1$；

在 F 下方取 $\varphi=-\dfrac{\pi}{2}$，得 $k>\dfrac{d(-1-\sin\theta)}{\lambda}=-6$，即 $k_{\max2}=5$。

由 $d=2.5a$ 可得，缺级条件为 $k=\dfrac{d}{a}k'=2.5k'$，故 $k=-5$ 级明条纹缺级，屏上可见 $+1,0,-1,-2,-3,-4$，共 6 条主明条纹。

练习 5.6.11：波长为 $\lambda=550\text{nm}$ 的单色光垂直入射于光栅常数为 $d=2\times10^{-4}\text{cm}$ 的平面衍射光栅上，可能观察到的光谱线的最大级次为________；若入射光是与光栅平面法线成 30°入射，此时能观察到的光谱线的最大级次为________。

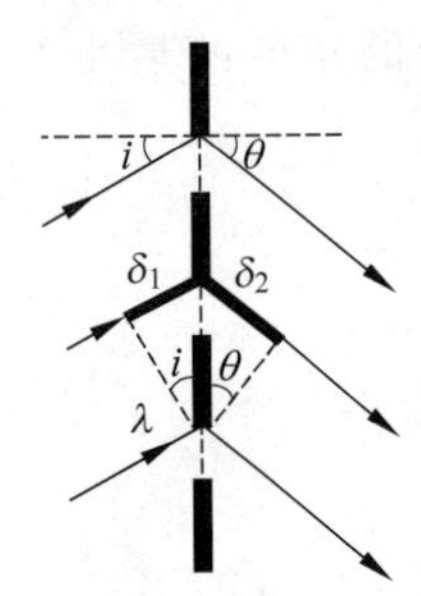

图 5.6.4

答案：3；5。正入射时，实际显现的明条纹满足条件 $|\sin\theta|=\left|\dfrac{k\lambda}{d}\right|<1$，可能观察到的光谱线的级次 $|k|<\dfrac{d}{\lambda}\approx3.63$。如图 5.6.4 所示为斜入射时，衍射角为 θ 的相邻光束的光程差 $\Delta L=\delta_1+\delta_2=d(\sin30°+\sin\theta)$，观察角度最大为 $\theta=\dfrac{\pi}{2}$ 时，光程差 $\Delta L=1.5d=k\lambda$，故能观察到的最大级次为 $k<\dfrac{1.5d}{\lambda}\approx5.45$。

练习 5.6.12：设光栅平面、透镜均与屏幕平行。则当入射的平行单色光从垂直于光栅平面入射变为斜入射时，能观察到的光谱线的最高级数 k[　]

(A) 变小；　(B) 变大；　(C) 不变；　(D) 改变无法确定。

答案：B。

例 5.6.7：在透光缝数为 N 的光栅衍射实验里，N 缝干涉的中央明条纹中强度的最大值为一个缝单独存在时单缝衍射中央明条纹强度最大值的[　]

(A) 1 倍；　(B) N 倍；　(C) $2N$ 倍；　(D) N^2 倍。

答案：D。主极大明条纹光强是单缝在该方向衍射光强的 N^2 倍。

难度增加练习 5.6.13：相控阵雷达的“相控阵”即“相位控制阵列”的简称，意指雷达天线是由许多辐射单元排列的阵列，每个单元后面都接有一个可控移相器。工作时这些天线阵列的作用等效于一维或二维光栅。如图 5.6.5 所示为一维相控阵雷达的天线阵列示意图，设微波源产生的微波波长为 λ，两个辐射单元的距离为 d，计算机控制移相器使得相邻两个辐射单元的初相差为 $\Delta\varphi$，试导出该一维天线阵列的主波束(主瓣，相当于光栅衍射的零级主极大)指向 θ_0 与 λ、$\Delta\varphi$ 及 d 的关系，并由此说明为什么相控阵雷达在搜索和跟踪目标时，整个天线系统可以固定不动，却可使波束在一定空域中按预定规律进行扫描。

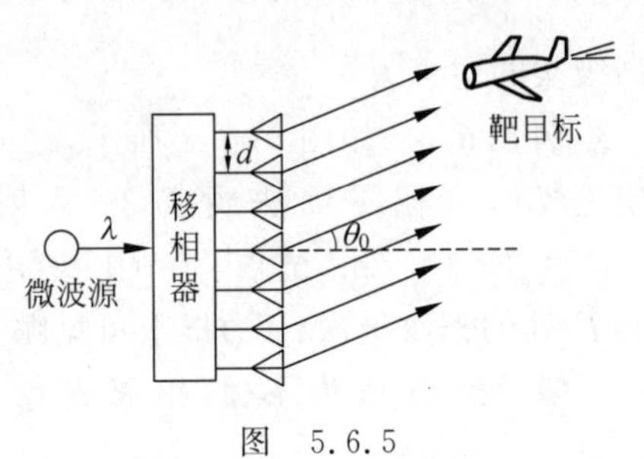

图 5.6.5

解：将一维相控阵雷达的天线阵列视作光栅常

量为 d 的一维光栅，由于相邻两辐射单元的初相差为 $\Delta\varphi$，故此时光栅衍射主极大条件(光栅方程)应为

$$\frac{2\pi}{\lambda}d\sin\theta \pm \Delta\varphi = 2k\pi, \quad k=0,\pm1,\pm2,\cdots$$

因天线阵列的波束指向相当于光栅衍射的零级主极大，故上式中取 $k=0$，可得

$$\theta_0 = \pm\arcsin\left(\frac{\lambda}{2\pi d}\cdot\Delta\varphi\right)$$

由上式可见，固定 λ 改变 $\Delta\varphi$，或固定 $\Delta\varphi$ 改变 λ，均可改变天线阵列的波束的指向。所以相控阵雷达在搜索和跟踪目标时，整个天线系统可以固定不动，天线波束的指向可通过与移相器相连的计算机控制阵列天线中各个单元的相位，或连续改变发射微波波长，便可使波束在一定空域中按预定规律进行扫描。

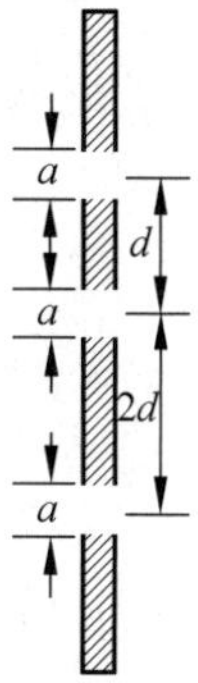

难度增加练习 5.6.14：如图 5.6.6 所示，某衍射屏有三条平行狭缝，宽度均为 a，缝距依次为 d 和 $2d$。若以波长为 λ 的单色平行光垂直衍射屏入射，试导出夫琅禾费衍射强度分布公式。

图　5.6.6

解：因三缝等宽，故各缝衍射因子相同，均为

$$a_\theta = a_0\frac{\sin\alpha}{\alpha}, \quad 其中 \quad \alpha = \frac{\pi}{\lambda}a\sin\theta$$

为求缝间干涉因子，作振幅矢量图。

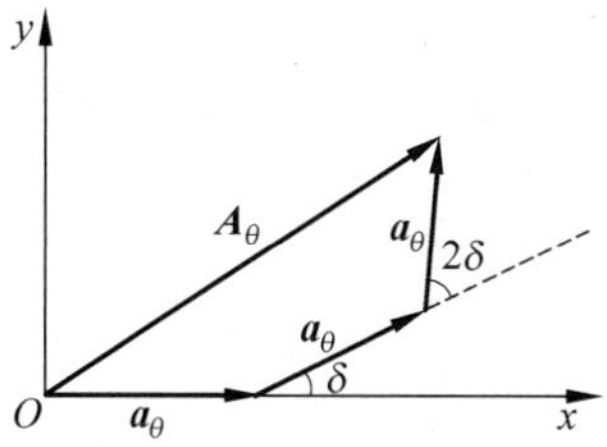

图　5.6.7

自三缝透射后，沿相同衍射角的三束衍射光线之间的光程差依次为 δ 与 2δ，其中

$$\delta = \frac{2\pi}{\lambda}d\sin\theta = 2\beta, \quad 式中\ \beta = \frac{\pi}{\lambda}d\sin\theta$$

如图 5.6.7 所示，取直角坐标系 xOy，则三缝干涉合振幅的相应坐标分量为

$$A_{\theta x} = a_\theta[1+\cos\delta+\cos(3\delta)]$$

$$A_{\theta y} = a_\theta[\sin\delta+\sin(3\delta)]$$

故三缝衍射强度分布为

$$\begin{aligned} I_\theta &= A_{\theta x}^2 + A_{\theta y}^2 \\ &= a_\theta^2\{[1+\cos\delta+\cos(3\delta)]^2+[\sin\delta+\sin(3\delta)]^2\} \\ &= a_\theta^2\{3+2[\cos\delta+\cos(2\delta)+\cos(3\delta)]\} \\ &= I_0\left(\frac{\sin\alpha}{\alpha}\right)^2\{3+2[\cos(2\beta)+\cos(4\beta)+\cos(6\beta)]\} \end{aligned}$$

或

$$I_\theta = I_0\left(\frac{\sin\alpha}{\alpha}\right)^2[1+8\cos\beta\cdot\cos(2\beta)\cdot\cos(3\beta)]$$

式中，I_0 为单个狭缝在 $\theta=0°$方向的透射光强。

考点 2：光栅的选择及分辨本领

例 5.6.8：一台光谱仪设备有同样大小的三块光栅：1200 条/毫米、600 条/毫米、90 条/

毫米。(1)如果用它测定 0.7～1.0μm 波段的红外线波长；(2)如测定的是 3～7μm 波段红外线，则分别应选用哪块光栅？

解：三块光栅的光栅常数为：$(a_1+b_1)=\dfrac{10^{-3}}{1200}\mu m=0.83\mu m$，$(a_2+b_2)=\dfrac{10^{-3}}{600}\mu m=1.7\mu m$，$(a_3+b_3)=\dfrac{10^{-3}}{90}\mu m=11\mu m$。由光栅公式得 $\sin\varphi=\dfrac{k\lambda}{a+b}$，第一级衍射条纹的衍射角为 $\varphi=\arcsin\dfrac{\lambda}{a+b}$，该衍射角分布比较广，且小于$\dfrac{\pi}{2}$时，才是比较合适的光栅。

(1) λ 在 0.7～1.0μm 时，

$\varphi_1=\arcsin\dfrac{0.7\sim1.0\mu m}{0.83\mu m}\rightarrow 90°$，第一块光栅太大；

$\varphi_2=\arcsin\dfrac{0.7\sim1.0\mu m}{1.7\mu m}\approx 24°\sim37°$，第二块光栅合适；

$\varphi_3=\arcsin\dfrac{0.7\sim1.0\mu m}{11}\rightarrow 4°$，第三块光栅太小。

(2) λ 在 3～7μm 时，

由于第一块、第二块衍射角取值：$\dfrac{3\sim7}{0.83}>\dfrac{3\sim7}{1.7}>1$，故不能用；相对于第三块：$\arcsin\varphi=\arcsin\dfrac{3\sim7}{11}\approx15°\sim40°$，合适。

练习 5.6.15：若用衍射光栅准确测定一单色可见光的波长，在下列各种光栅常数的光栅中选用哪一种最好？[　　]

(A) 5.0×10^{-4} m；　　(B) 1.0×10^{-4} m；

(C) 1.0×10^{-5} m；　　(D) 1.0×10^{-6} m。

答案：D。由例 5.6.8 可知，观察第一级衍射角 $0\ll\varphi=\arcsin\dfrac{\lambda}{d}<\dfrac{\pi}{2}$，才是合适光栅，可见光波长范围为 400～760nm，代入上述条件可得 D 光栅比较合适。

例 5.6.9：一平面透射多缝光栅，当用波长为 $\lambda_1=600$nm 的单色平行光垂直入射时，在衍射角 $\theta=30°$的方向上可以看到第二级主极大，并且在该处恰能分辨波长差为 $\Delta\lambda=5\times10^{-3}$nm 的两条谱线。当用波长为 $\lambda_2=400$nm 的单色平行光垂直入射时，在衍射角 $\theta=30°$的方向上却看不到本应出现的第三级主极大，求光栅常数 d 和总缝数 N，再求可能的缝宽 a。

解：由光栅公式 $d\sin\theta=k\lambda$，可得光栅常数 $d=\dfrac{k\lambda}{\sin\theta}=2.4\times10^3$nm。

根据光栅分辨本领公式：$R=\dfrac{\lambda}{\delta\lambda}=kN$，可得总缝数 $N=\dfrac{\lambda}{k\delta\lambda}=60000$。

在 $\theta=30°$上 λ_2 光的第三级缺级，因而 $d\sin30°=3\lambda_2$，$a\sin30°=k'\lambda_2$。

缝宽 $a=\dfrac{k'd}{3}$，当 $k'=1$ 时，$a=\dfrac{1}{3}d=0.8\mu m$；当 $k'=2$ 时，$a=\dfrac{2}{3}d=1.6\mu m$。

练习 5.6.16：若光栅的光栅常数 d、缝宽 a 和入射光波长 λ 都保持不变，而使其缝数 N 增加，则光栅光谱的同级光谱线将变得__________。

答案：更窄、更亮。

难度增加练习 5.6.17：如图 5.6.8 所示，利用超声波发生器在液体中形成驻波，疏密相间的驻波相当于平面光栅，可以产生光的衍射现象。设光源波长为 λ，超声波频率为 ν_0，在距离透镜 L_2 为 f(f 为 L_2 的焦距)的屏幕上测得相邻两主极大的间距为 Δx_0，试求：(1)超声波在液体中的波速；(2)保持照射光波长 λ 及 L_2 到屏的距离 f 不变，使超声波的频率由 ν_0 变为 ν，测得相邻主极大的间距为 Δx，求此时超声波的频率 ν？(3)保持超声波频率为 ν_0 及 L_2 到屏的距离 f 不变，若想此系统能在第三级谱线中分辨波长 λ 和 $\lambda+\Delta\lambda$($\Delta\lambda \ll \lambda$)两条谱线，则液槽中液体至少应为多深？

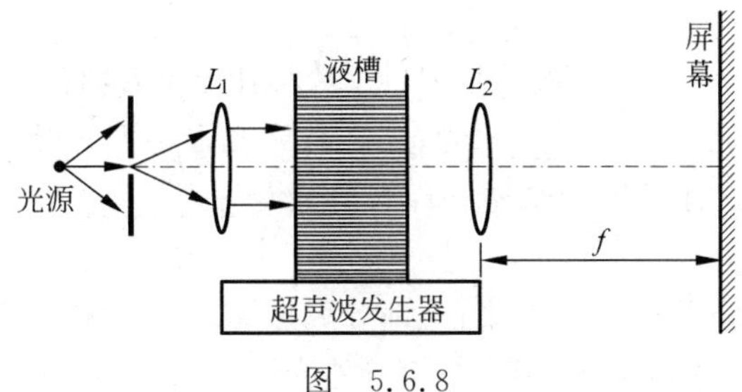

图　5.6.8

解：(1) 本题中驻波相邻波节或波腹间距相当于光栅常数，即 $d=\dfrac{\lambda_0}{2}$；故中央明条纹附近的相邻两主极大的间距为 $\Delta x_0=\dfrac{f\lambda}{d}=\dfrac{2f\lambda}{\lambda_0}=\dfrac{2f\lambda}{u}\nu_0$。由此可得，超声波在液体中波速为

$$u=\frac{2f\lambda}{\Delta x_0}\nu_0$$

(2) 由上式，可得当 ν_0 与 Δx_0 变为 ν 与 Δx 时，超声波波速不变，为

$$u=\frac{2f\lambda}{\Delta x_0}\nu_0=\frac{2f\lambda}{\Delta x}\nu$$

此时超声波的频率为 $\nu=\dfrac{\Delta x}{\Delta x_0}\nu_0$

(3) 由光栅的分辨本领：$R=\dfrac{\lambda}{\Delta\lambda}=kN$，取 $k=3$，可得光栅狭缝数为 $N=\dfrac{\lambda}{3\Delta\lambda}$。设液体最小深度为 H，由图 5.6.8 可得

$$H=Nd=\frac{\lambda}{3\Delta\lambda}\cdot\frac{f\lambda}{\Delta x_0}=\frac{f\lambda^2}{3(\Delta\lambda)\Delta x_0}$$

5.7　光的偏振性、马吕斯定律

(1) 光的五种偏振状态：自然光、线偏振光、部分偏振光、椭圆偏振光和圆偏振光。

(2) 由马吕斯定律可得，线偏振光经过检偏器后，出射光强 I 与入射光强 I_0 的关系为 $I=I_0\cos^2\alpha$，其中 α 是入射线偏振光偏振方向和偏振片通光方向的夹角。

(3) 利用晶体的选择性吸收，可以制造偏振片。偏振片可用作起偏器，也可用作检偏器。

(4) 为定量描述光的偏振程度，引入偏振度的概念：$P=\dfrac{I_{\max}-I_{\min}}{I_{\max}+I_{\min}}$，其中 $I_{\max}$ 和 $I_{\min}$ 分别为部分偏振光通过偏振片后最大和最小光强。

考点 1：偏振光的特性及偏振片性质的理解

例 5.7.1：光的干涉和衍射现象反映了光的________性质。光的偏振现象说明光波是________波。

答案：波动；横。

例 5.7.2：一束光垂直入射在偏振片 P 上，以入射光线为轴转动 P，观察通过 P 的光强的变化过程。若入射光是________光，则将看到光强不变；若入射光是________，则将看到明暗交替变化，有时出现全暗；若入射光是________，则将看到明暗交替变化，但不出现全暗。

答案：自然光或圆偏振光；线偏振光；部分偏振光或椭圆偏振光。

练习 5.7.1：两偏振片堆叠在一起，一束自然光垂直入射其上时没有光线通过。当其中一偏振片慢慢转动 180°时透射光强度发生的变化为[　　]

(A) 光强单调增加；

(B) 光强先增加，后又减小至零；

(C) 光强先增加，后减小，再增加；

(D) 光强先增加，然后减小，再增加，再减小至零。

答案：B。

例 5.7.3：在双缝干涉实验中，用单色自然光在屏上形成干涉条纹。若在两缝后放一个大的偏振片，如图 5.7.1 所示，则[　　]

(A) 干涉条纹的间距不变，但明条纹的亮度加强；

(B) 干涉条纹的间距不变，但明条纹的亮度减弱；

(C) 干涉条纹的间距变窄，且明条纹的亮度减弱；

(D) 无干涉条纹。

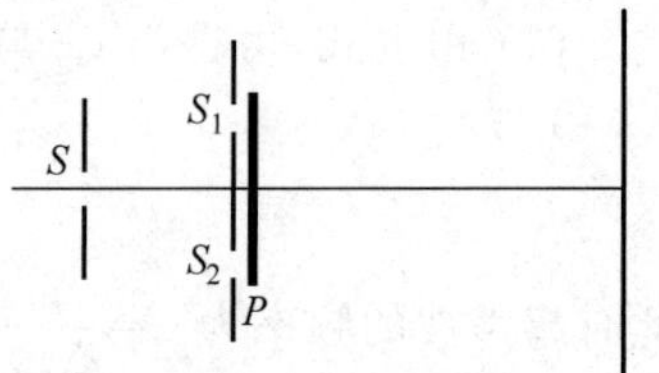

图 5.7.1

答案：B。透过偏振片的两束光是相干的线偏振光，光强是原来的一半。所以干涉条纹的位置、宽度没有任何变化，光强是原来的一半。

考点 2：马吕斯定律及光的偏振度

例 5.7.4：一束光强为 I_0 的自然光垂直穿过两个偏振片，且此两偏振片的偏振化方向成 45°，则穿过两个偏振片后的光强 I 为________。

答案：$I_0/4$。自然光通过第一个偏振片投射光强为 $I_1=\dfrac{1}{2}I_0$，再通过第二个偏振片的透射光强为 $I_2=I_1\cdot\cos^2 45°=\dfrac{1}{4}I_0$。

练习 5.7.2：光强为 I_0 的自然光垂直通过两个偏振片后，出射光强 $I=I_0/8$，则两个偏振片的偏振化方向之间的夹角为__________。

答案：60°。设夹角为 α，光强为 I_0 的自然光垂直通过两个偏振片后光强为 $I=\frac{1}{2}I_0\cos^2\alpha=I_0/8$，故 $\cos^2\alpha=1/4$。

练习 5.7.3：一束自然光通过两个偏振片，若两偏振片的偏振化方向间夹角由 α_1 转到 α_2，则转动前后透射光强度之比为__________。

答案：$\cos^2\alpha_1/\cos^2\alpha_2$。

练习 5.7.4：一束自然光垂直穿过两个偏振片，两个偏振片的偏振化方向成 45°。已知通过此两偏振片后的光强为 I，则入射至第二个偏振片的线偏振光强度为__________。

答案：$2I$。光强为 I_0 的自然光垂直通过两个偏振片后光强为 $I=\frac{1}{2}I_0\cos^2\alpha$，故通过入射至第二个偏振片的线偏振光强度为 $\frac{1}{2}I_0=I/\cos^2 45°=2I$。

例 5.7.5：使一光强为 I_0 的平面偏振光先后通过两个偏振片 P_1 和 P_2。P_1 和 P_2 的偏振化方向与原入射光光矢量振动方向的夹角分别是 α 和 90°，则通过这两个偏振片后的光强 I 是[　　]

(A) $\frac{1}{2}I_0\cos^2\alpha$；　(B) 0；　(C) $\frac{1}{4}I_0\sin^2(2\alpha)$；　(D) $I_0\cos^4\alpha$。

答案：C。通过两个偏振片后的光强为 $I=I_0\cdot\cos^2\alpha\cos^2\left(\frac{\pi}{2}-\alpha\right)=I_0\cdot\cos^2\alpha\cdot\sin^2\alpha=\frac{1}{4}I_0\sin^2(2\alpha)$。

练习 5.7.5：三个偏振片 P_1、P_2 与 P_3 堆叠在一起，P_1 与 P_3 的偏振化方向相互垂直，P_2 与 P_1 的偏振化方向间的夹角为 45°，强度为 I_0 的自然光垂直入射于偏振片 P_1，并依次透过偏振片 P_1、P_2 与 P_3，则通过三个偏振片后的光强为__________。

答案：$I_0/8$。通过三个偏振片后的光强为 $I=\frac{1}{2}I_0\cdot\cos^2 45°\cdot\sin^2 45°=\frac{1}{8}I_0$。

练习 5.7.6：要使一束线偏振光通过偏振片之后振动方向转过 90°，至少需要让这束光通过__________块理想偏振片。在此情况下，透射光强最大是原来光强的__________倍。

答案：2；1/4。

练习 5.7.7：一束光强为 I_0 的自然光，相继通过三个偏振片 P_1、P_2、P_3 后，出射光的光强为 $I=\frac{1}{8}I_0$。已知 P_1 和 P_3 的偏振化方向相互垂直，若以入射光线为轴，旋转 P_2，要使出射光的光强为零，P_2 最少要转过的角度是[　　]

(A) 30°；　(B) 45°；　(C) 60°；　(D) 90°。

答案：B。设初始时刻 P_1 和 P_2 的偏振化方向的夹角为 α，自然光通过三个偏振片后的光强为 $I=\frac{1}{2}I_0\cdot\cos^2\alpha\cdot\sin^2\alpha$，因出射光的光强为 $I=\frac{1}{8}I_0$，可得 $\alpha=45°$。若使出射光的光强为零，$\alpha=90°$或 0°，则 P_2 最少要转过的角度是 45°。

例 5.7.6：一束光是自然光和线偏振光的混合光，当它通过一偏振片后，发现透射光强与偏振片的取向有关，最大光强是最小光强的 5 倍。问：入射光束中两种光的光强各占几分之几？

解：设入射的混合光中自然光的光强为 I_s，线偏振光的光强为 I_p，则透射光强为 $I=\frac{1}{2}I_s+I_p\cos^2\alpha$（其中 α 为线偏振光振动方向与偏振片偏振化方向之间的夹角）。则投射光强最大为 $I_{max}=\frac{1}{2}I_s+I_p$，最小为 $I_{min}=\frac{1}{2}I_s$。根据题意：$\frac{1}{2}I_s+I_p=\frac{5}{2}I_s$，即 $I_p=2I_s$，所以自然光和线偏振光的光强占比分别为

$$\frac{I_s}{I_s+I_p}=\frac{1}{3},\quad \frac{I_p}{I_s+I_p}=\frac{2}{3}$$

说明：本题结论可以推广：对于光强分别为 I_p 与 I_s 的线偏振光与自然光的组合，光的偏振度为 $P=\frac{I_{max}-I_{min}}{I_{max}+I_{min}}=\frac{I_p}{I_s+I_p}$。

练习 5.7.8：一束光是自然光和线偏振光的混合光，让它垂直通过一偏振片。若以此入射光束为轴旋转偏振片，测得透射光强度最大值是最小值的 10 倍，那么入射光束中自然光与线偏振光的光强比值为[　　]

(A) 1/2；　　(B) 2/9；　　(C) 1/4；　　(D) 1/5。

答案：B。**方法 1**：依照题意，$\frac{1}{2}I_s+I_p=\frac{10}{2}I_s$，故 $2I_p=9I_s$。

方法 2：由光的偏振度定义 $P=\frac{I_{max}-I_{min}}{I_{max}+I_{min}}=\frac{I_p}{I_s+I_p}$，当 $I_{max}=10I_{min}$ 时，$\frac{I_p}{I_s+I_p}=\frac{9}{11}$，可得 $2I_p=9I_s$。

5.8 布儒斯特定律

(1) 自然光在两种介质的界面发生反射和折射时，一般情况下，反射光和折射光都是部分偏振光，在反射光中，垂直入射面的光振动较强，在折射光中，平行入射面的光振动较强。

(2) 布儒斯特定律：当自然光以布儒斯特角 $i_B=\arctan(n_2/n_1)$ 入射（或 $i'+\gamma=\pi/2$，即反射光线垂直于折射光线）时，反射光是线偏振光，其光振动垂直于入射面，折射光仍然是部分偏振光。

考点：布儒斯特角的计算与布儒斯特定律的理解

例 5.8.1：在如图 5.8.1 所示的各种情况下，光由空气射入介质，介质折射率为 n，图中 $i_B=\arctan n$，$i\neq i_B$。试画出反射线和折射线，并用点和横线标出反射线和折射线的振动方向。

解：由菲涅尔公式和布儒斯特定律画出反射光和折射光，如图 5.8.2 所示。

练习 5.8.1：一束自然光以布儒斯特角入射到平板玻璃片上，就偏振状态来说则反射光为________偏振光，反射光 $\boldsymbol{E}$ 矢量的振动方向________入射面（填“垂直”或“平

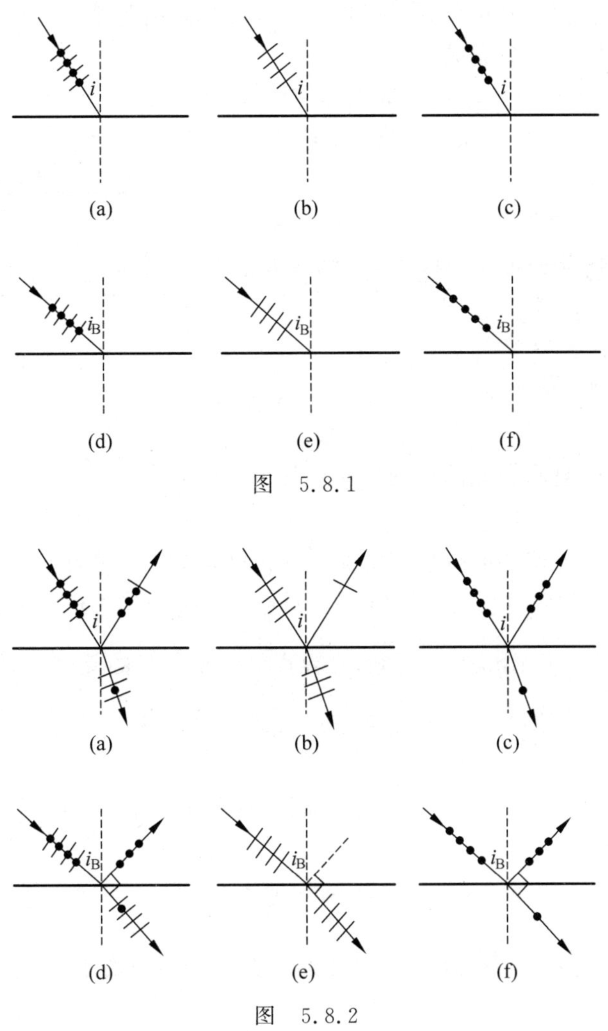

图　5.8.1

图　5.8.2

行”)，透射光为____________偏振光。

答案：线，垂直，部分。

例 5.8.2：一束自然光从空气投射到玻璃表面上(空气折射率为 1)，当折射角为 30°时，反射光是完全偏振光，则此玻璃板的折射率等于____________；入射光束的入射角是____________。

答案：$\sqrt{3}$；60°。当自然光以布儒斯特角 $i_B=\arctan(n_2/n_1)$入射时，反射光是完全偏振光，反射光线垂直于折射光线，故入射角 $i=\dfrac{\pi}{2}-\gamma=60°$，设玻璃板的折射率为 n，则 $\tan i=n=\sqrt{3}$。

练习 5.8.2：自然光以 60°的入射角照射到某两介质交界面时，反射光为完全线偏振光，则知折射光为[　　]

(A) 完全线偏振光，且折射角是 30°；

(B) 部分偏振光，且只是在该光由真空入射到折射率为 $\sqrt{3}$ 的介质时，折射角是 30°；

(C) 部分偏振光，但需知两种介质的折射率才能确定折射角；

(D) 部分偏振光，且折射角是 30°。

答案：D。根据题意，60°为两介质交界面的布儒斯特角，故折射光与反射光垂直，即折射角与入射角互余，为 30°，且为部分偏振光。

练习 5.8.3：一束自然光自空气射向一块平板玻璃(图 5.8.3)，设入射角等于布儒斯特角 i_B，则在界面 2 的反射光[　　]

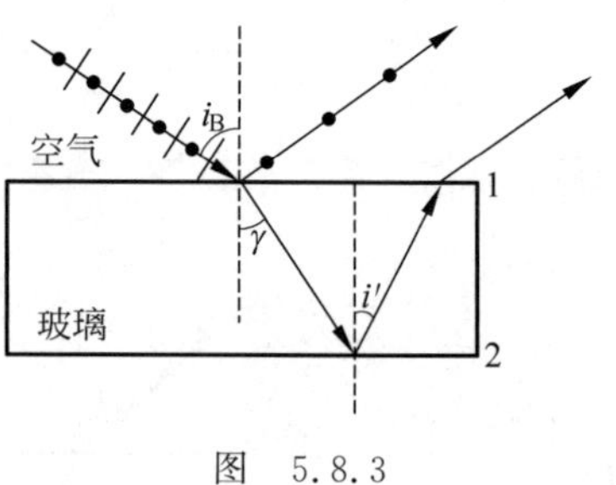

图　5.8.3

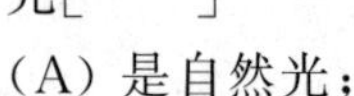

(A) 是自然光；

(B) 是线偏振光，且光矢量的振动方向垂直于入射面；

(C) 是线偏振光，且光矢量的振动方向平行于入射面；

(D) 是部分偏振光。

答案：B。设空气与玻璃的折射率分别为 n_1 和 n_2，空气射向玻璃的布儒斯特角 $i_B=\arctan(n_2/n_1)$与玻璃射向空气的布儒斯特角 $i'_B=\arctan(n_1/n_2)$，可见二者互余，$i_B+i'_B=\frac{\pi}{2}$，再根据 $i_B+\gamma=\frac{\pi}{2}$。由图 5.8.3 可知，在界面 2 的反射光的反射角 i'与在界面 1 的折射角 γ 相等，即 $i'=\gamma=i'_B$，即光线以布儒斯特角 i'_B入射至玻璃与空气的界面 2，故反射光是线偏振光且光矢量的振动方向垂直于入射面。

练习 5.8.4：某种透明介质对于空气的临界角(指全反射)等于 45°，光从空气射向此介质时的布儒斯特角是__________。

答案：$\arctan\sqrt{2}$ 或 54.7°。设空气与透明介质的折射率分别为 n_1 和 n_2，全反射角 $\theta_c=45°$满足条件：$\sin\theta_c=\frac{n_1}{n_2}=\frac{\sqrt{2}}{2}$，故光从空气射向此介质的布儒斯特角 i_B 为 $\tan i_B=\frac{n_2}{n_1}=\sqrt{2}$，故 $i_B=\arctan\sqrt{2}\approx 54.7°$。

5.9* 迈克耳孙干涉仪

迈克耳孙干涉仪由两个相互垂直的平面反射镜，以及两个与平面反射镜成 45°角的平板玻璃(其中一个镀有半反半透银膜)构成。当两个平面反射镜严格垂直时，产生等倾条纹；当两个平面反射镜不严格垂直时，产生等厚条纹。其中一个反射镜移动时，移动的距离 d 与条纹变化数目 N 之间的关系为 $d=N\cdot\lambda/2$。

考点：迈克耳孙干涉仪的光路及两臂间光程差的计算

例 5.9.1：在迈克耳孙干涉仪的两臂中，分别引入 10cm 长的玻璃管，其中一个抽成真空，另一个充以一个大气压的空气。设所用光波波长为 546nm，在向真空玻璃管中逐渐充入一个大气压空气的过程中，观察到了有 107.2 条条纹的移动，试求空气的折射率。

解：玻璃管 A 和 B 的长度为 $l=10\text{cm}$，设当 A 管为真空，B 管内充有空气时，两臂之间

的光程差为 ΔL_1，在 A 管内充入空气后，两臂之间的光程差为 ΔL_2，因为光线来回走双程，光程差的变化为

$$\Delta L=\Delta L_1-\Delta L_2=2nl-2l=2l(n-1)$$

观察到移动107.2条条纹移动时，对应的光程差的变化为 $2l(n-1)=107.2\lambda$，空气折射率为 $n=1+\dfrac{107.2\lambda}{2l}=1.0002927$。

练习 5.9.1：在迈克耳孙干涉仪的一支光路中，放入一片折射率为 n 的透明介质薄膜后，测出两束光的光程差的改变量为一个波长 λ，则透明介质薄膜的厚度为[　　]

(A) $\lambda/2$；　(B) $\lambda/(2n)$；　(C) λ/n；　(D) $\lambda/[2(n-1)]$。

答案：D。因为光线来回走双程，所以放入薄膜后，光程差的改变量为 $2(n-1)e=\lambda$。

例 5.9.2：迈克耳孙干涉仪中的一臂(反射镜)以速度 u 匀速推移，用透镜接受干涉条纹，将它会聚到光电元件上，把光强变化转化为电信号，测得电信号的时间频率为 f。(1)求入射光的波长；(2)若入射光波长为0.6μm，要使电信号频率控制在100Hz，反射镜平移的速度应为多少？

解：迈克耳孙干涉仪其中一个反射镜移动时，移动的距离 L 与条纹变化数目 N 之间的关系为 $L=N\cdot\lambda/2$。则 $\dfrac{\mathrm{d}}{\mathrm{d}t}L=\dfrac{\mathrm{d}}{\mathrm{d}t}N\cdot\dfrac{\lambda}{2}$，即 $u=f\cdot\dfrac{\lambda}{2}$。

(1) 入射光的波长为 $\lambda=2u/f$；

(2) $u=f\cdot\dfrac{\lambda}{2}=100\times\dfrac{0.6\times10^{-6}}{2}\mathrm{m/s}=3\times10^{-5}\mathrm{m/s}$。

练习 5.9.2：已知在迈克耳孙干涉仪中使用波长为 λ 的单色光。在干涉仪的可动反射镜移动距离 d 的过程中，干涉条纹将移动________条。

答案：$\dfrac{2d}{\lambda}$。迈克耳孙干涉仪其中一个反射镜移动时，移动的距离 d 与条纹变化数目 N 之间的关系为 $d=N\cdot\lambda/2$，则 $N=\dfrac{2d}{\lambda}$。

练习 5.9.3：用迈克耳孙干涉仪测微小的位移。若入射光波长 $\lambda=628.9\mathrm{nm}$，当动臂反射镜移动时，干涉条纹移动了2048条，反射镜移动的距离为 $d=$________。

答案：0.644mm。

例 5.9.3：用迈克耳孙干涉仪产生等厚干涉条纹，设入射光的波长为 λ，在反射镜 M_2 转动过程中，在总的观测区域宽度 L 内，观测到总的干涉条纹数从 N_1 条增加到 N_2 条。在此过程中 M_2 转过的角度 $\Delta\theta$ 是________。

答案：$\dfrac{\lambda}{2L}(N_2-N_1)$。对等厚干涉条纹，相邻条纹间距为 $\Delta l=\lambda/(2\theta)$；在总的观测区域宽度 L 内条纹数为 $N=\dfrac{L}{\Delta l}=\dfrac{2\theta L}{\lambda}$，可得 $\Delta N=\dfrac{2L\Delta\theta}{\lambda}$，故 $\Delta\theta=\dfrac{\lambda}{2L}\Delta N$。

练习 5.9.4：用迈克耳孙干涉仪做干涉实验，设入射光的波长为 λ，在反射镜 M_2 转动过程中，在总的干涉区域宽度 L 内，观测到完整的干涉条纹数从 N_1 开始逐渐减少，而后突变为同心圆环的等倾干涉条纹。若继续转动 M_2 又会看到由疏变密的直线干涉条纹。直到在宽度 L 内有 N_2 条完整的干涉条纹为止。在此过程中 M_2 转过的角度 $\Delta\theta$

是____________。

答案：$\frac{\lambda}{2L}(N_2+N_1)$。

难度增加练习 5.9.5：用波长为 λ 的单色光观察迈克耳孙干涉仪的等倾干涉条纹。先看到视场中共有 10 个亮条纹(包括中心的亮斑在内)。在移动可动反射镜 M_2 的过程中，看到往中心缩进去 10 个亮条纹。移动 M_2 后，视场中共有 5 个亮条纹(包括中心的亮斑在内)。设不考虑两束相干光在分束板 G_1 的镀银面上反射时产生的相位突变之差，试求开始时视场中心亮斑的干涉级 k。

解：设刚开始时干涉仪的等效空气膜厚度为 e_1，对视场中心亮斑有

$$2e_1=k\lambda$$

对视场外最外边的亮条纹有

$$2e_1\cos\gamma=(k-9)\lambda$$

设移动可动反射镜 M_2 后，干涉仪的等效空气膜厚度为 e_2，对视场中心亮斑有

$$2e_2=(k-10)\lambda$$

对视场外最外边的亮条纹有

$$2e_2\cos\gamma=(k-14)\lambda$$

联立以上 4 式，可得 $k=18$。

难度增加练习 5.9.6：如图 5.9.1 所示装置是在迈克耳孙干涉仪的一臂上用凸面反射镜 M_2 代替原平面镜，且调节光程到 $OO_1=OO_2$。分束板 G 与 M_1、M_2 成 45°，以平行光入射。(1)在 E 处观察 M_1 表面，观察到的干涉图样呈现什么形状？试求出第 k 级亮条纹位置。(2)当 M_1 朝 G 移动时，干涉条纹如何变化？

解：(1) 如图 5.9.2 所示，M_2 经分光束板 G 成像于 M_2'，M_1 与 M_2'之间形成牛顿环，且属于平行光垂直入射情况。故干涉条纹是以 O_1 为中心的明暗相间、内疏外密的同心圆。因为 $OO_1=OO_2$，圆心 O_1 为零级亮点，其第 k 级亮条纹的半径为 $r_k=\sqrt{kR\lambda}$，$k=0,1,2,\cdots$。

(2) 当 M_1 朝 G 移动时。空气间隙厚度增加，干涉条纹向中心收缩，条纹疏密情况不变。

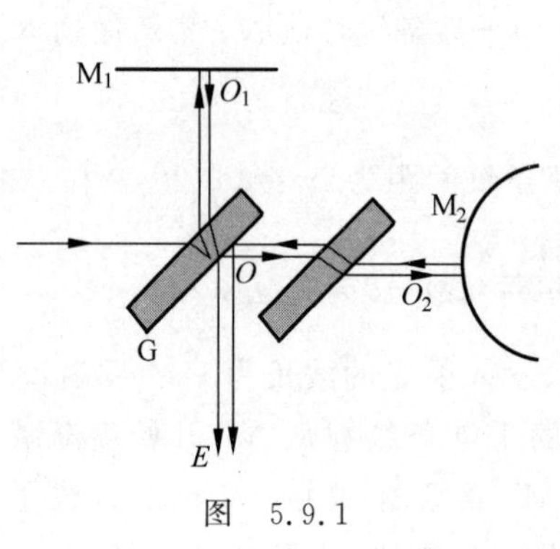

图 5.9.1

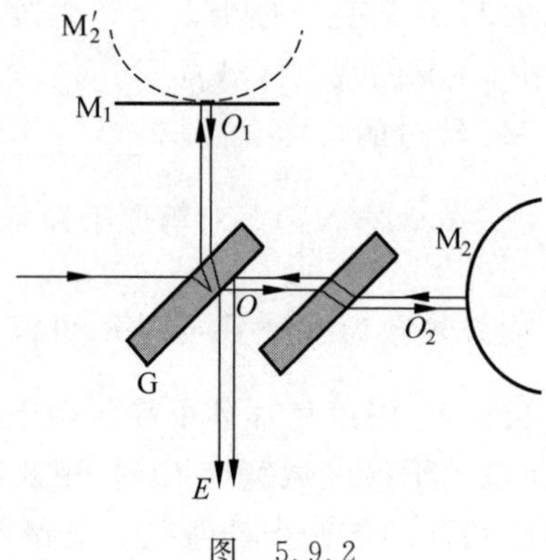

图 5.9.2

5.10* 光的空间相干性和时间相干性

(1) 空间相干性：在杨氏双缝实验中，单色光源 S 的波长为 λ，横向宽度为 b，双缝 S_1 和 S_2 的横向宽度为 d，S 到双缝屏的距离为 B，则当 $b\cdot d\geqslant B\lambda$ 时，干涉条纹消失，定义 $d_0=\dfrac{B}{b}\lambda$ 为相干间隔。相干间隔对光源中心的张角为相干孔径角 $\theta_0=\dfrac{d_0}{B}$。

(2) 时间相干性：设光源内原子每次发光的持续时间为 τ，所发波列的长度为 L，则 $L=\tau c$。当两束相干光到达相遇点的光程差$\geqslant L$ 时，则不能产生干涉现象，L 称为相干长度，τ 称为相干时间。光源的单色性越好，时间相干性就越好，其相干长度为 $L=\tau c\approx\lambda^2/\Delta\lambda$。

考点：相干间隔和相干时间的记忆

例 5.10.1：以钠黄光($\lambda=589.3\text{nm}$)照亮的一条缝作为双缝干涉实验的光源，光源缝到双缝的距离为 20cm，双缝间距为 0.5mm。使光源的宽度逐渐变大，当干涉条纹刚刚消失时，光源缝的宽度是____________。

答案：0.235mm。根据相干间隔 $d_0=\dfrac{B}{b}\lambda=\dfrac{0.2}{0.5\times10^{-3}}\times589.3\times10^{-9}\text{m}=2.35\times10^{-4}\text{m}$。

练习 5.10.1：采用窄带钨丝作为双缝干涉实验的光源。已知与双缝平行的发光钨丝的宽度 $b=0.24\text{mm}$，双缝间距 $d=0.4\text{mm}$。钨丝发的光经滤光片后，得到中心波长为 690nm 的准单色光。钨丝逐渐向双缝移近，当干涉条纹刚消失时，钨丝到双缝的距离 l 是____________。

答案：$1.4\times10^2\text{mm}$。根据相干间隔 $d_0=\dfrac{B}{b}\lambda$，钨丝到双缝的距离 $l=\dfrac{bd}{\lambda}$。

例 5.10.2：用铯(Cs)原子制成的铯原子钟能产生中心频率等于 9300MHz、频宽为 50Hz 的狭窄谱线。求谱线宽度 $\Delta\lambda$ 和相干长度。

解：因为 $\lambda\nu=c$，所以 $\lambda\Delta\nu+\Delta\lambda\nu=0$，故谱线宽度 $\Delta\lambda=|\lambda\Delta\nu/\nu|=|c\Delta\nu/\nu^2|=0.173\text{nm}$。

相干长度为 $L=\dfrac{\lambda^2}{\Delta\lambda}=\dfrac{\left(\dfrac{c}{\nu}\right)^2}{\dfrac{c\Delta\nu}{\nu^2}}=\dfrac{c}{\Delta\nu}=1.5\times10^7\text{m}$。

练习 5.10.2：用某种放电管产生的镉(Cd)红光，其中心波长 $\lambda=644\text{nm}$，相干长度 $l_c=200\text{mm}$，试估计此镉红光的线宽 $\Delta\lambda=$____________，频宽 $\Delta\nu=$____________。

答案：$2.07\times10^{-3}\text{nm}$，$1.5\times10^9\text{Hz}$。线宽 $\Delta\lambda=\lambda^2/l_c=2.07\times10^{-3}\text{nm}$，频宽 $\Delta\nu=|-c\Delta\lambda/\lambda^2|=c/l_c=1.5\times10^9\text{Hz}$。

例 5.10.3：用普通单色光源照射一块两面不平行的玻璃板做劈尖干涉实验，板两表面的夹角很小，但板比较厚。这时观察不到干涉现象，为什么？

答：因为板的厚度太大，使得上下表面的反射光的光程差超过了相干长度。

5.11* 光的双折射现象

(1) 一束光射入各向异性介质时,折射光分成两束:其中一束光遵守折射定律,称为寻常光(o光);另一束光不遵守折射定律,称为非常光(e光)。o光和e光均是线偏振光。o光的振动方向垂直于o光的主平面,e光的振动方向在e光的主平面内。光线沿光轴方向入射时,o光和e光的传播速度相同。在晶体内,o光的子波波面为球面波,e光的子波波面为旋转椭球面,利用惠更斯原理作图,可确定o光和e光的传播方向。

(2) 利用晶体的双折射现象,可以制造偏振棱镜和波片。

(3) 圆偏振光或椭圆偏振光的获得和检验:线偏振光经过四分之一波片后出射为椭圆偏振光;平面偏振光的振动方向与四分之一波片的光轴方向成45°时,出射为圆偏振光;平面偏振光经过二分之一波片后,出射仍为平面偏振光。四分之一波片结合检偏器可检验圆偏振光和椭圆偏振光。

考点1:双折射晶体中的光路分析

例5.11.1:下面哪一个结论是正确的[ ]

(A) 任何一束光射入透明介质时,都将产生双折射现象;

(B) 自然光以起偏角从空气射入玻璃将产生双折射现象;

(C) 光入射方解石晶体后分裂为两束光,称为o光和e光;

(D) o光和e光均为部分偏振光。

答案:C。

练习5.11.1:在光学各向异性晶体内部有一确定的方向,沿这一方向寻常光和非寻常光的______相等,这一方向称为晶体的光轴;只具有一个光轴方向的晶体称为______晶体。

答案:传播速度;单轴。在双折射晶体中,o光和e光沿着光轴传播速度相等,垂直于光轴,二者速度相差最大。对负晶体,在垂直于光轴方向,e光速度大于o光速度。

例5.11.2:一束真空中波长为589nm的线偏振平行光,垂直入射到光轴和表面平行的方解石晶体上。方解石晶体对此光的折射率为$n_o=1.658$,$n_e=1.486$。晶体中的寻常光的波长$\lambda_o=$______,非寻常光的波长$\lambda_e=$______。

答案:355nm,396nm。根据寻常光与非寻常光的折射率定义,$\lambda_o=\dfrac{\lambda}{n_o}=\dfrac{589}{1.658}\text{nm}=355\text{nm}$,$\lambda_e=\dfrac{\lambda}{n_e}=\dfrac{589}{1.486}\text{nm}=396\text{nm}$。

例5.11.3:$ABCD$为一块方解石的一个截面,AB为垂直于纸面的晶体平面与纸面的交线。光轴方向在纸面内且与AB成一锐角θ,如图5.11.1所示。一束平行的单色自然光垂直于AB端面入射。则在方解石内o光和e光的[ ]

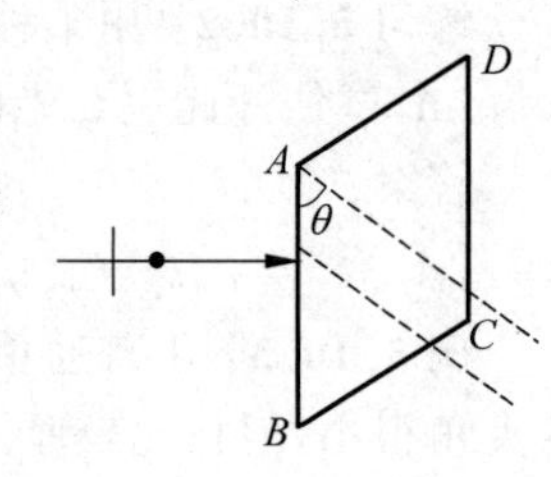

图 5.11.1

(A) 传播方向相同,电场强度的振动方向互相垂直;

(B) 传播方向相同,电场强度的振动方向不互相垂直;

(C) 传播方向不同,电场强度的振动方向互相垂直;

(D) 传播方向不同,电场强度的振动方向不互相垂直。

答案:C。当光轴在入射面内且斜交于晶体表面,自然光垂直入射时,o 光光线与波面正交,e 光偏离法线方向,o 光和 e 光光线分离,如图 5.11.2 所示。

练习 5.11.2:如图 5.11.3 所示,A 是一块有小圆孔 S 的金属挡板,B 是一块方解石,其光轴方向在纸面内,P 是一块偏振片,C 是屏幕。一束平行的自然光穿过小孔 S 后,垂直入射到方解石的端面上。当以入射光线为轴,转动方解石时,在屏幕 C 上能看到什么现象?

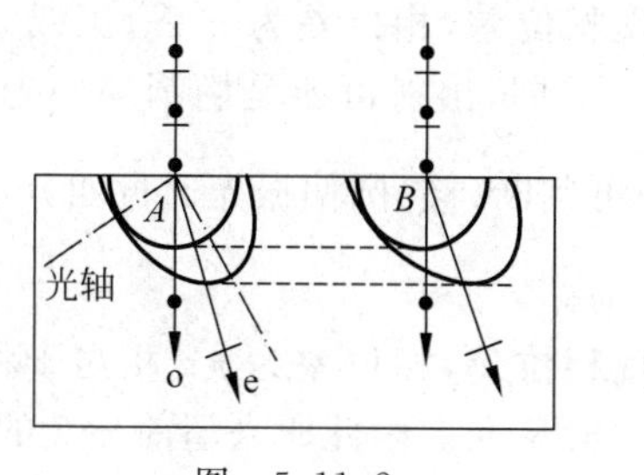

图　5.11.2

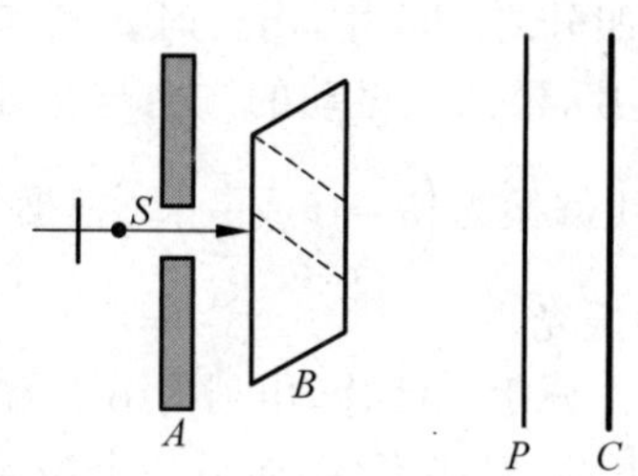

图　5.11.3

答:一个光点围绕另一个不动的光点转动;方解石每转过 90°时两光点明暗交变一次,一个最亮时另一个最暗。

分析:依照例 5.11.3 方解石内 o 光和 e 光的传播方向不同,如图 5.11.4 所示,当方解石转动时,o 光传播方向不变;因为 e 光振动方向平行于其主平面,所以会随着光轴方向改变,绕着 o 光转动。o 光的光振动垂直于其主平面,且与 e 光振动方向互相垂直,设偏振片的偏振方向与 o 光振动方向的夹角为 $\alpha=\omega t$,则偏振方向与 e 光振动方向的夹角为 $\beta=\dfrac{\pi}{2}-\alpha$。根据马吕斯定律,o 光和 e 光明暗互补。

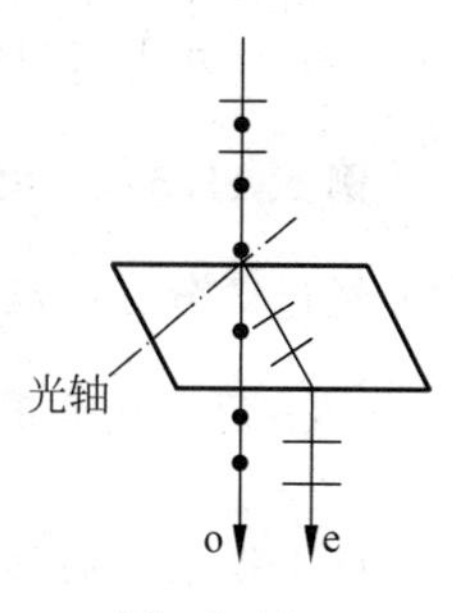

图　5.11.4

练习 5.11.3:用方解石晶体(负晶体)切成一个截面为正三角形的棱镜,光轴方向如图 5.11.5 所示。若自然光以入射角 i 入射并产生双折射。试定性地分别画出 o 光和 e 光的光路及振动方向。

解:答案如图 5.11.6 所示。

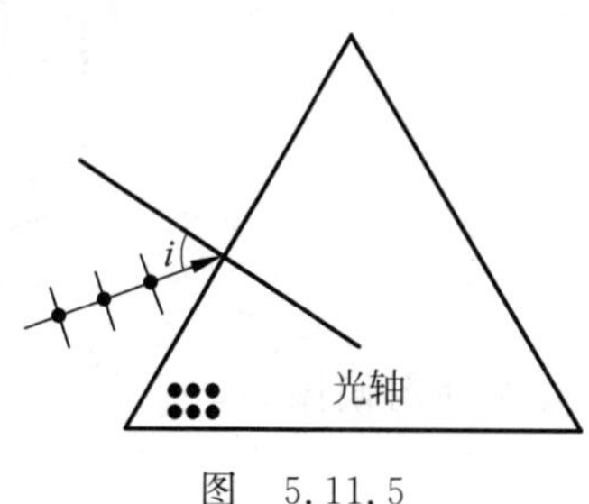

图　5.11.5

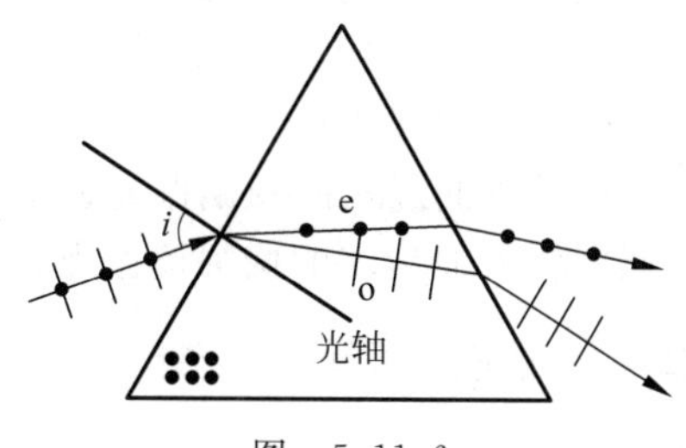

图　5.11.6

考点 2:波片的应用

例 5.11.4:一束圆偏振光,(1)垂直入射到四分之一波片上,求透射光的偏振状态;(2)垂直入射到二分之一波片上,求透射光的偏振状态。

解：(1) 一束圆偏振光垂直入射到四分之一波片上，透射光为线偏振光；

(2) 一束圆偏振光垂直入射到二分之一波片上，透射光为圆偏振光，但旋转方向与入射光相反。

说明：光在晶体内发生双折射，由惠更斯作图可知：o 光和 e 光方向上没有分开，但速度分开了。由于 o 光和 e 光的传播速度不同，经过相同的晶体厚度，所用的时间不同，导致的相位变化也不一样。因此出射时 o 光和 e 光出现相位差。常见结论如下：

(1) 对四分之一波片，出射时 o 光和 e 光出现相位差，相位差为 $\pi/2$；当线偏振光经过四分之一玻片，根据光振动的方向与光轴的夹角 α 不同，出射可能是椭圆偏振光、圆偏振光 $\left(\alpha=\frac{\pi}{4}\right)$ 和线偏振光 $\left(\alpha=0 \text{ 或 } \frac{\pi}{2}\right)$。根据光路可逆可判断(椭)圆偏振光通过四分之一波片后将成为线偏振光。

(2) 对二分之一波片，出射时 o 光和 e 光出现相位差，相位差为 π；相当于将其中一个振动分量(电场)保持不变，而另一个振动分量(电场)反向。因此原来超前 $\pi/2$ 的振动，通过波片后变的落后 $\pi/2$。故圆偏振光通过二分之一波片后变为与原来旋转方向相反的圆偏振光；线偏振光通过二分之一波片后变为偏振方向改变的线偏振光。

(3) 自然光通过各类波片后，出射光依旧是自然光。

例 5.11.5：一束单色线偏振光，其振动方向与四分之一波片的光轴夹角 $\alpha=\frac{\pi}{4}$。此偏振光经过四分之一波片后[　　]

(A) 仍为线偏振光；　　(B) 振动面旋转了 $\frac{\pi}{2}$；

(C) 振动面旋转了 $\frac{\pi}{4}$；　　(D) 变为圆偏振光。

答案：D。线偏光经过四分之一波片后 o 光和 e 光的相位差为 $\frac{\pi}{2}$，因为 $\alpha=\frac{\pi}{4}$，$E_o=E_e$，故合成圆偏振光。

练习 5.11.4：平面偏振光垂直投射到一块用石英(正晶体)制成的四分之一波片(对于投射光的频率而言)上，如图 5.11.7 所示。如果入射光的振动面与光轴成 30°，则对着光看从波片射出的光是 [　　]

(A) 逆时针方向旋转的圆偏振光；

(B) 逆时针方向旋转的椭圆偏振光；

(C) 顺时针方向旋转的圆偏振光；

(D) 顺时针方向旋转的椭圆偏振光。

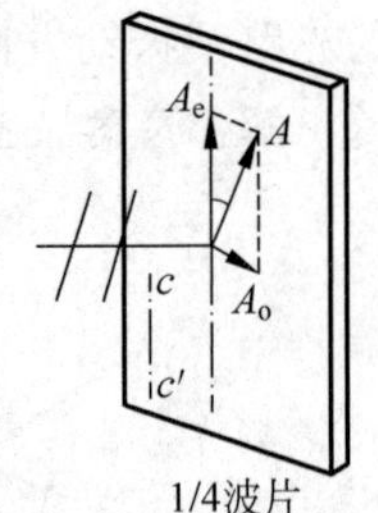

图 5.11.7

答案：D。依照例 5.11.4，因为 $\alpha\neq0$、$\frac{\pi}{4}$ 或 $\frac{\pi}{2}$，故出射为椭圆偏振光，对正晶体 $v_e<v_o$，故 o 光比 e 光相位超前 $\frac{\pi}{2}$，竖直比水平方向的偏振分量相位落后了 $\frac{\pi}{2}$，但在逆着光的传播方向看应为顺时针旋转。

例 5.11.6：下列说法哪个是正确的？[　　]

(A) 一束圆偏振光垂直入射通过四分之一波片后将成为线偏振光；

(B) 一束椭圆偏振光垂直入射通过二分之一波片后将成为线偏振光；

(C) 一束圆偏振光垂直入射通过二分之一波片后将成为线偏振光；

(D) 一束自然光垂直入射通过四分之一波片后将成为线偏振光。

答案：A。(椭)圆偏振光通过四分之一波片后将成为线偏振光，通过二分之一波片后依旧为(椭)圆偏振光，故 B、C 错误，A 正确。自然光通过各类波片后，出射光依旧是自然光，故 D 错误。

练习 5.11.5：一束单色右旋圆偏振光垂直穿过二分之一波片后，其出射光为[　　]

(A) 线偏振光；　　(B) 右旋圆偏振光；

(C) 左旋圆偏振光；　　(D) 左旋椭圆偏振光。

答案：C。

例 5.11.7：仅用一个偏振片观察一束单色光时，发现出射光存在强度为最大的位置(标出此方向 MN)，但无消光位置，在偏振片前放置一块四分之一波片，且使波片的光轴与标出的方向 MN 平行，这时旋转偏振片，观察到有消光位置，则这束单色光是[　　]

(A) 线偏振光；　　(B) 椭圆偏振光；

(C) 自然光与椭圆偏振光的混合；　　(D) 自然光与线偏振光的混合。

答案：B。仅用偏振片观察单色光时，出射光光强变化，但无消光位置，则此单色光可能是椭圆偏振光或部分偏振光。对圆偏振光，通过四分之一波片成为线偏振光，故旋转偏振片，观察到消光；部分偏振光通过四分之一波片仍为部分偏振光，无消光现象。

5.12* 晶体的 X 射线衍射，偏振光的干涉和人工双折射

(1) X 射线衍射的布拉格(Bragg)公式为：$2d\sin\theta=k\lambda, k=1,2,\cdots$。

(2) 两偏振片正交下的干涉：o 光和 e 光的相位差 $\Delta\varphi=\dfrac{2\pi}{\lambda}d(n_o-n_e)\pm\pi$，合成光振幅为 $A_{\perp}^2=A^2\sin^2(2\alpha)\sin^2[\pi(n_o-n_e)d/\lambda]$，($\alpha$ 为第一个偏振片与波晶片光轴方向的夹角，A 为通过第一个偏振片的线偏振光振幅)。

(3) 两偏振片平行下的干涉：o 光和 e 光的相位差 $\Delta\varphi=\dfrac{2\pi}{\lambda}d(n_o-n_e)$，合成光振幅为 $A_{/\!/}^2=A^2-A_{\perp}^2=A^2\{1-\sin^2(2\alpha)\sin^2[\pi(n_o-n_e)d/\lambda]\}$。

例 5.12.1：波长为 λ 的平行 X 射线射在晶体界面上，晶体的晶格常数为 0.28nm，问光线与界面成何角度时，能观察到第二级光谱。

解：根据 X 射线衍射的布拉格公式 $2d\sin\theta=k\lambda$，本题中 $2d\sin\theta=2\lambda$，故掠射角满足 $\sin\theta=\dfrac{\lambda}{d}=\dfrac{0.0147\times10^{-10}}{0.28\times10^{-9}}=5.25\times10^{-3}$，故 $\theta\approx5.25\times10^{-3}\,\text{rad}$。

练习 5.12.1：X 射线入射到晶格常数为 d 的晶体中，可能发生布拉格衍射的最大波长为________。

答案：$2d$。根据 X 射线衍射的布拉格公式 $2d\sin\theta=k\lambda$，最大波长为掠射角 $\sin\theta=1$，级数 $k=1$ 时，对应的波长 $\lambda=2d$。

练习 5.12.2：波长为 λ 的单色光，以 θ 角掠射到岩盐晶体表面上时，在反射方向出现第一级极大，则岩盐晶体的晶格常数为________。

答案：$\lambda/(2\sin\theta)$。根据布拉格公式 $2d\sin\theta=k\lambda$，晶格常数 $d=k\lambda/(2\sin\theta)$。

例 5.12.2：厚为 0.025mm 的方解石晶片，其光轴平行于表面，置于两正交的偏振片之间，且晶片的光轴与它们的透光方向成 45°。试问：(1)在可见光范围内，哪些波长不能通过？(2)若转动第二个偏振片，使两偏振片的透光方向相平行，则此时哪些波长不能通过？(设晶片对各种波长的可见光均有 $n_o - n_e = 1.6584 - 1.4864 = 0.172$)

解：(1) 两偏振片正交时 o 光和 e 光的相位差 $\Delta\varphi = \frac{2\pi}{\lambda} d(n_o - n_e) \pm \pi$，当 $\Delta\varphi = (2k+1)\pi$ 时，两束光干涉相消故无法通过，故波长 $\lambda_k = \frac{d}{k}(n_o - n_e) = \frac{4300}{k}\text{nm}$，在可见光 400～760nm 的范围内，$\lambda_{10} = 430\text{nm}$、$\lambda_9 \approx 478\text{nm}$、$\lambda_8 \approx 538\text{nm}$、$\lambda_7 \approx 614\text{nm}$、$\lambda_6 \approx 716\text{nm}$ 的光不能通过。

(2) 两偏振片平行时 o 光和 e 光的相位差 $\Delta\varphi = \frac{2\pi}{\lambda} d(n_o - n_e)$，当 $\Delta\varphi = (2k+1)\pi$ 时，两束光干涉相消故无法通过，故波长 $\lambda_k = \frac{2d}{2k+1}(n_o - n_e) = \frac{4300}{k+0.5}\text{nm}$，在可见光 400～760nm 的范围内，$\lambda_{10} \approx 410\text{nm}$、$\lambda_9 \approx 453\text{nm}$、$\lambda_8 \approx 506\text{nm}$、$\lambda_7 \approx 573\text{nm}$、$\lambda_6 \approx 662\text{nm}$ 的光不能通过。

第六部分

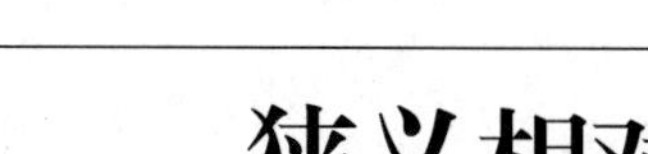

狭义相对论

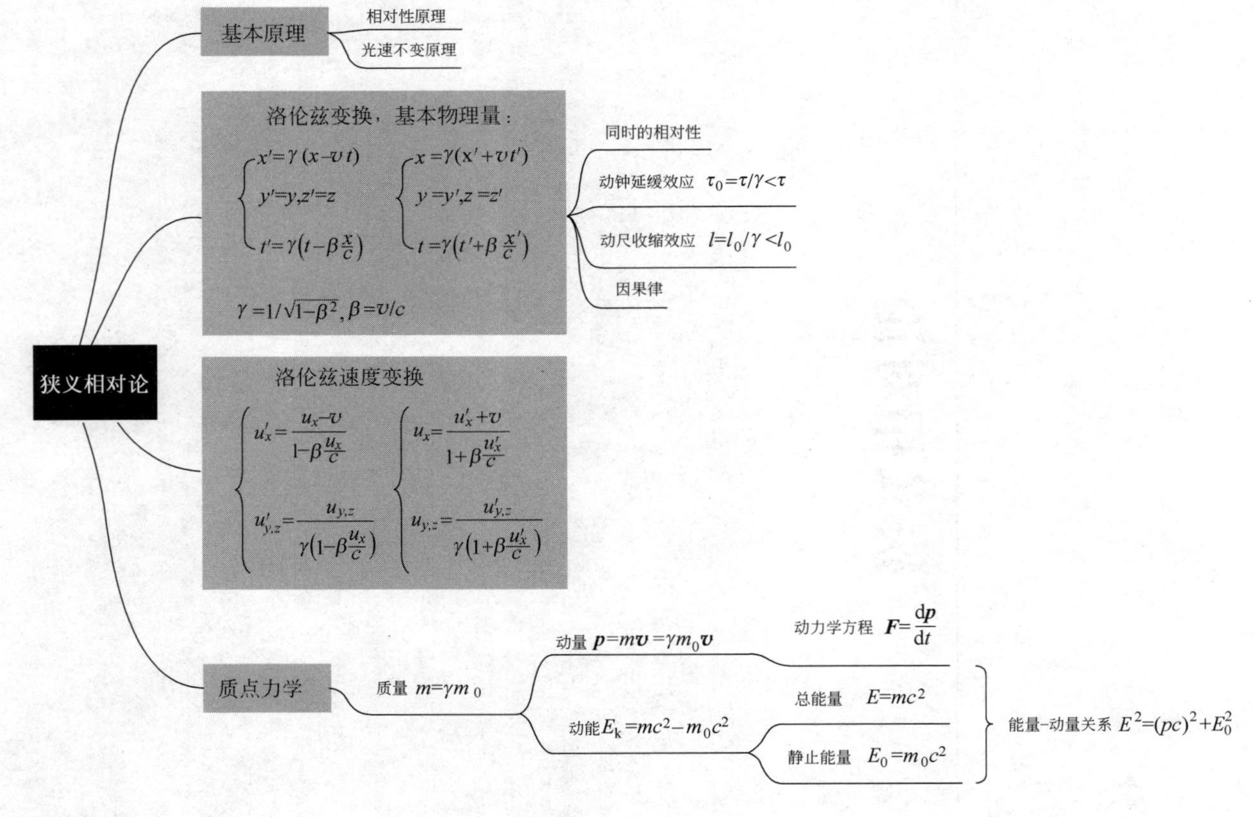

狭义相对论部分主要内容思维导图

6.1　狭义相对论的两个基本假设

(1) **狭义相对论的相对性原理**：一切物理规律在所有惯性系中都取相同形式；

(2) **光速不变原理**：在一切惯性系中测量真空中的光速，都得到相同的值 c，与光源或观测者的运动无关。

考点：狭义相对论两个基本假设的理解

例 6.1.1：有下列几种说法：(1)所有惯性系对物理基本规律都是等价的；(2)在真空中，光的速度与光的频率、光源的运动状态无关；(3)在任何惯性系中，光在真空中沿任何方向的传播速率都相同。请问其中哪些说法是正确的，答案是[　　]

(A) 只有(1)、(2)是正确的；　　(B) 只有(1)、(3)是正确的；

(C) 只有(2)、(3)是正确的；　　(D) 三种说法都是正确的。

答案：D。

例 6.1.2：光惯性系 S 和 S' 的坐标原点 O 和 O' 重合时，有一点光源从坐标原点发出一光脉冲，在 S 系中经过一段时间 t 后(在 S' 系中经过时间 t')，此光脉冲的球面方程(用直角坐标系)分别为：S 系________________，S' 系________________。

答案：$x^2+y^2+z^2=c^2t^2$，$x'^2+y'^2+z'^2=c^2t'^2$。

练习 6.1.1：惯性系 S 相对惯性系 S' 以 $u=0.6c$ 的速度运动(c 是真空中的光速)。S 和 S' 的坐标原点 O 和 O' 重合时，相对 S 系静止、位于 O 点的点光源发出一光脉冲。在 S' 系中观察，光脉冲发出后经过时间 t' 后其波阵面上某点的坐标为 x'、y'、z'。如果 $x'=-0.4ct'$、$y'=0.7ct'$，则 $|z'|/(ct')=$____________。

答案：$\sqrt{0.35}$ 或 0.59。根据光脉冲的球面方程 $x'^2+y'^2+z'^2=c^2t'^2$ 可得。

6.2　洛伦兹坐标变换

对于两个特殊相关惯性系 S 系和 S' 系，令变换因子 $v/c=\beta$，$\gamma=1/\sqrt{(1-\beta^2)}$，则

$$x'=\gamma(x-vt),\quad y'=y,\quad z'=z,\quad t'=\gamma(t-\beta x/c)$$

$$\rightarrow \Delta x'=\gamma(\Delta x-v\Delta t),\quad \Delta t'=\gamma(\Delta t-\beta\Delta x/c);$$

或

$$x=\gamma(x'+vt'),\quad y=y',\quad z=z',\quad t=\gamma(t'+\beta x'/c)$$

$$\rightarrow \Delta x=\gamma(\Delta x'+v\Delta t'),\quad \Delta t=\gamma(\Delta t'+\beta\Delta x'/c)$$

考点 1：概念理解

例 6.2.1：关于同时性的以下结论中，正确的是[　　]

(A) 在一惯性系同时发生的两个事件，在另一惯性系一定不同时发生；

(B) 在一惯性系不同地点同时发生的两个事件，在另一惯性系一定同时发生；

(C) 在一惯性系同一地点同时发生的两个事件，在另一惯性系一定同时发生；

(D) 在一惯性系不同地点不同时发生的两个事件，在另一惯性系一定不同时发生。

答案：C。根据洛伦兹公式 $\Delta t'=\gamma(\Delta t-\beta\Delta x/c)$，可得在惯性系 S 同时发生的事件，即 $\Delta t=0$ 时，当 $\Delta x=0$，即同地事件，在惯性系 S' 才会同时发生，故 A、B 错误，C 正确；若 $\Delta t\neq 0$，$\Delta x\neq 0$，但是 $\Delta t-\beta\Delta x/c=0$，即 $\Delta x/\Delta t=c^2/v$ 时，在 S' 系同时发生。

练习 6.2.1：S 系中 x 轴上两不同地点同时发生的两个事件，在以高速 u 相对于 S 系沿 x 轴方向运动的另一惯性系 S' 中测量，这两个事件必定是[　　]

(A) 同时事件；　　　　(B) 不同地点发生的同时事件；

(C) 既非同时，也非同地；　　　　(D) 无法确定。

答案：C。

考点 2：时间、空间的相对性

例 6.2.2：S' 系以 $v=0.6c$ 速率相对于 S 系沿 xx' 轴运动，且 $t=t'=0$ 时 $x=x'=0$。(1)若 S 系中有一事件发生于 $t_1=2.0\times10^{-7}$s，$x_1=50$m 处，该事件在 S' 系中发生于何时刻？(2)如有另一事件发生于 S 系中的 $t_2=3.0\times10^{-7}$s，$x_2=10$m 处，在 S' 系中测得这两个事件的时间间隔为多少？

解：(1) 根据洛伦兹变换公式：$t'=\gamma\left(t-\dfrac{\beta x}{c}\right)$，可得 $t_1'=\dfrac{1}{\sqrt{1-\left(\dfrac{v}{c}\right)^2}}\left(t_1-\dfrac{v}{c^2}x_1\right)=1.25\times10^{-7}$s；

(2) 由题意，$\Delta t=t_2-t_1=1.0\times10^{-7}$s，$\Delta x=x_2-x_1=-40$m。根据洛伦兹公式 $\Delta t'=\gamma(\Delta t-\beta\Delta x/c)$，$S'$ 系中测得这两个事件的时间间隔为 $\Delta t'=2.25\times10^{-7}$s。

练习 6.2.2：惯性系 S 中，在 x 轴上相距 1000m 的两点同时发生两个事件，在相对于 S 系沿 x 轴方向运动的另一惯性系 S' 中，测得这两个事件发生的地点相距 2000m，求在 S' 系中测得这两个事件的时间间隔。

解：依照题意，已知 $\Delta x=1000$m，$\Delta t=0$，$\Delta x'=2000$m，求 $\Delta t'$。

依据 $\Delta x'=\gamma(\Delta x-v\Delta t)$，可得 $\gamma=\Delta x'/\Delta x=2$，以及 $\beta=\sqrt{3}/2$。

代入 $\Delta t'=\gamma\left(\Delta t-\dfrac{\beta}{c}\Delta x\right)$，可得 $\Delta t'=5.77\times10^{-6}$s。

练习 6.2.3：观察者甲和乙分别静止于两个惯性系 K 和 K' 中(K' 系相对于 K 系作平行于 x 轴的匀速运动)。甲测得在 x 轴上两点发生的两个事件的空间间隔和时间间隔分别为 $\Delta x=300$m 和 $\Delta t=0.6\mu$s，而乙测得这两个事件是同时发生的。K' 系相对于 K 系以速率 v 运动，则 $v/c=$______。(两位有效数字)

答案：0.60。本题中 $\Delta t'=\gamma\left(\Delta t-\dfrac{\beta}{c}\Delta x\right)=0$，故 $\beta=\dfrac{c\Delta t}{\Delta x}=0.6$。

例 6.2.3：静长为 l_0 的容器以速率 u 沿 S 系 x 方向匀速平动，由容器尾端放出的粒子相对于容器以速率 v 匀速向前端运动，求 S 系测得粒子从尾端到达前端所用时间？

解：以容器参考系为 S' 系在不同参考系中的事件 1、2 及时空坐标见表 6.2.1。

表　6.2.1

参考系＼事件	事件 1：粒子离开尾端	事件 2：粒子到达前端
S 系	x_1, t_1	x_2, t_2
S' 系	x'_1, t'_1	x'_2, t'_2

根据洛伦兹公式 $\Delta t=\gamma\left(\Delta t'+\frac{\beta\Delta x'}{c}\right)$，对本题：$t_2-t_1=\frac{t'_2-t'_1+\frac{u(x'_2-x'_1)}{c^2}}{\sqrt{1-\frac{u^2}{c^2}}}$，其中在 S' 系中粒子从尾端到达前端的空间间隔为 $x'_2-x'_1=l_0$，时间间隔为 $t'_2-t'_1=l_0/v$。故在 S 系中粒子从尾端到达前端的空间间隔为 $t_2-t_1=\frac{\frac{l_0}{v}+\frac{ul_0}{c^2}}{\sqrt{1-\frac{u^2}{c^2}}}$。

练习 6.2.4：如图 6.2.1 所示，一发射台向东西两侧距离均为 L_0 的两个接收站 E(东)与 W(西)发射信号。今有一飞船以匀速度 v 沿发射台与两接收站的连线由西向东飞行，在飞船上测得两接收站接收到发射台同一信号的时间间隔大小 $|\Delta t'|=$__________。

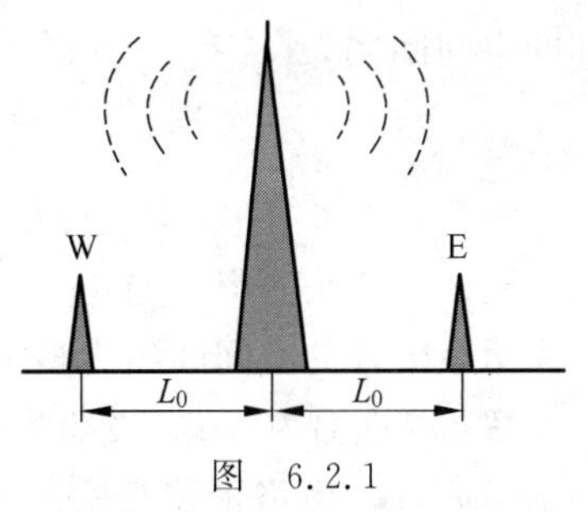

图　6.2.1

答案：$\frac{2L_0 v}{c^2\sqrt{1-(v/c)^2}}$。本题中事件 1、2 及其时空坐标见表 6.2.2。

表　6.2.2

参考系＼事件	事件 1：信号到达接收站 W	事件 2：信号到达接收站 E
S 系	x_1, t_1	x_2, t_2
S' 系	x'_1, t'_1	x'_2, t'_2

在地面参考系 S，两接收站接到信号时间 $t_2=t_1$，即 $\Delta t=0$，接收信号的空间间隔为 $\Delta x=x_2-x_1=2L_0$。飞船参考系 S' 相对 S 系的速度为 v，则飞船上测得两接收站接收到发射台同一信号的时间间隔为 $\Delta t'=\gamma\left(\Delta t-\frac{\beta\Delta x}{c}\right)=\frac{1}{\sqrt{1-\left(\frac{v}{c}\right)^2}}\left(0-\frac{v}{c^2}2L_0\right)=\frac{-2L_0 v}{c^2\sqrt{1-\left(\frac{v}{c}\right)^2}}$，负号表示 $t'_2-t'_1<0$，即飞船上观察信号到达接收站 E 的事件先发生。

练习 6.2.5：在 S 系中的 x 轴上相隔为 Δx 处有两只同步的钟 A 和 B，读数相同。在 S' 系的 x' 轴上也有一只同样的钟 A'，设 S' 系相对于 S 系的运动速度为 v，沿 x 轴方向，且

当 A' 与 A 相遇时，刚好两钟的读数均为零。那么，当 A' 钟与 B 钟相遇时，在 S 系中 B 钟的读数是__________，此时在 S' 系中 A' 钟的读数是__________。

答案：$\Delta x/v$，$(\Delta x/v)\sqrt{1-(v/c)^2}$。在 S 系中看，从当 A' 与 A 相遇到 A' 与 B 相遇的空间间隔为 Δx，A' 的速度为 v，故时间间隔为 $\Delta t=t_2-t_1=\Delta x/v$，因为 $t_1=0$，故 $t_2=\Delta x/v$。根据洛伦兹公式：$\Delta t'=\gamma\left(\Delta t-\dfrac{\beta\Delta x}{c}\right)=\dfrac{1}{\sqrt{1-\left(\dfrac{v}{c}\right)^2}}\left(\dfrac{\Delta x}{v}-\dfrac{v}{c^2}\Delta x\right)=\dfrac{\Delta x}{v}\sqrt{1-(v/c)^2}$，这是 S' 系中的 A' 钟的读数。

例 6.2.4：长为 90m 的火箭飞船相对地面以 $0.8c$ 的速度飞行。当飞船头部通过地面观测者时，在飞船头部的宇航员发出一闪光。(1)据宇航员观测，这闪光经多长时间到达飞船尾部？(2)据地面观测者看，情况又如何？

解：(1) 对 S' 系飞船长 $l_0=90\text{m}$，光速为 c，光信号从头到尾的时间为 $\Delta t'=\Delta x'/c=l_0/c=3\times10^{-7}\text{s}$。

(2)由洛伦兹变换，有 $\Delta t=\gamma\left(\Delta t'+\dfrac{\beta}{c}\Delta x'\right)$，其中 $\Delta x'$ 为在 S' 系中闪光从飞船头部到尾部的空间间隔，$\Delta x'=x_2'-x_1'=-90\text{m}$，代入上式可得 $\Delta t=\dfrac{5}{3}\left[3\times10^{-7}+\dfrac{0.8}{c}(-90)\right]=1\times10^{-7}\text{s}$。

练习 6.2.6：一宇宙飞船相对地球以 $0.8c$ 的速度飞行。飞船上的观察者运用一光脉冲从船尾传到船头测得飞船长为 90m。试问：地球上的观察者测得光脉冲从船尾发出和到达船头两个事件的空间间隔为多少？

解：取地面为 S 系，飞船为 S' 系，依题意，S' 系相对 S 系的速度为 $v=0.8c$，$\Delta x'=90\text{m}$，$\Delta t'=\Delta x'/c$。由洛伦兹变换：

$$\Delta x=\gamma(\Delta x'+v\Delta t')=\gamma\left(1+\frac{v}{c}\right)\Delta x'=\frac{5}{3}\left(1+\frac{4}{5}\right)\times 90\text{m}=270\text{m}$$

例 6.2.5：静长为 l_0 的容器以速率 u 沿 S' 系 x 方向匀速平动，由容器尾端放出的粒子相对于容器以速率 v 匀速向前端运动，求 S 系测得粒子从尾端到达前端所用距离？

解：在不同参考系中的事件 1、2 及时空坐标见表 6.2.3。

表 6.2.3

事件 / 参考系	事件 1：粒子离开尾端	事件 2：粒子到达前端
S 系	x_1, t_1	x_2, t_2
S' 系	x_1', t_1'	x_2', t_2'

根据洛伦兹公式 $\Delta x=\gamma(\Delta x'+v\Delta t')$，其中在 S' 系中粒子从尾端到达前端的空间间隔为 $x_2'-x_1'=l_0$，时间间隔为 $t_2'-t_1'=l_0/v$。故在 S 系中粒子从尾端到达前端的空间间隔为 $\Delta x=x_2-x_1=\dfrac{x_2'-x_1'+u(t_2'-t_1')}{\sqrt{1-\dfrac{u^2}{c^2}}}=\dfrac{l_0+ul_0/v}{\sqrt{1-\dfrac{u^2}{c^2}}}$。

练习 6.2.7：一宇宙飞船相对于地球以 $0.8c$（c 表示真空中的光速）的速度飞行。现在一光脉冲从船尾传到船头，已知飞船上的观察者测得飞船长为 90m，则地球上的观察者测得光脉冲从船尾发出和到达船头两个事件的空间间隔为[　　]

(A) 270m；　　(B) 150m；　　(C) 90m；　　(D) 54m。

答案：A。根据洛伦兹公式 $\Delta x=\gamma(\Delta x'+v\Delta t')$，其中 $\Delta x'=90\text{m}$ 是在飞船参考系 S' 观测到的空间间隔，$\Delta t'=\dfrac{\Delta x'}{c}$ 是在飞船参考系 S' 观测到的时间间隔。$v=0.8c$ 为 S' 系相对 S 系的速度。

方法 2：设地面上观察到光脉冲从船尾发出和到达船头两个事件的时间间隔为 Δt，则对地面观察者：$c\Delta t-v\Delta t=l$，其中 l 为地面观察的飞船长度，为运动长度 $l=l_0\sqrt{1-(v/c)^2}$；则地面上观察的时间间隔为 $\Delta t=\dfrac{l}{c-v}=\dfrac{l_0\sqrt{1-(v/c)^2}}{c-v}$，空间间隔为 $\Delta x=c\Delta t=\dfrac{l_0\sqrt{1-(v/c)^2}}{c-v}c$。

例 6.2.6：设有一静止长度为 300m 的火车，以 90m/s 的速度行驶，地面上观察者发现有两个闪电同时击中火车的前后两端。则火车上的观察者测得两闪电击中火车前后两端是否也是同时发生？若是，请说明理由；若不是，试通过计算指明火车前后两端受到雷击的时间间隔，并指明火车的哪一端先受到雷击？

解：火车上的观察者测得两闪电击中火车前后端不是同时发生的。

设地面参考系为 S 系，火车参考系为 S' 系，由同时的相对性，有

$$\Delta t=\gamma\left(\Delta t'+\frac{v}{c^2}\Delta x'\right),\quad \text{其中}\quad \gamma=\frac{1}{\sqrt{1-\beta^2}},\quad \beta=\frac{v}{c}$$

由题意，有 $\Delta t=0$，$\Delta x'=x'_{头}-x'_{尾}=300\text{m}$，$v=90\text{m/s}$，代入得

$$\Delta t'=t'_{头}-t'_{尾}=-\frac{v}{c^2}\Delta x'=-3\times10^{-13}\,\text{s}$$

上式中负号表明，在火车参考系中，闪电击中车头这一事件先发生。

6.3　同时性的相对性、长度收缩和时间延缓

(1)“同时”的相对性：在一个惯性系中不同地点同时发生的两个事件，在另一个惯性系中不是同时发生的。

(2) 运动时钟延缓效应：$\tau=\gamma\Delta\tau_0$ 或 $\tau_0=\tau\sqrt{(1-(v/c)^2)}<\tau$（固有时最短）。

注意：固有时 $\Delta\tau_0$ 是同一地点不同时刻发生的两个事件之间的时间间隔；

运动时 Δt 是不同地点不同时刻发生的两个事件之间的时间间隔。

(3) 运动长度收缩效应：$l=l_0/\gamma$ 或 $l=l_0\sqrt{(1-(v/c)^2)}<l_0$（固有长最大）。

注意：固有长 l_0 是相对于“尺子”静止的测量者所测得的“尺子”的长度；

运动长 l 是相对于“尺子”运动的测量者所测得的“尺子”的长度，需同时测量。

考点1：动钟延缓效应以及固有时(需同地测量)的判断

例6.3.1：在狭义相对论中，下列说法中哪些是正确的？[　　]

(1) 一切运动物体相对于观察者的速度都不能大于真空中的光速；

(2) 质量、长度、时间的测量结果都是随物体与观察者的相对运动状态而改变的；

(3) 在一惯性系中发生于同一时刻、不同地点的两个事件在其他一切惯性系中也是同时发生的；

(4) 惯性系中的观察者观察一个与他作匀速相对运动的时钟时，会看到这时钟比与他相对静止的相同的时钟走得慢些。

(A) (1)、(3)、(4)；　　(B) (1)、(2)、(4)；

(C) (1)、(2)、(3)；　　(D) (2)、(3)、(4)。

答案：B。

例6.3.2：观测者甲和乙分别静止于两个惯性参照系 K 和 K' 中，甲测得在同一地点发生的两个事件的时间间隔为 $\Delta t=4\text{s}$，而乙测得这两个事件的时间间隔为 $\Delta t'=1.3\Delta t$，空间距离为 l。则 $l/c=$______s。

答案：3.3。由题意，甲测得的时间间隔 Δt 为固有时，乙测得的 $\Delta t'$ 为运动时，故 $\sqrt{1-(v/c)^2}=1/1.3$，可得 $v\approx 0.64c=l/\Delta t'$，故 $l=0.64c\times 1.3\Delta t\approx 3.3c$。

练习6.3.1：某地发生两件事，静止位于该地的甲测得时间间隔为4s，而相对于甲作匀速直线运动的乙测得时间间隔为5s，则乙相对于甲的运动速度为[　　]

(A) $4c/5$；　　(B) $3c/5$；　　(C) $2c/5$；　　(D) $c/5$。

答案：B。由题意，甲测得的时间间隔为固有时，乙测得的为运动时。

练习6.3.2：在实验室中测得静止在实验室中的 μ^+ 子(不稳定粒子)的寿命为 τ_0，当它相对于实验室以速率 v 运动时，实验室中测得它的寿命为 $\tau=3\tau_0$，则 $v/c=$______。

答案：0.94 或 $2\sqrt{2}/3$。根据题意，$\sqrt{1-(v/c)^2}=\tau_0/\tau=1/3$。

例6.3.3：在参考系 K 中，距离 $\Delta x=ct_0$ 的两地点发生时间间隔为 $\Delta t=2t_0$ 的两事件，在相对于 K 系沿 x 方向以匀速度运动的 K' 系中发现此两事件恰好发生在同一地点而时间间隔为 $\Delta t'$，则 $\Delta t'/t_0=$______。

答案：$\sqrt{3}$ 或 1.73。因为 K' 系中两事件同地发生，故时间间隔 $\Delta t'$ 为固有时，根据固有时与运动时关系：$\Delta t'=\Delta t\sqrt{1-(v/c)^2}$，故 $\Delta t'/t_0=2\sqrt{1-(v/c)^2}$，其中 v 为 K' 系相对 K 系的速度，因为 K' 系中两事件发生在同一地点，这要求 $v=\Delta x/\Delta t=c/2$，故 $\Delta t'/t_0=2\sqrt{1-(v/c)^2}=\sqrt{3}$。

练习6.3.3：一观测者 O 测得两个事件间隔为 $3.6\times 10^8\,\text{m}$，相隔2s发生，这两个事件的固有时间间隔为______。

答案：1.6s。参考例6.3.3，固有时 $\tau_0=\tau\sqrt{1-(v/c)^2}$，其中 $\tau=2\text{s}$，$v=(3.6\times 10^8/2)\text{m/s}=1.8\times 10^8\,\text{m/s}$。代入上式可得 τ_0。

分析：例6.3.3及练习6.3.3也可使用洛伦兹变换计算。

难度增加练习6.3.4：远方一颗星以 $0.8c$ 的速度远离地球，地面上测得此星两次闪光的时间间隔为 5 昼夜，那么固定在此星上的参照系测得此星两次闪光的时间间隔为__________昼夜。

答案：1.67。假设对地面参考系，第一次闪光时间为 t_1，第二次闪光时间为 t_2，星球闪光同时远离地球的距离为 $0.8c(t_2-t_1)$，故地球上测得的 2 次闪光的时间间隔为 5 昼夜 $=\frac{0.8c(t_2-t_1)}{c}+(t_2-t_1)$，故 $t_2-t_1\approx 2.78$ 昼夜。这是地球上相应的运动时，星球参考系测得的固有时为 $(t_2-t_1)\sqrt{1-(v/c)^2}=2.78\times\frac{3}{5}$ 昼夜 ≈ 1.67 昼夜。

考点 2：动尺收缩效应以及运动长度(需同时测量)的判断

例 6.3.4：一观察者测得一沿米尺长度方向匀速运动着的米尺的长度为 0.8m，速率为 v。设 c 为真空中的光速，则 $v/c=$__________。

答案：0.6。对米尺，固有长度为 $l_0=1\text{m}$，运动长度为 $l=0.8\text{m}$，根据动尺收缩 $l=l_0\sqrt{1-v^2/c^2}$，可得 $v/c=0.6$。

练习 6.3.5：一门宽为 a，今有一固有长度为 $l_0(l_0>a)$ 的水平细杆，在门外贴近门的平面内沿其长度方向匀速运动。若站在门外的观察者认为此杆的两端可同时被拉进此门，则该杆相对于门的运动速度 v 至少为__________。

答案：$c\sqrt{1-(a/l_0)^2}$。根据动尺收缩：$a=l=l_0\sqrt{1-v^2/c^2}$ 计算。

练习 6.3.6：有一直尺固定在 S' 系中，它与 Ox' 轴的夹角为 $\theta'=45°$，如果 S' 系以速度 v 沿 Ox 方向相对于 S 系运动，S 系中观察者测得该尺与 Ox 轴的夹角为[　　]

(A) 大于 45°；

(B) 小于 45°；

(C) 等于 45°；

(D) 当 S' 系沿 Ox 正方向运动时大于 45°，而当 S' 系沿 Ox 负方向运动时小于 45°。

答案：A。长度收缩仅发生在运动方向上。

例 6.3.5：6000m 的高空大气层中产生了一个 π 介子，以速度 $v=0.998c$ 飞向地球。假定该 π 介子在其自身静止系中的寿命等于其平均寿命 $2\times10^{-6}\text{s}$。试分别从下面两个角度，即地球上的观测者和 π 介子静止系中观测者来判断 π 介子能否到达地球。

解：π 介子在其自身静止系中的寿命 $\Delta t_0=2\times10^{-6}\text{s}$ 是固有(本征)时，对地球观测者，由于时间膨胀效应，其寿命延长了，衰变前经历的时间为

$$\Delta t=\frac{\Delta t_0}{\sqrt{1-\frac{v^2}{c^2}}}=3.16\times10^{-5}\text{s}$$

这段时间的飞行距离为 $d=v\Delta t=9470\text{m}$。

因 $d>6000\text{m}$，故 π 介子能到达地球。

或在 π 介子静止系中，π 介子是静止的，地球则以速度 v 接近介子，在 Δt_0 时间内，地球接近的距离为 $d'=v\Delta t_0=599\text{m}$，此为运动长度。

$d_0=6000\text{m}$ 为静止长度，经长度收缩后的值为

$$d_0'=d_0\sqrt{1-\frac{v^2}{c^2}}=379\text{m}$$

$d'>d_0'$,故 π 介子能到达地球。

说明:对于同一个物理问题,可以用时钟延缓效应公式,也可以用长度收缩效应公式,二者本质相同,所得结论相同。

练习 6.3.7:一宇航员要到离地球为 5 光年的星球去旅行,如果宇航员希望把这路程缩短为 3 光年,则他所乘的火箭相对于地球的速度应是[　　]

(A) $v=\frac{1}{2}c$;　(B) $v=\frac{3}{5}c$;　(C) $v=\frac{4}{5}c$;　(D) $v=\frac{9}{10}c$。

答案:C。地球与星球的距离为固有长度 $l_0=5$ 光年,相对宇航员的距离为运动长度 $l=l_0\sqrt{1-(v/c)^2}$。

例 6.3.6:一艘飞船和一颗彗星相对地面分别以 $0.6c$ 和 $0.8c$ 的速度相向而行,在地面上观测,再有 5s 二者就要相撞,问:从飞船上的钟看再经过多少时间二者将相撞?

解:方法 1:

设地面为 S 系,飞船上是 S' 系,在不同参考系中的事件及时空坐标见表 6.3.1。

表　6.3.1

参考系＼事件	事件 1:飞船初始	事件 2:彗星初始	事件 3:船星相撞
S 系	x_1,t_0	x_2,t_0	x_3,t
S'系	x_1',t_1'	x_2',t_2'	x_3',t_3'

在 S'系观察到的相撞时间为 $\Delta t'=t_3'-t_1'=\gamma\left(\Delta t-\frac{\beta\Delta x}{c}\right)$,其中 $\beta=\frac{v}{c}=0.6$,$\gamma=\frac{1}{\sqrt{1-\beta^2}}=\frac{5}{4}$。参照表 6.3.1,$\Delta t=t-t_0=5\text{s}$,$\Delta x=x_3-x_1=v\Delta t=0.6c\times5$,代入上式:

$\Delta t'=t_3'-t_1'=\frac{5}{4}\left(5-\frac{0.6\times0.6c\times5}{c}\right)=4\text{s}$。

方法 2:

飞船从初始位置到与彗星相撞,这两个事件在飞船上观察是同地发生的,因此时间间隔是固有时,即 $\tau_0=\tau\sqrt{1-\frac{u^2}{c^2}}=5\sqrt{1-\left(\frac{3}{5}\right)^2}\text{ s}=4\text{s}$。

方法 3:

在地面 S 系观察到飞船从初始位置到碰撞位置的空间间隔为 $l_0=0.6c\times5$,这是固有长度。

在飞船 S'系观察到的空间间隔是运动长度,$l=l_0\sqrt{1-(v/c)^2}$,时间间隔为 $\Delta t=\frac{l}{0.6c}=\frac{0.6c\times5\sqrt{1-(0.6)^2}}{0.6c}=4\text{s}$。

说明：三种相对论效应是相互关联的，与洛伦兹变换本质相同。飞船运动到相遇地点问题与例6.3.5中π介子到达地球问题类似，可以排除掉彗星的干扰仅考虑飞船到达相遇点问题中涉及的固有时和运动时概念。如例6.3.6的相遇问题最常使用方法2中固有时概念求解，如以下练习。

练习6.3.8：在惯性系S中，观察者A站在$x=0$处，观察者B站在$x=2000\text{m}$处，A和B各拿一个已经调好的同步钟。B测得另外一个观察者C在$t=0$时刻与他相遇，并且正以$0.6c$的速度向着A运动。(1)据A观测，多长时间后C与他相遇？(2)据C观测，多长时间后A与他相遇？

解：(1) 在S系中进行测量，两事件的空间间隔$l_0=2000\text{m}$(固有长)。C以$v=0.6c$的速度向A靠近，所以两事件的时间间隔为$\Delta t=\dfrac{l_0}{v}=\dfrac{2000}{0.6\times3\times10^8}\text{s}\approx1.11\times10^{-5}\text{s}$，此时间是运动时。

(2) C进行测量，从与B相遇到与A相遇是同地事件，两事件的时间间隔为$\tau_0=\dfrac{l_0\sqrt{1-v^2/c^2}}{v}=\dfrac{2000\times0.8}{0.6\times3\times10^8}\text{s}\approx0.89\times10^{-5}\text{s}$，此时间是固有时。

练习6.3.9：两个惯性系中的观察者O和O'以$u=0.8c$的相对速度互相接近。O观察到$t=0$时O'在距离$l=c\Delta t_0$处并且开始计时，O'测得其开始计时后经过时间$\Delta t'$两者相遇，则$\Delta t'/\Delta t_0=$__________。

答案：3/4或0.75。对观察者O时间间隔为$\Delta t=\dfrac{l}{u}=\dfrac{c\Delta t_0}{0.8c}=\dfrac{\Delta t_0}{0.8}$，$O'$测得的时间间隔为固有时，$\Delta t'=\Delta t\sqrt{1-\dfrac{u^2}{c^2}}=\dfrac{\Delta t_0}{0.8}\sqrt{1-0.8^2}=\dfrac{3}{4}\Delta t_0$。

练习6.3.10：在S系中的x轴上相隔为$\Delta x=t_0c$处有两只同步的钟A和B。在S_0系的x_0轴上也有一只钟A_0，设S_0系相对S系的运动速度为$v=\alpha c=0.7c$，沿x轴正向，且当A_0与A相遇时，刚好两钟的读数均为零。当A_0钟与B钟相遇时，B钟的读数是t_1而A_0钟的读数是t_2，则$(t_2-t_1)/t_0=$__________。

答案：-0.41。$t_1=\dfrac{\Delta x}{v}=\dfrac{t_0}{\alpha}$，$t_2=t_1\sqrt{1-\dfrac{v^2}{c^2}}=t_1\sqrt{1-\alpha^2}$，故$\dfrac{t_2-t_1}{t_0}=\left(\sqrt{1-\alpha^2}-1\right)/\alpha$。本练习与练习6.2.5类似，也可使用洛伦兹变换计算。

例6.3.7：一艘宇宙飞船的船身固有长度为$L_0=90\text{m}$，相对于地面以$v=0.8c$(c为真空中的光速)的匀速度在一观测站的上空飞过，求：(1)宇航员测得船身通过观测站的时间间隔是多少？(2)观测站测得飞船的船身通过观测站的时间间隔是多少？

解：(1) 宇航员测得飞船船身的长度为船身固有长度L_0，他测得的时间间隔为$\Delta t_1=\dfrac{L_0}{v}=3.75\times10^{-7}\text{s}$。

(2) **方法1**：观测站测得的飞船船身的长度为运动长度：$L=L_0\sqrt{1-\dfrac{v^2}{c^2}}=$

$90\sqrt{1-\left(\frac{0.8c}{c}\right)^2}=54\text{m}$，则观测站测得的时间间隔为 $\Delta t_2=\frac{L}{v}=2.25\times10^{-7}\text{s}$。

方法 2：船身通过时，观测站里的观测者站在原地不动，即同地事件，$\Delta x=0$，测得时间间隔应为固有时，根据固有时与运动时之间的关系，观测站测得的时间间隔为 $\tau_0=\tau\sqrt{1-(v/c)^2}=\Delta t_1\sqrt{1-(v/c)^2}=3.75\times10^{-7}\sqrt{1-\left(\frac{0.8c}{c}\right)^2}=2.25\times10^{-7}\text{s}$。

练习 6.3.11：宇宙飞船相对于地面以速度 v 作匀速直线飞行，某一时刻飞船头部的宇航员向飞船尾部发出一个光信号，经过 Δt（飞船上的钟）时间后，被尾部的接收器收到，则由此可知飞船的固有长度为__________。

答案：$c\Delta t$。飞机上的人测得的是飞机的固有长度，运用该参考系中的事件速度乘积计算。

练习 6.3.12：一固有长度为 l_0 的飞船相对于地面以速度 v 作匀速直线飞行，某一时刻飞船尾部的宇航员向飞船头部的一个靶子发射一速度为 u 的子弹，则在飞船上测得子弹的飞行时间为__________。

答案：l_0/u。

例 6.3.8：一列高速火车以速度 $u=0.7c$ 驶过车站时，固定在站台上的两只机械手在车厢上同时划出两个痕迹，静止在站台上的观察者同时测出两痕迹之间的距离为 l_0，车厢上的观察者测出这两个痕迹之间的距离为 l，则 $l/l_0=$[　　]

(A) 1.4；　　(B) 0.71；　　(C) 1.2；　　(D) 0.83。

答案：A。本题中划出两个痕迹两个事件对地面参考系是同时发生的，故地面参考系看到的两事件的空间间隔 l_0 为运动长度，车厢参考系观察到的空间间隔 l 为固有长度，故 $\frac{l}{l_0}=\frac{1}{\sqrt{1-\left(\frac{u}{c}\right)^2}}=\frac{1}{\sqrt{0.51}}\approx1.4$。

练习 6.3.13：在惯性系 K 中，有两个事件同时发生在 x 轴上相距 $l=1000\text{m}$ 的两点，而在另一惯性系 K'（沿 x 轴方向相对于 K 系运动）中测得这两个事件发生的地点相距 $l'=1.4l$，则时间间隔 $|\Delta t'|=$__________。

答案：$3.3\times10^{-6}\text{s}$。因为 K 系中两事件是同时发生的，故空间间隔 $l=1000\text{m}$ 为运动长度，K' 系中测得的为固有长度，故 $\gamma=1.4\Rightarrow\beta\approx0.7$，由洛伦兹公式：$\Delta t'=\gamma\left(\Delta t-\frac{\beta}{c}\Delta x\right)=1.4\left(-\frac{0.7}{3\times10^8}\times1000\right)\text{s}\approx-0.33\times10^{-5}\text{s}$。

说明：本题与练习 6.2.2 类似，使用了运动长度概念，与使用洛伦兹公式所得结论相同。

练习 6.3.14：一隧道长 $L=ct_1$。一列车以极高的速度 $v=\alpha c$ 沿隧道长度方向通过隧道，从列车上观测，列车的长度为 $l_0=ct_2$。则对列车上静止的观察者而言，列车全部通过隧道的时间为 $t=$__________。

答案：$\frac{t_1\sqrt{1-\alpha^2}+t_2}{\alpha}$。列车车头经过隧道的时间为 $\frac{L\sqrt{1-\left(\frac{v}{c}\right)^2}}{v}=\frac{t_1\sqrt{1-\alpha^2}}{\alpha}$（涉及

车头测量的隧道长度为运动长度、时间为固有时的概念）。随后从列车头到列车尾部经过隧道尾端的时间为$\frac{l_0}{v}=\frac{t_2}{\alpha}$（车头测量的列车长度为固有长度、时间为运动时）。故列车全部通过隧道的时间 $t=\frac{t_1\sqrt{1-\alpha^2}+t_2}{\alpha}$。

6.4 洛伦兹速度变换

相对论速度变换公式：

$$u'_x=\frac{u_x-v}{1-vu_x/c^2},\quad u'_y=\frac{u_y}{\gamma(1-vu_x/c^2)},\quad u'_z=\frac{u_z}{\gamma(1-vu_x/c^2)}$$

或

$$u_x=\frac{u'_x+v}{1+vu'_x/c^2},\quad u_y=\frac{u'_y}{\gamma(1+vu'_x/c^2)},\quad u_z=\frac{u'_z}{\gamma(1+vu'_x/c^2)}$$

考点1：洛伦兹速度变换公式的应用

例 6.4.1：一飞船以 $0.80c$ 的速度在地球上空飞行，如果从飞船上沿其飞行方向抛出一物体，物体相对飞船速度为 $0.90c$。问：从地面上看，物体速度多大？

解：以地面为 S 系，飞船为 S'系，可用相对论速度变换公式 $u_x=\frac{u'_x+v}{1+\frac{v}{c^2}u'_x}$，其中 v 为 S'系相对 S 系的速度 $v=0.8c$，u'_x 为物体相对 S'系的速度 $u'_x=0.9c$，代入上式，$u_x=\frac{u'_x+v}{1+\frac{v}{c^2}u'_x}=\frac{0.9c+0.8c}{1+\frac{0.8}{c}\times 0.9c}=\frac{1.7c}{1.72}\approx 2.97\times 10^8\,\mathrm{m/s}$。

练习 6.4.1：地面上的观察者测得两艘宇宙飞船相对于地面以速率 $u=\alpha c$ 逆向飞行。其中一艘飞船测得另一艘飞船的速度的大小为 u'，则 $u'/c=$__________。

答案：$\frac{2\alpha}{1+\alpha^2}$。如图 6.4.1 所示，取地面为 S 系，求在飞船 S'系测得的另一艘飞船速度。运用相对论速度变换公式，左边飞船相对 S' 的速度的大小为 $u'_x=\frac{u_x-v}{1-vu_x/c^2}$，其中 v 为 S'系相对 S 系的速度，$v=-\alpha c$，

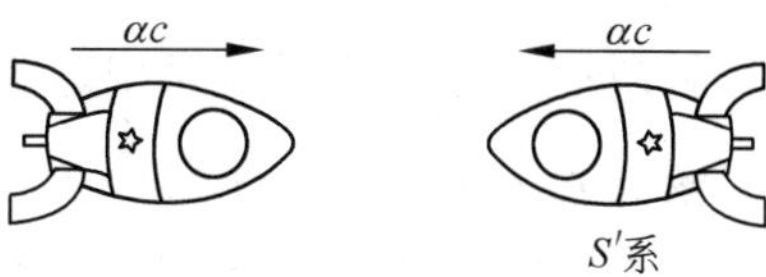

图　6.4.1

u_x 为左边飞船相对 S 系的速度，$u_x=\alpha c$。代入上式 $u'_x=\frac{\alpha c+\alpha c}{1+(\alpha c/c)^2}=\frac{2\alpha}{1+\alpha^2}c$。

例 6.4.2：一放射性原子核相对于实验室参考系以 $0.5c$ 的速度飞行，这个核衰变时发射的电子相对于核的速度为 $0.9c$。求：(1)当电子的速度方向沿核的运动方向时，求实验室

观测者测得的电子速度的大小；(2)当电子的速度方向垂直于核的运动方向时，求实验室观测者测得的电子速度的大小。

解：设实验室参考系为 S 系，原子核参考系为 S'系。

(1) 可用相对论速度变换公式 $u_x=\dfrac{u'_x+v}{1+\dfrac{v}{c^2}u'_x}$，其中 $v=0.5c$，$u'_x=0.9c$，可得 $u_x\approx 0.9655c$。

(2) 依据题意 $v=0.5c$，$u'_x=0$，$u'_y=0.9c$，$u'_z=0$，运用 $u_x=\dfrac{u'_x+v}{1+\dfrac{v}{c^2}u'_x}$，可得 $u_x=0.5c$。运用 $u_y=\dfrac{u'_y}{\gamma(1+vu'_x/c^2)}$，可得 $u_y\approx 0.7794c$；$u_z=0$。故实验室观测者测得的电子速度的大小：

$$|\boldsymbol{u}|=\sqrt{u_x^2+u_y^2}\approx 0.9260c$$

考点 2：光速不变性

例 6.4.3：一原子核以 $0.5c$ 的速度离开某惯性系 S 作直线运动。原子核在它运动方向上相对于核以 $0.8c$ 的速度分别向前、向后发射一电子与一光子。则对静止于惯性系 S 中的观察者来讲：(1)电子具有多大的速度；(2)光子具有多大的速度。

解：(1) 以原子核为 S'系，则相对论速度变换公式可用 $u_x=\dfrac{u'_x+v}{1+\dfrac{v}{c^2}u'_x}$，其中 $v=0.5c$，$u'_x=0.8c$，代入上式，$u_x=\dfrac{0.8c+0.5c}{1+\dfrac{0.5}{c}\times 0.8c}=\dfrac{1.3c}{1.4}\approx 2.79\times 10^8\,\text{m/s}$。

(2) 光子在任何参考系速度均为光速 $c=3\times 10^8\,\text{m/s}$。

练习 6.4.2：已知惯性系 S'相对于惯性系 S 以 $v'=0.4c$ 的匀速度沿 x 轴的正方向运动，若从 S'系的坐标原点 O'沿 x 轴正方向发出一光波，则 S 系中测得此光波在真空中的波速为 u_c，则 $u_c/v'=$____________。

答案：2.5。光波在真空中的波速为 $u_c=c$，故 $\dfrac{u_c}{v'}=\dfrac{1}{0.4}=2.5$。

练习 6.4.3：有一速度为 u 的宇宙飞船沿 x 轴正方向飞行，飞船头尾各有一个脉冲光源在工作，处于船尾的观察者测得船头光源发出的光脉冲的传播速度大小为____________；处于船头的观察者测得船尾光源发出的光脉冲的传播速度大小为____________。

答案：c；c。

练习 6.4.4：以速度 v 相对于地球作匀速直线运动的恒星所发射的光子，其相对于地球的速度的大小为____________。在惯性系中，两个光子火箭(以光速 c 运动的火箭)沿相互垂直的方向运动时，一个火箭对另一个火箭的相对运动速率为____________。

答案：c；c。

6.5　相对论动力学基础

(1) 相对论质点力学基本物理量(令 $v/c=\beta,1/\sqrt{1-\beta^2}=\gamma$)：

质量 $m=\gamma m_0$；动量 $\boldsymbol{p}=m\boldsymbol{v}$；总能量 $E=mc^2$；静止能量 $E_0=m_0c^2$；动能 $E_k=mc^2-m_0c^2$。

(2) 基本规律：

① 质点动力学方程：$\boldsymbol{F}=m\dfrac{\mathrm{d}\boldsymbol{v}}{\mathrm{d}t}+\boldsymbol{v}\dfrac{\mathrm{d}m}{\mathrm{d}t}$；

② 在狭义相对论中，动量守恒定律仍然成立，质量守恒和能量守恒合并为质能守恒；

③ 能量-动量关系：$(mc^2)^2=(pc)^2+(m_0c^2)^2$。

(3) 技术应用——质量亏损和核能的运用：反应前的静质量减去反应后生成物的静质量等于质量亏损，亏损的质量对应核反应中释放出的原子能：$\Delta E=\Delta mc^2$。

例 6.5.1：根据狭义相对论力学的基本方程 $\boldsymbol{F}=\mathrm{d}\boldsymbol{p}/\mathrm{d}t$，以下论断中正确的是[　　]

(A) 质点的加速度和合外力必在同一方向上，且加速度的大小与合外力的大小成正比；

(B) 质点的加速度和合外力可以不在同一方向上，但加速度的大小与合外力的大小成正比；

(C) 质点的加速度和合外力必在同一方向上，但加速度的大小与合外力可不成正比；

(D) 质点的加速度和合外力可以不在同一方向上，且加速度的大小不与合外力大小成正比。

答案：D。根据相对论质点动力学方程 $\boldsymbol{F}=m\dfrac{\mathrm{d}\boldsymbol{v}}{\mathrm{d}t}+\boldsymbol{v}\dfrac{\mathrm{d}m}{\mathrm{d}t}$判断。

例 6.5.2：观察者甲以速度 αc(c 为真空中的光速)相对于静止的观察者乙运动，若甲携带一长度为 l、面积为 S、质量为 m 的棒，这根棒安放在运动方向上，则甲测得此棒的密度为 ρ_0，而乙测得此棒的密度为 ρ，$\rho/\rho_0=$____________。

答案：$1/(1-\alpha^2)$。甲观察到的是固有长度 l，棒的体积为 $V=lS$。在运动方向上，乙测得的长度改变为 $l'=l\sqrt{1-\beta^2}=l\sqrt{1-\alpha^2}$，则体积 $V'=V\sqrt{1-\alpha^2}$，质量 $m'=\dfrac{m}{\sqrt{1-\alpha^2}}$。故密度 $\rho=\dfrac{m'}{V'}=\dfrac{m}{V(1-\alpha^2)}=\rho_0/(1-\alpha^2)$。

练习 6.5.1：边长为 a 的正方形，静止质量为 m_0，求当它沿与一边平行方向，以接近光速的速度 v 运动时的质量面密度 $\sigma=$____________

答案：$\dfrac{m_0}{a^2(1-v^2/c^2)}$。运动质量 $m=\dfrac{m_0}{\sqrt{1-v^2/c^2}}$，动尺收缩只发生在运动方向上，故正方形的面积为 $s=a\cdot a\sqrt{1-v^2/c^2}=a^2\sqrt{1-v^2/c^2}$，面密度为 $\sigma=\dfrac{m}{s}=\dfrac{m_0}{a^2(1-v^2/c^2)}$。

例 6.5.3：两静止质量均为 m_0 的小球，其一静止，另一个以 $0.8c$ 运动，在它们作对心碰撞后粘在一起，求碰后两个小球系统的静止质量和速度。

解：假设碰后系统静止质量为 M_0，速度为 u，根据系统动量守恒：

$$\frac{m_0}{\sqrt{1-\left(\frac{v}{c}\right)^2}}v+0=\frac{M_0}{\sqrt{1-\left(\frac{u}{c}\right)^2}}u$$

根据相对论质量守恒：

$$m_0+\frac{m_0}{\sqrt{1-\left(\frac{v}{c}\right)^2}}=\frac{M_0}{\sqrt{1-\left(\frac{u}{c}\right)^2}}$$

由上述两式可得 $u=\dfrac{v}{1+\sqrt{1-\left(\frac{v}{c}\right)^2}}=0.5c$，$M_0=2.309m_0$。

练习 6.5.2：一个静止质量为 m_0 的质点，以速率 $v=0.8c$ 与一质量为 $M_0=1.5m_0$ 的静止质点发生碰撞结合成一个速率为 v_f 的复合质点，则 $v_f/c=$[　　]

(A) 0.45；　　(B) 0.43；　　(C) 0.42；　　(D) 0.4。

答案：C。采用与例 6.5.3 类似的方法，运用动量守恒与质量守恒计算，$v_f=\dfrac{v}{1+1.5\sqrt{1-\left(\frac{v}{c}\right)^2}}=\dfrac{0.8c}{1.9}$。

例 6.5.4：设一静质量为 m_0 的质子以速度 $v=0.80c$ 运动，求其总能量、动能和动量。

解：质子的静能 $E_0=m_0c^2=938\text{MeV}$；

总能量：$E=mc^2=\dfrac{m_0c^2}{\sqrt{1-\frac{v^2}{c^2}}}=1563\text{MeV}$；

动能：$E_\text{k}=E-m_0c^2=625\text{MeV}$；

动量：$p=mv=\dfrac{m_0v}{\sqrt{1-\frac{v^2}{c^2}}}=6.68\times10^{-19}\text{kg}\cdot\text{m/s}$；

或 $cp=\sqrt{E^2-(m_0c^2)^2}=1250\text{MeV}$，$p=1250\text{MeV}/c=6.68\times10^{-19}\text{kg}\cdot\text{m/s}$。

练习 6.5.3：一个电子的运动速度为 $0.99c$，则其动能为[　　]($m_0c^2\approx0.5\text{MeV}$)

(A) 4.0MeV；　　(B) 3.5MeV；　　(C) 3.0MeV；　　(D) 2.5MeV。

答案：C。动能 $E_\text{k}=mc^2-m_0c^2$。

练习 6.5.4：运动粒子的总能量是它静止能量的 k 倍，它的运动速度为________。

答案：$\dfrac{c}{k}\sqrt{k^2-1}$。根据题意 $mc^2=km_0c^2$，即 $\dfrac{m_0c^2}{\sqrt{1-\frac{v^2}{c^2}}}=km_0c^2\rightarrow k\sqrt{1-\frac{v^2}{c^2}}=1$。

练习 6.5.5：由于相对论效应，如果粒子的能量增加，粒子在磁场中的回旋周期将随能量的增加而增大。动能为 E_k 的质子在磁感应强度为 B 的磁场中的回旋周期 $T=$

___________。（质子的静止质为量 m_0，电量为 q）

答案：$\dfrac{2\pi}{qB}\left(\dfrac{E_k}{c^2}+m_0\right)$。磁场中的质子受到洛伦兹力作用：$qvB=mv^2/R$，故回旋周期为 $T=\dfrac{2\pi R}{v}=\dfrac{2\pi m}{qB}$，其中 m 为运动质量，由动能公式 $E_k=mc^2-m_0c^2$，算得 $m=\dfrac{E_k}{c^2}+m_0$，故 $T=\dfrac{2\pi}{qB}\left(\dfrac{E_k}{c^2}+m_0\right)$。

练习 6.5.6：令电子的速率为 v，则电子的动能 E_k 对于比值 v/c 的图线可用哪一个表示？（c 表示真空中的光速）[　　]

答案：D。根据相对论动能：$E_k=mc^2-m_0c^2=\left[\dfrac{1}{\sqrt{1-(v/c)^2}}-1\right]m_0c^2$。

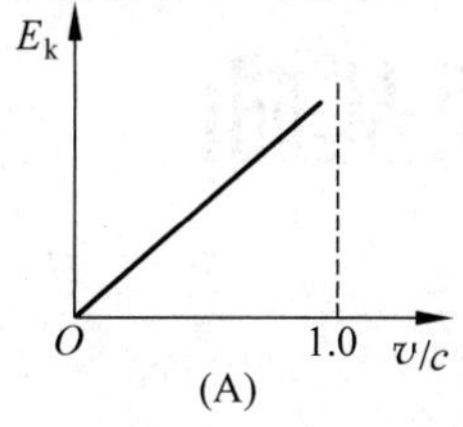

(A)

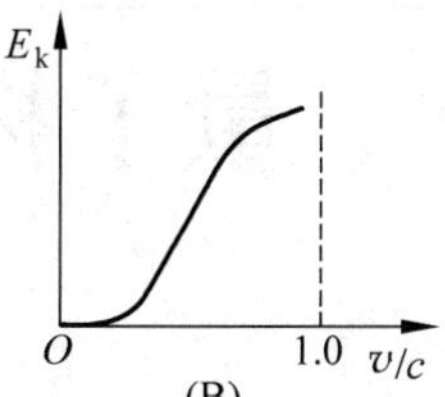

(B)

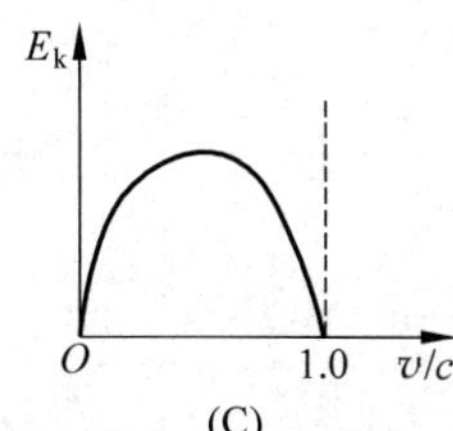

(C)

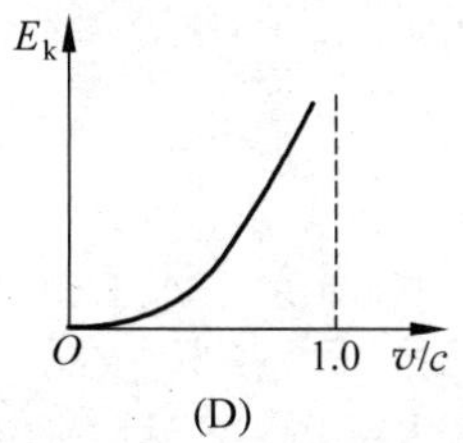

(D)

例 6.5.5：某核电站年发电量为 100 亿度，这相当于 3.6×10^{16}J 的能量，若此能量是由核材料的全部静止能量所转化而来的，则需要消耗的核材料的静质量为[　　]

(A) 0.4kg；　　(B) 0.8kg；　　(C) $\dfrac{1}{12}\times10^7$kg；　　(D) 12×10^7kg。

答案：A。根据 $\Delta E=\Delta mc^2$，可得消耗的核材料的静质量为 $\Delta m=\Delta E/c^2$。

第七部分

量子物理基础

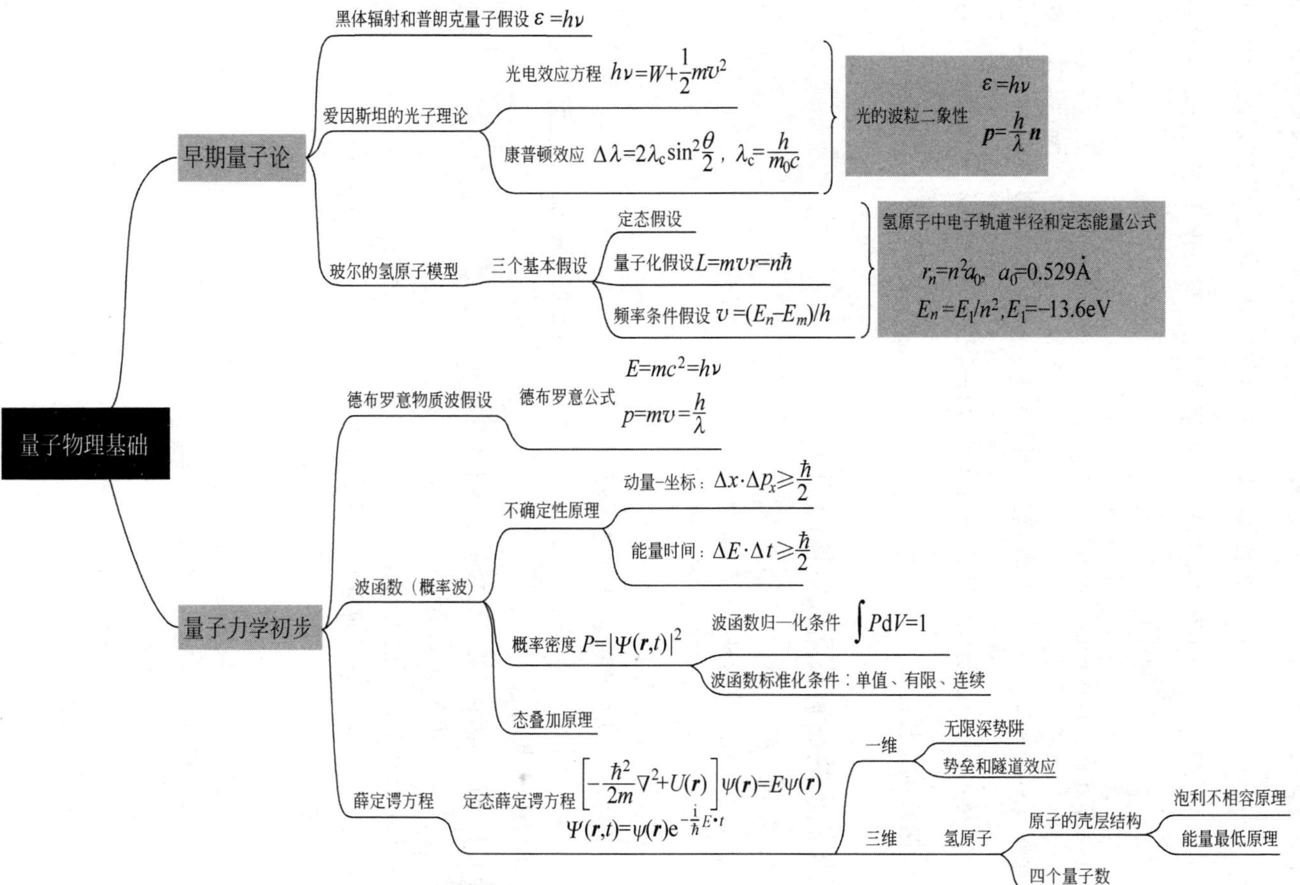

量子物理基础部分主要内容思维导图

7.1 黑体辐射、光电效应、康普顿散射

(1) 黑体辐射的实验规律：①对一定的温度 T，单色辐射本领与腔壁材质和空腔的大小、形状无关；②$\int e_0(\lambda,T)\mathrm{d}\lambda=\sigma T^4$(斯特藩-玻耳兹曼定律，辐出度与 T^4 成正比，$\sigma=5.67\times10^{-8}\mathrm{W/(m^2\cdot K^4)}$)；③$\lambda_m=b/T$(维恩位移定律，峰值波长 λ_m 与温度 T 成反比，$b=2.897\times10^{-3}\mathrm{m\cdot K}$)。

(2) 光电效应方程：$h\nu=\frac{1}{2}mv^2+A$。

(3) 康普顿散射：高能射线(如 X 射线)入射到物质后，散射光中出现比原波长大的新射线的现象。解释：光子和散射体中的外层电子作弹性碰撞，$\Delta\lambda=\lambda-\lambda_0=2\lambda_c\sin^2\frac{\theta}{2}$，其中 $\lambda_c=h/m_0c$ 为康普顿波长。

考点 1：黑体概念的理解及两大定律的应用

例 7.1.1：绝对黑体是这样一种物体，它[　　]

(A) 不能吸收也不能发射任何电磁辐射；

(B) 不能反射也不能发射任何电磁辐射；

(C) 不能发射但能全部吸收任何电磁辐射；

(D) 不能反射但可以全部吸收任何电磁辐射。

答案：D。一种物体在任何温度下，能全部吸收射在其上的辐射能，不反射外界来的辐射，这种物体称为绝对黑体。

练习 7.1.1：所谓“黑体”是指这样的一种物体，即[　　]

(A) 不能反射任何可见光的物体；

(B) 不能发射任何电磁辐射的物体；

(C) 能够全部吸收外来的任何电磁辐射的物体；

(D) 完全不透明的物体。

答案：C。

练习 7.1.2：普朗克量子假说是为解释[　　]

(A) 光电效应实验规律而提出来的；

(B) X 射线散射的实验规律而提出来的；

(C) 黑体辐射的实验规律而提出来的；

(D) 原子光谱的规律性而提出来的。

答案：C。

例 7.1.2：测量星球表面温度的方法之一，是把星球看作绝对黑体而测定其最大单色辐出度的波长 λ_m，现测得太阳的 $\lambda_{m1}=0.55\mu\mathrm{m}$，北极星的 $\lambda_{m2}=0.35\mu\mathrm{m}$，则太阳表面温度 T_1 与北极星表面温度 T_2 之比 $T_1:T_2=$________。

答案：0.64。根据维恩位移定律 $\lambda_m T=b$，故 $T_1:T_2=\lambda_{m2}:\lambda_{m1}=7:11$。

练习 7.1.3：某一恒星的表面温度为 6000K，若视作绝对黑体，则其单色辐出度为最大值的波长为____________。(维恩定律常数 $b=2.897\times10^{-3}\mathrm{m\cdot K}$)

答案：482.8nm。

例 7.1.3：当绝对黑体的温度从 27℃升到 327℃时，其辐射出射度(总辐射本领)增加为原来的____________倍。

答案：16。根据斯特藩-玻耳兹曼定律，辐出度与 T^4 成正比，故温度由 300K 升为 600K，变为原来 2 倍时，辐出度变为原来的 $2^4=16$ 倍。

练习 7.1.4：在加热黑体过程中，其最大单色辐出度(单色辐射本领)对应的波长由 $0.8\mu\mathrm{m}$ 变到 $0.4\mu\mathrm{m}$，则其辐射出射度(总辐射本领)增大为原来的[ ]

(A) 2 倍； (B) 4 倍； (C) 8 倍； (D) 16 倍。

答案：D。根据维恩位移定律 λ_m 与温度 T 成反比；根据斯特藩-玻耳兹曼定律，辐出度与 T^4 成正比。

练习 7.1.5：一个 100W 的白炽灯泡的灯丝表面积为 $5.3\times10^{-5}\mathrm{m}^2$。若将点燃的灯丝看成是黑体，可估算出它的工作温度为____________。(斯特藩-玻耳兹曼定律常数 $\sigma=5.67\times10^{-8}\mathrm{W/(m^2\cdot K^4)}$)

答案：$2.40\times10^3\mathrm{K}$。辐射出射度的定义为单位时间内从物体单位表面积发出的所有波长的电磁波能量，本题中为 $100/5.3\times10^{-5}=\sigma T^4$。

考点 2：光电效应的光量子解释的理解与应用

说明：光电效应的主要结论如下：①存在截止频率(红限频率)ν_0，通过 $h\nu_0=A$ 计算截止频率(其中 A 为金属的逸出功)；②存在饱和电流，入射光频率不变时，金属的饱和光电流正比于光强，如图 7.1.1(a)所示；③存在截止电压 U_c，如图 7.1.1(a)、(b)所示，通过 $e|U_c|=\frac{1}{2}mv^2$ 计算$\left(其中\frac{1}{2}mv^2 为光电子的初动能\right)$，也可由 $h(\nu-\nu_0)=e|U_c|$ 计算；④光电子的初动能与光频率成正比，如图 7.1.1(b)所示，对不同金属，截止频率不同，但曲线斜率不变($\tan\theta=h/e$)。以下例题与练习多是基于以上知识点的考察。

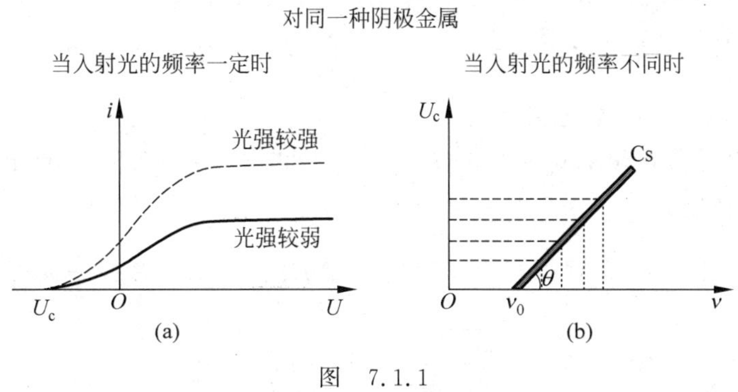

对同一种阴极金属

当入射光的频率一定时 当入射光的频率不同时

(a) (b)

图 7.1.1

例 7.1.4：关于光电效应有下列说法：

(1) 任何波长的可见光照射到任何金属表面都能产生光电效应；

(2) 若入射光的频率均大于一给定金属的红限，则该金属分别受到不同频率的光照射时，释出的光电子的最大初动能也不同；

(3) 若入射光的频率均大于一给定金属的红限，则该金属分别受到不同频率、强度相等的光照射时，单位时间释出的光电子数一定相等；

(4) 若入射光的频率均大于一给定金属的红限，则当入射光频率不变而强度增大一倍时，该金属的饱和光电流也增大一倍。其中正确的是[　　]

(A) (1)、(2)、(3)；　　(B) (2)、(3)、(4)；

(C) (2)、(3)；　　(D) (2)、(4)。

答案：D。(1)是关于红限频率的理解。(2)根据光电效应方程：$h\nu=\frac{1}{2}mv^2+A$，当入射光的频率ν改变时，光电子的最大初动能$\frac{1}{2}mv^2$会增大。(3)、(4)当入射光频率不变而强度增大时，入射光强度与单位时间内照射到金属上的光子数成正比($I=nh\nu$)，光子数的变化导致单位时间内吸收光子的电子数变化，电流变化。故入射光频率不变时，金属的饱和光电流正比于光强。(注：电压大小不能决定饱和电流大小)

例 7.1.5：铂的逸出功为 6.3eV，则铂的截止频率$\nu_0=$________。

答案：1.52×10^{15} Hz。$\nu_0=\frac{A}{h}=\frac{6.3\times1.6\times10^{-19}}{6.63\times10^{-34}}\text{Hz}\approx1.52\times10^{15}\text{Hz}$。

练习 7.1.6：金属的光电效应的红限频率依赖于[　　]

(A) 入射光的频率；　　(B) 入射光的强度；

(C) 金属的逸出功；　　(D) 入射光的频率和金属的逸出功。

答案：C。根据$\nu_0=\frac{A}{h}$。

练习 7.1.7：以下一些材料的逸出功为铍 3.9eV，钯 5.0eV，铯 1.9eV，钨 4.5eV，今要制造能在可见光下工作的光电管，在这些材料中应选[　　]

(A) 钨；　　(B) 钯；　　(C) 铯；　　(D) 铍。

答案：C。在可见光频率下工作的光电管，其红限应在可见光范围内。A～D 四种材料相应红限对应波长$\left(h\nu_0=A\rightarrow\nu_0=\frac{A}{h},\lambda_0=\frac{c}{\nu_0}=\frac{hc}{A}\right)$为 0.32μm、0.25μm、0.65μm、0.28μm。可见只有 C 的红限在可见光范围内。

例 7.1.6：钾的截止频率$\nu_0=4.62\times10^{14}$ Hz，以波长$\lambda=435.8$nm 的光照射，则钾放出光电子的最大初速度为________。

答案：5.72×10^5 m/s。根据光电子出射动能$E_{\text{kmax}}=h\nu-A\Rightarrow\frac{1}{2}mv_{\text{m}}^2=h(\nu-\nu_0)$，光电子初速度$v_{\text{m}}=\sqrt{\frac{2h}{m_{\text{e}}}(\nu-\nu_0)}=\sqrt{\frac{2h}{m_{\text{e}}}\left(\frac{c}{\lambda}-\nu_0\right)}\approx5.74\times10^5\text{m/s}$。

练习 7.1.8：保持光电管上电势差不变，若入射的单色光光强增大，则从阴极逸出的光电子的最大初动能E_0和飞到阳极的电子的最大动能E_{k}变化分别是[　　]

(A) E_0增大，E_{k}增大；　　(B) E_0不变，E_{k}变小；

(C) E_0 增大，E_k 不变；　　　　(D) E_0 不变，E_k 不变。

答案：D。根据光电子出射动能公式 $E_{kmax}=h\nu-A$，光电子动能与光强无关。

练习 7.1.9：用频率为 ν 的单色光照射某种金属时，逸出光电子的最大动能为 E_k；若改用频率为 2ν 的单色光照射此种金属时，则逸出光电子的最大动能为__________。

答案：$h\nu+E_k$。由第一次测量结果得到金属的逸出功为 $A=h\nu-E_k$，第二次测量逸出光电子的最大动能为 $2h\nu-A=h\nu+E_k$。

练习 7.1.10：某金属产生光电效应的红限波长为 λ_0，今以波长为 $\lambda(\lambda<\lambda_0)$ 的单色光照射该金属，金属释放出的电子(质量为 m_e)的动量大小为[　　]

(A) h/λ；　　　　(B) h/λ_0；

(C) $\sqrt{\dfrac{2m_ehc(\lambda+\lambda_0)}{\lambda\lambda_0}}$；　　　　(D) $\sqrt{\dfrac{2m_ehc(\lambda_0-\lambda)}{\lambda\lambda_0}}$。

答案：D。由例 7.1.6 可得金属释放出的电子初速度为 $v_m=\sqrt{\dfrac{2h}{m_e}(\nu-\nu_0)}=\sqrt{\dfrac{2h}{m_e}\left(\dfrac{c}{\lambda}-\dfrac{c}{\lambda_0}\right)}$。

例 7.1.7：当波长为 300nm 的光照射在某金属表面时，光电子的动能范围为 $0\sim4.0\times10^{-19}$J。此时截止电压为 $|U_c|=$__________ V，红限频率 $\nu_0=$__________ Hz。

答案：2.5，4.0×10^{14}。截止电压可由 $e|U_c|=\dfrac{1}{2}mv^2$ 或 $h(\nu-\nu_0)=e|U_c|$ 计算，根据前者可得 $|U_c|=E_k/e=4.0\times10^{-19}/(1.6\times10^{-19})\text{V}=2.5\text{V}$；根据后者 $\nu_0=c/\lambda-eU_c/h\approx4.0\times10^{14}$ Hz。

练习 7.1.11：设用频率为 ν_1 和 ν_2 的两种单色光，先后照射同一种金属均能产生光电效应。已知金属的红限频率为 ν_0，测得两次照射时的遏止电压 $|U_{c2}|=2|U_{c1}|$，则这两种单色光的频率有如下关系：[　　]

(A) $\nu_2=\nu_1-\nu_0$；　(B) $\nu_2=\nu_1+\nu_0$；　(C) $\nu_2=2\nu_1-\nu_0$；　(D) $\nu_2=\nu_1-2\nu_0$。

答案：C。根据 $h(\nu-\nu_0)=e|U_c|$ 以及 $|U_{c2}|=2|U_{c1}|$，可得 $\nu_2-\nu_0=2(\nu_1-\nu_0)$。

练习 7.1.12：在光电效应实验中，测得某金属的截止电压 $|U_c|$ 与入射光频率 ν 的关系曲线如图 7.1.2 所示，由此可知该金属的红限频率 $\nu_0=$__________ Hz，逸出功 $A=$__________ eV。

答案：5×10^{14}，2。由图 7.1.2 可知，当入射光频率为 5×10^{14} Hz 时光电子射出，此频率为该金属的红限频率。逸出功为 $h\nu_0\approx2$eV。

例 7.1.8：以一定频率的单色光照射在某种金属上，测出其光电流曲线如图 7.1.3 中实线所示。然后保持光的频率不变，增大照射光强度，测出其光电流曲线如图中虚线所示，哪一个图是正确的[　　]

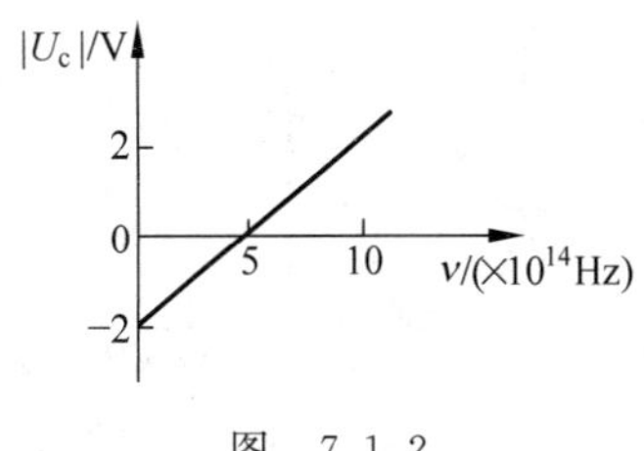

图　7.1.2

答案：B。如例 7.1.4 阐述，频率不变的情况下，饱和电流与光强成正比。此外在光电流 i-U 图中，与横坐标焦点对应截止电压且 $h(\nu-\nu_0)=e|U_c|$，故对同种金属(ν_0 相

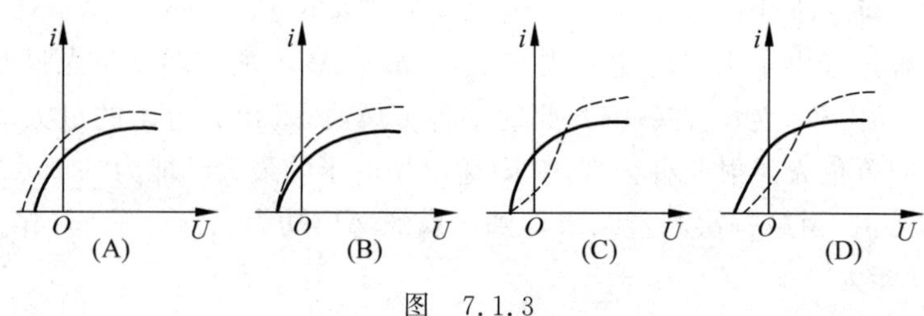

图 7.1.3

同)，同频光(ν 相同)，$|U_c|$ 相同。

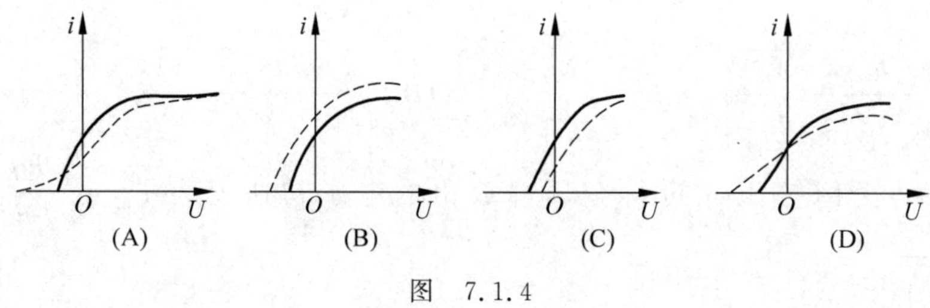

图 7.1.4

例 7.1.9：以一定频率的单色光照射在某种金属上，测出其光电流曲线如图 7.1.4 中实线所示。然后在光强不变的情况下，增大照射光的频率，测出其光电流曲线如图中虚线所示，不计转换效率与频率的关系，下列哪一个图是正确的[　　]

答案：D。光强 $I=nh\nu$ 不变时，频率增大，单位时间内照射到金属上的光子数减少，饱和电流减小。根据 $h(\nu-\nu_0)=e|U_c|$，当频率 ν 增加，同种金属(ν_0 相同)$|U_c|$ 变大。

练习 7.1.13：分别以频率为 ν_1 和 ν_2 的单色光照射某一光电管。若 $\nu_1>\nu_2$(均大于红限频率 ν_0)，则当两种频率的入射光的光强相同时，所产生的光电子的最大初动能 E_1 ________ E_2，所产生的饱和光电流 I_{s1} ________ I_{s2}。(填入"$>$"或"$=$"或"$<$")

答案：$>$，$<$。根据光电效应方程：$h\nu=E_k+A$，当频率增大时，光电子的最大初动能 E_k 增加。由例 7.1.9，当入射光强度不变而频率增大时，饱和电流减小。

练习 7.1.14：用频率为 ν_1 的单色光照射某种金属时，测得饱和电流为 I_1，以频率为 ν_2 的单色光照射该金属时，测得饱和电流为 I_2，若 $I_1>I_2$，则[　　]

(A) $\nu_1>\nu_2$；　　(B) $\nu_1<\nu_2$；

(C) $\nu_1=\nu_2$；　　(D) ν_1 与 ν_2 的关系还不能确定。

答案：D。

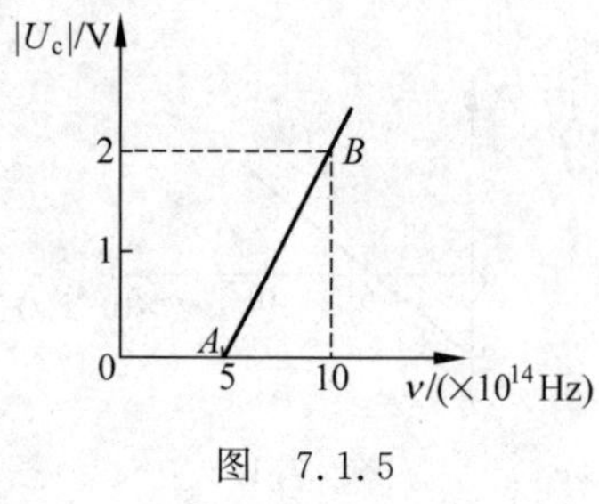

图 7.1.5

例 7.1.10：如图 7.1.5 所示为在一次光电效应实验中得出的曲线。(1)求证对不同材料的金属，线 AB 的斜率相同；(2)由图上数据求出普朗克常量 h。

解：(1) 由光电效应方程 $h\nu=\frac{1}{2}mv^2+A$，可得 $e|U_c|=\frac{1}{2}mv^2=h\nu-A$。故 $\frac{\mathrm{d}|U_c|}{\mathrm{d}\nu}=\frac{h}{e}$，由此可知，对不同金属，曲线的斜率相同，为 $\frac{h}{e}$。

(2) 因为$\frac{\mathrm{d}|U_c|}{\mathrm{d}\nu}=\frac{h}{e}$,故 $h=e\,\frac{\mathrm{d}|U_c|}{\mathrm{d}\nu}=e\,\frac{2.0-0}{(10.0-5.0)\times 10^{14}}\mathrm{J\cdot s}=6.4\times 10^{-34}\mathrm{J\cdot s}$

练习 7.1.15：光电效应中发射的光电子最大初动能随入射光频率 ν 的变化关系如图 7.1.6 所示。由图中的[　　]可以直接求出普朗克常量。

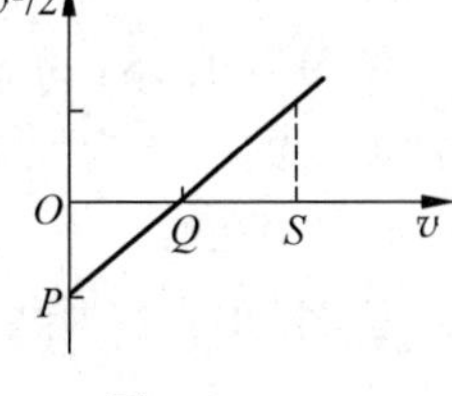

图　7.1.6

(A) OQ；　　(B) OP；

(C) OP/OQ；　　(D) QS/OS。

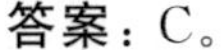

答案：C。

考点 3：对康普顿效应光子散射图像的理解

例 7.1.11：光电效应和康普顿效应都包含有电子与光子的相互作用过程。对此，在以下几种理解中，正确的是[　　]

(A) 两种效应中电子与光子两者组成的系统都服从动量守恒定律和能量守恒定律；

(B) 两种效应都相当于电子与光子的弹性碰撞过程；

(C) 两种效应都属于电子吸收光子的过程；

(D) 光电效应是吸收光子的过程，而康普顿效应则相当于光子和电子的弹性碰撞过程；

(E) 康普顿效应是吸收光子的过程，而光电效应则相当于光子和电子的弹性碰撞过程。

答案：D。光电效应中电子与原子的碰撞是完全非弹性碰撞过程，光子被吸收，电子逸出；康普顿效应光子和散射体中的外层电子作弹性碰撞，光子被散射，电子反冲。故 A、B、C、E 错误，D 正确。

练习 7.1.16：用 X 射线照射物质时，可以观察到康普顿效应，即在偏离入射光的各个方向上观察到散射光，这种散射光中[　　]

(A) 只包含与入射光波长相同的成分；

(B) 既有与入射光波长相同的成分，也有波长变长的成分，波长的变化只与散射方向有关，与散射物质无关；

(C) 既有与入射光相同的成分，也有波长变长的成分和波长变短的成分，波长的变化既与散射方向有关，也与散射物质有关；

(D) 只包含波长变长的成分，其波长的变化只与散射物质有关，与散射方向无关。

答案：B。

例 7.1.12：在康普顿效应实验中，若散射光波长是入射光波长的 1.2 倍，则散射光光子能量 ε 与反冲电子动能 E_k 之比 ε/E_k 为[　　]

(A) 2；　　(B) 3；　　(C) 4；　　(D) 5。

答案：D。设散射光波长为 λ，入射光波长为 λ_0，则 $\lambda=1.2\lambda_0$。入射光光子能量为 $\varepsilon_0=h\nu_0=h\,\frac{c}{\lambda_0}$，散射光能量 $\varepsilon=h\,\frac{c}{\lambda}$。根据能量守恒，反冲电子动能 $E_k=\varepsilon_0-\varepsilon$，故 $\frac{\varepsilon}{E_k}=\frac{1}{\lambda/\lambda_0-1}=\frac{1}{0.2}$。

练习 7.1.17：在康普顿散射中，如果反冲电子的速度为 0.6 倍光速，则因散射使电子获得的能量(动能)是其静止能量的__________倍。

答案：0.25。因散射使电子获得的能量为：$\Delta E = mc^2 - m_0c^2 = m_0c^2\left(\frac{1}{\sqrt{1-0.6^2}}-1\right) = 0.25m_0c^2$。

练习 7.1.18：光子能量为 0.5MeV 的 X 射线，入射到某种物质上发生康普顿散射。若反冲电子的动能为 0.1MeV，则散射光波长的改变量 $\Delta\lambda$ 与入射光波长 λ_0 之比值为［　　］

(A) 0.20；　　(B) 0.25；　　(C) 0.30；　　(D) 0.35。

答案：B。由能量守恒可得，入射光子能量为 $\varepsilon_0 = 0.5\text{MeV}$，散射光子能量为 $\varepsilon = 0.4\text{MeV}$，根据光子能量 $\varepsilon = h\frac{c}{\lambda}$ 可得 $\frac{\lambda}{\lambda_0} = \frac{\varepsilon_0}{\varepsilon} = \frac{5}{4}$，进而 $\frac{\Delta\lambda}{\lambda_0} = \frac{\lambda-\lambda_0}{\lambda_0} = \frac{1}{4}$。

例 7.1.13：如图 7.1.7 所示，一频率为 ν 的入射光子与起始静止的自由电子发生碰撞和散射，如果散射光子的频率为 ν'，反冲电子的动量为 p，则在与入射光子平行的方向上的动量守恒定律的分量形式为________。

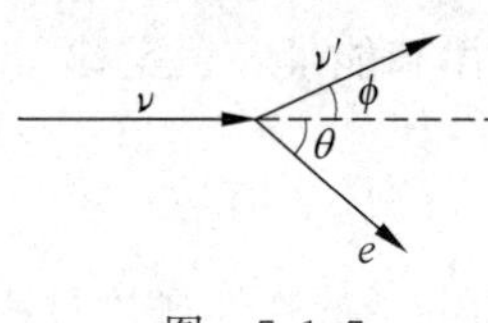

图 7.1.7

答案：$h\frac{\nu}{c} = h\frac{\nu'\cos\phi}{c} + p\cos\theta$。

练习 7.1.19：康普顿散射中，当散射光子与入射光子方向成夹角 $\varphi =$________时，散射光子的频率小得最多；当 $\varphi =$________时，散射光子的频率与入射光子相同。

答案：π；0。

例 7.1.14：用强度为 I，波长为 λ 的 X 射线分别照射锂（$Z=3$）和铁（$Z=26$）。若在同一散射角下测得康普顿散射的 X 射线的波长 λ_{Li} 和 λ_{Fe}（$\lambda_{\text{Li}}, \lambda_{\text{Fe}} > \lambda$），它们对应的强度分别为 I_{Li} 和 I_{Fe}，则［　　］

(A) $\lambda_{\text{Li}} > \lambda_{\text{Fe}}, I_{\text{Li}} > I_{\text{Fe}}$；　　(B) $\lambda_{\text{Li}} = \lambda_{\text{Fe}}, I_{\text{Li}} = I_{\text{Fe}}$；

(C) $\lambda_{\text{Li}} = \lambda_{\text{Fe}}, I_{\text{Li}} > I_{\text{Fe}}$；　　(D) $\lambda_{\text{Li}} < \lambda_{\text{Fe}}, I_{\text{Li}} > I_{\text{Fe}}$。

答案：C。康普顿波长的变化只与散射方向有关，与散射物质无关，故 $\lambda_{\text{Li}} = \lambda_{\text{Fe}}$。光子与外层电子碰撞散射对应波长变长的谱线，光子与内层电子碰撞散射对应波长不变的谱线，可见轻元素中由于电子处于弱束缚状态，所以波长变长的散射线相对较强，而重元素中由于电子处于强束缚状态，波长变长的散射线相对较弱，故 $I_{\text{Li}} > I_{\text{Fe}}$。

7.2 戴维孙-革末实验、德布罗意的物质波假设

(1) 德布罗意假设：实物粒子也具有波动性。能量为 ε、动量为 p 的实物粒子对应的物质波的频率和波长分别为 $\nu = \varepsilon/h$ 和 $\lambda = h/p$；

(2) 用加速电压 U 加速后，电子的德布罗意波长为 $\lambda = h/\sqrt{2m_0eU}$；

(3) 物质波的实验证据：戴维孙-革末的电子衍射实验及其后一系列实验。

考点 1：物质波的频率与波长求解

例 7.2.1：令 $\lambda_c = h/m_0c$ 称为电子的康普顿波长，其中 m_0 为电子静止质量。当电子的动能等于它的静止能量时，它的德布罗意波长是 $\lambda =$________λ_c。

答案：$1/\sqrt{3}$。电子运动能量为 $E=mc^2$，为静止能量 $E_0=m_0c^2$ 的 2 倍，$m=\dfrac{m_0}{\sqrt{1-(v/c)^2}}=2m_0$，可得 $v/c=\sqrt{3/4}$，电子的德布罗意波长为 $\lambda=\dfrac{h}{mv}=\dfrac{h}{2m_0\sqrt{\dfrac{3}{4}}c}=\dfrac{h}{\sqrt{3}m_0c}$。

练习 7.2.1：静止质量不为零的微观粒子作高速运动，则粒子物质波的波长 λ 与速度 v 的关系为[　　]

(A) $\lambda\propto v$；　(B) $\lambda\propto\dfrac{1}{v}$；　(C) $\lambda\propto\sqrt{\dfrac{1}{v^2}-\dfrac{1}{c^2}}$；　(D) $\lambda\propto\sqrt{c^2-v^2}$。

答案：C。$\lambda=\dfrac{h}{mv}=\dfrac{h}{\dfrac{m_0v}{\sqrt{1-(v/c)^2}}}\propto\dfrac{\sqrt{1-(v/c)^2}}{v}$。

练习 7.2.2：某金属产生光电效应的红限为 ν_0，当用频率为 $\nu(\nu>\nu_0)$的单光照射该金属时，从金属中逸出的光电子(质量 m)的德布罗意波长为________。

答案：$\sqrt{\dfrac{h}{2m(\nu-\nu_0)}}$。光电子动能为 $h(\nu-\nu_0)$，动量为$\sqrt{2mE_\text{k}}=\sqrt{2mh(\nu-\nu_0)}$。

练习 7.2.3：光子波长为 λ，则其能量=________，动量的大小=________，质量=________。

答案：$hc/\lambda, h/\lambda, h/(c\lambda)$。

注意：能量公式 $\varepsilon=hc/\lambda$ 只适用于光子，电子能量可通过 $\varepsilon=h\nu$ 或按质点力学方法计算(高速运动时需考虑相对论效应)。

难度增加练习 7.2.4：用动量守恒定律和能量守恒定律证明：一个自由电子不可能一次完全吸收一个光子。

证明：① 在自由电子原来静止的参考系中考虑：若一个自由电子一次完全吸收一个光子，则

动量守恒：$\dfrac{h}{\lambda}=mu'$；

能量守恒：$\dfrac{hc}{\lambda}+m_0c^2=mc^2$；

结合上两式：$mu'+m_0c=mc$；

则电子的静止质量：$m_0=m(1-u'/c)=m_0\dfrac{1-u'/c}{\sqrt{1-u'^2/c^2}}$。

即$\dfrac{1-u'/c}{\sqrt{1-u'^2/c^2}}=1$，故电子速度 $u'=0$ 或 c，这是不可能的，所以动量守恒和能量守恒不能同时成立，说明一个静止的自由电子不可能一次完全吸收一个光子。

② 若自由电子原来相对于 S 系以速度$\boldsymbol{v}$ 运动，由上面的结论和相对论速度变换关系可得，碰撞后电子的速度为 $u=v, c$(不可能)。所以一个运动的自由电子也不可能一次完全吸

收一个光子。

③ 综上所述，只有受到约束的电子才能一次完全吸收一个光子。

例 7.2.2：低速运动的质子和 α 粒子，若它们的德布罗意波长相同，则它们的动量之比 $p_p:p_\alpha=$________，动能之比 $E_p:E_\alpha=$________。

答案：1∶1，4∶1。α 粒子就是氦原子核（He^{2+}），电子全部剥离，由两个中子和两个质子构成，相对原子质量为 4，故动量相等时动能 $E_k=p^2/2m$ 与质量成反比。

练习 7.2.5：若 α 粒子在磁感应强度为 B 的均匀磁场中沿半径为 R 的圆形轨道运动，则 α 粒子的德布罗意波长是[　　]。

(A) $h/(2eRB)$；　(B) $h/(eRB)$；　(C) $1/(2eRBh)$；　(D) $1/(eRBh)$。

答案：A。

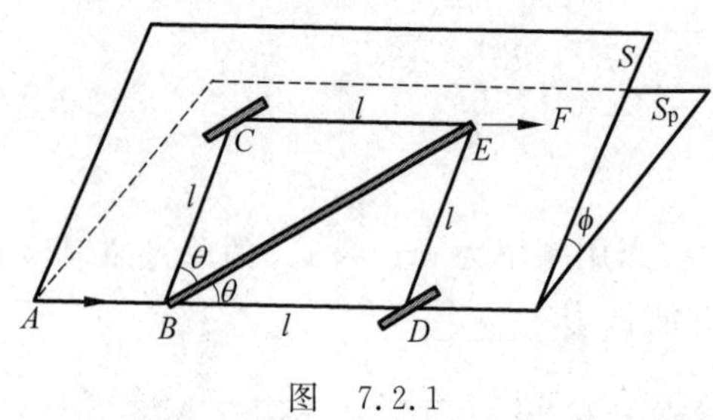

图 7.2.1

难度增加综合类练习 7.2.6：如图 7.2.1 所示，在一倾角为 ϕ 的斜面上平行地放置三块同样的晶片 C、BE 和 D。现将一低能中子（质量为 m）束以初速度 v_0 从 A 射向 B，在 B 点经反射和透射后分为两束。其中一束经 BCE 路径，另一束经 BDE 路径。设 BC、CE、BD 和 DE 段的长度都为 l，BE 与 BC 之间的夹角为 θ。实验装置可绕 BD 转动，使 ϕ 可调。当 ϕ、$\theta\neq0$ 时，两束中子所受重力的影响不对称，在 E 点相遇后会发生中子波干涉，这种干涉可被 F 处的中子计数器测出。实验中，l 取得较短，使中子重力势能的变化远远小于中子的动能。（设反射或透射过程均不引起中子的速率变化）(1)中子在 C 和 E 点处的速度相等，均为 v，求中子在 B、C 和 E 处的德布罗意波长；(2)试求两束中子波在 E 点的相位差（可作适当近似）；(3)试问 ϕ 从 $-90°$ 转到 $90°$ 的全过程中，在 F 处的中子计数器的读数出现多少次极大？

解：(1) 因为是低能中子，不必考虑相对论效应，则在 B 处反射及透射中子波长均为

$$\lambda_0=\frac{h}{mv_0}$$

在 C 和 E 处，中子速度均为 v，中子波长为 $\lambda=\dfrac{h}{mv}$。

(2) 从 B 沿两条不同路径行进的中子束，在 BC 段和 DE 段不产生相对相位差，只在 CE 段和 BD 段产生相对相位差，此即沿两条不同路径行进的两中子束在 E 处相遇时的相位差，故有

$$\Delta\varphi=\frac{2\pi l}{\lambda_0}-\frac{2\pi l}{\lambda}=\frac{2\pi ml}{h}(v_0-v)$$

又考虑到中子从 B 到 C 处，或从 D 到 E 处过程中重力势能的变化，应有

$$\frac{1}{2}mv_0^2-\frac{1}{2}mv^2=mgl\sin(2\theta)\sin\phi$$

由此可得

$$(v_0-v)(v_0+v)=2gl\sin(2\theta)\sin\phi$$

由题设，重力势能变化远小于中子动能，故 v_0 和 v 相差不大，近似有

$$(v_0 - v) \approx \frac{gl}{v_0}\sin(2\theta)\sin\phi$$

故

$$\Delta\varphi \approx \frac{2\pi mgl^2}{hv_0}\sin(2\theta)\cdot\sin\phi$$

(3) 当 ϕ 从 $-90°$ 变到 $90°$ 时，$\sin\phi$ 从 -1 变到 1，全过程中有

$$\frac{2\cdot\Delta\varphi}{2\pi} \approx \frac{2mgl^2}{hv_0}\sin(2\theta)$$

上述结果向下取整，即 F 处的中子计数器的读数出现极大次数。

考点 2：德布罗意波假设与玻尔量子化条件

例 7.2.3：试用德布罗意波概念导出玻尔角动量量子化条件。

解：电子绕核运动的轨道半径为 r，电子的德布罗意波的波长为 λ，若满足 $2\pi r = n\lambda$，则形成驻波，电子在相应定态轨道上而不辐射能量。

运用德布罗意公式：$\lambda = \frac{h}{p} = \frac{2\pi r}{n}$，可得角动量大小为 $L = rp = n\frac{h}{2\pi} = n\hbar$，$n=1,2,\cdots$。

练习 7.2.7：组成某双原子气体分子的两个原子的质量均为 m，间隔为一固定值 d，并绕通过 d 的中点而垂直于 d 的轴旋转，假设角动量是量子化的，并符合玻尔量子化条件。试求：(1)可能的角速度；(2)可能的量子化的转动动能。

解：(1) 转动惯量为 $I = \frac{1}{2}md^2$；角动量为 $L = \frac{1}{2}md^2\omega$；量子化条件为 $L = n\hbar = n\frac{h}{2\pi}$。

由此可得 $\frac{1}{2}md^2\omega = n\hbar = n\frac{h}{2\pi}$，可能的角速度为 $\omega = \frac{2n\hbar}{md^2} = \frac{nh}{\pi md^2}$，$n=1,2,3,\cdots$。

(2) 转动动能为 $E = \frac{1}{2}I\omega^2 = \frac{1}{4}md^2\omega^2 = \frac{n^2\hbar^2}{md^2} = \frac{n^2h^2}{4\pi^2md^2}$，$n=1,2,3,\cdots$。

考点 3：戴维孙-革末电子衍射实验的理解

例 7.2.4：戴维孙-革末电子衍射实验装置如图 7.2.2 所示。自热阴极 K 发射出的电子束经 $U=500\text{V}$ 的电势差加速后投射到某种晶体上，在掠射角 θ 测得电子流强度出现极大值。试计算电子射线的德布罗意波长。

解：电子被加速，$eU = \frac{1}{2}m_e v^2$，故电子速度为 $v=\sqrt{\frac{2eU}{m_e}}$，电子波长为 $\lambda = \frac{h}{m_e v} \approx 0.549\text{Å}$。

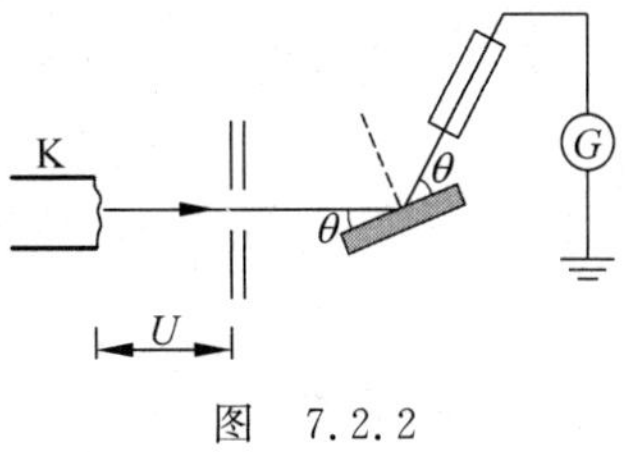

图　7.2.2

练习 7.2.8：设电子显微镜的加速电压为 40kV，加速后电子的德布罗意波长为__________。

答案：6.14×10^{-12}m。应用 $\lambda = \frac{h}{\sqrt{2m_e eU}}$。

例 7.2.5：如图 7.2.3 所示，在戴维孙-革末电子衍射实验中，将低能电子束垂直入射到

平行于主晶面切出的一个镍晶体表面上，晶面上镍原子的间距为 $d=2.15\text{Å}$。在与表面法线成 $\varphi=50.0°$的方向上观测到散射电子束的第一个强度主极大。求实验中电子的德布罗意波长和动能。

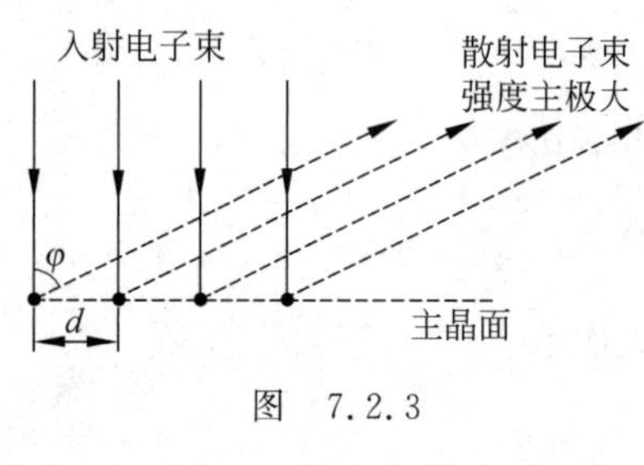

图 7.2.3

解：因为电子束垂直入射到晶格上，相邻散射电子束的波程差为 $d\sin\varphi$。

根据光栅衍射 $d\sin\varphi=k\lambda$，取 $k=1$，电子的德布罗意波长为

$\lambda=d\cdot\sin\varphi=2.15\times10^{-10}\sin50°\text{m}\approx1.65\times10^{-10}\text{m}$

又 $\lambda=\dfrac{h}{p}=\dfrac{h}{\sqrt{2m_0E_\text{k}}}$，可得电子动能

$$E_\text{k}=\frac{h^2}{2m_0\lambda^2}=\frac{6.63^2\times10^{-68}}{2\times9.11\times10^{-31}\times1.65^2\times10^{-20}}\text{J}\approx8.86\times10^{-18}\text{J}\approx55.4\text{eV}$$

7.3 波函数及其概率解释

(1) 量子力学第一假设：微观粒子的运动状态用波函数 $\Psi(\boldsymbol{r},t)$描述。$|\Psi(\boldsymbol{r},t)|^2$ 代表概率密度——t 时刻粒子出现在 $\boldsymbol{r}$ 点附近单位体积元内的概率。

(2) 波函数必须满足标准化条件（单值、有限、连续）和归一化条件 $\left(\int_\Omega|\Psi(\boldsymbol{r},t)|^2\text{d}V=1\right)$。

(3) 量子力学第二假设：若系统的可能态是 ψ_1 和 ψ_2，则 $\Psi=c_1\psi_1+c_2\psi_2$ 也是系统的可能态——态叠加原理。$|c_n|^2$ 给出了在 $\Psi(\boldsymbol{r},t)$描述的态中处于 ψ_n 的概率。

考点：波函数的基本性质

例 7.3.1：粒子在一维空间运动，其状态可用波函数描述为 $\psi(x)=\begin{cases}0, & x<0\\ Ax\text{e}^{-\lambda x}, & x>0\end{cases}$，其中 A 为任意常数，求：(1)归一化的波函数；(2)概率密度；(3)何处找到该粒子的概率最大。$\left(\text{提示：}\int_0^\infty x^2\text{e}^{-2\lambda x}\text{d}x=\dfrac{1}{4\lambda^3}\right)$

解：(1) 根据归一化条件：$\int_{-\infty}^{\infty}|\psi(x)|^2\text{d}x=1$，即$\int_0^\infty|Ax\text{e}^{-\lambda x}|^2\text{d}x=1$，根据提示 $\int_0^\infty A^2x^2\text{e}^{-2\lambda x}\text{d}x=\dfrac{A^2}{4\lambda^3}=1$，故 $A=2\lambda^{3/2}$。

(2) 概率密度为 $\rho(x)=|\psi(x)|^2=\begin{cases}0, & x<0\\ 4\lambda^3x^2\text{e}^{-2\lambda x}, & x>0\end{cases}$。

(3) 令 $\dfrac{\text{d}\rho(x)}{\text{d}x}=0$，求极大值的 x 坐标。$\dfrac{\text{d}}{\text{d}x}(4\lambda^3x^2\text{e}^{-2\lambda x})=4\lambda^3\text{e}^{-2\lambda x}(2x-2\lambda x^2)=0$，解得 $x=1/\lambda$ 处$\rho(x)$最大。

练习 7.3.1：粒子被束缚在 $0<x<a$ 的范围内，其波函数为 $\Psi(x)=A\sin\dfrac{\pi x}{a}$，求：(1)常数 A；(2)粒子在 0 到 $a/2$ 区域内出现的概率。$\left(\text{提示：}\int_0^a \sin^2\dfrac{\pi x}{a}\mathrm{d}x=\dfrac{a}{2}\right)$

解：(1) 根据归一化条件：$\int_{-\infty}^{\infty}|\psi(x)|^2\mathrm{d}x=1$，即 $\int_0^a\left|A\sin\dfrac{\pi x}{a}\right|^2\mathrm{d}x=1$，可得 $A=\sqrt{2/a}$。

(2) 粒子在 0 到 $a/2$ 区域内出现的概率为 $\int_0^{a/2}\dfrac{2}{a}\sin^2\dfrac{\pi x}{a}\mathrm{d}x=\dfrac{1}{2}$。

练习 7.3.2：将波函数在空间各点的振幅同时增大 D 倍，则粒子在空间的分布概率将［ ］

(A) 增大 D^2 倍； (B) 增大 $2D$ 倍；

(C) 增大 D 倍； (D) 不变。

答案：D。因为粒子空间分布概率需满足归一化条件。

练习 7.3.3：已知粒子在一维矩形无限深势阱中运动，其波函数为 $\psi(x)=\dfrac{1}{\sqrt{a}}\cos(3\pi x/2a)(-a\leqslant x\leqslant a)$，那么粒子在 $x=5a/6$ 处出现的概率密度为［ ］

(A) $\dfrac{1}{2a}$； (B) $\dfrac{1}{a}$； (C) $\dfrac{1}{\sqrt{2}a}$； (D) $\dfrac{1}{\sqrt{a}}$。

答案：A。概率密度为 $\rho(x)=|\psi(x)|^2=\dfrac{1}{a}\cos^2(3\pi x/2a)$，则 $\rho(5a/6)=\dfrac{1}{a}\cos^2(5\pi/4)=\dfrac{1}{2a}$。

难度增加练习 7.3.4：已知氢原子的核外电子在 1s 态时其定态波函数为 $\psi_{100}=\dfrac{1}{\sqrt{\pi a^3}}\mathrm{e}^{-r/a}$，式中 $a=\dfrac{\varepsilon_0 h^2}{\pi m_e e^2}$。试求沿径向找到电子的概率为最大时的位置坐标值。($\varepsilon_0=8.85\times10^{-12}\mathrm{C}^2/(\mathrm{N}\cdot\mathrm{m}^2)$，$h=6.626\times10^{-34}\mathrm{J}\cdot\mathrm{s}$，$m_e=9.11\times10^{-31}\mathrm{kg}$，$e=1.6\times10^{-19}\mathrm{C}$)

解：氢原子 1s 态的定态波函数为球对称的，在径向 $r\to r+\mathrm{d}r$ 区间找到电子的概率为 $w\,\mathrm{d}r=|\psi_{100}|^2 4\pi r^2\mathrm{d}r$ 即 $w\propto r^2\mathrm{e}^{-2r/a}$，沿径向对 w 求极大，$\dfrac{\mathrm{d}w}{\mathrm{d}r}=\dfrac{\mathrm{d}}{\mathrm{d}r}(r^2\mathrm{e}^{-2r/a})=\left(2r-\dfrac{2r^2}{a}\right)\mathrm{e}^{-2r/a}=0$，得 $r=a=\dfrac{\varepsilon_0 h^2}{\pi m_e e^2}=0.529\times10^{-10}\,\mathrm{m}$ 为电子概率最大时的位置。

难度增加练习 7.3.5：氢原子 $n=2$ 状态的径向波函数为 $R_{21}(r)=\left(\dfrac{1}{2a_0}\right)^{\frac{3}{2}}\dfrac{r}{a_0\sqrt{3}}\mathrm{e}^{\frac{-r}{2a_0}}$，试计算在此状态下，电子概率最大处距核的距离。

解：在球坐标系中在径向的概率分布为 $w_{21}(r)=|R_{21}(r)|^2r^2=\dfrac{1}{24a_0^5}\mathrm{e}^{\frac{-r}{a_0}}r^4$。

电子概率最大处距核的距离通过微分计算：$\dfrac{\mathrm{d}}{\mathrm{d}r}w_{21}(r)=\dfrac{1}{24a_0^5}\dfrac{\mathrm{d}}{\mathrm{d}r}(\mathrm{e}^{\frac{-r}{a_0}}r^4)=$

$\frac{1}{24a_0^5}e^{\frac{-r}{a_0}}(4r^3-r^4/a_0)=0$。

可得电子概率最大处距核的距离为 $r=4a_0$。

7.4 不确定性原理

(1) 坐标-动量不确定性原理：$\Delta x\cdot\Delta p_x\geqslant\hbar/2$；

(2) 能量-时间不确定性原理：$\Delta E\cdot\Delta t\geqslant\hbar/2$；

(3) 不确定性原理是微观粒子波动性的表现。

考点1：不确定性原理的理解与应用

例7.4.1：下列关于不确定性原理的几种理解中，错误的是[　　]

(A) 不确定性原理仅适用于微观领域；

(B) 不确定性原理是粒子波动性的必然结果；

(C) 由 $\Delta p_x\cdot\Delta x\geqslant\hbar/2$，当粒子的动量确定时，其坐标是完全不确定的；

(D) 由 $\Delta E\cdot\Delta t\geqslant\hbar/2$，只有当粒子处在某能量状态的寿命无限长时，其能量才是完全确定的。

答案：A。

练习7.4.1：关于不确定性原理 $\Delta p_x\cdot\Delta x\geqslant\hbar$，有以下几种理解：

(1) 粒子的动量不可能确定；

(2) 粒子的坐标不可能确定；

(3) 粒子的动量和坐标不可能同时准确地确定；

(4) 不确定性原理不仅适用于电子和光子，也适用于其他粒子。

其中正确的是[　　]

(A) (1)和(2)；　(B) (2)和(4)；　(C) (3)和(4)；　(D) (4)和(1)。

答案：C。

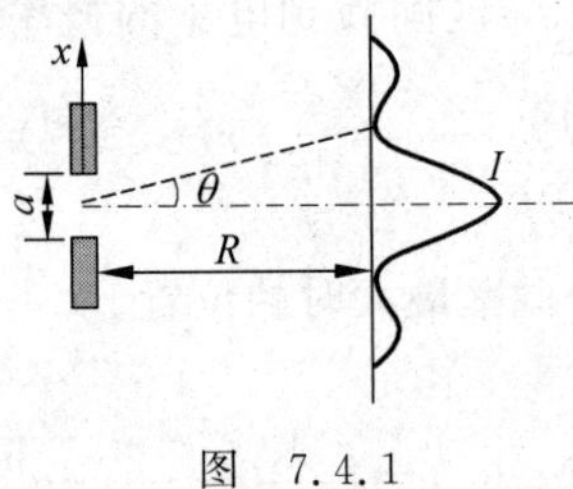

图 7.4.1

例7.4.2：如图7.4.1所示，一束动量为 p 的电子，通过缝宽为 a 的狭缝。在距离狭缝为 R 处放置一荧光屏，屏上衍射图样中央最大的宽度 d 等于[　　]

(A) $2a^2/R$；　(B) $2ha/p$；

(C) $\frac{2ha}{Rp}$；　(D) $\frac{2Rh}{ap}$。

答案：D。电子通过狭缝后大部分集中在中央明条纹区域，其中 $\theta\approx\frac{\lambda}{a}=\frac{h}{pa}$，则衍射图样中央最大的宽度 $d\approx R\cdot 2\theta=\frac{2Rh}{pa}$。

练习7.4.2：在电子单缝衍射实验中，若缝宽为 a，电子束垂直射在单缝面上，则衍射的电子横向动量的最小不确定量 $\Delta p_y=$________。(运用不确定性原理 $\Delta y\cdot\Delta p_y\geqslant h$ 计算)

答案：$\frac{h}{a}$。电子通过狭缝的空间不确定度为 $\Delta y=a$，根据 $\Delta y\cdot\Delta p_y\geqslant h$，可得

$\Delta p_y \geqslant \frac{h}{\Delta y}$。

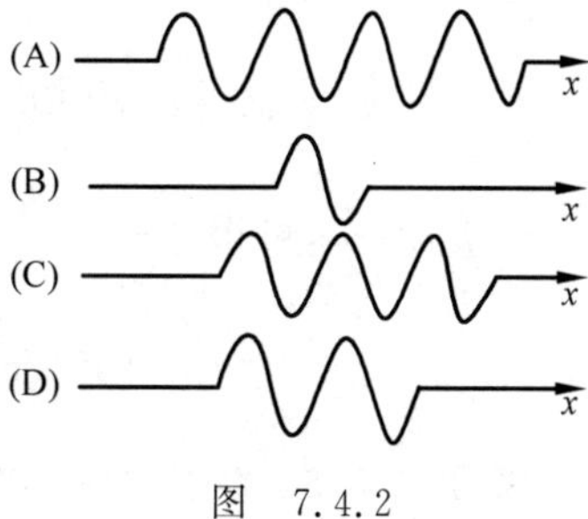

图　7.4.2

练习 7.4.3：设粒子运动的波函数图线分别如图 7.4.2(A)、(B)、(C)、(D)所示，其中确定粒子动量的精确度最高的波函数是哪个图[　　]

答案：A。根据坐标-动量不确定性原理，粒子坐标不确定度越大，动量的不确定度越小，精确度高。

考点 2：不确定性原理结合微分式应用

例 7.4.3：一质量为 m 的微观粒子被约束在长度为 L 的一维线段上，试根据不确定性原理估算该粒子所具有的最小能量值，并由此计算在直径为 10^{-14} m 的核内质子或中子的最小能量。($h=6.63\times10^{-34}$ J·s，$m_p=1.67\times10^{-27}$ kg)

解：根据不确定性原理 $\Delta x\cdot\Delta p_x\geqslant\hbar/2$，有 $\Delta x\cdot m\Delta v_x\geqslant\hbar/2$，即 $\Delta v_x\geqslant\frac{\hbar}{2m\Delta x}$。

粒子的最小能量应满足：

$$E_{\min}=\frac{1}{2}m(\Delta v_x)^2\geqslant\frac{1}{2}m\left(\frac{\hbar}{2m\Delta x}\right)^2=\hbar^2/(8m\Delta x^2)=\hbar^2/(8mL^2)$$

在核内，质子或中子的最小能量为

$$E_{\min}\geqslant\hbar^2/(8mL^2)\approx8.35\times10^{-15}\text{ J}\approx5.22\times10^3\text{ eV}$$

例 7.4.4：氦氖激光器发出的光波频率为 $\nu=4.74\times10^{14}$ Hz，谱线的宽度为 $\Delta\nu=1.5\times10^3$ Hz。求波列长度。

解：当这种光子沿 x 方向传播时，它的 x 坐标的不确定量就是波列长度(亦即相干长度)。

方法 1：

根据能量-时间不确定性原理：$\Delta E\cdot\Delta t\geqslant\frac{\hbar}{2}$，可得 $h\Delta\nu\cdot\Delta t\geqslant\frac{\hbar}{2}$，即 $\Delta t\geqslant\frac{1}{4\pi\Delta\nu}$。

波列长度为 $\Delta x=c\Delta t\geqslant\frac{c}{4\pi\Delta\nu}$。

方法 2：

根据坐标-动量不确定性原理 $\Delta x\cdot\Delta p_x\geqslant\frac{\hbar}{2}$，可得 $\Delta x\cdot\Delta\left(\frac{h\nu}{c}\right)\geqslant\frac{\hbar}{2}$，即 $\Delta x\geqslant\frac{c}{4\pi\Delta\nu}$。

说明：光波单色性愈好，光子坐标不确定程度愈大，即波串越长。

练习 7.4.4：如果原子中一个电子处于某激发态的平均寿命是 10^{-8} s，若原子从这个激发态跃迁到基态发射波长为 4000Å 的谱线，求原子发射谱线的自然宽度 $\Delta\lambda$。

解：方法 1

根据能量-时间不确定性原理 $\Delta E\cdot\Delta t\geqslant\frac{\hbar}{2}$，可得 $\Delta E\geqslant\frac{h}{4\pi\Delta t}$。

由 $E=h\nu=\frac{hc}{\lambda}$，可得 $\Delta E=\frac{hc}{\lambda^2}\Delta\lambda$，故原子发射谱线的自然宽度为

$$\Delta\lambda=\frac{\lambda^2}{hc}\Delta E\geqslant\frac{\lambda^2}{4\pi c\Delta t}\approx4.24\times10^{-15}\text{ m}$$

方法 2：

根据坐标-动量不确定性原理 $\Delta x \cdot \Delta p_x \geqslant \frac{\hbar}{2}$，辐射谱线的波列长度为 $\Delta x = c\Delta t$。

由 $p_x = \frac{h}{\lambda}$，可得 $\Delta p_x = \frac{h}{\lambda^2}\Delta\lambda$，故原子发射谱线的自然宽度为

$$\Delta\lambda = \frac{\lambda^2}{h}\Delta p_x \geqslant \frac{\lambda^2}{4\pi\Delta x} = \frac{\lambda^2}{4\pi c\Delta t} \approx 4.24 \times 10^{-15}\,\mathrm{m}$$

练习 7.4.5：波长 $\lambda = 5000\text{Å}$ 的光沿 x 轴正向传播，若光的波长的不确定量 $\Delta\lambda = 10^{-3}\,\text{Å}$，则运用不确定性原理式 $\Delta x \cdot \Delta p_x \geqslant h$ 可得光子的 x 坐标的不确定量至少为[　　]

(A) 25cm；　　(B) 50cm；　　(C) 250cm；　　(D) 500cm。

答案：C。根据 $p_x = \frac{h}{\lambda}$，可得 $\Delta p_x = \frac{h}{\lambda^2}\Delta\lambda$，代入不确定性原理式，$\Delta x \cdot \frac{h}{\lambda^2}\Delta\lambda \geqslant h$，光子的 x 坐标的不确定量 $\Delta x \geqslant \frac{\lambda^2}{\Delta\lambda}$。

7.5 薛定谔方程

(1) 量子力学第三假设(含时薛定谔方程)：孤立系统的波函数 Ψ 随时间的演化遵从薛定谔方程：$\left(-\frac{\hbar}{2m}\nabla^2 + U\right)\Psi = \mathrm{i}\,\hbar\frac{\partial \Psi}{\partial t}$；

(2) 定态薛定谔方程：若系统的哈密顿算子与时间无关，则 $\Psi(\boldsymbol{r},t) = c\psi(\boldsymbol{r})\mathrm{e}^{-\frac{\mathrm{i}}{\hbar}E\cdot t}$，可得$\left(-\frac{\hbar}{2m}\nabla^2 + U\right)\psi = E\psi$；

(3) 对于给定的 U 分布，在波函数的标准化条件下求解此本征方程，可求出能量本征值 E_n 及相应的本征函数系 $\psi_n(\boldsymbol{r})$，从而可得概率密度分布 $|\psi_n(\boldsymbol{r})|^2$。

7.6 一维无限深势阱

(1) 势阱：$U = \begin{cases} \infty, & x < 0, x > a \\ 0, & 0 \leqslant x \leqslant a \end{cases}$；

(2) 本征能量：$E_n = \frac{n^2\pi^2\hbar^2}{2ma^2}$，$n = 1,2,3,\cdots$；

(3) 本征函数：$\psi_n(x) = \begin{cases} 0, & x < 0, x > a \\ \sqrt{\frac{2}{a}}\sin\frac{n\pi x}{a}, & 0 \leqslant x \leqslant a \end{cases}$，$n = 1,2,3,\cdots$；

(4) 特征：能谱离散，基态能量不等于零，波函数是阱中的物质驻波。

考点：波函数概率密度的理解以及阱中物质驻波图像的理解

说明：由一维无限深势阱的波函数是阱中的物质驻波，势阱中粒子的每一个能量本征

态正好对应于德布罗意波的一个特定波长的驻波，其定态波函数与概率密度如图 7.6.1 所示，图中各本征态对应的驻波波长($\lambda_1,\lambda_2,\lambda_3,\cdots$)可由驻波相关知识得到。

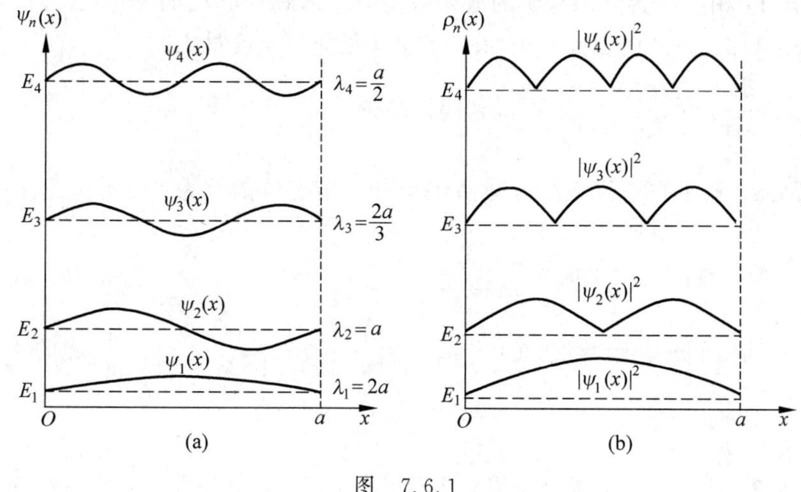

图　7.6.1

例 7.6.1：设微观粒子的质量为 m，处于一维无限深方势阱中，本征函数系为

$$\psi_n(x)=\begin{cases}0, & x<0,x>a\\ \sqrt{\dfrac{2}{a}}\sin\dfrac{n\pi x}{a}, & 0\leqslant x\leqslant a\end{cases},\quad n=1,2,3,\cdots$$

试求：(1)粒子在 $0\leqslant x\leqslant a/4$ 区间中出现的概率，并对 $n=1$ 和 $n\to\infty$ 的情况算出概率；(2)粒子处在基态时，概率密度最大的位置；(3)在哪些量子态上，$a/4$ 处的概率密度取极大?

解：与各个本征函数对应的粒子概率密度分布为

$$\rho_n(x)=|\psi|^2=\begin{cases}0, & x<0,x>a\\ \dfrac{2}{a}\sin^2\dfrac{n\pi x}{a}, & 0\leqslant x\leqslant a\end{cases}$$

(1) 粒子在 $0\leqslant x\leqslant a/4$ 区间中出现的概率为

$$\begin{aligned}W_n\big|_{0\leqslant x\leqslant a/4}&=\frac{2}{a}\int_0^{a/4}\sin^2\frac{n\pi x}{a}\mathrm{d}x=\frac{1}{a}\int_0^{a/4}\left(1-\cos\frac{2n\pi x}{a}\right)\mathrm{d}x\\&=\frac{1}{4}-\frac{1}{2n\pi}\left[\sin\frac{2n\pi x}{a}\right]_0^{a/4}=\frac{1}{4}-\frac{1}{2n\pi}\sin\frac{n\pi}{2}\end{aligned}$$

$n=1$ 时，$W_1\big|_{0\leqslant x\leqslant a/4}=\dfrac{1}{4}-\dfrac{1}{2\pi}\approx 0.09085$；

$n\to\infty$时，$W_\infty\big|_{0\leqslant x\leqslant a/4}=\dfrac{1}{4}=0.25$；

(2) **方法 1**：粒子处在基态时，概率密度为 $\rho_1(x)=\dfrac{2}{a}\sin^2\dfrac{\pi x}{a}$。

由$\dfrac{\mathrm{d}\rho_1}{\mathrm{d}x}-\dfrac{2\pi}{a^2}\sin\dfrac{2\pi x}{a}$，可得在 $x=\dfrac{a}{2}$处，$\dfrac{\mathrm{d}\rho_1}{\mathrm{d}x}=0$，概率密度最大。

方法 2：由一维无限深势阱的波函数是阱中的物质驻波的图像(图 7.6.1)，可得粒子处在基态时($n=1$),$x=\frac{a}{2}$处概率密度最大。

(3) **方法 1**:由一维无限深势阱的波函数是阱中的物质驻波的图像(图 7.6.1),在 $n=2(2k-1)(k=1,2,3,\cdots)$的量子态上,在 $x=a/4$ 处概率密度最大。

方法 2:由$\frac{\mathrm{d}\rho_n}{\mathrm{d}x}=0$,$\frac{\mathrm{d}^2\rho_n}{\mathrm{d}x^2}<0$,可得到同样结论。

练习 7.6.1:粒子在一维无限深势阱中运动的定态波函数为 $\psi(x)=\frac{1}{\sqrt{a}}\cdot\cos\frac{3\pi x}{2a}$,则粒子在 $x=\frac{a}{3}$处出现的概率密度为__________。

答案:0。根据概率密度定义:$|\psi|^2=\frac{1}{a}\cdot\cos^2\frac{3\pi x}{2a}$,$x=\frac{a}{3}$处的概率密度为 $\left|\psi\left(x=\frac{a}{3}\right)\right|^2=\frac{1}{a}\cos^2\frac{\pi}{2}=0$。

练习 7.6.2:粒子在一维无限深势阱中运动,图 7.6.2 为粒子处于某一能态上的波函数 $\psi(x)$的曲线。粒子出现概率最大的位置为[　　]

(A) $a/2$;　　(B) $a/6,5a/6$;

(C) $a/6,a/2,5a/6$;　　(D) $0,a/3,2a/3,a$。

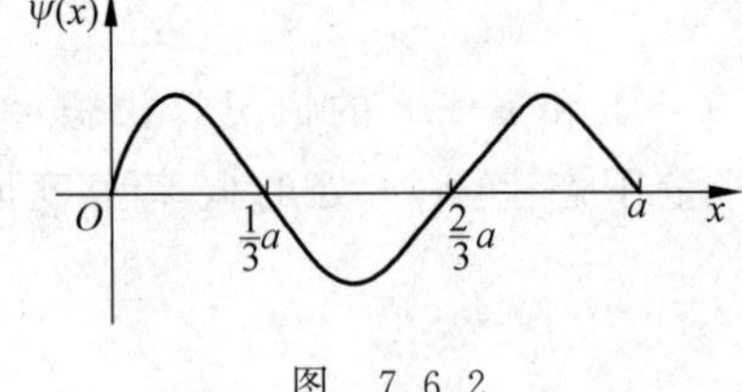

图 7.6.2

答案:C。根据概率密度定义 $\rho=|\psi|^2$ 可得。

练习 7.6.3:在宽度为 a 的一维无限深势阱中运动的粒子,当粒子处于 $n=6$ 的激发态时,概率密度极大值处的 $x=$__________;概率密度极小值处的 x 坐标为__________。

答案:$\frac{1}{12}a,\frac{3}{12}a,\frac{5}{12}a,\frac{7}{12}a,\frac{9}{12}a,\frac{11}{12}a$;$0,\frac{1}{6}a,\frac{2}{6}a,\frac{3}{6}a,\frac{4}{6}a,\frac{5}{6}a,a$。由物质驻波图像可得粒子处于 $n=6$ 的激发态物质驻波应有 6 个波腹、7 个波节,依次判断概率密度最大、最小位置。

例 7.6.2:设微观粒子的质量为 m,所处的一维无限深方势阱为 $U=\begin{cases}\infty, & x<0,x>a\\ 0, & 0\leqslant x\leqslant a\end{cases}$,一个粒子的状态为 $f(x)=\sin\frac{\pi x}{a}-\sin\frac{2\pi x}{a}(0\leqslant x\leqslant a)$。若要测量该粒子的能量,则可能测得的能量值和平均能量各是多少?

解:粒子处于上述势阱中的能量本征值为 $E_n=\frac{n^2\pi^2\hbar^2}{2ma^2}$,$n=1,2,3,\cdots$,对应的本征函数系为 $\psi_n(x)=\begin{cases}0, & x<0,x>a\\ \sqrt{\frac{2}{a}}\sin\frac{n\pi x}{a}, & 0\leqslant x\leqslant a\end{cases}$,$n=1,2,3,\cdots$。

将题中所给的状态归一化为粒子波函数,即

$$\Psi(x)=Cf(x)=\frac{1}{\sqrt{2}}\left(\sqrt{\frac{2}{a}}\sin\frac{\pi x}{a}-\sqrt{\frac{2}{a}}\sin\frac{2\pi x}{a}\right)$$

上述波函数写成本征函数系的线性叠加：

$$\Psi(x)=\frac{1}{\sqrt{2}}\psi_1-\frac{1}{\sqrt{2}}\psi_2$$

根据态叠加原理，$\Psi=C_1\Psi_1+C_2\Psi_2+\cdots=\sum C_n\Psi_n$ 是该体系的一个可能态。$|C_n|^2$ 为该体系处于Ψ_n状态的概率。

所以，可能测得的能量值为 $E_1=\frac{\pi^2\hbar^2}{2ma^2}$，测得的概率为$\frac{1}{2}$；$E_2=\frac{2^2\pi^2\hbar^2}{2ma^2}$，测得的概率也为$\frac{1}{2}$。

测量得到的平均能量为 $\bar{E}=\frac{1}{2}E_1+\frac{1}{2}E_2=\frac{5\pi^2\hbar^2}{4ma^2}$。

例 7.6.3：设一微观粒子被限制在宽度为 a（a 与原子尺度相当）的区域内作一维自由运动。不考虑相对论效应：(1)由不确定性原理估算该微观粒子的能量的最低值；(2)仿照弦振动的驻波公式，求出该微观粒子的能量与动量表达式。

解：(1) 设该微观粒子沿 x 轴运动，则它的坐标不确定度 $\Delta x=a$。由一维坐标-动量不确定关系：

$$\Delta p\geqslant\frac{\hbar}{2\Delta x}=\frac{\hbar}{2a}$$

不考虑相对论效应，能量（即动能）为 $E=\frac{p^2}{2m}$，因为 $\Delta p^2=(p-\bar{p})^2=p^2\ (\bar{p}=0)$，故 $E=\frac{\Delta p^2}{2m}$，得微观粒子的能量的最低值约为

$$E_{\min}=\frac{\Delta p_{\min}^2}{2m}=\frac{\hbar^2}{8ma^2}$$

(2) 根据两端固定的弦振动，驻波形成条件：$l=n\frac{\lambda_n}{2}$，$n=1,2,\cdots$，可得宽度 $a=n\frac{\lambda_n}{2}$。

根据德布罗意公式：

$$p_n=\frac{h}{\lambda_n}=n\frac{h}{2a},\quad n=1,2,3,\cdots$$

不考虑相对论效应，粒子的能量（即动能）为

$$E_n=\frac{p_n^2}{2m}=n^2\frac{h^2}{8ma^2},\quad n=1,2,3,\cdots$$

7.7　一维势垒、隧道效应、电子隧道显微镜

(1) 量子力学中的隧道效应是指微观粒子能量 E 小于势垒 U_0 时，粒子有一定的概率贯串势垒的现象。对于宽度为 a、高度 U_0 的方势垒，质量为 m、能量为 E 的微观粒子的透射系数为 $T=T_0\exp\left[-\frac{2a}{\hbar}\sqrt{2m(U_0-E)}\right]$；$a$ 越小，E 越接近 U_0（粒子能量 $E<U_0$），透射

系数越大。

(2) 隧道效应是微观粒子波动性的表现。

(3) 隧道效应的应用——扫描隧道显微镜。

考点：隧道效应的理解

例 7.7.1：一矩形势垒如图 7.7.1 所示，设 U_0 和 a 都不很大。在Ⅰ区中向右运动的能量为 E 的微观粒子[　　]

(A) 如果 $E>U_0$，可全部穿透势垒Ⅱ区进入Ⅲ区；

(B) 如果 $E<U_0$，都将受到 $x=0$ 处势垒壁的反射，不可能进入Ⅱ区；

(C) 如果 $E<U_0$，都不可能穿透势垒Ⅱ区进入Ⅲ区；

(D) 如果 $E<U_0$，有一定概率穿透势垒Ⅱ区进入Ⅲ区。

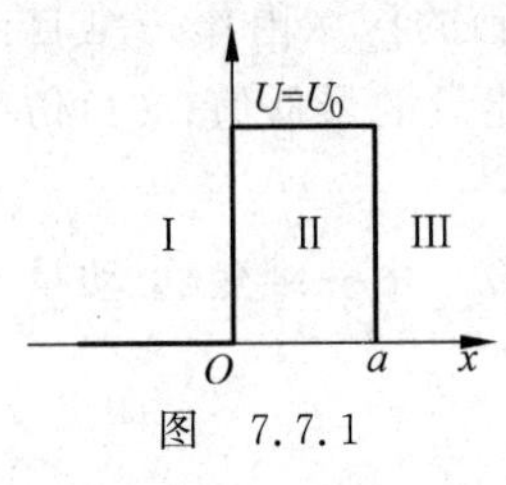

图 7.7.1

答案：D。量子力学中的隧道效应是指微观粒子能量 $E<U_0$ 时，粒子有一定的概率贯串势垒的现象。

练习 7.7.1：粒子在外力场中沿 x 轴运动，如果它在力场中的势能分布如图 7.7.1 所示，对于能量为 $E<U_0$ 从左向右运动的粒子，若用 ρ_1、ρ_2、ρ_3 分别表示在 $x<0$，$0<x<a$，$x>a$ 三个区域发现粒子的概率，则有[　　]

(A) $\rho_1\neq0,\rho_2=\rho_3=0$；　　(B) $\rho_1\neq0,\rho_2\neq0,\rho_3=0$；

(C) $\rho_1\neq0,\rho_2\neq0,\rho_3\neq0$；　　(D) $\rho_1=0,\rho_2\neq0,\rho_3\neq0$。

答案：C。

例 7.7.2：根据量子力学，粒子能透入势能大于其总能量的势垒，当势垒加宽时，贯穿系数________；当势垒变高时，贯穿系数________。(填“变大”“变小”或“不变”)

答案：变小；变小。

7.8 氢原子的能量和角动量量子化

(1) 氢原子和类氢离子电势：$U=\dfrac{-Ze^2}{4\pi\varepsilon_0 r}$。

(2) 能量量子化：$E_n=-\dfrac{1}{n^2}\dfrac{me^4}{8\varepsilon_0^2h^2}=-\dfrac{13.6}{n^2}(\text{eV})$，$n=1,2,3,\cdots$，式中 n 为主量子数。

(3) 角动量量子化：

① 角动量的大小为 $L=\sqrt{l(l+1)}\hbar$，$l=0,1,2,\cdots,n-1$，式中 l 为角量子数；

② 角动量的方向：电子绕核运动的角动量 L 的空间取向不连续，其在磁场方向(设为 z 轴方向)的投影满足量子化条件：$L_z=m_l\hbar$，$m_l=0,\pm1,\pm2,\cdots,\pm l$；式中 m_l 为磁量子数；电子的角动量空间量子化的实验验证——塞曼效应。

考点：氢原子的能量与角动量量子化的理解

例 7.8.1：玻尔氢原子理论中，电子轨道角动量最小值为________；而量子力学理论中，电子轨道角动量最小值为____________。实验证明理论____________的结果是正确的。

答案：$h/(2\pi)$；0；量子力学。按照玻尔理论，电子绕核作圆周运动时，电子的轨道角动量可能值为 $rmv=n\hbar, n=1,2,\cdots$；量子力学理论中电子的动量矩可能值为 $L=\sqrt{l(l+1)}\hbar$，$l=0,1,2,\cdots,n-1$。

练习 7.8.1：根据玻尔的理论，氢原子在 $n=5$ 轨道上的动量矩与在第一激发态的轨道动量矩之比为[　　]

(A) 5/4；　　(B) 5/3；　　(C) 5/2；　　(D) 5。

答案：C。按照玻尔理论，电子绕核作圆周运动时，电子的轨道角动量可能值为 $rmv=n\hbar, n=1,2,\cdots$；原子在 $n=5$ 轨道上的动量矩与在第一激发态的轨道动量矩分别为 $5\hbar$ 和 $2\hbar$。

例 7.8.2：按照量子力学计算：(1)氢原子中处于主量子数 $n=3$ 能级的电子，轨道动量矩可能取的值分别为____________；(2)若氢原子中电子的轨道动量矩为 $\sqrt{12}\hbar$，则其在外磁场方向的投影可能取的值分别为____________。

答案：$0,\sqrt{2}\hbar,\sqrt{6}\hbar$；$0,\pm\hbar,\pm2\hbar,\pm3\hbar$。处于主量子数 $n=3$ 能级的电子，角量子数 l 的可能取值为 0,1,2；对应的角动量 $L=\sqrt{l(l+1)}\hbar$。当 $L=\sqrt{12}\hbar$，角量子数 $l=3$，磁量子数 m_l 的可能取值为 $0,\pm1,\pm2,\pm3$；电子的轨道动量矩在外磁场方向的投影为 $L_z=m_l\hbar$。

7.9　电子自旋：施特恩-格拉赫实验

(1) 自旋角动量：$S=\sqrt{s(s+1)}\hbar=\frac{\sqrt{3}}{2}\hbar$，式中 $s=\frac{1}{2}$ 为角量子数；

(2) 电子自旋角动量在 z 方向(外磁场方向)的分量取 $S_z=m_s\hbar$，式中 $m_s=\pm s=\pm\frac{1}{2}$ 为自旋磁量子数。

考点：相关实验及自旋量子数的意义

例 7.9.1：卢瑟福 α 粒子实验证实了____________，施特恩-格拉赫实验证实了____________，康普顿效应证实了____________，戴维孙-革末实验证实了____________。

答案：原子的有核模型，原子的自旋磁矩取向量子化，光的量子性，电子的波动性。

练习 7.9.1：最早直接证实了电子自旋存在的实验是[　　]

(A) 康普顿实验；　　(B) 戴维孙-革末实验；

(C) 卢瑟福实验；　　(D) 施特恩-格拉赫实验。

答案：D。

例 7.9.2：1921 年施特恩和格拉赫在实验中发现：一束处于 s 态的原子射线在非均匀磁场中分裂为两束。对于这种分裂用电子轨道运动的角动量空间取向量子化难以解释，只能用________________来解释。

答案：电子自旋的角动量的空间取向量子化或电子自旋。

7.10 泡利原理、原子的壳层结构、元素周期

(1) 泡利不相容原理：对于费米子系统，不能有两个或两个以上粒子占有同一量子态。对于原子系统，泡利不相容原理表明：在一个原子中，不可能有两个或两个以上的电子具有完全相同的量子态，即原子中的任何两个电子不可能有完全相同的一组量子数(n,l,m_l,m_s)。

(2) 原子系统内电子的运动状态用四个量子数描述：

① 主量子数$n=1,2,3,\cdots$，决定原子中电子的能量；

② 轨道角量子数$l=0,1,2,3,\cdots,n-1$，决定原子中电子的角动量；

③ 轨道磁量子数$m_l=0,\pm1,\pm2,\pm3,\cdots,\pm l$，决定电子轨道角动量在外磁场中的取向；

④ 自旋磁量子数$m_s=\pm1/2$，决定电子自旋角动量在外磁场中的取向。

(3) 基态原子核外电子的排列遵守两个原理：①泡利不相容原理；②能量最低原理。

考点：四个量子数的物理意义和取值范围

说明 1：多电子原子核外的电子分壳层排布，同一壳层的电子具有相同的主量子数n，在同一壳层上角量子数相同的电子组成分壳层（或支壳层），主壳层和支壳层的符号见表7.10.1。

表 7.10.1

n	1	2	3	4	5	6	…
主壳层符号	K	L	M	N	O	P	…
l	0	1	2	3	4	5	…
支壳层符号	s	p	d	f	g	h	…

说明 2：由泡利不相容原理，每个主壳层最多可容纳的电子数为$2n^2$，每个支壳层最多可容纳的电子数为$2(2l+1)$。

例 7.10.1：原子内电子的量子态由(n,l,m_l,m_s)四个量子数表征。当n,l,m_l一定时，不同的量子态数目为________；当n,l一定时，不同的量子态数目为________；当n一定时，不同的量子态数目为________。

答案：2；$2(2l+1)$；$2n^2$。

练习 7.10.1：在主量子数$n=2$，自旋量子数$m_s=\dfrac{1}{2}$的量子态中，能够填充的最大电子数是________。

答案：4。在主量子数n确定时，不同的量子态数目为$2n^2=8$，其中自旋量子数$m_s=\pm\dfrac{1}{2}$各占一半。

例 7.10.2：氢原子中处于$3d$态的电子，描述其量子态的四个量子数的可能值为[　　]

(A) $\left(3,1,1,-\dfrac{1}{2}\right)$；　　(B) $\left(1,0,1,-\dfrac{1}{2}\right)$；

(C) $\left(3,2,3,\frac{1}{2}\right)$；　　(D) $\left(3,2,0,\frac{1}{2}\right)$。

答案：D。氢原子中电子处于 $3d$ 态，即 $n=3, l=2$，故 A、B 错误；m_l 的绝对值需小于等于 l，故 C 错误；$m_s=\pm 1/2$，D 正确。

练习 7.10.2：原子的 L 壳层中，电子可能具有的四个量子数是[　　]

(A) $\left(2,0,1,\frac{1}{2}\right)$；　　(B) $\left(2,0,1,-\frac{1}{2}\right)$；

(C) $\left(2,1,1,\frac{1}{2}\right)$；　　(D) $\left(2,0,-1,-\frac{1}{2}\right)$。

答案：C。

练习 7.10.3：下列各组量子数中，哪一组可以描述原子中电子的状态[　　]

(A) $n=2, l=2, m_l=0, m_s=\frac{1}{2}$；　　(B) $n=3, l=1, m_l=-1, m_s=-\frac{1}{2}$；

(C) $n=1, l=2, m_l=1, m_s=\frac{1}{2}$；　　(D) $n=1, l=0, m_l=1, m_s=-\frac{1}{2}$。

答案：B。根据四个量子数的取值范围来判断。

例 7.10.3：根据量子力学理论，原子内电子的量子态由(n, l, m_l, m_s)四个量子数表征。那么，处于基态的氦原子内两个电子的量子态可由________和________两组量子数表征。

答案：$\left(1,0,0,-\frac{1}{2}\right)$，$\left(1,0,0,\frac{1}{2}\right)$。

练习 7.10.4：在原子的 K 壳层中，电子可能具有的四个量子数是________。

答案：$1,0,0,\pm\frac{1}{2}$。

7.11* 玻尔的氢原子模型

(1) 玻尔的氢原子理论的三个重要假设：

① 定态假设：电子只能处于一系列分立的轨道上；

② 轨道量子化条件：$rmv=n\hbar, n=1,2,\cdots$；

③ 跃迁辐射假设：$\nu=(E_n-E_m)/h\ (n>m)$。

(2) 氢原子的定态半径和能量：$a=0.529\times10^{-10}n^2\,\mathrm{m}$，$E_n=-\frac{13.6}{n^2}\mathrm{eV}$。

(3) 氢原子光谱规律公式：$\nu=\frac{E_n-E_m}{h}=cR\left(\frac{1}{m^2}-\frac{1}{n^2}\right)(n>m)$，里德伯常量：$R=1.0973731534\times10^{-7}\,\mathrm{m}^{-1}$，其中 $m=1$→莱曼系→紫外光，$m=2$→巴耳末系→可见光，$m=3$→帕邢系→红外光。

考点 1：氢原子的光谱规律及常见的几个谱系对应的能级与波段

例 7.11.1：氢原子受到能量为 $E=12.2\mathrm{eV}$ 的电子轰击，求氢原子可能辐射的谱线波长？

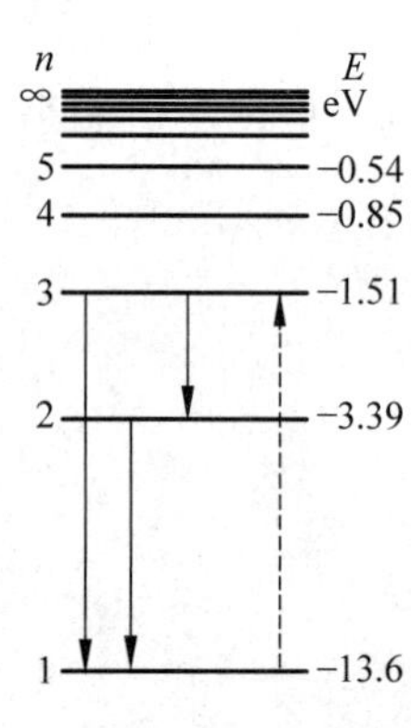

图 7.11.1

解：根据氢原子能量公式 $E_n=-\frac{13.6}{n^2}\text{eV}$，当氢原子受到 $E=12.2\text{eV}$ 的电子轰击时，会被激发至 $n=3$ 的第二激发态，如图 7.11.1 所示。可能辐射的谱线波长为 $\frac{1}{\lambda_{32}}=R\left(\frac{1}{2^2}-\frac{1}{3^2}\right)\Rightarrow\lambda_{32}\approx6.56\times10^{-7}\text{m}$，可见光；$\frac{1}{\lambda_{21}}=R\left(\frac{1}{1^2}-\frac{1}{2^2}\right)\Rightarrow\lambda_{21}\approx1.22\times10^{-7}\text{m}$，紫外光；$\frac{1}{\lambda_{31}}=R\left(\frac{1}{1^2}-\frac{1}{3^2}\right)\Rightarrow\lambda_{32}\approx1.03\times10^{-7}\text{m}$，紫外光。

练习 7.11.1：设大量氢原子处于 $n=4$ 的激发态，它们跃迁时发射出一簇光谱线，这簇光谱线最多可能有________条，其中最短的波长是________Å。（普朗克常量 $h=6.63\times10^{-34}\text{J}\cdot\text{s}$）

答案：6，975。波长最短为辐射光子能量最大的跃迁，由 $n=4$ 跃迁至 $n=1$ 态。

练习 7.11.2：氢原子中把 $n=2$ 状态下的电子移离原子，需要能量为________eV。

答案：3.4。电离能的计算：$\Delta E=|E_\infty-E_2|=|0+3.4|\text{eV}=3.4\text{eV}$。

练习 7.11.3：若用里德伯常量 R 表示氢原子光谱的最短波长，则可写成[　　]

(A) $\lambda_{\min}=1/R$；　(B) $\lambda_{\min}=2/R$；　(C) $\lambda_{\min}=3/R$；　(D) $\lambda_{\min}=4/R$。

答案：A。$\frac{1}{\lambda_1}=R\left(\frac{1}{1^2}-0\right)=R$。

例 7.11.2：设氢原子光谱的巴耳末系中第一条谱线（H_α）的波长为 λ_α，第二条谱线（H_β）的波长 为 λ_β，试证明帕邢系中的第一条谱线的波长为 $\lambda=\frac{\lambda_\alpha\lambda_\beta}{\lambda_\alpha-\lambda_\beta}$。

证：根据巴耳末公式 $\frac{1}{\lambda}=R\left(\frac{1}{2^2}-\frac{1}{n^2}\right)$，得

第一条谱线波长为 $\frac{1}{\lambda_\alpha}=\frac{1}{\lambda_{23}}=R\left(\frac{1}{2^2}-\frac{1}{3^2}\right)$；

第二条谱线波长为 $\frac{1}{\lambda_\beta}=\frac{1}{\lambda_{24}}=R\left(\frac{1}{2^2}-\frac{1}{4^2}\right)$；

而帕邢系中第一条谱线的波长应为 $\frac{1}{\lambda}=\frac{1}{\lambda_{34}}=R\left(\frac{1}{3^2}-\frac{1}{4^2}\right)$。

由以上三式可得 $\frac{1}{\lambda_{24}}-\frac{1}{\lambda_{23}}=R\left(\frac{1}{3^2}-\frac{1}{4^2}\right)=\frac{1}{\lambda_{34}}$，即 $\frac{1}{\lambda}=\frac{1}{\lambda_\beta}-\frac{1}{\lambda_\alpha}$，整理得：$\lambda=\frac{\lambda_\alpha\lambda_\beta}{\lambda_\alpha-\lambda_\beta}$。

练习 7.11.4：在氢原子光谱中，莱曼系（由各激发态跃迁到基态所发射的谱线组成的谱线系）的最短波长的谱线所对应的光子能量为________eV；巴耳末系的最短波长的谱线所对应的光子的能量为________eV。

答案：13.6；3.4。莱曼系最短波长的谱线为电离态跃迁到基态所发射谱线，巴耳末系最短波长的谱线为电离态跃迁到第一激发态所发射谱线。

练习 7.11.5：根据氢原子理论，若大量氢原子处于主量子数 $n=3$ 的激发态，则跃迁辐

射的谱线可以有__________条，其中属于巴耳末系的谱线有__________条；其中有__________条可见光谱线和__________条非可见光谱线。

答案：3，1；1，2。巴耳末系是由各激发态跃迁到第一激发态所发射的各谱线组成的谱线系，是可见光。

练习 7.11.6：在氢原子光谱的巴耳末系中，波长最长的谱线和波长最短的谱线的波长比值是__________。

答案：1.8 或 9/5。巴耳末系中波长最长的谱线为$\frac{1}{\lambda_{32}}=R\left(\frac{1}{2^2}-\frac{1}{3^2}\right)$，波长最短的谱线为$\frac{1}{\lambda_2}=R\left(\frac{1}{2^2}-0\right)$，二者之比为$\frac{\lambda_{32}}{\lambda_2}=\frac{1}{4}\Big/\frac{5}{36}=\frac{9}{5}$。

练习 7.11.7：要使处于基态的氢原子受激后可辐射出可见光谱线，最少应供给氢原子的能量为[　　]

(A) 12.09eV；　(B) 10.20eV；　(C) 1.89eV；　(D) 1.51eV。

答案：A。要使处于基态的氢原子受激后可辐射出可见光谱线，即巴耳末系谱线，需要至少使电子跃迁至 $n=3$ 态。$\Delta E=E_3-E_1=1.51-13.6\text{eV}=12.09\text{eV}$。

考点 2：氢原子轨道半径及能量

例 7.11.3：试估计处于基态的氢原子被能量为 12.09eV 的光子激发时，其电子的轨道半径增加至多少倍？

解：设激发态量子数为 n，根据玻尔理论，当处于基态的氢原子被能量为 12.09eV 的光子激发时，末态能量 $E_n=-1.51\text{eV}$。

根据氢原子能量公式 $E_n=-\frac{13.6}{n^2}\text{eV}$ 可得 $n\approx3$，氢原子的半径公式为 $r_n=n^2a_1=9a_1$

即氢原子的半径增加到基态时的 9 倍。

练习 7.11.8：已知基态氢原子的能量为 −13.6eV，当基态氢原子被 10.21eV 的光子激发后，其电子的轨道半径将增加到玻尔半径的__________倍。

答案：4。

练习 7.11.9：根据玻尔理论，氢原子中的电子在 $n=4$ 的轨道上运动的动能与在基态的轨道上运动的动能之比为[　　]

(A) 1/4；　(B) 1/8；　(C) 1/16；　(D) 1/32。

答案：C。氢原子中电子在各个定态的能量与 n^2 成反比$\left(E_n=-\frac{13.6}{n^2}\text{eV}\right)$，其中动能($E_{kn}=-E_n$)与势能($E_{pn}=2E_n$)同比例变化。

练习 7.11.10：根据玻尔氢原子理论，氢原子中的电子在第一和第三轨道上运动时速度大小之比 v_1/v_3 是[　　]

(A) 1/9；　(B) 1/3；　(C) 3；　(D) 9。

答案：C。根据练习 7.11.9，电子在第一和第三轨道上运动的动能之比为 9∶1，故速度之比为 3∶1。

练习 7.11.11：按照玻尔理论，移去处于基态的 He^+ 中的电子所需的能量为

____________ eV。

答案：54.4。玻尔理论得到基态能量 $E_1=-\dfrac{me^4}{8\varepsilon_0^2h^2}$，$m_{He}=4m_H$，$E_{He}=4E_H=-13.6\times 4eV=-54.4eV$。

例 7.11.4：假定氢原子原是静止的，则氢原子从 $n=3$ 的激发状态直接通过辐射跃迁到基态时的反冲速度大约是[　　](氢原子质量为 $m=1.67\times10^{-27}$kg)

(A) 4m/s；　(B) 10m/s；　(C) 100m/s；　(D) 400m/s。

答案：A。当电子从 $n=3$ 跃迁至基态辐射光子能量为 $\Delta E=12.09$eV，根据动量守恒，$0=\dfrac{h}{\lambda}+mv$，其中光子动量 $\dfrac{h}{\lambda}=\dfrac{h\nu}{c}=\dfrac{\Delta E}{c}$，故氢原子的反冲速度大小为 $|v|=\dfrac{\Delta E}{mc}$。

练习 7.11.12：具有能量 15eV 的光子，被氢原子中处于第一玻尔轨道的电子所吸收，形成一个光电子。此光电子远离质子时的速度为____________，它的德布罗意波长是____________。(已知电子质量 $m=9.11\times10^{-31}$kg，电量 $e=1.6\times10-19$C)

答案：7.0×10^5 m/s，10.4Å。使处于基态的电子电离所需能量为 13.6eV，因此该电子远离质子时的动能为 $E_k=\dfrac{1}{2}mv^2=E_\varphi+E_1=15-13.6\text{eV}=1.4\text{eV}$，电子速度为 $v=\sqrt{\dfrac{2E_k}{m}}=\sqrt{\dfrac{2\times1.4\times1.6\times10^{-19}}{9.11\times10^{-31}}}$ m/s$\approx7.0\times10^5$ m/s。其德布罗意波长为 $\lambda=\dfrac{h}{mv}$。

例 7.11.5：试用经典理论和玻尔的轨道量子化假设导出氢原子内电子的能量量子化公式。

解：氢原子内电子受库仑力等于向心力，可得 $m\dfrac{v^2}{r}=\dfrac{e^2}{4\pi\varepsilon_0r^2}$；

根据玻尔轨道量子化假设，得 $rmv=n\hbar$；

结合以上两式得 $\dfrac{n^2\hbar^2}{mr^3}=\dfrac{e^2}{4\pi\varepsilon_0r^2}$，$\dfrac{1}{r}=\dfrac{\pi me^2}{\varepsilon_0h^2n^2}$。

电子能量为动能和电势能之和为 $E=\dfrac{1}{2}mv^2-\dfrac{e^2}{4\pi\varepsilon_0r}$，整理得

$$E=-\frac{e^2}{8\pi\varepsilon_0r}=-\frac{e^2}{8\pi\varepsilon_0}\frac{\pi me^2}{\varepsilon_0h^2n^2}\Rightarrow E_n=-\frac{me^4}{8\varepsilon_0^2h^2n^2}$$

难度增加练习 7.11.13：质量为 m 的卫星，在半径为 r 的轨道上环绕地球运动，线速度为 v。(1)假定玻尔氢原子理论中关于轨道角动量的条件对于地球卫星同样成立。证明地球卫星的轨道半径与量子数的平方成正比，即 $r=kn^2$(k 是比例常数)。(2)应用(1)的结果求卫星轨道和它的下一个"容许"轨道间的距离。由此进一步说明在宏观问题中轨道半径实际上可认为是连续变化的。(运用以下数据作估算：普朗克常量 $h=6.6\times10^{-34}$J·s，地球质量 $M=6\times10^{24}$kg，地球半径 $R=6.4\times10^6$km，万有引力常数 $G=6.7\times10^{-11}$Nm^2/kg^2)

证：(1) 根据 $F=mv^2/r$ 及 $F=GMm/r^2$(M 为地球质量)，得

$$GMm/r^2=mv^2/r$$

运用玻尔假设有 $mvr_n=n\hbar$。联立以上两式则得

$$r_n=\frac{(n\hbar)^2}{Gm^2M}$$

令 $k=\dfrac{\hbar^2}{Gm^2M}$，上式变为 $r=kn^2$，得证。

（2）由 $r=kn^2$ 可得

$$r_{n+1}-r_n=k(n+1)^2-kn^2=(2n+1)k$$

估算 k 与 n：设 $m>1\text{kg}$，代入数据可得 $k<10^{-82}\text{m}$，而 $r_{n+1}-r_n\approx 2nk=2(kr_n)^{1/2}$，则 $r_{n+1}-r_n/r_n\approx 2(k/r_n)^{1/2}\approx 0$（实际情形 $r_n>R$），即相邻两个轨道之间的距离与轨道半径相比可忽略不计，这表明轨道半径的"容许"值实际上可认为是连续变化的。

7.12* 一维谐振子

（1）一维线性谐振子：$U(x)=\dfrac{1}{2}m\omega^2x^2$，$E_n=\left(n+\dfrac{1}{2}\right)\hbar\omega$，$n=0,1,2,\cdots$。

（2）特征：能级等间距，基态能量不等于零。

（3）量子力学的结果与普朗克引入量子化概念时关于谐振子的能量假设的不同点是：①量子谐振子的能级呈离散谱，能级间隔是常量 $h\nu$。而经典谐振子的能量是连续的。②量子谐振子的基态能量 $E_0=\dfrac{1}{2}h\nu$，这是不确定性原理的表现；而经典谐振子的最低能量可以为零。③谐振子的状态波函数不同，二者振子分布的概率密度不同。

总之：低能态振子的概率密度分布和经典情况毫无共同之处，仅在高能态时平滑振荡的概率密度分布才接近于经典振子情况。

例 7.12.1：量子力学得出，频率为 ν 的线性谐振子，其能量只能为[　　]

(A) $E=h\nu$；

(B) $E=nh\nu$，$n=0,1,2,3,\cdots$；

(C) $E=\dfrac{1}{2}nh\nu$，$n=0,1,2,3,\cdots$；

(D) $E=\left(n+\dfrac{1}{2}\right)h\nu$，$n=0,1,2,3,\cdots$。

答案：D。

例 7.12.2：谐振子的基态波函数是 $\psi_0=A\mathrm{e}^{-\alpha x^2}$，其中 A、α 为常数，求证谐振子的零点能为 $E_0=\dfrac{1}{2}h\nu$。

解：本题中已知波函数，求相应的本征值。

将波函数 $\psi_0=A\mathrm{e}^{-\alpha x^2}$ 代入定态薛定谔方程：

$$\left(-\frac{\hbar^2}{2m}\frac{\partial^2}{\partial x^2}+\frac{1}{2}m\omega^2x^2\right)\psi_0=E_0\psi_0 \quad ①$$

其中 $\dfrac{\partial^2\psi_0}{\partial x^2}=-2\alpha\psi_0+4\alpha^2x^2\psi_0$，代入①式，整理得

$$\left(-\frac{\hbar^2}{2m}4\alpha^2+\frac{1}{2}m\omega^2\right)x^2=E_0-\frac{\hbar^2}{2m}2\alpha \quad ②$$

当 $x=0$ 有

$$E_0-\frac{\hbar^2}{m}\alpha=0 \quad ③$$

②式必须对任意 x 成立,由②式和③式可得

$$-\frac{\hbar^2}{2m}4\alpha^2+\frac{1}{2}m\omega^2=0 \quad ④$$

由④式可得 $\alpha=\pm\frac{m\omega}{2\hbar}$,代入③式解出

$$E_0=\pm\frac{\hbar^2}{m}\cdot\frac{m\omega}{2\hbar}=\pm\frac{1}{2}\omega\hbar$$

故振子的零点能为 $E_0=\frac{1}{2}h\nu$。

例 7.12.3:已知线性谐振子处在第一激发态时的波函数为 $\psi_1(x)=\left(\frac{\alpha}{2\sqrt{\pi}}\right)^{1/2}\cdot 2(\alpha x)\mathrm{e}^{-\frac{1}{2}\alpha^2x^2}$,式中 α 为一常量,求第一激发态时概率最大的位置。

解:谐振子处于第一激发态时概率密度为 $P_1=|\psi_1|^2=2\alpha^3\pi^{1/2}x^2\mathrm{e}^{-\alpha^2x^2}=Ax^2\mathrm{e}^{-\alpha^2x^2}$。具有最大概率的位置由 $\frac{\mathrm{d}P_1}{\mathrm{d}x}=0$ 决定,即 $\frac{\mathrm{d}P_1}{\mathrm{d}x}=A(2x-\alpha^2 2x^3)\mathrm{e}^{-\alpha^2x^2}=0$。解得 $x=\pm 1/\alpha$,为概率最大的位置。

例 7.12.4:一弹簧振子,振子质量 $m=10^{-3}\mathrm{kg}$,弹簧的劲度系数 $k_m=10\mathrm{N/m}$。设它作简谐振动的能量等于 kT(k 为玻耳兹曼常量),$T=300\mathrm{K}$。试按量子力学结果计算此振子的量子数 n,并说明在此情况下振子的能量实际上可以看作是连续改变的。($k=1.38\times10^{-23}\mathrm{J/K}$,$h=6.63\times10^{-34}\mathrm{J\cdot s}$)

解:按量子力学中的线性谐振子能级公式可得 $\left(n+\frac{1}{2}\right)h\nu=kT$,对劲度系数 k_m 的弹簧,其频率为 $\nu=\frac{1}{2\pi}\sqrt{\frac{k_m}{m}}$。

结合以上两式,此振子的量子数为

$$n=\frac{kT}{h\nu}-\frac{1}{2}=\frac{2\pi kT}{h\sqrt{k_m/m}}-\frac{1}{2}\approx 3.92\times10^{11}$$

相邻能级间隔为 $h\nu=1.055\times10^{-32}\mathrm{J}$,此能量间隔与振子能量 kT 比较,$\frac{h\nu}{kT}\approx\frac{1}{n}=\frac{1}{3.92\times10^{11}}$,太小了,因此振子的能量可以看作是连续改变的。